— 2025년 CBT 기출복원문제 수록 —

항공전기·전자정비 기능사 필기

장성희 지음

BM (주)도서출판 성안당

■ **도서 A/S 안내**

성안당에서 발행하는 모든 도서는 저자와 출판사, 그리고 독자가 함께 만들어 나갑니다.

좋은 책을 펴내기 위해 많은 노력을 기울이고 있습니다. 혹시라도 내용상의 오류나 오탈자 등이 발견되면 **"좋은 책은 나라의 보배"**로서 우리 모두가 함께 만들어 간다는 마음으로 연락주시기 바랍니다. 수정 보완하여 더 나은 책이 되도록 최선을 다하겠습니다.

성안당은 늘 독자 여러분들의 소중한 의견을 기다리고 있습니다. 좋은 의견을 보내주시는 분께는 성안당 쇼핑몰의 포인트(3,000포인트)를 적립해 드립니다.

잘못 만들어진 책이나 부록 등이 파손된 경우에는 교환해 드립니다.

저자 문의 e-mail : jsh337-2002@hanmail.net(장성희)
본서 기획자 e-mail : coh@cyber.co.kr(최옥현)
홈페이지 : http://www.cyber.co.kr   전화 : 031) 950-6300

머리말

항공공학 기술 분야에서 항공전기·전자정비(항공기 일반/항공전기·전자계통 정비/통신항법 계기 정비)에 대한 지식을 갖춘다는 것은 항공전기·전자정비를 하기 위한 가장 기본적이고 필수적인 지식을 갖춘다고 볼 수 있습니다.

이 책은 항공 분야의 기본 기술자격인 항공전기·전자정비기능사를 취득하기 위해 꼭 알아두어야 할 필수적인 이론 지식을 다음과 같은 순서에 의해 요점정리와 실력 점검 문제, 그리고 실력을 점검할 수 있는 최종 점검 모의고사 중심 체계로 정리하여 서술한 문제집입니다.

1. 항공기 일반 요점정리 + 실력 점검 문제
2. 정비 일반 요점정리 + 실력 점검 문제
3. 항공전기·전자계통 정비 요점정리 + 실력 점검 문제
4. 통신항법 계기 정비 요점정리 + 실력 점검 문제
5. 최종 점검 모의고사

특히, 항공전기·전자정비는 항공기를 직접 운용하고, 점검 및 검사하여 항공기의 운항 안정성, 다시 말해 항공기 감항성을 유지하는 가장 기본적이면서 전문적인 항공전기·전자정비 기술이라고 말할 수 있습니다.

저자는 다년간 항공기 기술자격을 취득하고자 하는 공학도들에게 강의한 경험을 통하여 학생들이 어렵게 느끼는 항공전기·전자정비에 대한 기술지식을 보다 더 알기 쉽고, 정확한 개요를 파악하기 위하여 핵심 요점정리와 그에 따른 유도된 공식을 가지고 실제 응용력을 기를 수 있도록 다양한 문제를 수록하였고, 각각의 문제에 해설을 첨부하여 학생들이 이해할 수 있도록 준비하였습니다.

특히, 이 책은 항공전기·전자정비기능사 취득을 준비하는 학생들에게 적합한 시험 준비서가 될 것으로 확신합니다.

다만, 이 책을 펴냄에 있어서 미비하고 부족한 점이 있을 수도 있사오니 앞으로 독자들의 기탄없는 지적과 관심을 바탕으로 수정할 것을 약속하며, 이 책이 항공기술 분야를 공부하는 학생들에게 다소나마 도움이 된다면 더없는 기쁨으로 생각하겠습니다.

끝으로 이 책을 출판하게 도와주신 성안당 대표님과 편집부 직원들에게 진심으로 감사를 표합니다.

저자 장성희

시험안내

1. 원서접수 및 합격자 발표 – http://www.q-net.or.kr

■ 접수 가능한 사진 범위

구분	내용
접수가능 사진	6개월 이내 촬영한 (3.5×4.5cm) 칼라사진, 상반신 정면, 탈모, 무 배경
접수 불가능 사진	스냅 사진, 선글라스, 스티커 사진, 측면 사진, 모자 착용, 혼란한 배경사진, 기타 신분 확인이 불가한 사진 ※ Q-net 사진 등록, 원서접수 사진 등록 시 등 상기에 명시된 접수 불가 사진은 컴퓨터 자동인식 프로그램에 의해서 접수가 거부될 수 있습니다
본인 사진이 아닐 경우 조치	연예인 사진, 캐릭터 사진 등 본인 사진이 아니고, 신분증 미지참 시 시험응시 불가(퇴실)조치 – 본인 사진이 아니고 신분증 지참자는 사진 변경등록 각서 징구 후 시험 응시
수험자 조치사항	필기시험 사진상이자는 신분 확인 시까지 실기 원서접수가 불가하므로 원서접수 지부(사)로 본인이 신분증, 사진을 지참 후 확인 받으시기 바랍니다.

2. 시험과목

자격	필기	실기
항공기정비기능사	항공기 일반, 기체 정비, 기관 정비	항공기 정비 실무
항공전기·전자정비기능사	항공기 일반, 항공전기·전자계통 정비, 통신항법 계기 정비	항공전기·전자 정비 실무

3. 검정 방법

① 필기 : 객관식 4지 택일형 60문항(60분)

② 실기 : 작업형(2시간 40분 정도)

㉠ 작업 : 1시간 40분 정도, 배점 55점

㉡ 영상 : 1시간 정도, 배점 30점

- 문제 구성 : 동영상+시험문제
- 시험 방식 : 객관식 4지 답항 선택 방식
- 채점 방법 : 자동 채점 방식+답안지 채점 방식
- 문제 출제 수 : 10문제

㉢ 오랄 : 작업시간에 포함, 배점 15점

4. 합격 기준

100점 만점에 60점 이상 득점자

5. 기본 안내사항

구분	유의사항
공통사항	시험 시작 시간 이후 입실 및 응시가 불가하며, 수험표 및 접수내역 사전확인을 통한 시험장 위치, 시험장 입실 가능 시간을 숙지하시기 바랍니다. 시험 준비물: 공단 인정 신분증, 수험표, 흑색 사인펜(PBT시험), 수정테이프, 계산기(필요시), 흑색 볼펜류 필기구(필답, 기술사 필기), 수험자 지참 준비물(작업형 실기) ※ 공학용 계산기는 일부 등급에서 제한된 모델로만 사용이 가능하므로 사전에 필히 확인 후 지참 바랍니다. 부정행위 관련 유의사항: 시험 중 다음과 같은 행위를 하는 자는 국가기술자격법 제10조 제6항의 규정에 따라 당해 검정을 중지 또는 무효로 하고 3년간 국가기술자격법에 의한 검정을 받을 자격이 정지됩니다. 부정행위 관련 유의사항: 시험 중 다음과 같은 행위를 하는 자는 국가기술자격법 제10조 제6항의 규정에 따라 당해 검정을 중지 또는 무효로 하고 3년간 국가기술자격법에 의한 검정을 받을 자격이 정지됩니다. • 시험 중 다른 수험자와 시험과 관련된 대화를 하거나 답안지(작품 포함)를 교환하는 행위 • 시험 중 다른 수험자의 답안지(작품) 또는 문제지를 엿보고 답안을 작성하거나 작품을 제작하는 행위 • 다른 수험자를 위하여 답안(실기작품의 제작방법 포함)을 알려주거나 엿보게 하는 행위 • 시험 중 시험문제 내용과 관련된 물건을 휴대하여 사용하거나 이를 주고받는 행위 • 시험장 내외의 자로부터 도움을 받고 답안지를 작성하거나 작품을 제작하는 행위 • 다른 수험자와 성명 또는 수험번호(비번호)를 바꾸어 제출하는 행위 • 대리시험을 치르거나 치르게 하는 행위 • 시험시간 중 통신기기 및 전자기기를 사용하여 답안지를 작성하거나 다른 수험자를 위하여 답안을 송신하는 행위 • 그 밖에 부정 또는 불공정한 방법으로 시험을 치르는 행위 시험시간 중 전자통신기기를 비롯한 불허 물품 소지가 적발되는 경우 퇴실 조치 및 당해 시험은 무효 처리됩니다.
필기시험	CBT 필기시험 유의사항 1. CBT 시험이란 인쇄물 기반 시험인 PBT와 달리 컴퓨터 화면에 시험문제가 표시되어 응시자가 마우스를 통해 문제를 풀어나가는 컴퓨터 기반의 시험을 말합니다. 2. 입실 전 본인 좌석을 반드시 확인 후 착석하시기 바랍니다. 3. 전산으로 진행됨에 따라, 안정적 운영을 위해 입실 후 감독위원 안내에 적극 협조하여 응시하여 주시기 바랍니다. 4. 최종 답안 제출 시 수정이 절대 불가하오니 충분히 검토 후 제출 바랍니다. 5. 제출 후 본인 점수 확인 완료 후 퇴실 바랍니다.

시험안내

6. 인정신분증

구분	신분증 인정범위
모든 수험자 공통 적용	① 주민등록증(주민등록증발급신청확인서(유효기간 이내인 것) 및 주민등록증 모바일 확인서비스 포함) ② 운전면허증(모바일 운전면허증 포함, 경찰청에서 발행된 것) 및 PASS 모바일 운전면허 확인서비스 ③ 건설기계조종사면허증 ④ 여권 ⑤ 공무원증(장교·부사관·군무원신분증 포함) ⑥ 장애인등록증(복지카드)(주민등록번호가 표기된 것) ⑦ 국가유공자증 ⑧ 국가기술자격증(정부24, 카카오, 네이버 모바일 자격증 포함) ※ 국가기술자격법에 의거 한국산업인력공단 등 10개 기관에서 발행된 것 ⑨ 동력수상레저기구 조종면허증(해양경찰청에서 발행된 것)

신분증 인정기준
① 사진, 주민등록번호(최소 생년월일), 성명, 발급자(직인 등)가 모두 기재된 경우에 한하여 유효·인정
② 일체 훼손·변형이 없는 원본 신분증인 경우만 유효·인정
  ※ 사진 또는 외지(코팅지)와 내지가 탈착·분리 등의 변형이 있는 것, 훼손으로 사진·인적사항 등을 인식할 수 없는 것 등
  ※ 다만, 신분증이 훼손된 경우, 시험응시는 허용하나 별도 절차를 통해 사후 신분 확인 실시
③ 상기 인정신분증에 포함되지 않는 증명서 등은 ①, ②항의 요건을 충족하더라도 신분증으로 인정하지 않음

7. 공학용 계산기

연번	제조사	허용 기종군	비고
1	카시오(CASIO)	FX-901~999	
2	카시오(CASIO)	FX-501~599	
3	카시오(CASIO)	FX-301~399	
4	카시오(CASIO)	FX-80~120	
5	샤프(SHARP)	EL-501~599	
6	샤프(SHARP)	EL-5100, EL-5230 EL-5250, EL-5500	
7	유니원(UNIONE)	UC-600E, UC-400M, UC-800X	
8	캐논(Canon)	F-715SG, F-788SG, F-792SGA	
9	모닝글로리(MORNING GLORY)	ECS-101	

※ 국가전문자격(변리사, 감정평가사 등)은 적용 제외
※ 허용군 내 기종번호 말미의 영어 표기(ES, MS, EX 등)는 무관
※ 사칙연산만 가능한 일반계산기는 기종 상관없이 사용 가능

| 항공전기 · 전자정비기능사 |

■ 출제기준

필기과목명	주요항목	세부항목	세세항목
항공기 일반, 항공전기 · 전자 계통 정비, 통신항법 계기 정비	1. 항공역학	1. 비행원리	1. 대기의 구성 2. 공기 흐름의 법칙 3. 날개 모양과 특성 4. 날개의 공기력 5. 항력과 동력 6. 일반 성능 7. 운동 및 조종면 8. 비행 안정성 9. 헬리콥터의 공기역학 10. 헬리콥터의 비행 및 조종
	2. 항공기 측정 작업	1. 측정기기의 원리, 종류, 구조 및 측정	1. 버니어캘리퍼스 2. 마이크로미터 3. 다이얼게이지 4. 필러게이지 5. 피치게이지 6. 와이어간극게이지 7. 센터게이지 8. 축용 한계게이지 9. 구멍용 한계게이지 10. 나사산 한계게이지 11. 블록게이지
	3. 항공기 기체 기본작업	1. 항공기 기계 요소 체결, 안전 및 고정	1. 볼트 2. 너트 3. 와셔 4. 스크루 5. 토크렌치 6. 안전결선 7. 코터핀 8. 일반 공구 및 특수공구
	4. 항공기 지상 취급	1. 항공기 지상 유도 및 지원	1. 항공기 지상 유도 2. 항공기 이동 및 계류 3. 항공 연료 보급, 배유, 비상절차 4. 3점 접지 설치 5. 윤활유, 작동유 보급 및 비상절차 6. 지상 동력 공급 장치(GPU, GTC) 지원 7. 잭 장비의 설치
	5. 항공기 안전 관리	1. 안전관리 일반	1. 정비 매뉴얼 안전 절차 2. 화재 및 예방 3. 산업안전보건법(항공기 지상안전 분야) 4. 항공안전관리시스템(SMS: Safety Management System) 기본 개요

시험안내

필기과목명	주요항목	세부항목	세세항목
항공기 일반, 항공전기·전자 계통 정비, 통신항법 계기 정비	6. 항공기 자재·보급관리	1. 자재보급 관리 일반	1. 정비의 개념 및 종류 2. 항공기 자재 분류 3. 부품의 신청 4. 부품의 저장 및 보관 5. 항공기 부품 취급 6. AOG, 부품유용, 정비이월, AWP 개념 7. 보급관리 정보체계 활용
	7. 전기·전자 이론	1. 전기이론	1. 전류와 자기 2. 정전기와 콘덴서 3. 직류회로 4. 교류회로 5. 과도현상
		2. 전자이론	1. 논리회로 2. 전원회로 3. 증폭회로 4. 발진 및 변·복조회로 5. 전파 및 안테나 6. 브리지 회로 7. 데이터버스
	8. 항공 전기·전자 기본 작업	1. 기본배선 작업	1. 전선 2. 커넥터 3. 터미널 4. 스플라이스 5. 납땜
	9. 항공 전기·전자계통 점검	1. 측정장비 사용	1. 측정과 오차 2. 멀티미터 3. 절연저항계 4. 오실로스코프 5. 함수발생기 6. 주파수 측정
		2. 매뉴얼 활용	1. 항공기정비매뉴얼(AMM) 개념 2. 결함분리매뉴얼(FIM) 개념 3. 배선매뉴얼(WDM) 개념
	10. 항공기 전기 계통 점검	1. 교류전원 장치 점검	1. 발전기 2. 정속구동장치
		2. 비상전원 장치 점검	1. 인버터 2. 비상전원장치
		3. 직류전원 장치 점검	1. 배터리 2. 전동기 3. 직류전원장치(TRU)
		4. 배전계통 점검	1. 회로차단기 2. 변압기 3. 릴레이

필기과목명	주요항목	세부항목	세세항목
항공기 일반, 항공전기·전자 계통 정비, 통신항법 계기 정비	11. 항공기 조명 계통 점검	1. 조명장치	1. 기내 조명장치 2. 외부 조명장치 3. 비상조명장치
	12. 항공기 화재방지계통 점검	1. 화재 탐지 및 방지	1. 화재의 등급 및 특성 2. 화재·과열 탐지 계통의 종류 및 특성 3. 연기 감지기 종류 및 특성 4. 소화장치
	13. 항공기 통신 계통 점검	1. 통신장치	1. 단파(HF)통신장치 2. 초단파(VHF)통신장치 3. 위성통신(SATCOM)장치 4. 인터폰장치 5. 비상조난신호장치(ELT)
	14. 항공기 항법 계통 점검	1. 항법장치	1. 무선항법장치 2. 관성항법장치 3. 위성항법장치 4. 보조항법장치 5. 계기착륙장치
		2. 자동비행 장치	1. 자동조종장치 2. 자동추력제어장치
	15. 항공기 계기 계통 점검	1. 계기 점검	1. 항공계기일반 2. 피토 정압계통계기 3. 압력 및 온도계기 4. 동조계기 5. 회전계기 6. 액량 및 유량계기 7. 자기 및 자이로 계기
		2. 비행기록 장치 점검	1. 조종실음성기록장치(CVR) 2. 비행자료기록장치(DFDR) 3. 신속조회기록장치(QAR)
		3. 음성경고 장치 점검	1. 음성경고장치 종류 및 기능 2. 음성경고장치 구성
		4. 집합계기 점검	1. 집합계기 종류 및 기능 2. 집합계기 구성

Part 01 | 항공기 일반

Chapter 01 | 대기
1. 대기의 성질 ·· 16
2. 공기 흐름의 성질과 법칙 ·· 19
3. 공기의 점성효과 ··· 21
4. 공기의 압축성효과 ··· 24
▣ 실력 점검 문제 ·· 26

Chapter 02 | 날개 이론
1. 날개의 모양과 특성 ··· 33
2. 날개의 공기력 ··· 43
3. 날개의 공력 보조장치 ··· 48
▣ 실력 점검 문제 ·· 52

Chapter 03 | 비행 성능
1. 항력과 동력 ··· 59
2. 일반 성능 ··· 62
3. 특수 성능 ··· 69
4. 기동 성능 ··· 71
▣ 실력 점검 문제 ·· 76

Chapter 04 | 항공기의 안정과 조종
1. 조종면 ··· 82
2. 안정과 조종 ··· 85
3. 고속기의 비행 불안정 ··· 94
▣ 실력 점검 문제 ·· 97

Chapter 05 | 프로펠러 및 헬리콥터의 비행 원리
1. 프로펠러의 추진 원리 ··· 104
2. 프로펠러에 작용하는 힘과 응력 ······································· 106
3. 헬리콥터의 비행 원리 ··· 107
4. 헬리콥터의 안정과 조종 ··· 120
▣ 실력 점검 문제 ·· 124

Part 02 | 정비 일반

Chapter 01 | 정비의 개요
1. 정비의 개념 ··· 134
2. 정비관리 ··· 137

3. 정비 업무 ·· 140
4. 안전관리(SMS) ·· 141
■ 실력 점검 문제 ·· 142

Chapter 02 | 측정기기 및 공구류
1. 측정기기의 명칭과 사용법 ··· 147
2. 일반 공구, 특수 공구의 명칭과 사용법 ······························· 153
■ 실력 점검 문제 ·· 157

Chapter 03 | 정비작업
1. 정비작업 ·· 162
2. 항공기 기계요소(체결) ·· 166
3. 항공기 기계요소(안전, 고정) ·· 180
4. 기본작업 ·· 185
5. 수리작업 ·· 222
6. 부식방지 처리 ··· 226
7. 중량과 평형 ·· 226
8. 헬리콥터의 중량과 평형 ·· 228
9. 항공기 검사 ·· 231
■ 실력 점검 문제 ·· 234

Chapter 04 | 지상 안전 및 지원
1. 항공기의 지상 안전 ·· 242
2. 항공기의 지상 취급 ·· 246
3. 화재 및 예방 ··· 248
4. 안전 표식 ··· 249
5. 항공기 세척 및 지상 보급 ·· 250
■ 실력 점검 문제 ·· 253

Chapter 05 | 항공 영어
1. 기본적인 항공기 용어 ·· 258
2. 기본적인 항공기 정비에 관한 사항 ···································· 260
3. 항공 관련 영어 단어 ··· 264
■ 실력 점검 문제 ·· 267

Part 03 | 항공전기 · 전자계통 정비

Chapter 01 | 전기계통
1. 전기회로 ·· 274
2. 직류 전력 ··· 284
3. 교류 전력 ··· 291

   4. 전동기 ·· 295
   5. 부하계통 ·· 299
   6. 조명 장치 ·· 300
   ■ 실력 점검 문제 ··· 302

Chapter 02 | 계기계통
   1. 항공계기 일반 ·· 307
   2. 피토-정압계기계통 ·· 311
   3. 압력 및 온도계기 ·· 315
   4. 자기 및 자이로계기 ·· 321
   5. 원격 지시계기 ·· 328
   6. 회전계기 ·· 331
   7. 액량 및 유량계기 ·· 334
   8. 경고장치 ·· 338
   9. 종합 전자계기 ·· 341
   ■ 실력 점검 문제 ··· 344

Chapter 03 | 공기 및 유압계통
   1. 공기 및 유압계통 일반 ···································· 348
   2. 유압동력 계통 및 장치 ···································· 353
   3. 압력 조절, 제한 및 제어장치 ························ 355
   4. 흐름방향 및 유압 제어장치 ··························· 357
   5. 유압 작동기 및 작동계통 ······························ 363
   ■ 실력 점검 문제 ··· 371

Chapter 04 | 연료계통
   1. 항공기 연료탱크(Fuel Tank) ························· 375
   2. 공급·이송 장치 ·· 376
   3. 지시장치 ·· 381
   ■ 실력 점검 문제 ··· 385

Chapter 05 | 비상계통 및 지상지원장비
   1. 산소계통 ·· 388
   2. 소화계통 ·· 395
   3. 경고계통 ·· 399
   4. 비상장비 ·· 403
   5. 지상장비 ·· 404
   ■ 실력 점검 문제 ··· 407

Chapter 06 | 유틸리티 계통
   1. 객실 여압계통 ·· 411
   2. 공기조화 계통 ·· 414
   3. 제빙, 방빙 및 제우계통 ································· 419
   ■ 실력 점검 문제 ··· 422

Part 04 | 통신항법 계기 정비

Chapter 01 | 통신장치
1. 전파의 성질 ··· 428
2. 항공기 안테나 ···································· 433
3. 통신장치 ··· 435
4. 기내 통신 ··· 444
▣ 실력 점검 문제 ····································· 446

Chapter 02 | 항법장치
1. 항법장치의 정의 ································· 450
2. 전파 항법장치의 종류 ······················· 452
3. 위성 항법 시스템(GNSS, GPS 등) ····· 459
4. 자립 항법 시스템(INS 등) ················· 461
5. 지역 항법 시스템(RNAV 등) ············· 463
6. 항행 보조 장치
　(WXR, RA, AAS, GPWS, TCAS, FDR, CVR, ELT, ILS 등) ········ 464
▣ 실력 점검 문제 ····································· 471

Chapter 03 | 자동 조종장치
1. 자동 조종장치의 원리 ······················· 476
2. 자동 조종장치의 종류 ······················· 480
▣ 실력 점검 문제 ····································· 486

Part 05 | 최종 점검 모의고사

제1회 최종 점검 모의고사 ······················· 492
제2회 최종 점검 모의고사 ······················· 505
제3회 최종 점검 모의고사 ······················· 518
제4회 최종 점검 모의고사 ······················· 531
제5회 최종 점검 모의고사 ······················· 544

Part 06 | 기출복원문제

2024년 항공전기 · 전자정비기능사 필기 CBT 기출복원문제 ······ 561
2025년 항공전기 · 전자정비기능사 필기 CBT 기출복원문제 ······ 575

항공기 일반

CHAPTER 01 대기

1 대기의 성질

(1) 대기의 조성 분포

지표면에서 약 80km까지는 거의 일정한 비율로 분포하며 질소 78%, 산소 21%, 아르곤 0.9%, 이산화탄소 0.03%로 조성되어 있으며, 네온 이하의 미량의 기체는 모두 합쳐도 0.01%를 초과하지 않는다.

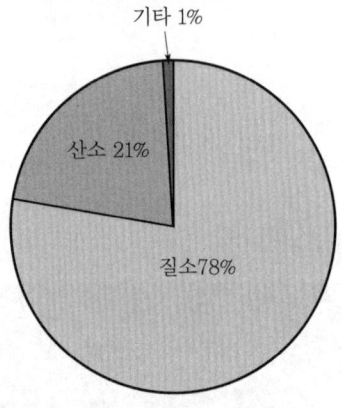

기체	분자기호	분자량	부피비
질소	N_2	28.0134	78.09
산소	O_2	31.9988	20.95
아르곤	Ar	39.948	0.93
이산화탄소	CO_2	44.010	0.03
네온	Ne	20.183	0.001818
헬륨	He	4.0026	0.000524
메탄	CH_4	16.043	0.0002
크립톤	Kr	83.800	0.000114
수소	H	2.015	0.00005
크세논	Xe	131.300	1×10^{-6}
오존	O_3	48.000	1×10^{-6}
라돈	Rn	222.000	6×10^{-18}

▲ 해면상의 순수, 건조한 공기의 성분(ICAO)

(2) 대기권의 구조

① 대류권(지표면으로부터 약 11km까지의 대기층)

가) 공기가 상하로 잘 혼합되어 있다.

나) 구름 생성, 비, 눈, 안개 등의 기상현상이 일어난다.

다) 고도가 증가할수록 T(온도), P(압력), ρ(밀도)가 감소되며, 11km까지 1km 올라갈 때마다 기온이 약 6.5도씩 낮아진다.

라) 대류권 계면: 대류권과 성층권의 경계면으로 대기가 안정되어 구름이 없고, 기온이 낮으며, 공기가 희박하고 제트기류가 존재하여 제트기의 순항고도로 적합하다.

② 성층권(10km 높이에서 약 50km 높이까지의 대기층)

가) 대류권 계면의 온도는 극에서 높고 적도에서 가장 낮다.

나) 성층권 윗부분에 오존층이 있어 자외선을 흡수한다.

다) 성층권 계면: 성층권과 중간권의 경계면이다.

라) 고도 변화에 따라 기온 변화가 거의 없다.

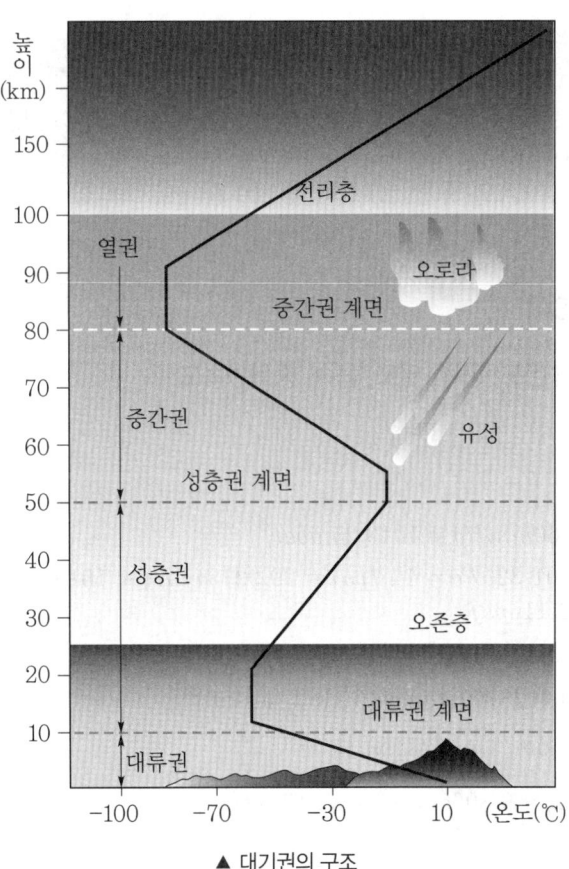

▲ 대기권의 구조

③ 중간권(50km 높이에서부터 약 80km까지의 대기층)

  가) 성층권과 열권 사이를 말한다.

  나) 높이에 따라 기온이 감소한다.

  다) 중간권 계면: 중간권과 열권의 경계면이며 기온이 가장 낮다.

  라) 대기권 중에서 온도가 가장 낮다.

④ 열권(80km 높이에서부터 500km까지의 대기층)

  가) 고도에 따라 온도가 높아지고, 공기가 매우 희박하다.

  나) 전리층: 태양이 방출하는 자외선에 의해 대기가 전리되어 자유전자의 밀도가 커지는 층이며, 전파를 흡수·반사하는 작용을 하여 통신에 영향을 준다.

  다) 극광이나 유성이 밝은 빛의 꼬리를 길게 남기는 현상이 일어난다.

⑤ 극외권(500km 이상 높이의 대기층)

  대기가 아주 희박하고 기체 분자들이 서로 충돌의 방해를 받지 않는 층이다. 각 원자와 분자는 지상에서 발사된 탄환과 같이 궤적을 그리며 운동을 한다.

> **참고**
>
> 고도 11km까지는 기온이 일정한 비율(1000m당 6.5℃씩)로 감소하고, 그 이상의 고도에서는 −56.5℃로 일정한 기온을 유지한다고 가정한다.

(3) 국제 표준대기(ISA)

① 해발고도에서의 온도, 압력, 밀도, 음속, 중력가속도

- 온도 $T_0 = 15℃ = 288.16°K$
  $59°F = 518.688°R$
- 압력 $P_0 = 760 mmHg = 1013.25 mbar$
  $= 101,325 Pa = 14.7 psi = 29.9213 inHg = 101425.0 N/m^2$
  $= 2,116 psf$
- 밀도 $\rho_0 = 1.2250 kg/m^3 = 0.12499 kg_f s^2/m^4$
  $= 0.0023769 slug/ft^3$
- 음속 $a_0 = 340 m/s = 1,224 km/h$
- 중력가속도 $g_0 = 9.8066 m/s^2 = 32.17 \ ft/s^2$

② 지오퍼텐셜 고도(geopotential altitude)

실제로 중력가속도는 고도가 증가함에 따라 변화하는데, 고도 변화를 고려하여 정한 고도이다.

$$H = \frac{1}{g_0} \int_0^h g dh$$

③ 기하학적 고도(geometrical height)

지구 중력가속도가 고도에 관계없이 일정하다고 가정하여 정한 고도이다.

$$dH = \frac{g}{g_0} dh$$

2 공기 흐름의 성질과 법칙

(1) 유체의 흐름과 성질

정상흐름 (steady flow)	유체에 가하는 압력은 시간이 지나도 일정하게 유지하면, 관 안의 주어진 한 점을 흐르는 속도, 압력, 밀도, 온도가 시간이 지나도 일정한 값을 가지는 경우의 흐름
비정상 흐름 (unsteady flow)	유체에 가하는 압력이 시간의 경과에 따라 주어진 한 점에서의 속도, 압력, 밀도, 온도가 시간에 따라 변하는 흐름
압축성 유체 (compressible fluid)	압력 변화에 의해 밀도가 변하는 유체
비압축성 유체 (incompressible fluid)	압력 변화에 의해 밀도 변화가 거의 없는 유체
실제유체(real fluid)	점성이 존재하는 유체
이상유체(ideal fluid)	점성의 영향을 고려하지 않는 유체

(2) 연속방정식

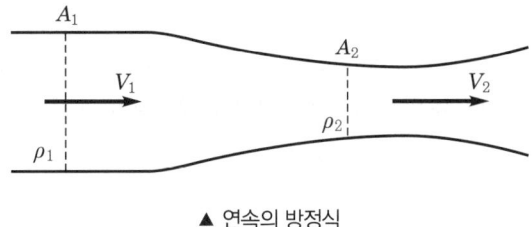

▲ 연속의 방정식

① 압축성 유체일 때 연속방정식: $A_1 V_1 \rho_1 = A_2 V_2 \rho_2 =$ 일정

② 비압축성 유체일 때 연속방정식: $A_1 V_1 = A_2 V_2 =$ 일정

※ ρ: 밀도, A: 단면적, V: 속도

(3) 베르누이 정리

① **정압**(P: pressure): 유체의 운동 상태와 관계없이 항상 모든 방향으로 작용하는 압력이다.

② **동압**(q: dynamic pressure): 유체가 가진 속도에 의하여 생기는 압력으로 유체의 흐름을 직각되게 막았을 때 판에 작용하는 압력이다.

$$동압(q) = \frac{1}{2}\rho V^2$$

③ **전압**(P_t: total pressure): 정압흐름에서 정압과 동압의 합은 항상 일정하다. 즉, 압력(정압)과 속도(동압)는 서로 반비례한다는 것이다.

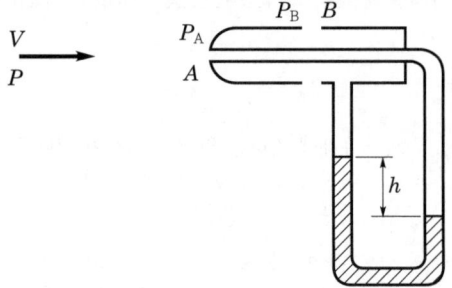

▲ 피토우관 또는 피토 정압관

점 A(A: 전압공, $P + \frac{1}{2}\rho V^2$)와 점 B(B: 정압공, P)의 압력 차는 U형 마노미터의 높이차로 나타나며, 다음의 식이 성립한다.

$$P_A - P_B = P + \frac{1}{2}\rho V^2 - P$$
$$= \frac{1}{2}\rho V^2 = rh$$
$$\therefore V = \sqrt{\frac{2r}{\rho}h}$$

④ **압력계수(CP)**: 항공기속도 변화 범위가 크고 압력 변화도 크며, 밀도도 변하는 경우에는 항공기 주위의 압력 분포를 압력계수인 정압과 동압의 비로서 나타낸다.

$$C_P = \frac{P - P_0}{\frac{1}{2}\rho V_0^2} = 1 - (\frac{V}{V_0})^2$$

※ P: 날개골 주위의 압력, V: 날개골 주위의 속도,
P_O: 날개골 상류의 압력, V_O: 날개골 상류의 속도

3 공기의 점성효과

① **동점성계수**(v : kinematic viscosity): 점성계수(μ)를 밀도(ρ)로 나눈 값

$$\nu = \frac{\mu}{\rho}$$

② **레이놀즈수**(R_e: Reynolds number): 관성력과 점성력의 비

$$R_e = \frac{관성력}{점성력} = \frac{압력항력}{마찰항력} = \frac{\rho VL}{u} = \frac{VL}{\nu}$$

※ ρ: 밀도, ν: 동점성계수, u: 절대점성계수, V: 대기속도, L: 시위 길이

③ **층류와 난류**

가) 층류(laminar flow): 유동속도가 느릴 때 유체 입자들이 층을 형성하듯 섞이지 않고 흐르는 흐름이다. [R_e ⟨ 2300]

나) 난류(turbulence flow): 유동속도가 빠를 때 유체 입자들이 불규칙하게 흐르는 흐름이다. [R_e ⟩ 4000]

다) 천이(transition): 층류에서 난류로 변하는 현상이다. [2300 ⟨ R_e ⟨ 4000]

라) 천이점(transition point): 층류에서 난류로 변하는 점, 즉 천이가 일어나는 점이다.

마) 임계 레이놀즈수(Critical Reynolds number): 층류에서 난류로 변할 때의 레이놀즈수, 즉 천이가 일어나는 레이놀즈수

바) 와류발생장치: 날개 표면에 돌출부를 만들어 고의로 난류 경계층을 형성시켜 주는 장치로 박리를 방지한다.

사) 흐름의 떨어짐(flow separation)
- 경계층 속의 유체 입자가 마찰력으로 인해 운동량을 잃게 되므로 인해 표면을 따라 흐르지 못하고 떨어져 나가는 현상이다.

- 박리(separation) 발생: 역류 현상으로 인해 와류현상을 나타내며, 층류 경계층에서 쉽게 일어난다.
- 난류 경계층 유도: 와류발생장치(vortex generator)로 박리가 후방으로 연장될 수 있도록 한다.

아) 경계층(boundary layer): 자유흐름 속도의 99%에 해당하는 속도에 도달한 곳을 경계로 하여 점성의 영향이 거의 없는 구역과 점성의 영향이 뚜렷한 구역으로 구분할 수 있는데, 점성의 영향이 뚜렷한 벽 가까운 구역의 가상적인 층을 경계층이라 한다.

- 층류 경계층

$$두께:\ \delta_x = \frac{5.2x}{\sqrt{Re_x}}$$

- 난류 경계층

$$두께:\ \delta_x = \frac{0.37x}{\sqrt{Re_x^{0.2}}}$$

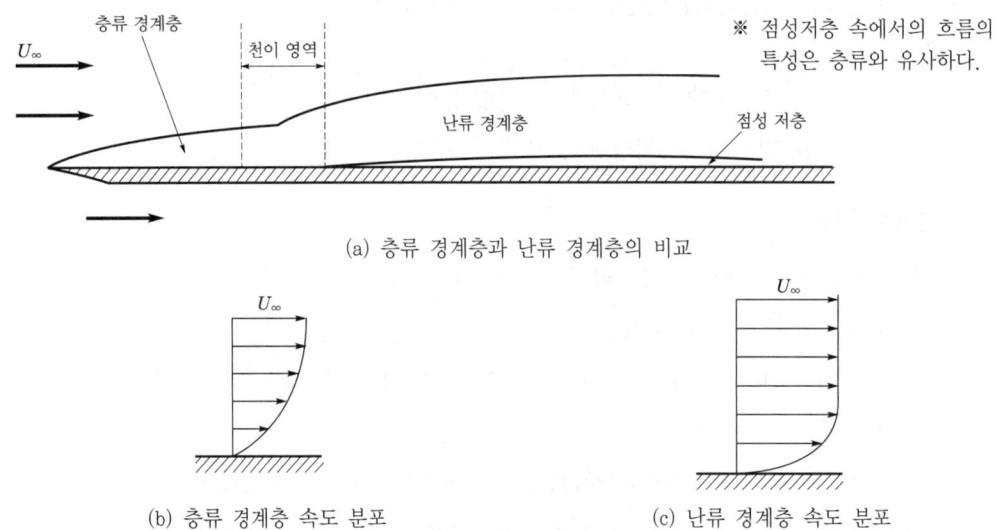

▲ 평판 위의 경계층

참고 | 층류와 난류의 비교

- 난류는 층류에 비해서 마찰력이 크다.
- 층류에서는 근접하는 두 개의 층 사이에 혼합이 없고, 난류에서는 혼합이 있다.
- 박리(이탈점)는 난류에서보다 층류에서 더 잘 일어난다.
- 이탈점은 항상 천이점보다 뒤에 있다.
- 층류는 항상 난류 앞에 있다.
- 층류의 경계층은 얇고 난류의 경계층은 두껍다.

④ 항력 계수(drag coefficient)

가) 항력계수: 단위 면적당 항력과 운동 에너지의 비

$$C_D = \frac{항력}{\frac{1}{2}\rho V^2 S}$$

※ C_D : 항력계수, ρ : 밀도, V : 속도, S : 날개면적

나) 형상항력(pressure drag)

- 압력항력(pressure drag): 물체 표면에서 떨어져 하류 쪽으로 와류를 발생시키기 때문에 생기는 항력으로 유선형일수록 압력항력이 작다.
- 마찰항력(friction drag): 공기의 점성 때문에 생기는 항력이다.
- 아음속 항공기에 생기는 전체 항력계수이다.

$$C_D = 형상항력계수(C_{DP}) + 유도항력계수(C_{Di})$$
$$= 압력항력계수 + 마찰항력계수 + 유도항력계수$$

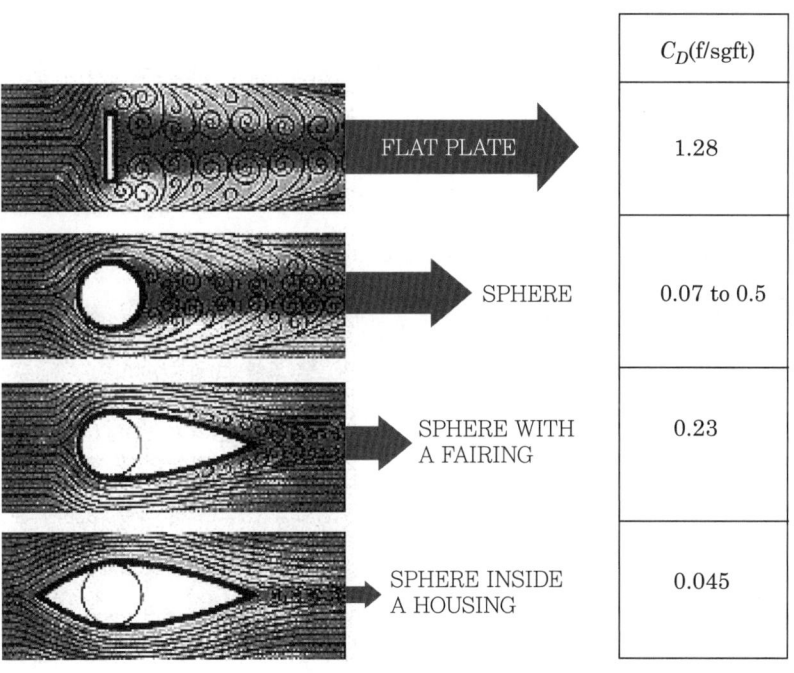

▲ 형상항력

4 공기의 압축성효과

(1) 음속(C)

공기 중에 미소한 교란이 전파되는 속도로서 온도가 증가할수록 빨라진다. "0도"인 공기 중에서 음속은 331.2m/s이다.

- $C = \sqrt{kRT}$ $R = 287[J/kg \cdot °k]$
- $C = \sqrt{kgRT}$ $R = 29.97[kgf \cdot m/kg \cdot °k]$

여기서, k: 공기의 비열비(1.4), g: 중력가속도, R: 공기 기체상수(29.27kg · m /kg),
T: 절대온도(273+℃)

(2) 마하수(Mach Number, M.N)

물체 속도와 그 고도에서의 소리 속도(음속)와의 비를 말하며, 관계 유체의 압축성 특성을 잘 나타내는 무차원의 수이다.

① **임계 마하수**: 날개 윗면에서 최대속도가 마하수 1이 될 때, 날개 앞쪽에서의 흐름의 마하수

$$M_a = \frac{비행체의 속도}{소리의 속도} = \frac{V}{C}$$

② **항력발산 마하수**: 비행 중인 항공기가 충격파로 인해 항력이 급격히 증가할 때의 마하수

영역	마하수	흐름의 특성
음속(C)	0.3 이하	아음속 흐름, 비압축성 흐름
아음속(sub sonic)	0.3~0.75 이하	아음속 흐름, 압축성 흐름
천음속(tran sonic)	0.75~1.2	천음속 흐름, 압축성 흐름, 부분적인 충격파 발생
초음속(super sonic)	1.2~5.0	초음속 흐름, 압축성 흐름, 충격파 발생
극초음속 (hyper sonic)	5.0 이상	극초음속 흐름, 충격파 발생

> **참고** 항력 발산 마하수를 높이는 방법
>
> - 얇은 날개를 사용하여 표면에서의 속도 증가를 억제한다.
> - 날개에 뒤젖힘 각을 준다.
> - 종횡비가 작은 날개를 사용한다.
> - 경계층 제어 장치를 사용한다.

(3) 충격파(Shock Wave)

물체의 속도가 음속보다 커지면 자신이 만든 압력보다 앞서 비행하므로 이 압력파들이 겹쳐 소리가 나는 현상이다.

① 충격파를 지나온 공기 입자의 압력과 밀도는 증가되고 속도는 감소된다.

② 충격파에서 충격파의 앞쪽과 뒤쪽의 압력 차가 충격파의 강도를 나타낸다.

③ 다이아몬드형 날개골 주위의 초음속 흐름

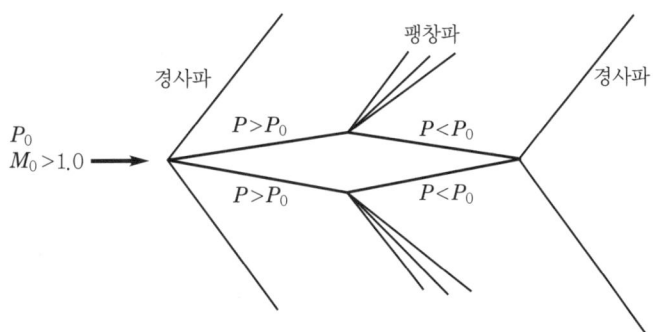

가) 수직 충격파(nomal shock wave): 초음속 흐름이 수직 충격파를 지난 공기 흐름은 항상 아음속이 되고 압력과 밀도는 급격히 증가하며, 온도는 불연속적으로 증가한다.

나) 경사 충격파(oblique shock wave): 경사 충격파를 지난 공기 흐름은 아음속이 될 수도 있고 초음속이 될 수도 있다. 즉 경사 충격파를 지나는 마하수는 항상 앞의 마하수보다 작다.

다) 팽창파(expansion wave): 유동 단면적이 넓어지는 영역을 공기가 초음속으로 흐를 때 발생하며, 팽창파 이후 흐름에서는 속도가 증가하고 압력은 감소한다.

④ 충격파에 의한 항력

가) 조파항력(wave drag): 초음속 흐름에서 충격파로 인하여 발생하는 항력

나) 초음속 날개의 전항력: 마찰항력+압력항력+조파항력

다) 조파항력에 영향을 끼치는 요소: 날개골의 받음각, 캠버선의 모양, 길이에 대한 두께비

> **참고** 조파항력을 최소로 하기 위한 방법
> - 앞전을 뾰족하게 한다(원호형이나 다이아몬드형).
> - 두께는 가능한 한 얇게 한다.

CHAPTER 01 실력 점검 문제

01 대기 중 음속의 크기와 가장 밀접한 요소는?

① 대기의 밀도
② 대기의 비열비
③ 대기의 온도
④ 대기의 기체상수

해설

음속을 구하는 식은 다음과 같다.
- $a = \sqrt{\gamma g R T}$
- a: 음속
- γ: 비열비(공기는 1.4)
- g: 중력가속도(9.8m/s²)
- R: 기체상수(R=29.27)
- T: 절대온도(T=273+℃)

02 다음 중 대기가 안정하여 구름이 없고 기온이 낮으며, 공기가 희박하여 제트기의 순항고도로 적합한 곳은?

① 대류권과 성층권의 경계면 부근
② 성층권과 중간권의 경계면 부근
③ 중간권과 열권의 경계면 부근
④ 열권과 극외권의 경계면 부근

해설

대류권(11km까지)은 고도가 증가할수록 온도, 밀도, 압력이 감소하고, 고도가 1km 증가할수록 기온이 6.5℃씩 감소한다. 고도 10km 부근(대류권 계면)에 제트기류가 존재하고 대기가 안정되며, 구름이 없고 기온이 낮아 항공기의 순항고도로 적합하다.

03 대기권에서 전리층이 존재하는 곳은 어디인가?

① 중간권
② 열권
③ 극외권
④ 성층권

해설

열권은 고도가 올라감에 따라 온도는 높아지지만, 공기는 매우 희박해지는 구간이다. 전리층이 존재하고, 전파를 흡수·반사하는 작용을 하여 통신에 영향을 끼친다. 중간권에 열권의 경계면을 중간권 계면이라고 한다.

04 대기권은 성분비가 일정한 균질권과 고도에 따라 성분비가 다른 비균질권으로 구성된다. 균질권의 평균 고도는 몇 km인가?

① 11
② 50
③ 80
④ 500

해설

대기의 성질
- 지구를 둘러싸고 있는 기체를 총칭하여 대기 또는 대기권이라 한다.
- 균질권: 성분비가 일정하다.
- 비균질권: 성분비가 일정하지 않다.

05 일반적으로 대류권에서 공기온도는 고도가 1,000m 높아질 때마다 6.5℃씩 감소한다. 해발고도에서의 공기온도가 30℃일 때, 고도 10,000m에서의 온도는 몇 도인가?

① −25℃
② −35℃
③ −45℃
④ −55℃

정답 01. ③ 02. ① 03. ② 04. ③ 05. ②

해설

$T = T_0 - 0.0065h$

06 국제표준대기로 정한 해면 고도의 특성값이 틀린 것은?

① 온도 20℃
② 압력 1013.25hPa
③ 해면고도 0m
④ 압력 29.921inHg

해설

표준 해면 고도에서의 압력(P_0), 밀도(ρ_0), 음속(a_0), 중력가속도(g_0), 온도(t_0)

t_0: 15℃=288.16°K=59°F=518.688°R
P_0: 760mmHg=29.92inHg=14.7psi=1,013mbar=2,116psf=101,325Pa(1Pa=1N/m²)
P_0: 0.12492kgs²/m⁴=1/8kgs²/m⁴=0.002378 slug/ft³
a_0: 340m/sec=1,224km/h
g_0: 9.8066m/sec²=32.17ft/sec²
K(c): 273.16
R(f): 459.688

07 절대압력을 가장 올바르게 설명한 것은?

① 표준 대기 상태에서 해면상의 대기압을 기준값 0으로 하여 측정한 압력이다.
② 계기 압력에 대기압을 더한 값과 같다.
③ 계기 압력으로부터 대기압을 뺀 값과 같다.
④ 해당 고도에서의 대기압을 기준값 0으로 하여 측정한 압력이다.

해설

절대압력=대기압+계기압력

08 압력을 표시하는 단위에 속하지 않는 것은?

① N/m²
② mmHg
③ mmAq
④ lb-in

해설

P_0: 760mmHg=29.92inHg=14.7psi=1,013mbar=2,116psf=101,325Pa(1Pa=1N/m²)

09 베르누이의 정리에 따른 압력에 대한 설명으로 옳은 것은?

① 전압이 일정하다.
② 정압이 일정하다.
③ 동압이 일정하다.
④ 전압과 동압의 합이 일정하다.

해설

P(정압)+q(동압)=Pt(전압)=일정

$P + \frac{1}{2}\rho V^2 = Pt = $ 일정

$P_1 + \frac{1}{2}\rho V_1^2 = P_2 + \frac{1}{2}\rho V_2^2 = $ 일정

10 연속방정식을 식으로 옳게 표시한 것은?
(단, A1: 흐름의 입구면적, V1: 흐름의 입구속도, A2: 흐름의 출구면적, V2: 흐름의 출구속도)

① A1×V1=A2×V2
② A1×V2=A1×V1
③ A1×V1²=A2×V2²
④ A1×V2²=A2×V1²

해설

연속 방정식(질량 보존의 법칙)
• 압축성 흐름: $\rho_1 A_1 V_1 = \rho_2 A_2 V_2 = $ 항상 일정
• 비압축성 흐름: $A_1 V_1 = A_2 V_2 = $ 항상 일정

정답 06. ① 07. ② 08. ④ 09. ① 10. ①

11 관의 입구 지름이 10cm이고, 출구의 지름이 20cm이다. 이 관의 출구에서의 흐름 속도가 40cm/s일 때, 입구에서의 흐름 속도는 약 몇 cm/s인가?

① 20　　② 40
③ 80　　④ 160

해설

비압축성 흐름
$A_1V_1 = A_2V_2 = $ 항상 일정
$\frac{\pi}{4}d^2 \times x = \frac{\pi}{4}d^2 \times 40$
$\frac{\pi}{4}10^2 \times x = \frac{\pi}{4}20^2 \times 40$, 여기서 $\frac{\pi}{4}$ 을 약분하면
$100 \times x = 400 \times 40$, $100 \times x = 16,000$, $x = 160$

12 날개골 상류의 속도 V_0, 날개골 상의 임의의 점의 속도를 V라고 할 때, 그 점에서의 압력계수를 표현한 식으로 옳은 것은?

① $1 - (\frac{V}{V_0})$　　② $1 - (\frac{V}{V_0})^2$
③ $1 - (\frac{V_0}{V})$　　④ $1 - (\frac{V_0}{V})^2$

해설

압력계수는 속도의 비를 이용하여
$C_p = \frac{P - P_0}{\frac{1}{2}\rho V_0^2} = 1 - (\frac{V}{V_0})^2$

13 고도 1,000m에서 공기의 밀도가 0.1kgf·sec²/m⁴이고, 비행기의 속도가 720km/h일 때, 이 비행기 피토관 입구에 작용하는 동압은 몇 kgf/m²인가?

① 7,200　　② 4,000
③ 2,000　　④ 360

해설

동압(q): dynamic pressure
$q = \frac{1}{2}\rho V^2$, $0.5 \times 0.1 \times (\frac{720}{3.6})^2$
$0.5 \times 0.1 \times 200^2 = 2,000$

14 그림과 같은 벤튜리관으로 밀도가 1000kg/m³인 물이 흘러가고 있다. 목 부분 a에서의 단면적이 4cm²이고, 출구 b에서 단면적이 16cm²이다. 출구 b에서 유체의 속도는 1m/sec, 압력은 10⁴N/m²이다. 목 부분에서 유체의 압력은 몇 N/m²인가?

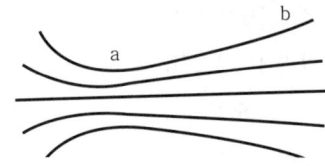

① 2,500　　② 5,000
③ 7,500　　④ 10,000

해설

비압축성 흐름
- $A_1V_1 = A_2V_2 = $ 항상 일정
  $4 \times x = 16 \times 1$, $4x = 16$, $x = 4$
- $P_1 + \frac{1}{2}\rho V_1^2 = P_2 + \frac{1}{2}\rho V_2^2 = $ 항상 일정
  $P_1 + 0.5 \times 1000 \times 4^2 = 10,000 + 0.5 \times 1000 \times 1^2$
  $P_1 + 8,000 = 10,500$, $P_1 = 10,500 - 8,000 = 2,500$

15 실제유체와 이상유체를 구분하는 주된 요인은?

① 운동에너지
② 점성
③ 유체의 압력
④ 유체의 속도

해설

- 이상 흐름(ideal flow) 또는 비점성 흐름(inviscid flow): 점성을 고려하지 않은 유체 흐름이다.
- 실제 흐름(real flow) 또는 점성 흐름(viscous flow): 점성의 영향을 고려하는 유체의 흐름이다.

정답 11. ④　12. ②　13. ③　14. ①　15. ②

16 비행기 날개 시위에 따라 공기 흐름의 형태가 달라지는데, 이것은 다음 중 주로 어떤 것에 따라 변하는가?

① 웨버수
② 마하수
③ 레이놀즈수
④ 오일러수

해설

레이놀즈수(Reynolds number)
층류와 난류를 구분하는 데 사용되는 기준으로 무차원의 수

$$\text{Re} = \frac{\text{관성력}}{\text{점성에 의한 마찰력}} = \frac{\rho VL}{\mu} = \frac{VL}{\nu}$$

17 레이놀즈수에 대한 설명 중에서 가장 거리가 먼 내용은?

① 비행하는 물체에 작용하는 점성력의 특성을 나타낸다.
② 속도가 커지면 레이놀즈수도 커진다.
③ 레이놀즈수가 증가할수록 흐름은 안정한 상태가 된다.
④ 천이 현상이 일어나는 레이놀즈수를 임계 레이놀즈수라 한다.

해설

레이놀즈수(Reynolds Number)
유체의 흐름은 속도에 따라 저속에서는 층류(laminar flow)로, 고속일 때는 난류(turbulent flow)의 흐름 특성을 가진다. 층류란 유체가 나란히 흐트러지지 않고 흐르는 것을 말하고, 난류란 유체가 불규칙하게 뒤섞이어 흐르는 것을 말한다. 유체의 흐름이 층류에서 난류로 바뀌는 것을 천이(transition)라 하고, 천이가 일어나는 레이놀즈수를 임계 레이놀즈수(critical reynolds number)라 한다. 즉 레이놀즈수가 어느 정도를 넘으면 층류는 난류로 변한다. 레이놀즈수는 이러한 유체 흐름의 특성을 규정할 때 사용한다.

18 날개시위의 길이가 2m, 공기 흐름의 속도가 720km/h, 공기의 동점계수가 0.2cm²/sec일 때, 레이놀즈수를 구하면?

① 2×10^6
② 2×10^7
③ 4×10^6
④ 4×10^7

해설

레이놀즈수(Reynold's Number, R.N, Re)

$$\text{Re} = \frac{\text{관성력}}{\text{점성력}} = \frac{\text{압력항력}}{\text{마찰항력}} = \frac{\rho VL}{\mu} = \frac{VL}{\nu}$$

$$R_e = \frac{\frac{720 \times 1000 \times 100}{3600} \times 2 \times 100}{0.2} = 20,000,000 = 2 \times 10^7$$

19 날개의 시위 길이가 5m, 공기의 흐름 속도가 360km/h, 공기의 밀도는 1.21kg/m³, 점성계수가 18.1×10⁻⁶N −s/m²일 때, 레이놀즈수는 약 얼마인가?

① 2×10^7
② 2×10^9
③ 3×10^7
④ 3×10^9

해설

레이놀즈수(Reynold's Number, R.N, Re)

$$\text{Re} = \frac{\text{관성력}}{\text{점성력}} = \frac{\text{압력항력}}{\text{마찰항력}} = \frac{\rho VL}{\mu} = \frac{VL}{\nu}$$

$$R_e = \frac{\frac{360 \times 1{,}000 \times 100}{3600} \times 5 \times 100}{18.1 \times 10^{-6}} = 30,000,000 = 3 \times 10^7$$

20 층류에서 난류로 변하는 원인에 해당하지 않는 것은?

① 유속
② 유체의 점성
③ 유체의 강성
④ 관의 지름

해설

층류에서 난류로 변하는 요인
- 유속
- 유체의 점성
- 관의 지름

정답 16. ③ 17. ③ 18. ② 19. ③ 20. ③

21 표준상태(T=273.15°K, P=1.0332×10⁴[kgf/m²])에서의 공기의 비체적 V =1/1.2992[m³/kg]이라면, 공기의 기체상수 R은 얼마인가?

① 27.29 ② 28.89
③ 29.27 ④ 32.21

[해설]

기체상수

기체	기체상수 (Kg·m/kg·K)
공기	29.27
산소(O_2)	26.49
질소(N_2)	30.26
수소(H_2)	420.55
일산화탄소(CO)	30.27
이산화탄소(CO_2)	19.26

22 비행기에 작용하는 공기력 중에서 압력항력과 점성항력을 합한 것을 무엇이라 하는가?

① 조파항력 ② 유도항력
③ 형상항력 ④ 마찰항력

[해설]

날개의 항력

- 유도항력(induced drag, D_i): 내리흐름(down wash)으로 인해 유효받음각이 작아져서 날개의 양력 성분이 기울어져 항력 성분을 만드는데, 이것은 유도속도 때문에 생긴 항력이므로 유도항력이라 하고, 이때의 속도를 유도속도라 한다.
- 형상항력(profile drag): 마찰항력 + 압력항력
- 조파항력(wave drag, D_w): 날개 표면의 초음속 흐름에서 충격파 발생으로 생기는 항력으로 양력계수의 제곱에 비례한다.
- 유해항력(parasite drag): 양력에는 관계하지 않고 비행을 방해하는 모든 항력, 즉 유도항력을 제외한 모든 항력을 말한다.

23 마하수에 대한 설명으로 가장 올바른 것은?

① 비행속도가 일정하면 마하수는 온도가 높을수록 비례하여 커진다.
② 비행속도가 일정하면 고도에 관계없이 마하수도 일정하다.
③ 마하수의 단위는 m/s이다.
④ 마하수는 음속에 반비례한다.

[해설]

마하수(Mach Number, M.N, Ma)의 정의
물체의 속도(비행기의 속도)와 그 고도에서의 소리의 속도(음속)와의 비를 말하며, 관계 유체의 압축성 특성을 잘 나타내는 무차원의 수이다.

$$Ma = \frac{물체의속도(비행기의속도)}{소리의속도} = \frac{V}{C}$$

※ V: 물체의 속도, C: 음속

24 마하수와 흐름의 특성이 잘못 설명되어 있는 것은?

① M≤0.3: 아음속 흐름, 압축성 흐름
② 0.3≤M≤0.75: 아음속 흐름, 압축성 흐름
③ 0.75≤M≤1.2: 천음속 흐름, 압축성 흐름
④ M≤0.5: 극초음속 흐름, 충격파 흐름

[해설]

마하수와 흐름의 특성
- 0.3 이하: 아음속 흐름, 비압축성 흐름
- 0.3~0.75: 아음속 흐름, 압축성 흐름
- 0.75~1.2: 천음속 흐름, 압축성 흐름, 부분적 충격파 발생
- 1.2~5.0: 초음속 흐름, 압축성 흐름, 충격파 발생
- 5.0 이상: 극초음속 흐름, 충격파 발생

정답 21. ③ 22. ③ 23. ④ 24. ①

25 720km/h로 비행하는 비행기 마하계의 눈금이 0.6을 지시했다면, 이 고도에서의 음속(m/sec)은?

① 340
② 333
③ 327
④ 322

해설

$$Ma = \frac{물체의속도(비행기의속도)}{소리의속도} = \frac{V}{C}$$

$$Ma = \frac{\frac{720}{3.6}}{0.6} = 333 m/sec$$

26 날개골에서 충격파가 발생할 때 충격파 후면에서의 밀도, 온도, 압력의 변화를 옳게 설명한 것은?

① 밀도, 온도, 압력 모두 증가한다.
② 밀도, 온도, 압력이 모두 감소한다.
③ 온도와 밀도는 증가하고 압력은 감소한다.
④ 밀도와 압력은 증가하고 온도는 감소한다.

해설

충격파(shock wave)
물체의 속도가 음속보다 커지면 자신이 만든 압력보다 앞서 비행하므로 이 압력파들이 겹쳐 소리가 나는 현상(충격파 전후에서 속도, 압력, 밀도, 온도가 급격히 변화하고, 충격파 뒤의 속도는 급격히 감소하며 압력, 밀도, 온도는 급격히 증가한다. 또 비가역 과정이고 엔트로피가 급격히 증가한다).

27 다음 중 압축성 흐름이고 부분적으로 충격파가 발생하는 흐름으로 가장 적정한 것은?

① 아음속
② 초음속
③ 천음속
④ 극초음속

해설

0.75~1.2: 천음속 흐름, 압축성 흐름, 부분적 충격파 발생

28 비교적 두꺼운 날개를 사용한 비행기가 천음속 영역에서 비행할 때, 발생하는 가로 불안정의 특별한 현상은?

① 커플링
② 디프실속
③ 날개 드롭
④ 더치롤

해설

날개 드롭(wing drop)
- 비행기가 천음속 영역에 도달하면 한쪽 날개가 실속을 일으켜서 갑자기 양력을 상실하여 급격한 옆놀이를 일으키는 현상이다.
- 도움날개의 효율이 떨어져 회복이 어렵다.
- 두꺼운 날개를 가진 비행기가 천음속으로 비행 시 발생한다.

29 날개에 충격파를 지연시키고 고속 시에 저항을 감소시킬 수 있으며, 음속으로 비행하는 제트항공기에 가장 많이 사용되는 날개는?

① 직사각형 날개
② 타원날개
③ 테이퍼 날개
④ 뒤젖힘 날개

해설

- 뒤젖힘 날개(후퇴 날개)
- 후퇴익의 장점
  - 충격파의 발생을 지연시킨다.
  - 고속 시 저항을 감소시킬 수 있어 여객기 등에 사용된다.
- 후퇴익의 결점
  - 익단 실속(wing tip stall)이 일어나기 쉽다.
  - 고속 비행 시 공력 탄성 문제가 있다(너무 뒤젖힘 각을 많이 주면 날개 뿌리 부근의 연결 부분이 구조적으로 약하다).

정답 25. ② 26. ① 27. ③ 28. ③ 29. ④

30 경사 충격파와 수직 충격파가 발생하는 곳에 관한 설명으로 옳은 것은?

① 경사 충격파는 천음속 흐름에서 생기고, 수직 충격파는 초음속 흐름에서 생긴다.
② 경사 충격파는 초음속 흐름에서 생기고, 수직 충격파는 천음속 흐름에서 생긴다.
③ 경사 충격파는 천음속 흐름에서 생기고, 수직 충격파는 아음속 흐름에서 생긴다.
④ 경사 충격파는 아음속 흐름에서 생기고, 수직 충격파는 천음속 흐름에서 생긴다.

해설

충격파
- 압력과 밀도는 증가하고 속도는 감소
- 경사 충격파(oblique shock wave): 경사 충격파를 지난 공기 흐름은 아음속이 될 수도 있고 초음속이 될 수도 있다. 수직 충격파를 지나면 속도가 급격하게 변화 감소하여 아음속이 되지만, 경사 충격파를 지난 공기 흐름은 속도가 급격하게 변화되지 않기 때문에 초음속 또는 아음속이 될 수 있다.
- 수직 충격파(normal shock wave): 수직 충격파를 지난 공기 흐름은 반드시 아음속이 되고 압력과 밀도는 급격히 증가하며, 온도는 불연속적으로 증가한다. 속도는 급격히 감소한다.
- 수축 단면의 공기 흐름: 통로가 일정 단면을 유지하다가 급격히 좁아지면 급격한 벽면으로부터 경사 충격파가 발생한다.
- 확대 단면(convex coner)의 초음속 흐름: 팽창파가 발생하고 팽창파를 지난 공기 흐름은 속도가 빨라진다.

정답 30. ②

CHAPTER 02 날개 이론

1 날개의 모양과 특성

(1) 날개골의 모양

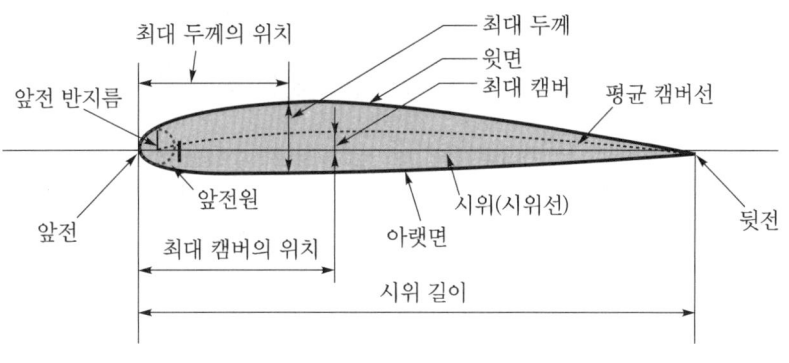

▲ 날개골의 명칭

① **앞전(leading edge)**: 날개골 앞부분의 끝을 말하며 둥근 원호나 뾰족한 쐐기 모양을 하고 있다.

② **뒷전(trailing edge)**: 날개골 뒷부분의 끝을 말한다.

③ **시위(chord)**: 날개골의 앞전과 뒷전을 이은 직선으로 시위선의 길이를 "C"로 표시하고 특성 길이의 기준으로 쓰인다.

④ **두께**: 시위선에서 수직선을 그었을 때 윗면과 아랫면 사이의 수직거리를 말한다.
   - 최대 두께: 가장 두꺼운 곳의 길이
   - 두께비: 두께와 시위선과의 비

⑤ **평균 캠버선(mean camber line)**: 두께의 이등분 점을 연결한 선으로, 날개의 휘어진 모양을 나타낸다.

⑥ **앞전 반지름:** 앞전에서 평균 캠버선 상에 중심을 두고, 앞전 곡선에 내접하도록 그린 원의 반지름을 말하며, 앞전 모양을 나타낸다.

⑦ **최대 두께의 위치:** 앞전에서부터 최대 두께까지의 시위선 상의 거리를 말하며, 시위선 길이와의 비로 나타낸다.

⑧ **최대 캠버의 위치:** 앞전에서부터 최대 캠버까지의 시위선 상의 거리를 말하며, 그 거리는 시위선 길이와의 비(%)로 나타낸다.

⑨ **캠버(camber):** 평균 캠버선과 시위 사이의 거리로, 날개의 양력 특성에 큰 영향을 받는다.

(2) 날개골의 공력 특성

① **양력(lift)과 항력(drag)**

  가) 양력: 날개골에 흐르는 흐름 방향에 수직인 공기력

  나) 항력: 날개골에 흐르는 흐름 방향과 같은 방향의 공기력

$$L(양력) = C_L \frac{1}{2} \rho V^2 S \qquad C_L(양력계수) = \frac{2W}{\rho V^2 S}$$

$$D(항력) = C_D \frac{1}{2} \rho V^2 S \qquad C_D(항력계수) = \frac{2W}{\rho V^2 S}$$

여기서 ρ: 공기밀도, V: 속도, C_L: 양력계수, S: 날개 면적, C_D: 항력계수

  다) 양력과 항력은 밀도(ρ), 면적(S)에 비례하고 속도 제곱(V^2)에 비례한다.

  라) 날개골은 최대양력계수가 크고, 최소항력계수가 작을수록 좋다.

  마) 마하수가 음속 가까이 되면 항력계수는 급격히 증가하고, 양력계수는 감소한다.

② **받음각(angle of attack):** 공기 흐름의 속도 방향과 날개골 시위선이 이루는 각이다.

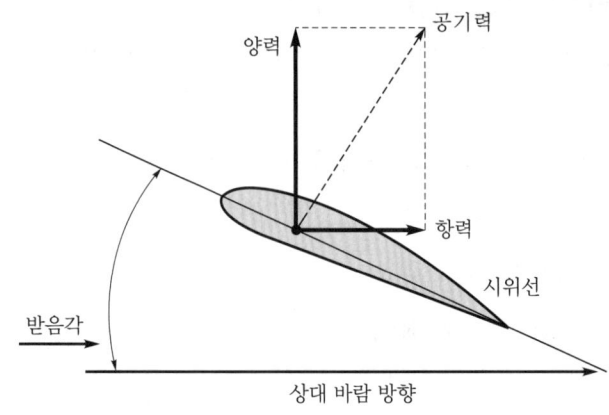

③ 받음각과 양력계수, 항력계수와의 관계

가) 양력계수와 받음각과의 관계

> - 받음각이 특정 각일 때 양력이 0일 경우, 이때의 받음각을 영 양력 받음각(zero lift of attack)이라 한다.
> - 받음각이 증가함에 따라 양력계수는 거의 직선적으로 증가한다.
> - 받음각이 특정 각일 때 양력계수는 최대가 되는데, 이때의 양력계수를 최대 양력계수라 한다. 또 이때의 받음각을 실속각(stalling angle of attack)이라 한다.
> - 실속각을 넘으면 양력계수는 급격히 감소하는데, 이를 실속이라 한다.

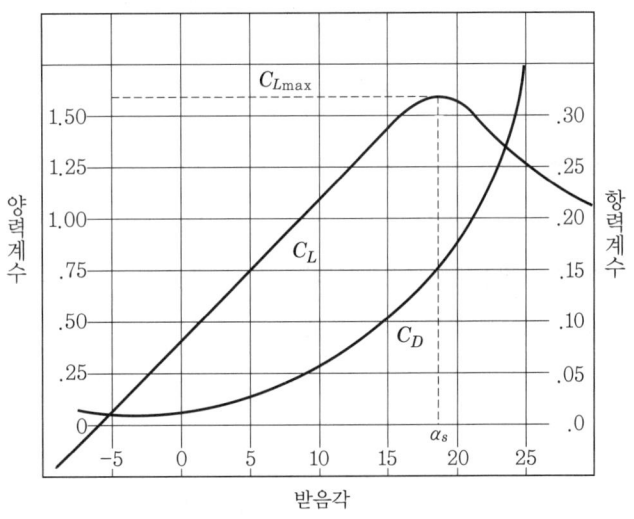

▲ 날개골의 양항 특성

나) 항력계수와 받음각과의 관계

> - 항력계수가 "0"이 되는 점은 없고 특정 받음각일 때 항력계수는 최소가 되는데, 이를 최소항력계수(C_{Di})라 한다.
> - 받음각이 증가할수록 항력계수는 증가하고 실속각을 넘으면 항력은 급격히 증가한다.
> - 항력계수는 받음각이 "−" 값을 가져도 항상 "+" 값을 갖는다.

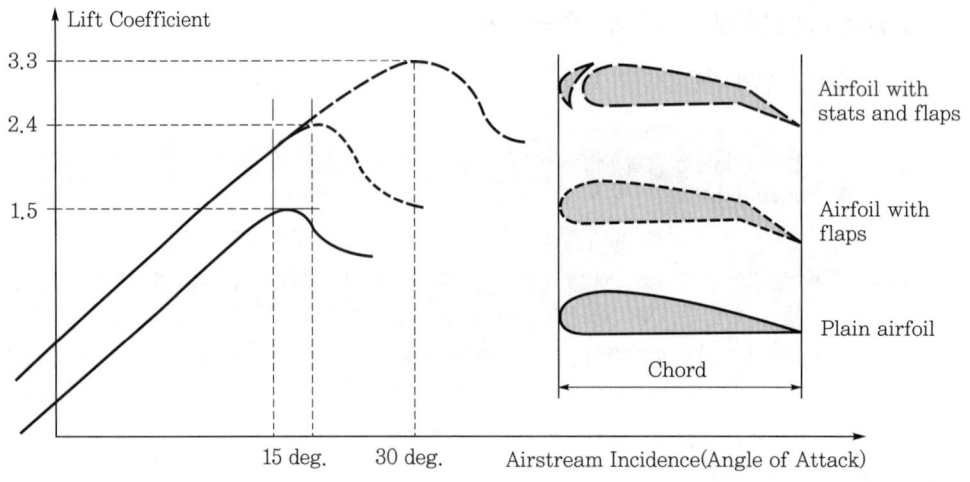

▲ 양력계수와 받음각과의 관계

④ 날개골 모양에 따른 특성

　가) 두께

　　• 받음각이 작을 때: 두꺼운 날개보다 얇은 날개가 항력이 작다.

　　• 받음각이 클 때: 두꺼운 날개보다 얇은 날개가 항력이 크다.

　나) 캠버: 캠버가 클수록 양력이 크고 항력도 크다. 실속각은 작다.

　다) 앞전 반지름

　　• 앞전 반지름이 작은 날개골: 받음각이 작을 때 항력이 작지만, 받음각이 일정한 값 이상 커지면 항력은 급증한다.

　　• 앞전 반지름이 큰 날개골: 받음각이 작을 때 항력은 크지만, 받음각이 클 경우 흐름의 떨어짐이 적어 최대 받음각이 커진다.

　라) 시위 길이: 시위 길이가 길수록 큰 받음각에서도 흐름의 떨어짐이 일어나지 않는다.

(3) 압력 중심과 공기력 중심

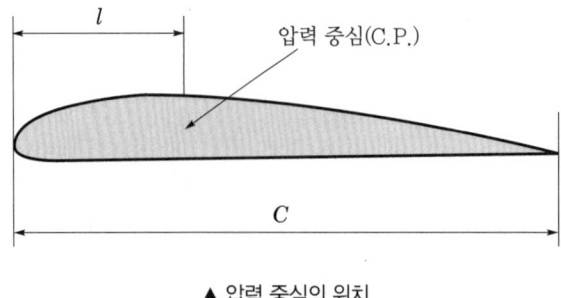

▲ 압력 중심의 위치

① 압력 중심(C.P: Center of Pressure, 풍압 중심)

날개골의 윗면과 아랫면에서 작용하는 압력이 시위선 상의 어느 한 점에 작용하는 지점을 말한다. 받음각이 증가하면 압력 중심은 앞전 쪽으로 이동한다.

$$CP = \frac{l}{c} \times 100 (\%)$$

② 공기력 중심(A.C: Aerodynamic Center)

받음각이 변하더라도 모멘트 값이 변하지 않는 점을 말한다. 일정한 점을 말하며, 공기력 중심은 보통 날개 시위의 25%에 위치한다.

$$M(공기력\ 모멘트) = C_m \frac{1}{2} \rho V^2 S C$$

※ C_m: 모멘트 계수, C: 시위 길이, S: 날개 면적

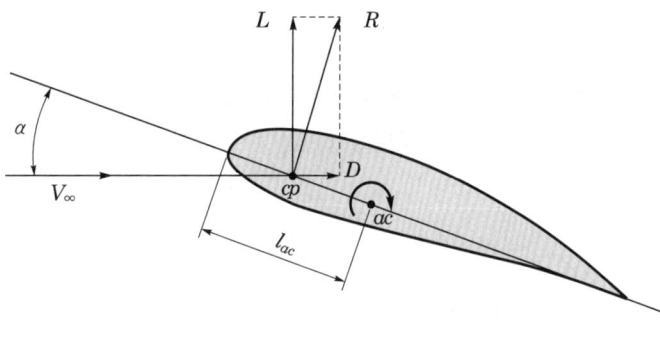

▲ 공기력과 모멘트

(4) 날개골의 종류

① 날개골의 호칭

가) 4자 계열: 최대 캠버의 위치가 시위 길이의 40% 뒤쪽에 위치한 날개골이다.

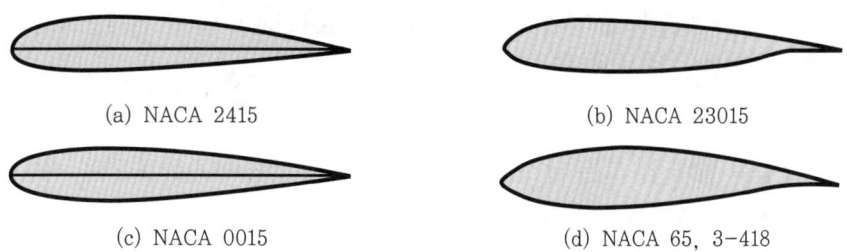

(a) NACA 2415 (b) NACA 23015
(c) NACA 0015 (d) NACA 65, 3-418

NACA 2415
- 2: 최대 캠버의 크기가 시위의 2%이다.
- 4: 최대 캠버의 위치가 앞전에서부터 시위의 40% 뒤에 있다.
- 15: 최대 두께가 시위의 15%이다.

나) 5자 계열: 4자 계열 날개골을 개선하여 만든 것으로, 최대 캠버의 위치를 앞쪽으로 옮겨 양력계수를 증가시킨 날개골이다.

NACA 23015
- 2: 최대 캠버의 크기가 시위의 2%이다.
- 3: 최대 캠버의 위치가 시위의 15%이다.
- 0: 평균 캠버선의 뒤쪽 반이 직선이다(1일 경우 뒤쪽 반이 곡선임을 뜻한다).
- 15: 최대 두께가 시위의 15%이다.

다) 6자 계열(층류형 날개골): 최대 두께 위치를 중앙 부근에 놓이도록 하여 설계 양력계수 부근에서 항력계수가 작아지도록 하고, 받음각이 작을 때 앞부분의 흐름이 층류를 유지하도록 한 날개골이다.

NACA 65_1215
- 6: 6자 계열의 날개골이다.
- 5: 받음각이 0일 때 최소 압력이 시위의 50%에 생긴다.
- 1: 항력 버킷의 폭이 설계 양력계수를 중심으로 해서 ±0.1이다.
- 2: 설계 양력계수가 0.2이다.
- 최대 두께가 시위의 15%이다.

참고 항력 버킷

어떤 양력계수 부근에서 항력계수가 갑자기 작아지는 부분을 말한다. 두께가 얇을수록 또는 레이놀즈수가 클수록 항력 버킷은 좁고 깊어진다.

라) 초음속 날개골: 모든 날개골의 앞전은 칼날과 같이 뾰족한 모양을 하여 조파항력을 줄이기 위해 만든 날개골이다.

1S −(50) (03) − (50) (03)
- 1: 일련번호(1: 쐐기형, 2: 원호형)
- S: 초음속 날개
- (50): 윗면 최대 두께의 위치가 시위의 50%에 있다.
- (03): 윗면 최대 두께가 시위의 $\frac{3}{100}$에 해당한다.
- (50): 밑면 최대 두께의 위치가 시위의 50%에 있다.
- (03): 밑면 최대 두께가 시위의 $\frac{3}{100}$에 해당한다.

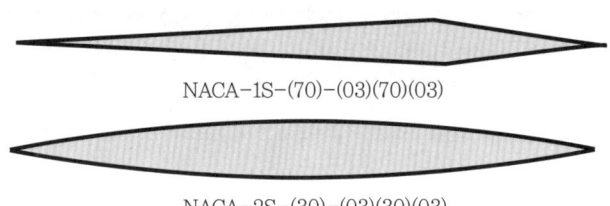

NACA−1S−(70)−(03)(70)(03)

NACA−2S−(30)−(03)(30)(03)

참고 | 조파항력

날개골이 초음속 흐름에 놓이면, 날개골에 충격파가 생기므로 해서 압력의 변화가 생기고, 이 압력의 변화에 의해 생기는 항력이다. 날개골의 앞전이 뾰족하고 얇을수록 작아진다.

② 고속기의 날개골

층류 날개골	최대 두께의 위치를 중앙 부근(40~50%)에 위치하게 하여 항력계수가 작아지도록 하고, 받음각이 작을 때 앞부분의 흐름이 층류를 유지하도록 한 날개골이다.
피키 날개골	충격파의 발생으로 인한 항력의 증가를 억제하기 위해 시위 앞부분의 압력 분포를 뾰족하게 만든 날개골이다.
초임계 날개골	날개 주위에 초음속 영역을 넓혀서 충격파를 약하게 하여 항력의 증가를 억제하여 비행속도를 음속에 가깝게 한 날개골로써 임계마하수를 0.99까지 얻을 수 있다.

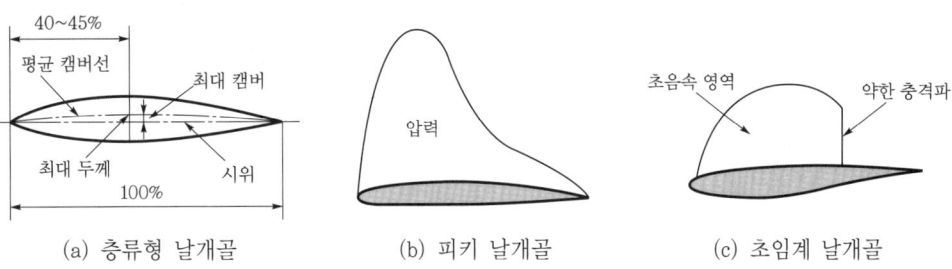

(a) 층류형 날개골   (b) 피키 날개골   (c) 초임계 날개골

(5) 날개의 용어

① **날개 면적(S):** 보통 날개 윗면의 투영 면적을 말하며, 동체나 엔진 나셀(nacelle)에 의해 가려진 부분도 포함한다.

② **날개 길이(b):** 한쪽 날개 끝에서 다른 쪽 날개 끝까지의 길이이다.

③ **시위(C):** 날개골의 앞전과 뒷전을 이은 직선으로, 보통 시위라고 하면 평균 시위를 말한다.

> **참고** 평균 공력 시위(MAC: Mean Aerodynamic Chord)
>
> 주 날개의 항공역학적 특성을 대표하는 부분의 시위로, 날개를 가상적 직사각형 날개라 가정했을 때 시위이다. 무게중심 위치가 MAC의 25%라 함은 무게중심이 MAC의 앞전에서부터 25%의 위치에 있음을 말한다.

④ **날개의 가로세로비(AR: Aspect Ratio)**

$$AR = \frac{b}{c} = \frac{b^2}{S} = \frac{S}{c^2}$$

※ 여기서 c=시위 길이, b=날개 길이, S=날개 면적

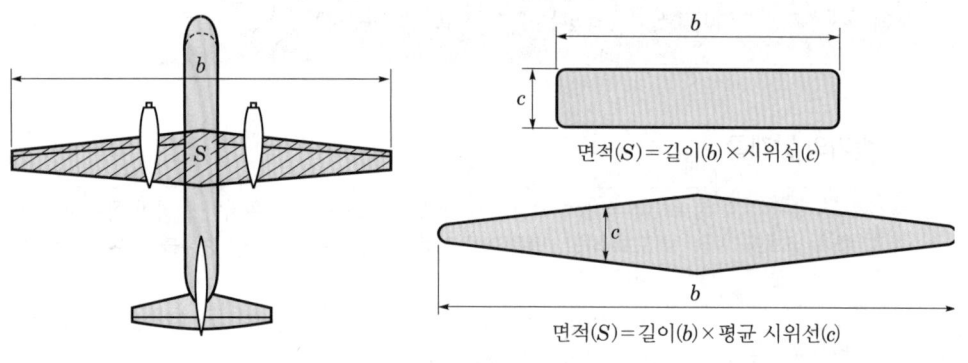

▲ 항공기 날개 용어

> **참고**
>
> 가로세로비가 커지면 유도항력은 작아지고, 종횡비가 클수록 활공 성능은 좋아진다.

⑤ **테이퍼 비:** 날개 뿌리 시위 길이(Cr)와 날개 끝 시위(Ct)와의 비

$$테이퍼비(\lambda) = \frac{C_t}{C_r}$$

- 직사각형 날개의 테이퍼 비: 1
- 삼각 날개의 테이퍼 비: 0

⑥ **뒤젖힘 각(sweep back angle):** 앞전에서 25%C 되는 점들을 날개 뿌리에서 날개 끝까지 연결한 직선과 기체의 가로축이 이루는 각, 뒤젖힘 각이 클수록 고속 특성이 좋아진다.

⑦ **쳐든각(상반각):** 기체를 수평으로 놓고 보았을 때 날개가 수평을 기준으로 위로 올라간 각이다.
- 쳐든각의 효과: 옆놀이(rolling) 안정성이 좋아 옆미끄럼(sideslip)을 방지한다.

⑧ **붙임각:** 기체의 세로축과 날개 시위선이 이루는 각이다.

⑨ **기하학적 비틀림:** 날개 끝의 붙임각을 날개 뿌리의 붙임각보다 작게 한 것이다.

> **참고** 날개에 기하학적 비틀림을 주는 이유
>
> 날개 끝에서 실속이 늦게 일어나 날개 끝 실속을 방지한다. 날개 뿌리의 받음각보다 2~3° 정도 작게 기하학적 비틀림을 주면 날개 끝에서 실속이 늦게 일어난다.

(6) 날개의 모양

① **직사각형 날개:** 제작이 쉽고 소형 항공기에 사용한다. 날개 끝 실속 경향이 없어 안정성이 있다.
- 날개 실속: 날개 뿌리 부근에서 먼저 실속이 발생한다.

② **테이퍼 날개:** 날개 끝과 날개 뿌리의 시위 길이가 다른 날개이며, 많이 사용한다.
- 날개 실속: 날개 끝에서 먼저 실속이 발생한다.
- 실속 예방: 날개에 비틀림을 주어서 날개 끝 실속을 방지한다.

③ **타원 날개:** 날개 길이 방향의 유도 속도가 일정하고 유도항력이 최소이다.
- 날개 실속: 날개 길이를 걸쳐 균일하게 발생한다.

④ **앞젖힘 날개:** 날개 전체가 뿌리에서부터 날개 끝에 걸쳐 앞으로 젖혀진 날개이다. 공기 흐름이 날개 뿌리 쪽으로 흐르는 특성으로 날개 끝 실속이 발생하지 않고 고속 특성도 좋다.

⑤ **뒤젖힘 날개:** 날개 전체가 뿌리에서부터 날개 끝에 걸쳐 뒤로 젖혀진 날개이다.
- 충격파의 발생을 지연시키고, 고속 시 저항을 감소시켜 음속 근처의 속도로 비행하는 제트 여객기에 사용한다.
- 뒤젖힘 각을 크게 하면 구조적으로 약하다.

⑥ **삼각 날개**: 뒤젖힘 날개를 더 발전시킨 날개로 초음속 항공기에 적합한 날개이다.
- 장점: 날개 시위 길이를 길게 할 수 있어 두께비를 작게 할 수 있고, 뒤젖힘 각도가 커서 임계 마하수가 높고 구조적으로도 강하다.
- 단점: 최대 양력이 크지 않아 날개 면적이 커야 되고, 이착륙 시 조종 시계가 나쁘다.

⑦ **오지 날개(반곡선 날개)**: 양호한 초음속 특성과 저속 시 안정성을 가지도록 설계된 날개로 콩코드 날개에 사용한다.

⑧ **가변 날개**: 저속 시에는 날개가 뒤젖힘이 없는 직선 날개로 하여 저속 공력 특성을 좋게 하고, 고속 시에는 뒤젖힘 각을 주어 고속 특성이 좋도록 설계한 날개이다.

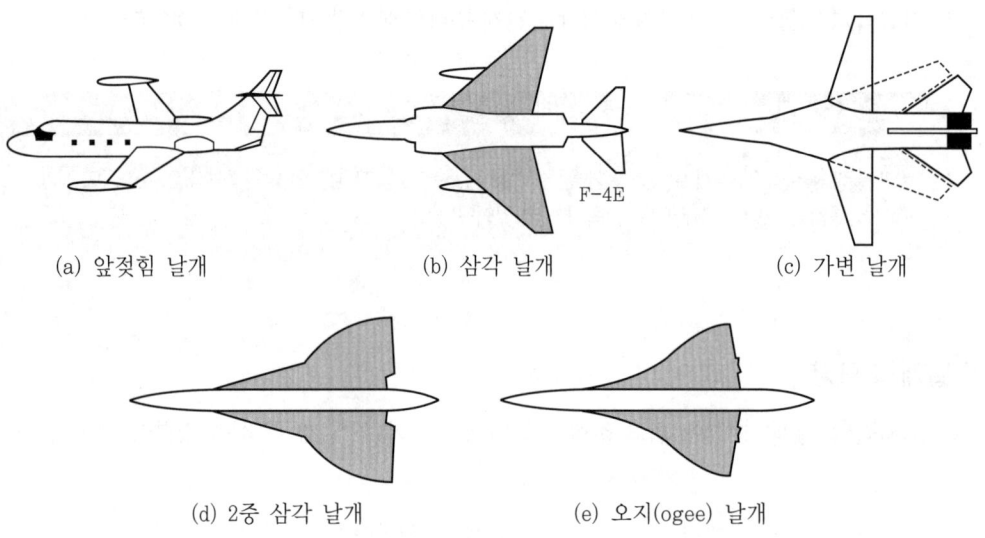

▲ 날개의 모양

(7) 고속형 날개

① **뒤젖힘 날개(후퇴 날개)**

가) 후퇴익의 장점
- 충격파의 발생을 지연시킨다.
- 고속 시 저항을 감소시킬 수 있어 여객기 등에 사용된다.

나) 후퇴익의 결점
- 날개 끝(익단) 실속(wing tip stall)이 일어나기 쉽다.
- 너무 뒤젖힘 각을 많이 주면 날개 뿌리 부근의 연결 부분이 구조적으로 약하다(공력 탄성에 문제가 생긴다).

② 삼각 날개
- 후퇴 날개의 문제점을 해결한 날개이다.
- 공력 탄성에 충분히 견딜 만한 강성을 가지고 있다.
- 고속으로 비행할 경우에는 날개 끝 실속이 일어나기 어렵다.
- 공력 중심의 이동이 작다.
- 가로세로비가 작아 양력이 작다.
- 조종석의 전방 시계가 나쁘다.
- 날개 앞전에 와류 플랩(vortex flap) 설치로 높은 양항비를 얻도록 한다.

③ 오지 날개
- 날개의 평면형은 시위가 길고 날개 길이가 길며, 최소 면적을 가지는 날개로 콩코드 여객기가 여기에 속한다.

④ 경사 날개
- 저속 비행 시에는 직선 날개이다.
- 고속 비행 시에는 한쪽 날개는 앞젖힘 날개, 다른 한쪽 날개는 뒤젖힘 날개이다.
- 가변 날개보다 양력 중심의 이동이 작아서 공력하중을 감소시킨다.

2 날개의 공기력

(1) 날개의 양력

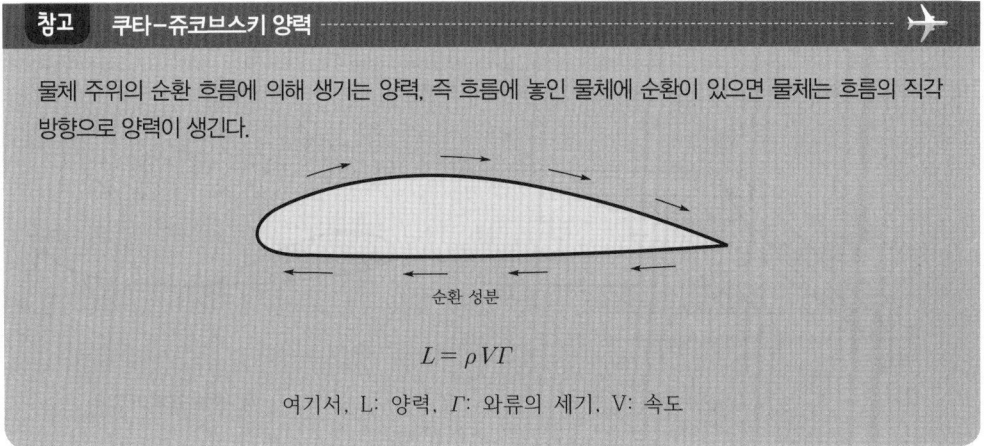

참고 쿠타-쥬코브스키 양력

물체 주위의 순환 흐름에 의해 생기는 양력, 즉 흐름에 놓인 물체에 순환이 있으면 물체는 흐름의 직각 방향으로 양력이 생긴다.

순환 성분

$$L = \rho V \Gamma$$

여기서, L: 양력, Γ: 와류의 세기, V: 속도

① **출발 와류(starting vortex):** 날개 뒷전에서 흐름의 떨어짐이 있게 되어 생기게 되는 와류이다.

② **속박 와류(bound vortex):** 출발 와류가 생기면 날개 주위에 크기가 같고 방향이 반대인 와류가 발생하는 와류현상이다. 이 속박 와류로 인해 양력이 발생한다.

③ **날개 끝 와류(wing tip vortex):** 날개를 지나는 흐름은 윗면에서 부압(−), 아랫면에서 정압(+)이기 때문에 날개 끝의 날개 아랫면에서 윗면으로 말려드는 와류현상이다.

④ **말굽형 와류(horse shoe vortex):** 테이퍼 날개에서 날개 끝 와류가 날개 길이 중간에도 생겨 말굽 모양의 와류가 발생하는 와류현상이다.

⑤ **내리흐름(down wash):** 날개 끝이 있는 날개는 날개 끝에 날개 끝 와류가 발생되며, 이것은 날개 뒤쪽 부분의 공기 흐름을 아래로 향하게 하는 흐름이다.

⑥ **겉보기 받음각(기하학적 받음각):** 내리흐름에 의한 영향을 고려하지 않고 자유 흐름의 방향과 날개골의 시위선이 이루는 받음각이다.

⑦ **유효 받음각:** 내리흐름에 의해 날개 흐름에 대한 받음각은 겉보기 받음각보다 작아지는데, 이 받음각을 유효 받음각이라 한다.

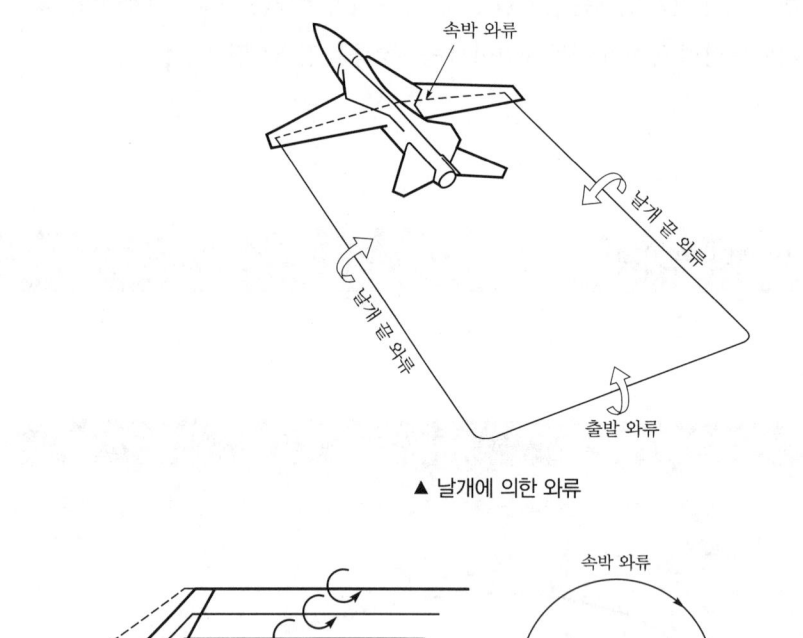

▲ 날개에 의한 와류

▲ 말굽형 와류

▲ 날개 주위의 순환

(2) 날개의 항력

① **유도항력**: 내리흐름(down wash)으로 인해 유효 받음각이 작아져서 날개의 양력 성분이 기울어져 항력 성분을 만드는데, 이것은 유도속도 때문에 생긴 항력이므로 유도항력이라 하고, 이때의 속도를 유도속도라 한다.

$$D_i = \frac{1}{2}\rho V^2 C_{D_i} S \qquad C_{D_i} = \frac{C_L^2}{\pi e AR}$$

※ C_{D_i}: 유도항력계수, AR: 가로세로비, e: 스팬 효율계수

가) 유도항력은 가로세로비에 반비례한다.

나) 타원형 날개가 유도항력이 가장 작다.

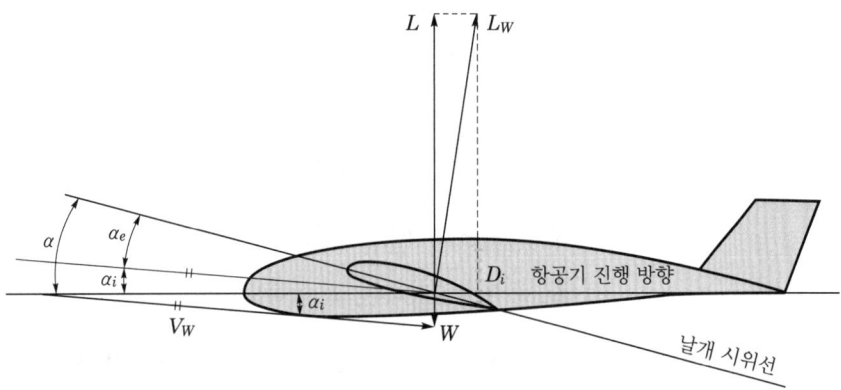

▲ 유도항력

다) 유도각(α_i) 가로세로비의 관계식

$$\alpha_i = \frac{C_L}{\pi e AR}$$

라) 날개 면적은 동일하고, 날개 길이를 2배로 할 경우: 가로세로비는 4배 증가하고, 유도항력은 $\frac{1}{4}$배 증가한다.

마) 날개 면적은 동일하고 날개 길이를 2배, 양력계수를 $\frac{1}{2}$배로 할 경우: 가로세로비는 4배 증가하고 유도항력은 $\frac{1}{16}$배 증가한다.

바) 스팬 효율계수(e): 타원 날개의 경우 "e"의 값은 "1"이 되고, 그 밖의 날개는 "e"의 값이 "1"보다 작다.

※ 스팬 효율계수(e)를 크게 하면 유도항력은 작아진다.

사) 유해항력: 양력에는 관계하지 않고, 비행을 방해하는 모든 항력을 유해항력이라 한다. 유도항력을 제외한 모든 항력을 말한다.

② **형상항력**: 물체의 모양에 따라서 다른 값을 가지는 항력으로, 공기가 점성을 가지고 있기 때문에 발행하는 항력이다.

> **참고**
>
> 형상항력(profile drag) = 마찰형력 + 압력항력

가) 압력항력(pressure drag): 흐름이 물체 표면에서 떨어져 하류 쪽으로 와류를 발생시키기 때문에 생기는 항력으로 유선형일수록 압력항력이 작다.

나) 마찰항력(friction drag): 물체 표면과 유체 사이에서 발생되는 점성 마찰에 의한 항력을 말한다.

※ 아음속 항공기에 생기는 전체 항력계수(C_D)

$$C_D = C_{DP} + C_{Di} = C_{DP} + \frac{C_L^2}{\pi e AR}$$

C_{DP}: 형상항력계수, C_{Di}: 유도항력계수

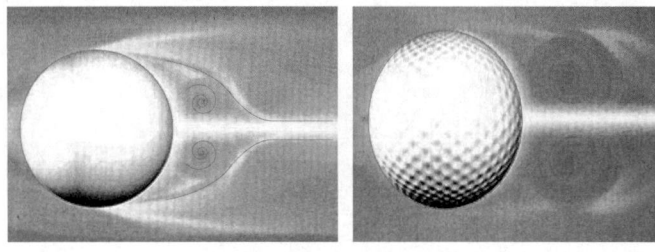

▲ 형상항력

③ **조파항력(wave drag)**: 날개 표면의 초음속 흐름 시 충격파 발생으로 충격파 뒤에 흐름의 떨어짐 현상으로 항력이 증가하게 되어 생기는 항력으로, 받음각의 제곱과 두께비의 제곱에 비례한다.

가) 부착 충격파(attached shock wave): 뾰족한 물체 앞에 생기는 약한 충격파이다.

나) 이탈 충격파(detached shock wave): 뭉툭한 물체 앞에 생기는 강한 충격파이다.

(3) 날개의 실속

① 실속 (stall)

가) 무동력 실속(power off stall): 엔진의 출력을 줄일 때 비행기 속도가 작아져서 양력이 비행기 무게보다 작게 되어 비행기가 침하하는 경우의 실속이다.

나) 동력 실속(power on stall): 엔진의 출력은 충분히 크나 날개의 받음각이 너무 커서 날개 윗면의 흐름이 떨어짐으로 인하여 양력을 발생하지 못하여 비행기가 고도를 유지할 수 없는 상태의 실속이다.

다) 완만한 실속 특성을 갖는 날개골: 가로세로비가 작고, 날개 두께가 두껍고, 앞전 반지름과 캠버가 크다.

② 날개 모양에 따른 실속 특성

가) 직사각형 날개: 실속이 날개 뿌리에서부터 발생한다.

나) 테이퍼형 날개
- 테이퍼 비가 0.5보다 작은 날개: 날개 끝부터 실속이 일어난다.
- 테이퍼 비가 0.5일 때: 날개 전체에 걸쳐 일어난다.

다) 타원 날개: 날개 길이 전체에 걸쳐 실속이 발생한다.

라) 뒤젖힘 날개: 날개 끝에서 실속이 시작된다.

③ 날개 끝 실속 방지법

가) 날개의 테이퍼 비를 너무 크게 하지 않는다.

나) 날개 끝으로 갈수록 받음각이 작아지도록 날개의 앞내림(wash out)을 준다(기하학적 비틀림).

다) 날개 끝부분에 두께비, 앞전 반지름, 캠버 등이 큰 날개골을 사용하여 실속각을 크게 한다(공력적 비틀림).

라) 날개 뿌리에 스트립(strip)을 붙여 받음각이 클 때 흐름을 강제로 떨어지게 하여 날개 끝보다 먼저 실속이 생기게 한다.

마) 날개 앞전 앞쪽에 슬롯(slot)을 설치하여 흐름의 떨어짐을 방지한다.

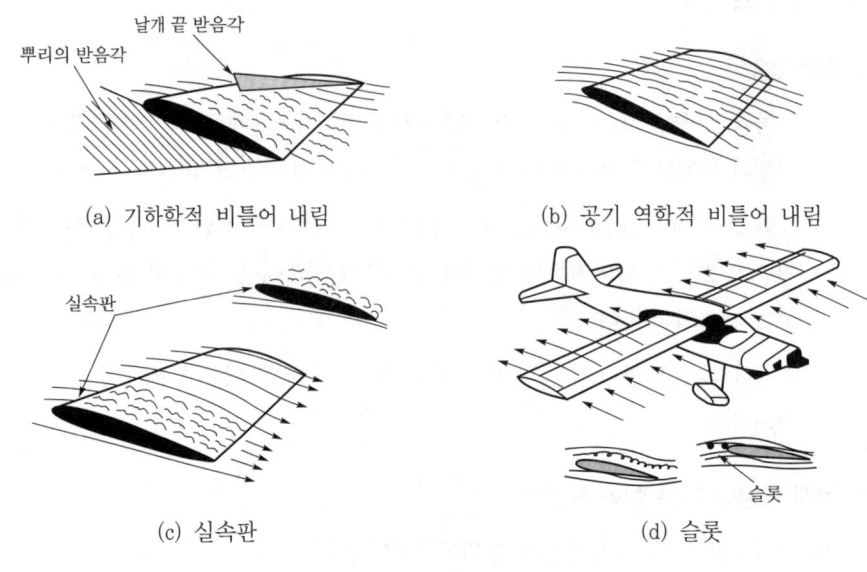

▲ 날개의 실속 끝 방지 방법

3 날개의 공력 보조장치

양력이나 항력을 목적에 따라 변화시키기 위해 날개 면이나 동체에 덧붙인 장치로 양력을 증가시키는 고양력 장치는 이륙 시에 많이 사용되고, 항력을 크게 하는 고항력 장치는 공중에서와 착륙할 때 사용한다.

(1) 고양력 장치(high lift device)

① **뒷전 플랩(flap)**: 날개 뒷전을 아래로 구부려 캠버를 증가시켜 최대 양력을 증가시키는 장치이다.

단순 플랩 (plain flap)	날개 뒷전을 단순히 밑으로 굽혀 날개의 캠버만 증가시켜 준다. 소형 저속기에 많이 사용한다.
스플릿 플랩 (split flap)	날개 뒷전 밑면의 일부를 내림으로써 날개 윗면의 흐름을 강제적으로 빨아들여 흐름의 떨어짐을 지연시킨다. 뒷전에 흐름의 떨어짐이 생기게 되어 항력이 두드러지게 증가한다.

슬롯 플랩 (slot flap)	플랩을 내렸을 때 플랩의 앞전에 슬롯의 틈이 생겨 이를 통하여 날개 밑면의 흐름을 윗면으로 올려 뒷전 부분 흐름의 떨어짐을 방지한다. 플랩 각도를 크게 할 수 있어 최대 양력계수가 커진다.
파울러 플랩 (fowler flap)	플랩을 내리면 날개 면적과 캠버를 동시에 증가시켜 양력을 증가시킨다. 이 플랩은 날개 면적을 증가시키고, 틈의 효과와 캠버 증가의 효과로 다른 플랩보다 최대 양력계수 값이 가장 크게 증가한다.
이중, 삼중 슬롯 플랩	랩 앞쪽 틈에 베인(vane)을 설치하여 틈이 두 개 또는 세 개가 생기도록 한 것으로 흐름의 떨어짐을 일으키지 않고 큰 플랩 각을 취할 수 있어 최대 양력계수는 아주 커진다.

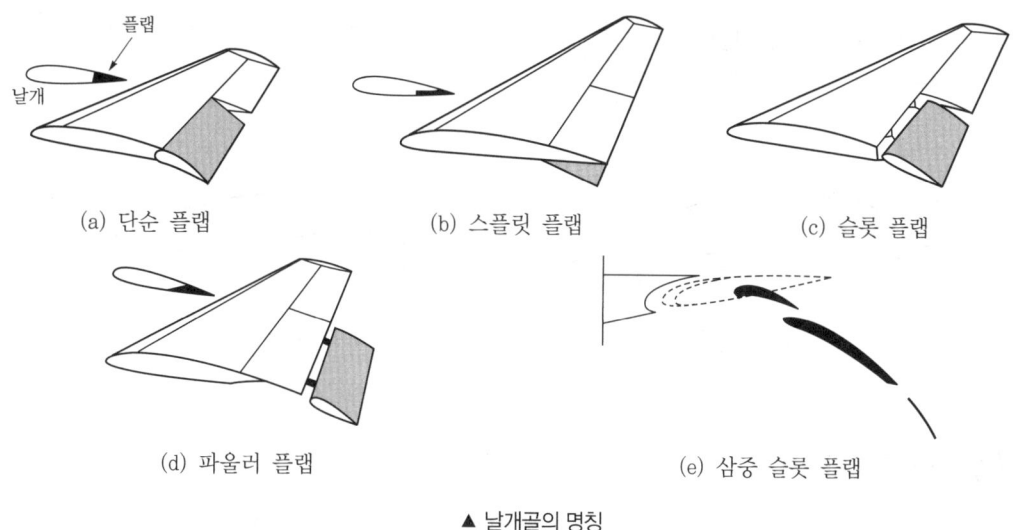

▲ 날개골의 명칭

② **앞전 플랩(leading edge flap):** 실속 속도를 충분히 작게 할 수 있는 강력한 고양력 장치이며, 날개의 앞전 반지름을 크게 하는 것과 같은 효과를 내며, 큰 받음각에서도 흐름의 떨어짐이 일어나지 않는 장치이다.

슬롯과 슬랫 (slot and slat)	날개 앞전의 약간 안쪽 밑면에서 윗면으로 틈을 만들어, 큰 받음각일 때 밑면의 흐름을 윗면으로 유도하여 흐름의 떨어짐을 지연시킨다. • 고정 슬롯, 자동 슬롯 • 자동 슬롯에서 앞쪽으로 나간 부분을 슬랫(slat)이라 한다.
크루거 플랩 (kruger flap)	날개 밑면에 접혀져 날개 일부를 구성하고 있으나, 조작하면 앞쪽으로 꺾여 구부러지고 앞전 반지름을 크게 하여 효과를 얻는다.
드루프 앞전 (drooped leading edge)	날개 앞전부를 구부려 캠버를 크게 함과 동시에 앞전 반지름을 크게 하여 양력을 증가시키는 장치이다.

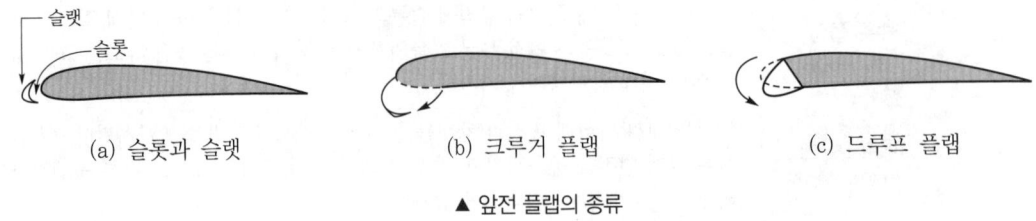

▲ 앞전 플랩의 종류

③ **경계층 제어장치**: 받음각이 클 때 흐름의 떨어짐을 직접 방지하는 장치이다.

불어날림(blowing) 방식	고압의 공기를 날개면 뒤쪽으로 분사하여 경계층을 불어 날리는 방식이다.
빨아들임(suction) 방식	날개 윗면에서 흐름을 강제적으로 빨아들여 흐름의 가속을 촉진함과 동시에 흐름의 떨어짐을 방지하는 방식이다.

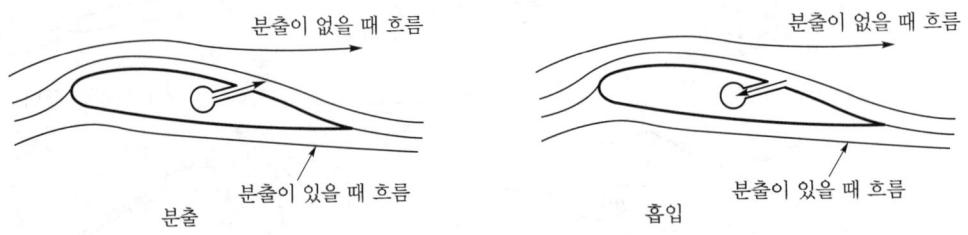

(2) 고항력 장치

① **스포일러(spoiler)**: 날개 중앙 부위에 부착된 일종의 평판으로, 이것을 날개 윗면이나 밑면에서 펼침으로써 흐름을 강제적으로 떨어지게 하여 양력을 감소시키고 항력을 증가시키는 장치이다.

공중 스포일러 (flight spoiler)	고속비행 시 대칭적으로 펼치면 공기 브레이크 기능을 하고, 도움날개와 연동하여 좌우 스포일러를 다르게 움직여 도움날개의 역할을 도와주는 기능이다.
지상 스포일러 (ground spoiler)	착륙 시 펼쳐서 양력을 감소시키고 항력을 증가시키는 역할을 한다.

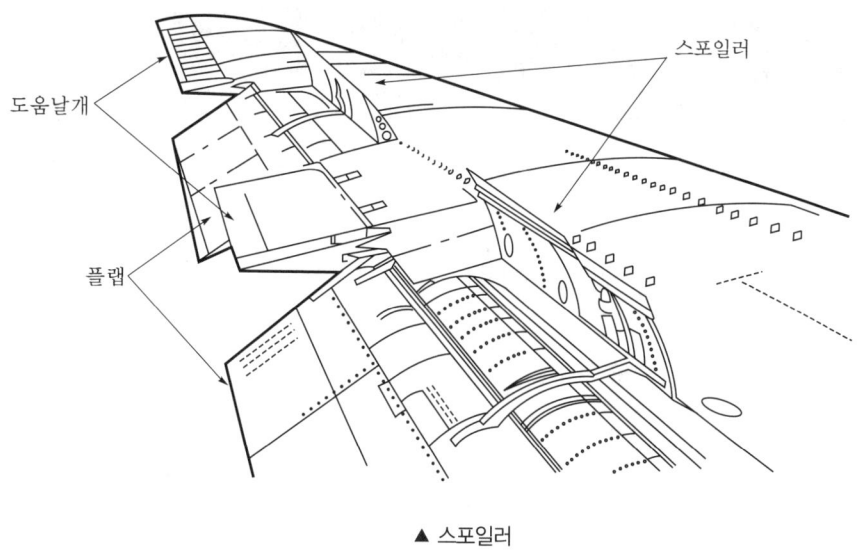

▲ 스포일러

② **역추력 장치(thrust reverser):** 제트엔진에서 배기가스를 역류시켜 추력의 방향을 반대로 바꾸는 장치로 착륙거리를 단축하기 위해 사용한다.

- 역피치 프로펠러: 프로펠러 비행기에서 프로펠러의 피치를 반대로 해서 추력을 반대로 형성시켜 착륙거리를 단축시키기 위해 사용한다.

③ **드래그 슈트(drag chute):** 일종의 낙하산과 같은 것으로 착륙거리를 짧게 하거나 비행 중 스핀에 들어갔을 때 회복 시 이용하는 것으로 기체의 뒷부분으로 펼쳐서 속도를 감소시킨다.

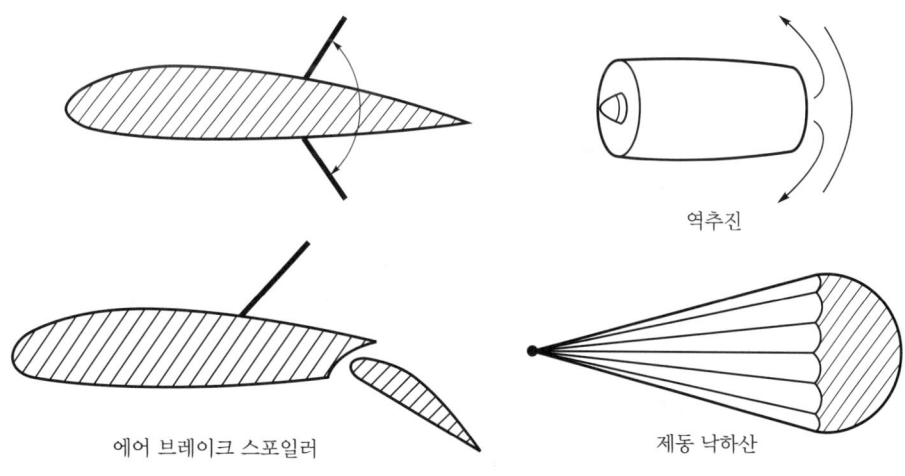

CHAPTER 02 실력 점검 문제

01 날개의 2등분한 점을 연결한 선을 무엇이라고 하는가?

① 시위 ② 캠버
③ 평균 캠버선 ④ 캠버선

[해설]
평균 캠버선(mean camber line)은 날개의 두께를 이등분한 선으로 날개의 휘어진 모양을 나타낸다.

02 기체 세로축과 날개 단면의 시위선이 이루는 각은?

① 받음각 ② 붙임각
③ 쳐든각 ④ 처진각

[해설]
붙임각(incidence Angle)은 동체의 기준선, 즉 동체 세로 축선(longitudinal axis)과 시위선(chord line)이 이루는 각을 말한다. 정확한 붙임각은 항력 특성과 세로 안정성(longitudinal stability) 특성을 좋게 한다.

03 날개골의 받음각이 증가하여 흐름의 떨어짐 현상이 발생할 때, 양력과 항력의 변화로 가장 올바른 것은?

① 양력과 항력 모두 증가한다.
② 양력과 항력 모두 감소한다.
③ 양력은 증가하고 항력은 감소한다.
④ 양력은 감소하고 항력은 증가한다.

[해설]
양력계수(C_L)와 받음각과의 관계

- 받음각이 -5.3°일 때 C_L은 0이다. 즉, 양력 $L=0$이다. 이때의 받음각을 0양력 받음각(zero lift of attack)이라 한다.
- 받음각이 증가함에 따라 C_L은 거의 직선으로 증가한다.
- 받음각이 18° 근처일 때 C_L은 최대가 되는데, 이때의 양력계수를 최대 양력계수(C_{Lmax})라 한다. 또 이때의 받음각을 실속각(stalling angle)이라 한다.
- 실속각을 넘으면 C_L은 급격히 감소하는데, 이를 실속이라 한다.

04 비행기의 날개골 캠버가 날개골의 공력 특성에 미치는 영향에 대하여 가장 올바르게 설명한 것은?

① 캠버가 크면 양력이 증가하며 항력도 증가한다.
② 캠버가 크면 양력이 증가하나 항력은 감소한다.
③ 캠버가 크면 양력이 감소하나 항력은 증가한다.
④ 캠버가 크면 양력이 감소하고 항력도 감소한다.

[해설]
캠버가 증가하면 어느 정도까지는 C_{Lmax}가 증가하고 동시에 C_{Dmin}도 증가한다. 저익 비행기에서는 캠버가 큰 날개골을 사용하고, 고속기에서는 캠버가 작은 날개를 사용한다. 플랩은 날개의 뒤쪽에 붙어있는 보조면(auxiliary surface)으로써 플랩을 내려 에어포일의 캠버를 증가시키고, 날개의 면적을 크게 함으로써 C_L과 C_D 값을 증가시킨다.

정답 01. ③ 02. ② 03. ④ 04. ①

05 날개골의 모양에 따른 공력 특성에 대한 설명 중 가장 관계가 먼 내용은?

① 얇은 날개골은 받음각이 작으면 항력이 작아진다.
② 앞전 반지름이 큰 날개골은 받음각이 작으면 앞전 반지름이 작을 때보다 항력이 작아진다.
③ 같은 받음각에 대해서 캠버가 큰 날개일수록 큰 양력을 얻을 수 있다.
④ 시위 길이가 길면 큰 받음각에서도 쉽게 흐름의 떨어짐이 생기지 않는다.

해설

날개골 모양에 따른 특성
- 캠버의 영향: 캠버가 증가하면 어느 정도까지는 C_{Lmax}가 증가하고 동시에 C_{Dmin}도 증가한다. 저익 비행기에서는 캠버가 큰 날개골을 사용하고, 고속기에서는 캠버가 작은 날개를 사용한다.
- 두께의 영향: 두께가 얇으면 양·항력이 작아진다. 두께가 얇은 날개는 실속각이 작아지는 경향이 있는데, 고속기에서는 얇은 날개가 임계 마하수를 높일 수 있어서 유리하지만, 강도 면에서 불리하다(저속기에서는 보통 시위의 12%의 두께를 가진 에어포일이 좋다).
- 앞전 반지름(앞전 반경)의 영향: 어느 정도까지는 앞전 반경이 클수록 양·항력이 커진다(고속 항공기에서는 두께가 얇고 앞전 반경이 작은 것이 좋다).
- 시위 길이의 영향: 같은 모양의 날개골이라 하더라도 시위 길이가 짧은 날개골보다 시위 길이가 긴 날개골이 큰 받음각에서 흐름의 떨어짐이 작다.

06 날개골 각 부분의 명칭 중 앞전과 뒷전을 연결하는 직선을 무엇이라 하는가?

① 시위
② 캠버
③ 받음각
④ 날개골 두께

해설

시위(chord)는 날개의 앞전과 뒷전을 이은 직선으로 시위선(익현선)이라 하며, "C"로 표시하고 특성 길이의 기준으로 쓰인다.

07 날개 전체를 대표하는 시위는 어느 것인가?

① 공력시위
② 평균시위
③ 공력평균시위
④ 기하학적시위

해설

평균 공력 시위(M.A.C: Mean Aerodynamic Chord) 실용적으로는 날개 모양에 면적 중심을 통과하는 기하학적인 평균 시위를 평균 공력시위라 하고, 날개의 공기 역학적인 특성을 대표하는 부분의 시위이다.

08 비행기 날개에서의 압력 중심에 관한 설명 내용으로 가장 올바른 것은?

① 비행기의 안전성과 날개의 구조 강도상 이동이 작은 것이 좋다.
② 받음각에 관계없이 일정하다.
③ 캠버 길이의 1/4 정도인 곳에 위치한다.
④ 비행기가 급강하할 때 앞으로 이동한다.

해설

압력 중심(CP: Center of Pressure: 풍압 중심)
- 받음각이 클 때 압력 중심은 앞(앞전)으로 이동한다. 시위의 1/4 지점
- 받음각이 작을 때 압력 중심은 뒤(뒷전)로 이동한다. 시위 길이의 1/2 정도
- 항공기가 급강하 시 압력 중심은 크게 뒤쪽으로 이동한다.

정답 05. ② 06. ① 07. ③ 08. ①

09 비행기 날개골의 양항력 특성이 좋다는 것은 어떤 의미인가?

① C_{Lmax}가 크고 C_{Dmin}이 작다.
② C_{Lmax}가 크고 C_{Dmin}이 크다.
③ C_{Lmax}가 작고 C_{Dmin}이 작다.
④ C_{Lmax}가 작고 C_{Dmin}이 크다.

해설

날개골의 최대 양력계수($C_{L\ MAX}$)가 크고 최소 항력계수($C_{D\ MIN}$)가 작으며, 압력 중심의 변화가 작을수록 좋다. 또한 실속속도가 작을수록 이착륙거리가 단축되어 유리하다.

10 NACA 2415 날개골에서 15는 무엇을 표시하는가?

① 최대 두께의 위치가 앞전으로부터 시위의 15%이다.
② 최대 캠버가 시위의 15%이다.
③ 최대 두께가 시위의 15%이다.
④ 최대 캠버의 위치가 앞전에서부터 시위의 15%이다.

해설

NACA 2415
- 2: 최대 캠버의 크기가 시위의 2%이다.
- 4: 최대 캠버의 위치가 앞전에서부터 시위의 40% 뒤에 있다.
- 15: 최대 두께가 시위의 15%이다.

11 NACA 651-215 날개골에서 설계 양력계수는 얼마인가?

① 0.1   ② 0.2
③ 0.5   ④ 0.6

해설

NACA 651-215
- 6: 6자 계열의 날개골이다.
- 5: 받음각이 0°일 때 최소 압력이 시위의 50%에 생긴다.
- 1: 항력 버킷의 폭이 설계 양력계수를 중심으로 해서 ±0.1이다.
- 2: 설계 양력계수가 0.2이다.
- 15: 최대 두께가 시위의 15%이다.

참고 항력 버킷(drag bucket)

어떤 양력계수 부근에서 항력계수가 갑자기 작아지는 부분을 말하며, 이 곡선 중심의 양력계수가 설계 양력계수이다.

12 NACA 5자 계열의 날개골을 표시한 다음에서 밑줄 친 '20'이 의미하는 것은?

NACA 2302<u>0</u>

① 최대 두께가 시위의 20%
② 최대 캠버의 크기가 시위의 20%이다.
③ 최대 캠버의 위치가 시위의 20%이다.
④ 평균 캠버선의 뒤쪽 20%가 직선이다.

해설

NACA 23020
- 2: 최대 캠버의 크기가 시위의 2%이다.
- 3: 최대 캠버의 위치가 시위의 15%이다.
- 0: 평균 캠버선의 뒤쪽 반이 직선이다(1이면 뒤쪽 반이 곡선임을 뜻한다).
- 20: 최대 두께가 시위의 15%이다.

13 다음의 날개골 중에서 층류 날개골이라고 할 수 있는 것은?

① NACA 2412
② NACA 23015
③ NACA 651 - 215
④ Clark - Y

정답 09. ① 10. ③ 11. ② 12. ① 13. ③

해설

6자 계열(NACA 651 - 215) 날개골
- 층류 날개골(laminal flow airfoil)
- 최대 두께가 시위의 중앙부에 위치(약 40~50% 지점)
- 앞부분에 층류 흐름이 길게 유지 → 항력 감소 → 고속비행

14 다음 중 윗면과 아랫면이 대칭을 이루는 NACA 표준 날개는?

① NACA 0015
② NACA 1115
③ NACA 2415
④ NACA 4415

해설

4자 계열은 주로 00xx, 24xx, 44xx로 표시(00xx는 대칭익)

15 초임계 날개골을 사용함으로써 얻을 수 있는 장점이 아닌 것은?

① 같은 두께비인 경우 순항 마하수가 증가한다.
② 동일한 순항 마하수에 항력을 증가시키지 않고 두께비를 감소시킨다.
③ 날개의 구조무게 감소
④ 저속에서 양력 증가

해설

초임계 날개골의 특징
- 같은 두께비에서 순항 마하수가 15% 증가
- 동일 순항 마하수에서 항력의 증가 없이 두께비가 증가하여 날개 구조의 두께를 줄일 수 있다.
- 저속에서 양력이 증가하고, 후퇴각도 감소시킬 수 있다.

16 시위의 앞부분에서 압력 분포를 뾰족하게 하여 초음속 비행을 가능하게 한 날개골은?

① 층류 날개골
② 초임계 날개골
③ 피키 날개골
④ 난류 날개골

해설

피키 날개골(peaky airfoil)은 충격파 발생으로 인한 항력 증가를 억제하기 위해 시위의 앞부분에 압력 분포를 뾰족하게 만든 날개골이다.

17 날개의 최대 두께 위치를 40~50%에 위치하여 설계 양력계수 부근에서 항력계수가 작아지도록 하고, 받음각이 작을 때 앞부분의 흐름이 층류를 유지하도록 한 날개골은 무엇인가?

① 층류 날개골
② 피키 날개골
③ 초임계 날개골
④ 아음속 날개골

해설

층류 날개골(laminal flow airfoil)은 최대 두께의 위치를 중앙 부근(40~50%)에 위치하게 하여 항력계수가 작아지도록 하고, 받음각이 작을 때 앞부분의 흐름이 층류를 유지하도록 한 날개골이다.

18 다음 중 오지 날개에 관한 설명으로 틀린 것은?

① 반곡선 날개라고도 한다.
② 날개를 가변시킬 수 있다.
③ 콩코드 초음속기에 사용되고 있다.
④ 이중 삼각 날개를 완만한 S자 곡선으로 만든 것이다.

정답 14. ① 15. ③ 16. ③ 17. ① 18. ②

> 해설

삼각 날개와 오지 날개
- 공탄성에 의한 변형 문제 해결 → wing root 부분의 두께비를 크게 한다.
- 저속 시 큰 받음각으로 비행: 실속 발생 우려
- 박리 유도: 와류의 내부에는 저압 형성 → 큰 양력 발생
- Vortex generator: 작은 받음각에서도 충분한 박리 유도
- 받음각, 마하수에 따른 공력 특성이 우수

※ 오지 날개: 날개 평면 시위가 길고, 최소의 면적 와류발달 촉진 → 앞전의 곡선을 안으로 굽어지게 함 → 이상적인 흐름의 떨어짐

19 고속형 날개에서 발생하는 항력 발산 마하수에 대한 설명으로 가장 관계가 먼 것은?

① 임계마하수보다 조금 작다.
② 대개 천음속에서 발생한다.
③ 항력이 급격히 증가하는 마하수이다.
④ 이 마하수를 넘으면 양력이 증가한다.

> 해설

- 항력 발산 마하수(Mdiv: drag divergence Mach number)는 날개골의 특성이 크게 달라지는 어떤 마하수로, 이때 항력이 급증하므로 비행기 속도를 증가시키려면 상당한 추력이 필요하다.
- 항력 발산 마하수를 높이는 방법
  - 얇은 날개를 사용하여 표면에서의 속도 증가를 억제한다.
  - 날개에 뒤젖힘 각을 준다.
  - 종횡비가 작은 날개를 사용한다.
  - 경계층 제어 장치를 사용한다.

20 비행기의 동체 길이가 16m, 직사각형 날개의 길이가 20m, 시위 길이가 2m일 때, 이 비행기 날개의 가로세로비는?

① 1.2　　② 5
③ 8　　　④ 10

> 해설

- 가로세로비(Aspect Ratio): 날개의 길이(b: wing span)와 시위(c: chord)의 비를 말한다. 날개의 길이(wing span)는 날개 끝(wing tip)에서 날개 끝까지의 길이를 말한다.
- 시위(chord)는 직사각형 날개의 경우 일정하나, 테이퍼 날개(taper wing)나 타원형 날개의 경우 평균시위를 적용한다.

※ 가로세로비(AR: Aspect Ratio)는 다음과 같다.

$$AR = \frac{b}{c} = \frac{S}{c^2} = \frac{b^2}{S}, \quad \frac{b}{c} = \frac{20}{2} = 10$$

21 날개의 가로세로비가 커지는 경우 유도항력은 어떻게 변하겠는가?

① 감소한다.　　② 증가한다.
③ 일정하다.　　④ 관계없다.

> 해설

유도항력과 가로세로비
- 날개 면적은 동일하고 날개 길이를 2배로 할 경우
  - 가로세로비: 4배 증가
  - 유도항력: $\frac{1}{4}$배 증가
- 날개 면적은 동일하고 날개 길이를 2배, 양력계수를 $\frac{1}{2}$배로 할 경우
  - 가로세로비: 4배 증가
  - 유도항력: $\frac{1}{16}$배 증가

22 임계 마하수를 증가시키는 방법은?

① 후퇴 날개를 사용한다.
② vortex generator를 사용한다.
③ 하반각을 사용한다.
④ 경계층 격리판을 사용한다.

> 해설

- 후퇴 날개의 장점
  - 천음속에서 초음속까지 항력이 적다.

정답 19. ①　20. ④　21. ①　22. ①

- 충격파 발생이 느려 임계 마하수를 증가시킬 수 있다.
- 후퇴 날개 자체에 상반각 효과가 있기 때문에 상반각을 크게 할 필요가 없다.
- 직사각형 날개에 비해 마하 0.8까지 풍압 중심의 변화가 적다.
- 비행 중 돌풍에 대한 충격이 적다.
- 방향 안정 및 가로 안정이 있다.

• 후퇴 날개의 단점
- 날개 끝 실속이 잘 일어난다.
- 플랩 효과가 적다.
- 뿌리 부분에 비틀림 모멘트가 발생한다.
- 직사각형 날개에 비해 양력 발생이 적다.

23 항력 발산 마하수를 높게 하기 위한 방법 중 틀린 것은?

① 날개 표면에서의 속도 증가를 줄인다.
② 날개에 뒤젖힘각을 준다.
③ 가로세로비가 큰 날개를 사용한다.
④ 경계층을 제어한다.

해설

항력 발산 마하수를 높게 하기 위한 방법
• 얇은 날개를 사용하여 표면에서의 속도 증가를 억제한다.
• 날개에 뒤젖힘 각을 준다.
• 종횡비가 작은 날개를 사용한다.
• 경계층 제어 장치를 사용한다.

24 날개의 양력계수(C_L)0.5, 날개 면적(S)10m² 인 비행기가 밀도(ρ)0.1kgf·sec²/m⁴인 공기 중을 50m/s로 비행하고 있다. 이때 날개에 발생하는 양력은 약 몇 kgf인가?

① 425   ② 527
③ 625   ④ 728

해설

양력 $L = \frac{1}{2} \rho V^2 C_L S$

$L = \frac{1}{2} \times 0.1 \times 50^2 \times 0.5 \times 10 = 625$

25 유도항력의 크기에 관한 설명으로 틀린 것은?

① 양력의 크기에 비례한다.
② 날개의 가로세로비에 비례한다.
③ 날개의 길이에 반비례한다.
④ 양력계수의 제곱에 비례한다.

해설

$CDi = \dfrac{C_L{}^2}{\pi e AR}$

26 날개의 뒷전에 출발 와류가 생기게 되면 앞전 주위에도 이것과 크기가 같고 방향이 반대인 와류가 생기는데, 이것을 무엇이라 하는가?

① 속박 와류   ② 말굽형 와류
③ 유도 와류   ④ 날개 끝 와류

해설

날개가 움직이면 날개 뒷전에 출발 와류가 생기는데, 날개 주위에도 이것과 크기가 같고 방향이 반대인 와류가 생긴다. 날개 주위에 생기는 이 순환은 항상 날개에 붙어 다니므로 속박 와류라 하고, 이 와류로 인하여 날개에 양력이 발생한다.

27 날개의 가로세로비가 6, 양력계수가 0.8이며, 스팬 효율계수가 1일 때, 유도항력계수는 얼마 정도인가?

① 0.034   ② 0.042
③ 0.054   ④ 0.061

해설

$CDi = \dfrac{C_L{}^2}{\pi e AR} = \dfrac{(0.8)^2}{3.14 \times 1 \times 6} = 0.0339 \doteqdot 0.034$

정답 23. ③ 24. ③ 25. ② 26. ① 27. ①

28 쳐든각이란 무엇인가?

① 날개가 수평을 기준으로 위로 올라간 각
② 날개가 수평을 기준으로 아래로 내려간 각
③ 기체의 세로축과 날개의 시위선이 이루는 각
④ 앞전에서 25% 되는 점들을 날개 뿌리에서 날개 끝까지 연결한 직선과 기체의 가로축이 이루는 각

해설

- 쳐든각(상반각)은 기체를 수평으로 놓고 보았을 때 날개가 수평을 기준으로 위로 올라간 각이다.
- 쳐든각의 효과: 옆놀이(rolling) 안정성이 좋아 옆미끄럼(side slip)을 방지한다.
- 처진각: 기체를 수평으로 놓고 보았을 때 날개가 수평을 기준으로 내려간 각이다.

29 날개는 비행기의 가로 안정에서 가장 중요한 요소이다. 특히 기하학적으로 날개의 가로 안정에 가장 중요한 요소는 어느 것인가?

① 쳐든각
② 승강키
③ 수평 안정판
④ 도움날개

해설

정적 가로 안정은 수평 비행 상태로부터 가로 방향으로의 공기력은 옆미끄럼을 유발시켜 수평 비행 상태로 복귀시키는 옆놀이 모멘트(rolling moment)를 발생시킨다. 옆놀이 모멘트 계수가 음(−)의 값을 가질 때 가로 안정이 있다(가로 정안정은 날개에 쳐든각을 줌으로써 얻어진다).

30 뒷전 플랩 중 하나로 날개의 일부가 쪼개진 모양으로 내림으로써 날개 윗면의 흐름을 강제적으로 빨아들여 흐름의 떨어짐을 지연시키는 플랩은?

① 슬롯과 슬랫
② 스플릿 플랩
③ 크루거 플랩
④ 드루프 플랩

해설

Split flap

날개 윗면의 흐름을 강제적으로 내리흐름을 유도 캠버 증가

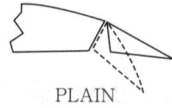
PLAIN

SLOTTED

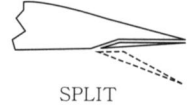
SPLIT

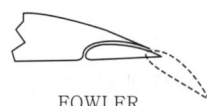
FOWLER

정답 28. ① 29. ① 30. ②

CHAPTER 03 비행 성능

1 항력과 동력

(1) 비행기에 작용하는 공기력

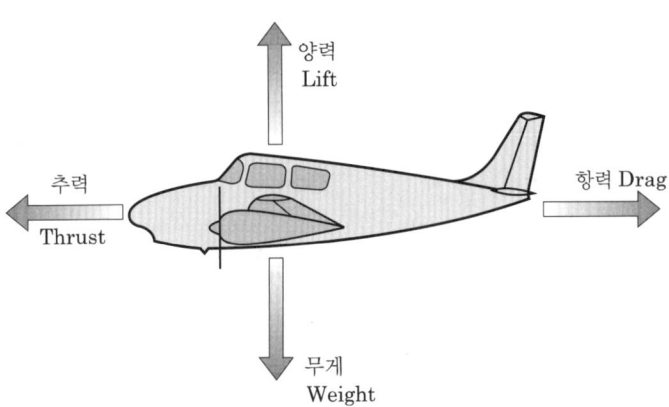

비행기가 공기 중을 수평 등속도로 비행하게 되면 비행경로 방향으로 추력(T), 비행경로 반대 방향으로 항력(D), 비행경로에 수직 아래 방향으로 무게(W), 중력과 반대 방향으로 양력(L)이 작용하게 된다.

① 항력의 종류: 마찰항력, 압력항력, 유도항력, 조파항력, 간섭항력 등이 있다.

    가) 형상항력(profile drag) = 마찰항력 + 압력항력

    나) 비행기의 항력

$$D(전체항력) = D_p(유해항력) + D_i(유도항력)$$

② 아음속 흐름에서 날개에 작용하는 총 항력

$$유도항력 + 형상항력 = 유도항력 + 압력항력 + 마찰항력$$

③ **유해항력(parasite drag):** 비행기에서 양력에 관계하지 않고 비행을 방해하는 모든 항력을 말한다. 유도항력을 제외한 모든 항력을 유해항력이라 한다.

④ **간섭항력:** 날개, 동체 및 바퀴다리 등 동체의 각 구성품을 지나는 흐름이 간섭을 일으켜서 생기는 항력이다.

⑤ **조파항력(wave drag):** 초음속 흐름에서 충격파로 인하여 발생하는 항력이다.

⑥ **유도항력:** 날개 끝에 생기는 와류현상에 의해 유도되는 항력으로 그 크기는 날개의 가로세로비에 반비례하고 양력계수의 제곱에 비례한다.

$$C_{D_i} = \frac{C_L{}^2}{\pi e AR}$$

(2) 필요마력(Required Horse Power: P_r)

비행기가 항력을 이기고 전진하는 데 필요한 마력이다.

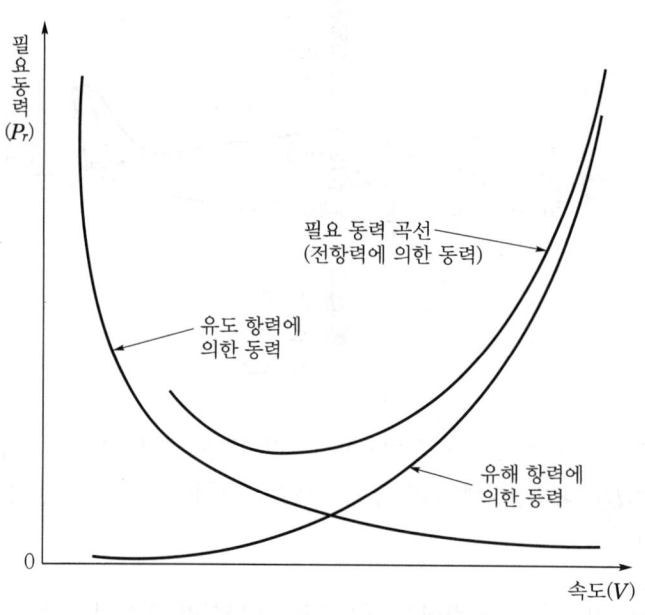

▲ 필요마력과 속도 곡선

$$P_r = \frac{DV}{75} = \frac{1}{150}\rho V^3 C_D S = \frac{W}{75}\sqrt{\frac{2W}{\rho S}}\frac{C_D}{C_L^{\frac{3}{2}}}$$

※ D: 항력, V: 속도, W: 무게, S: 날개 면적

> **참고**
>
> 비행기의 필요마력은 $\dfrac{C_D}{C_L^{\frac{3}{2}}}$ 가 최소값인 상태로 비행할 때에 최소가 되고, 필요마력이 가장 작아 연료소비가 가장 작다.

(3) 이용마력(Available Horse Power: P_a)

비행기가 가속 또는 상승시키기 위해 엔진으로부터 발생시킬 수 있는 출력이다.

① **왕복엔진을 장비한 프로펠러 비행기의 이용마력**

$$P_a = \frac{TV}{75} = \eta \times BHP$$

※ η: 프로펠러 효율, BHP: 제동마력(PS), T: 추력

② **제트비행기의 이용마력**

$$P_a = \frac{TV}{75} \qquad \text{※ T: 추력, V: 속도}$$

③ **여유마력(잉여마력, Excess Horse Power)**: 이용마력과 필요마력과의 차를 여유마력이라 하며, 비행기의 상승 성능을 결정하는 중요한 요소가 된다. 상승률을 좋게 하려면 이용마력이 필요마력보다 훨씬 커야 한다.

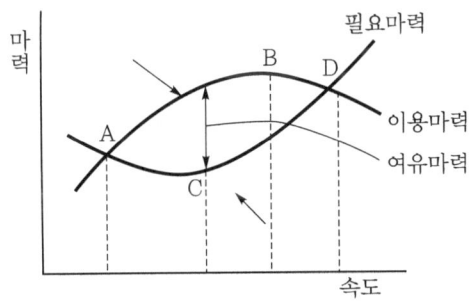

※ A : 수평비행이 가능한 최소속도
B : 수평비행이 가능한 최대속도

2 일반 성능

(1) 상승 비행

① 동력비행

가) 상승 비행 시 평형 조건

- 비행기 진행 방향과 힘의 평형식 ($T = Wsin\theta + D$)

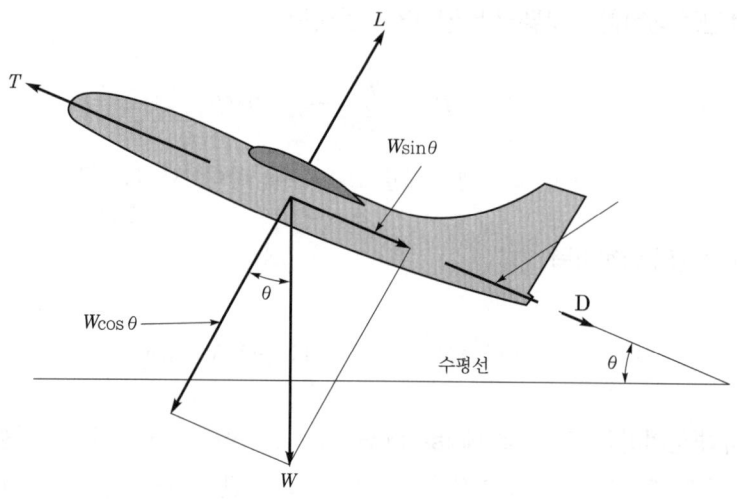

▲ 상승비행 시 힘의 작용

- 진행 방향에 직각인 방향의 힘의 평형식

  상승 비행 시 양력을 구하는 식 ($L = Wcos\theta$)

나) 프로펠러 효율(η)

$$\eta = \frac{출력}{입력} = \frac{TV}{75 \times BHP}$$

※ 입력: BHP(제동마력), 출력(P_a): $\frac{TV}{75}$ (이용마력)

> **참고**
>
> 이용마력을 프로펠러 효율로 나타내면 $P_a = \frac{TV}{75} = \eta \times BHP$

② 상승률(R.C: Rate of Climb)

$$R.C = \frac{75}{W}(P_a - P_r) = V\sin\theta$$

※ P_a: 이용마력, P_r: 필요마력, W: 무게, θ = 상승각

참고 상승률을 크게 하려면

- 중량(W)이 작아야 한다.
- 여유마력이 커야 한다. 즉, 이용마력이 필요마력보다 커야 한다.
- 프로펠러 효율이 좋아야 한다.

③ 고도의 영향

가) 해발고도와 일정 고도에서의 속도 관계식

$$V = V_0 \sqrt{\frac{\rho_0}{\rho}}$$

※ V: 일정 고도에서의 속도, V_0: 해발고도에서의 속도,
ρ: 일정 고도에서의 공기밀도, ρ_0: 해발고도에서의 공기밀도

나) 해발고도와 일정 고도에서의 필요마력 관계식

$$P_r = P_{r0} \sqrt{\frac{\rho_0}{\rho}}$$

※ P_r: 일정 고도에서의 필요마력, P_{r0}: 해발고도에서의 필요마력,
ρ: 일정 고도에서의 공기밀도, ρ_0: 해발고도에서의 공기밀도

참고

해발고도와 일정 고도에서 동일한 받음각으로 비행하는 비행기에 대해 속도와 필요마력은 밀도비($\frac{\rho_0}{\rho}$)의 제곱근에 비례하여 증가한다.

④ 상승한계

절대 상승한계 (absolute ceiling)	이용마력과 필요마력이 같아 상승률이 0m/s인 고도이다.
실용 상승한계 (service ceiling)	상승률이 0.5m/s인 고도로 절대 상승한계의 약 80~90%에 해당한다.
운용 상승한계 (Operation ceiling)	비행기가 실제로 운용할 수 있는 고도로 상승률이 2.5m/s인 고도이다.

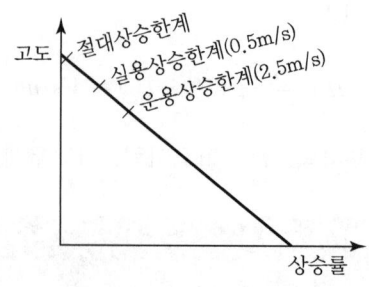

⑤ 상승시간(t)

$$t = \frac{고도변화}{평균상승률} = \Sigma \frac{\triangle h}{(R.C)_m}$$

※ t: 상승시간, $\triangle h$: 고도의 변화율, $(R.C)_m$: 평균 상승률 = $\frac{고도\ 변화}{상승\ 시간}$

(2) 수평비행

① 수평비행

가) 등속 수평비행 조건

T = D, L = W

T: 추력, D: 항력, L: 양력, W: 중력

나) 힘의 평형

- T > D이면 가속도 전진 비행
- T = D이면 등속도 전진 비행
- T < D이면 감속도 전진 비행

다) 실속속도(최소속도: $V_{\min} = V_S$)

양력계수가 최대가 되었을 때의 속도를 말하며, 이때 받음각을 실속각이라 한다.

$$V_{\min} = V_S = \sqrt{\frac{2W}{\rho C_{Lmax} S}}$$

※ $V_{\min}$: 최소속도, W: 비행기 무게, S: 날개 면적, C_{Lmax}: 최대 양력계수, ρ: 밀도

> **참고**
> 1. 비행기는 실속속도가 작을수록 착륙속도가 작아져서 비행기가 착륙할 때 착륙 충격을 작게 하고 활주거리가 짧아지게 된다.
> 2. 실제 비행기의 착륙속도는 착륙 시 안전을 고려하여 실속속도의 1.2배로 잡는다.

② 순항 성능

가) 순항: 비행기가 어떤 지점에서 목적지까지 비행하는 경우에 이륙, 착륙, 상승, 그리고 하강하는 구간을 제외한 비행 구간에서는 수평비행 하는 것을 말한다.

나) 순항비행 방식

장거리 순항 방식	연료를 소비함에 따라 비행기 무게가 감소하므로 순항속도를 점차 줄여 기본 출력을 감소시킴으로써 경제적으로 비행하는 방식이다(연료 소비량 절약).
고속 순항 방식	비행기의 무게는 연료를 소비함에 따라 감소하는 것을 고려하여 순항속도를 증가시키는 방식이다(엔진의 출력을 일정하게 유지하고 소요시간을 절약).

다) 항속시간(endurance): 비행기가 출발할 때부터 탑재한 연료를 다 사용할 때까지의 시간이다.

- 프로펠러 연료 소비율(c): 엔진 출력의 1마력당 1시간에 소비하는 연료 소비량(kgf)을 의미한다.
- 1초당 연료 소비량

$$\text{초당 연료 소비량} = \frac{(\text{엔진 출력} \times \text{시간당 연료 소비율})}{3,600}$$

- 항속 시간(t)

$$\text{항속 시간(t)} = \frac{\text{연료 탑재량}(kgf)}{\text{초당 연료 소비량}(kgf/s)}$$

$$= \frac{\text{연료 탑재 비행기의 출발 시 무게} - \text{연료 사용 후 비행기의 무게}}{\text{초당 연료 소비량}}$$

라) 항속거리(range)

- 프로펠러 비행기의 항속거리

$$R = \frac{540\eta}{C} \times \frac{C_L}{C_D} \times \frac{W_1 - W_2}{W_1 + W_2} [km]$$

※ C: 연료 소비율, R: 항속거리, $\frac{C_L}{C_D}$: 양항비, W: 착륙 시 중량, η: 프로펠러 효율, W_1: 연료를 탑재하고 출발 시의 비행기 중량(전 비중량), W_2: 연료를 전부 사용했을 때의 비행기 중량

> **참고**
>
> 프로펠러 항공기의 항속거리를 길게 하려면 프로펠러 효율(η)을 크게 해야 하고, 연료 소비율(C)을 작게 해야 하며, 양항비가 최대인 받음각$(\frac{C_L}{C_D})_{max}$으로 비행해야 하고, 연료를 많이 실을 수 있어야 한다.

- 제트기의 항속거리

$$R = 3.6 \times \frac{C_L^{\frac{1}{2}}}{C_D} \sqrt{\frac{2}{\rho} \cdot \frac{W}{S}} \times \frac{B}{C_t \cdot W} \text{ [km]}$$

> **참고**
>
> 제트기의 최대 항속거리로 비행하기 위해서는 $\frac{C_L^{\frac{1}{2}}}{C_D}$ 이 최대인 받음각으로 비행해야 하며, 연료소비율 (C_t)이 작아야 하고, 연료를 많이 실을 수 있어야 한다.

③ 등속도 비행에서의 최대속도(V_{max})

$$V_{max} = \sqrt{\frac{2 \times 75 \times \eta BHP}{\rho S C_D}}$$

※ ρ: 공기밀도, η: 프로펠러 효율, S: 날개 면적, C_D: 항력계수, BHP: 출력

(3) 하강 비행

① 활공(gliding)비행

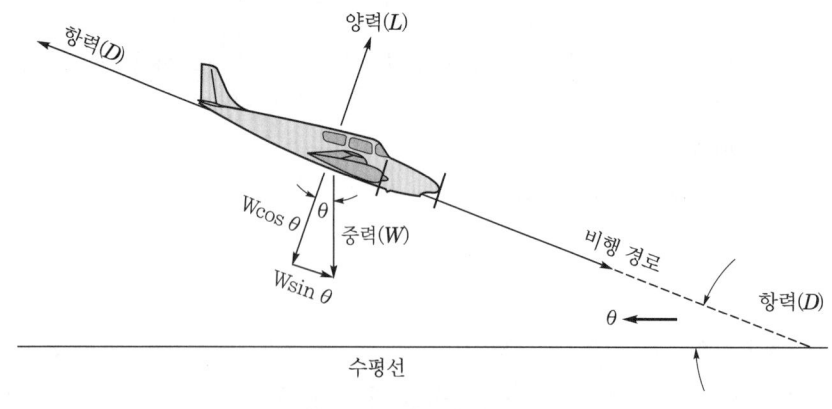

▲ 활공비행 시 힘의 작용

• 활공하는 비행기에 작용하는 힘

$$L = W\cos\theta$$
$$D = W\sin\theta$$

가) 활공각

$$\tan\theta = \frac{C_D}{C_L} = \frac{1}{양항비}, \quad 양항비 = \frac{C_L}{C_D}$$

> **참고**
>
> 활공각 θ는 양항비($\frac{C_L}{C_D}$)에 반비례한다. 즉, 멀리 활공하려면 활공각이 작아야 되며, 활공각이 작으려면 양항비가 커야 한다.

나) 활공비

$$활공비 = \frac{L}{h} = \frac{C_L}{C_D} = \frac{1}{\tan\theta} = 양항비$$

※ L: 활공거리, h: 활공고도

> **참고**
>
> 활공비를 좋게 하려면, 즉 멀리 비행하려면 활공각(θ)이 작아야 한다. θ가 작다는 것은 양항비($\frac{C_L}{C_D}$)가 크다는 것이다.

다) 하강속도

$$하강속도 = -V\sin\theta = \frac{DV}{W} = \frac{75 \times 필요마력}{W}$$

> **참고**
>
> 음(−)의 부호는 하강을 의미한다. 비행기 무게가 정해지면 최소 침하속도는 필요마력이 최소일 때이다.

② 급강하(diving)

가) 종극속도(terminal velocity, V_D): 비행기가 급강하할 때 더 이상 속도가 증가하지 않고 일정 속도로 유지되는 속도이다. [급강하 시 힘의 평형: W=D, L=0(zero)]

$$V_D = \sqrt{\frac{2}{\rho}\frac{W}{S}\frac{1}{C_D}}$$

※ ρ: 밀도, W: 비행기 무게, S: 날개 면적, C_D: 항력계수

③ **이륙**

가) 이륙(take-off)

안전 이륙속도	실속속도의 1.2배
이륙거리	비행기가 정지상태에서 출발하여 프로펠러기는 15m, 제트기는 10.7m가 될 때까지의 지상 수평거리이다. (이륙거리=지상 활주거리+상승거리)
상승거리 (장애물 고도)	프로펠러 비행기는 15m(50ft), 제트기는 10.7m(35ft)

나) 이륙 활주거리

$$S = \frac{W}{2g} \times \frac{V^2}{(T-F-D)}$$

※ S: 이륙거리, V: 착륙속도, T: 추력, D: 항력, F: 지면에 대한 마찰력($(F=\mu(W-L))$), μ: 마찰계수

다) 이륙거리를 짧게 하는 방법

- 비행기 무게(W)를 작게 한다.
- 추력(T)을 크게 한다.
- 맞바람으로 이륙한다.
- 항력이 작은 활주자세로 이륙한다.
- 고양력 장치를 사용한다.

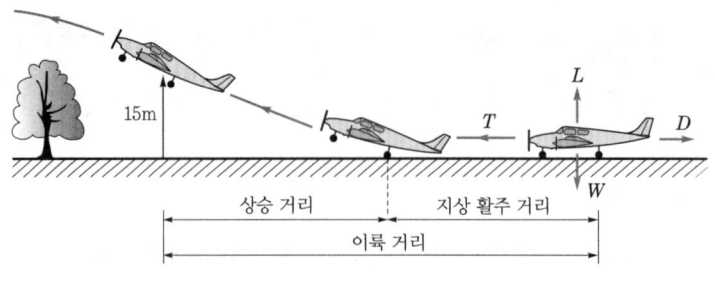

추력(T) > 항력(D) 추력(T) > 항력(D)
양력(L) > 무게(W) 양력(L) < 무게(W)

④ **착륙(landing)**

가) 착륙거리: 비행기가 활주로 끝 상공에서 장애물 고도(프로펠러기 15m, 제트기 10.7m)를 지나서 완전히 정지할 때까지의 수평거리이다.

[착륙거리=착륙 진입거리+지상 활주거리]

$$S = \frac{W}{2g} \times \frac{V^2}{(D+\mu W)}$$

※ S: 착륙거리, μ: 착륙 시 마찰계수, V: 착륙속도

나) 접지속도(진입속도): 실속속도의 1.3배

다) 착륙 시 강하각: 2.5~3°

라) 착륙거리를 짧게 하는 방법
- 착륙 무게(W)가 가벼워야 한다.
- 접지속도가 작아야 한다.
- 착륙 활주 중에 항력을 크게 한다.

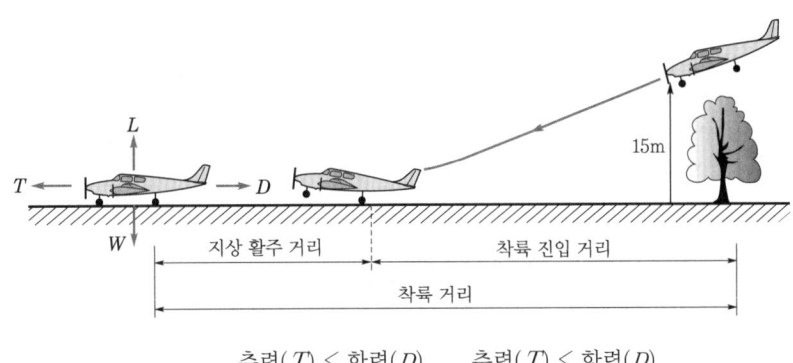

추력(T) < 항력(D) 추력(T) < 항력(D)
양력(L) < 무게(W) 양력(L) < 무게(W)

3 특수 성능

(1) 실속 성능

① **실속받음각**: 양력 계수값이 최대일 때의 받음각

② **실속속도(V_S)**: $V_S = \sqrt{\dfrac{2W}{\rho S C_{Lmax}}}$

③ 실속 시 일어나는 현상

가) 버핏 현상 발생

나) 승강키의 효율 감소

다) 조종간에 의해 조종이 불가능해지는 기수 내림(nose down) 현상

④ 실속의 종류

부분 실속 (partial stall)	실속상태에 들어가기 전에 실속경보장치가 울리게 되고, 이때 조종간을 풀어 주어 승강키를 내리게 되면 실속상태에서 벗어난다.
정상 실속 (normal stall)	실속경보가 울린 후에도 조종간을 당기고 있으면, 비행기의 기수가 내려갈 때 조종간을 풀어 준다.
완전 실속 (complete stall)	실속 경보가 울린 후에도 계속 조종간을 당긴 상태에서 기수가 완전히 내려가 거의 수직 강하 자세가 된 상태에서 조종간을 풀어주어 회복한다.

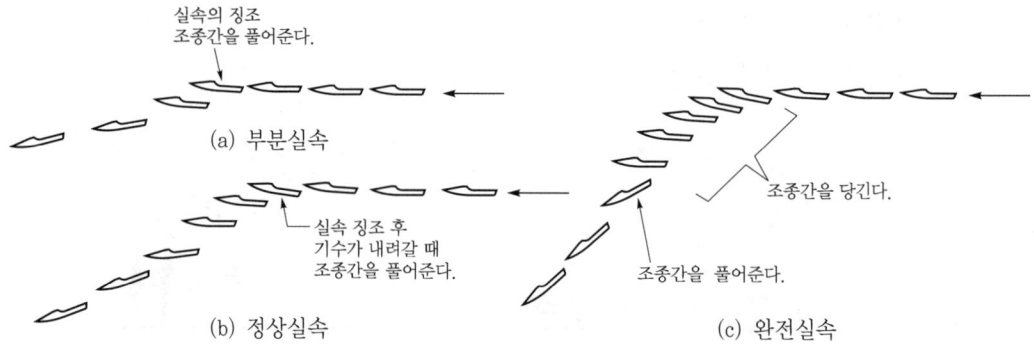

▲ 실속의 종류

(2) 스핀 성능

① **자동회전(auto-rotation):** 받음각이 실속각보다 클 경우, 날개 한쪽 끝에 가볍게 교란을 주면 날개가 회전하는데, 이때 회전이 점점 빨라져 일정하게 계속 회전하는 현상이다.

② **스핀(spin):** 자동회전과 수직강하가 조합된 비행이다. 비행기가 실속상태에 빠질 때, 좌우 날개의 불평형 때문에 어느 한쪽 날개가 먼저 실속상태에 들어가 회전하면서 수직강하 하는 현상이다.

가) 정상 스핀(normal spin): 하강속도와 옆놀이 각속도가 일정하게 유지하면서 하강을 계속하는 상태이다.

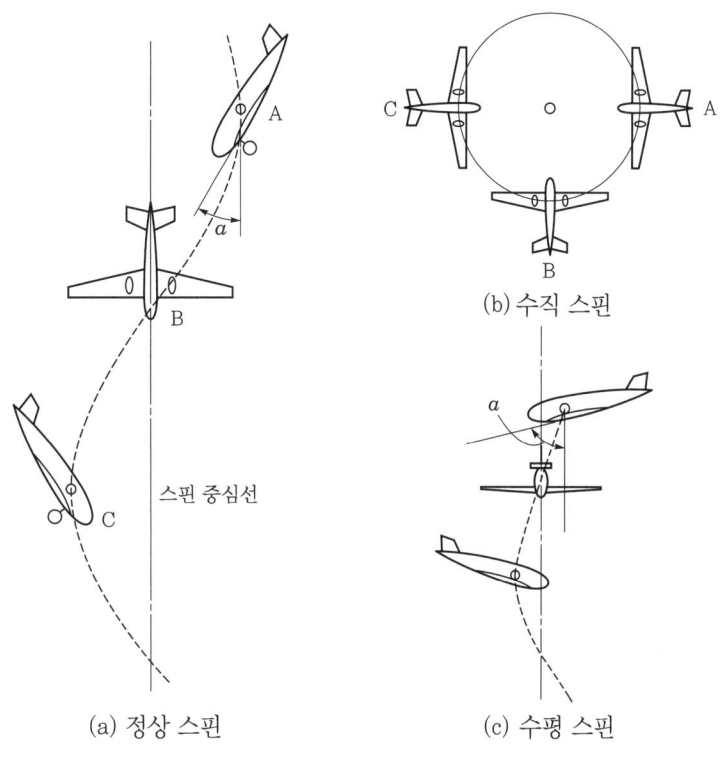

(a) 정상 스핀 (b) 수직 스핀 (c) 수평 스핀

수직 스핀	비행기의 받음각이 20~40° 정도이고, 낙하속도는 비교적 작은 40~80m/s 정도로 회복이 가능한 비행법이다.
수평 스핀	수직 스핀의 상태에서 기수가 들린 형태로 수평 자세로 되면서 회전속도가 빨라지고 회전 반지름이 작아져서 회복이 불가능한 상태에 이르게 하는 스핀이다.
스핀 운동	조종간을 당겨서 실속시킨 후, 방향키 페달을 한쪽만 밟아 준다.
스핀 회복	조종간을 반대로 밀어서 받음각을 감소시켜 급강하로 들어가서 스핀을 회복해야 한다.

4 기동 성능

(1) 선회비행

① **정상 선회**: 수평 면 내에서 일정한 선회 반지름을 가지고 원운동을 하는 비행이다. 정상 선회 시에는 원심력과 구심력이 같다.

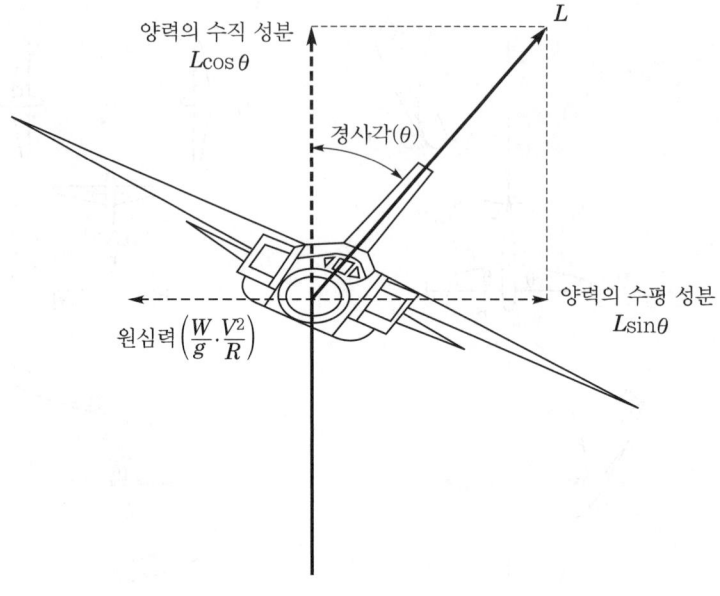

▲ 선회비행 시 작용하는 힘

가) 선회 반지름(R)

$$R = \frac{V^2}{g tan\theta}$$

※ R: 선회 반지름, θ: 경사각, V: 선회속도, g: 중력가속도

> **참고**
>
> 선회 반지름을 작게 하려면 선회속도를 작게 하거나 경사각을 크게 하면 된다.

나) 선회 시 양력(L)

$$L = \frac{W}{cos\theta}$$

다) 원심력(C.F)

$$C.F = \frac{WV^2}{gR} = Wtan\theta$$

② 선회 경사의 분류

▲ 균형 선회　　▲ 외활 선회　　▲ 내활 선회

가) 균형 선회(coordinated turn): 선회 시 원심력과 중력이 같으며, 볼은 중앙에 위치한다.

나) 내활 선회(slip turn): 선회 시 구심력이 원심력보다 크고, 볼이 선회계 바늘과 같은 방향으로 치우친다. 즉, 선회 방향 안쪽으로 미끄러지는 현상이다.

다) 외활 선회(skid turn): 선회 시 원심력이 구심력보다 크고, 볼이 선회계 바늘과 반대 방향으로 치우친다. 즉, 원심력 때문에 선회 방향의 바깥쪽으로 미끄러지는 현상이다.

③ 선회속도(V_t)

가) 직선비행 시 속도(V)와 선회비행 시 속도(V_t)와의 관계식

$$V_t = \frac{V}{\sqrt{\cos\theta}}, \quad \theta : 경사각$$

나) 수평비행 시 실속속도(V_s)와 선회 중의 실속속도(V_{ts})와의 관계식

$$V_{ts} = \frac{V_s}{\sqrt{\cos\theta}}$$

④ 선회 중의 하중배수

가) 하중배수(load factor: n): 어떤 비행상태에서 양력과 무게와의 비

$$하중배수\,(n) = \frac{L}{W}$$

※ 수평비행 시 하중배수: 1 또는 1g

나) 선회비행 시 하중배수(n)

$$하중배수 = \frac{L}{W}$$

- 60° 선회비행 시 하중배수: 2
- 30° 선회비행 시 하중배수: 1.15

⑤ 비행 하중

가) 가속운동 시 하중배수

- 1) 비행기 무게의 n배가 되면

$$하중배수(n) = \frac{L}{W}$$

$$n = \frac{비행기\ 무게 + 관성력}{비행기\ 무게} = 1 + \frac{관성력}{비행기\ 무게}$$

- 2) 지구의 중력가속도를 g라 하면

$$관성력 = 비행기\ 질량 \times 가속도$$

$$= \frac{비행기\ 무게}{g} \times 가속도$$

- 1), 2)를 대입하면

$$n = 1 + \frac{가속도}{g}$$

나) 안전계수

- 제한 하중(limit load): 비행 중에 생길 수 있는 최대 하중이다.
- 극한 하중(ultimate load): 비행기에 예기치 않는 과도한 하중이 작용하더라도 최소 3초간은 안전하게 견딜 수 있는 하중이다. [극한 하중=제한 하중×안전계수(1.5)]

안전계수 범위	적용
1.5~1.2	구조부재에 적용
1.33	조종케이블(control cable)
1.15	피팅(fitting)

- 제한 하중배수

감항류별	제한 하중배수	제한운동
A류(acrobatic)	6(곡기비행기)	곡예비행에 적합
U류(utility)	4.4(실용비행기)	제한된 곡예비행 가능
N류(normal)	2.25~3.8(보통비행기)	곡예비행 불가
T류(transport)	2.5(수송기)	수송기의 운동 가능 곡예비행 불가

다) V-n 선도: 항공기속도(V)와 하중배수(n)를 두 직교축으로 하여 항공기속도에 대한 한계 하중배수를 나타내어 항공기의 안전한 비행 범위를 정해 주는 선도이다.

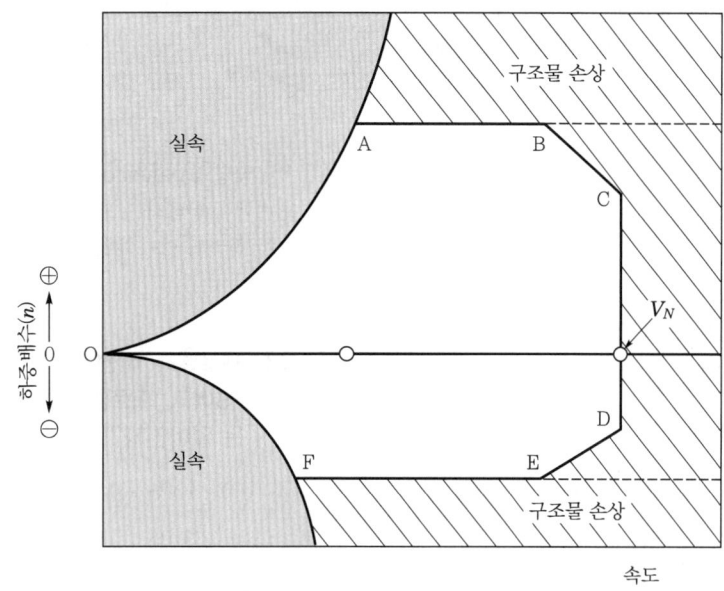

※ 항공기가 OABCDEF 내부에서 운동할 때는 구조 강도상의 보장을 받을 수 있다.

CHAPTER 03 실력 점검 문제

01 다음 등식이 성립되는 것은?

전체항력 = (　　　) + (　　　)

① 유해항력, 마찰항력
② 유해항력, 유도항력
③ 유도항력, 마찰항력
④ 마찰항력, 점성항력

해설

D(전체항력)=Dp(유해항력)+Di(유도항력)
- 유해항력: 양력을 발생시키지 않고 비행기의 운동을 방해하는 항력을 통틀어 말한다.
- 유도항력: 유한 날개 끝에서 생기는 와류 때문에 발생하는 항력을 일컫는다.

02 비행기에 작용하는 항력의 종류가 아닌 것은?

① 추력항력　② 마찰항력
③ 유도항력　④ 조파항력

해설

- 유도항력(induced drag, Di)은 내리흐름(down wash)으로 인해 유효받음각이 작아져서 날개의 양력 성분이 기울어져 항력 성분을 만드는데, 이것은 유도속도 때문에 생긴 항력이므로 유도항력이라 하고, 이때의 속도를 유도속도라 한다.
- 형상항력(profile drag)은 '마찰항력+압력항력'이다.
- 조파항력(wave drag, D_W)은 날개 표면의 초음속 흐름에서 충격파 발생으로 생기는 항력으로 양력계수의 제곱에 비례한다.
- 유해항력(parasite drag)은 양력에는 관계하지 않고 비행을 방해하는 모든 항력, 즉 유해항력을 제외한 모든 항력을 말한다.

03 프로펠러 비행기에서 제동마력(BHP)이 250 PS이고, 프로펠러 효율이 0.78이면, 이용마력은 얼마인가?

① 140PS　② 195PS
③ 200PS　④ 320PS

해설

P_a (이용마력) $= \eta \times bHP$
η: 프로펠러 효율, bHP: 제동마력[PS]

04 프로펠러 비행기의 비행속도가 98.4m/s이고 프로펠러의 회전수가 1,250rpm, 프로펠러 지름이 3.4m일 때, 이 프로펠러의 진행률은 약 얼마인가?

① 0.98　② 1.08
③ 1.39　④ 2.43

해설

$J = \dfrac{V}{nD}$

먼저, n=1,250rpm 분당 회전수를 초당 회전수로 단위 환산한다.

$J = \dfrac{V}{nD} = \dfrac{98.4}{20.83 \times 3.4} = 1.389 ≒ 1.39$

정답 01. ② 02. ① 03. ② 04. ③

05 프로펠러 진행율(j)을 나타내는 식 $j = \dfrac{V}{nd}$에서 n이 의미하는 것은?

① 프로펠러의 날개 수
② 프로펠러의 회전반지름
③ 프로펠러의 1초당 회전수
④ 프로펠러의 1초당 회전거리

해설

D: 프로펠러의 직경
n: rpm(초당 회전수)
V: 비행속도

06 프로펠러에서 유효피치를 가장 올바르게 설명한 것은?

① 비행기가 최저속도에서 프로펠러가 1초간 전진한 거리
② 비행기가 최고속도에서 프로펠러가 1초간 전진한 거리
③ 공기 중에서 프로펠러가 1회전할 때 실제로 전진한 거리
④ 공기를 강체로 가정하고 프로펠러를 1회전 할 때 이론적으로 전진한 거리

해설

유효피치(EP: Effective Pitch)는 프로펠러 1회전에 실제로 얻은 전진 거리이다.
$EP = V \times \dfrac{60}{n} = 2\pi\gamma \times \tan\emptyset$

07 프로펠러의 자이로 모멘트의 특성은 자이로스코프의 어떤 특성에 기인하는가?

① 강직성
② 진자효과
③ 섭동성
④ 회전효과

해설

자이로의 특성을 이용한 계기

• 강직성을 이용한 계기: 방향 자이로 지시계(정침의)
• 섭동성을 이용한 계기: 선회계
• 강직성과 섭동성을 이용한 계기: 자이로 수평 지시계 (인공 수평의)

08 속도 50m/s로 비행하는 비행기의 항력이 1,000kgf라면, 이때 비행기의 필요마력은 약 몇 HP인가?

① 529
② 667
③ 720
④ 854

해설

$\Pr = \dfrac{75}{DV} = \dfrac{1{,}000 \times 50}{75} = 666.6 ≒ 667$

09 항공기가 5,000m의 고도를 360km/h로 비행하고 있다. 날개의 면적은 30m²이고, 항력계수는 0.03일 때, 필요마력은 얼마인가? (단, 공기밀도는 0.075kg · s²/m⁴)

① 3,499마력
② 58마력
③ 699마력
④ 450마력

해설

$\Pr(필요마력) = \dfrac{DV}{75} = D = C_D \dfrac{1}{2} \rho V^2 S$ 이므로
$P_r = \dfrac{1}{150} C_D \rho V^3 S$
$= \dfrac{1}{150} \times 0.03 \times 0.075 \times \left(\dfrac{360}{3.6}\right)^3 \times 30 = 450$

10 비행기의 동체와 날개를 유선형으로 설계하는 가장 큰 이유는?

① 마찰항력을 최소화하기 위하여
② 압력항력을 최소화하기 위하여
③ 압력항력을 최소화하기 위하여
④ 조파항력 감소를 최소화하기 위하여

정답 05. ③ 06. ③ 07. ③ 08. ② 09. ④ 10. ②

해설

압력항력(pressure drag)은 물체 표면에서 떨어져 하류 쪽으로 와류를 발생시키기 때문에 생기는 항력으로 유선형일수록 압력항력이 작다.

11 비행기의 상승한계를 고도가 높은 것에서부터 낮은 순서로 나열한 것은?

① 운용상승한계 - 절대상승한계 - 실용상승한계
② 운용상승한계 - 실용상승한계 - 절대상승한계
③ 절대상승한계 - 운용상승한계 - 실용상승한계
④ 절대상승한계 - 실용상승한계 - 운용상승한계

해설

- 절대상승한계: 이용마력과 필요마력이 같아 상승률이 0m/sec인 고도
- 실용상승한계: 상승률이 0.5m/sec(100ft/min)인 고도로 절대상승한계의 약 80~90%에 해당한다.
- 운용상승한계: 비행기가 실제로 운용할 수 있는 고도로 상승률이 2.5m/sec인 고도

12 비행기의 실용상승한계는 절대상승한계의 약 몇 %로 정하는가?

① 60~70%   ② 70~80%
③ 80~90%   ④ 90~100%

해설

실용상승한계: 상승률이 0.5m/sec(100ft/min)인 고도로 절대상승한계의 약 80~90%에 해당한다.

13 비행기의 무게가 1,500kgf이고, 여유마력이 150마력일 경우에 상승률은 얼마인가?

① 0.75m/s   ② 7.5m/s
③ 75m/s   ④ 750m/s

해설

$R.C = \dfrac{75}{W}(Pa - Pr) = \dfrac{75}{1500} \times 150 = 7.5$

14 비행기가 360km/h의 속도로 비행하고 있다. 이때 상승각이 6°라면, 상승률은 얼마인가? (단, sin 6°=0.10, cos 6°=0.99, tan 6°=0.11로 한다.)

① 3.6m/s   ② 9.9m/s
③ 10m/s   ④ 11m/s

해설

$V \sin\theta = \dfrac{360}{3.6} \times \sin 6 = 100 \times 0.10 = 10$

15 비행기의 속도가 200km/h이다. 상승각이 6°이면, 상승률은 약 몇 km/h인가?

① 12.4   ② 18.7
③ 20.9   ④ 60.2

해설

$V \sin\theta = 200 \times \sin 6 = 20.9$

16 비행기가 가속도 운동을 할 때 하중배수(load factor)를 구하는 식은? (단, g는 지구의 중력가속도이다.)

① $1 + \dfrac{가속도}{g}$ ② $1 - \dfrac{가속도}{g}$
③ $1 + \dfrac{g}{가속도}$ ④ $1 - \dfrac{g}{가속도}$

정답 11. ④ 12. ③ 13. ② 14. ③ 15. ③ 16. ①

해설

하중배수(load factor)는 항공기가 비행 시 수직으로 작용하는 힘(양력)과 비행기 무게(W)와의 비이다.

하중배수(n) = $\dfrac{비행기에\ 작용하는\ 힘}{비행기\ 무게} = \dfrac{L}{W}$

수평비행 시(L=W) 하중배수=1 또는 1g

n = 1 + $\dfrac{관성력}{비행기\ 무게}$ = 1 + $\dfrac{가속도(a)}{g}$

→ 가속도로 인해 발생하는 하중배수

17 그림은 등속도 비행하는 비행기에 작용하는 힘을 나타낸 것이다. 비행 방향, 즉 항공기의 진행 방향에 대한 힘의 평형식으로 옳은 것은?

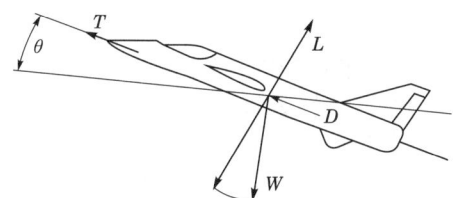

$L = W\cos\theta,\ D = W\sin\theta$

① $T = W\cos\theta + D$
② $T = W\tan\theta + D$
③ $T = W\sin\theta + D$
④ $T = W\cos\theta + D\sin\theta$

해설

비행기 진행 방향의 힘의 평형식
$T = W\sin\theta + D$

18 등속도 수평비행 중 비행기에 작용하는 힘의 관계가 옳은 것은 다음 중 어느 것인가?

① 양력=항력, 항력=추력
② 양력=중력, 항력=추력
③ 양력>중력, 항력>추력
④ 양력>중력, 항력=추력

해설

등속 수평비행 조건
$T = D,\ L = W$

19 활공기가 고도 1,000m에서 20km의 수평활공거리를 활공할 때, 양항비는 얼마인가?

① 0.05   ② 0.2
③ 20   ④ 50

해설

활공비 = $\dfrac{활공거리}{활공고도} = \dfrac{L}{h} = \dfrac{C_L}{C_D} = \dfrac{1}{\tan\theta}$ = 양항비

$\dfrac{L}{h} = \dfrac{20,000}{1000} = 20$

20 활공거리를 가장 길게 하려면?

① 날개 길이를 짧게 한다.
② 형상항력을 작게 하고 유도항력을 크게 한다.
③ 가능하면 양력계수에 비하여 항력계수를 크게 한다.
④ 양항비를 크게 한다.

해설

활공비 = $\dfrac{활공거리}{활공고도} = \dfrac{L}{h} = \dfrac{C_L}{C_D} = \dfrac{1}{\tan\theta}$ = 양항비

활공거리 = 활공비 × 활공고도

• 멀리 비행하려면 활공각(θ)이 작아야 한다.
• θ가 작다는 것은 양항비($\dfrac{C_L}{C_D}$)가 크다는 것이다.

21 다음 ( ) 안에 알맞은 것은?

"(   ) 값이 클수록 프로펠러 비행기는 적은 동력으로 장거리 비행이 가능하다."

① 받음각   ② 양항비
③ 추력   ④ 항력

정답 17. ③ 18. ② 19. ③ 20. ④ 21. ②

해설

프로펠러 항공기의 항속거리를 크게 하기 위한 조건
- 프로펠러 효율을 크게 한다.
- 연료 소비율을 작게 한다.
- 양항비가 최대인 받음각으로 비행한다.
- 연료를 많이 실을 수 있어야 한다.

22 비행기의 이륙활주거리를 짧게 하기 위한 조건 중 잘못된 것은?

① 맞바람을 받지 않도록 한다.
② 비행기 무게를 가볍게 한다.
③ 엔진의 추력을 크게 한다.
④ 고양력 장치를 사용한다.

해설

이륙 활주 거리를 짧게 하기 위한 조건
- 비행기의 무게를 가볍게 한다.
- 추력을 크게 한다(가속도 증가).
- 항력이 적은 자세로 이륙한다.
- 맞바람을 맞으면서 이륙한다(정풍 비행).
- 고양력 장치를 사용한다.
- 마찰 계수(μ)를 작게 한다.

23 비행기의 무게가 2,000kg이고, 날개 면적이 50m²이며, 실속 받음각에서의 양력계수가 1.6일 때, 실속속도는 얼마인가? (단, 공기의 밀도는 1/8kg · sec²/m⁴이다.)

① 68km/h ② 70km/h
③ 72km/h ④ 76km/h

해설

$$V_S = \sqrt{\frac{2W}{\rho S C_{Lmax}}} = \sqrt{\frac{2 \times 2,000}{0.125 \times 50 \times 1.6}}$$
$$= 20\,m/\sec \times 3.6 = 72 Km/h$$

24 비행기의 이착륙 방법에 따라 분류한 것은?

① 겹 날개 비행기, 중간 날개 비행기, 높은 날개 비행기, 낮은 날개 비행기
② 단발 비행기, 쌍발 비행기, 다발 비행기
③ 육상 비행기, 수상 비행기, 수륙양용 비행기, 비행정
④ 활공기, 회전날개 항공기, 전환식 항공기

해설

이착륙 방법에 따른 분류
- 육상 비행기: 육지에 착륙하도록 바퀴로 된 형식
- 수상 비행기: 물 위를 활주하여 뜨고 내리는 형식
- 수륙양용 비행기: 육상과 수상의 혼합 형식
- 비행정: 물 위에서 뜨고 내리는 비행기 형식

25 비행기의 중량이 2,500kg, 날개의 면적이 80m² 지상에서의 실속속도가 180km/h이다. 이 비행기의 최대 양력계수는 얼마인가? (단, 공기밀도는 1/8kg · s²/m⁴이다.)

① 0.2 ② 0.4
③ 0.6 ④ 0.8

해설

$$C_{Lmax} = \frac{2W}{\rho V^2 S} = \frac{2 \times 2500}{0.125 \times (\frac{180}{3.6})^2 \times 80} = 0.2$$

26 확실한 실속이 있은 다음 기수가 강하게 내려간 후 회복하는 현상을 무엇이라 하는가?

① 정상 실속 ② 부분 실속
③ 완전 실속 ④ 특별 실속

해설

- 부분 실속: 실속의 징조를 느끼거나 경보장치가 울리면 회복하기 위하여 바로 승강키를 풀어주어 회복시켜야 한다.

- 정상 실속: 확실한 실속 징조가 생긴 다음 기수가 강하게 내려간 후에 회복하는 경우이다
- 완전 실속: 비행기가 완전히 실속할 때까지 조종간을 당기는 경우이다.

- 방향키만 조작 시 빗놀이와 옆놀이 동시 발생→공력 커플링
- 관성 커플링: 질량 분포에 따라 발생되는 힘, 즉 원심력에 의해 발생되는 모멘트

27 버핏에 대한 설명 내용으로 가장 올바른 것은?

① 박리에 대한 효과가 주날개에 작용하는 상승 성능을 좋게 한다.
② 박리에 대한 영향이 동체에 작용하여 전진 성능을 방해한다.
③ 박리에 대한 후류의 영향으로 날개나 꼬리 날개를 진동시켜 발생하는 현상이다.
④ 박리에 의한 영향으로 최대 항속거리를 유지할 수 있다.

[해설]
- 버핏: 흐름의 떨어짐의 후류 영향으로 날개나 꼬리날개가 진동하는 현상이다.
- 저속 버핏: 저속에서 실속했을 경우 날개가 와류의 위해서 진동하는 현상이다.
- 고속 버핏: 충격파에 의해서 기체가 진동하는 현상이다.

28 방향키만 조작하거나 옆 미끄럼 운동을 했을 때 빗놀이와 동시에 옆놀이 운동이 생기는 현상은?

① 관성 커플링(inertia coupling)
② 날개 드롭(wing drop)
③ 슈퍼 실속(super stall)
④ 공력 커플링(aerodynamic coupling)

[해설]
옆놀이 커플링
- 한 축에 대한 교란 발생 시 다른 축에도 교란이 발생하는 현상(cross effect)

29 무게가 $9,000 kgf$인 항공기가 30°의 경사각으로 정상 선회를 할 때, 원심력은 몇 kgf인가? (단, sin30°=0.5, cos30°=0.866, tan30°=0.577이다.)

① 4,500
② 5,196
③ 7,794
④ 18,000

[해설]
$$원심력(C \times F) = \frac{W}{g} \times \frac{V^2}{R} = W \tan\theta$$
= 9,000 tan30 = 5,196 kgf

30 조종사가 5,000m 상공을 일정 속도로 낙하산으로 하강하고 있다. 조종사의 무게가 90kgf, 낙하산 지름이 6m, 항력계수가 2.0일 때, 속도는 몇 m/s인가? (단, 공기의 밀도는 ρ=1.0kgf/m³이고 g는 중력가속도이다.)

① $\sqrt{\dfrac{g}{\pi}}$
② $\sqrt{\dfrac{10g}{\pi}}$
③ $10\sqrt{\dfrac{g}{\pi}}$
④ $10\sqrt{\dfrac{10g}{\pi}}$

[해설]
$$W = \frac{1}{2}\rho V^2 S C_D, \quad V = \sqrt{\frac{2W}{\rho C_D S}}$$
여기서 자유 낙하하므로
$$V = \sqrt{\frac{2W}{\rho C_D S} \times g} \rightarrow \sqrt{\frac{2 \times 90}{1 \times 2 \times 9\pi} \times g} \rightarrow$$
$$\sqrt{\frac{180}{18\pi} \times g} \rightarrow \sqrt{\frac{10}{\pi}g}$$

정답 27. ③ 28. ④ 29. ② 30. ②

CHAPTER 04 항공기의 안정과 조종

1 조종면

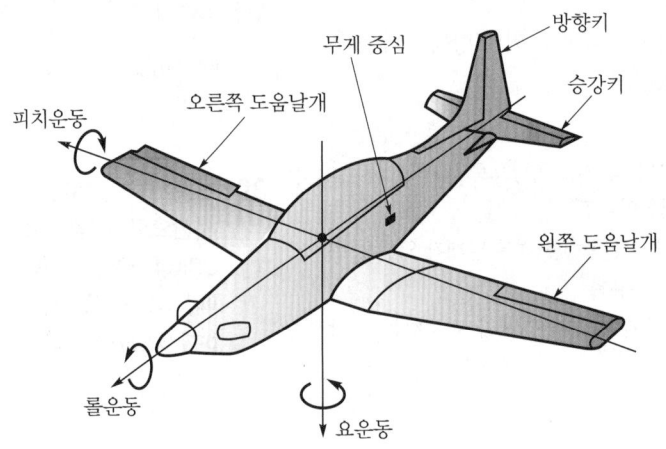

(1) 조종면의 효율
① 주 조종면(primary control surface): 도움날개(aileron), 승강키(elevator), 방향키(rudder)
② 부 조종면(secondary control surface): 플랩(flap), 탭(tab), 스포일러(spoiler)
③ 조종면의 효율 변수(flap or control effectivenessParameter): 플랩 변위의 효과는 각도에 대한 C_L의 곡선 기울기 값

(2) 힌지 모멘트와 조종력
조종면은 힌지 축을 중심으로 위·아래로, 또는 좌우로 변위하도록 되어 있다.

① **힌지 모멘트(hinge moment, H)**: 조종면으로 흐르는 압력 분포의 차이로, 힌지 축을 중심으로 회전하려는 힘이다. 힌지 모멘트는 모멘트 계수, 동압, 조종면의 크기에 비례한다.

$$H = C_h \frac{1}{2}\rho V^2 b \bar{c}^2 = C_h q b \bar{c}^2$$

※ H: 힌지 모멘트, C_h: 힌지 모멘트 계수, b: 조종면의 폭, $\bar{c}$: 조종면의 평균시위

② **조종력(F_e)과 승강키 힌지 모멘트(H_e) 관계식**

$$F_e = K \times H_e = K \times q \times b \times \bar{c}^2 \times C_h$$

※ F_e: 조종력, H_e: 승강키 힌지 모멘트, K: 조종계통의 기계적 장치에 의한 이득

참고 조종력은 비행속도의 제곱에 비례하고 $b\bar{c}^2$ 에 반비례한다.

- 속도의 2배가 되면, 조종력은 4배가 필요하다.
- 조종면의 폭과 시위의 크기를 2배로 하면 조종력은 8배가 필요하다.

---

(3) 공력 평형장치

조종면의 압력 분포를 변화시켜 조종력을 경감시키는 장치이다.

앞전 밸런스 (leading edge balance)	조종면의 힌지 중심에서 앞전을 길게 하여 조종력을 감소시키는 장치이다.	
혼 밸런스 (horn balance)	밸런스 역할을 하는 조종면을 플랩의 일부분에 집중시킨 것	
	비보호 혼	밸런스 부분이 앞전까지 뻗쳐 나온 것을 비보호 혼(un-shielded horn)이라 한다.
	보호 혼	밸런스 앞에 고정면을 가지는 것을 보호 혼(shielded horn)이라 한다.
내부 밸런스 (internal balance)	플랩의 앞전이 밀폐되어 있어서 플랩의 아래 윗면의 압력 차에 의해서 앞전 밸런스와 같은 역할을 하도록 한다.	
프리즈 밸런스 (frise balance)	도움날개에 자주 사용되는 밸런스로서, 연동되는 도움날개에서 발생되는 힌지 모멘트가 서로 상쇄되도록 하여 조종력을 경감시킨다.	

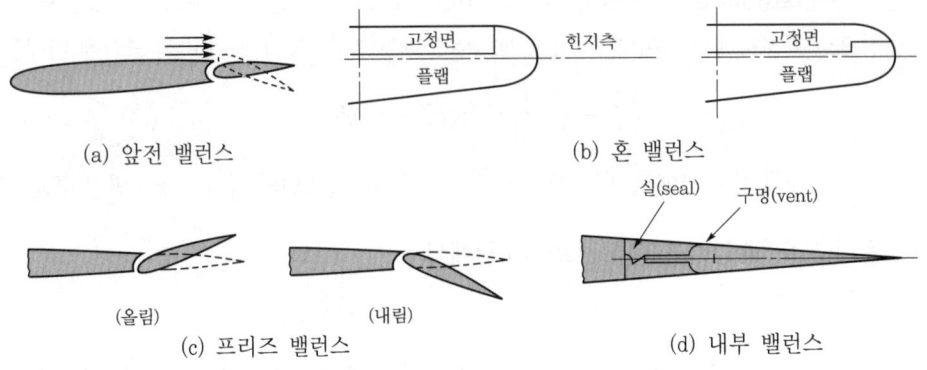

(4) 탭(tab)

조종면의 뒷전 부분에 부착시키는 작은 플랩의 일종으로, 조종면 뒷전 부분의 압력 분포를 변화시켜 힌지 모멘트에 변화를 생기게 한다.

탭 종류	특 징
트림 탭(trim tab)	조종면의 힌지 모멘트를 감소시켜 조종사의 조종력을 "0"으로 조종해 준다.
평형 탭 (balance tab)	조종면이 움직이는 방향과 반대 방향으로 움직이도록 기계적으로 연결되어 있다.
서보 탭 (servo tab)	조종석의 조종장치와 직접 연결되어 탭(tab)만 작동시켜 조종면을 움직이며, 조종력이 감소되어 대형 비행기에 주로 사용된다.
스프링 탭 (spring tab)	혼(horn)과 조종면 사이에 스프링을 설치하여 탭(tab)의 작용을 배가시키도록 한 장치이다.

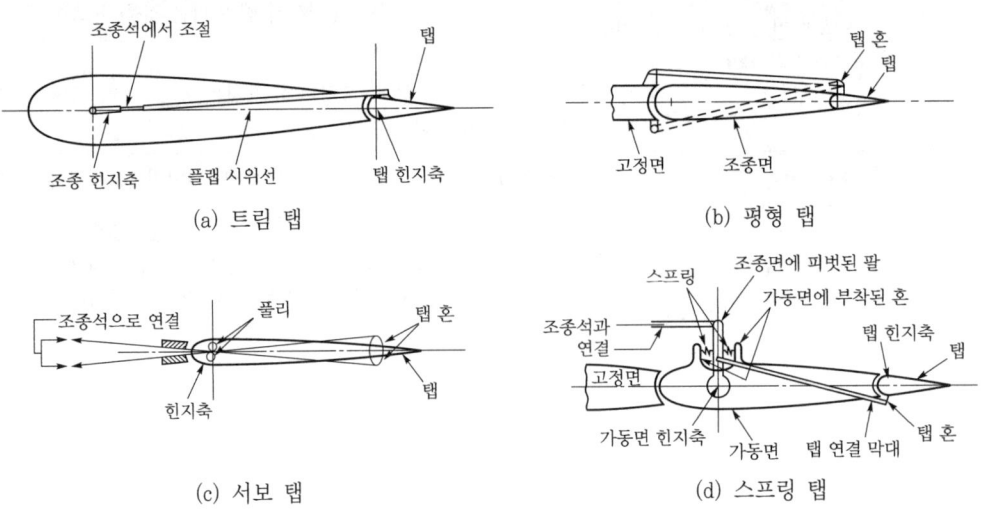

2 안정과 조종

(1) 정적 안정과 동적 안정

① 정적 안정

정적 안정 종류	내용
정적 안정 (static stability)	양(+)의 정적 안정. 평형상태로부터 벗어난 뒤에 어떤 형태로든 움직여서 원래의 평형상태로 되돌아가려는 경향이 있다.
정적 불안정 (static unstability)	음(−)의 정적 안정. 평형상태에서 벗어난 물체가 처음 평형상태로부터 더 멀어지려는 경향이 있다.
정적 중립 (neutral static stability)	평형상태에서 벗어난 물체가 이동된 위치에서 평형상태를 유지하려는 경향이 있다.

② 동적 안정

동적 안정 종류	내용
동적 안정 (dynamic stability)	양(+)의 동적 안정. 어떤 물체가 평형상태에서 이탈된 후 시간이 지남에 따라 운동의 진폭이 감소되는 상태이다. 동적 안정이면 반드시 정적 안정이다.
동적 불안정 (dynamic unstability)	음(−)의 동적 안정. 어떤 물체가 평형상태에서 이탈된 후 시간이 지남에 따라 운동의 진폭이 점점 증가되는 상태이다.
동적 중립 (neutral dynamic stability)	어떤 물체가 평형상태에서 이탈된 후 시간이 경과하여도 운동의 진폭이 변화가 없는 상태이다.

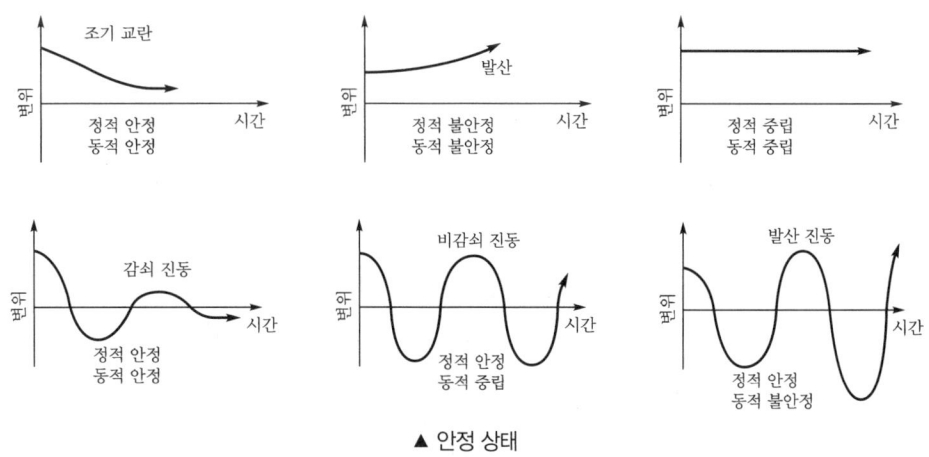

▲ 안정 상태

※ 일반적으로 정적 안정이 있다고 동적 안정이 있다고는 할 수 없지만, 동적 안정이 있는 경우에는 정적 안정이 있다고 할 수 있다.

③ 평형과 조종

평형상태	비행기에 작용하는 모든 힘의 합이 0이며, 키놀이(pitching), 옆놀이(rolling) 및 빗놀이(yawing) 모멘트의 합이 "0"인 경우를 말한다.
조종	조종사가 조종간으로 조종면을 움직여서 비행기를 원하는 방향으로 운동시키는 것이다.
안정과 조종	비행기의 안정성이 커지면 조종성이 나빠진다. 서로 반비례한다.

④ 비행기의 기준 축

무게중심을 원점에 둔 좌표축으로서 기준 축을 사용하며, 이를 기체 축(body axis)이라 한다.

기준 축	내용
세로축 (X축)	• 비행기의 앞과 뒤를 연결한 축이다. • 세로축에 관한 모멘트: 옆놀이 모멘트(rolling moment) • 옆놀이를 일으키는 조종면: 도움날개(aileron) • 옆놀이에 대한 안정: 가로 안정
가로축 (Y축)	• 비행기의 날개 길이 방향으로 연결한 축이다. • 가로축에 관한 모멘트: 키놀이 모멘트(pitching moment) • 키놀이 모멘트를 일으키는 조종면: 승강키(elevator) • 키놀이에 대한 안정: 세로 안정
수직축 (Z축)	• 비행기의 상하축이다. • 수직축에 관한 모멘트: 빗놀이 모멘트(yawing moment) • 빗놀이 모멘트를 일으키는 조종면: 방향타(rudder) • 빗놀이에 대한 안정: 방향 안정

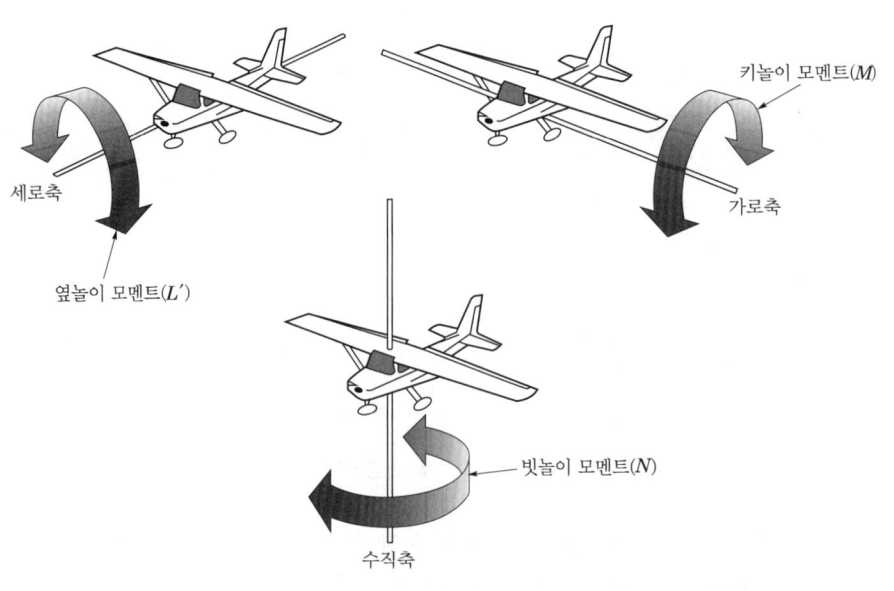

▲ 비행기 기체축

⑤ 조종계통

기준 축	내용
도움날개 (aileron)	• 옆놀이 모멘트를 일으키는 조종면이다. • 조종간을 좌측으로 하면 좌측 도움날개는 올라가고, 우측 도움날개는 내려가 비행기는 좌측으로 경사지게 된다. • 차동조종장치: 비행기에서 올림과 내림의 작동범위를 다르게 한 것으로 도움날개에 이용된다. 도움날개 사용 시 유도항력의 크기가 다르기 때문에 발행하는 역빗놀이(adverse yaw)를 작게 한다.
승강키 (elevator)	• 키놀이 모멘트를 일으키는 조종면이다. • 조종간으로 당기면 승강키는 올라가고 기수도 올라간다.
방향키 (rudder)	• 빗놀이 모멘트를 일으키는 조종면이다. • 왼쪽 페달을 밟으면 방향타는 왼쪽으로 움직이고 기수는 왼쪽으로 향한다.

▲ 도움날개

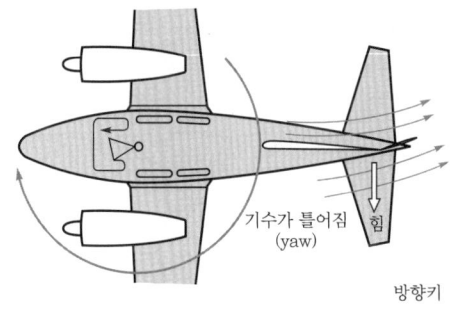

▲ 방향키

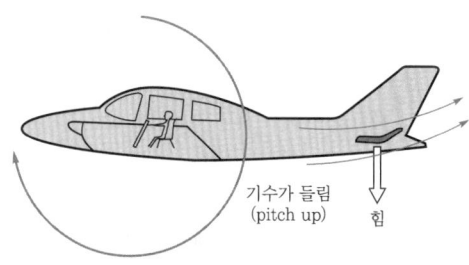

▲ 승강키

(2) 세로 안정과 조종

① **정적 세로 안정**: 비행기가 비행 중 외부 영향이나 조종사 의도에 의해 승강키가 조작되어 키놀이 모멘트가 변화되었을 때, 처음 평형상태로 되돌아가려는 경향이 있다. 받음각이 증가되면 양력계수 값이 증가되어 기수가 올라가면 기수 내림(−) 키놀이 모멘트가 발생하여 평형점으로 돌아가려는 경향이 있을 때, 정적 세로 안정성이 있다고 한다.

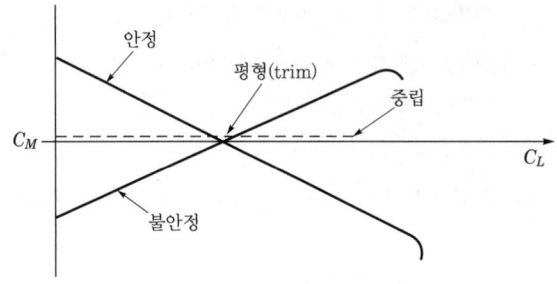

▲ 정적 세로 안정

가) 정적 세로 안정은 비행기의 받음각과 키놀이 모멘트의 관계에 의존한다.

나) 키놀이 모멘트 관계식

$$M = C_M \times q \times S \times \bar{c} \quad \text{또는} \quad C_M = \frac{M}{q \times S \times c}$$

※ M: 무게중심에 관한 키놀이 모멘트, 기수를 드는 방향이 (+)방향

　q: 동압, S: 날개 면적, $\bar{c}$: 평균 공력 시위, C_M: 키놀이 모멘트 계수

다) 날개와 꼬리날개에 의한 무게중심 주위의 키놀이 모멘트(M_{cg})

$$M_{cg} = M_{cg\ wing} + M_{cg\ tail}$$

※ $M_{cg\ wing}$: 날개 만에 의한 키놀이 모멘트

　$M_{cg\ tail}$: 수평 안정판에 의한 키놀이 모멘트

라) 비행기 전체의 무게중심 모멘트 계수

$$C_{Mcg} = C_{Mac} + C_L \frac{a}{c} - C_D \frac{b}{c} - C_{Lt} \frac{q_t \times S_t \times l}{qS\bar{c}}$$

※ S_t: 수평 꼬리날개 면적, q_t: 수평 꼬리날개 주위 동압, C_{Lt}: 수평 꼬리날개 양력계수, a: 무게중심에서 양력까지의 거리, b: 무게중심에서 항력까지의 거리, l: 무게중심에서 꼬리날개 압력 중심까지의 거리

> **참고** 비행기의 세로 안정을 좋게 하기 위한 방법
>
> - 무게중심이 날개의 공기역학적 중심보다 앞에 위치할수록 좋다.
> - 날개가 무게중심보다 높은 위치에 있을수록 좋다.
> - 꼬리날개 부피($S_t \times l$)가 클수록 좋다.
> - 꼬리날개 효율($\frac{q_t}{q}$)이 클수록 좋다.

② 세로조종의 임계 조건들을 충족시키기 위한 주요 비행상태

　가) 기동조종 조건

　나) 이륙조종 조건

　다) 착륙조종 조건

③ **동적 세로 안정(dynamic longitudinal stability)**: 돌풍 등 외부 영향을 받는 비행기가 키놀이 모멘트가 변화된 경우에 진폭 시간에 따라 감소하는 경우를 동적 안정이라 말하며, 진폭이 시간에 따라 증가하는 경우를 동적 불안정이라 말한다.

　가) 비행기 세로운동의 주요 변수: 비행기의 키놀이 자세, 받음각, 비행속도, 조종간 자유 시 승강키 변위

　나) 동적 세로 안정의 진동 형태

운동	내용
장주기 운동	진동 주기가 20초에서 100초 사이이다. 진동이 매우 미약하여 조종사가 알아차릴 수 없는 경우가 많다.
단주기 운동	진동 주기가 0.5초에서 5초 사이이다. 주기가 매우 짧은 운동이며, 외부 영향을 받은 항공기가 정적 안정과 키놀이 감쇠에 의한 진동 진폭이 감쇠되어 평형상태로 복귀된다. 즉, 인위적인 조종이 아닌 조종간을 자유로 하여 감쇠하는 것이 좋다.
승강키 자유운동	진동 주기가 0.3초에서 1.5초 사이이다. 승강키를 자유롭게 하였을 때 발생하는 아주 짧은 진동이며, 초기 진폭이 반으로 줄어드는 시간은 대략 0.1초이다.

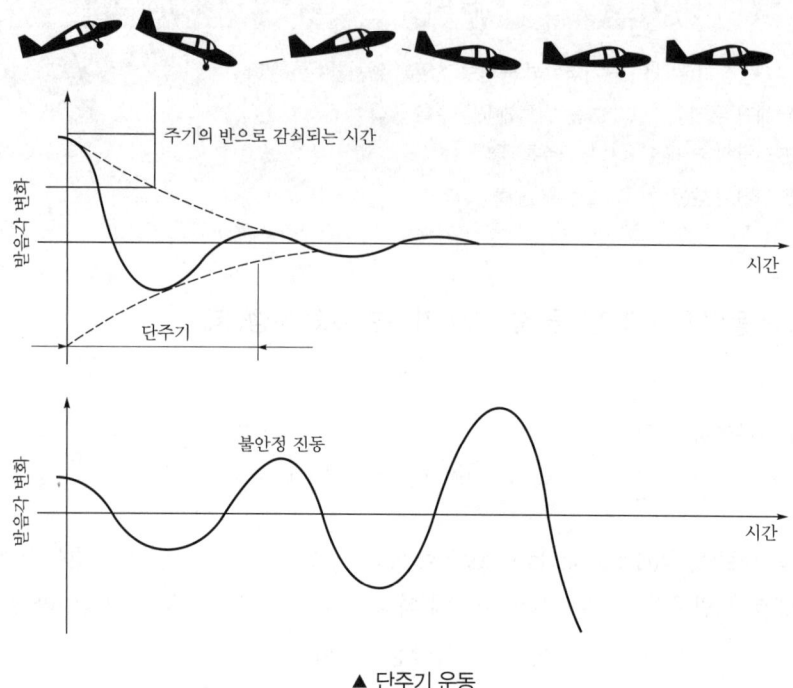

▲ 단주기 운동

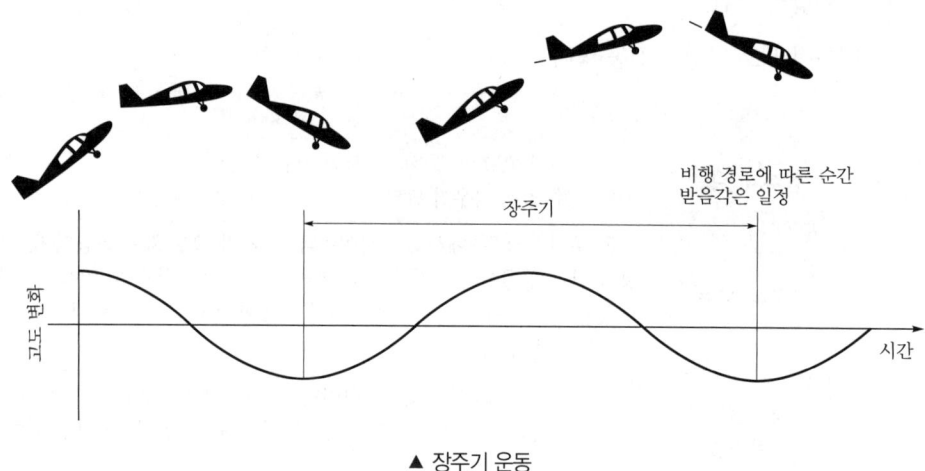

▲ 장주기 운동

(3) 가로 안정과 조종

① **정적 가로 안정(static lateral stability):** 비행기가 양(+)의 옆미끄럼 각을 가지게 될 경우 음(−)의 옆놀이 모멘트가 발생하면 정적 가로 안정이 있다고 한다.

가) 옆놀이 모멘트(L')

$$L' = C_{l'} \times q \times S \times b \quad \text{또는} \quad C_{l'} = \frac{L'}{q \times S \times b}$$

※ L': 옆놀이 모멘트(오른쪽이 (+) 값), q: 동압, S: 날개 면적, $C_{l'}$: 옆놀이 모멘트 계수

> **참고** 가로 안정에 영향을 주는 요소
> - 날개: 가로 안정에 가장 중요한 요소이다. 날개의 쳐든각 효과는 가로 안정에 가장 중요한 요소이다.
> - 쳐든각(상반각)의 효과: 옆미끄럼(side slip)을 방지하고, 가로 안정성을 좋게 한다.
> - 동체: 동체 위에 부착된 날개는 2°나 3°의 쳐든각 효과가 있다.
> - 수직꼬리날개: 옆미끄럼에 대해 옆놀이 모멘트를 발생시켜 가로 안정에 도움을 준다.

② **동적 가로 안정**

운동	내용
방향 불안정 (directional divergence)	초기의 작은 옆미끄럼에 대한 반응이 옆미끄럼을 증가시키는 경향을 가질 때 발생하는 동적 안정에서 가장 주의해야 할 요소이다. 정적 방향 안정성을 증가시키면 방향 불안정은 감소한다.
나선 불안정 (spiral divergence)	정적 방향 안정성이 정적 가로 안정보다 훨씬 클 때 발생한다.
가로 방향 불안정 (dutch roll)	가로진동과 방향진동이 결합된 것으로 대개 동적으로 안정하지만, 진동하는 성질 때문에 문제가 된다. 정적 방향 안정보다 쳐든각 효과가 클 때 일어난다.

(4) 방향 안정과 조종

① **방향 안정:** 비행 중 옆미끄럼 각이 발생했을 때 옆미끄럼을 감소시켜 주는 빗놀이 모멘트가 발생하면 정적 방향 안정성이 있다고 한다.

가) 양의 빗놀이각(ψ): 비행기의 기수가 상대풍이 오른쪽에 있을 때 각도
나) 옆미끄럼 각(β): 상대풍이 비행기 중심선의 오른쪽으로 이동했을 때 각도

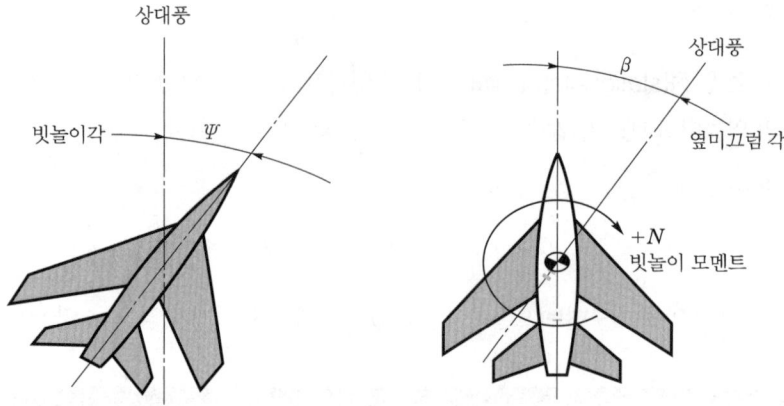

▲ 옆미끄럼 각과 빗놀이각

- 빗놀이 모멘트(N)

$$N = C_N \times q \times S \times b \text{ 또는 } C_N = \frac{N}{q \times S \times b}$$

※ N: 빗놀이 모멘트, C_N: 빗놀이 모멘트 계수, q: 동압, S: 날개 면적, b: 날개 길이

참고 방향 안정에 영향을 끼치는 요소

- 수직꼬리날개: 방향 안정에 일차적으로 영향을 준다.
- 동체, 엔진 등에 의한 영향: 동체와 엔진은 방향 안정에 있어 불안정한 영향을 끼치는 가장 큰 요소이다.
- 도살 핀(dorsal fin): 수직꼬리날개가 실속하는 큰 옆미끄럼 각에서도 방향 안정성을 증가시킨다.
- 추력 효과: 프로펠러 회전면이나 제트기 공기 흡입구가 무게중심 앞에 위치했을 때 불안정을 유발한다.

참고 도살 핀 장착 시 효과

- 큰 옆미끄럼 각에서의 동체 안정성을 증가시킨다.
- 수직꼬리날개의 유효 가로세로비를 감소시켜 실속각을 증가시킨다.

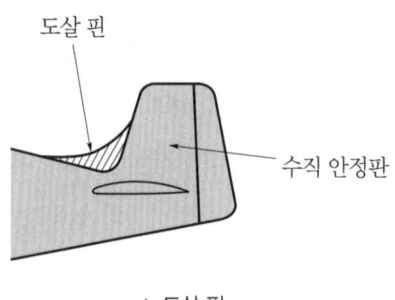

▲ 도살 핀

- 정적 방향 안정성이 가장 심각하게 요구되는 경우
  - 큰 옆미끄럼 각
  - 낮은 속도에서의 높은 출력
  - 큰 받음각
  - 큰 마하수

② **방향 조종**

가) 방향 조종 능력을 가져야 하는 이유
- 균형선회
- 추력 효과의 평형
- 옆미끄럼 및 비대칭 추력의 균형

나) 부유각(float angle): 방향키를 자유로 하였을 때 공기력에 의하여 방향키가 자유로이 변위 되는 각이다.

(5) 현대의 조종계통

항공기의 조종성과 안정성을 적절히 조화시켜 조종하기 위해서는 조종계통이 필요하고, 비행기의 조종계통 형식은 비행기의 크기, 제작 목적과 비행속도에 결정된다.

① **기계적인 조종계통**

가) 소형기에 적합한 조종계통이다.

나) 조종력을 유지하기 위해 공력평형장치(aerodynamic balance), 태브(tab), 스프링 밥 웨이트(bob weight)를 사용하여 조종력을 감소시킨다.

② **유압장치를 이용한 조종계통**

가) 기계적인 조종계통과 작동기를 동시에 사용한다.

나) 요구되는 조종력을 작동기를 통해 정해진 배율에 따라 공급하여 고속에서 조종력을 감소시킨다(작동기는 조종력 1에 대해 14배의 힘을 제공한다).

③ **전기신호를 이용하는 조종계통**

가) 플라이 바이 와이어(fly by wire) 시스템은 모든 기계적인 연결을 전기적인 연결로 바꾸어 조종하는 계통이다.

나) 조종장치에 연결된 케이블이 늘어나거나 연결방식에 있어서의 단점을 보완하였으나 전자 장애, 번개, 전원이 차단될 경우 조종이 안 되는 단점을 갖고 있다.

④ **광신호를 이용하는 조종계통**: 플라이 바이 와이어보다 신속성과 정밀도를 개선한 플라이 바이 라이트(fly by light) 시스템은 구리선 대신 광섬유 케이블을 통해 신호를 감지장치에서 컴퓨터로 옮기고, 다시 조종면으로 전송하여 조종면을 제어하는 조종계통이다.

3 고속기의 비행 불안정

(1) 세로 불안정

① **턱 언더(tuck under)**: 비행기가 음속 가까운 속도로 비행하게 되면, 속도를 증가시킬 때 기수가 오히려 내려가 조종간을 당겨야 하는 조종력의 역작용 현상이다.

> **참고** 턱 언더의 수정 방법
>
> 마하 트리머(mach trimmer) 및 피치 트림 보상기(pitch trim compensator)를 설치한다.

② **피치 업(pitch up)**: 비행기가 하강 비행을 하는 동안 조종간을 당겨 기수를 올리려 할 때 받음각과 각속도가 특정 값을 넘게 되면 예상한 정도 이상으로 기수가 올라가는 현상이다.

> **참고** 피치 업의 원인
>
> - 뒤젖힘 날개의 날개 끝 실속: 뒤젖힘이 큰 날개일수록 피치 업도 크다.
> - 뒤젖힘 날개의 비틀림
> - 날개의 풍압 중심이 앞으로 이동
> - 승강키 효율의 감소

③ **딥 실속(deep stall, 슈퍼 실속)**: 수평꼬리날개가 높은 위치에 있거나, T형 꼬리날개를 가지는 비행기가 실속할 때 후류의 영향을 받는 꼬리날개가 안정성을 상실하고, 조작을 해도 승강키 효율이 떨어져 실속 회복이 불가능한 현상이다.

> **참고 딥 실속 방지책**
>
> 날개 윗면에 판을 설치하거나 보틸론(vortilon), 실속 스트립(스핀 스트립)을 장착한다.

(2) 가로 불안정

① **날개 드롭(wing drop):** 비행기가 수평비행이나 급강하로 속도를 증가하면 천음속 영역에서 한쪽 날개가 충격 실속을 일으켜서 갑자기 양력을 상실하여 급격한 옆놀이를 일으키는 현상이다.

　가) 비교적 두꺼운 날개를 사용하는 비행기가 천음속으로 비행할 때 발생한다.

　나) 얇은 날개를 가지는 초음속 비행기가 천음속으로 비행할 때 발생하지 않는다.

② **옆놀이 커플링:** 한 축에 교란이 생길 경우 다른 축에도 교란이 생기는 현상으로, 이를 방지하기 위해 벤트럴 핀(ventral fin(배지느러미))을 사용한다.

　가) 공력 커플링: 방향키만을 조작하거나 옆 미끄럼 운동을 했을 때, 빗놀이와 동시에 옆놀이 운동이 생기는 현상이다.

　나) 관성 커플링: 기체 축이 바람 축에 대해 경사지게 되면 바람 축에 대해서 옆놀이 운동을 하게 되며, 원심력에 의해 키놀이 모멘트가 발생하는 현상이다.

> **참고 옆놀이 커플링을 줄이는 방법**
>
> - 방향 안정성을 증가시킨다.
> - 쳐든각 효과를 감소시킨다.
> - 정상 비행상태에서 바람 축과의 경사를 최대한 줄인다.
> - 불필요한 공력 커플링을 감소시킨다.
> - 옆놀이 운동에서의 옆놀이율이나 받음각, 하중배수 등을 제한한다.

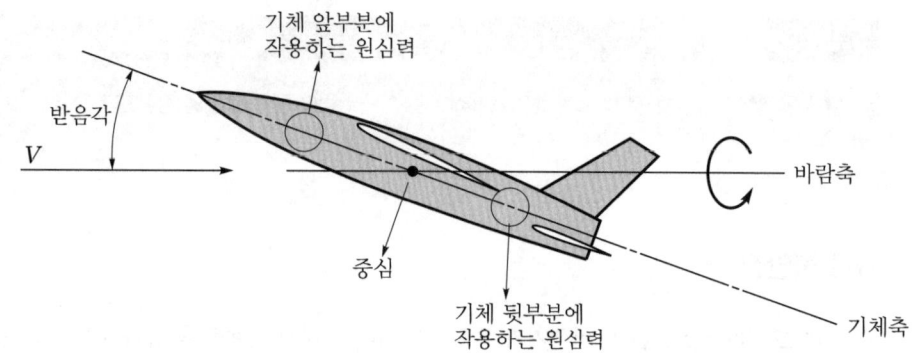

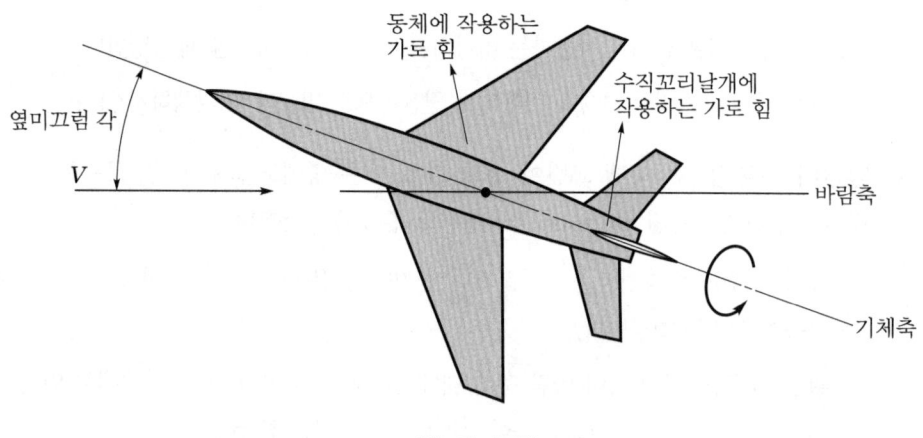

▲ 옆놀이 커플링

CHAPTER 04 실력 점검 문제

01 비행기의 동적 가로 안정의 특성과 관계 없는 것은?

① 방향 불안정 ② 세로 불안정
③ 나선 불안정 ④ 더치롤

해설

- 방향 불안정
  - (−)의 방향(수직축에 대한 왼쪽 회전) 안정으로 발생
  - 작은 옆미끄럼에 대한 반응이 옆미끄럼을 증가 → 상대풍 방향으로 돌아가기 전까지 빗놀이 운동 계속
- 나선 불안정
  - 정적 방향 안정성이 정적 가로 안정보다 훨씬 클 때 발생
  - 나선 운동에서의 발산율은 아주 작기 때문에 회복이 용이
- 가로 방향 불안정(dutch roll)
  - 가로진동과 방향진동이 결합
  - 옆놀이와 빗놀이 운동이 결합
  - 정적 방향 안정보다 쳐든각 효과가 클 때 발생

02 다음 ( ) 안에 알맞은 말은?

> an airplane is controlled directionally about it's vertical axis by the ( )

① rudder ② elevator
③ ailerons ④ flap

해설
항공기는 러더에 의해 수직축의 방향이 조정된다.
directionally: 방향, vertical: 수직, axis: 축

03 비행기의 기준 축과 각축에 대한 회전 각운동에 대해 가장 올바르게 나타낸 것은?

① 세로축−X축−옆놀이
② 세로축−X축−키놀이
③ 가로축−Z축−옆놀이
④ 가로축−Z축−키놀이

해설

- X축
  - 세로축 운동, 옆놀이 모멘트(rolling),
  - 가로 안정 → 도움날개 → 조종간 좌우 조작
- Y축
  - 가로축 운동, 키놀이 모멘트(pitching)
  - 세로 안정 → 승강키 → 조종간 전후 조작
- Z축
  - 수직축, 빗놀이 모멘트(yawing)
  - 방향 안정 → 방향키 → pedal의 전후 조작

04 비행기의 평형을 이루게 하는 장치가 아닌 것은?

① 트림 탭 ② 플랩
③ 방향키 ④ 도움날개

정답 01. ② 02. ① 03. ① 04. ②

[해설]

플랩은 날개의 뒤쪽에 붙어있는 보조면(auxiliary surface)으로, 플랩을 내려 에어포일의 캠버를 증가시키고, 날개의 면적을 크게 함으로써 CL과 CD 값을 증가시킨다.

05 다음 중 빗놀이각에 대한 설명으로 옳은 것은?

① 항공기 진행 방향과 시위선이 이루는 각
② 옆미끄럼 각과 크기가 같고 방향이 반대인 각
③ 비행기의 가로축과 비행기의 중심선이 이루는 각
④ 방향키를 자유로이 했을 때 공기력에 의하여 방향키가 자유로이 변위 되는 각

[해설]

방향 안정은 수직축에 대한 모멘트와 빗놀이 및 옆미끄럼 각과의 관계를 포함한다.

$N = C_N qSb$, $C_N = \dfrac{N}{qSb}$

(+)의 옆미끄럼 각일 때 빗놀이 모멘트의 계수값이 (+)일 때 안정

06 비행기의 3축 운동과 조종면과의 상관관계를 가장 옳게 연결한 것은?

① 키놀이와 승강키
② 옆놀이와 방향키
③ 빗놀이와 승강키
④ 옆놀이와 승강키

[해설]

축	모멘트	조종면
X축(세로)	옆놀이(롤링)	도움날개
Y축(가로)	키놀이(피칭)	승강키
Z축(수직)	빗놀이(요잉)	방향키

07 비행기 조종날개 중 스포일러(spoiler)의 기능은?

① 플랩을 보조하는 기능
② 도움날개를 보조하는 기능
③ 승강타를 보조하는 기능
④ 방향타를 보조하는 기능

[해설]

- 공중 스포일러(air spoiler): 비행 중 사용
  - 좌·우 날개에 대칭적으로 사용할 때(에어 브레이크 역할)
  - 보조날개(aileron)와 연동하여 비대칭적으로 사용 시 보조 날개의 역할을 보조하는 기능
- 지상 스포일러(ground spoiler)
  - 착륙 접지 후 항력 증가 및 타이어의 지면 마찰 증가로 착륙 거리 단축
  - 전체 스포일러(지상 및 공중)가 모두 작동

08 프리즈 밸런스를 올바르게 설명한 것은?

① 조종면의 앞전을 길게 하여 조종력을 경감시키는 장치
② 연동되는 도움날개에서 발생되는 힌지 모멘트가 서로 상쇄되도록 하여 조종력을 경감
③ 조종면의 힌지 모멘트를 감소시켜서 조종력을 0으로 조정하는 장치
④ 밸런스 역할을 하는 조종면을 플랩의 일부분에 집중시킨 장치

[해설]

- 앞전 밸런스
  - 조종면의 앞전을 길게 하여 조종력을 감소
- 혼 밸런스
  - 비보호 혼: 앞전 앞까지 연결된 혼
  - 보호 혼: 고정면을 가지는 혼
- 내부 밸런스

정답 05. ② 06. ① 07. ② 08. ②

- 플랩의 앞전이 airfoil의 내부에서 상 하부 밀폐→ 상하부의 압력 차에 의해 경감
• 프리즈 밸런스
  - Aileron에서 주로 사용. 양쪽 조종면에서 발생되는 힌지 모멘트가 서로 상쇄

09 조종면을 조작하기 위한 조종력과 가장 관계가 먼 것은?

① 조종면의 폭
② 조종면의 평균시위
③ 비행기의 속도
④ 조종면의 표면상태

해설

• 조종면을 조작하기 위한 조종력은 힌지 모멘트의 크기에 관계된다.
  $Fe = K \times He$
  Fe: 조종력, K: 기계적 이득 상수, He: 힌지 모멘트
• 힌지 모멘트는 힌지 모멘트 계수(Ch), 동압(q), 조종력의 크기에 비례한다.
  $H = Ch \times \frac{1}{2} \rho V^2 S \bar{c}$
  $= Ch \times q b \bar{c}^2$
  $Ch = \dfrac{H}{q b \bar{c}^2}$

※ H: 힌지 모멘트, Ch: 힌지 모멘트 계수, q: 동압, b: 조종면의 폭, $\bar{c}$: 조종면의 평균 시위

• 고속, 대형 항공기는 조종력이 커야 하므로 공력 평형장치 및 탭(tab)을 이용하여 조종력을 경감시킨다.

10 조종간과 승강키가 기계적으로 연결되어 있을 때, 조종력과 승강키의 힌지 모멘트(hinge moment) 관계식은?

① Fe=K×He   ② Fe=K÷He
③ Fe=K²×He   ④ Fe=He÷K

해설

조종면을 조작하기 위한 조종력은 힌지 모멘트의 크기에 관계된다.
$Fe = K \times He$

11 항공기의 트림 탭(trim tap)의 조절은 다음 어느 축에 대해서 항공기에 영향을 주는가?

① 세로축   ② 가로축
③ 수직축   ④ 수평축

해설

• 트림 탭(trim tab): 평형 유지 장치→조종사에 의한 임의 조정 가능
• 평형 탭(blance tab): 조종면이 움직이는 방향과 반대 방향으로 움직임
• 서보 탭(servo tab): 탭을 작동함으로써 조종면 작동
• 스프링 탭(spring tab): 혼과 조종면 사이에 스프링을 설치 → 탭의 작용을 배가시킴
  스프링의 장력으로써 조종력을 조절

12 비행 중 비행기의 세로 안정을 위해 마련되어 있으며, 대형 고속 제트기의 경우 조종계통의 트림(Trim) 장치에 의해 움직이도록 되어 있는 것은?

① 수직 안정판
② 방향키
③ 수평 안정판
④ 승강키

해설

세로 안정성을 좋게 하기 위한 방법
• 무게중심이 공력 중심 앞에 위치
• 날개가 무게중심보다 높은 위치에 위치
• 수평 안정판의 면적 또는 무게중심과의 거리가 커야 한다.
• 꼬리날개 효율이 커야 한다.

정답 09. ④ 10. ① 11. ② 12. ③

13 비행기의 정적 가로 안정을 가장 좋게 하기 위한 방법은 무엇인가?

① 동체를 원형으로 만든다.
② 쳐든각 날개를 단다.
③ 꼬리날개를 작게 한다.
④ 날개의 모양을 원형으로 한다.

해설

정적 가로 안정은 수평 비행 상태로부터 가로 방향으로의 공기력은 옆 미끄럼을 유발시켜 수평 비행 상태로 복귀시키는 옆놀이 모멘트(rolling moment)를 발생시킨다. 옆놀이 모멘트 계수가 음(−)의 값을 가질 때 가로 안정이 있다(가로 정안정은 날개에 쳐든각을 줌으로써 얻어진다).

14 비행기가 비행 중 돌풍이나 조종에 의해 평형상태를 벗어난 뒤에 다시 평형상태로 되돌아오려는 초기의 경향을 무엇이라 하는가?

① 정적 불안정   ② 정적 안정
③ 정적 중립   ④ 동적 안정

해설

- 평형상태: 물체에 작용하는 모든 힘의 합과 모멘트의 합이 무게중심에서 각각 "0"인 경우
- 정적 안정: 평형상태로부터 벗어난 뒤에 다시 원래의 평형상태로 되돌아가려는 비행기의 초기 경향
- 정적 불안정: 평형상태에서 벗어나 원래의 상태로부터 더욱 멀어지려는 경향
- 정적 중립: 평형상태에서 벗어나 그냥 그 상태를 유지하려는 경향

15 비행기가 비행 중 돌풍이나 조종에 의해 평형상태에서 벗어난 후에도 다시 평형상태로 되돌아오지 않고 평형상태에서 벗어난 방향으로도 이동하지 않는 것을 무엇이라 하는가?

① 정적 불안정   ② 정적 안정
③ 정적 중립   ④ 동적 안정

해설

정적 중립은 평형상태에서 벗어나 그냥 그 상태를 유지하는 경향이다.

16 비행기가 정적 중립인 상태일 때 가장 올바르게 설명한 것은?

① 받음각이 변화된 후 원래의 평형상태로 돌아간다.
② 조종에 대해 과도하게 민감하며, 교란을 받게 되면 평형상태로 되돌아오지 않는다.
③ 비행기의 자세와 속도를 변화시켜 평형을 유지시킨다.
④ 반대 방향으로의 조종력이 작용되면 원래의 평형상태로 되돌아간다.

해설

정적 중립은 평형상태에서 벗어나 그냥 그 상태를 유지하는 경향이다.

17 큰날개와 꼬리날개에 의한 무게중심 주위의 키놀의 모멘트 관계식은? (단, M_{cg}: 무게중심 주위의 키놀이 모멘트, $M_{cg\ wing}$: 큰 날개에 의한 키놀이 모멘트, $M_{cg\ tail}$: 꼬리날개에 의한 키놀이 모멘트)

① Mc.g=Mc.g WING−Mc.g TAIL
② Mc.g=Mc.g WING+Mc.g TAIL
③ Mc.g=Mc.g WING×Mc.g TAIL
④ Mc.g=Mc.g WING÷Mc.g TAIL

해설

$$M_{cg} = M_{cg\ wing} + M_{cg\ tail}$$

$M_{cg\ wing}$: 날개 만에 의한 키놀이 모멘트
$M_{cg\ tail}$: 수평 안정판에 의한 키놀이 모멘트

정답 13. ② 14. ② 15. ③ 16. ② 17. ②

18 날개의 공기 역학적 중심이 비행기의 무게중심 앞 0.05c에 있고, 공기 역학적 중심 주의의 키놀이 모멘트 계수는 −0.016이다. 양력 계수 C_L이 0.45인 경우, 무게중심 주위의 모멘트 계수는 얼마인가? (단, 공기 역학적 중심과 무게중심은 같은 수평선상에 놓여 있다.)

① 0.45 ② 0.05
③ 0.0065 ④ −0.016

해설

$C_{M\ CGWING} = C_{MAX} + C_L \dfrac{a}{c} - C_D \dfrac{b}{c}$
$a = 0.005c,\ b = 0,\ C_L = 0.45,\ C_{MAX} = -0.016$
$= -0.016 + 0.45(0.05) = 0.0065$

19 비행기의 기수가 회전 방향과 반대인 방향으로 틀어져 있는 움직임을 무엇이라 하는가?

① 스핀(spin)
② 역틀림(adverse yaw)
③ 젖힘효과(swept back effect)
④ 가로진동(lateral oscillation)

해설

항공기가 Turnig 하려고 할 때, Aileron을 먼저 사용하게 되면 좌우 Wing의 Aileron이 서로 반대 방향으로 움직이고, 그로 인하여 양력의 차이가 생긴다. 이 양력의 차이로 인하여 항공기는 Rolling에 들어가게 되는데, 이때 발생하는 양력만큼 비례하여 발생하는 Induced Drag의 증가로 좌우 Drag Balance가 무너지게 되는 현상이 발생한다.

20 다음 중 비행기의 정적 세로 안정을 좋게 하기 위한 설명으로 틀린 것은?

① 꼬리날개 효율이 클수록 좋아진다.
② 꼬리날개 면적을 작게 할 때 좋아진다.
③ 날개가 무게중심보다 높은 위치에 있을 때 좋아진다.
④ 무게중심이 날개의 공기 역학적 중심보다 앞에 위치할수록 좋아진다.

해설

세로 안정성을 좋게 하기 위한 방법
- 무게중심이 공력 중심 앞에 위치
- 날개가 무게중심보다 높은 위치에 위치
- 수평 안정판의 면적 또는 무게중심과의 거리가 커야 한다.
- 꼬리날개 효율이 커야 한다.

21 비행기의 세로 안정에서의 평형점(trim-point)이란 다음 중 어떠한 점인가? (단, CM은 키놀이 모멘트 계수이다.)

① $C_M = 0$ ② $C_M > 0$
③ $C_M < 0$ ④ $C_M \times 0$

해설

평형상태(trim)는 물체에 작용하는 모든 힘의 합과 키놀이, 옆놀이, 빗놀이 모멘트의 합이 각각 0일 때(가속도가 없고, 정상비행 상태)

22 동적 세로 안정의 단주기 운동에서 승강키 자유운동에 대한 설명 내용으로 가장 올바른 것은?

① 승강키의 플래핑운동에서 발생한다.
② 대개 작은 감쇄를 가진다.
③ 큰 감쇄를 갖기 위해서는 10초에서 100초 사이의 시간이 소요된다.
④ 일반적으로 승강키에 임의의 플래핑을 주어 감쇄시킨다.

해설

승강키 자유운동
- 승강키를 자유로 했을 때 발생하는 아주 짧은 주기의 진동으로 0.3~1.5초 사이이다.
- hinge 선에 대한 승강키 flapping 운동이며 큰 감쇄를 갖는다.

정답 18. ③ 19. ② 20. ② 21. ① 22. ①

23 비행기의 동적 세로 안정에 있어서 받음각이 거의 일정하며 주기가 매우 길고 조종사가 느끼지 못하는 운동은 어느 것인가?

① 단주기 운동   ② 장주기 운동
③ 승강키 자유운동   ④ 플래핑 운동

해설

장주기 운동
- 주기가 매우 긴 진동 운동으로 20~100초 사이의 값이다.
- 키놀이 자세, 고도와 비행 속도는 변하나 수직 방향의 가속도와 받음각은 변하지 않는다.

24 정적 안정과 동적 안정에 대한 설명으로 옳은 것은?

① 동적 안정이 음(-)이면 정적 안정은 반드시 음(-)이다.
② 정적 안정이 음(-)이면 동적 안정은 반드시 양(+)이다.
③ 정적 안정이 양(+)이면 동적 안정은 반드시 양(+)이다.
④ 동적 안정이 양(+)이면 정적 안정은 반드시 양(+)이다.

해설

- 정적 안정(static stability)
  - 평형상태: 물체에 작용하는 모든 힘의 합과 모멘트의 합이 무게중심에서 각각 "0"인 경우
  - 정적 안정: 평형상태로부터 벗어난 뒤에 다시 원래의 평형상태로 되돌아가려는 비행기의 초기 경향
  - 정적 불안정: 평형상태에서 벗어나 원래의 상태로부터 더욱 멀어지려는 경향
  - 정적 중립: 평형상태에서 벗어나 그냥 그 상태를 유지하는 경향
- 동적 안정(dynamic stability)
  - 시간의 변화에 따라 운동이 변화하는 상태
  - 동적 안정: 운동의 진폭이 시간이 지남에 따라 감소되는 상태
  - 동적 불안정: 운동의 진폭이 시간이 지남에 따라 증가되는 상태
  - 동적 중립: 운동의 진폭이 시간이 지남에 따라 변화 없는 상태

※ 정적 안정이라도 반드시 동적으로 안정하다고 정의할 수 없으나, 동적 안정인 경우 반드시 정적 안정하다.

25 비행기의 안전성 및 조종성의 관계에 대한 설명으로 틀린 것은?

① 안정성이 클수록 조종성은 증가된다.
② 안정성과 조종성은 서로 상반되는 성질을 나타낸다.
③ 안정성과 조종성 사이에는 적절한 조화를 유지하는 것이 필요하다.
④ 안정성이 작아지면 조종성은 증가되나, 평형을 유지시키기 위해 조종사에게 계속적인 주의를 요한다.

해설

안정성(stability)과 조종성(control)은 항상 상반된 관계를 갖는다. 안정성이란 교란이 생겼을 때 항상 교란을 이기고 감소시켜 원 평형 비행 상태로 돌아오려는 성질이고, 반면 조종성은 교란을 주어서 항공기를 원 평형상태에서 교란된 상태로 만들어 주는 행위이기 때문이다.

26 방향키 부유각에 대한 설명 내용으로 가장 올바른 것은?

① 방향키를 자유로이 하였을 때 공기력에 의해 방향키가 자유로이 변위 되는 각
② 방향키를 작동시켰을 때 방향키가 왼쪽으로 변위 되는 각
③ 방향키를 작동시켰을 때 방향키가 오른쪽으로 변위 되는 각
④ 방향키를 작동시켰을 때 방향키가 왼쪽/오른쪽으로 변위 되는 각

정답 23. ② 24. ④ 25. ① 26. ①

해설

방향키 부유각(rudder float angle)은 방향키를 자유로 했을 때 공기력에 의하여 방향키가 자유로이 변위 되는 각이다.

27 한국형 중등 훈련기 KT-1에는 도살 핀의 적용이 두드러지게 나타나는데, 이러한 도살 핀을 장착하는 주된 목적으로 옳은 것은?

① 가로 안정성을 증가시키기 위함
② 가로 및 세로 안정성을 동시에 증가시키기 위함
③ 큰 받음각에서도 세로 안정성을 증가시키기 위함
④ 큰 옆미끄럼 각에서도 방향 안정성을 증가시키기 위함

해설

도살 핀(dorsal fin)은 수직 꼬리날개가 실속하는 큰 옆미끄럼 각에서 방향 안정을 증가시킨다.

28 음속에 가까운 속도로 수평 비행하는 비행기의 속도를 증가시킬 경우 기수가 내려가는 경향으로 조종간을 당겨야 하는 현상을 조정하기 위한 장치는?

① 요 댐퍼(yow damper)
② 드래그 슈트(drag chute)
③ 마하 트리머(mach trimer)
④ 오버행 밸런스(overhang balance)

해설

턱 언더 수정은 마하 트리머(mach trimmer) 또는 피치 트림 보상기(pitch trim compensator)를 설치하여 수정한다.

29 피치 업 현상이란?

① 비행기가 하강 비행을 하는 동안 조종간을 당겨 기수를 올리려 할 때, 조종성의 한계로 인하여 기수를 올리는 것이 불가능한 상태가 되는 것을 말한다.
② 비행기가 상승 비행을 하는 동안 조종간을 당겨 기수를 올리려 할 때, 조종성의 한계로 인하여 기수를 올리는 것이 불가능한 상태로 되는 것을 말한다.
③ 비행기가 하강 비행을 하는 동안 조종간을 당겨 기수를 올리려 할 때, 받음각과 각속도가 특정 값을 넘게 되면 예상한 정도 이상으로 기수가 올라가고, 이를 회복할 수 없는 현상이 생기는 것을 말한다.
④ 비행기가 상승 비행을 하는 동안 조종간을 밀어서 기수를 내리려 할 때, 반대로 기수가 올라가려는 경향을 갖는 것을 말한다.

해설

피치 업(pitch up)은 하강 비행에서 조종간 pull up 시 기수가 상승 회복 불가하다.

30 비행기 좌표축에서 어떠한 축 주위에 교란을 줄 때, 다른 축 주위에도 교란이 생기는 것은?

① 디프 실속   ② 날개 드롭
③ 버핏   ④ 커플링

해설

옆놀이 커플링
- 한 축에 대한 교란 발생 시 다른 축에도 교란이 발생하는 현상(cross effect)
- 방향키만 조작 시 빗놀이와 옆놀이 동시 발생 → 공력 커플링
- 관성 커플링: 질량 분포에 따라 발생되는 힘, 즉 원심력에 의해 발생되는 모멘트

정답 27. ④ 28. ③ 29. ③ 30. ④

CHAPTER 05 프로펠러 및 헬리콥터의 비행 원리

1 프로펠러의 추진 원리

(1) 프로펠러의 역할과 구성

① **프로펠러의 역할**: 엔진으로부터 동력을 전달받아 회전함으로써 비행에 필요한 추력(thrust)으로 바꾸어 준다.

② **프로펠러의 구성**: 허브(hub), 생크(shank), 깃(blade), 피치 조정 부분

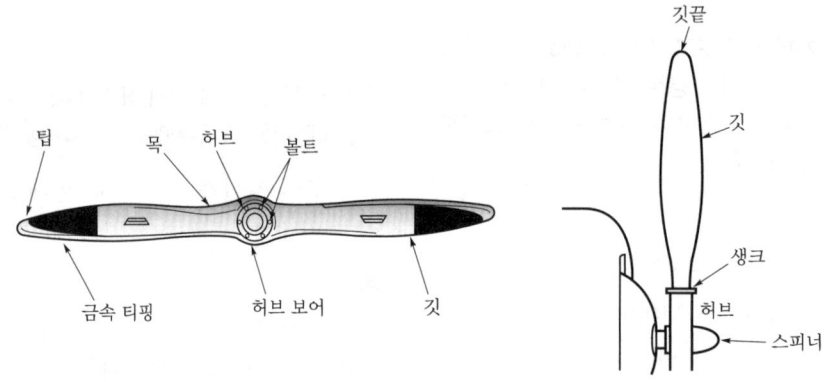

▲ 프로펠러 구조

(2) 프로펠러 성능

① **프로펠러 추력**

가) 프로펠러 추력(T)

$$T \sim (공기밀도) \times (프로펠러 회전면의 넓이) \times (프로펠러 깃의 선속도)^2$$

$$T \sim \rho \times \frac{\pi D^2}{4} \times (\pi D n)^2$$
$$T = C_t \rho n^2 D^4$$

※ C_t: 추력계수, ρ: 공기밀도, n: 회전속도, D: 프로펠러 지름

나) 프로펠러에 작용하는 토크 또는 저항 모멘트(Q)

$$Q = C_q \rho n^2 D^5 \quad C_q: 토크계수$$

다) 엔진에 의해 프로펠러에 전달되는 동력(P)

$$P = C_p \rho n^3 D^5 \quad C_p: 동력계수$$

라) 프로펠러 깃 단면에서의 추력(T), 토크(Q)

$$T = L\cos\phi - D\sin\phi$$
$$Q = D\cos\phi + L\sin\phi$$

※ L: 깃 요소양력, D: 깃 요소항력, ϕ: 유입각

② **프로펠러 효율(η_p)**

엔진으로부터 프로펠러에 전달된 축동력과 프로펠러가 발생한 추력과 비행속도의 곱으로 나타낸다.

$$\eta_p = \frac{T \times V}{P} = \frac{C_t \rho n^2 D^4 \, V}{C_p \rho n^3 D^5} = \frac{C_t}{C_p} \times \frac{V}{nD}$$

③ **진행률(J)**

깃의 선속도(회전속도)와 비행속도와의 비를 말하며, 깃 각에서 효율이 최대가 되는 곳은 1개뿐이다. 진행률이 작을 때는 깃 각을 작게(이륙과 상승 시) 하고 진행률이 커짐에 따라 깃 각을 크게(순항 시) 해야만 효율이 좋아진다.

$$J = \frac{V}{nD}$$

※ J: 진행률, V: 항공기속도, n: rpm(분당 회전수), D: 프로펠러 지름

④ **프로펠러 슬립(propeller slip)**: 기하학적 피치에서 유효피치를 뺀 값을 평균 기하학적 피치의 백분율로 표시한다.

> **참고** 기하학적 피치(GP) & 유효피치(EP)
>
> - 기하학적 피치(GP: Geometric Pitch) (GP=$2\pi\gamma \times \tan\beta$): 공기를 강체로 가정하고 이론적으로 얻을 수 있는 피치
> - 유효피치(EP: Effective Pitch) (EP=$V \times \frac{60}{n}$=$2\pi\gamma \times \tan$): 프로펠러 1회전에 실제로 얻은 전진거리

2 프로펠러에 작용하는 힘과 응력

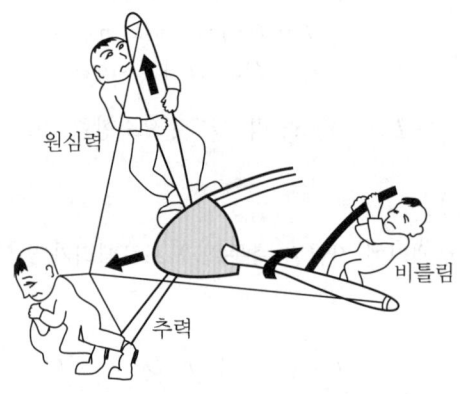

▲ 프로펠러에 작용하는 힘과 응력

① **추력과 휨 응력**: 추력에 의한 프로펠러 깃은 앞으로 휘어지는 휨 응력을 받으며 프로펠러 깃을 앞으로 굽히려는 경향이 있으나, 원심력과 상쇄되어 실제로는 그리 크지 않다.

② **원심력에 의한 인장 응력**: 원심력은 프로펠러의 회전에 의해 일어나며, 깃을 허브의 중심에서 밖으로 빠져나가게 하는 힘을 발생하며, 이 원심력에 의해 깃에는 인장 응력이 발생한다. 프로펠러에 작용하는 힘 중 가장 큰 힘은 원심력이다.

③ **비틀림과 비틀림 응력**: 회전하는 프로펠러 깃에는 공기력 비틀림 모멘트와 원심력 모멘트가 발생한다. 공기력 비틀림 모멘트는 깃의 피치를 크게 하는 방향으로 작용하며, 원심력 모멘트는 깃이 회전하는 동안 깃의 피치를 작게 하는 방향으로 작용한다.

3 헬리콥터의 비행 원리

> **참고** 헬리콥터(helicopter)의 특징(비행기와 다른 점)
>
> - 회전날개의 회전면을 기울여 추력의 수평 성분을 만들고, 이것을 이용하여 전진, 후진, 횡진 비행이 가능하다.
> - 공중 정지 비행(hovering)이 가능하다.
> - 비행 중 엔진 정지 시 자동회전(auto rotation)이 가능하다.

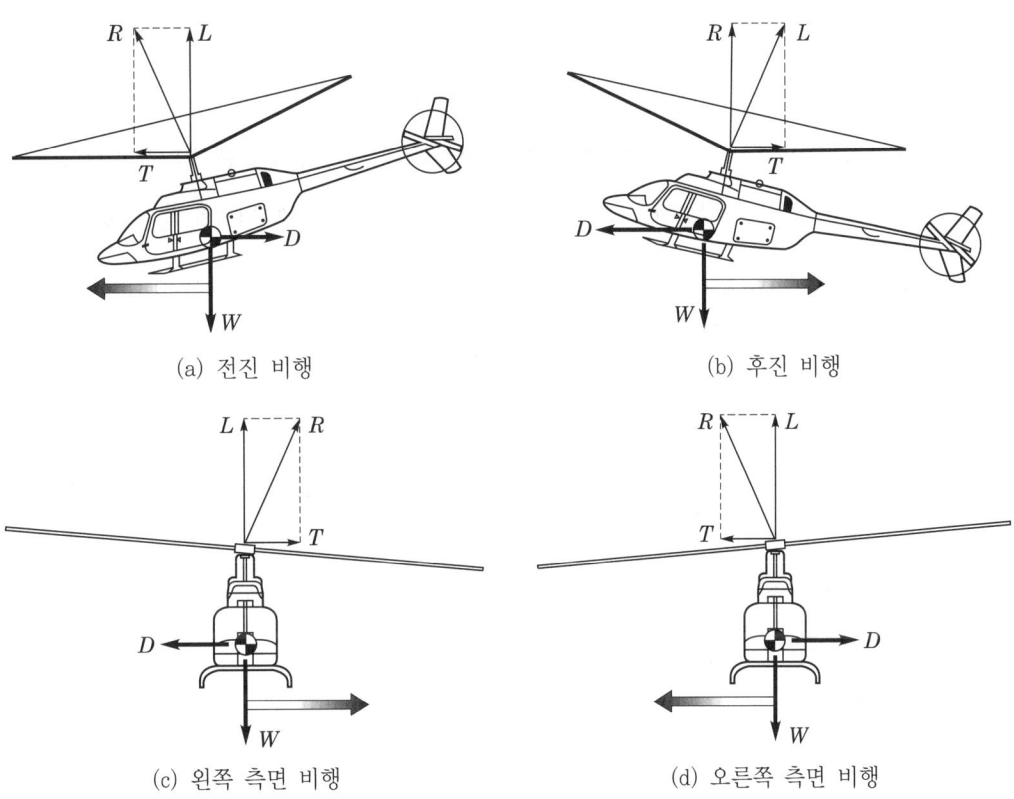

▲ 헬리콥터에 작용하는 힘

(1) 헬리콥터의 종류

① **단일 회전날개 헬리콥터(single rotor helicopter):** 하나의 주 회전날개와 꼬리회전날개로 구성하는 가장 기본적인 형식의 헬리콥터이다. 꼬리회전날개의 피치각을 변화시켜 방향을 조종한다.

   가) 장점
   - 주 회전날개 회전축 중심에서 꼬리회전날개 회전축 중심까지 거리가 길어 토크를 보상하기에 다른 종류의 헬리콥터에 비해 작다.
   - 조종계통이 단순하고, 출력 전달 계통의 고장이 적다.
   - 조종성과 성능이 양호하며 가격이 싸다.

   나) 단점
   - 동력의 일부를 꼬리회전날개의 구동에 사용한다.
   - 꼬리회전날개는 토크의 보정을 위해 사용되므로 양력 발생에 도움이 되지 않는다.
   - 긴 꼬리로 인해 격납 시 불편하고, 지상에서 꼬리날개 회전은 위험을 줄 수 있다.

② **동축 역-회전식 회전날개 헬리콥터(coaxial contra-rotating rotor type helicopter):** 동일한 축 위에 2개의 주 회전날개를 아래위로 겹쳐서 반대 방향으로 회전시키는 헬리콥터이다.

   가) 장점
   - 2개의 주 회전날개가 서로 반대 방향으로 회전하면서 토크를 서로 상쇄시키므로 조종성도 좋고 양력도 커진다.
   - 구동축이 수직으로 되어 있어 지면과 주 회전날개와의 간격이 커서 지상 작업자에게 안전하다.

   나) 단점
   - 동일한 축에 2개의 주 회전날개로 인해 조종기구가 복잡하다.
   - 2개의 회전날개에 의해 발생되는 와류(vortex)의 상호작용에 의해 성능이 저하된다.
   - 2개의 주 회전날개가 충돌하지 않도록 하기 위해 기체의 높이가 높다.

③ **병렬식 회전날개 헬리콥터(side by side system rotor helicopter):** 가로 안정성을 좋게 하기 위해 옆(좌, 우)으로 2개의 회전날개를 배치한 형식이다.

가) 장점
- 좌우에 회전날개가 있어 가로 안정성이 매우 좋다.
- 동력을 모두 양력 발생에 효과적으로 사용할 수 있다.
- 꼬리 부분에 토크 상쇄용 기구가 필요 없어 기체 길이를 짧게 할 수 있다.
- 회전날개가 좌우에 배치되어 와류가 서로 간섭하지 않으므로 유도손실이 적다.
- 좌, 우의 날개를 부착하는 곳을 날개처럼 해 줌으로써 고속 수평 비행 시 추가 양력이 발생한다.

나) 단점
- 전면 면적이 커서 수평 비행 시 유해 항력이 크다.
- 세로 안정성이 좋지 않아 꼬리날개를 달아야 한다.
- 무게중심이 세로 방향으로의 이동 범위가 제한되기에 대형 항공기에 부적합하다.
- 좌, 우 회전날개 중심거리가 회전날개 지름보다 짧을 경우 충돌의 위험이 있어 추가적인 장치를 설치해야 한다.

▲ 단일 회전날개 헬리콥터   ▲ 동축 회전날개 헬리콥터

▲ 직렬 회전날개 헬리콥터   ▲ 병렬 회전날개 헬리콥터

④ **직렬식 회전날개 헬리콥터(tandem rotor helicopter)**: 2개의 주 회전날개를 비행 방향에 앞뒤로 배열시킨 형식으로 대형화에 적합하다.

　가) 장점

- 앞, 뒤로 배치되어 세로 안정성이 좋고, 무게중심 위치의 이동 범위가 커서 물체의 운반에도 적합하다.
- 전면 면적이 적고, 기체의 폭이 작다.
- 구조가 간단하다.

　나) 단점

- 동력을 전달하는 기구가 복잡하다.
- 가로 안정성이 나쁘기 때문에 수직 안정판을 설치해야 한다.
- 앞, 뒤 주 날개가 교차되므로 회전속도를 동조시키는 장치가 필요하다.
- 수평 전진 비행 시 전방의 회전날개와 후방의 회전날개가 동일 평면상에 있을 경우 전방 날개에 의한 와류로 전체적인 유도손실이 증가한다.

⑤ **제트 반동식 회전날개 헬리콥터(tip jet rotor type helicopter)**: 회전날개의 깃 끝에 램제트엔진(ram jet engine)을 장착하여 그 반동에 의해 회전날개를 구동시키며 고속용 헬리콥터에 적합하다.

　가) 장점

- 토크를 보상하는 장치가 필요 없다.
- 연료 보급용 배관만 필요하고, 동력 전달 기구가 필요 없다.
- 조종계통이 간단하다.
- 동체의 크기를 작게 할 수 있어서 저항이 작아진다.

　나) 단점

- 깃 끝에 장착한 제트엔진은 회전속도의 제한 때문에 효율이 떨어진다.
- 연료 소모율이 커서 항속 거리에 제한을 받는다.
- 열역학적인 문제와 소음 문제가 있다.

(2) 회전익 항공기의 구조

① 각 부의 명칭

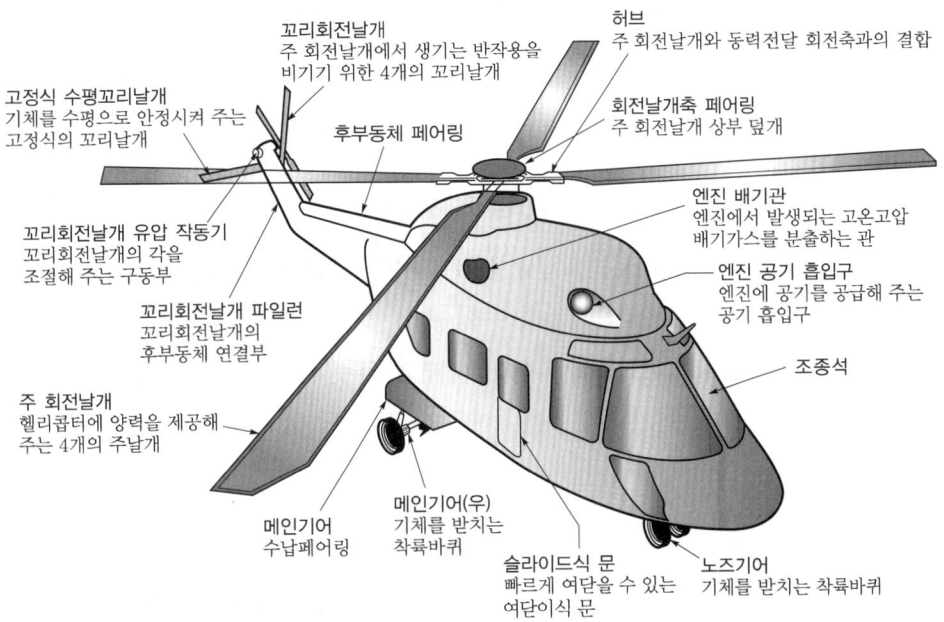

가) 허브(hub): 주 회전날개의 깃(blade)이 엔진의 동력을 전달하는 회전축과 결합되는 부분이다.

나) 주 회전날개(main rotor): 양력과 추력을 발생시키는 부분으로 여러 개의 깃(blade)으로 구성된다.

다) 꼬리회전날개(tail rotor): 주 회전날개에 의해 발생되는 토크(torque)를 상쇄하고, 방향 조종을 하기 위한 장치이다.

라) 플래핑 힌지(flapping hinge): 회전날개 깃이 위·아래로 자유롭게 움직일 수 있도록 한 힌지로 좌우 날개의 양력 불균형을 해소한다.

마) 리드-래그 힌지(lead-lag hinge): 회전날개가 회전면 안에서 앞뒤 방향으로 움직일 수 있도록 한 힌지로 기하학적 불균형을 해소한다. 회전면 내에서 발생하는 진동을 감소시키기 위해 리드-래그 감쇠기(lead-lag damper), 일명 댐퍼(damper)를 장착한다.

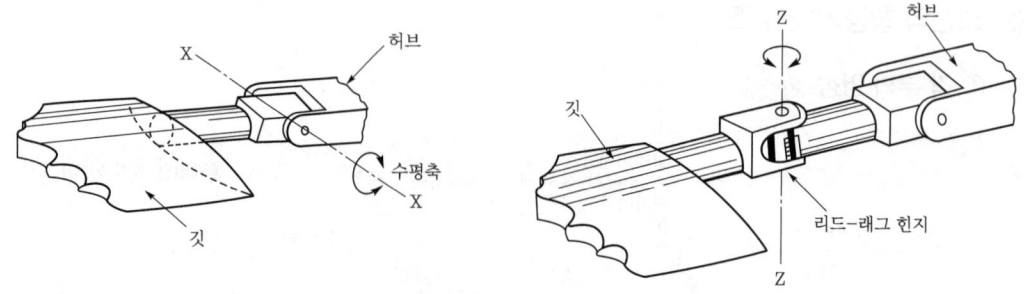

▲ 플래핑 힌지와 리드-래그 힌지

바) 회전원판(rotor disk): 회전날개의 회전면을 회전원판 또는 날개 경로면(tip path plane)이라 한다.

사) 원추각(coning angle, 코닝 각): 회전면과 원추의 모서리가 이루는 각이다. 회전날개 깃은 양력과 원심력의 합에 의해 원추각이 결정된다.

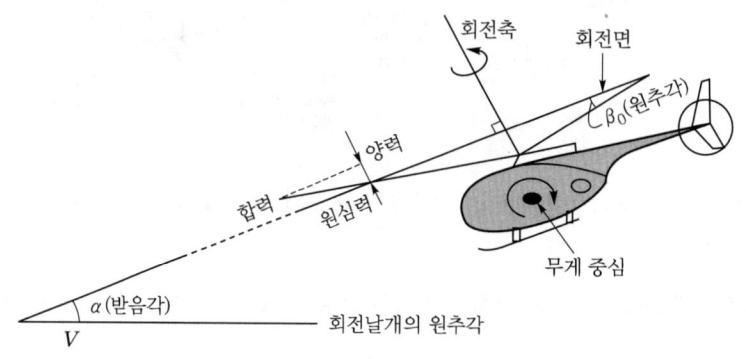

▲ 회전날개의 원추각

아) 받음각(angle of attack): 회전면과 헬리콥터의 진행 방향에서의 상대풍이 이루는 각이다.

자) 비틀림 각(torsion angle): 회전날개 깃에서 일정한 양력을 발생시키기 위해 깃 끝부분은 비틀림 각을 작게 하고, 깃 뿌리 부분은 크게 해 준다.

차) 회전 경사판(swash plate): 깃의 피치각을 만들어 주는 기구로 조종간을 움직이면 두 회전 경사판이 같이 움직인다.
- 회전 경사판: 회전날개와 함께 회전한다.
- 비회전 경사판: 동체에 결합되어 회전하지 않는 경사판이다.

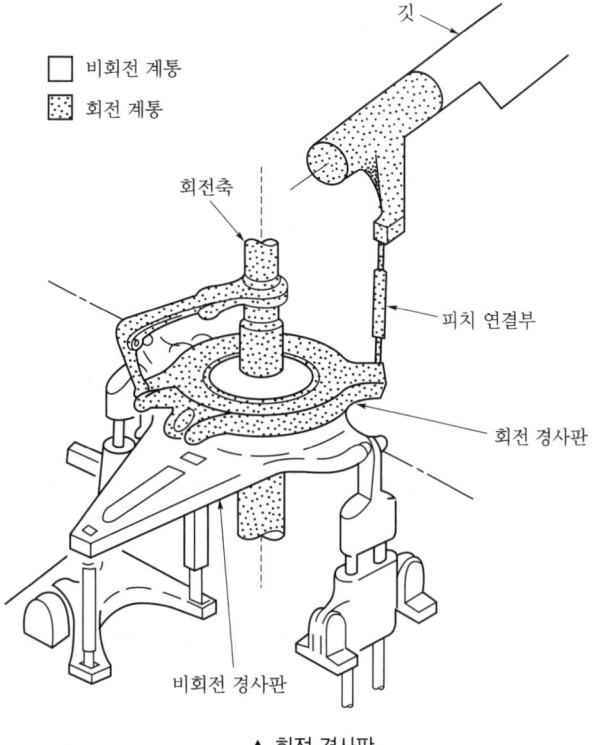

▲ 회전 경사판

(3) 헬리콥터의 회전날개

① 회전날개 설계 시 고려해야 할 주요 변수

가) 회전날개 지름

- 우수한 정지 비행을 위해서는 지름이 클수록 좋다.
- 가벼운 무게와 적은 비행을 위해서는 지름이 작을수록 좋다.

나) 깃 끝 속도

- 전진 비행 시 후퇴 깃의 성능이 좋아야 하고, 무게가 가벼운 경우 깃 끝 속도가 빨라야 한다.
- 전진 비행 시 전진 깃의 공기 역학적 한계와 소음을 줄이기 위해서는 깃 끝 속도가 느려야 한다.
- 소음 제한의 깃 끝 속도: 225m/s, 깃 끝 속도가 150m/s 이하이면 소음이 적다.

다) 깃의 면적
- 고속에서 좋은 기동성을 위해서는 깃 면적이 커야 한다.
- 좋은 정지 비행 성능을 위해서는 깃 면적이 작아야 한다.

라) 깃의 수
- 저 진동을 위해서는 깃 수가 많아야 한다
- 적은 비행, 적은 허브 항력, 가벼운 허브 무게, 보관하기 위해서는 깃 수가 적어야 한다.

마) 깃 비틀림 각
- 좋은 정지 비행 성능과 후퇴하는 깃의 실속을 지연시키기 위해서는 비틀림 각이 커야 한다.
- 정지 비행 시 작은 진동과 깃 하중(blade loading)을 위해서는 비틀림 각이 작아야 한다.

바) 깃 끝 모양
- 압축성 효과의 지연, 소음 감소, 적당한 동적 비틀림을 위해선 깃 끝 모양이 직사각형이 되어선 안 된다.
- 설계와 제작비용을 최소화하기 위해선 깃 끝이 직사각형 모양을 가져야 한다.

사) 깃 테이퍼
- 좋은 정지 비행 성능을 위해서는 테이퍼가 커야 한다.
- 적은 제작비용과 설계, 시험을 위해선 테이퍼가 없어야 한다.

아) 깃 뿌리의 길이
- 전진하는 깃의 항력 감소를 위해 길이를 짧게 할수록 좋다.
- 후퇴하는 깃의 항력 감소를 위해서는 길이를 길게 할수록 좋다.

자) 회전 방향: 회전 방향은 문제가 되지 않으며 습관에 따라 달라진다. 미국은 전진 깃이 오른쪽으로(시계 방향) 회전하고, 러시아는 전진 깃이 왼쪽으로(반시계) 회전하고, 유럽은 양쪽(양 방향)으로 회전한다.

차) 회전날개 허브: 설계에 요구되는 특징으로는 가벼운 무게, 적절한 조종력, 적은 항력, 적은 부품 수, 적은 제작비용, 간단한 정비, 긴 수명 등이다.

카) 깃 단면: 깃의 단면은 운용 요구에 따라 선정된다. 깃 단면을 선정하는 데 많은 어려움이 있다. 전진 깃은 작은 받음각에서 큰 항력 발산 마하수를 갖도록 깃이 얇고 캠버가 없어야 한다. 후진 깃은 적당한 마하수에서 큰 실속 받음각을 갖고, 깃이 두껍고, 캠버가 커야 한다. 또한, 전진 깃과 후퇴 깃은 적은 키놀이 모멘트를 가져야 하기 때문에 어렵게 선정된다.

| 과거의 날개골 | 현대의 날개골 | 미래의 날개골 |

▲ 깃 단면의 발달 과정

(4) 헬리콥터의 공기역학

① **정지 비행(hovering)**: 헬리콥터가 전후좌우 방향으로 이동하지 않고 일정한 고도를 유지하며 공중에 떠 있는 상태를 말한다.

• 깃 단면의 선속도

$$V_r = \Omega \times r$$

※ Ω: 회전 각속도, r: 회전축으로부터의 거리

회전날개의 추력을 구하는 방법에는 운동량 이론(momentum theory), 깃 요소 이론(blade element theory), 와류 이론(vortex theory)이 있다.

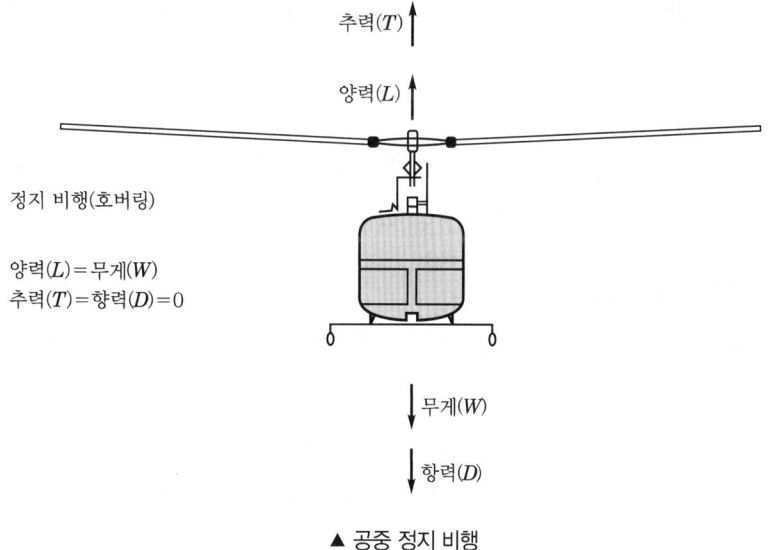

▲ 공중 정지 비행

가) **운동량 이론(momentum theory)**: 작용과 반작용의 법칙을 이용하여 회전익 항공기의 회전날개에 의해서 만들어지는 회전면에서의 운동량 차이를 이용하여 추력을 구하는 방법이다.

- 회전날개의 추력(T)

$$T = 2\rho \times A \times V_1^2$$

※ ρ: 공기밀도, A: 회전면의 면적, V_1^2: 유도속도

- 유도속도(V_1): 블레이드에 의해 가속되어진 블레이드 직후의 공기속도

$$V_1 = \sqrt{\frac{T}{2\rho A}} = \sqrt{\frac{D.L}{2\rho}} \quad \text{회전면 하중}(D.L) = \frac{T}{A}$$

- 회전면 하중(disk loading, 원판하중 $D.L$): 헬리콥터 전체 무게(W)를 헬리콥터의 회전날개에 의해 만들어지는 회전면의 면적(πR^2)으로 나눈 값이다.

$$D.L = \frac{W}{\pi R^2}$$

- 마력하중(horse power loading): 헬리콥터의 전체 무게(W)를 마력(HP)으로 나눈 값이다.

$$\text{마력하중} = \frac{W}{HP}$$

나) **깃 요소 이론(blade element theory)**: 깃의 한 단면에 작용하는 공기 흐름으로부터 양력, 항력 성분을 구하고, 이 힘들 중 수직한 성분을 회전날개의 깃 뿌리에서부터 깃 끝까지 합하고 깃의 개수와 곱하여 회전날개 면에서 발생하는 추력을 구하는 방법이다.

$$T = \left[\sum_{\text{깃 뿌리}}^{\text{깃 끝}} (\text{양력의 수직 성분} + \text{항력의 수직 성분})_{\text{단면}}\right] \times \text{깃의 수}$$

다) **와류 이론(vortex theory)**: 깃의 뒷전에서 떨어져 나가는 와류에 의한 영향을 포함하여 깃에서의 정확한 유도속도를 계산하기 위한 방법이다.

② **수직비행(vertical flight)**

가) **와류 고리(vortex ring)**: 위로 향하는 흐름의 속도가 회전날개에 의한 아래 방향 흐름의 속도와 같아지도록 빠르게 할 때, 헬리콥터 주위를 둘러싸는 고리 모양의 흐름이다.

나) **풍차식 제동(windmill brake)**: 위쪽으로 향하는 흐름의 속도가 회전날개에 의한 아래 방향의 속도보다 커지면 전체 흐름은 위로 향하는 현상이다.

③ **전진 비행(forward flight)**

가) 전진 비행 때 깃의 양력과 항력

- 전진 방향의 추력 $T = \sin\alpha$ (α: 받음각)
- 깃 요소가 받은 상대풍 속도(V_ϕ): 상대풍 속도(V_ϕ)는 방위각이 90°일 때 회전속도와 전진속도가 같은 방향으로 합이 되어 최대값이 되고, 270°일 때 최소값이 된다.

$$V_\phi = V\cos\alpha \sin\phi + r\cos\beta_0 \Omega$$

※ V: 상대풍 속도, r: 깃 뿌리로부터의 거리, Ω: 회전날개의 회전 각속도, ϕ: 방위각

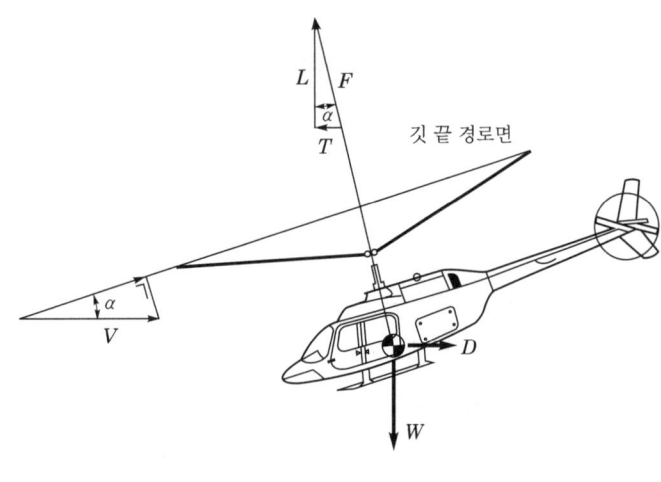

▲ 전진 비행

나) 역풍 지역: 방위각 270° 부근에서 회전날개에 의한 속도보다 전진속도가 더 크게 되어 깃의 앞전이 아닌 뒷전에서 상대풍이 불어오는 상태로, 이 부분의 회전날개는 양력을 발생하지 못하게 되므로 전진속도에 한계가 생기게 된다.

다) 양력 불균형: 깃의 피치각을 일정하게 하여 전진 비행을 하게 되면, 서로 다른 상태의 풍속도가 깃에 작용하므로 회전면에서 발생하는 깃에 의한 양력은 오른쪽은 올라가고 왼쪽은 내려가는 양력 불균형이 일어난다. 시에르바는 양력 불균형을 없애기 위해 플래핑 힌지를 사용했다.

> **참고** 플래핑 힌지
>
> 전진하는 깃의 피치각은 감소시켜 받음각을 작게 하고, 후퇴하는 깃의 피치각은 크게 하여 받음각을 크게 함으로써 양력 분포의 평형을 이루어 양력 불균형을 해소한다.

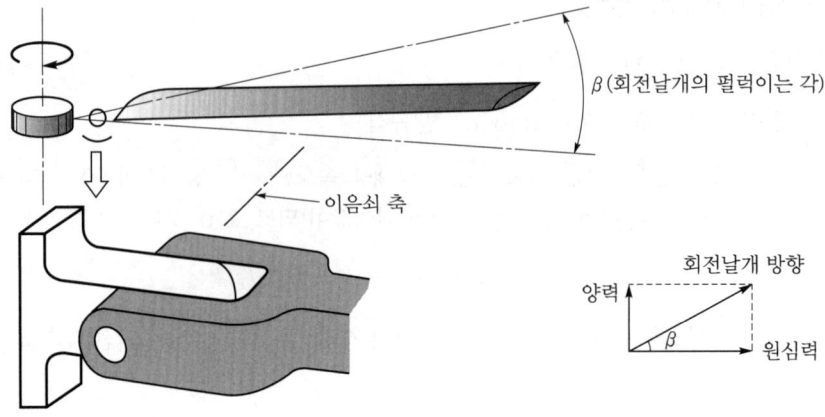

▲ 플래핑 힌지

- 전진 비행 시 회전날개의 회전
  - 방위각 90° 위치: 플래핑 속도가 최대
  - 방위각 180° 위치: 회전날개 깃이 제일 높은 위치
  - 방위각 270° 위치: 플래핑 속도가 최소
  - 방위각 360° 위치: 회전날개 깃이 가장 낮은 위치

라) 동적실속(dynamic stall): 받음각이 주기적으로 변화되는 깃에서의 실속으로 깃이 후퇴하는 영역인 방위각 270° 부근이며, 이곳에서 전진 속도 V와 깃이 회전 선속도 $V_r = (\Omega_r)$와의 차이 때문에 합성속도가 작고, 아래 방향으로의 플래핑 운동 속도가 크므로 받음각이 커지기 때문이다.

④ **플래핑(flapping)과 리드-래그(lead-lag)**

가) 플래핑(flapping): 좌우 날개의 양력 불균형을 해소한다.

나) 리드-래그(lead-lag): 기하학적 불균형(geometric un balance)을 해소한다.

다) 리드-래그 감쇠기(lead-lag damper): 회전면에서 발생하는 진동을 감소시킨다.

라) 회전 경사판(swash plate): 조종사의 조종을 쉽게 하기 위해 회전 경사판이라는 장치를 조종간에 연결하여 조종사가 회전면을 경사지게 함으로써 주기적으로 회전날개의 피치를 변화시켜 준다.

⑤ **자동회전(autorotation):** 회전날개 축에 토크가 작용하지 않는 상태에서도 일정한 회전수를 유지해야 하고, 자동 회전하면서 급격히 하강하지 않도록 추력을 발생시켜야 하며, 위치 에너지가 운동 에너지로 변환되면서 상쇄되어야 한다.

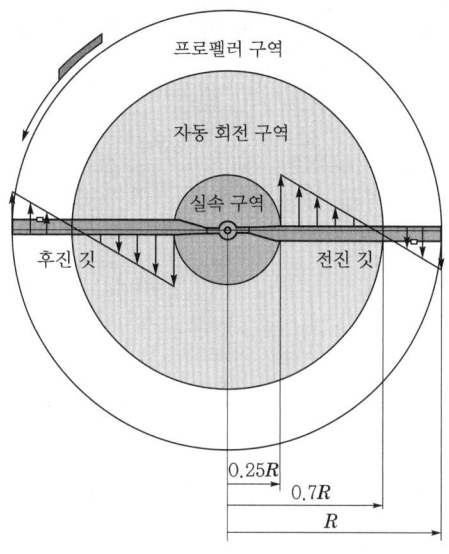

▲ 자동회전 비행

⑥ **지면효과(ground effect):** 회전익 항공기도 고정익 항공기와 마찬가지로 이·착륙을 할 때 지면에서 거리가 가까워지면 양력이 더 커지는 현상이다. 가깝다는 뜻은 낮은 고도에 있어서 날개의 후류가 지면에 압축성 영향을 받게 된다는 것을 말한다.

가) 회전날개의 회전면이 회전날개의 반지름 정도의 높이에 있는 경우 추력의 증가는 5~10% 정도이다.

나) 회전날개의 회전면 높이가 회전날개의 지름보다 커지면 지면효과가 거의 나타나지 않는다.

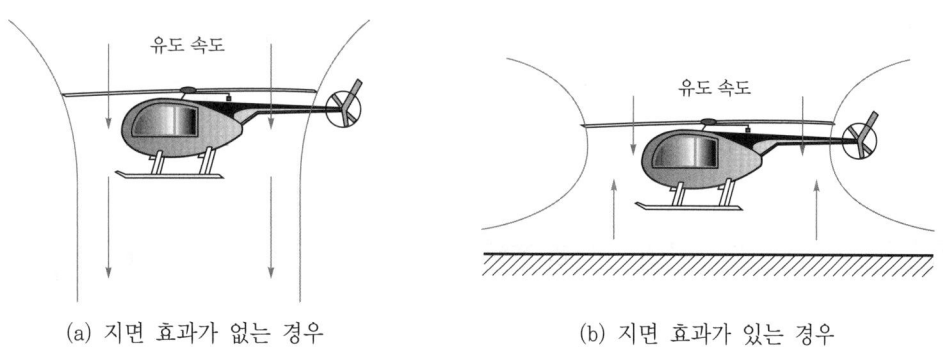

(a) 지면 효과가 없는 경우 (b) 지면 효과가 있는 경우

⑦ **수평 최대속도:** 이용마력과 필요마력이 같을 때 수평 최대속도가 된다.

> **참고** 수평 최대속도를 최대로 할 수 없는 이유
> - 후퇴하는 깃의 날개 끝 실속
> - 후퇴하는 깃 뿌리의 역풍 범위
> - 전진하는 깃 끝의 마하수 영향

(5) 회전익 항공기의 성능

① **상승한계**: 고도가 올라가면 엔진의 마력은 떨어지고 여유마력이 감소한다. 어느 고도가 되면 기체는 더 이상 상승할 수 없게 되는 고도를 말한다.

　가) 최대 상승률이나 최대 상승한계는 여유마력이 최대인 속도, 즉 필요마력 곡선이 최소가 되는 점에서의 속도에서 구해진다.

　나) 정지 비행 상승 한계(hover ceiling): 속도가 "0"인 경우의 상승한계

② **최대 항속거리가 최대가 되는 속도**: 원점으로부터 필요마력 곡선에 접하는 직선을 그었을 때 만나는 점에서의 속도이다.

③ **최대 순항속도**: 최대 항속거리 때의 속도보다 약간 큰 속도로 선택한다.

④ **최대 제공시간 속도**: 필요마력이 최소가 되는 속도이다.

⑤ **비항속거리**(specific range: $S.R$)

$$S.R = \frac{\text{단위시간당 비행거리}}{\text{단위 시간당 연료소모량}} = \frac{V}{HP_{req} \times s.f.c}$$

※ V: 속도, HP_{req}: 필요마력, $s.f.c$: 비연료 소모율

4 헬리콥터의 안정과 조종

(1) 회전익 항공기의 안정

① **평형상태**: 회전익 항공기에 작용하는 모든 외력과 외부 모멘트의 합이 각각 0이 되는 상태이다.

② **양(+)의 정적 안정:** 회전익 항공기의 움직임이 초기의 평형상태로 되돌아가려는 경향을 말한다.

③ **동적 불안정:** 회전익 항공기의 움직임이 시간이 지남에 따라 평상상태로 돌아가지 못하고, 그 벗어난 폭이 점점 커지는 상태이다.

④ **회전익 항공기의 안정성에 기여하는 요소:** 회전날개, 꼬리회전날개, 수평 안정판, 수직 안정판, 회전날개의 회전에 의한 자이로 효과(gyro effect) 등이다.

(2) 회전익 항공기의 균형과 조종

① **회전익 항공기의 균형(trim):** 직교하는 3개의 축에 대하여 힘과 모멘트의 합이 각각 "0"이다.

② **헬리콥터의 세로 균형:** 주기적 피치 제어간(cyclic pitch control lever)과 동시 피치 제어간(collective pitch control)을 사용한다.

가) 주기적 피치 제어간(cyclic pitch control lever): 회전날개의 피치를 주기적으로 변하게 하면서 회전 경사판을 경사지게 하여 추력의 방향을 경사지게 하며 전진, 후진, 횡진 비행을 할 수 있게 한다.

나) 동시 피치 제어간(collective pitch control): 주 회전날개의 피치를 동시에 크게 하거나 작게 해서 기체를 수직으로 상승, 하강시킨다. 대개 스로틀(throttle)과 함께 작동된다.

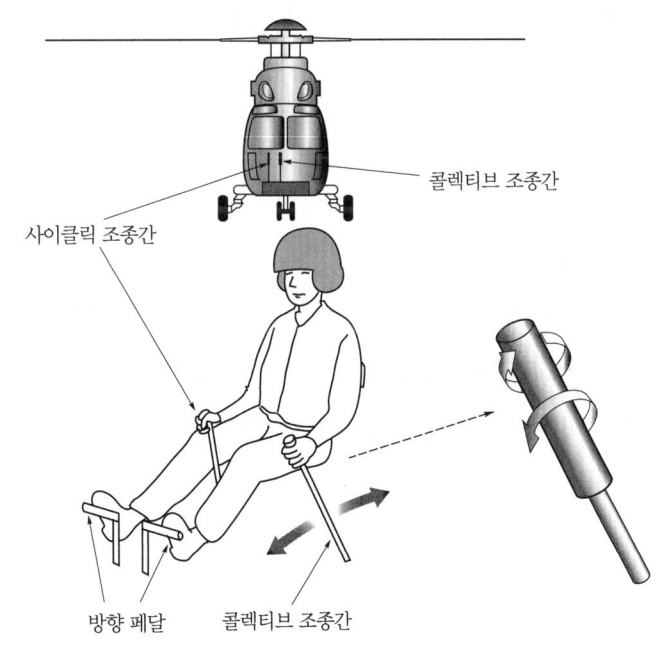

▲ 헬리콥터 조종

③ **헬리콥터의 가로균형과 방향균형:** 주기적 피치 제어간과 꼬리회전날개에 연결되어 있는 페달(pedal)을 사용한다.

　가) 페달(pedal): 주 회전날개가 회전함으로써 생기는 토크(torque)를 상쇄하기 위해 꼬리회전날개의 피치를 조절하여 방향을 조종한다.

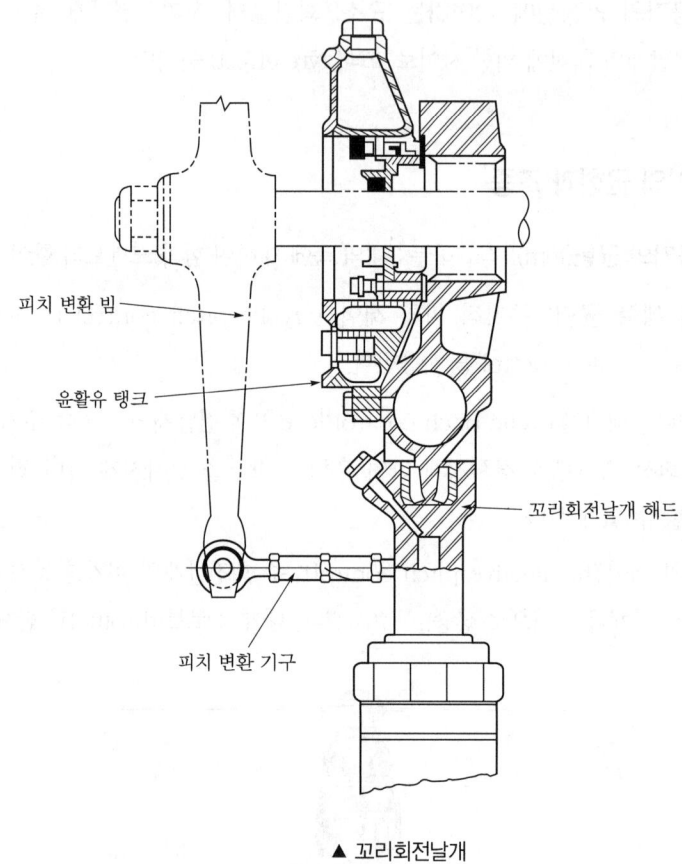

▲ 꼬리회전날개

④ **헬리콥터의 조종**

　가) 상승·하강 비행의 조종: 동시적 피치 제어간을 위, 아래로 변화시켜 조종한다.

　나) 전진·후진·회전비행 조종: 주기적 피치 제어간을 움직여 조종한다.

　다) 좌우 방향 비행의 조종: 페달을 밟아서 조종한다.

[그리스 문자]

A	α	Alpha	알파	N	ν	Nu	뉴
B	β	Beta	베타	Ξ	ξ	Xi	크사이
Γ	γ	Gamma	감마	O	o	Omicron	오미크론
Δ	δ	Delta	델타	Π	π	Pi	파이
E	ε	Epsilon	입실론	P	ρ	Pho	로
Z	ζ	Zeta	제타	Σ	σ	Sigma	시그마
H	η	Eta	에타	T	τ	Tau	타우
Θ	θ	Theta	씨타	Υ	υ	Upsilon	웁실론
I	ι	Iota	이오타	Φ	φ	Phi	화이
K	κ	Kappa	카파	X	χ	Chi	카이
Λ	λ	Lambda	람다	Ψ	ψ	Psi	프사이
M	μ	Mu	뮤	Ω	ω	Omega	오메가

CHAPTER 05 실력 점검 문제

01 헬리콥터의 회전날개 지름에 대한 설명 중 맞는 것은?

① 무게에 비례하여 지름을 크게 할수록 좋다.
② 좋은 정지 비행 성능을 위해서는 지름을 크게 할수록 좋다.
③ 성능만 우수하다면 비용 관계는 전혀 고려할 필요가 없다.
④ 필요한 성능이 될 수 있는 한 최대 지름의 회전날개를 선정한다.

해설

회전날개 지름
- 좋은 정지 비행 성능: 지름이 커야 한다.
- 경량화, low cost: 작은 지름

02 헬리콥터에서 wheel형 착륙장치가 스키드착륙장치보다 좋은 점은?

① 유지비가 저렴하다.
② 정비가 용이하다.
③ 지상 활주가 가능하다.
④ 구성품이 간단하다.

해설

- 스키드 기어(skid gear)
  - 구조 간단, 정비 용이(소형 헬리콥터)
  - 지상 운전 및 취급의 어려움→지상 이동용 휠 장착
  - 주기 시에는 스키드가 지면에 닿아야 한다.
  - 스키드 슈: 스키드의 부식과 손상 방지
- 휠 기어(wheel gear)
  - 용도: 대형 헬리콥터에 사용, 지상 활주 가능
  - 구성: 완충 버팀대, 휠, 타이어
  - 고속의 경우: 접개들이식

03 헬리콥터가 전진 비행을 할 때 회전날개 깃에 발생하는 양력 분포의 불균형을 해결할 수 있는 방법으로 가장 올바른 내용은?

① 전진하는 깃의 피치각은 감소시키고 후퇴하는 깃의 피치각은 증가시킨다.
② 전진하는 깃의 피치각과 후퇴하는 피치각 모두를 증가시킨다.
③ 전진하는 깃의 피치각과 후퇴하는 깃의 피치각 모두를 감소시킨다.
④ 전진하는 깃의 피치각은 증가시키고 후퇴하는 깃의 피치각은 감소시킨다.

해설

양력 불균형의 해소
- 플래핑 힌지는 양력의 불균형 해소 목적으로 회전날개가 축(mass)을 중심으로 위·아래로 움직이는 운동을 허용→여러 개의 깃을 가진 헬리콥터
- 시소 구조는 전진 깃은 상승하고 후진 깃은 하강 운동을 하게 함→반고정 회전날개에 사용

04 헬리콥터 회전날개 깃의 면적을 정하는 데 있어서 고려해야 할 사항이 아닌 것은?

① 무게
② 비용
③ 정지 비행 시의 성능
④ 재질

정답 01. ② 02. ③ 03. ① 04. ④

해설
- 가벼운 깃 무게와 비용, 좋은 정지 비행 성능을 위해서는 깃 면적이 작아야 한다. 물론 너무 작으면 안 된다.
- 고속에서의 좋은 기동성을 위해서는 깃 면적이 커야 한다.

05 헬리콥터의 회전날개 설계 시 회전날개 지름에 대한 설명으로 가장 올바른 것은?

① 비용면을 고려하여 가능한 한 크게 한다.
② 좋은 정지 성능을 위하여 가능한 한 작게 한다.
③ 필요한 성능을 낼 수 있는 최소의 크기로 한다.
④ 성능과는 상관 없이 임의로 만든다.

해설
- 우수한 정지 비행 성능을 위해서는 지름이 클수록 좋다.
- 가벼운 무게와 적은 비용을 위해서는 지름이 작을수록 좋다.

06 작용과 반작용의 법칙을 이용하여 헬리콥터의 회전날개에 의해서 만들어지는 회전면에서의 운동량의 차이를 이용하여 추력을 구하는 이론은?

① 회전면 이론
② 추력 이론
③ 운동량 이론
④ 날개 이론

해설
운동량 이론: 작용과 반작용의 법칙 근거, 회전면에서의 운동량 차이를 이용하여 추력을 구하는 방법이다.

07 헬리콥터의 깃 끝 속도를 음속 이하로 하기 위해 일반적으로 제한하는 속도는?

① 200m/sec
② 225m/sec
③ 250m/sec
④ 275m/sec

해설
설계자의 목표는 소음과 같은 제약 조건에서 가장 빠른 깃 끝 속도를 선정하는 것이다. 일반적으로 통용되는 소음 제한의 깃 끝 속도는 225m/sec이고, 깃 끝 속도가 150m/sec 이하가 되면 조용하다.

08 헬리콥터에서 정지 비행 시 회전날개의 회전축으로부터 r의 위치에 있는 깃 단면의 회전속도 Vr를 산출하는 표현식은? (단, Ω은 회전날개의 각속도, r는 회전축으로부터 깃단면까지 거리)

① $V_r = \Omega \times r^2$
② $V_r = \Omega \times r$
③ $V_r = \dfrac{r^2}{\Omega}$
④ $V_r = \dfrac{\Omega}{r^2}$

해설
정지 비행을 할 때 회전하는 날개 깃의 단면에 작용하는 공기 흐름의 상대 속도가 깃의 회전축으로부터의 거리에 따라 다르기 때문이다. 정지 비행을 할 경우의 회전축 주위의 공기 흐름 속도는 아래 식처럼 "0"에 가깝지만, 회전날개의 깃 끝 쪽으로 가면 회전축으로부터의 거리 r에 비례하여 증가하기 때문이다.
$V_r = \Omega \times r$
여기서, V_r은 회전날개의 회전축으로부터 r의 위치에 있는 깃 단면의 회전 선속도, r은 회전축으로부터의 거리, Ω는 회전 각속도이다. 따라서, 회전날개의 각 단면에서 발생되는 양력과 항력의 크기도 단면의 위치에 따라 다르게 된다.

정답 05. ③ 06. ③ 07. ② 08. ②

09 헬리콥터의 공기역학에서 자주 사용되는 마력하중(horse power loading)을 구하는 식은?

① 마력하중 = $\dfrac{W}{\pi HP}$

② 마력하중 = $\dfrac{\pi HP}{W}$

③ 마력하중 = $\dfrac{HP}{W}$

④ 마력하중 = $\dfrac{W}{HP}$

해설

- 마력하중(horse power)은 헬리콥터의 전체 무게를 마력으로 나눈 값이다.
- 마력하중 = $\dfrac{W}{HP}$

10 헬리콥터 회전날개의 원판하중을 가장 올바르게 설명한 것은?

① 회전날개 깃 전체의 무게를 회전날개에 의해 만들어지는 회전면의 면적으로 나눈값이다.

② 헬리콥터 전체의 무게를 회전날개에 의해 만들어지는 회전면의 면적으로 나눈 값이다.

③ 회전날개에 의해 만들어지는 회전면의 면적을 헬리콥터 전체의 무게로 나눈 값이다.

④ 헬리콥터 전체의 무게를 회전날개에 깃의 수로 나눈 값이다.

해설

회전면 하중(disc loading, 원판하중)은 회전익 항공기 전체의 무게를 회전익 항공기의 회전날개에 의해 만들어지는 회전면의 면적으로 나눈 값이다.

$DL = \dfrac{W}{\pi R^2}$

11 헬리콥터의 총중량이 700kg, 회전날개의 반지름이 2.5m, 회전날개 깃 수가 2개일 때의 원판하중은 약 얼마인가?

① $30.65 kg/m^2$

② $35.65 kg/m^2$

③ $61.30 kg/m^2$

④ $142.60 kg/m^2$

해설

$DL = \dfrac{W}{\pi R^2} = \dfrac{700}{\pi \times 2.5^2} = 35.65\,kg/m^2$

12 일반적으로 헬리콥터의 수평 방향(전후좌우) 조종은 어느 것으로 하는가?

① 페달 조종

② 동시 피치 조종

③ 스로틀 조종

④ 주기적 피치 조종

해설

- 주기적 피치 제어간(cyclic pitch control lever)은 회전날개의 피치를 주기적으로 변하게 하면서 회전 경사판을 경사지게 하여 추력의 방향을 경사지게 하며, 전진, 후진, 횡진 비행을 할 수 있게 한다.
- 동시 피치 제어간(collective pitch control)은 주 회전날개의 피치를 동시에 크게 하거나 작게 해서 기체를 수직으로 상승 및 하강시킨다. 대개 스로틀(throttle)과 함께 작동된다.

13 헬리콥터에서 주 회전날개의 피치를 동시에 크게 하거나 작게 해서 수직으로 상승, 하강시키는 조종장치는?

① 꼬리날개

② 동시 피치 제어간

③ 방향 페달

④ 주기적 피치 제어간

정답 09. ④ 10. ② 11. ② 12. ④ 13. ②

> **해설**
>
> 동시 피치 제어간(collective pitch control)은 주 회전날개의 피치를 동시에 크게 하거나 작게 해서 기체를 수직으로 상승 및 하강시킨다. 대개 스로틀(throttle)과 함께 작동된다.

14 회전익 항공기에서 회전축에 연결된 회전날개 깃이 하나의 수평축에 대해 위·아래로 움직이는 운동은?

① 플래핑 운동 ② 리드-래그 운동
③ 자동 회전 운동 ④ 스핀 운동

> **해설**
>
> 플래핑 힌지(flapping hinge): 회전날개 깃이 위·아래로 자유롭게 움직일 수 있도록 한 힌지로 좌우 날개의 양력 불균형을 해소한다.

15 헬리콥터에서 코닝의 발생 원인과 가장 관계가 깊은 것은?

① 회전력과 원심력
② 기하학적 불균형
③ 양력과 원심력
④ 기하학적 비틀림

> **해설**
>
> 회전면과 원추의 모서리가 이루는 각을 원추각 또는 코닝각(coning angle)이라 하고, 일반적으로 회전날개의 무게는 원심력이나 양력에 비해 작으므로 무시할 수 있으며, 원추각은 원심력과 양력의 합에 의해 결정된다.

16 헬리콥터에서 회전날개의 깃이 앞서고 뒤로 처지는 현상은?

① 플래핑 ② 리드-래그 운동
③ 호버링 ④ 오토 로테이션

> **해설**
>
> 회전익 항공기의 회전날개가 회전할 때 회전면 내에서 앞뒤 방향으로 움직일 수 있도록 하기 위해 힌지를 장착하여 리드-래그 운동할 수 있다. 이 힌지를 리드-래그 힌지(lead-lag hinge)라 한다.

17 헬리콥터에서 전진과 후퇴 시에 깃의 피치각을 변화시키는 운동을 무엇이라 하는가?

① 페더링 ② 실속
③ 플래핑 ④ 풍차식 제동

> **해설**
>
> 회전익 항공기의 회전날개의 피치각을 변화시키는 것은 페더링 힌지에 의해 피치각을 변화시킨다.

18 헬리콥터에서 회전날개의 회전면과 원추 모서리와 이루는 각을 무엇이라 하는가?

① 받음각 ② 피치각
③ 코닝각 ④ 쳐든각

> **해설**
>
> 코닝(coning)은 회전날개에 피치각이 주어지면 양력이 발생하게 되는데, 이때 양력은 회전날개에 수직으로 작용하게 되고 양력과 원심력이 합쳐져 깃이 위로 쳐든 형태가 된다. 이러한 형태를 회전날개의 코닝(coning)이라 하고, 이때의 각도를 코닝각(coning angle)이라 한다.

19 헬리콥터의 주 회전날개의 회전면과 진행 방향이 이루는 각을 무엇이라 하는가?

① 원추각 ② 코닝각
③ 받음각 ④ 피치각

> **해설**
>
> 회전익 항공기의 회전날개의 회전면과 헬리콥터의 진행 방향에서의 상대풍이 이루는 각을 받음각이라 한다.

정답 14. ① 15. ③ 16. ② 17. ① 18. ③ 19. ③

20 헬기의 좌우 방향을 조절하는 데 사용되는 것은?

① 방향 페달
② 동시 피치 제어간
③ 꼬리날개
④ 주기적 피치 제어간

[해설]
헬리콥터의 가로균형과 방향균형은 주기적 피치 제어간과 꼬리회전날개에 연결되어 있는 방향 페달을 사용한다.

21 헬리콥터에서 플래핑 힌지를 사용함으로써 생기는 장점이 아닌 것은?

① 회전축을 기울이지 않고 회전면을 기울일 수 있다.
② 기하학적인 불평형을 제거할 수 있다.
③ 뿌리 부위에 발생되는 굽힘력을 없앨 수 있다.
④ 돌풍에 의한 영향을 제거할 수 있다.

[해설]
플래핑 힌지(flapping hinge)는 회전날개 깃이 위·아래로 자유롭게 움직일 수 있도록 한 힌지로, 좌우 날개의 양력 불균형을 해소한다.

22 헬리콥터 리드-래그 힌지를 장착하는 가장 큰 목적은?

① 정적인 균형을 유지하기 위하여
② 동적인 불균형을 제거하기 위하여
③ 기하학적 불평형을 제거하기 위하여
④ 회전날개 깃 끝에 발생되는 굽힘모멘트를 제거하기 위하여

[해설]
리드-래그 힌지(lead-lag hinge)는 회전날개가 회전면 안에서 앞뒤 방향으로 움직일 수 있도록 한 힌지로 기하학적 불균형을 해소한다. 회전면 내에서 발생하는 진동을 감소시키기 위해 리드-래그 감쇠기(lead-lag damper), 일명 댐퍼(damper)를 장착한다.

23 회전익 항공기에서 자동회전(auto rotation)이란?

① 주 회전날개의 반작용 토크(torque)에 의해 항공기 기체가 자동적으로 회전하려는 경향을 말한다.
② 전진하는 깃(blade)과 후퇴하는 깃의 양력 차이에 의하여 항공기 자세에 불균형이 생기는 것을 말한다.
③ 꼬리회전날개에 의해 항공기의 방향 조종을 하는 것을 말한다.
④ 회전날개 축에 토크가 작용하지 않는 상태에서도 일정한 회전수를 유지하는 것을 말한다.

[해설]
자동회전(autorotation)은 회전날개 축에 토크가 작용하지 않는 상태에서도 일정한 회전수를 유지해야 하며, 자동 회전하면서 급격히 하강하지 않도록 추력을 발생시켜야 하며, 위치 에너지가 운동 에너지로 변환되면서 상쇄되어야 한다.

24 오토자이로가 헬리콥터처럼 공중에서 할 수 없는 비행의 종류는?

① 전진 비행
② 하강 비행
③ 상승 비행
④ 정지 비행

[해설]
오토자이로는 헬리콥터와 외견상 유사하지만, 주 회전날개에 동력 전달 없이 프로펠러에서 추진력을 얻어 비행하는 비행체로, 주 회전날개는 전진 비행 시 상대풍에 의해 자유 회전을 한다.

정답 20. ① 21. ② 22. ③ 23. ④ 24. ④

25 헬리콥터의 호버링(Hovering) 조건을 옳게 나타낸 것은? (단, 항공기의 중력 W, 추력 T, 양력 L, 항력 D이다.)

① L=W, T<D
② L=W, T=D=O(Zero)
③ L>W, D>T
④ L=T, D=L

해설

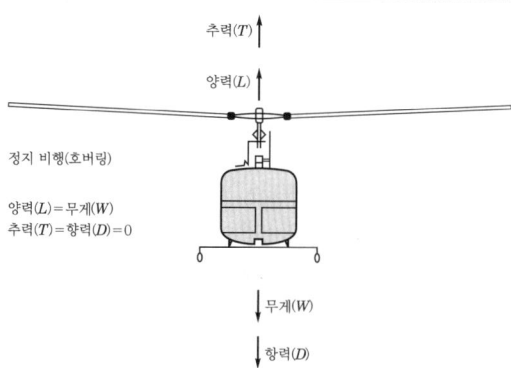

26 헬리콥터의 지면효과가 있을 때 일어나는 현상으로 틀린 것은?

① 양력의 크기가 증가한다.
② 항력의 크기가 증가한다.
③ 회전날개 깃의 받음각이 증가한다.
④ 같은 엔진의 출력으로 많은 무게를 지탱할 수 있다.

해설

지면효과(ground effect)는 회전익 항공기도 고정익 항공기와 마찬가지로 이·착륙을 할 때 지면에서 거리가 가까워지면 양력이 더 커지는 현상이며, 가깝다는 뜻은 낮은 고도에 있어서 날개의 후류가 지면에 압축성 영향을 받게 된다는 것을 말한다.

27 동력장치가 없고 고정날개를 가진 공기보다 무거운 항공기는?

① 비행선
② 활공기
③ 오토자이로
④ 기구

해설

구분	대분류	동력에 대한 분류	기준에 의한 분류
항공기	공기보다 가벼운 항공기	무동력 항공기	자유기구
			계류기구
		동력 항공기	비행선
	공기보다 무거운 항공기	무동력 항공기	연
			활공기
		동력 항공기	고정날개 항공기
			회전날개 항공기
			날개치기 항공기

28 동축 역회전식 회전날개 헬리콥터의 장점에 대한 설명으로 가장 올바른 것은?

① 두 개의 주 회전날개가 서로 반대 방향으로 회전함으로써 각각의 회전날개에서 발생되는 토크는 서로 상쇄되어 조종성이 좋다.
② 동일한 축에 두 개의 주 회전날개를 부착시키므로 조종기구가 간단해진다.
③ 기체의 높이를 매우 낮게 할 수 있다는 점이 장점이다.
④ 주 회전날개가 앞뒤로 배치되어 있으므로 세로 안전성이 좋고, 무거운 물체의 운반에 적합하다.

해설

동축 역회전식 회전날개 헬리콥터(coaxial contra-rotating rotor type helicopter)는 동일한 축 위에 2개의 주 회전날개를 아래위로 겹쳐서 반대 방향으로 회전시키는 헬리콥터로, 2개의 주 회전날개가 서로 반대 방향으로 회전하면서 토크를 서로 상쇄시키므로, 조종성도 좋고 양력도 커진다. 또한, 구동축이 수직으로 되어 있어 지면과 주 회전날개와의 간격이 커서 지상 작업자에게 안전하다.

정답 25. ② 26. ② 27. ② 28. ①

29 헬리콥터의 한 종류로 회전날개를 비행 방향을 기준으로 좌우에 배치한 형태이며, 가로 안정이 가장 좋은 것은?

① 단일 회전날개 헬리콥터
② 동축 회전날개 헬리콥터
③ 병렬식 회전날개 헬리콥터
④ 직렬식 회전날개 헬리콥터

해설

병렬식 회전날개 헬리콥터(side by side system rotor helicopter)는 가로 안정성을 좋게 하기 위해 옆(좌, 우)으로 2개의 회전날개를 배치한 형식이다.

30 제트 반동 회전날개 헬리콥터(tip jet rotor type helicopter)에 관한 설명으로 옳은 것은?

① 제트의 반동을 이용하므로 토크를 보상하는 장치가 필요 없다.
② 복잡한 동력 전달 기구가 필요하며, 조종계통이 복잡하다.
③ 회전날개의 깃 끝에 장착된 제트엔진은 회전속도의 제한을 받지 않으므로 효율이 증가한다.
④ 연료 소모율이 낮으므로 항속거리가 길고 소음이 적다.

해설

제트 반동식 회전날개 헬리콥터의 장점
- 토크를 보상하는 장치가 필요 없다.
- 연료 보급용 배관만 필요하고, 동력전달기구가 필요 없다.
- 조종계통이 간단하다.
- 동체의 크기를 작게 할 수 있어서 저항이 작아진다.

정답 29. ③ 30. ①

memo

- **CHAPTER 01** | 정비의 개요
- **CHAPTER 02** | 측정기기 및 공구류
- **CHAPTER 03** | 정비작업
- **CHAPTER 04** | 지상 안전 및 지원
- **CHAPTER 05** | 항공 영어

PART 02

정비 일반

CHAPTER 01 정비의 개요

1 정비의 개념

고장의 발생 요인을 미리 발견하여 제거함으로써 지속적으로 본래의 완전한 기능을 유지할 수 있는 것이다.

(1) 정비의 목적

항공기와 사용되는 부품은 오랫동안 계속 사용하면 언젠가는 고장이 발생한다. 고장의 원인에는 여러 가지가 있으나, 주로 설계 결함, 품질 불량, 조절 불량, 부적절한 운용과 재료의 마모 및 주의 조건에 의한 퇴화, 부식 등을 들 수 있다.

항공기는 고장이 언제 어떻게 발생할지는 예측할 수 없고, 수백만 개의 부품으로 이루어진 만큼 고장이 발생할 수 있는 확률이 높다. 더욱이 항공기는 지상이 아닌 공중에서 사용되기 때문에 고장이 발생하면 치명적인 사고를 초래할 수 있다. 따라서 항공기를 안전하게 운항하기 위해서는 항공기를 구성하는 모든 요소가 각각 제 기능을 다할 수 있도록 사전에 예방 정비가 이루어져야 한다.

항공기가 비행 중에 그 기능을 다하여 안전하게 운항할 수 있는지 판단할 수 있는 상태를 항공기의 감항성(airworthiness)이라 한다. 그리고 감항성을 유지하기 위한 행위를 정비(maintenance)라고 한다.

(2) 정비 방침

항공기, 엔진 및 장비품 등이 제 기능을 유지하려면 다음과 같은 방침에 의해 정비가 이루어져야 한다.

감항성	항공기가 운항 중에 고장 없이 그 기능을 정확하고 안전하게 운항할 수 있는 능력 (인명과 재산보호)
쾌적성	항공기가 운항 중에 객실(기내) 안의 청결 상태를 유지하는 능력 (승객에게 만족감과 신뢰감을 부여)
정시성	항공기가 종착 기지로 착륙해서 다음 기지로 운항하기 위해 시간 내에 작업을 끝내는 정시 출발 목적 달성을 위한 능력
경제성	최소의 정비 비용으로 최대의 효과를 얻기 위하여 모든 정비작업을 경제적으로 운용하는 능력

(3) 정비의 분류

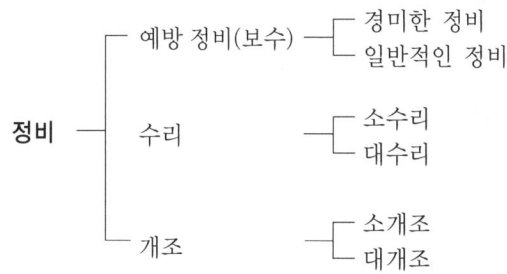

① **예방 정비**

가) 경미한 정비: 항공기의 지상 취급, 세척, 보급 등 어느 정도 경험과 지식 및 기능을 가진 작업자가 유자격 정비사의 감독하에서 할 수 있는 작업이다.

나) 일반적인 정비: 감항성에 영향을 끼치는 항공기 각 부분의 점검, 조절, 검사 및 부품의 교환 등 반드시 유자격 정비사의 확인을 받아야 한다.

② **수리**

항공기나 부품 및 장비의 손상이나 기능 불량 등을 원래의 상태로 회복시키는 작업이다.

가) 소수리: 감항성에 큰 영향을 끼치지 않는 기체나 부품의 수리 및 수정작업 및 교환작업이다.

나) 대수리: 감항성에 큰 영향을 끼치는 수리로써 엔진, 프로펠러 부품의 수리작업으로 관계 기관의 확인이 필요하다.

- 기본 구조 부분의 강도와 관계되는 수리 작업
- 엔진, 프로펠러, 주요 장비품의 성능에 영향을 끼치는 작업
- 내부 부품의 복잡한 분해 작업

- 특수한 시설과 장비를 필요로 하는 작업
- 예비품 검사 대상 부품의 오버홀
- 기체의 일부 또는 전체 오버홀

③ **개조:** 항공기나 장비 및 부품에 대한 원래의 설계를 변경하거나 새로운 부품을 추가로 장착시킬 때 실시하는 작업이다.

가) 대개조: 항공기 중량, 강도, 엔진의 성능, 비행 성능 및 그 밖의 감항성 등에 중대한 영향을 끼치는 개조 작업으로 관계 기관의 확인이 필요한 작업이다.
- 기체에서 중량 및 중심 한계의 변경
- 날개 형태의 변경
- 항공기 표피 및 조종능력의 변경
- 그 밖에 각 계통의 개조, 엔진이나 장비에서 성능이나 구조의 변경

나) 소개조: 그 외의 작업

(4) 정비의 단계

① **운항정비:** 항공기를 정비 대상으로 하는 정비로 비행 전 점검, 중간 점검, 비행 후 점검, 기체의 정시점검(A, B점검) 등이 있다.

(A, B점검)은 운항 정비 쪽에 가깝고, (C, D점검)은 공장 정비 쪽에 가깝다.

② **공장정비:** 항공기를 정비하는 데 많은 정비시설과 오랜 정비시간을 요구하며 항공기의 장비 및 부품을 장탈하여 공장에서 정비하는 것이다.

가) 기체의 공장정비: 운항정비에서 할 수 없는 항공기의 정시점검과 기체의 오버홀

나) 엔진의 공장정비: 항공기로부터 장탈한 엔진의 검사, 엔진 중정비, 엔진의 상태 정비, 엔진의 오버홀

다) 장비의 공장정비: 장비의 벤치체크, 장비의 수리 및 오버홀
- 벤치체크: 장비의 기능검사로서 장비를 시험벤치에 설치하여 적절히 작동하는가를 확인
- 오버홀: 장비를 완전히 분해하여 상태를 검사하고, 손상된 부품을 교체하는 정비 절차(ZERO SETTING)

(5) 정비의 등급

① **일선 정비의 종류:** 비행 전 점검, 비행 후 점검, 중간 점검, A점검, B점검

② **후방 정비:** C점검, 부서 정비

③ **창 정비(샵 정비):** 오버홀

(6) 정비 기지의 종류

① **모기지:** 정비작업을 위하여 설비 및 인원 부분품 등을 충분히 갖추고 정시 점검 이상의 정비작업을 수행할 수 있는 기지

② **그 밖의 기지의 종류**

가) 출발기지: 항공기가 감항성에 영향을 주지 않을 정도로 정비를 마치고 이륙 준비를 하는 기지

나) 종착기지: 항공기가 안전하게 운항을 마치고 착륙을 위해서 종착하는 기지

다) 반환기지: 항공기가 갑작스럽게 어떠한 부분에 결함이 발생했을 때 다시 정비를 위해 출발기지로 돌아가는 반환기지

2 정비관리

최소의 정비 비용으로 최대의 효과를 얻기 위하여 모든 정비작업을 계획, 통제, 집행 및 분석하는 것이다.

(1) 정비방식

항공기 정비작업을 효율적으로 수행하여 정비의 기본 목적을 달성할 수 있도록 유지하는 정비체계

① **시한성 정비(HT: Hard Time):** 장비나 부품의 상태는 관계하지 않고 정비 시간의 한계 및 폐기 시간의 한계를 정하여 정기적으로 분해, 점검하거나 폐기 한계에 도달한 장비나 부품을 새로운 것으로 교환하는 방식이다.

※ 오버홀, TRP(Time Regulated Parts: 시한성 부품) 등에 해당한다.

② **상태 정비(OC: On Condition):** 정기적인 육안검사(보어스코프, 바이옵틱스코프)나 측정 및 기능 시험 등의 수단에 의해 장비나 부품의 감항성이 유지되고 있는지를 확인하는 정비방식이다. 성능 허용한계, 마멸한계, 부식한계를 가지는 장비나 부품에 활용한다.

③ **신뢰성 정비(CM: Condition Monitoring):** 항공기가 안정성에 직접 영향을 주지 않으며 정기적인 검사나 점검을 하지 않은 상태에서 고장을 일으키거나 그 상태가 나타날 때까지 사용할 수 있는 일반 부품이나 장비에 적용하는 것으로, 고장률이나 운항 상황 등의 데이터를 분석하여 필요한 부분만을 정비하는 방식이다.

> **참고** 신뢰성 정비가 가능하게 된 이유
>
> - 최근에 와서 항공기의 설계, 제작 기술이 크게 발전됨에 따라 구조의 부분적 손상 또는 장비품의 단독 고장 등 경미한 결함이 생기더라도 2중 시스템이나 3중 시스템 채택 등으로 비행의 안정이나 비행 능력에 거의 영향을 미치지 못한다.
> - 비파괴 검사 기술의 발전과 OC 방식이 가능한 구조 개선으로 기체 구조, 엔진 및 장비품의 내부 상태까지를 외부에서 손쉽게 점검할 수 있다.
> - 컴퓨터를 이용한 고장 데이터의 처리와 모니터링 기술의 발달로 기재의 신뢰성이 언제나 확인될 수 있다.

(2) 정비 관리 방식

감항성을 확보하고 항공 기재의 품질을 향상시키는 정비작업이다.

① **예방 정비관리:** 장비나 부품의 고장 발생을 전제로 하여 그 상태에 관계없이 그 장비나 부품이 일정한 한계에 도달하면 항공기로부터 장탈하여 정기적으로 분해하여 관리하는 방법이다.

> **참고** 모순점
>
> - 본래의 사용 시간과 고장과는 상관관계가 없는 부품이 많고 장시간 만족스럽게 작동되는 장비나 부품을 고의로 장탈한다.
> - 장비나 부품을 장탈하거나 또는 분해 조립 시 고장 발생의 가능성
> - 만족스럽게 작동되는 부품을 조기에 장탈하기 때문에 본래의 결점을 파악하기 어려워 품질 개선이 이루어지지 않는다.

② **신뢰성 정비관리:** 항공 기재의 품질상태를 상태 정비 방식이나 신뢰성 정비방식 등에 의해 수시로 감시하고 미리 설정된 품질 수준이 지켜지지 않을 때는 바로 원인 규명, 대책 및 조치한 후에 다시 정보 수집을 하는 일련의 활동을 기능적으로 수행하는 방법이다.

(3) 정비 기술 관리

제작회사 자체의 기술 지원 체제로 확립되어 정비방식 및 관리방식에 의한 정비 규정 및 정비 기술 도서를 작성하여 관장하며, 정비 품질을 개선하기 위해 정비 기술 지시 등을 통제하고 관리하는 것이다.

① **정비 규정:** 항공법을 기준으로 하여 항공회사가 정비작업에 관한 안정성 확보 및 효과적인 정비작업의 수행을 목적으로 설정된 기술적인 규칙과 기준이다.

② **정비 기술 도서:** 항공기와 엔진 및 기타 장비를 운용하고 정비하는 데 요구되는 모든 기술 자료를 수록하고 있는 간행물로서 미국항공운송협회(ATA: Air Transport Association of America)의 규격에 따라 체계 구성된 기술자료이다.

　가) 정비 기술 정보: 정비 교범(AMM: Aircraft Maintenance Manual), 검사 지침서, 오버홀 교범(Overhaul Manual), 전기 배선도 교범(WDM: Wiring Diagram Manual)

　나) 작동 기술 정보: 비행 교범(작동교범, POH: Pilot's Operating Handbook)

　다) 부품 기술 정보: 부품 도해 목록(IPC: Illustrated Parts Catalog), 구매 부품 목록, 가격 목록

③ **정비기술 지시(EO):** 정비작업에 있어서 정비 규정 이외의 기술적인 지시를 망라하는 것으로 항공기의 개조, 계획적인 대수리, 일시검사, 부품의 제작, 정비사항의 긴급한 실시 등의 특별 작업을 지시하는 데 사용하는 기술자료이다.

　가) 감항성 개선 명령(AD: Airworthiness Ddirective)

　나) 정비 지원 기술 정보(SB: Service Bulletin)

　다) 시한성 기술 지시(TCTO: Time Compliance Technial Order)

　※ AD(민간 항공기용), TCTO(군용 항공기용)는 강제적으로 수행되어야 하는 구속력을 가진다.

3 정비 업무

(1) 정비 업무 체제

① **기술 관리 부서:** 기술 관리 부서는 정비 계획서를 발행하며 정비 계획서에 의해 정비 요목을 결정하고, 이를 항공기별로 적용하여 점검할 수 있도록 점검 카드 작성 및 운영 지침, 한계 사용 부품(TRP: Time Regulated Parts) 관리 지침, 항공기 수명 제한 부품(LLP: Life Limited Part) 운영 지침 및 작업 카드 관리 지침 등을 설정하여 적용하는 부서이다.

> **참고** 정비 기술 관리 부서에서 수행하는 업무 예
> - 정비 기준 및 정책 설정
> - 정비방식 설정
> - 항공기 특별 점검, 항공기 사양 관리 및 개조
> - 현장 기술 지원과 관련 부서 기술 지원
> - 기술 도서 관리

② **품질 관리 부서:** 품질(quality)은 각종 품목의 전체적인 고유 특성이 주어진 요구 조건에 충족하는 정도를 말하고, 품질관리는 수요자가 요구하는 모든 품질을 확보 및 유지하기 위하여 기업이 품질 목표를 세우고 이것을 합리적, 경제적으로 달성할 수 있도록 수행하는 모든 활동을 의미한다.

품질 관리 부서는 품질 관리 및 신뢰성 관리 체제를 운영하며, 정비 요목의 변경 검토가 요구되는 경우에 신뢰성 검토 자료를 기술관리 부서에 통보하는 역할을 한다.

> **참고** 품질 관리 부서에서 수행하는 업무 예
> - 품질 보증 체제(수령검사 → 예비검사 → 공정검사 → 완성검사)
> - 수령검사: 항공기 정비에 사용되는 부품 및 자재를 사용하기 전에 해당 품목의 상태를 확인하여 불량상태를 발견하기 위한 검사
> - 예비검사: 요구되는 작업 범위 및 요구되는 정비 또는 개조 행위가 무엇인지 확인하기 위하여 품목을 평가하는 검사
> - 공정검사: 항공기 정비작업을 수행할 때에 해당 작업 실시 과정을 검사하는 검사
> - 완성검사: 정비작업을 완료한 후 사용 승인을 하기 전에 각 품목에 대하여 수행하는 검사

③ **정비 수행 부서:** 정비 수행 부서에서는 관리 부서에서 설정한 점검 카드 운영 지침, 한계 사용 부품 관리 지침, 항공기 수명 제한 부품 운영 지침 등에 의한 조치를 취하고 작업 계획에 의거하여 점검하는 역할을 수행한다. 그리고 점검 수행 중에 발견된 결함이 신뢰성 관리 체제에 의해 수정될 수 있도록 관련 자료를 작성하여 품질 관리 부서에 넘기는 역할도 겸한다.

4 안전관리(SMS)

항공안전관리시스템(SMS: Safety Management System)은 새로운 항공안전 관리 기법으로 사고 위험 요인을 사전에 파악하고 분석하며, 허용 가능한 수준의 안전 목표를 설정하고 달성하기 위하여 위험 요소를 관리하는 사전 예방적인 항공 안전관리 방식을 의미한다.

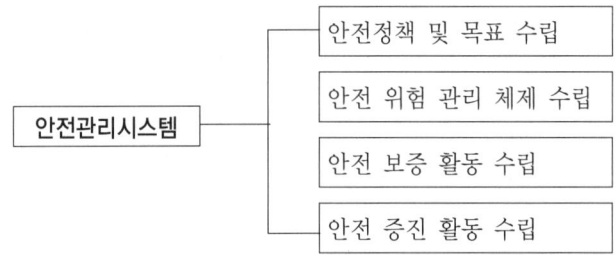

CHAPTER 01 실력 점검 문제

01 항공기가 운항 중에 고장 없이 그 기능을 정확하고 안전하게 발휘할 수 있는 능력을 무엇이라 하는가?

① 감항성   ② 쾌적성
③ 정시성   ④ 경제성

해설
① 감항성: 항공기가 운항 중에 고장 없이 그 기능을 정확하고 안전하게 발휘할 수 있는 능력이다.
② 쾌적성: 항공기를 이용하는 사람은 항공기에 대하여 만족과 신뢰감을 가질 수 있어야 한다.
③ 정시성: 정비계획의 정확성을 유지하고 항공기의 고장을 예방하기 위해 철저한 정비가 수행되어 계획된 시간에 차질없이 운항되도록 하는 것이다.
④ 경제성: 항공기 정비는 최소의 경비로 최대의 효과를 얻을 수 있도록 운영해야 하고, 최소의 비용으로 수행되어야 한다.

02 다음 중 감항성에 대한 설명으로 가장 옳은 것은?

① 쉽게 장·탈착할 수 있는 종합적인 부품 정비
② 항공기에 발생하는 고장 요인을 미리 발견하는 것
③ 항공기가 운항 중에 고장 없이 그 기능을 정확하고 안전하게 발휘할 수 있는 능력
④ 제한 시간에 도달되면 항공 기재의 상태와 관계없이 점검과 검사를 수행하는 것

해설
• 예방정비: 항공기에 발생하는 고장 요인을 미리 발견하는 것
• 감항성: 항공기가 운항 중에 고장 없이 그 기능을 정확하고 안전하게 발휘할 수 있는 능력
• 시한성 정비: 제한 시간에 도달되면 항공기의 상태와 관계없이 점검과 검사를 수행하는 것

03 "감항성은 항공기가 비행에 적합한 안전성 및 신뢰성이 있는지의 여부를 말하는 것이다."에서 밑줄 친 감항성을 영어로 올바르게 표시한 것은?

① Maintenance
② Comfortability
③ Inspection
④ Airworthiness

해설
Maintenance(정비), Comfortability(쾌적성), Inspection(검사), Airworthiness(감항성)

04 항공기 기체, 엔진, 및 장비 등의 사용 시간을 "0"으로 환원시킬 수 있는 정비작업은?

① 항공기 오버홀   ② 항공기 대수리
③ 항공기 대검사   ④ 항공기 대개조

해설
오버홀은 항공기 기체, 엔진 및 장비 등의 사용 기간을 "0"으로 환원 시킬 수 있는 정비작업이다.

정답 01. ① 02. ③ 03. ④ 04. ①

05 항공기와 그 부품, 장비의 손상 및 기능 불량 등을 원래의 상태로 회복시키는 작업은?

① 경미한 보수
② 일반적인 보수
③ 개조
④ 수리

해설
수리는 항공기나 부품 및 장비의 손상이나 기능 불량 등을 원래의 상태로 회복시키는 작업이다.

06 정기적인 육안검사나 측정 및 기능 시험 등의 수단에 의해 장비나 부품의 감항성이 유지되고 있는지를 확인하는 정비방식에 해당되는 것은?

① 상태 정비
② 기록 정비
③ 감항성 정비
④ 오버홀 정비

해설
- 시한성 정비방식(HT): 장비나 부품의 상태는 관계하지 않고 정비 시가의 한계 및 폐기 한계를 정해서 정기적으로 분해 점검 또는 교환하는 방식
- 상태 정비(OC): 장비나 부품을 정기적인 육안검사나 측정 및 기능 시험 등의 방법에 의해 감항성이 유지되고 있는지를 확인하는 방식
- 신뢰성 정비(CM): 고장에 관한 자료와 품질에 대한 자료를 감시 분석하여 문제점을 발견하고 이것에 대한 처리대책을 강구하는 방식

07 항공기가 발착하는 지점으로 출발기지, 중도 귀환기지, 종착기지 및 반환기지 등으로 분류되는 기체 정비 방식에 관한 용어는?

① 기지
② 모기지
③ 운항 정비 기지
④ 운항 정비 모기지

해설
- 기지: 항공기가 출발·도착하는 지점(종류: 출발기지, 중간 기항지, 종착기지, 반환기지)
- 모기지: 장비, 설비 및 인원, 부품 등을 충분히 갖추고, 정시 점검 이상의 정비작업을 수행 할 수 있는 기지

08 정비기술 도서 중 정비기술정보의 종류에 해당하는 것은?

① 비행 교범
② 전기 배선도 교범
③ 작동 교범
④ 부품 교범

해설
정비기술정보는 정비 교범, 오버홀 교범, 기체 구조 수리 교범, 전기 배선도 교범, 계획 검사 및 정비 요구 교범, 동력장치 조립 교범, 검사 지침서

09 항공 정비 도서에서 기술자료의 구성은 이용 편의를 위해 다음과 같이 번호를 부여한다. 밑줄 친 "34"가 의미하는 것은?

12 - <u>34</u> - 56

① unit
② sub – system
③ system
④ Page

해설
12-34-56(12: 계통(system), 34: 서브 계통(sub-system), 56: 유닛(unit))

정답 05. ④ 06. ① 07. ① 08. ② 09. ②

10 계류시간, 구성품 및 부품 부족 등으로 감항성에 영향을 주지 않는 범위 내에서 규정에 의거하여 정비작업을 다음 정비 기지나 이후 정시 점검 시까지 보류한다는 의미의 항공정비 용어는?

① 하드 타임 ② 온-컨디션
③ 정비 이월 ④ 컨디션 모니터링

해설

정비 이월은 계류 시간, 구성품 및 부품 부족 등으로 감항성에 영향을 주지 않는 범위 내에서 규정에 의거하여 정비작업을 다음 정비 기지나 이후 정시 점검 시까지 보류하는 행위이다.

11 항공기 기체의 중량 및 중심 한계의 변경, 날개 형태의 변경, 항공기 표피 및 조종능력의 변경 등을 행하는 정비작업은?

① FDM 작업 ② 보수작업
③ 수리작업 ④ 개조작업

해설

- 개조작업: 항공기 기체의 중량 및 중심 한계의 변경, 날개 형태의 변경, 항공기 표피 및 조종능력의 변경 등을 행하는 정비작업이다.
- 보수작업: 항공기의 지상 취급, 세척, 보급 등을 유자격 정비사의 감독하에 할 수 있는 작업이다.
- FDM 작업: 비행자료 수립장치(flight data monitoring)이다.
- 수리작업: 항공기나 부품 및 장비의 손상이나 기능 불량 등을 원래의 상태로 회복시키는 작업이다.

12 다음 중 항공기 운항정비에 속하지 않는 것은?

① 항공기 기체 오버홀
② 항공기 비행 전 점검
③ 항공기 기체의 A점검
④ 항공기의 비행 후 점검

해설

- 항공기 기체 오버홀 – 공장정비(C, D 점검)
- 항공기 비행 전 점검 – 운항정비(B 점검)
- 항공기 기체의 A점검 – 운항정비(A 점검)
- 항공기의 비행 후 점검 – 운항정비(B 점검)

13 On Condition 정비 기법에 대한 설명으로 틀린 것은?

① 장비품이 정기적으로 장탈·분해되어 정비되는 것을 요한다.
② 주어진 점검주기를 요한다.
③ 주기 점검에서 반복적으로 행하는 Inspection, Check, Test, Service 등을 요한다.
④ 감항성 유지에 적절한 점검 및 작업방법이 적용되어야 하며, 효과가 없을 경우에는 CM으로 관리할 수 있다.

해설

- HT: 장비나 부품의 상태는 관계하지 않고 정비 시간의 한계 및 폐기 한계를 정해서 정기적으로 분해 점검 또는 교환한다.
- OC: 장비나 부품을 정기적인 육안검사나 측정 및 기능 시험 등의 방법에 의해 감항성이 유지되고 있는지를 확인하는 정비 방식이다.
- CM: 고장에 관한 자료와 품질에 대한 자료를 감시 분석하여 문제점을 발견하고 이것에 대한 처리 대책을 강구한다.
- 신뢰성 정비 관리를 기본으로 한다.

14 대수리 작업과 가장 거리가 먼 것은?

① 객실 내 의자 및 화장실 수리작업
② 특수한 시설 및 장비를 필요로 하는 작업
③ 내부 부품의 복잡한 분해작업
④ 예비품 검사대상 부품의 오버홀

정답 10. ③ 11. ④ 12. ① 13. ① 14. ①

> **해설**
>
> 객실 내 의자 및 화장실 수리작업은 소수리에 해당한다.

15 항공기에 장착된 상태로 계통 및 구성품이 규정된 지시대로 정상 기능을 발휘하고 허용 한계값 내에 있는가를 점검하는 것은?

① 트림 점검(trim check)
② 기능 점검(function check)
③ 벤치 체크(bench check)
④ 오버홀(overhual)

> **해설**
>
> - 기능 점검: 항공기에 장착된 상태로 계통 및 구성품이 규정된 지시대로 정상 기능을 발휘하고 허용 한곗값 내에 있는가를 점검한다.
> - 벤치 체크: 공장 정비의 하나로 구성품을 장탈 후 시험 벤치에 설치하여 기능점검을 수행한다.

16 다음은 공장정비 내용의 순서이다. 가장 올바른 것은?

① 검사-분해-세척-수리-조립-시험/조종-보존 및 방부처리
② 분해-검사-세척-수리-조립-시험/조종-보존 및 방부처리
③ 수리-세척-검사-분해-조립-시험/조종-보존 및 방부처리
④ 분해-세척-검사-수리-조립-시험/조종-보존 및 방부처리

> **해설**
>
> 공장정비 순서: 분해-세척-검사-수리-조립-시험/조종-보존 및 방부처리

17 정비 규정의 비행 조건에서 정하는 주간비행이란?

① 일출 1시간 전과 일몰 1시간 사이에 이·착륙이 정해지는 비행
② 일출 30분 전과 일몰 후 30분 사이에 이·착륙이 정해지는 비행
③ 일출 30분 전과 일몰 후 1시간 사이에 이·착륙이 정해지는 비행
④ 일출 1시간 전과 일몰 후 30분 사이에 이·착륙이 정해지는 비행

> **해설**
>
> 주간비행은 일출 1시간 전과 일몰 후 30분 사이에 이·착륙이 정해지는 비행이다.

18 항공기가 이륙하기 위하여 바퀴가 지면에서 떨어지는 시간부터 착륙하여 착지하는 순간까지의 시간으로 정비 분야에서 사용하는 시간은?

① 시험비행(test flight)
② 사용시간(time in service)
③ 한계시간(time limit)
④ 비행시간(flight time)

> **해설**
>
> - 비행시간: 항공기가 비행을 목적으로 주기장에서 자력으로 움직이기 시작한 순간부터 착륙하여 정지 시까지의 시간
> - 사용시간: 이륙하여 바퀴가 지면에서 떨어지는 시간부터 착륙 접지 시까지의 시간

정답 15. ② 16. ④ 17. ④ 18. ②

19 항공기 정비 시 품질관리를 위한 과정이 옳게 나열된 것은?

① 계획(plan)→실시(do)→검토(check)→ 조치(action)

② 실시(do)→검토(check)→계획(plan)→ 조치(action)

③ 검토(check)→계획(plan)→실시(do)→ 조치(action)

④ 검토(check)→실시(do)→계획(plan)→ 조치(action)

해설

품질관리 과정: 계획→실시→검토→조치

20 항공기 정비에 사용되는 부품 및 자재에 대하여 창고에 저장하기 전에 요구되는 품질 기준을 확인하는 검사는?

① 최종검사 ② 수령검사
③ 공정검사 ④ 성능검사

해설

수령검사는 항공기 정비에 사용되는 부품 및 자재에 대하여 창고에 저장하기 전에 요구되는 품질 기준을 확인하는 검사이다.

정답 19. ① 20. ②

CHAPTER 02 측정기기 및 공구류

1 측정기기의 명칭과 사용법

(1) 버니어 캘리퍼스(Vernier Calipers)

① 버니어 캘리퍼스의 종류 및 구조

가) M1형 버니어 캘리퍼스: 가장 많이 사용되고 있는 버니어 캘리퍼스 형태로서 그림과 같이 아들자에는 측정물의 바깥쪽과 안쪽을 각각 측정할 수 있는 외측용 조(jaw)와 내측용 조가 있다. 일반적으로 호칭 치수 300mm 이하의 것에는 깊이를 측정하는 깊이 바가 있다.

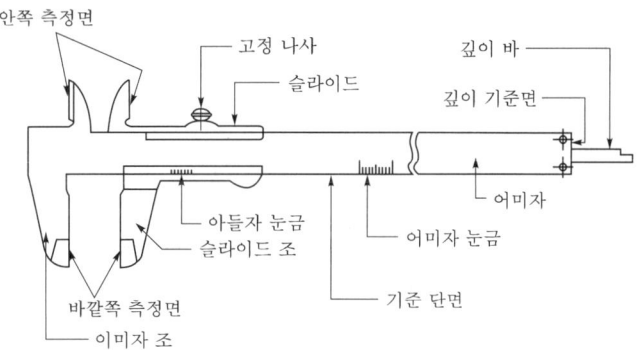

나) M2형 버니어 캘리퍼스: M1형과 비슷하나 이송바퀴를 부착시켜 아들자를 이송 나사에 의해 미세하게 움직일 수 있도록 한 것이 M2형이다.

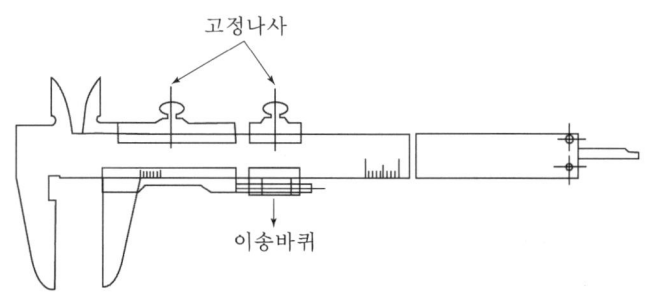

다) CB형 버니어 캘리퍼스: 브라운 샤프(Brown & Sharp)형 또는 스타렛(Starrett)형이라 불리며 슬라이드가 상자형으로 되어있고, 어미자의 조는 안쪽은 외측 측정 면, 바깥쪽은 내측 측정 면으로 구성되어 있다. 내측 측정의 경우 측정 면의 두께 때문에 5mm 이하의 내경이나 홈을 측정할 수 없는 것이 단점이고, M2형과 마찬가지로 미세 조정 장치로 슬라이드를 이동할 수 있으나 깊이자는 없다.

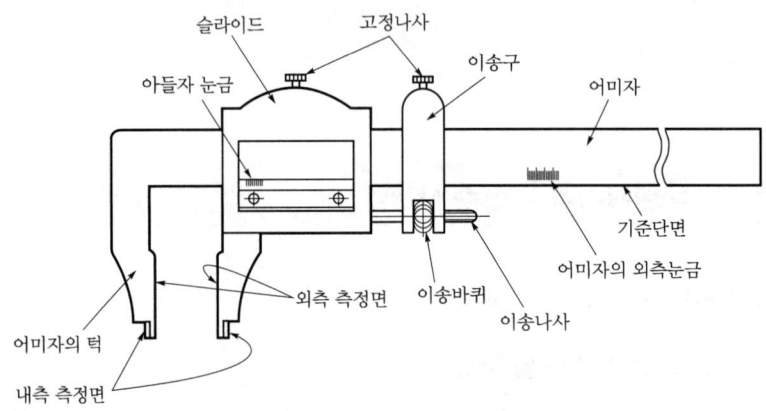

라) CM형 버니어 캘리퍼스: 독일형 또는 모젤형이라고 불리며 아들자는 홈형으로 되어있고, 측정 면은 조가 내측과 외측 양용으로 되어 있다. 어미자 눈금이 아래쪽은 외측, 위쪽은 내측 눈금으로 되어 있고 아들자의 눈금도 상하 각각 따로 있는 것이 특징이다. CB형과 같이 내측 측정의 경우 측정 면의 두께 때문에 5mm 이하의 내경이나 홈을 측정할 수 없는 것이 단점이다.

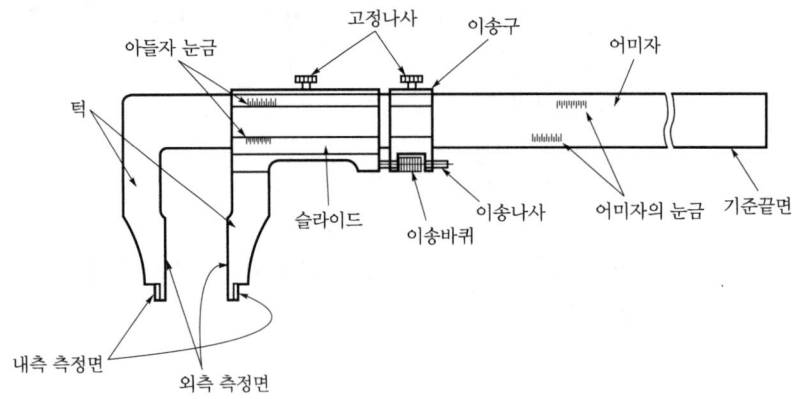

> **참고** 버니어 캘리퍼스의 호칭 치수 및 눈금

종류	호칭 치수	눈금		
		최소 눈금 읽기 길이	주 척	버니어
M형 버니어 캘리퍼스	15/20/30cm	1/20mm	1mm	19mm를 20등분 한 것
CB형 버니어 캘리퍼스	15/20/30/60/100cm	1/50mm	0.5mm	12mm를 25등분 한 것
CM형 버니어 캘리퍼스	15/20/30/60/100cm	1/50mm	1mm	49mm를 50등분 한 것

② 버니어 캘리퍼스의 원리

가) 미터식 버니어 캘리퍼스의 원리: 버니어 캘리퍼스는 어미자와 아들자에 각각 눈금이 새겨져 있으며, 어미자의 눈금을 일정하게 등분한 아들자가 있다. 예를 들면, 어미자 눈금의 길이 9mm를 10등분 한 아들자가 있다면, 이때 아들자의 한 눈금의 크기는 9/10mm이므로 0.9mm가 된다. 그러므로 어미자와 아들자의 기준 눈금이 서로 일치할 때 어미자의 각 눈금과 아들자의 각 눈금 차이가 0.1mm, 0.2mm, … 1.0mm가 됨을 알 수 있다. 즉, 측정값은 0이 된다. 그러나 아들자를 오른쪽으로 약간만 이동시켜도 어미자와 아들자의 눈금이 일치하는 부분이 0이 아닌 다른 점으로 이동하게 된다. 여기서는 어미자의 눈금 4와 아들자의 눈금 4가 일치되어 있으므로 이 두 눈금의 차이 0.4mm가 어미자와 아들자의 기준 눈금에서 나타난다. 따라서 측정값은 0.4mm가 된다.

나) 인치식 버니어 캘리퍼스의 원리: 인치식 버니어 캘리퍼스는 최소 측정값이 1/128in, 1/1,000in인 것 두 가지가 존재한다. 최소 측정값 1/128in인 경우는 7/16in를 8등분하여 어미자와 아들자의 각 눈금 차이가 1/128in, 1/64in, … 1/16in가 된다. 읽는 원리는 미터식 버니어 캘리퍼스와 같다.

③ 버니어 캘리퍼스의 사용법

가) 미터식 최소 측정값 1/20mm인 버니어 캘리퍼스의 눈금 읽는 법

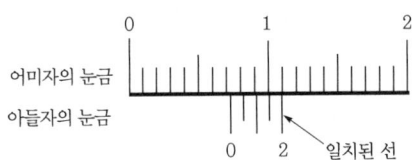

- 아들자의 0점 기선 바로 왼쪽에 있는 어미자의 눈금을 읽는다. 그림에서는 7번째 눈금으로서 7mm를 뜻한다.
- 어미자와 아들자의 눈금이 일치하는 아들자의 눈금을 읽는다. 그림에서는 4번째 눈금으로서 0.05×4=0.2, 즉 0.2mm를 뜻한다.
- 측정값은 7mm+0.2mm=7.2mm가 된다.

나) 인치식 최소 측정값 1/128in인 버니어 캘리퍼스의 눈금 읽는 법

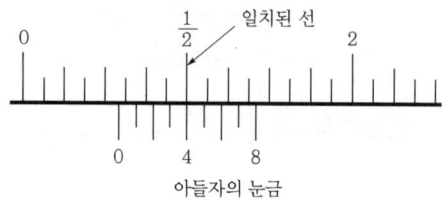

- 아들자의 0점 기선 바로 왼쪽에 있는 어미자의 눈금을 읽는다. 그림에서는 4번째 눈금으로서 1/4in를 뜻한다.
- 어미자와 아들자의 눈금이 일치하는 아들자의 눈금을 읽는다. 그림에서는 4로서 4/128in 를 뜻한다.
- 측정값은 1/4in+4/128in=9/32in가 된다.

(2) 마이크로미터(Micrometer)

마이크로미터는 정확한 피치의 나사를 이용하여 길이를 측정하는 기기이다. 용도에 따라 여러 종류가 있으며, 버니어 캘리퍼스보다 정밀도가 높아 미터용은 1/100mm와 1/1,000mm 단위까지를 측정할 수 있고, 인치용은 1/1,000in와 1/10,000in까지 측정할 수 있다.

① 마이크로미터의 종류와 구조

가) 외측 마이크로미터

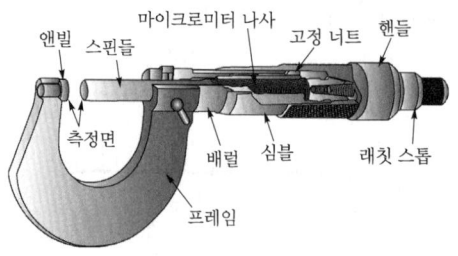

나) 내측 마이크로미터

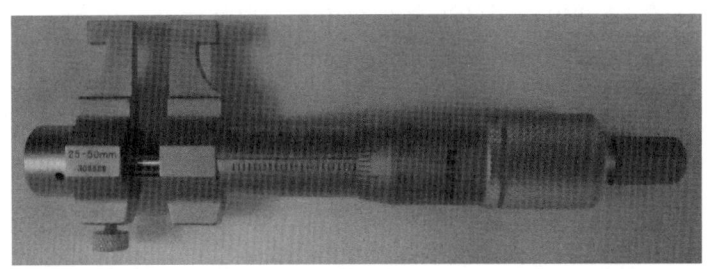

다) 깊이 측정 마이크로미터

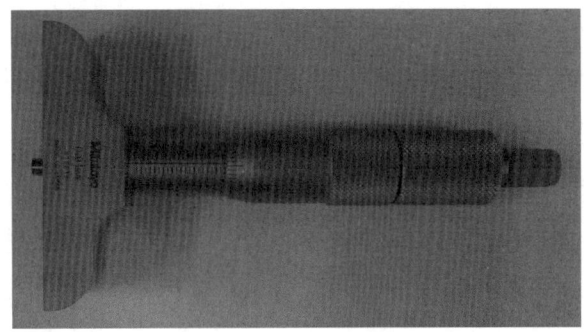

② **마이크로미터의 원리:** 마이크로미터는 수나사와 암나사의 끼워 맞춤을 이용한 것으로 심블을 한 바퀴 돌리면 스핀들이 1피치만큼 움직이게 된다. 만일 1피치가 0.5mm이면 심블을 한 바퀴 돌렸을 때 스핀들은 0.5mm만큼 움직이게 됨을 의미한다.

③ **마이크로미터의 사용법**

가) 마이크로미터의 눈금 읽기

- 최소 측정값 1/100mm인 마이크로미터의 눈금 읽기
  - 슬리브의 1mm 단위의 눈금을 읽는다. 여기서는 8로 8mm를 뜻한다.
  - 슬리브의 0.5mm 단위의 눈금을 읽는다. 여기서는 0.5로 0.5mm를 뜻한다.
  - 심블의 1/100mm 단위의 눈금을 읽는다. 여기서는 25로 0.25mm를 뜻한다.
  - 측정값은 8mm, 0.5mm, 그리고 0.25mm를 합하여 8.75mm가 된다.
- 최소 측정값 1/1,000mm인 마이크로미터의 눈금 읽기
  - 슬리브의 1mm 단위의 눈금을 읽는다. 여기서는 7.5로 7.5mm를 뜻한다.
  - 심블의 1/100mm 단위의 눈금을 읽는다. 여기서는 24로 0.24mm를 뜻한다.
  - 슬리브의 1/1,000mm 단위의 눈금을 읽는다. 여기서는 3으로 0.003mm를 뜻한다.
  - 측정값은 7.5mm, 0.24mm, 그리고 0.003mm를 합하여 7.743mm가 된다.

- 최소 측정값 1/1,000in인 마이크로미터의 눈금 읽기
  - 슬리브의 0점 기선의 위의 1/10in 단위의 눈금을 읽는다. 여기서는 2로 0.2in를 뜻한다.
  - 슬리브의 0점 기선 아래의 1/40in 단위의 눈금을 읽는다. 여기서는 1로 0.025in를 뜻한다.
  - 심블의 1/1,000in 단위의 눈금을 읽는다. 여기서는 16으로 0.016in를 뜻한다.
  - 측정값은 0.2in, 0.025in, 그리고 0.016in를 합하여 0.241in가 된다.

④ **마이크로미터의 사용방법**

가) 외측 마이크로미터로 측정할 때 먼저 0점이 맞는지를 확인하여야 한다. 확인하는 방법은 먼저 앤빌과 스핀들의 측정 면을 깨끗이 닦아 내고, 일정한 힘을 가하여 0점과 슬리브의 기준선이 일치하는지를 확인한다.

나) 오른손으로 래칫을 가볍게 돌려 스핀들의 측정 면이 일감의 중심에 오게 밀착시킨다.

다) 따르락 하는 소리가 2~3회 나도록 래칫을 가볍게 돌려 측정 면에 완전히 닿도록 한다.

라) 마이크로미터의 눈금을 읽을 때는 일감에 마이크로미터가 접촉된 상태에서 직접 읽는다.

마) 자세의 불안정 등으로 시차가 발생할 우려가 있어 마이크로미터를 일감에서 떼어 낼 때는 클램프를 잡고 가볍게 떼어 낸 후 눈금을 읽는다. 마이크로미터를 사용한 후에는 부식을 막기 위하여 앤빌과 스핀들이 서로 맞닿게 하지 않는다. 또, 정확성을 유지하기 위해서 블록 게이지를 이용하여 정기적으로 점검한다.

⑤ **다이얼 게이지**

가) 직접 측정: 기준면에서의 깊이 또는 높이를 직접 측정한다.

나) 비교 측정: 기준 게이지와 비교하여 그 값을 측정한다(높이 측정, 원통의 진원상태 측정, 축의 굽힘 측정, 평면도, 런 아웃 측정).

⑥ **블록 게이지:** 공구, 다이, 부품 등의 정밀도 측정, 기계 조립과 제작 중인 부품과 제작된 부품의 점검, 조종계기와 지시계기의 기준 설정, 검사계기의 점검, 플러그 게이지, 링 게이지 및 스냅 게이지 등 특수 게이지의 정밀도와 마멸상태의 점검, 그리고 마름질할 때의 가공상태 점검 등에 사용된다.

※ 표준 측정온도는 평균기온보다 조금 낮은 20도이다.

⑦ **그 밖의 게이지**

가) 두께 게이지: 철강제의 얇은 편으로 되어 있으며, 접점 또는 작은 홈의 간극 등의 점검과 측정에 사용한다.

나) 나사 피치 게이지: 나사의 피치를 알고자 할 때 사용하며 1인치당 나사골의 수가 새겨져 있다.

다) 센터 게이지: 나사의 절삭 바이트의 기준 측정에 사용되며 게이지 위에 있는 스케일은 1인치당 나사수를 정하는 데 사용한다.

라) 텔레스코핑 게이지: 내측 마이크로미터로 측정할 수 없는 안지름이나 홈을 측정하기 위한 보조 측정 기구이다.

2 일반 공구, 특수 공구의 명칭과 사용법

(1) 해머(hammer)

해머의 머리는 금속 또는 비금속으로 만들어져 있으며, 이것은 가공물을 성형하거나 두드려야 할 경우에 사용된다. 특히 비금속 재료로 만들어진 해머는 펀치의 머리, 볼트 및 못 등을 때리면 손상되기 쉽다. 해머의 종류로는 볼 핀 해머, 스트레이트 핀 해머, 크로스핀 해머, 멜릿 해머 등이 있다.

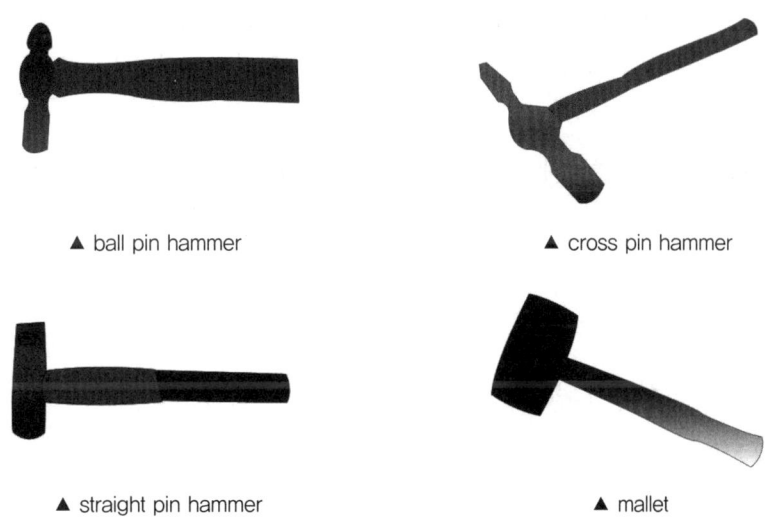

▲ ball pin hammer ▲ cross pin hammer

▲ straight pin hammer ▲ mallet

(2) 스크루 드라이버(Screw Driver)

스크루 드라이버는 날의 모양, 형태, 길이로 분류한다. 일반적으로 스크루 드라이버는 －형, ＋형이 많이 사용된다. 이것은 주로 스크루를 풀고 조일 목적으로 사용한다. 작업 시 스크루 드라이버 날이 최소 스크루 홈에 80% 정도 채워지도록 해야 한다.

(3) 플라이어(Plier)

플라이어는 여러 가지 형태와 규격이 있으며, 이것은 손으로 잡을 수 없는 소재를 잡는 데 사용한다.

① **콤비네이션 플라이어(combination plier=slip joint plier)**: 콤비네이션 플라이어는 금속 조각이나 전선을 잡거나 구부리는 데 사용한다.

② **바이스 그립 플라이어(vise grip plier)**: 바이스 그립 플라이어는 물림 턱에 잠금장치가 되어 있어 한 번 조절되어 잠금되면 부품을 고정하는 데 사용한다.

③ **롱 노즈 플라이어(long nose plier)**: 롱노즈 플라이어는 좁은 지점까지 도달할 수 있는 긴 물림턱을 가지고 있다. 손가락으로 접근할 수 없는 좁은 장소에 있는 부품을 집거나 얇은 금속판을 정교하게 구부리는 데 사용하기도 한다.

④ **커넥터 플라이어(connector plier)**: 커넥터 플라이어는 전기 커넥터를 접속하거나 분리할 때 사용한다.

⑤ **인터널 링 플라이어(internal plier)**: 인터널 링 플라이어는 스냅 링과 같은 종류를 오므릴 때 사용한다.

⑥ **익스터널 링 플라이어(external plier)**: 익스터널 링 플라이어는 스냅 링과 같은 종류를 벌려 줄 때 사용한다.

⑦ **워터 펌프 플라이어(water pump plier=interlocking plier)**: 워터 펌프 플라이어는 물림 턱의 간격을 쉽게 조절할 수 있어서 여러 가지 작업에 적합하며 물림 턱이 깊어서 강력하게 잡을 수 있다.

⑧ **다이아고널 커팅 플라이어(diagonal cutting plier)**: 다이아고널 커팅 플라이어는 물림 턱이 짧고 날이 있다. 이것은 전선, 안전결선, 리벳, 스크루 및 코터 핀 등을 자르는 데 사용한다.

(4) 렌치

① **오프셋 박스 렌치(offset box wrench)**: 오프셋 박스 렌치는 너트나 볼트를 풀거나 조이는 데 사용한다.

② **오픈 엔드 렌치(open end wrench)**: 오픈 엔드 렌치는 스패너라고도 부른다. 이것의 양 끝에는 서로 다른 규격의 너트나 볼트를 돌릴 수 있는 홈이 있다. 머리 부분은 손잡이 쪽에 대하여 좌우 방향으로 15도의 각도를 취하고 있는데, 이것은 좁은 공간에서의 회전 동작을 고려한 것이다.

③ 콤비네이션 렌치(combination wrench): 콤비네이션 렌치는 한쪽은 오프셋 박스 렌치이고, 다른 쪽은 같은 규격의 오픈 엔드 렌치이다. 조여진 너트나 볼트를 오프셋 박스 렌치를 이용하여 헐겁게 한 후, 오픈 엔드 렌치를 사용하여 빨리 풀어내는 데 사용한다.

④ 라쳇팅 박스 엔드 렌치(ratcheting box end wrench): 라쳇팅 박스 엔드 렌치는 최근에 고안된 가장 간편한 렌치이다. 한쪽 방향으로만 움직이고 반대쪽 방향은 잠금이 되며, 오프셋 박스 렌치를 사용하는 것보다 작업 속도가 훨씬 빠르다.

⑤ 어저스터블 렌치(adjustable wrench): 조절 렌치는 오픈 엔드 렌치와 같은 용도로 사용된다. 이것의 한쪽 물림 턱은 고정되어 있고 다른 쪽 턱은 손잡이에 설치된 나사형 스크루를 조작하여 크기를 조절할 수 있게 되어 있다.

⑥ 소켓 렌치(socket wrench): 소켓 렌치는 소켓이라고 하는 너트나 볼트를 풀거나 조일 때 사용하는 것을 끼워서 사용하는 렌치로, 빠른 작업을 가능하게 하는 렌치이다.

⑦ 알렌 렌치(allen wrench): 알렌 렌치는 6각 렌치를 의미하고, 이것은 6각 구멍을 가진 볼트를 풀거나 조일 때 사용한다.

⑧ 스트랩 렌치(strap wrench=belt wrench): 벨트 렌치는 원통 모양의 물건을 표면에 손상을 주지 않고 돌리기 위해서 사용된다. 돌리고자 하는 물건 둘레를 벨트로 감고 끌어당기면서 핸들을 돌리며 사용한다.

(5) 핸들

① 스피드 핸들(speed handle): 스피드 핸들은 소켓을 신속하게 돌릴 수 있다. 작업 공간이 협소하지 않고, 많은 너트나 볼트를 풀고 조이는 데 사용한다.

② 브레이커 바(breaker bar): 브레이커 바는 너트나 볼트를 푸는 데 사용한다. 브레이커 바는 단단히 조여 있는 너트나 볼트를 풀 때 지렛대 역할을 할 수 있도록 하여 너트나 볼트를 풀 수 있는 방향으로 돌려 사용한다.

③ 래칫 핸들(ratchet handle): 래칫 핸들은 너트나 볼트를 풀 때, 한쪽 방향으로만 잠금이 되고, 또 조일 때는 반대 방향으로 잠금이 걸리게 되어 있다. 래칫 핸들에 부착되어 있는 레버는 래칫 작동의 방향을 바꿔주는 역할을 한다. 이것은 단단히 조여 있는 너트나 볼트를 풀거나 조일 때 사용한다.

④ T 핸들(T handle): T 핸들은 손잡이 양쪽 끝에 똑같은 힘을 가할 수 있으며, 소켓을 돌리는 데 사용한다.

(6) 부착 공구

① **익스텐션 바(extension bar):** 익스텐션 바는 좁은 공간에 있는 너트나 볼트를 풀거나 조일 때, 래칫 핸들이나 T 핸들에 연결하여 사용한다.

② **유니버설 조인트(universal joint):** 유니버설 조인트는 좁은 장소에서 작업할 때에 굴곡이 필요할 경우 래칫 핸들, 스피드 핸들, 소켓 또는 익스텐션 바와 함께 사용된다.

③ **크로우 풋(crow foot):** 크로우 풋은 오픈 엔드 렌치로 작업할 수 없는 좁은 장소의 작업에 사용되며 적절한 핸들과 익스텐션 바와 같이 사용한다.

④ **어댑터(adapter):** 어댑터는 소켓과 핸들에 사용된다. 예를 들면, 1/4″ 소켓을 3/8″ 소켓으로 바꾸어서 사용할 때 스피드 핸들이나 래칫에 끼워서 사용한다.

(7) 줄

줄은 가공물을 직각으로 또는 둥글게 가공하거나 거친 부분을 제거하거나 구멍이나 홈을 내는 작업, 불규칙한 면을 매끄럽게 하는 작업 등에 사용된다.

CHAPTER 02 실력 점검 문제

01 다음 중 버니어 캘리퍼스에 대한 설명으로 틀린 것은?

① 어미자와 아들자로 구성되어 있다.
② 용도에 따라 M1형, M2형, CB형, CM형이 있다.
③ 측정물의 안지름, 바깥지름, 깊이 등을 측정한다.
④ 정확한 피치의 나사를 이용하여 실제 길이를 측정한다.

[해설]

버니어 캘리퍼스의 종류와 구조
- 어미자와 아들자가 하나의 몸체로 조립되어 있다.
- 측정물의 안지름, 바깥지름, 깊이 등을 측정할 수 있다.
- 측정 용도에 따라 M1형, M2형, CB형, CM형이 있다.
- 치수가 미터식인 경우 150mm, 200mm, 300mm, 600mm 및 1000mm 로 구분되고, 인치식은 경우 $\frac{1}{128}in$, $\frac{1}{1000}in$가 있다.

02 최소 측정값이 1/50mm인 버니어 캘리퍼스에서 다음 그림의 측정값은 얼마인가?

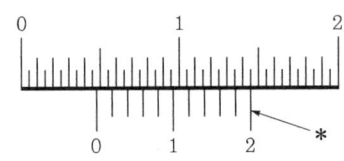

① 4.52
② 4.70
③ 4.72
④ 4.75

[해설]

아들자의 0점 기준 바로 왼쪽의 어미자의 눈금 4.5mm이고, 어미자와 아들자의 눈금이 일치하는 아들자의 눈금이 0.20mm이다. 즉, 4.5+0.20=4.70mm이다.

03 다음 그림과 같은 캘리퍼스의 종류는?

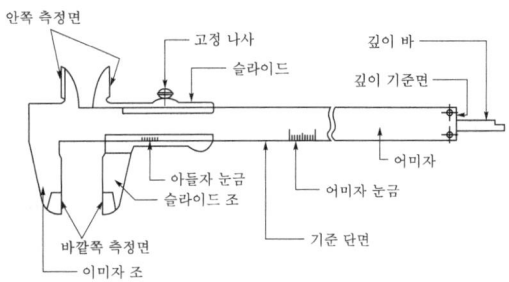

① CB형
② M1형
③ CM형
④ M2형

[해설]

M1형 버니어 캘리퍼스는 가장 많이 사용되고 있다.

04 최소 측정값이 1/1000″인 버니어 캘리퍼스 아래 그림의 측정값은 얼마인가?

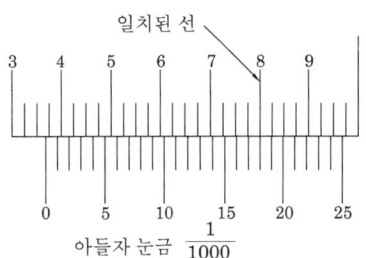

① 0.366″
② 0.367″
③ 0.368″
④ 0.369″

정답 01. ④ 02. ② 03. ② 04. ③

해설

아들자의 0점 기준 바로 왼쪽의 어미자의 눈금 0.350″이고, 어미자와 아들자의 눈금이 일치하는 아들자의 눈금이 0.018″이다. 즉, 0.350+0.018=0.368″이다.

05 다음은 정밀 측정기인 마이크로미터에 대한 설명이다. 가장 거리가 먼 내용은 어느 것인가?

① 보통 0.01mm와 0.001mm까지 측정할 수 있다.
② 측정기 하나로 내측, 외측, 깊이를 모두 측정할 수 있는 장점이 있다.
③ 앤빌과 스핀들이라는 명칭이 사용되는 구조 부분이 있다.
④ 심블과 슬리브라는 명칭이 사용되는 구조 부분이 있다.

해설

마이크로미터
- 측정단위는 미터용은 0.01mm, 0.001mm 단위까지 측정할 수 있고, 인치용은 0.001in, 0.0001in 단위까지 측정할 수 있다.
- 버니어 캘리퍼스와는 달리 외측 마이크로미터는 외측을 측정하고, 내측 마이크로미터는 내측을 측정하고, 깊이 마이크로미터는 깊이를 측정할 수 있다.
- 마이크로미터의 주요 구조 명칭으로는 앤빌, 스핀들, 프레임, 심블, 래칫스톱, 클램프 레버가 있다.

06 외측 마이크로미터의 각부 기능을 설명한 것으로 가장 올바른 것은?

① 앤빌과 스핀들은 마이크로미터를 보관할 때 0점 조정을 위해 사용한다.
② 클램프와 슬리브 사이에는 측정물을 끼워 넣을 수 있게 되어 있다.
③ 래치스톱은 측정력 이상의 힘이 작용되면 공회전하도록 되어 있다.
④ 래치노브는 심블의 안쪽 둘레에 설치되어 있다.

해설

외측 마이크로미터 사용법
- 작은 측정물을 측정할 때는 측정물을 잡고, 다른 손으로 마이크로미터를 잡는다. 측정물에 앤빌을 대고 엄지손가락과 집게손가락으로 심블 또는 래칫을 돌려 측정한다.
- 큰 측정물을 측정할 때는 측정물을 바이스에 고정하여 측정한다. 측정물이 평평한 경우에는 여러 곳을 측정한다.
- 축 지름을 측정할 때는 한 손으로 마이크로미터 프레임을 잡고, 다른 손으로 심블 또는 래칫을 돌려 측정한다. 원통 축 지름을 측정할 때는 측정 각도를 달리하여 여러 번 측정하여 편심을 정확히 알 수 있다.

07 마이크로미터를 좋은 상태로 유지하고, 측정 값의 정확도를 높이고자 할 때의 주의사항으로 가장 관계가 먼 내용은?

① 마이크로미터를 보관할 때 앤빌과 스핀들이 서로 맞닿게 하여 흔들림을 방지해야 한다.
② 마이크로미터 스크루는 블록 게이지를 사용하여 장기적으로 점검한다.
③ 마이크로미터 기구에 이물질이 끼어 원활하지 못할 때는 이를 닦아 낸다.
④ 심블을 잡고 프레임을 돌리면 스크루가 마멸되므로 주의한다.

해설

마이크로미터 손질 및 사용 시 주의사항
- 보관 시 앤빌과 스핀들이 서로 맞닿게 해서는 안 된다.
- 스크루에 방청유를 주유하고, 장시간 보관할 경우에는 방청유를 마이크로미터 전체에 가볍게 바른 후 기름종이로 감싸서 보관한다.
- 심블은 손바닥으로 비벼 돌려서는 안 되고, 심블을 잡고 프레임을 돌리면 스크루가 마멸된다.
- 사용 전 앤빌과 스핀들을 깨끗이 닦고, 그 사이에 종이를 끼워 두었을 때는 이를 떼어낸다.
- 마이크로미터는 자유롭게 움직이고 헛돌아서는 안 된다. 헛돌거나 빡빡하면 제작회사에 보내어 수리한다.

정답 05. ② 06. ③ 07. ①

08 아래 그림은 미터식 마이크로미터의 눈금을 나타낸 것이다. 최소 측정값 1/100mm인 마이크로미터의 측정값은?

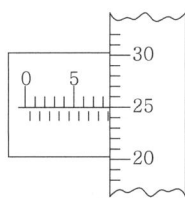

① 0.75mm ② 8.75mm
③ 8.55mm ④ 8.25mm

해설

1/100mm인 마이크로미터의 눈금 읽기
- 슬리브의 1mm 단위의 눈금을 읽는다. 여기서는 8로 8mm를 뜻한다.
- 슬리브의 0.5mm 단위의 눈금을 읽는다. 여기서는 0.5로 0.5mm를 뜻한다.
- 심블의 1/100mm 단위의 눈금을 읽는다. 여기서는 25로 0.25mm를 뜻한다.
- 측정값은 8+0.5+0.25=8.75mm가 된다.

09 최소 측정값이 1/1000mm인 마이크로미터의 아래 그림이 지시하는 측정값은?

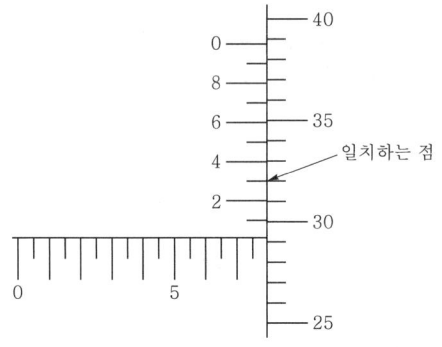

① 7.763mm ② 7.753mm
③ 7.793mm ④ 7.703mm

해설

1/1000mm인 마이크로미터의 눈금 읽기
- 슬리브의 1mm 단위의 눈금을 읽는다. 여기서는 7로 7mm를 뜻한다.
- 슬리브의 0.5mm 단위의 눈금을 읽는다. 여기서는 0.5로 0.5mm를 뜻한다.
- 심블의 1/100mm 단위의 눈금을 읽는다. 여기서는 29로 0.29mm를 뜻한다.
- 버니어붙이의 1/1000mm 단위의 눈금을 읽는다. 여기서는 3으로 0.003mm를 뜻한다.
- 측정값은 7mm+0.5mm+0.29mm=7.793m가 된다.

10 그림과 같은 최소 눈금 1/1,000인치식 마이크로미터 눈금은 몇 in인가?

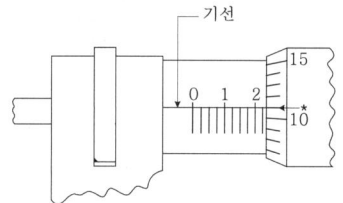

① 0.215 ② 0.236
③ 2.116 ④ 2.411

해설

인치식 마이크로미터의 눈금 읽기
- 배럴의 0점 기선 위의 $\frac{1}{10}in$ 단위 눈금을 읽는다. 여기서 2는 0.2in를 뜻한다.
- 배럴의 0점 째선 아래의 $\frac{1}{40}$ 단위의 눈금을 읽는다. 여기서 첫 번째 눈금으로 0.025in를 뜻한다.
- 배럴의 0점 기선 위에 있는 $\frac{1}{1000}in$ 단위의 눈금을 읽는다. 여기서 11은 0.011in를 뜻한다.
- 측정값은 0.2in+0.025in+0.011in=0.236in

정답 08. ② 09. ③ 10. ②

11 다음은 어댑터의 설명이다. 가장 적합한 것은?

① 크기가 서로 다른 핸들(handle)과 어태치먼트(attachment)를 연결할 때 사용한다.
② 핸들(handle)의 길이를 늘일 때 사용한다.
③ 핸들(handle)의 양끝에 똑같은 힘을 가할 때 사용한다.
④ 크기가 서로 같은 핸들(handle)과 어태치먼트(attachment)를 연결할 때 사용한다.

해설
어댑터는 결합되는 곳의 크기가 서로 다른 핸들과 소켓의 사용을 가능하게 해주는 공구이다.

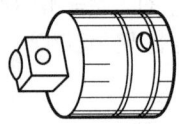

12 물림 턱의 간격을 쉽게 조절할 수 있으며, 물림 턱이 깊어서 강력하게 잡을 수 있는 그림과 같은 공구의 명칭은?

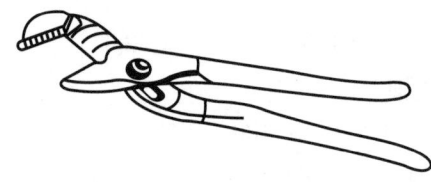

① 커넥터 플라이어
② 콤비네이션 플라이어
③ 워터 펌프 플라이어
④ 익스터널 링 플라이어

해설
워터 펌프 플라이어는 물림 턱의 간격을 쉽게 조절할 수 있어서 여러 가지 작업에 적합하며 물림 턱이 깊어서 강력하게 잡을 수 있다.

13 측정물 평면의 상태검사, 원통의 진원검사등에 이용되는 측정기기는?

① 버니어 캘리퍼스   ② 다이얼 게이지
③ 마이크로미터   ④ 깊이 게이지

해설
다이얼 게이지는 직접적인 측정이 아닌 기준치에 대한 비교 측정에 사용되는 정밀 측정 공구로써 높이 측정, 원통의 진원상태 측정, 축의 굽힘 측정, 평면도, 런 아웃 측정 등에 많이 사용된다.

14 공구, 부품 등의 정밀도 측정에 사용되고 기계기구의 점검, 그밖에 길이의 기준용으로 사용되고 있는 측정원기 중의 하나인 측정기는?

① 두께 게이지   ② 마이크로미터
③ 다이얼 게이지   ④ 블록 게이지

해설
블록 게이지는 공구, 다이, 부품 등의 정밀도 측정, 기계 조립과 제작 중인 부품과 제작된 부품의 점검, 조종계기와 지시계기의 기준 설정, 검사 계기의 점검, 플러그 게이지, 링 게이지 및 스냅 게이지 등 특수 게이지의 정밀도와 마멸상태의 점검, 그리고 마름질할 때의 가공상태 점검 등에 사용된다.

15 너트나 볼트 헤드까지 닿을 수 있는 거리가 굴곡이 있는 장소에 사용되는 그림과 같은 공구의 명칭은?

① 알렌 렌치   ② 익스텐션 바
③ 래칫 핸들   ④ 플렉시블 소켓

해설
플렉스 소켓은 여러 각도로 움직일 수 있는 유니버설 조인트가 장착되어 있어 일반 소켓으로 작업하기 어려운 각도에서 작업 시 사용된다.

16 판재를 범핑가공할 때 판재에 손상을 주지 않고 충격을 가할 수 있는 망치는?

① 볼핀해머 ② 클로해머
③ 보디해머 ④ 멜릿해머

해설

멜릿해머는 판재를 범핑가공할 때 해머와 같은 목적으로 사용되고, 타격 부위에 변형을 주지 않아야 할 경우 사용하는 망치이다.

17 보통 안지름이나 홈을 측정하는 보조 측정기구는?

① 버니어 캘리퍼스 ② 두께 게이지
③ 텔레스코핑 게이지 ④ 실린더 게이지

해설

텔레스코핑 게이지는 내측 마이크로미터로 측정할 수 없는 안지름이나 홈을 측정하기 위한 보조 측정기구이다.

18 크로우풋에 대한 설명으로 가장 옳은 것은?

① 소켓 렌치로 작업할 때 연장공구와 함께 사용한다.
② 오픈 – 엔드 렌치로 작업할 수 없는 좁은 공간에서 작업할 때 연장공구와 함께 사용한다.
③ 소켓 렌치로 좁은 공간에서 작업할 때 함께 사용한다.
④ 오픈 – 엔드 렌치로 작업할 때 함께 사용한다.

해설

크로우풋은 오픈 엔드 렌치로 작업할 수 없는 좁은 장소의 작업에 사용되며, 적절한 핸들과 익스텐션 바와 함께 사용하는 공구이다.

19 다음 중 오픈 엔드 렌치의 사용법에 대하여 가장 옳게 설명된 것은?

① 볼트나 너트의 머리에는 한 사이즈 더 큰 렌치를 선택하여 작업한다.
② 가볍게 돌아가는 볼트와 너트에서는 오픈 엔드 렌치가 박스렌치보다 작업속도가 느리다.
③ 너트를 처음 푸는 작업이나 마무리 죄기에 사용한다.
④ 렌치를 밀어내야만 할 때는 렌치를 손으로 감아 잡지 말고 손을 벌린 채 손바닥으로 밀도록 한다.

해설

오픈 엔드 렌치(open end wrench)
- 볼트 머리나 너트에 꼭 맞는 렌치를 선택한다.
- 렌치의 사용 폭이 제한된 곳에 있는 볼트나 너트에는 오프셋 오픈 엔드 렌치를 사용한다. 너트를 죌 때는 렌치를 반대 방향으로 끼워 사용한다.
- 렌치를 잡아당기는 위치에서 작업 중 정확한 작업을 실시하지 못할 때는 렌치가 미끄러져 다칠 우려가 있으니 안전의 주의한다.
- 렌치를 밀어 내야만 할 때는 렌치를 손으로 감아 잡지 말고 손을 벌린 채 손바닥의 힘으로만 밀어 작업하도록 한다.

20 다량의 bolt나 nut를 신속하게 풀고 조이는 데 사용되는 공구와 가장 관련이 있는 공구는?

① 스피드 핸들 ② 조합렌치
③ 박스렌치 ④ 오픈 엔드 렌치

해설

스피드 핸들(speed handle)은 소켓을 신속하게 돌릴 수 있다. 작업 공간이 협소하지 않고, 많은 너트나 볼트를 풀고 조이는 데 사용한다.

정답 16. ④ 17. ③ 18. ② 19. ④ 20. ①

CHAPTER 03 정비작업

1. 정비작업

(1) 정비작업의 종류

① **정상작업:** 정상작업은 정비사항에 따라 일정한 기간마다 반복하여 수행되는 계획적인 정비작업, 또는 불가항력으로 발생한 정비사항을 필요에 따라 비계획적으로 수행하는 정비작업을 말한다.

    가) 계획정비: 감항성을 유지하고 확인하기 위한 점검, 검사, 보급, 정기적인 부품 교환 등을 포함하는 정비작업으로 넓은 의미에서 정시 점검과 시한성 부품의 교환 등으로 나눈다.

    나) 비계획 정비: 예측할 수 없는, 불가항력으로 발생한 항공기 및 계통의 고장에 대한 수리 점검, 고장 탐구 및 항공 기재의 상태가 특정한 조건에 해당하였을 경우 수행하는 정비이다.

② **특별작업:** 특별작업은 항공 기재의 품질을 향상하거나 항공기 및 관련 장비의 기능 변경을 목적으로 하여 설계 변경을 시키는 개조작업 및 일시적인 검사(AD, TCTO) 등을 수행하는 작업을 말한다.

(2) 기체의 정비작업

① 비행 조건

    가) 최소 구비 장비목록(MEL: Minimum Equipment List): 경미한 결함의 수정이나 감항성에 영향이 없는 장비의 교환작업이 정시성에 해를 끼치게 될 경우에 안정성을 보장할 수 있는 한계에서 다음 기지까지 정비작업을 이월시켜 운항하도록 하기 위한 것이다(비행조종계통, 엔진계통, 착륙장치 등은 제외).

나) 부족 허용 부품 목록(MPL: Missing Part List): 감항성을 저해하는 요소가 없는 범위 내에서 운항 중에 분실 또는 멸실된 부품에 대하여 정시성의 확보를 목적으로 운항을 허용하기 위한 것으로, 자재와 설비 및 시간이 확보될 때는 즉시 원상태로 복원하는 것이다(정시성의 확보를 목적으로 설정된 개념).

② **기체의 점검:** 기체 정비의 일환으로 비행 전·후 점검, 정시 점검 및 정기 점검, 기체의 오버홀

가) 비행 전 점검과 비행 후 점검

㉠ 비행 전 점검(T-check): 비행 전에 외부 점검과 세척, 운항 중에 소비할 액체 및 기체의 보충, 엔진 및 필요한 계통의 점검, 그 밖에 항공기 시동의 지원 및 지상 동력장비의 지원 등을 통하여 항공기의 출발을 준비하는 것이다.

- 비행 전 점검 내부 점검 사항: 외부 조명계통의 작동상태
- 비행 전 점검 외부 점검 사항: 각 계통의 배유 및 배수 상태 점검, 동·정압공의 가열 및 청결상태 점검, 조종계통의 장착 및 점검 상태 점검
  - 비행 후 점검: 최종 비행을 마치고 수행하는 점검으로 항공기 내부와 외부의 세척, 탑재물의 하역 액체 및 기체의 보급, 운항 중에 발생한 결함을 교정하여 다음 날의 비행을 준비하는 것이다.

나) 정시 점검: 일정한 점검 주기를 가지고 반복하여 점검할 수 있도록 하는 정비이다.

- A 점검: 항공기의 소모성 액체나 기체를 보급하고 비행 중 손상되기 쉬운 조종면, 타이어 제동장치, 엔진들을 중심으로 행하는 점검으로 운항하는 사이사이 시간을 이용한다(결함 수정, 기내 청소).
- B 점검: A 점검의 점검 항목에 보충해서 엔진 점검을 위주로 하며 운항 중의 시간을 이용하여 행한다.
- C 점검: A 점검과 B 점검 이외에 모든 계통의 배관과 배선, 엔진, 착륙장치 등에 대한 점검 항목, 기체 구조의 외부 점검 및 작동 부위의 윤활과 시한성 부품의 교환 등이 행해지는 점검으로 2~3일 정도 운항을 중지하고 점검한다.
- D 점검: 오버홀 점검, 주로 기체 구조나 내부 검사가 본래의 목적이지만 A 점검, B 점검, C 점검의 점검 항목 이외의 계통의 작동 점검이나 기능 점검 및 기체 중심의 측정 등과 항공기 도장을 포함한다(감항성을 유지하기 위한 기체 점검의 최고 단계).
- 내부 구조 검사(ISI): 감항성에 일차적인 영향을 끼칠 수 있는 기체 구조를 중심으로 검사하여 감항성을 유지하기 위한 기체 내부 구조에 대한 표본 검사이다.

[기종별 정시 점검 주기]

기종	A 점검	B 점검	C 점검	D 점검
F-27	매 비행 전	50	30,000	
A-300	매 비행 전		500	3,000
B-727	매 비행 전	50	300	1,600
DC-10	매 비행 전		750	4,000
B-747	매 비행 전	100	1,600	8,000

다) 정기 점검: 일정한 기간 동안 비행을 하지 않았다면 비행시간을 기준하여 행해져야 하는 정시 점검이 수행되지 않게 된다. 그러나 각 부분에는 비행시간의 경과와는 관계없이 노화되는 부분이 있다. 따라서 이러한 부분은 비행시간에 관계 없이 일정한 기간이 지나면 정기적으로 점검하여야 하는데, 이러한 점검을 정기 점검이라 한다.

라) 기체의 오버홀: 항공기 기체 및 각 계통의 수리 순환 품목을 분해, 세척, 수리 및 조립하여 새것과 같은 상태로 만드는 것으로 사용시간을 "0"으로 환원한다.

마) 분할 오버홀(약 45일 정도 걸린다.): 오버홀 점검 항목을 분할하여 일정한 시간마다 단계적으로 수행함으로써 일정한 시간이 지나면 항공기 전체가 오버홀 되도록 하는 정비방식으로 정비시간을 단축할 수 있는 장점이 있다.

바) HT(Hard Time): 일정한 사용시간에 도달한 장비품 등을 항공기에서 장탈하여 정비하거나 폐기하는 정비 기법으로 폐기 및 오버홀 등을 요구한다.

사) 수리 순환 품목: 부품을 사용 후 수리 또는 오버홀하여 다시 항공기에 사용하고 항공기에서 장탈하여 다시 수리나 오버홀 과정을 거치는 품목이다.

(3) 엔진의 정비작업

① 엔진의 검사

가) 윤활유 분광 검사(SOAP: Spectrometric Analysis Program): 정기적으로 사용 중인 윤활유를 채취하고 분광 분석장치에 의해 혼합된 미량의 금속을 분석하여(추출된 샘플을 전기용광로에서 연소시켜 분광계로 분석) 윤활유가 순환되는 작동 부위의 이상 상태를 탐지한다.

나) 엔진의 보어스코프 검사: 보어스코프(간접 육안검사)를 이용하여 엔진의 압축기 부분이나 터빈 부분의 결함 상태를 확인 검사하는 방법이다.

다) 고열 부분의 검사(HSI: Hot Section Inspection): 연소실이나 터빈 등 고열 부분만을 중점적으로 점검하고 나머지 부분은 그대로 조립하는 검사 방법이다.

※ 목적: 엔진의 감항성을 확인하기 위해서 뿐만 아니라 엔진의 사용시간 연장, 불필요한 분해 정비를 하지 않기 위해 정비시간 단축

② **엔진 중정비(engine heavy maintenance):** 엔진을 기체로부터 정기적으로 계획한 시간 간격으로 장탈하여 각 구성 부품에 따라 정해진 검사, 수리, 교환 등을 수행하는 정비이다.

③ **엔진 상태 정비(on condition maintenance):** 가스터빈엔진의 효율적인 운영과 신뢰성 관리를 위하여 엔진 정비에서의 점검과 검사 및 수리 등의 결과 부품 교환 상황, 운항 중의 고장 상황 등 관련된 정보를 수집하고 분석하여 필요한 시기에 필요한 부품에 대해 요구되는 정비이다.

가) FDM(Flight Data Monitoring, 비행자료 수집 장치): 배기가스 온도, 연료 유량 및 진동 등을 기록하고 이것의 수치 변동 경향으로부터 엔진 부품의 변형 등을 밝혀내는 데 활용된다.

나) AIDS(Aircraft Integrated Data System, 비행기록 집적장치): 엔진을 비롯하여 모든 계통의 각 부분에 감지기를 붙여 비행 중의 압력, 유량, 온도 및 변위 등의 신호를 연속적으로 기록하고 이상이 있는 자료를 지상의 전자계산기로 처리하여 부품의 기능 저하 결함의 탐지나 고장을 탐구하는 데 활용된다.

④ **엔진의 오버홀:** 시한성 정비방식에 의해 사용시간 한계 내에서 기체로부터 엔진을 장탈하여 완전 분해 수리함으로써 사용시간을 "0"으로 환원한다(주로 왕복엔진에 적용).

(4) 장비의 정비작업

① **부품 상태 구분**

가) 사용 가능 부품: 노란색 표찰(yellow tag)

나) 수리 요구 부품: 초록색 표찰(green tag)

다) 폐기품: 빨간색 표찰(red tag)

라) 수리 중 부품: 파란색 표찰(blue tag)

② **기능 점검:** 항공기의 계통 및 구성품의 작동이나 각종 작동유, 연료 등의 흐름상태, 온도, 압력 등이 규정된 지시 상태로 정상 기능을 발휘하여 허용한계 값 내에 있는가를 결정하기 위한 세부 검사로서 항공기에 장착된 상태에서 수행하는 정비이다.

③ **벤치 체크:** 작동 점검이나 기능 점검으로 구성품의 기능이나 성능을 알 수 없을 때 구성품을 장탈하여 전문 공장에서 시험 장비를 이용하여 작동시험 및 측정을 해보고 필요한 경우에 분해 세척한 후 단순한 조치를 취하는 단계까지의 정비작업이다.

④ **장비의 수리:** 육안검사, 비파괴 검사 및 그밖의 벤치 체크 등을 수행하여 고장의 원인을 알아낸 다음 고장 부분을 수리 또는 교환함으로써 정상 작동 기능을 가지도록 하는 작업으로 사용시간이 "0"으로 환원되지 않는다.

　가) 비행시간: 항공기가 자력으로 움직이기 시작해서 바퀴가 떨어져 비행 후 착륙하여 바퀴가 완전히 정지할 때까지의 시간

　나) 사용시간: 항공기가 활주로에서 바퀴가 떨어질 때부터 비행 후 바퀴가 땅에 닿는 시점까지의 시간

⑤ **장비의 오버홀:** 분해, 세척, 검사, 수리, 품목의 교환, 조립, 시험 등의 정비 단계를 거쳐 처음과 같은 상태로 만드는 정비작업으로, 부품의 사용시간을 "0"으로 환원한다.

　※ 오버홀 순서: 분해→세척→검사→수리 및 부품의 교환→조립→시험

2 항공기 기계요소(체결)

(1) 항공기용 기계요소

① **규격:** 표준이란 제품의 수치, 용량, 품질 및 성분 등을 측정하고 평가하는 데 있어서 비교의 기준이나 규약으로 설정된 사항을 의미하며, 좁은 의미에서의 규격이란 제품의 개별적인 특성과 치수 및 독특한 특성에 관해 상세하게 기술된 세부적인 지정 사항을 말한다.

　가) AN: Airforce Navy Aeronautical Standard

　나) MS: Military Standard

　다) NAS: National Aircraft Standard

　라) MIL: Military Specification

　마) AMS: Aeronautical Material Specifications

　바) AA: Aluminium Association of America

　사) AS: Aeronautical Standard

　아) ASA: America Standard Association

　자) ASTM: America Society for Testing Materials

차) NAF: Navy Aircraft Factory

카) SAE: Society of Automotive Engineers

(2) 항공기용 볼트(BOLT)

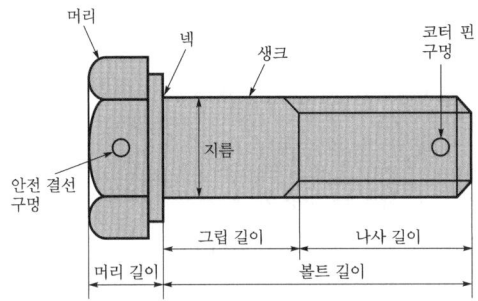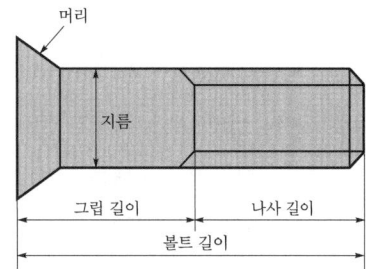

① **볼트의 재질**: 항공기용 볼트는 일반적으로 니켈강이나 알루미늄 합금을 사용한다.

② **볼트의 구성**: 두부(head)와 섕크(shank)로 구성된다.

　가) 섕크(shank): 나사에서 머리 부분을 제외한 나머지 몸통의 길이이다.

　나) 그립(grip): 섕크에서 나사산 부분을 제외한 나사의 길이로서 체결하고자 하는 부품의 두께와 같거나 더 커야 하며, 절대로 그립의 길이가 작아서는 안 된다. 접시머리 볼트(countersunk head bolt)의 경우 그립의 길이는 헤드까지 포함된 전체 길이에서 나사산 부분의 길이를 뺀 나머지 길이이다.

③ **AN 볼트 규격**

　　예 AN 3 DD H 10 A
  - AN: 규격명
  - 3: 볼트의 지름(3/16in)
  - DD: 재질(2024 – T)
  - H: 볼트의 구멍 유무 표시
  - 10: 볼트의 길이(10/8in)
  - A: 나사 끝 구멍의 유무 표시(A: 없다, 무표시: 있다)

④ **나사산 피치의 종류 및 나사의 등급**

　가) 나사산 피치의 종류
  - NF(American National Fine Pitch): 1인치당 나사산 수가 14개인 나사

- UNF(American Standard Unified Fine Pitch): 1인치당 나사산 수가 12개인 나사
- NC(American National Coarse)
- UNC(American Standard Unified Coarse)

나) 나사등급의 종류
- 1등급(CLASS 1): LOOSE FIT
- 2등급(CLASS 2): FREE FIT
- 3등급(CLASS 3): MEDIUM FIT-NF계열 나사산을 사용한다.
- 4등급(CLASS 4): CLOSE FIT
  - 항공기용 볼트는 CLASS 3, NF계열 나사산을 사용한다.
  - 4등급은 너트를 볼트에 끼우기 위해서는 렌치가 필요하다.

⑤ **볼트 식별과 종류**

가) 볼트 머리 기호 식별

머리 기호	종류	허용 강도	비고
─	내식성 볼트		
=	내식성 볼트		
+	합금강 볼트	125,000~145,000psi	
△	정밀공차 볼트		
⟨△⟩	정밀공차 볼트	160,000~180,000psi	고강도 볼트
✕△	정밀공차 볼트	125,000~145,000psi	합금강 볼트
R	열처리 볼트		
─ ─	알루미늄 합금 볼트		
=	황동 볼트		

나) 항공기용 볼트의 종류
- 육각 볼트(hex head)(AN 3~20): 일반적인 인장 및 전단 하중을 담당하는 구조부재용 볼트로서 모든 목적에 사용된다.

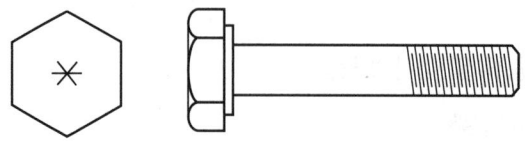

- 직경이 1/4in 이하의 AL 합금 볼트는 일차 구조 부분에 사용 불가하다.
- 카드뮴 도금 강철 볼트에 알루미늄 합금 너트는 이질금속의 부식 때문에 해상

항공기에는 사용 불가하다.
- 알루미늄 합금 볼트나 너트는 정비 및 점검 목적으로 자주 장탈하는 부분에 사용해서는 안 된다.

• 정밀공차 볼트(AN 173~186): 일반 볼트보다 정밀하게 가공된 볼트이다.

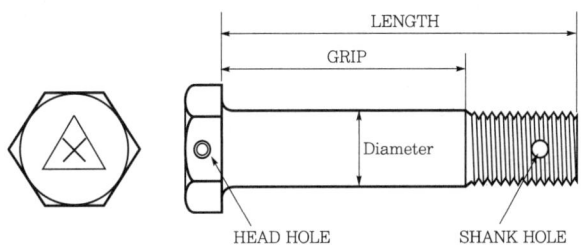

- 심한 반복운동이나 진동이 발생하는 곳과 같이 단단히 조여야 할 곳에 사용한다.
- 12~14 온스의 망치로 쳐야 제 위치로 들어간다.

• 인터널 렌치 볼트(MS 20004~MS 20024): 내부 렌치 볼트라고도 한다.

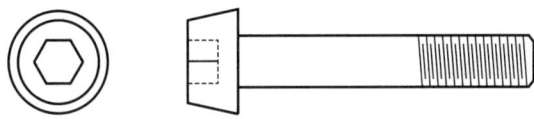

- 고강도강으로 만들어졌으며 특수 고강도 너트와 함께 사용한다.
- 인장과 전단이 작용하는 부분에 사용하는 것이 좋다.
- AN 육각 머리 볼트와 강도 차이 때문에 교체 사용이 불가능하다.
- 볼트 체결 시 육각형의 L 렌치를 사용한다.

• 드릴 헤드 볼트(AN 73~AN 81)

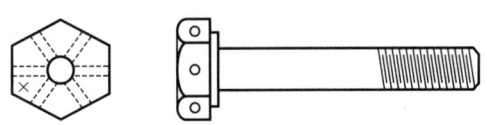

- 안전결선 구멍이 마련되어 있으며 머리 부분의 두께는 일반적으로 두껍다.

• 클레비스 볼트

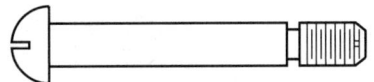

보통 스크루 드라이버를 사용하여 장착하며 전단 하중만 작용하는 곳에 사용되고 조종계통에 기계적 핀으로 자주 사용된다.

• 아이 볼트

외부에서 인장 하중이 작용하는 곳에 사용되며, 고리(EYE)는 턴버클, 클레비스 혹은 케이블 고리가 걸리도록 되어 있다.

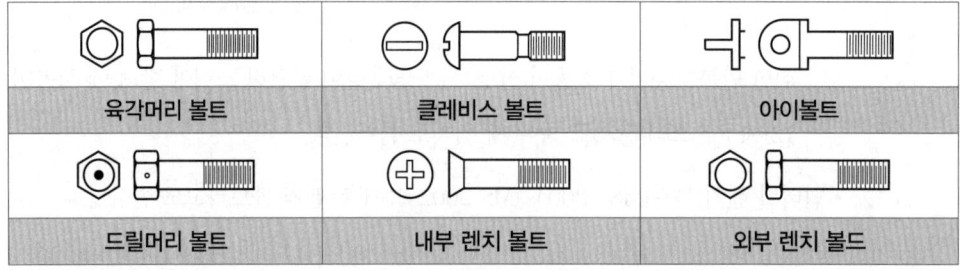

명칭	형태	규격
표준 육각머리 볼트		AN 3~AN 20
클레비스 볼트		AN 21~AN 36
아이볼트		AN 42~AN 49
드릴 헤드 볼트		AN 73~AN 81
정밀 공차 볼트(100°접시머리)		NAS 663~NAS 668
정밀 공차 볼트(육각머리)		NAS 673~NAS 678
정밀 공차 볼트		NAS 4104~NAS 4116
내부 렌치 볼트		NAS 144~NAS 158
12각 머리 볼트		MS 9033~MS 9039

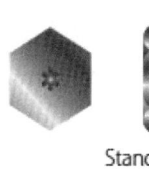 

Standard head bolt   Drilled hex head bolt

 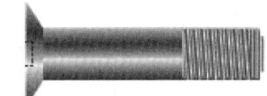 

Countersunk head bolt   Internal hex head bolt

Eyebolt   Clevis bolt

   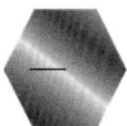 

AN standard steel bolt | AN standard steel bolt | AN standard steel bolt | AN standard steel bolt (corrosion resistant) | AN standard steel bolt

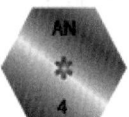 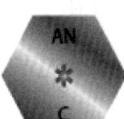  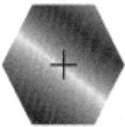 

AN standard steel bolt | AN standard steel bolt | AN standard steel bolt | AN standard steel bolt | Special bolt

 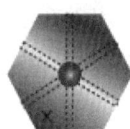 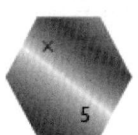 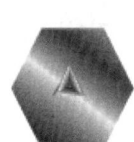 

Special bolt | Drilled head bolt | Special bolt | NAS close tolerance bolt | Aluminium alloy (2024) bolt

   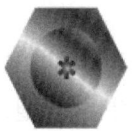 

Magnetically inspected | Orange-dyed magnetically inspected | Clevis bolt | Reworked bolt | Low strength material bolt

- 로크 볼트(고정 볼트, lock bolt): 고강도 볼트와 리벳으로 구성되며 날개의 연결부, 착륙장치의 연결부와 같은 구조 부분에 사용된다. 재래식 볼트보다 신속하고 간편하게 장착할 수 있고 와셔나 코터 핀 등을 사용하지 않아도 된다.

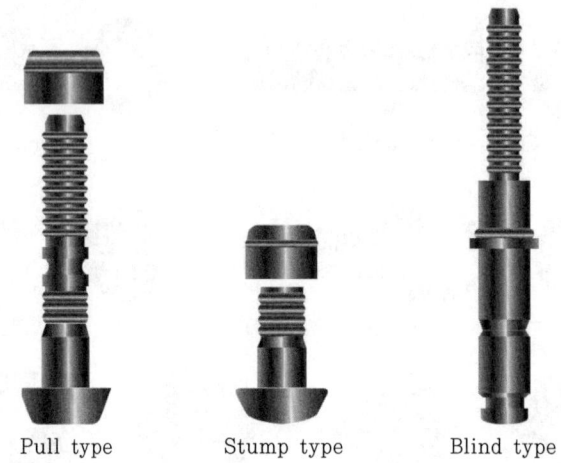

Pull type   Stump type   Blind type

- 풀(pull)형 고정 볼트: 특수 공기총을 사용하여 혼자서 작업이 가능하다.
- 스텀프(stump)형 고정 볼트: 공간이 매우 좁은 경우에 사용한다.
- 블라인드(blind)형 고정 볼트: 한쪽 면에서만 작업이 가능한 부분에 사용한다.

⑥ **볼트의 체결 방법:** 볼트와 너트가 헐거워졌을 때는 빠지지 않도록 하기 위한 방법이다.

가) 머리 방향이 비행 방향이나 위 방향으로 향하게 체결한다.

나) 회전하는 부품에는 회전하는 방향으로 향하도록 체결한다.

다) 볼트 그립의 길이는 결합 부재의 두께와 동일하거나 약간 긴 것을 선택하고, 길이가 맞지 않을 때는 와셔를 이용하여 길이를 조절해야 한다.

(3) 항공기용 너트(nut)

① **분류**

가) 비자동 고정 너트: 너트 자체만으로는 진동 등의 원인에 의해 너트가 풀리는 것에 대해 특별한 고정장치가 필요한 너트를 말한다(coter pin).

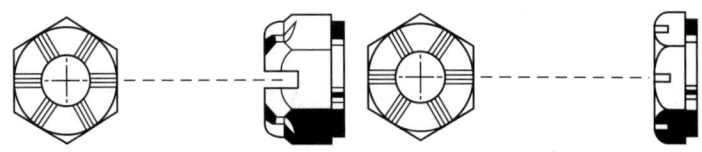

나) 자동 고정 너트: 너트를 조여주면 자동으로 고정되는 너트로 고정장치가 별도로 필요하지 않다.

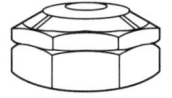 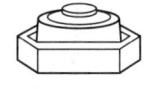 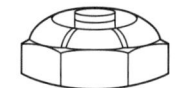

(a) 금속형 너트(고온용) (b) 파이버형 너트(저온형)

② **용도**: 볼트와 함께 사용되어 부품의 체결 시 사용되며 임의로 풀고 조일 수 있는 특징이 있다.

③ **비자동 고정 너트**

가) 캐슬 너트(castle nut, 성곽 너트)

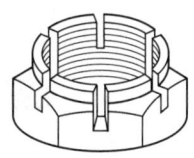

- 용도: 생크에 안전핀 구멍이 있는 육각 볼트, 크레비스 볼트, 아이 볼트, 드릴 헤드 볼트 등에 사용하며 큰 인장 하중에 잘 견디는 특성이 있다.
- 고정장치: 코터 핀

나) 평 너트(plain nut)

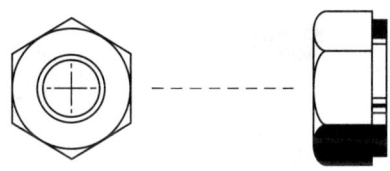

- 용도: 큰 인장 하중을 받는 곳에 적합하다.
- 고정장치: 체크 너트나 고정 와셔

다) 나비 너트(wing nut)

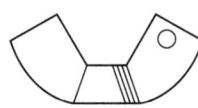 

- 용도: 손가락으로 조일 수 있을 정도의 강도가 요구되는 부분이나 자주 장탈되는 곳에 사용된다.

라) 얇은 육각 너트

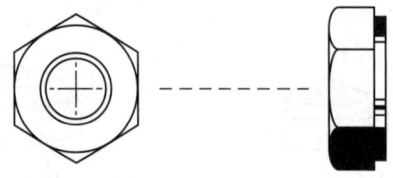

- 용도: 보통의 육각 너트보다 더 가벼운 너트로서 전단 하중이 작용하는 곳에 사용된다.
- 고정장치: 체크 너트나 고정 와셔

마) 평 체크 너트

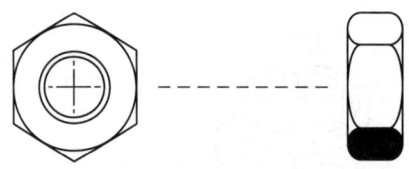

- 용도: 평 너트, 세트 스크루(set screw) 끝에 나사산 ROD 등에 고정장치로 사용된다.

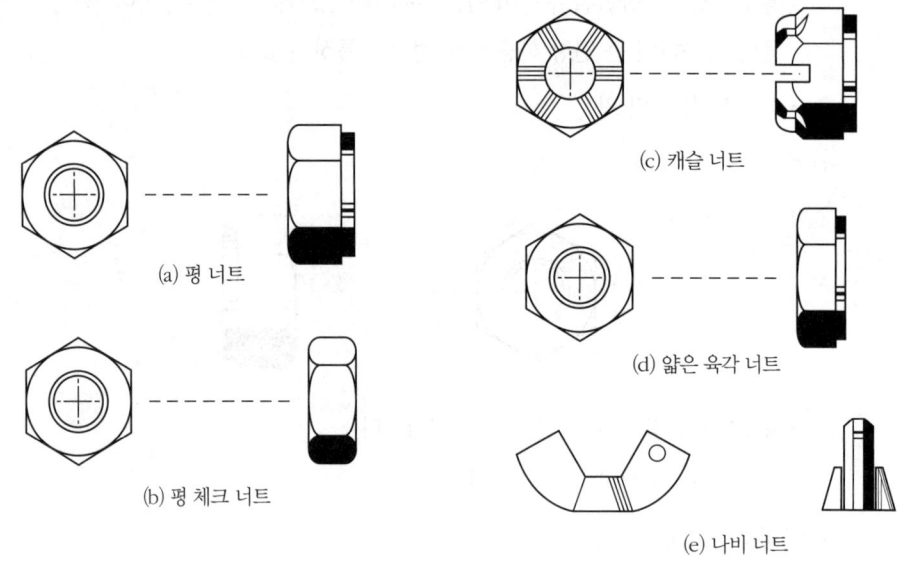

▲ 항공기용 너트

④ **자동 고정 너트**

가) 분류: 전금속형, 화이버형

나) 사용장소
- ANTIFRICTION(마찰방지 베어링)과 조종 풀리의 장착에 사용
- 보기 검사창 주위의 앵커 너트 및 작은 탱크의 장착 개구

- ROCKER BOX 덮개와 배기관
- ANTIFRICTION 베어링: 회전축에 지지가 되어 있는 클립 접촉의 베어링을 칭하며 볼 베어링, 롤러 베어링, 니들 베어링, 마찰 방지 베어링이 속한다.
- 자동 고정 너트는 과도한 진동하에서 쉽게 풀리지 않는 강도를 요하는 연결에 사용되며 볼트나 너트가 회전하는 연결부에 사용 불가하다.

다) 전금속형 자동 고정 너트: 전금속형은 스프링의 탄성을 이용하여 볼트를 꽉 잡아주어 고정되는 형태로 고온부에 주로 사용된다.

㉠ 화이버형 자동 고정 너트: 화이버 고정형 너트는 너트 안쪽에 파이버 칼라(fiber collar)를 끼워 탄력성을 줌으로써 자체가 스스로 체결되고, 동시에 고정작업이 이루어지는 너트이다. 일반적으로 자동 고정 너트는 사용 온도 한계인 121℃(250°F) 이하에서 제한 횟수만큼 사용할 수 있게 되어 있으나, 경우에 따라서는 649℃(1,200°F)까지 사용할 수 있는 것도 있다.

- 화이버형 자동 고정 너트의 재사용 가능 횟수

- 화이버형: 약 15회   - 나일론형: 약 200회
- 사용제한: 화이버형 자동 고정 너트는 보통 온도가 121℃ 이하에서 사용한다.

※ 자동 고정 너트의 교환 시기의 결정은 손으로 돌려 보아 돌아갈 때를 시기로 한다.

※ 최소 분리 회전력: 너트를 볼트에 완전히 끼웠을 때 일체의 축 방향 하중이 전혀 없는 상태에서 너트를 회전시키는 데 소요되는 최소 분리 회전력을 자동 고정 너트의 고정력이 해당 너트의 최소 분리 회전력 이하일 경우에는 사용을 금한다.

라) 플레이트 너트(plate nut): 앵커 너트(anchor nut)

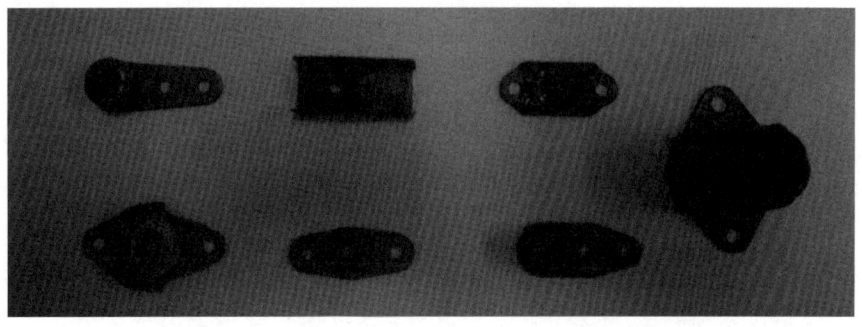

- 용도: 얇은 패널에 너트를 부착하여 사용할 수 있도록 고안되어 있으며 항공기 구조부의 폐쇄 표피에 점검창 등을 낼 때 사용한다.
  - 재질: 알루미늄 합금

⑤ 너트의 식별 기호

  예 AN310 D – 5 R

  AN310: 항공기용 캐슬 너트, D: AL 합금(2017T), 5: 사용 볼트의 직경(5/16″), R: 오른나사

(4) 항공기용 스크루(screw)

① 종류

가) 구조용 스크루: 볼트와 같은 그립을 가지고 있고, 머리 형태는 다르다.

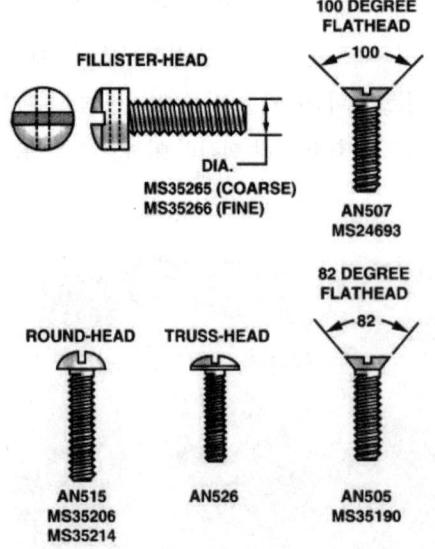

나) 기계용 스크루

스크루 중에서 가장 많이 사용되며, 둥근 머리 스크루, 납작 머리 스크루, 필리스터 스크루 등이 있다.

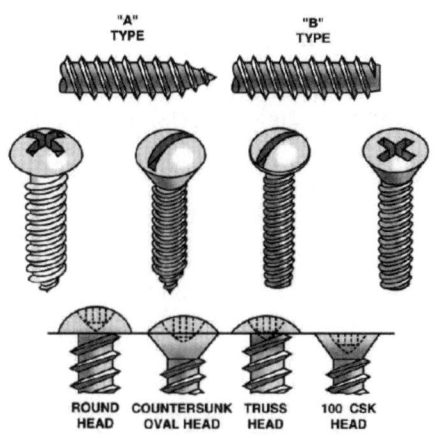

다) 자동 태핑 스크루

㉠ 기계용 스크루 태핑 스크루: 표찰과 같이 스스로 나사를 만들 수 있는 부품과 주물로 된 재료를 고정시키는 데 사용된다.

㉡ 자동 태핑 쉬트메탈 스크루: 리벳팅 작업 시 판금을 일시적으로 장탈시키는 데 사용되며, 비구조용 부재의 영구적인 고정물로 사용된다.

㉢ 드라이브 스크루: 주물로 된 표찰 혹은 튜브형 구조에서 부식 방지용 배수 구멍을 밀폐시키는 캡 스크루로 사용하며, 일단 장착 후에는 탈거해서는 안되며 자동 태핑 스크루는 1차 구조에 사용해서는 안 된다.

② **스크루와 볼트의 차이점**

가) 볼트보다 일반적으로 저강도이다.

나) 볼트보다 질이 낮다.

다) 명확한 그립을 가지고 있지 않다.

라) 나사 부분의 정밀도가 낮다.

마) 대부분 스크루 드라이버로 장탈된다.

③ **나사못의 식별방법**

가) AN 501 A B P 416 8

- AN: AN 표준 기호
- 501: 둥근 납작 머리 스크루(필리스터 머리 기계 나사)
- A: 나사에 구멍 유무(A: 있다, 무표시: 없다)
- B: 나사못의 재질
  (B: 황동, C: 내식강, DD: AL합금(2024T), D: AL합금(2017T))
- P: 머리의 홈(필립스)
- 416: 나사못의 축의 지름(4/16인치, 나사산의 수가 16개)
- 8: 나사못의 길이(8/16인치)

② AN 507 C 428 R 8

- AN: AN 표준 기호
- 507: 100° 납작머리
- C: 내식강
- 428: 축의 지름의 4/16, 1인치당 나사산의 수가 28개임
- R: + 홈이 머리에 있음
- 8: 길이가 8/16인치

(5) 항공기용 와셔(WASHER)

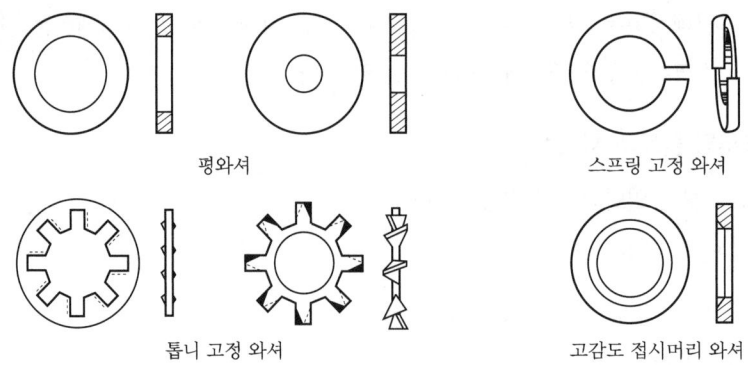

평와셔 스프링 고정 와셔

톱니 고정 와셔 고감도 접시머리 와셔

① 기능

가) 너트에 평활한 면압을 형성하여 부품의 파손을 방지한다.

나) 볼트와 너트 조립 시 알맞은 그립 길이를 확보한다.

다) 캐슬 너트 사용 시 볼트에 있는 코터 핀 구멍이 일치되도록 너트 위치를 조절한다.

라) 표면 재질을 손상시키지 않기 위하여 고정 와셔 밑에 사용한다.

마) 너트를 고정시키는 고정장치로 사용되기도 한다.

바) 고정 와셔일 경우 금속의 탄성을 이용하여 너트를 고정한다.

② **종류**

가) 평 와셔(plaen washer): AN 960, AN 970

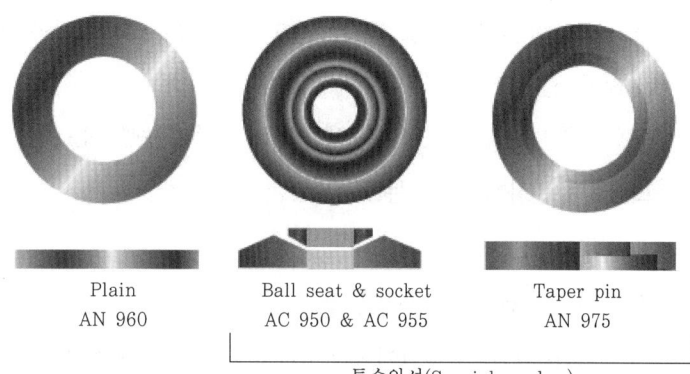

- 너트에 평활한 면압을 형성하여 부품의 파손을 방지한다.
- 볼트와 너트 조립 시 알맞은 그립 길이를 확보한다.
- 캐슬 너트 사용 시 볼트에 있는 코터 핀 구멍이 일치되도록 너트 위치를 조절한다.
- 표면 재질을 손상시키지 않기 위하여 고정 와셔 밑에 사용한다.
- 너트를 고정시키는 고정장치로 사용되기도 한다.

나) 고정 와셔(lock washer): AN 935, AN 936

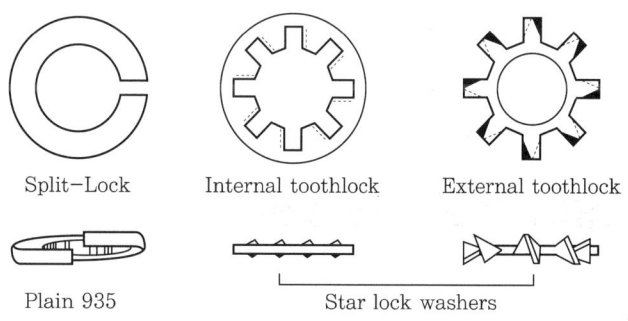

- 역할: 자동 고정 너트나 캐슬 너트가 적합하지 않는 곳에 기계용 스크루나 볼트에 함께 사용되는 고정장치이다.

- 종류
  - 스프링 와셔: AN 935로 진동에 강한 특성을 갖고 있으며 스프링의 탄성을 이용하여 너트를 고정한다. 또한 스프링 와셔는 재사용이 가능하다.
  - 스타 와셔: AN 936은 고온부에 사용되며 재사용 되지는 않는다.
- 고정 와셔가 사용될 수 없는 경우
  - 패스너와 함께 1차, 2차 구조에 사용할 경우
  - 패스너와 함께 항공기 어느 부품이든지 이 부품의 결함이 항공기나 인명에 손상이나 위험을 줄 수 있는 결과가 우려되는 곳
  - 결함으로 틈새가 생겨 연결 부위에서 공기 흐름이 누출되는 곳
  - 스크루가 빈번하게 제거되는 곳
  - 와셔가 공기 흐름에 노출되는 곳
  - 와셔가 부식 조건에 영향을 받는 곳
  - 표면의 결함을 막는 밑바닥에 평와셔가 없이 와셔가 직접 재료에 닿는 경우
- 특수 와셔(AN 950, AN 955): 볼 소켓 와셔와 볼 시트 와셔는 표면에 어떤 각을 이루고 있는 볼트를 체결하는 데 사용한다.

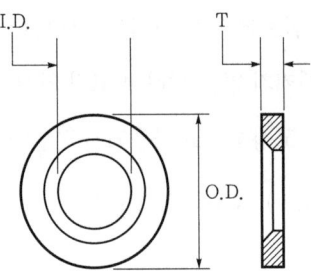

3 항공기 기계요소(안전, 고정)

(1) 안정 고정 작업

체결된 부품이 비행 중이나 작동 중에 진동에 의해 헐거워지거나 탈락되는 것을 방지하기 위해 체결 후 안전결선이나 코터 핀을 이용하여 부품을 고정시키는 작업이다.

① **안전결선(safety wire)**
   가) 복선식 안전결선: 두 가닥을 이용하여 체결하는 방법이다.
   - 고정 작업해야 할 부품의 간격이 4~6in(10.2cm~15.2cm)일 때 3개까지 결선한다.
   - 좁은 간격으로 떨어져 있을 때는 24in(61cm) 길이의 안전결선으로 함께 고정시킬 수 있는 범위까지 고정한다.

   나) 단선식 안전결선: 3개 이상의 체결부품이 기하학적으로 밀착되어 복선식이 곤란하거나 전기계통 비상장치 등 단선식으로 작업이 적합할 때 사용하며, 단선식으로 고정작업 시 연속적으로 고정시킬 수 있는 부품 수는 24인치 길이의 안전결선으로 고정할 수 있는 숫자로 제한한다.

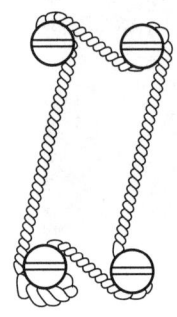 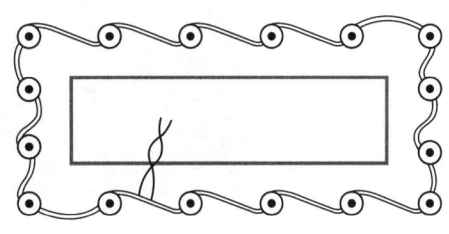

   다) 안전결선 방법
   - 한 번 사용한 와이어는 다시 사용해서는 안 된다.
   - 와이어를 펼 때 피막에 손상을 입혀서는 안 된다.
   - 와이어를 꼴 때 팽팽한 상태가 되도록 해야 한다.
   - 안전결선은 당기는 방향이 부품을 죄는 방향이 되도록 한다.
   - 매듭을 만들기 위해 자를 때는 자른 면이 직각이 되도록 하여 날카롭게 되지 않도록 한다.
   - 플라이어로 과도하게 당기면 꼬임 시작점에 응력이 집중되어 끊어질 염려가 있으므로 심하게 당기지 않도록 한다.
   - 안전결선 끝부분은 3~5회 정도 꼬아서 전단 후 구부린다.

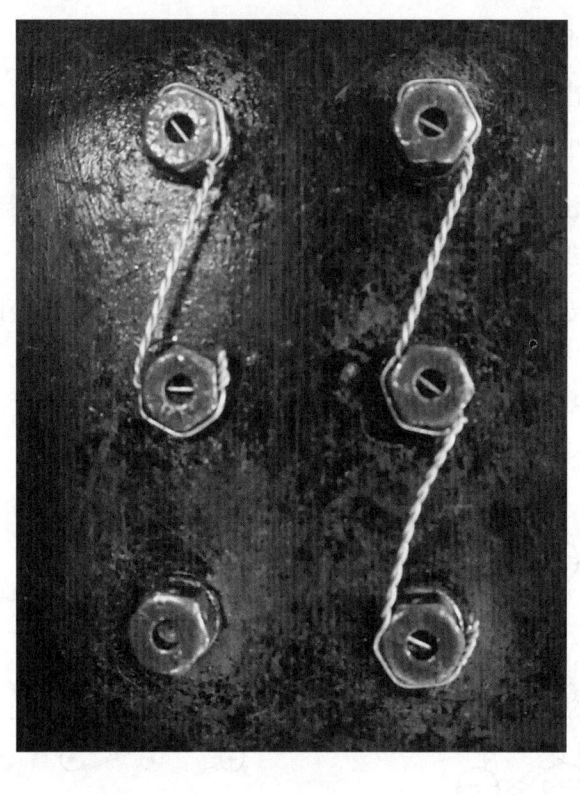

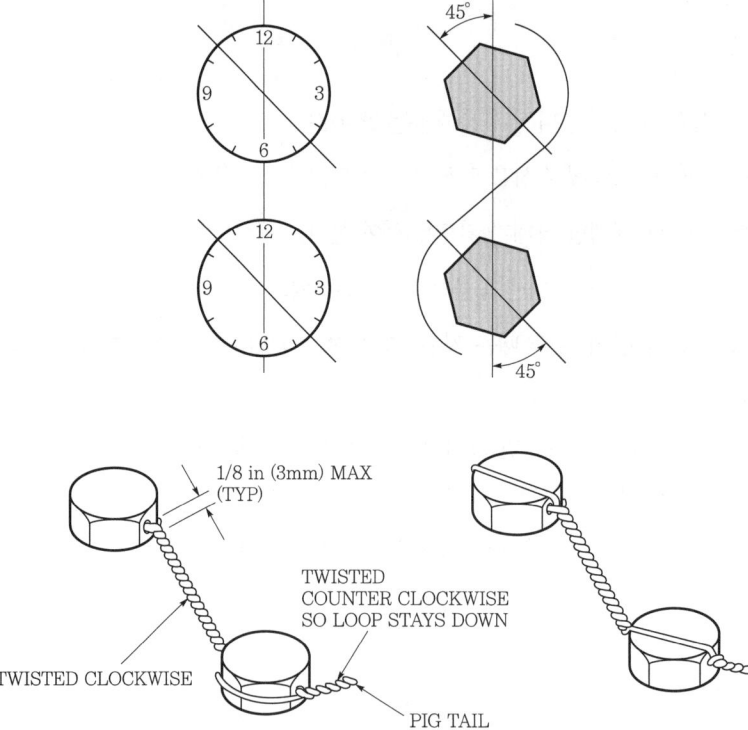

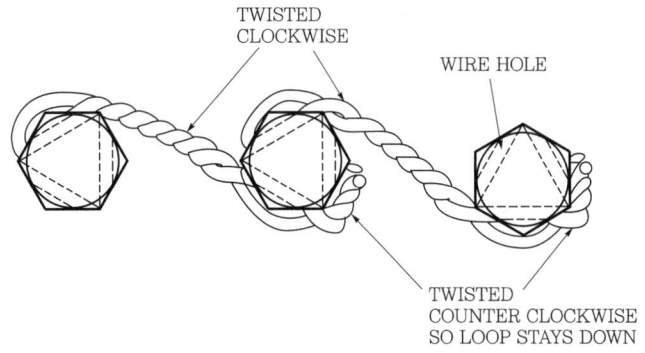

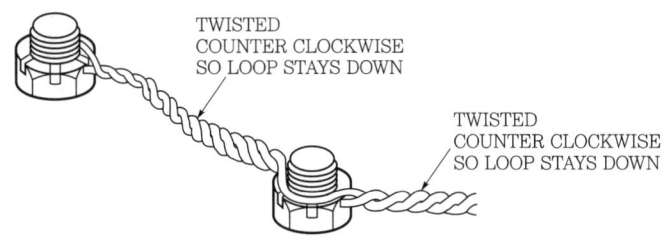

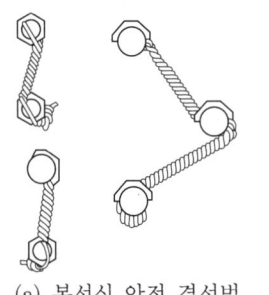　　　　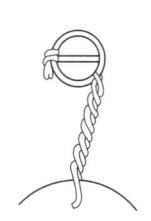　　　　

(a) 복선식 안전 결선법　　　(b) 부품이 1개인 경우　　　(c) 부품이 3개인 경우

② **코터 핀(cotter pin)을 이용한 안전 고정작업**

　가) 볼트 상단으로 구부리는 방법: 볼트 상단으로 구부린 코터 핀의 가닥 길이가 볼트 지름을 벗어나서는 안 되고 아래쪽으로 구부린 가닥은 와셔의 표면에 얹히지 않도록 한다.

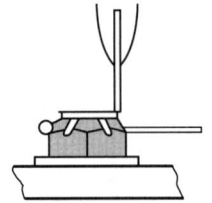　　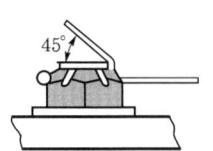　　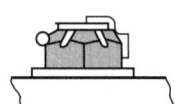

나) 너트 둘레로 감아 구부리는 방법: 코터 핀의 가닥이 너트 바깥지름을 벗어나지 않도록 한다.

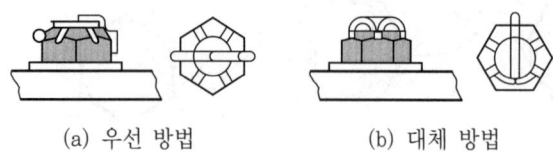

(a) 우선 방법   (b) 대체 방법

▲ 코터 핀 고정작업

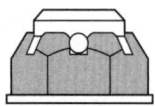   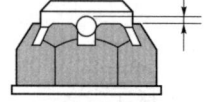

(a) 가장 바람직한 구멍과 홈의 위치   (b) 코터 핀의 반지름보다 더 나와서는 안 됨

▲ 코터 핀 구멍 위치

[코터 핀의 선택]

나사 지름(in)	핀 최소 크기(in)	핀 길이(in)
No.6	$\frac{1}{32}$	$\frac{1}{2}$
No.8 ~ $\frac{5}{16}$	$\frac{3}{64}$	$\frac{3}{4}$
$\frac{3}{8}$ ~ $\frac{1}{2}$	$\frac{5}{64}$	$\frac{3}{4}$
$\frac{9}{16}$ ~ 1	$\frac{3}{32}$	$1\frac{3}{4}$
$1\frac{1}{8}$ ~ $1\frac{1}{2}$	$\frac{1}{8}$	2

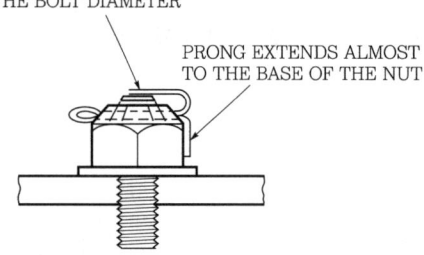

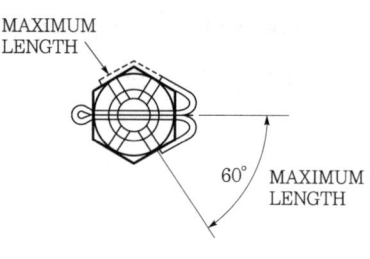

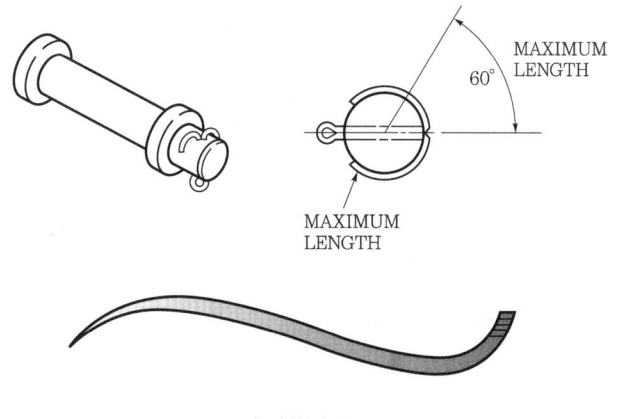

▲ 코터 핀 뽑기 공구

4 기본작업

(1) 토크 렌치(Torque Wrench)

볼트와 너트에 가해지는 토크 값을 측정하기 위한 렌치(단위: kg-cm, kg-m, N/m, in-lb, ft-lb)

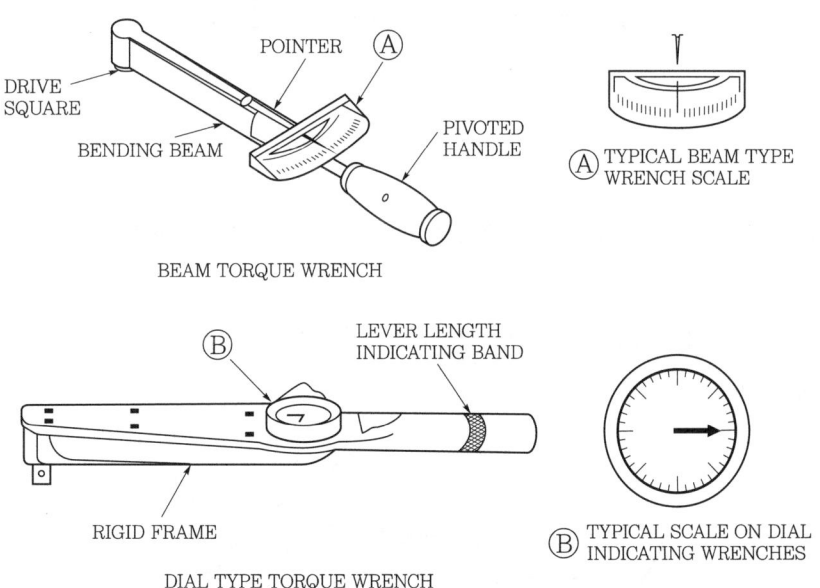

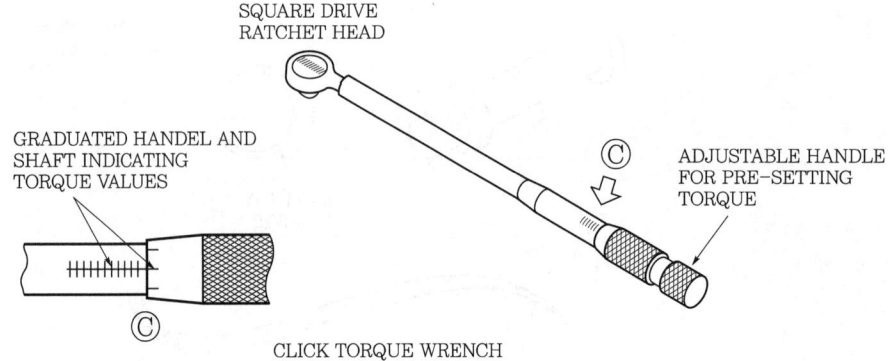

CLICK TORQUE WRENCH

① **토크 렌치의 용도**: 볼트와 너트를 규정된 죔 강도로 조여주는 공구이다.

② **토크 렌치의 종류**

가) 고정식 토크 렌치

- 프리셋 토크 드라이버(프리 타입): 스크루를 규정된 죔 값으로 조여주는 공구이다.
- 오디블 인디케이팅 토크 렌치(리밋 타입): 규정된 죔 값을 미리 설정한 후 그 값에 도달하여 "크릭"하는 소리를 내어 죔값을 알려주는 공구이다.

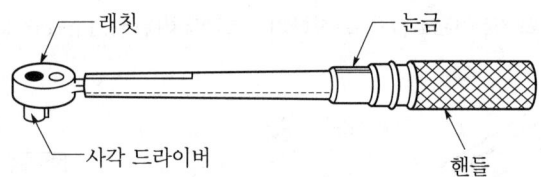

나) 지시식 토크 렌치

- 디플렉팅 빔 토크 렌치(빔 타입): 빔의 변형 탄성력을 이용하여 규정된 죔값으로 조여주는 공구이다.
- 리지드 프레임 토크 렌치(다이얼 타입): 다이얼의 눈금으로 죔값을 나타내 주는 공구이다.

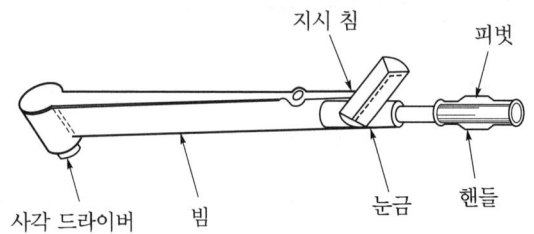

③ **토크 렌치 사용 시 주의사항**

가) 토크값을 측정할 때는 자세를 바르게 하고 부드럽게 죄어야 한다.

나) 토크 렌치를 사용할 때는 특별한 지시가 없으면 볼트의 나사산에 윤활유를 사용해서는 안 된다.

다) 토크 렌치를 사용할 때는 너트를 죄어야 한다.

라) 규정된 토크로 죄어진 너트에 안전결선이나 고정핀을 끼우기 위해서 너트를 더 죄어서는 안 된다.

④ **연장 공구를 사용하는 경우 죔값의 계산**

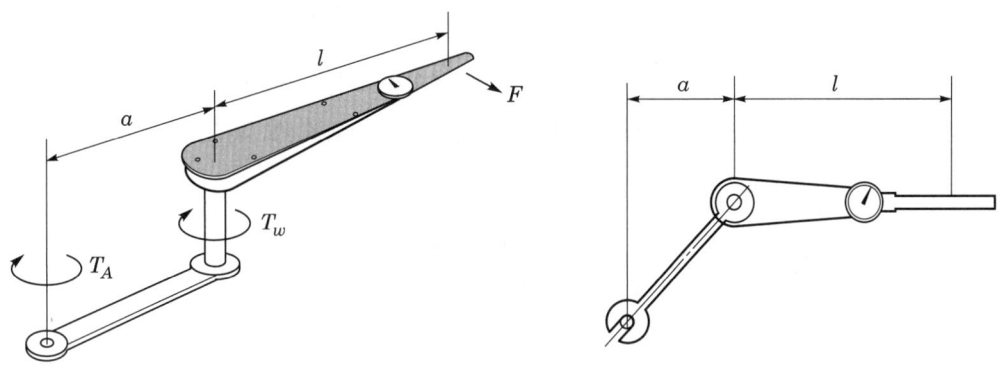

$$TW = \frac{TA \times L}{L \pm E} \quad \text{또는} \quad TA = \frac{(L \pm E)\,TW}{L}$$

- TW: 토크 렌치의 지시 토크 값
- TA: 실제 죔 토크 값
- L: 토크 렌치의 길이
- E: 연장공구의 길이

  예 토크 렌치의 길이가 6인치에 0.5인치의 어댑터를 연결하여 토크 값이 20in lb가 되게 볼트를 조였을 때, 볼트에 실제로 가해진 토크는 얼마인가?

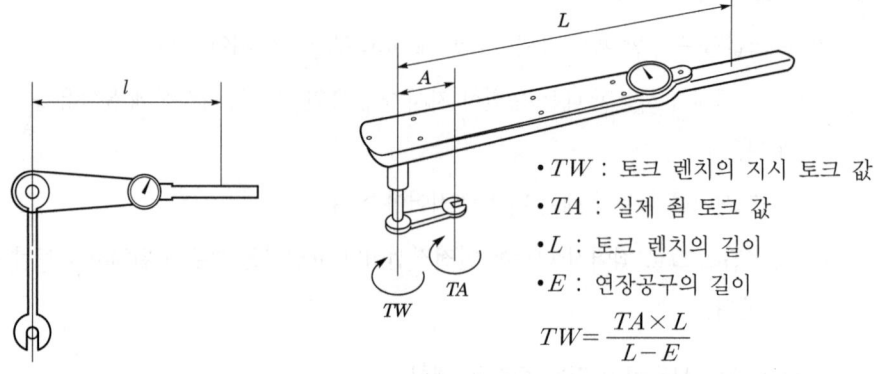

- TW : 토크 렌치의 지시 토크 값
- TA : 실제 죔 토크 값
- L : 토크 렌치의 길이
- E : 연장공구의 길이

$$TW = \frac{TA \times L}{L - E}$$

$$TA = \frac{(L \pm E)\,TW}{L} = \frac{(6+5)20}{6} = 21.66\,in-lb$$

예 어떤 볼트를 토크 렌치로 180in lb로 조이려고 한다. 토크 렌치의 길이가 10in이고, 이 토크 렌치에 2in의 어댑터를 직선으로 연결했을 때 토크 렌치가 지시되어야 할 토크 값은?

$$TW = \frac{TA \times L}{L \pm E} = \frac{180 \times 10}{10+2} = 150\,in-lb$$

(2) 턴버클과 케이블

① 턴버클(turn buckle)

가) 용도: 조종 케이블의 장력을 조절하는 데 사용된다.

나) 구성: 턴버클 배럴과 턴버클 단자로 구성된다.

※ 턴버클 배럴의 한쪽은 오른나사, 다른 한쪽은 왼나사로 되어 있어 배럴을 돌리면 동시에 잠기고 동시에 풀려 케이블의 장력을 규정된 장력으로 조일 수 있다.

다) 턴버클의 안전고정 작업

라) 턴버클 안전결선의 최소 지름

케이블의 재질과 지름	$\frac{3}{16}$ in	$\frac{3}{32}, \frac{1}{8}$ in	$\frac{3}{32} \sim \frac{5}{16}$ in
모넬, 인코넬	0.020	0.032	0.040
내식강	0.020	0.032	0.041
알루미늄, 탄소강	0.032	0.041	0.047

마) 단선식 결선법(single wrap method): 케이블 직경이 1/8인치 이하(3.3mm 이하)에 사용하며, 턴버클 엔드에 5~6회(최소 4회) 정도 감아 마무리한다.

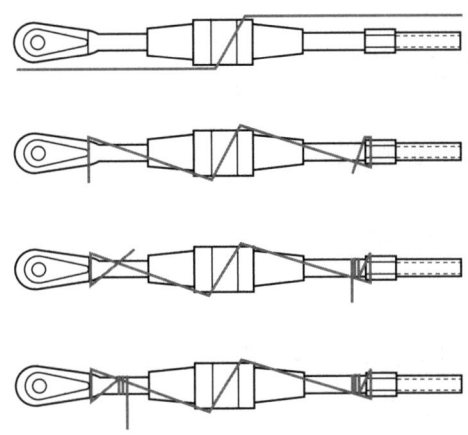

바) 단선 결선법 순서
- 턴버클의 죔이 적당한지 확인한다. 확인 방법은 나사산이 3개 이상 밖으로 나와 있으면 안 되며, 배럴 구멍에 핀을 꽂아보아 핀이 들어가면 제대로 체결되지 않은 것이다.
- 턴버클의 4배 정도가 되게 와이어를 자른다.
- 턴버클 배럴에 있는 구멍에 와이어를 끼운다.
- 턴버클이 죄어지는 방향으로 와이어를 반 회전시켜 턴버클 엔드, 접합기구의 구멍에 끼운 후 배럴의 중앙을 향하여 반대로 구부린다.
- 턴버클 생크 주위로 와이어를 5~6회(최소 4회) 감는다.
- 와이어를 절단하고 생크에 감아 안으로 구부린다.

사) 복선식 결선법(double wrap method): 케이블 직경이 1/8인치 이상(3.2mm 이상)인 경우에 사용한다.

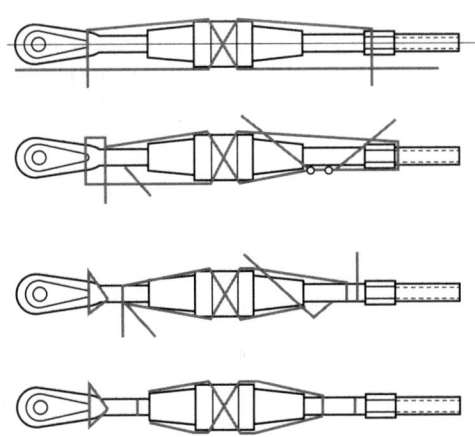

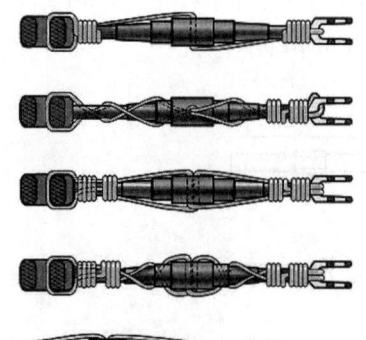

CABLE SIZE	TYPE OF WRAP	WIRE DIAMETER	MATERIAL
1/16	SINGLE	0.040	BRASS
1/8	SINGLE	0.040	STAINLESS STEEL
1/8	DOUBLE	0.040	BRASS
5/32	SINGLE	0.057(MIN)	STAINLESS STEEL
5/32	DOUBLE	0.051	BRASS

- 턴버클 길이의 4배 정도가 되도록 와이어를 두 가닥 자른다.
- 턴버클 중심에 있는 구멍에 2개의 와이어를 끼워 턴버클 끝을 향해 90도 되게 구부린다.
- 턴버클 안이나 포크 엔드의 갈라진 틈(yoke) 속으로 와이어 끝을 집어넣는다.
- 와이어를 양끝에서 턴버클 중심을 향하여 다시 좁힌다.
- 남은 와이어로 생크 주위의 와이어를 4번 감는다.
- 구멍을 통과한 선을 잡고 턴버클의 중심을 향하여 먼저 감은 선과 반대 방향으로 4번 감는다.
- 와이어 끝을 자른 다음에 이것을 생크의 몸통에 바싹 붙인다.
- 반대쪽도 같은 작업을 한다.

아) 고정 클립

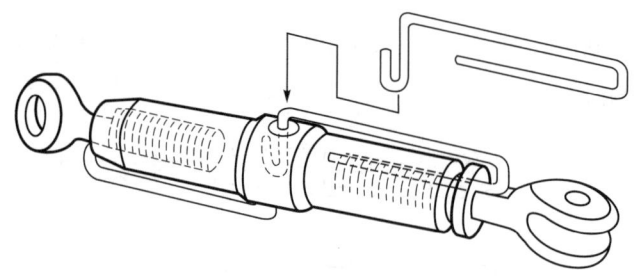

[고정 클립의 종류]

부품 번호	A	B	C	D	E	F
MS 21256-1	0.965	1.115	0.150	0.300	0.032	0.0286
MS 21256-2	1.875	2.000	0.150	0.315	0.032	0.0286
MS 21256-3	2.045	2.140	0.215	0.430	0.032	0.0286

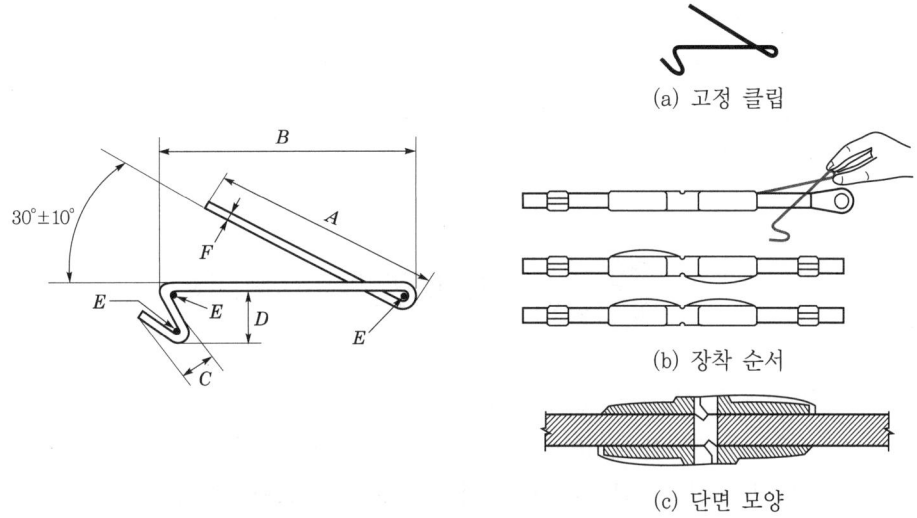

▲ 고정 클립의 치수

자) 턴버클의 고장 시 유의사항

- 배럴의 검사 구멍에 핀을 꽂아 보아 핀이 들어가지 않으면 제대로 체결된 것이다.
- 턴버클 엔드의 나사산이 배럴 밖으로 3개 이상 나와 있으면 충분히 체결되지 않은 것이다.
- 케이블 안내 기구(풀리, 페어리드)의 반경 2in 이내에 설치해서는 안 된다.

② 케이블

가) 용도: 배럴과 단자를 이음 작업하여 케이블의 장력을 유지한다.

나) 연결 방법

- 스웨이징 방법(swaging method): 스웨이징 케이블 단자에 케이블을 끼우고 스웨이징 공구나 장비로 압착하여 연결하는 방법으로, 연결 부분 케이블 강도는 케이블 강도의 100%를 유지하며 가장 일반적으로 많이 사용한다.

- 5단 엮기 케이블 이음 방법(5 tuck woven cable splice method): 부싱(bushing)이나 딤블(thimble)을 사용하여 케이블 가닥을 풀어서 엮은 다음 그 위에 와이어로 감아 씌우는 방법으로, 7×7, 7×19 케이블로서 직경이 3/32인치 이상 케이블에 사용할 수 있다. 연결 부분의 강도는 케이블 강도의 75%이다.

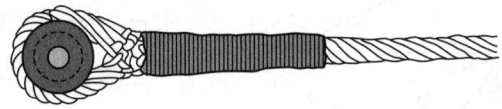

- 랩 솔더 케이블 이음 방법(wrap solder cable splice): 케이블 부싱이나 딤블 위로 구부려 돌린 다음 와이어를 감아 스테아르산의 땜납 용액에 담아 땜납 용액이 케이블 사이에 스며들게 하는 방법으로, 케이블 지름이 3/32인치 이하의 가요성 케이블이거나 1×19 케이블에 적용한다. 접합 부분의 강도는 케이블 강도의 90%이고 고온 부분에는 사용을 금지한다.

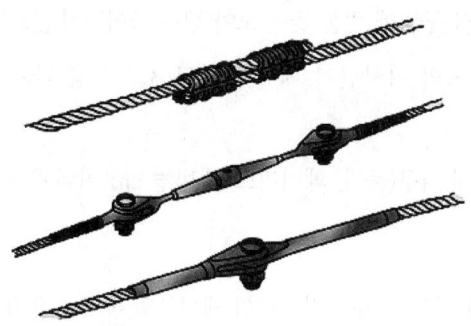

- 니코프레스 이음 방법(nicopress cable splice method): 케이블 주위에 구리로 된 니코프레스 슬리브를 특수 공구로 압박하여 케이블을 조립하는 방법으로, 케이블을 슬리브에 관통시킨 후 심블을 감고, 그 끝을 다시 슬리브에 관통시킨 다음 압착한다.

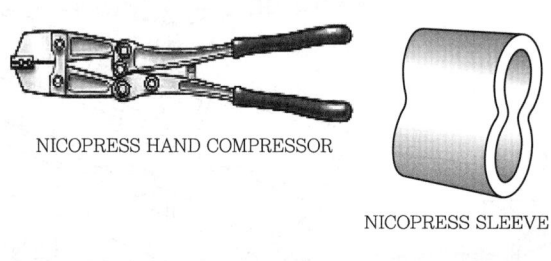

NICOPRESS HAND COMPRESSOR

NICOPRESS SLEEVE

INSTALLEDA SLEEVE

다) 케이블의 세척 방법

- 쉽게 닦아 낼 수 있는 녹이나 먼지는 마른 헝겊으로 닦아 낸다.
- 케이블 표면에 칠해져 있는 오래된 방부제나 오일로 인한 오물 등은 깨끗한 헝겊에 솔벤트나 케로신을 묻혀 닦아낸다.
- 세척한 케이블은 깨끗한 마른 헝겊으로 닦아낸 다음 부식에 대한 방지를 한다.

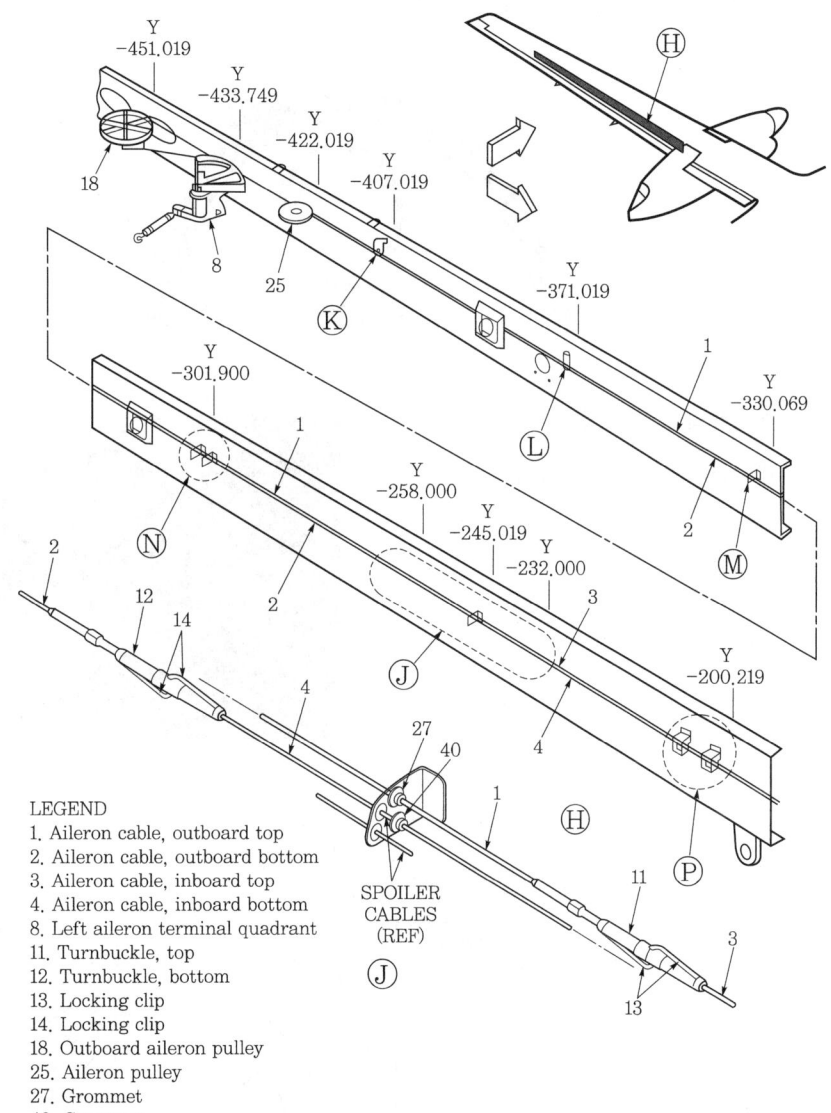

LEGEND
1. Aileron cable, outboard top
2. Aileron cable, outboard bottom
3. Aileron cable, inboard top
4. Aileron cable, inboard bottom
8. Left aileron terminal quadrant
11. Turnbuckle, top
12. Turnbuckle, bottom
13. Locking clip
14. Locking clip
18. Outboard aileron pulley
25. Aileron pulley
27. Grommet
40. Grommet

라) 케이블 검사 방법

- 케이블의 와이어에 잘림, 마멸, 부식 등이 없는지 검사한다.
- 와이어의 잘린 선을 검사할 때는 헝겊으로 케이블을 감싸서 다치지 않도록 검사한다.
- 풀리나 페어리드에 닿는 부분을 세밀히 검사한다.
- 7×7 케이블은 25.4mm당(1인치당) 3가닥, 7×19 케이블은 25.4mm당(1인치당) 6가닥이 잘려 있으면 교환해야 한다.

마) 케이블의 장력 측정

케이블 텐션 미터(cable tension meter): 케이블의 장력을 측정하는 측정기이다.

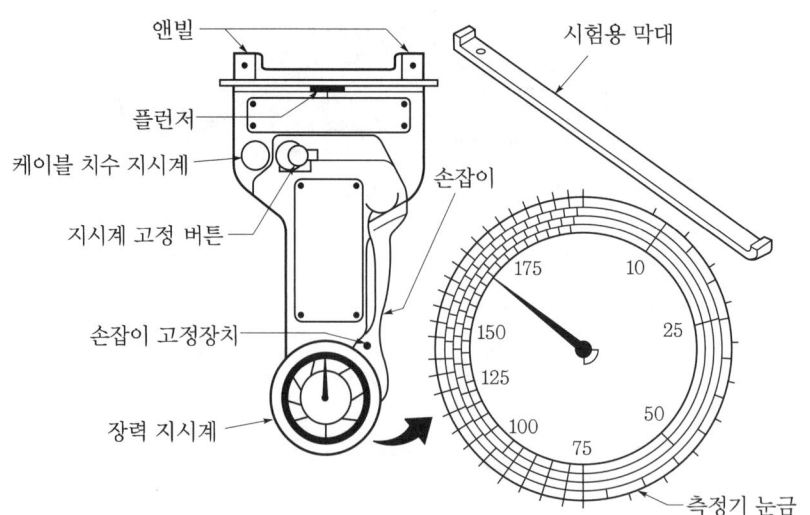

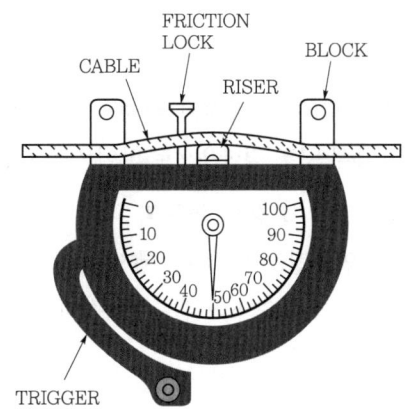

(3) 항공기용 리벳(Rivet)

① 기능: 구조 부재의 기계적 영구결합에 사용

가) 머리 모양에 따른 종류

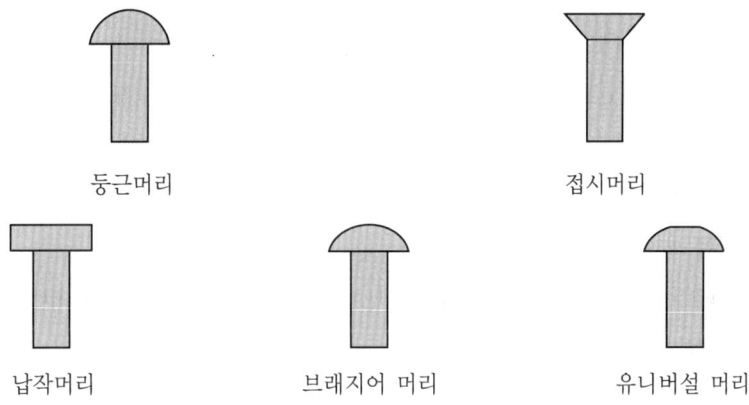

둥근머리   접시머리

납작머리   브래지어 머리   유니버설 머리

나) 둥근머리 리벳(round head rivet, AN 430, AN 435, MS 20435): 항공기 표면에는 공기 저항이 많아 사용하지 못하고 항공기 내부의 구조부에 사용되며 주로 두꺼운 금속판의 결합에 사용된다.

다) 납작머리 리벳(flat head rivet, AN 441, AN 442): 둥근머리 리벳과 마찬가지로 외피에 사용하지 못하고 내부 구조 결합에 사용된다.

라) 접시머리 리벳(counter sunk head rivet, AN 420, AN 425, MS 20426): 일명 FLUSH 리벳, 접시머리 리벳이라 불리고 항공기 외피용 리벳으로 결합한다.

마) 브래지어 리벳(AN 455): 둥근머리 리벳과 카운트 생크 리벳의 중간 정도로서 머리의 직경이 큰 대신 머리 높이가 낮아 둥근머리 리벳에 비하여 표면이 매끈하여 공기에

대한 저항이 적은 대신 머리 면적이 커서 면압이 넓게 분포되므로 얇은 판의 항공기 외피용으로 적합하다.

바) 유니버설 리벳(AN 470): 브래지어 리벳과 비슷하나 머리 부분의 강도가 더 강하고 항공기의 외피 및 내부 구조 결합용으로 많이 사용된다.

사) 고정 볼트(lock bolt): 고강도 볼트와 리벳의 특징을 결합한 것으로 날개 연결부, 착륙장치 연결부, 연료탱크 연결부, 론저론, 외피 및 기타 구조부에 사용된다. 일반 볼트나 리벳보다 연결이 신속하고 다른 고정장치가 필요 없다.

② 재질에 따른 분류

가) 1100(2 S) A: 순수 알루미늄 리벳으로 비구조용으로 사용한다.

나) 2117-T(AD) A 17 ST: 항공기에 가장 많이 사용되며 열처리를 하지 않고 상온에서 작업을 할 수 있다.

다) 2017-T(D) 17 ST Ice box rivet: 2117-T 리벳보다 강도가 요구되는 곳에 사용되며 상온에서 너무 강해 풀림처리 후 사용한다. 상온 노출 후 1시간 후에 50% 정도 경화되며 4일쯤 지나면 100% 경화된다. 냉장고에 보관하고 냉장고에서 꺼낸 후 1시간 이내에 사용해야 한다.

라) 2024-T(DD) 24 ST Ice box rivet: 2017-T보다 강한 강도가 요구되는 곳에 사용하며 열처리 후 냉장 보관하고 상온 노출 후 10~20분 이내에 작업을 해야 한다.

마) 5056(B): 마그네슘(Mg)과 접촉할 때 내식성이 있는 리벳이며, 마그네슘 합금 접합용으로 사용되며, 머리에 "+"로 표시한다.

바) 모넬 리벳(M): 니켈 합금강이나 니켈강 구조에 사용되며 내식강 리벳과 호환하여 사용할 수 있는 리벳이다.

사) 구리(C): 동합금, 가죽 및 비금속 재료에 사용한다.

아) 스테인리스강(F, CR steel): 내식강 리벳으로 방화벽, 배기관 브라켓 등에 사용한다.

③ 리벳의 머리 표시: 리벳의 재질 표시

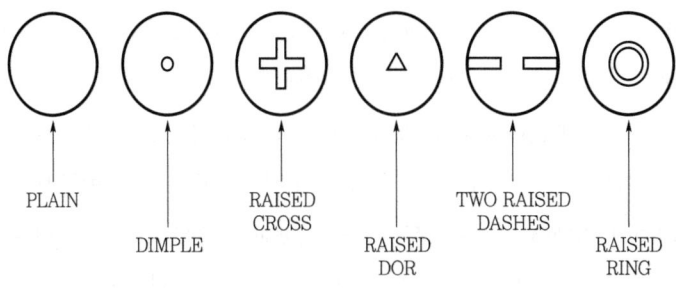

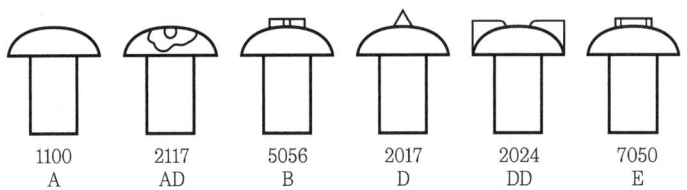

| 1100 | 2117 | 5056 | 2017 | 2024 | 7050 |
| A | AD | B | D | DD | E |

④ 리벳의 규격 및 식별

항공기용 AN 표준 규격 리벳은 종류와 재질, 직경 및 길이 등 리벳에 대한 필요한 사항을 나타낼 수 있는 다음과 같은 표시 기호가 정해진다.

예) AN 470 AD 3 – 5

- AN 470: 유니버설 리벳
- AD: 재질(2117)
- 3: 직경(3/32 인치)
- 5: 길이(5/16 인치)

예) AN 426 D 5 – 12

- AN 426: 카운트 생크 머리(100°)
- D: 재질(2017)
- 5: 직경(5/32 인치)
- 12: 길이(12/16 인치)

⑤ 특수 리벳

가) 체리 리벳(cherry rivet): 버킹 바(bucking bar)를 댈 수 없는 곳에 쓰이며 돌출 부위를 가지고 있는 스템(stem)과 속이 비어있는 리벳 생크, 머리로 되어 있다.

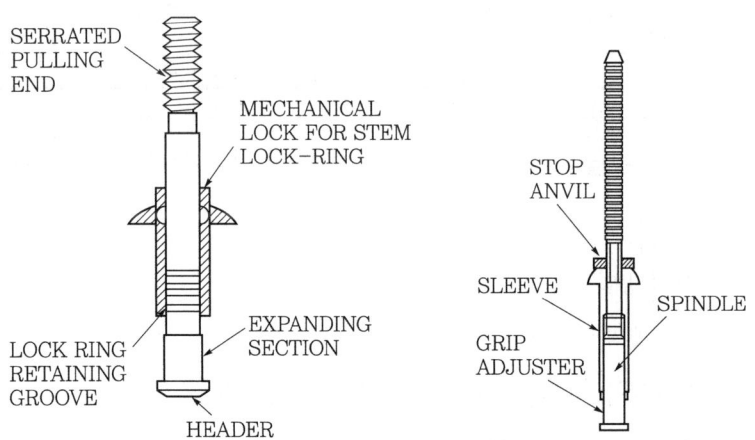

나) 리브 너트(rivnut): 생크 안쪽에 구멍이 뚫려 나사가 나와 있는 곳에 리브 너트를 끼워 시계 방향으로 돌리면 생크가 압축을 받아 오그라들면서 돌출 부위를 만든다. 항공기의 날개나 테일 표면에 고무제 제빙부츠를 장착하는 데 사용한다.

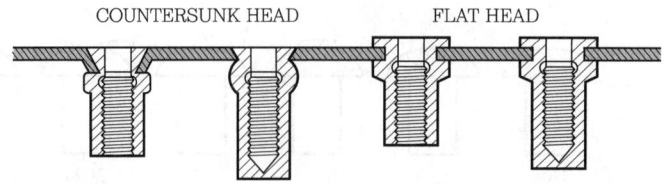

다) 폭발 리벳(explosive rivet): 생크 끝 속에 화약을 넣어 리벳 머리에 가열된 인두로 폭발시켜 리벳작업을 하도록 되어 있다. 연료탱크나 화재 위험이 있는 곳에 사용을 금지한다.

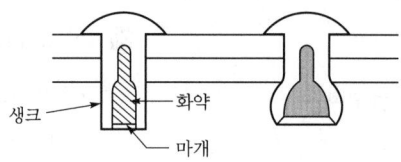

▲ 폭발 리벳

라) 고전단 응력 리벳: 블라인드형 리벳이 아니며(재료의 양편에서 작업) 전단 응력만 작용하는 곳에 사용하고, 그립 길이가 생크의 직경보다 작은 곳에는 사용 불가하다.

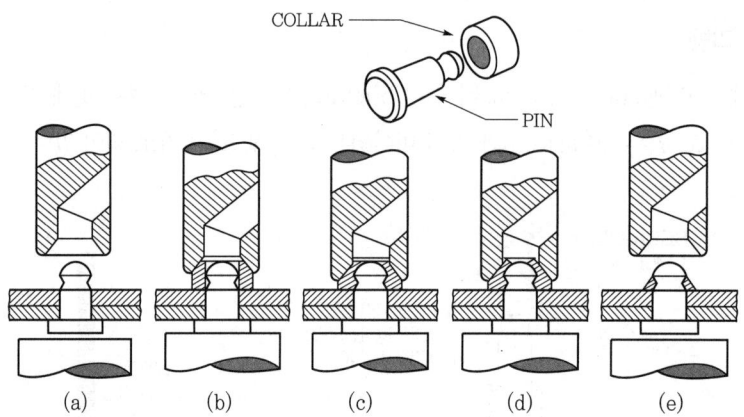

마) 리벳 장착 방법

- 고형 리벳의 장착 방법
  - 리벳 장착 자리를 드릴로 구멍을 뚫어 준비한다.
  - 알맞은 크기의 리벳을 장착하고 머리 반대쪽에 버킹 바(bucking bar)를, 머리 쪽에는 리벳 세트(rivet set)를 장착한 리벳 건을 위치시킨다.
  - 적당한 공기압으로 조절된 리벳 건으로 진동을 주어 머리 반대쪽에 벅 테일을 형성시킨다.

- 벅 테일은 규정된 크기가 되어야 하며 작업 도중 상처가 나지 않도록 주의한다.
- 카운트 생크 리벳의 장착 방법
  - 리벳의 장착 자리를 마련한다.

두꺼운 판	카운트 생크 컷트로 장착하며, 이때 판의 두께는 최소한 리벳 머리의 두께와 같거나 더 커야 한다.
얇은 판	딤플링 & 카운터 싱킹

  - 알맞은 크기의 리벳을 장착하고 머리 반대쪽에 버킹 바를, 머리 쪽에는 리벳 세트를 장착한 리벳 건을 위치시킨다(리벳 세트는 리벳 머리 종류와 같은 종류의 한 사이즈 더 큰 것을 선택해야 한다).
  - 적당한 공기압으로 조절된 리벳 건으로 진동을 주어 머리 반대쪽에 벅 테일을 형성시킨다.
  - 벅 테일은 규정된 크기가 되어야 하며 작업 도중 상처가 나지 않도록 주의한다.
- 리벳 머리의 위치 선택: 리벳 작업하는 판 중 얇은 판 쪽에 위치
- WORK HARDENING(작업 경화 현상): 리벳 건을 사용하여 리벳 작업을 할 때 규정치 압력보다 낮은 압력으로 작업하면 재료가 단단해져서 작업이 곤란해지는 현상이다.

⑥ 리벳의 선택과 배치

가) 리벳 직경의 계산: 리벳의 직경은 접합하고자 하는 판 중 가장 두꺼운 판 두께의 3배이다.

나) 직경이 3/32in 이하의 리벳은 응력을 담당하는 구조부의 부품 접합에 사용해서는 안 된다.

다) 얇은 판에 지름이 큰 리벳을 사용하면 머리 성형에 의해 과다한 힘이 작용해 리벳 구멍이 파열되거나 확장된다.

라) 두꺼운 판에 지름이 작은 리벳을 사용하면 리벳의 전단 강도가 약하여 충분한 강도 확보가 어렵다.

마) 리벳 구멍이 리벳과 거의 크기가 같아 결합 시 힘이 드는 경우 리벳의 내식처리 피막이 벗겨진다.

바) 리벳 구멍이 리벳 직경보다 큰 경우 결합부가 헐거워지고 결합력이 저하된다.

사) 리벳의 길이: 결합하는 판 두께와 돌출 부분의 두께를 더한 길이가 필요하다.
- 일반적으로 머리 성형을 하기 위한 가장 적합한 돌출부의 길이는 리벳 직경의 1.5배이다.
- 리벳 길이가 너무 길면 머리 성형 시 리벳에 압력을 가할 때 구부러지는 경향이 있다.
- 리벳 길이가 너무 짧으면 충분한 크기의 머리 성형이 어렵다.

아) 벅 테일: 리벳을 쳐서 생긴 머리

- 높이: 리벳 직경의 0.5배
- 직경: 리벳 직경의 1.5배

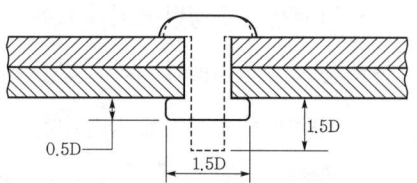

자) 리벳의 간격 및 연거리

- 리벳의 피치: 리벳 직경의 6~8배
- 최소 리벳 피치: 직경의 3배
- 열간 간격: 리벳의 열과 열 사이의 거리로 보통 리벳 직경의 4.5~6배
- 최소 열간 간격: 리벳 직경의 2.5배
- 연거리: 판 끝에서 가장 근접한 리벳 중심까지의 거리로서 리벳 직경의 2~4배
- ※ 접시머리 리벳의 최소 연거리는 리벳 직경의 2.5배

⑦ **리벳 수의 계산(응력을 알고 있을 때)**

$$\text{리벳 수 } N : 1.15 \frac{4L}{\pi} \frac{T}{D^2} \frac{UT}{Q}$$

※ D: 리벳 지름, T: 판의 두께, UT: 판의 폭, N: 판의 최대 인장 응력, Q: 리벳수, : 판의 최대 전단 응력

⑧ **리벳 구멍 뚫기**

가) 리벳의 구멍 크기

- 리벳 직경보다 $\frac{2}{1,000} \sim \frac{4}{1,000} in$ 정도 큰 것이 좋다.
- 리벳 구멍이 너무 크면 리벳을 쳐도 그 공간을 충분히 채우지 못하여 결합부의 강도를 충분히 확보하기가 어렵다.
- 리벳 구멍이 너무 작으면 리벳 표피 손상을 가져와 내식 피막이 손상된다.
- 올바른 구멍을 만들기 위해서는 먼저 구멍을 뚫은 후 리머로 다듬는다.

나) 드릴 각의 선택

- 경질 재료 및 얇은 판: 드릴 각도 118°에 저속
- 연질 재료 및 두꺼운 판: 드릴 각도 90°에 고속

다) 재질에 따른 드릴날 끝 각

목재	75°	마그네슘	75°
주철	90~118°	저 탄소강	118°
AL	90~120°	스테인리스	140°

라) 드릴 작업의 중요 영어 설명
- 백 테이퍼: 드릴의 선단보다 자루 쪽으로 갈수록 약간의 테이퍼를 주어 구멍과 마찰을 줄이는 것이다.
- 마아진: 예비적인 날의 역할과 날의 강도를 보강하는 역할을 수행한다.
- 랜드: 마아진의 뒷부분이다.
- 웨이브: 홈과 홈 사이의 두께를 말하며 자루 쪽으로 갈수록 두꺼워진다.
- 디이닝: 직경이 큰 경우 절삭성이 저하되는 것을 방지하기 위해 연삭한 것이다.
- 치즐 포인트: 두 날이 만나는 접점이다.

⑨ **리벳의 제거 요령**

가) 리벳 머리에 줄 작업을 해서 평평히 한다.

나) 줄 작업 후 센터 펀치로 드릴 작업 위치를 잡는다.

다) 드릴은 리벳 지름보다 한 단계 작은 치수로 머리 깊이까지 수직으로 뚫는다.

라) 펀치를 이용하여 리벳의 머리를 제거한다.

마) 펀치를 이용하여 몸 전체를 밀어서 제거한다.

CENTER PUNCH THE EXACT CENTER OF THE MANUFACTURED HEAD

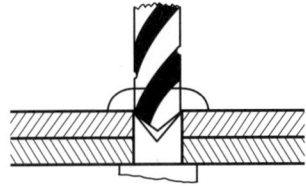
DRILL THROUGH THE HEAD

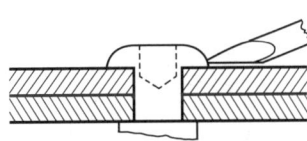
KNOCK THE HEAD OFF WITH A CAPE CHISEL

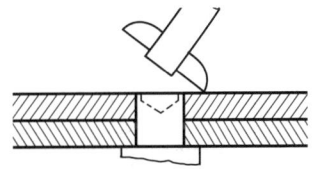
BREAK THE HEAD OFF USING A PIN PUNCH AND A TIPPING MOTION

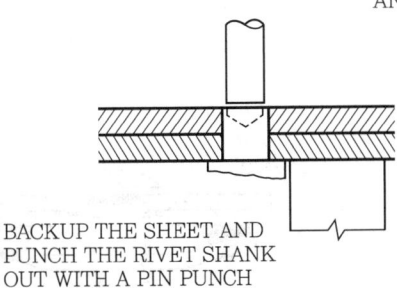
BACKUP THE SHEET AND PUNCH THE RIVET SHANK OUT WITH A PIN PUNCH

바) 리벳 이음의 특성

- 초 응력에 의한 잔류 변형률이 생기지 않으므로 취약 파괴가 일어나지 않는다.
- 구조물 등에서 현지 작업할 때는 용접 이음보다 쉽다.
- 경합금과 같이 용접이 곤란한 재료에는 신뢰성이 있다.
- 강판의 두께에 한계가 있으며 이음 효율이 낮다.

(4) 턴 록 패스너(Turn Lock Fastner)

① **용도**: 항공기에 있는 점검판, 창, 기타 장탈 가능한 판을 안전하게 고정시키며 검사와 정비를 목적으로 판넬을 쉽고 빠르게 장탈하는 데 사용한다.

② **종류**

가) 쥬스 패스너

- 구성: 스터드, 그로멧, 리셉터클
- 종류: 윙(wing), 플러쉬(flush), 오벌(ovel)
- 규격: 머리부에 몸체의 직경, 길이, 머리 모양을 표시

F : FLUSH HEAD

$6\frac{1}{2}$: 몸체 직경(6.5/16in)

50 : 몸체의 길이(50/100in)

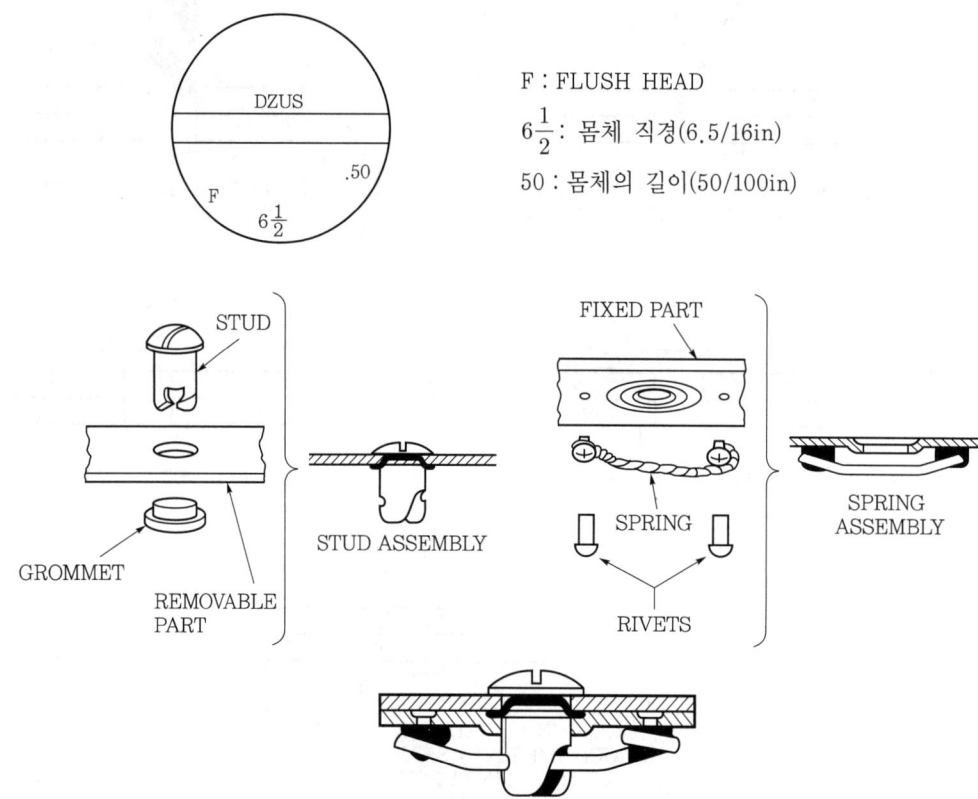

나) 캠록 패스너

- 구성: 스터드 어셈블리, 그로멧, 리셉터클
- 용도: 엔진의 카울링을 장착하는 데 주로 사용된다.

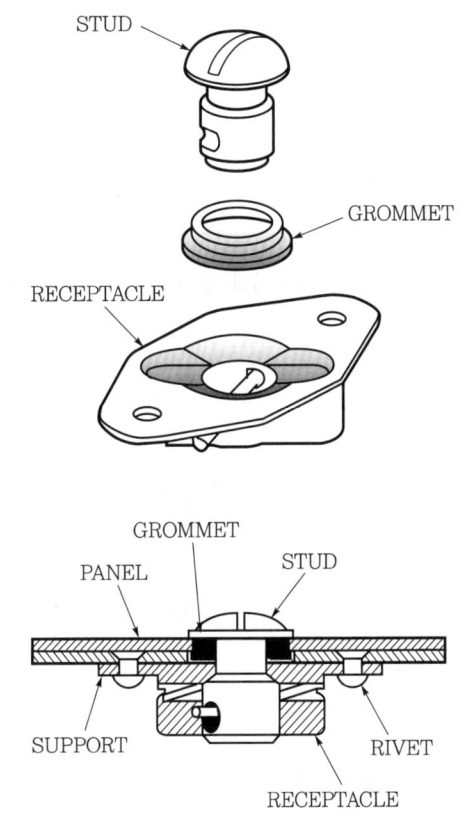

다) 에어록 패스너: 스터드, 크로스 핀, 리셉터클로 구성된다.

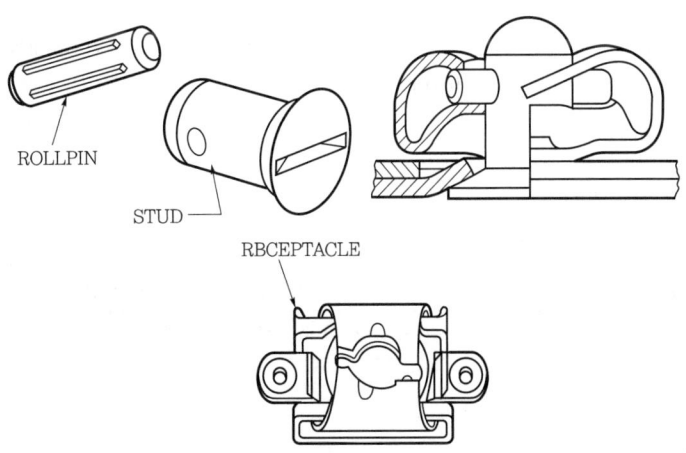

(5) 항공기용 고정핀

① **기능**: 연결부의 고정장치로 사용한다.

② **종류**

　가) 테이퍼 핀

　　• 평 테이퍼 핀

　　• 나사산 테이퍼 핀

　　• 용도: 전단 하중을 전달하는 연결부와 유격이 있어서는 안 되는 곳에 사용된다.

　나) 납작머리 핀(클레비스 핀)

　　• 용도: 타이로드(tie rod) 터미널과 계속적으로 작동하지 않는 부조종계통에 사용된다.

　　• 장착 방법: 보통 코터 핀으로 고정되며, 핀이 파손되었거나 빠졌을 경우에도 그곳에 남아있도록 항상 머리가 위로 향하도록 장착한다.

　다) 코터 핀

　　• 용도: 볼트, 스크루, 너트, 핀 등의 안전장치로 사용된다.

　　• 주의사항: 재사용 불가

　　※ 부식 저항강 코터 핀은 비자성 물질이 필요한 곳이나 부식에 강한 재질이 요구되는 곳에 사용된다.

(6) 항공기용 튜브와 호스 접합 기구

① **튜브(tube)**

　가) 용도: 상대운동을 하지 않는 두 지점 사이의 배관에 사용된다.

　나) 튜브의 호칭 치수=바깥지름×두께

　다) 튜브작업: 알루미늄 합금이나 강재의 튜브를 이용하여 필요한 형태로 가공하거나 튜브 접합 기구에 접속하는 작업이다.

　　• 접합 방식

　　　− 플레어 방식

단일 플레어 방식	플레어 공구를 사용하여 나팔 모양으로 성형하여 접합에 사용된다.
이중 플레어 방식	직경이 3/8in 이하인 Al 튜브에 사용된다(플레어 표준 각도 : 37°).

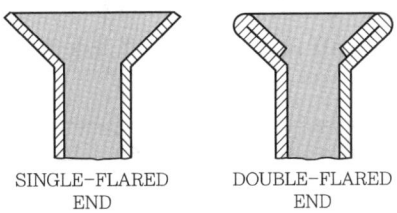

SINGLE-FLARED END   DOUBLE-FLARED END

- 플레어리스 방식: 플레어를 주지 않고 접합 기구를 사용하여 연결한다.

- 튜브의 절단 작업: 튜브의 중심선에 대해 정확하게 90°로 튜브를 절단하는 작업으로 일반적으로 활톱을 이용하며 알루미늄, 구리, 연질 금속의 절단은 표준 절단 공구를 사용한다.

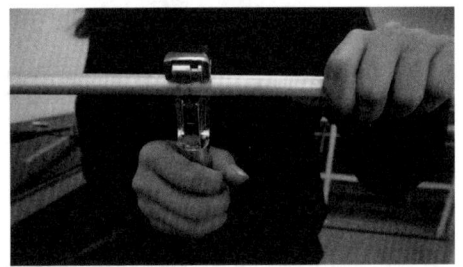

- 튜브 굽힘 작업: 튜브를 구부릴 때 튜브 지름에 대해 최소 굽힘 반지름이 규정되어 있으므로 그 이하의 반지름으로는 구부리지 않도록 한다.

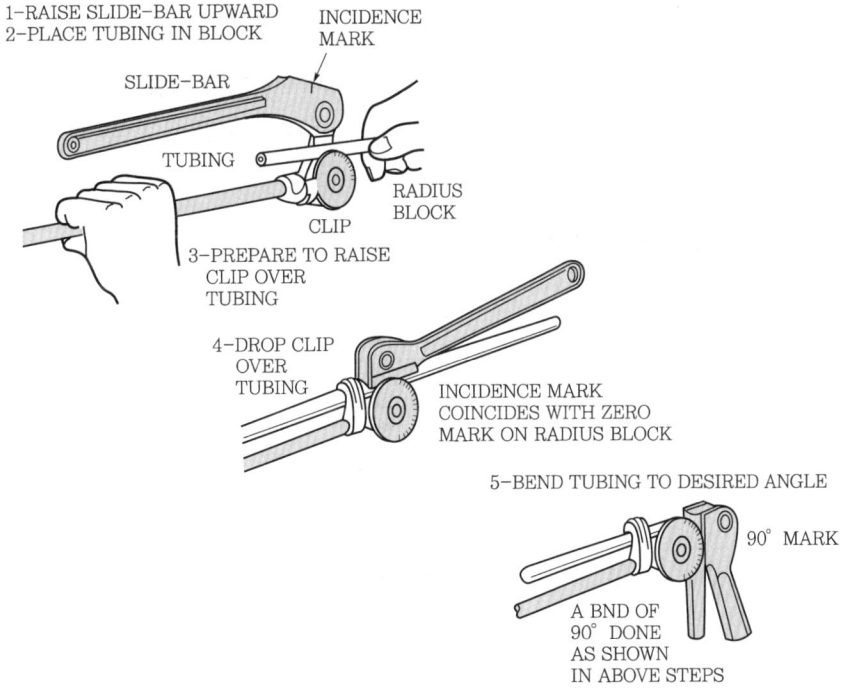

※ 굽힘 작업 시 굽힘 부분의 직경이 원래 직경의 75% 이하가 되면 사용 불가

- 튜브 검사와 수리: 알루미늄 합금 튜브에서 긁힘이 튜브 두께의 10% 이내이면 사포 등으로 문질러 사용하고 튜브 교환 시 원래의 것과 동일한 것을 사용한다.

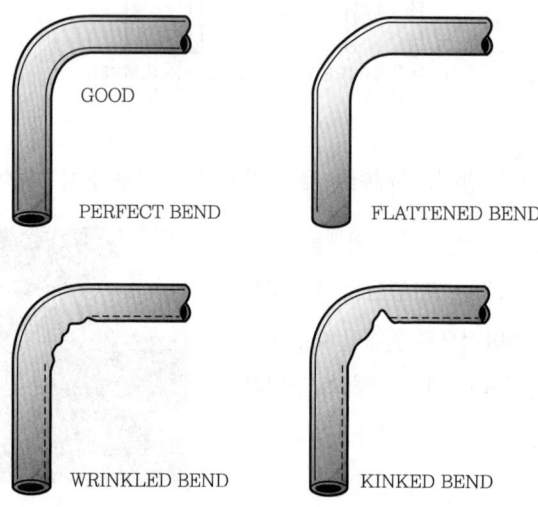

- 튜브의 사용 가능 압력
  - 알루미늄 합금 튜브: $140kg/cm^2$(2,000psi) 이하에 사용
  - 강철 튜브: $140kg/cm^2$(2,000psi) 이상에 사용
- 알루미늄관의 색 띠에 의한 구별 방법: 알루미늄관을 식별하기 위한 색 띠는 관의 양 끝이나 중간에 부착하며, 보통 10cm의 넓이를 가지고 있다. 두 가지 색깔로 표시되는 경우는 각각 절반의 너비를 차지한다.

알루미늄 합금 번호	색띠
1100	흰색
2003	녹색
2014	회색
2024	빨간색
5052	자주색
6053	검은색
6061	파란색과 노란색
7075	갈색과 노란색

- 자기 시험과 질산 실험에 의한 식별

재질	자기 시험	질산 시험
탄소강	강한 자성	갈색(느린 반응)
18-8강	자성 없음	반응이 없음
순수 니켈	강한 자성	회색(느린 반응)
모넬	자성이 조금 있음	푸른색(급한 반응)
니켈강	자성이 없음	푸른색(느린 반응)

- 테이프와 데칼에 의한 표지

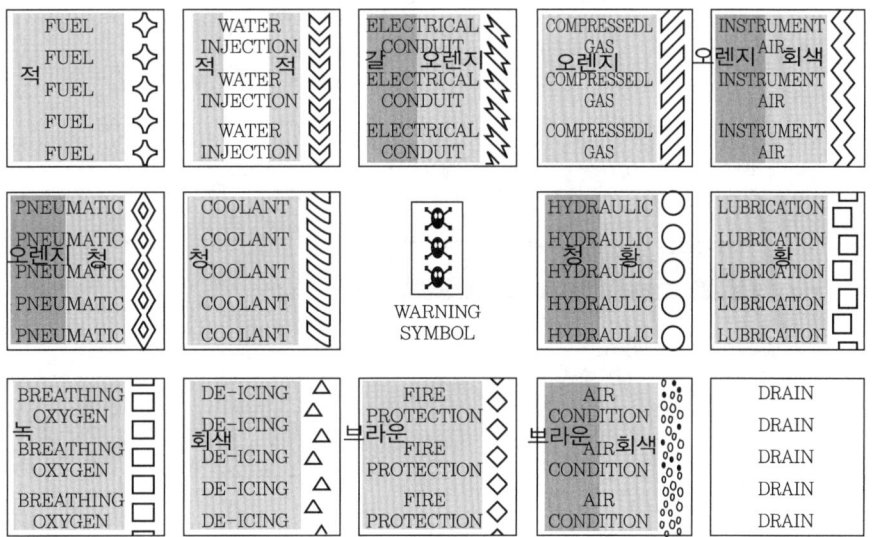

② 호스(hose)

　가) 용도: 상대운동을 하는 두 지점 사이의 배관에 사용된다.

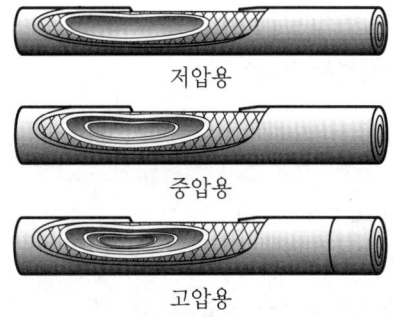

저압용

중압용

고압용

나) 호스의 치수=내경: 가요성 호스의 크기를 표시하는 방법은 호스의 안지름(내경)으로 표시하며, 1인치의 16분비(x/16in)로 나타낸다.

예 No.7인 호스는 안지름이 7/16인치인 호스를 말한다.

DASH SIZE	SIZE I.D.	MAXIMUM OPERATING P.S.I.
-2	4/8	600
-3	3/16	500
-4	1/4	400
-6	3/8	300
-8	1/2	250
-10	5/8	250

DASH SIZE	SIZE I.D.	MAXIMUM OPERATING P.S.I.
-2	1/8	3,000
-3	3/16	3,000
-4	1/4	3,000
-5	5/16	2,000
-6	13/32	2,000
-8	1/2	1,750
-10	5/8	1,500
-12	7/8	800
-16	1-1/8	600
-20	1-3/8	500
-24	1-13/16	350
-32	2-3/8	250
-40	3	200

DASH SIZE	SIZE I.D.	MAXIMUM OPERATING P.S.I.
-4	7/32	3,000
-6	11/32	3,000
-8	7/16	3,000
-10	9/16	3,000
-12	11/16	3,000
-16	7/8	3,000

다) 호스 작업: 테프론 호스나 고무 호스에 호스 접합 기구를 부착하여 배관용으로 사용할 수 있도록 호스를 조립하는 작업이다.

> **참고** 호스 장착 시 유의 사항
> - 호스가 꼬이지 않도록 한다.
> - 압력이 가해지면 호스가 수축되므로 5~8% 여유를 준다.
> - 호스의 진동을 막기 위해 60cm마다 클램프로 고정한다.

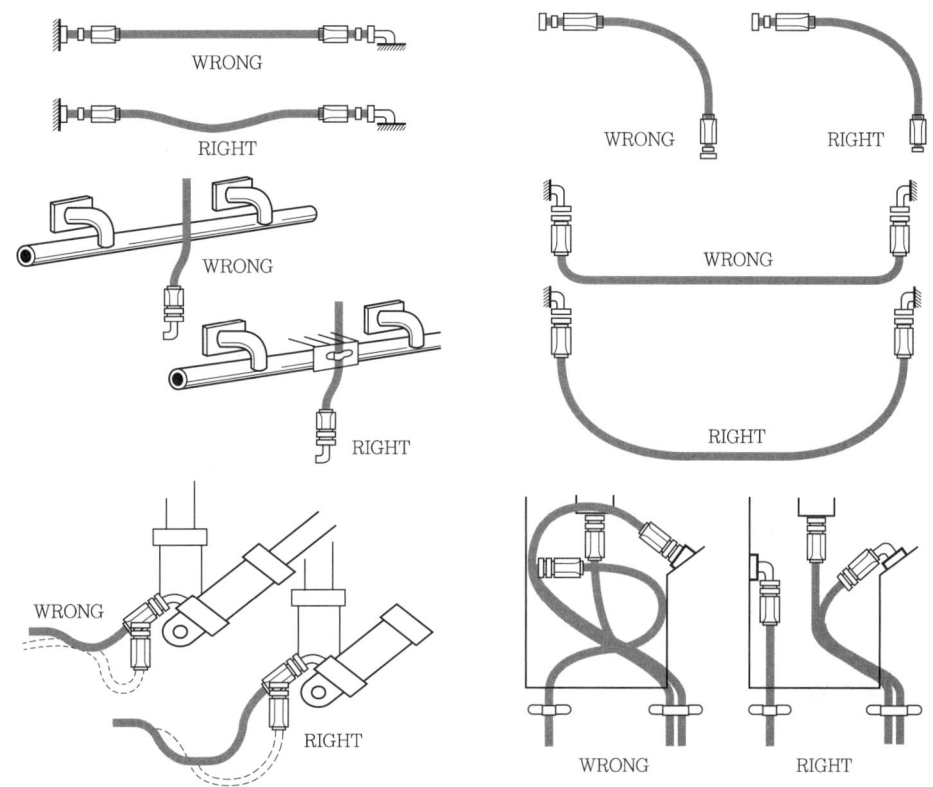

라) 압력에 따른 분류

- 중압용 호스: $125\,kg/cm^2$ 까지 사용
- 고압용 호스: $125\sim210\,kg/cm^2$ 까지 사용

마) 재질에 따른 분류

- 고무호스: 안쪽에 이음이 없는 합성 고무층이 있고 그 위에 무명과 철선의 망으로 덮여 있으며, 맨 마지막 층에는 고무에 무명이 섞인 재질로 덮여있다(연료계통, 오일 냉각 및 유압계통에 사용).
- 테프론 호스: 항공기 유압계통에서 높은 작동온도와 압력에 견딜 수 있도록 만들어진 가요성 호스이다(어떤 작동유에도 사용이 가능하고 고압용으로 많이 사용).

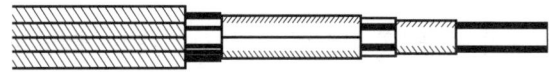

바) 부나 N: 석유류에 잘 견디는 성질을 가지고 있으며 SKYDROL용에 사용해서는 안 된다.

사) 네오프렌: 아세틸렌 기를 가진 합성고무로 석유류에 잘 견디는 성질은 부나 N보다는 못하지만, 내마멸성은 오히려 강하다(스카이드롤에 사용금지).

아) 부틸: 천연 석유제품으로 만들어지며 스카이드롤용에 사용할 수 있으나 석유류와 같이 사용해서는 안 된다.

※ Skydrol: 인산염에스테르 유압유로 운송용 항공기에 사용된다. 스카이드롤 유압유에 오염이 없다면 항공기 금속 재질에 영향을 주지 않으나, 인산염에스테르계로 인하여 비닐 성분, 유성페인트, 리놀륨, 아스팔트 등의 열가소성 수지에 노출 시 연수화(softened) 될 수 있기에 바로 비눗물로 깨끗이 닦아주어 손상을 방지해야 한다.

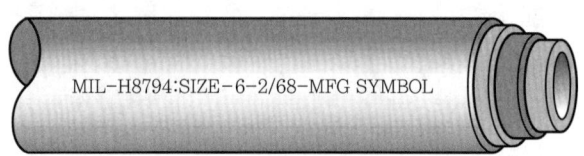

자) 호스의 보관: 어둡고 서늘하고 건조한 곳에 보관하며 4년 이상 보관한 것은 사용을 금한다.

(7) 판금작업

① **정의:** 얇은 판재를 성형, 가공하는 작업으로 필요한 구조 부재를 제작하는 데 주로 사용하는 방법이다.

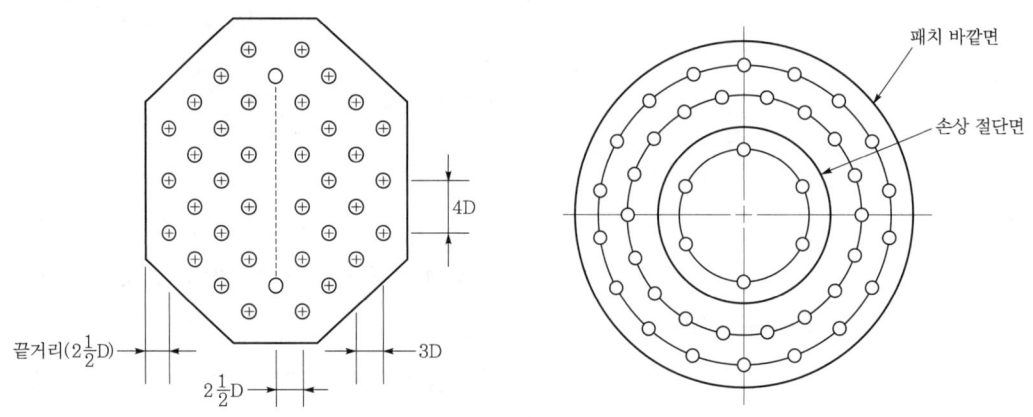

② **판금 설계**

가) 최소 굽힘 반지름: 판재를 최소 예각으로 굽힐 때 내접원의 반지름

- 풀림처리한 판재의 최소 굽힘 반지름: 그 두께와 같은 정도의 굽힘 반지름
- 보통 판재의 최소 굽힘 반지름: 판재 두께의 3배 정도

나) 굽힘 여유(BA: Bend Allowance, 굴곡 허용량): 평판을 구부려서 부품을 만들 때에 완전히 직각으로 구부릴 수 없으므로 굽히는 데 소요되는 여유 길이

$$BA = \frac{\theta}{360} \times 2\pi \left(R + \frac{1}{2}T\right)$$

※ θ: 굽힘 각도, R: 굽힘 반지름, T: 판재 두께

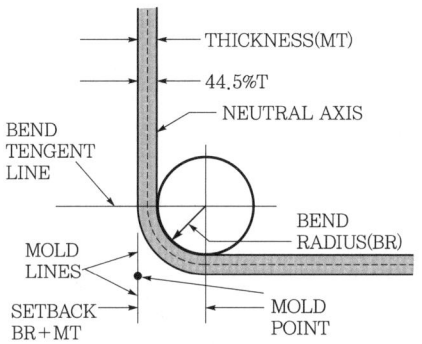

다) 세트 백(set back, SB): 굴곡된 판 바깥면의 연장선의 교차점과 굽힘 접선과의 거리

$$SB = K(R + T)$$

$$K = \tan\frac{\theta}{2} = \tan\frac{90}{2} = \tan 45 = 1$$

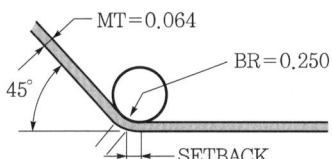

THIS IS A 135-DEGREE OPEN ANGLE, THE METAL
HAS ONLY BEEN BENT 45°, (K45=.414)
SB=(BR+MT)
 =(0.250+0.064)*0.414
 =0.130

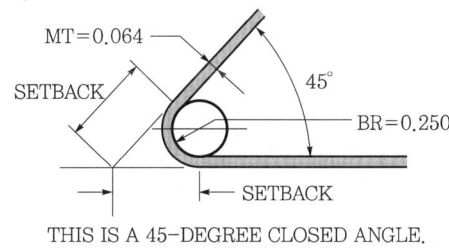

THIS IS A 45-DEGREE CLOSED ANGLE.
SETBACK=(BR+MT)(K135=2.414)
 =(0.250+0.064)*2.414
 =0.758

- 굽힘점(mold point): 외부 표면의 연장선이 만나는 점을 말한다.
- 굽힘 접선(bend tangent line): 굽힘의 시작점과 끝점에서의 선을 말한다.

③ 판재의 절단 및 굽힘 가공

가) 전단가공: 판재 작업 시 불필요한 부분을 잘라내는 가공이다.
- 블랭킹(blanking): 펀치와 다이를 프레스에 설치하여 판금 재료로부터 소정의 모양을 떠내는 작업이다.
- 펀칭(punching): 필요한 구멍을 뚫는 작업이다.
- 트리밍(trimming): 가공된 제품의 불필요한 부분을 떼어내는 작업이다.
- 세이빙(shaving): 블랭킹 제품의 거스러미를 제거하는 끝 다듬질이다.

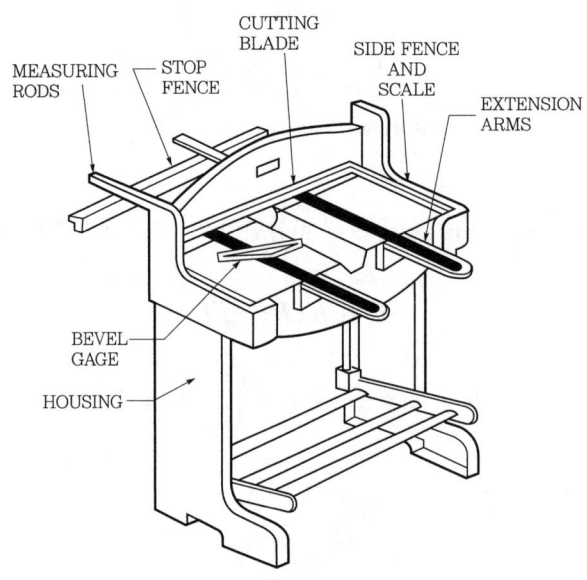

나) 굽힘가공: 얇은 판을 굽히는 작업이다.
- 굽힘가공(bending): 판을 굽히는 것이다.
- 성형가공(forming): 판 두께의 크기를 줄이지 않고 금속 재료의 모양을 여러 가지로 변형시키는 가공이다.
- 비딩(beading): 용기 또는 판재에 선모양의 돌기(비딩)를 만드는 가공이다.
- 버얼링(burling): 뚫려 있는 구멍에 그 안지름보다 큰 지름의 펀치를 이용하여 구멍의 가장자리를 판면과 직각으로 구멍 둘레에 테를 만드는 가공이다.
- 컬링(curling): 원통 용기의 끝부분에 원형 단면 테두리를 만드는 가공으로 제품의 강도를 높이고, 끝부분의 예리함을 없애 안전하게 하는 가공이다.
- 네킹가공(necking): 용기에 목을 만드는 것이다.
- 엠보싱(embossing): 소재의 두께를 변화시키지 않고 성형하는 것으로 상하가 서로 대응하는 형을 가지고 있다.

- 플랜징가공(flanging): 원통의 가장자리를 늘려서 단을 짓는 가공이다.
- 크림핑가공(crimping): 길이를 짧게 하기 위해 판재를 주름잡는 가공이다.
- 범핑가공(bumping): 가운데가 움푹 들어간 구형 면을 가공하는 작업이다.
- 포울딩(folding): 짧은 판을 접는 것이다.

다) 드로잉(drawing) 가공
- 딥 드로잉(deep drawing): 깊게 드로잉하는 것이다.
- 벌징(bulging): 용기를 부풀게 하는 것이다.
- 스피닝(spining): 일명 판금 선반이라 하며, 소재를 주축과 연결된 다이스에 고정한 후 주축을 회전시키며 가공 봉으로 성형 가공하는 것이다.
- 커핑(cupping): 컵 형상을 만드는 과정이며, 딥 드로잉을 하기 위한 과정이다.
- 마르폼법(marform press): 다이 측에 금속 다이 대신 고무를 사용하는 드로잉법이다.
- 액압성형법(hydro forming): 마르폼과 비슷한 형식이나 고무 대신 액체를 이용한 성형법을 말한다.

라) 압축가공
- 스웨이징(swaging): 소재를 짧고 굵게 만드는 것이다.
- 압인가공(coining): 동전이나 메달 등의 앞, 뒤쪽 표면에 모양을 만드는 것이다.

마) 이음가공: 판재를 서로 연결하거나 접합하는 가공이다.
- 시임작업(seaming): 판재를 서로 구부려 끼운 후 압착시켜 결합시키는 작업이다.
- 리벳작업(rivet): 리벳을 사용하여 영구 접합시키는 가공이다.
- 용접작업(welding): 용접기를 사용하여 금속을 녹여 접합시키는 작업이다.

(8) 용접 작업(Welding)

① 용접의 종류 및 장·단점

가) 용접의 종류

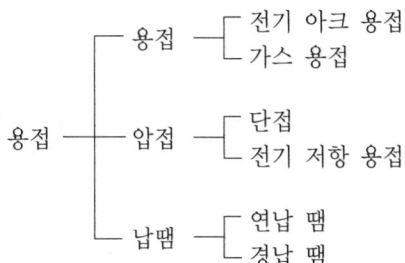

나) 용접의 장점

- 기밀을 요할 수 있다.
- 작업 속도가 빠르다.
- 재료를 10~15% 절약할 수 있다.
- 이음 효율이 향상된다.
- 주물보다 강도가 우수하고 중량이 경감된다.

다) 용접의 단점

- 용접부의 결함 검사가 곤란하다.
- 응력 집중 현상이 발생한다.
- 용접성은 용접 모재의 재질에 좌우된다.

② 산소-아세틸렌가스 용접

가) 호스(hose)

- 산소호스: 검은색 또는 초록색에 바른 나사 결합부

※ 연결부에 기름이나 그리스 등을 칠하면 폭발 위험이 있다.

나) 아세틸렌 호스: 빨간색에 왼나사 결합부

※ 연결장치에 동, 황동제 부속을 써서는 안 된다.

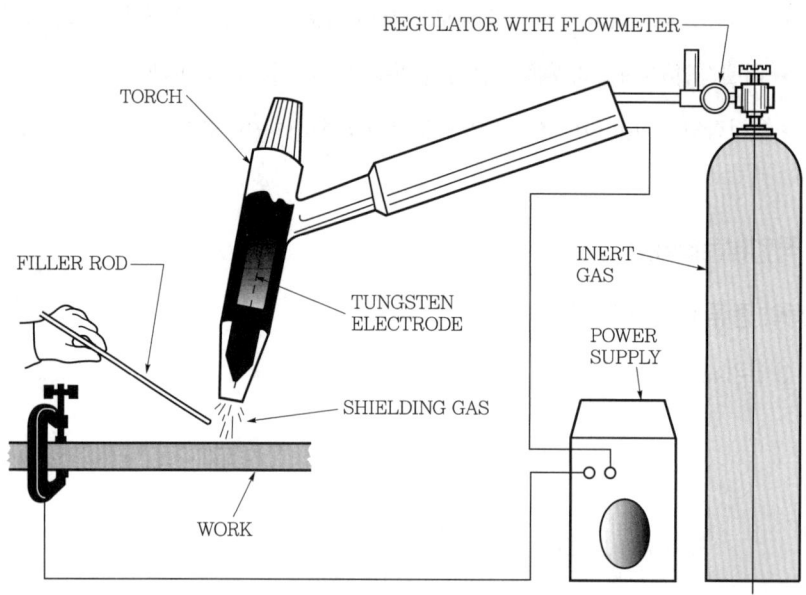

다) 가스(gas)

㉠ 아세틸렌가스(C_2H_2)

- 성질
  - 무색, 무취, 무미로 비중은 0.9이다.
  - 연소속도 330ft/sec^2
  - 저온, 저압에서는 안정하나 15psi 이상에서는 불안정하고 29.4psi에서는 자동 폭발한다.
  - 아세톤에 용해시키면 250psi까지 안전하다.
  - 450~480℃에서 자연 발화하며, 505~515℃가 되면 자연 폭발한다.

- 발생 방법에 따른 종류
  - 용해 아세틸렌
  - 규조토, 목탄, 석면 등과 같은 다공질의 물질을 넣고 아세톤을 흡수시킨 후 아세틸렌가스를 충전시켜 사용하며, 보통 15℃에서 15기압 정도로 가압하여 용해한 아세틸렌을 사용한다.

- 용해 아세틸렌의 장점
  - 아세틸렌을 발생시키는 발생기와 부속 기구가 필요치 않다.
  - 운반이 용이하며 어떠한 장소에서든 간단히 작업할 수 있다.
  - 발생기를 사용하지 않으므로 폭발할 위험성이 적다.
  - 아세틸렌의 순도가 높으므로 불순물에 의해 용접부의 강도가 저하되는 일이 없다.
  - 카바이드(carbie)의 처리가 필요치 않다.

㉡ 산소가스

- 성질
  - 무색, 무취, 무미로 비중은 1.105이다.
  - 자연 연소하지 않으나 그리스 및 기름 등과 접촉시키면 폭발 위험이 있다.
- 제조 및 사용방법: 액체 공기의 분류나 물의 전기 분해로 제조하며, 35℃에서 약 150기압의 고압 용기에 담아서 사용한다(순도 99.5% 이상).

라) 압력 조절기(레귤레이터): 가스통 안의 높은 압력을 사용 가능한 압력으로 낮추어 주고 또한 압력을 일정하게 조절해 준다.

- 산소 사용 압력: 3~4kg/cm^2
- 아세틸렌 사용 압력: 0.1~0.5kg/cm^2

마) 용접 토치: 산소와 아세틸렌을 혼합하고 토치 팁에서 점화시켜 불꽃을 만들어 용접할 모재를 접합시키는 데 사용한다.

- 토치 취급 시 주의사항
    - 팁 구멍은 반드시 팁 크리너로 닦는다.
    - 토치에 기름이 묻지 않도록 한다.
    - 팁이 막혔을 때 산소만 분출시키면서 물속에서 냉각시킨다.

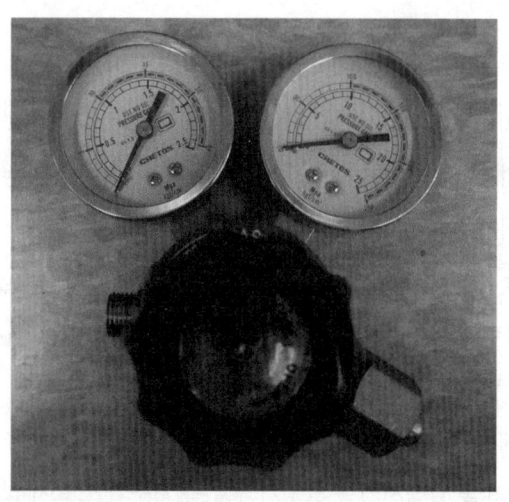

바) 토치 팁

- 독일식 팁: 용접작업에 사용되는 것은 용접해야 할 판의 두께에 따라 번호를 붙인다.
- 프랑스식 팁: 시간당 소비하는 아세틸렌양으로 표시한다.

사) 용접 불꽃

- 산소, 아세틸렌의 양에 따른 종류
    - 산화염: 아세틸렌보다 산소가 많을 때의 불꽃(황동, 청동, 납땜 등 고온이 필요한 곳에 사용)
    - 탄화염: 산소보다 아세틸렌양이 많을 때의 불꽃(스테인리스강, Al, 모넬메탈 등 산화하기 쉬운 금속에 사용)

- 중성염(표준염): 토치에서 산소와 아세틸렌의 혼합비가 1:1일 때의 불꽃으로 일반 용접에 사용한다.

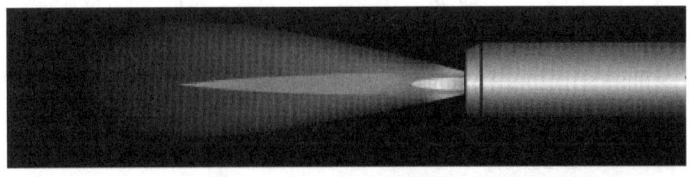

▲ Neutral flame

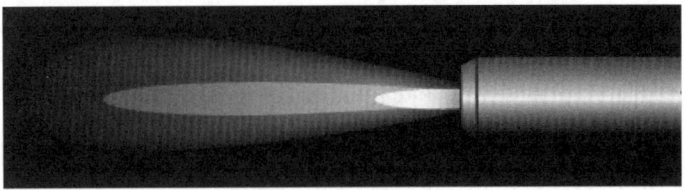

▲ Carburizing(reducing) flame

▲ Oxidizing flame

- 불꽃의 구성
  - 백심: 환원성으로 가장 안쪽의 불꽃이며 백색이다(온도는 1,500℃).
  - 속불꽃: 무색에 가까우며 고열이 발생한다(온도는 3,200~3,500℃).
  - 겉불꽃: 완전 중성으로 온도는 2,000℃이다.

아) 불량현상
- 역류: 산소가 아세틸렌 호스로 들어가는 것이다.
- 역화: 가스 유출 속도보다 연소 속도가 빠를 때 토치 속으로 연소가 진행되는 현상이다.
  ※ 인화: 불꽃이 혼합실까지 들어가 그곳에서 연소하는 현상으로 '쉬액' 소리가 나고 혼합실이 뜨겁다.

③ **아크 용접**: 교류나 직류를 이용하여 모재와 용접봉 사이에 아크를 발생시켜 그 아크열로 용접하는 작업 방법이다.

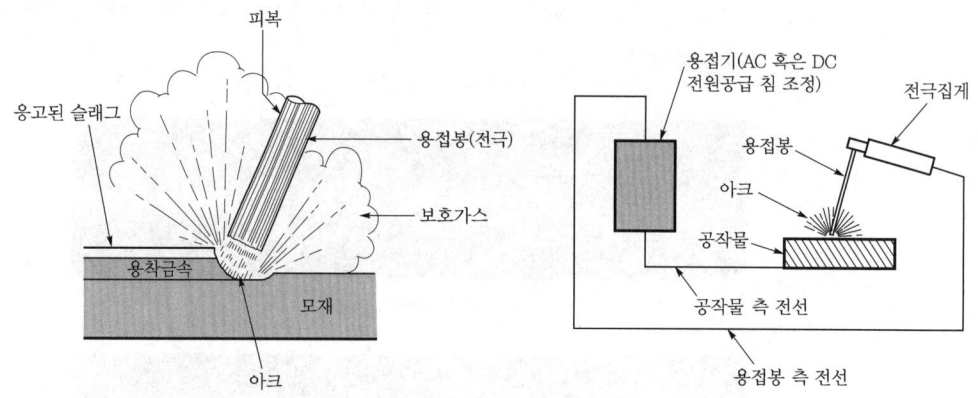

가) 직류 전원 아크 용접: 아크 발생이 안정하고 일정하다.
- 정극성: 모재에 +극을 연결하는 방법으로 양극에서 열이 더 많이 발생하므로 모재의 용입이 깊어 많이 사용하는 방법이다.
- 역극성: 모재에 -극, 용접봉에 +극을 연결하는 방법으로 모재의 용입이 얇아 박판, 주철, 고 탄소강, 합금강 및 비철금속 등의 용접에 사용된다.

나) 교류 전원 아크 용접: 아크 전원이 일정하지 않고 불안정하여 피복 용접봉을 사용하기 전에는 실효성이 없었다. 주파수 증가에 따른 미세하고 균일한 아크가 발생되는 이점 때문에 현재 교류 아크 용접기를 널리 사용한다.

다) 용접봉
- 심선: 용접봉에서 용융금속을 보충하는 역할을 하며 심선의 재질에 따라서 용접부에 큰 영향을 주므로 심선은 가능한 한 불순물이 적어야 한다. 심선은 직경이 3.2~6.0mm가 가장 많이 사용되며, 모재의 재질과 같은 재질의 심선을 사용해야 한다.
- 피복제 역할
  - 아크를 안정시킨다.
  - 용접물을 외부 공기와 차단시켜 산화를 방지한다.
  - 용착금속을 피복하여 급랭에 의한 조직 변화를 방지하여 작업 효율이 좋아진다.
  - 용착 금속의 기계적 성질을 개선한다.
  - 용착 금속에 적당한 합금 원소를 첨가한다.
  - 슬랙을 제거하고 비드를 깨끗이 한다.

라) 아크의 이상적 길이
- 3~5mm가 좋고 일정 간격, 속도를 유지할 필요가 있다.
- 아크 길이가 너무 길면 용입 불량, 공기와 접촉으로 재질 변화와 핀 홀(pin-hole)이 생기기 쉽다.
- 아크에 영향을 주는 요소: 전류의 세기, 전압, 전력

마) 아크 용접기의 종류
- 교류 용접기
  - 가동 철심형
  - 가동 코일형
- 직류 용접기
  - 전동기 발전형
  - 엔진 구동형
  - 정류기형

바) 아크 용접 용구
- 헬멧 및 핸드실드: 아크나 유해 광선으로부터 작업자의 눈을 보호하기 위해서 사용한다.
- 장갑과 에이프런: 감전과 유해 광선을 피하기 위하여 가죽으로 만든 것을 사용한다.
- 슬랙 해머: 용접 시 발생한 슬랙을 제거하는 데 사용되는 망치이다.

④ **불활성 가스 아크 용접**

가) 원리: 용접이 진행되는 동안 용접 부위를 대기와 차단시키기 위하여 아크 둘레에 보호 덮개로 불활성 가스인 아르곤이나 헬륨 가스를 사용하는 용접이다.

나) 특징
- 작업이 쉽고 용접 속도가 빠르다.
- 용접 부위가 견고하여 부식에 대한 저항이 높다.
- 티타늄, 마그네슘, 내식강 및 산화되기 쉬운 금속에 매우 좋은 효과가 있다.

다) 텅스텐 불활성 가스 아크 용접(TIG 용접): 아크를 일으키는 데 소모되지 않는(비소모성) 텅스텐 전극이 사용되며, 용접작업 도중에 불활성 가스(아르곤, 헬륨)가 용접 부위의 공기를 차단하여 산화를 방지시키며, 텅스텐 전극은 단지 아크를 일으키기 위해 사용된다.

※ 정전류 특성 전원에 직류 역극성, 직류 정극성, 교류 등이 사용된다.

라) 금속 불활성 가스 아크 용접(MIG 용접): TIG 용접에서의 비소모성 텅스텐 전극 대신 소모성 금속 와이어를 이용하는 용접으로, 불활성 가스로는 보통 아르곤이 사용되고 경우에 따라 소량의 헬륨과 산소를 혼합하여 사용하기도 하며, 저 탄소강에는 이산화탄소와 아르곤에 산소가 2% 혼합된 가스를 사용한다.

※ 정전압 전원에 직류 역극성을 주로 사용한다.

마) 불활성 가스 아크 용접의 장점
- 모든 금속의 용접이 가능하다.
- 슬랙이 발생하지 않으며 용접 부분이 깨끗하다.
- 스패터 및 합금 성분의 손실이 적다.

- 용착 금속의 상태가 좋다.
- 용접 속도가 빠르고 변형이 적다.
- 용접이 가능한 판 두께의 범위가 넓다.
- 모든 자세의 용접이 가능하다.

바) 불활성 가스
- 성질: 화학적으로 안정하여 용접 부위의 산화를 방지하는 기능이 있다.
- 아르곤 가스: 알루미늄 합금이나 마그네슘 합금의 용접에 사용되며 가격이 저렴하고 헬륨보다 더 무거워 좋은 보호막의 역할을 수행하여 널리 사용된다.
- 헬륨 가스: 열전도율이 높은 무거운 금속의 용접에 사용된다.

⑤ 압점

가) 단접: 용접부에 열을 가한 후 에어 해머 등으로 단조시켜 접합시키는 방법이다.

나) 전기 저항 용접
- 점 용접: 두 전극 사이에 놓인 모재에 전극으로 압력을 가하면 접촉 저항에 의한 열이 발생하고 플라스틱 상태가 되면 압력을 가해 접합시키는 방법이다.
- 시임 용접: 회전 롤러에 전선을 연결하고 롤러를 회전시키면 롤러 사이에 놓인 모재가 연속적으로 접합되며, 기밀을 유지할 필요가 있을 때 사용하는 접합법이다.
- 버트 용접: 두 전극 봉의 끝을 접촉시키면 접촉 저항열이 발생하고 충분히 달구어진 후 압력을 가해 접합시키는 방법이다.
- 플래시 방법: 두 전극 봉에 약간의 간격을 주면 아크가 발생하고 아크 열에 달구어진 후 압력을 가해 접합시키는 방법이다.
- 쇼트 용접: 고전압을 순간적으로 보내 짧은 시간 동안에 접합을 완료하는 방법이다.

⑥ 납땜

가) 의미: 모재는 용융되지 않고 용가제만 용융되어 금속을 접합시키는 것이다.

나) 연납땜: 용융점이 450℃ 이하인 납땜으로 주석과 납의 합금이 이용된다.

다) 경납땜: 용융점이 450℃ 이상인 납땜으로 황동납, 양은납, 은납 등의 종류가 있다.

라) 납땜 인두: 열전도율이 높고 친화력이 있는 구리가 사용된다.

마) 용제(LUX): 납땜을 할 때 모재 표면에 산화막을 제거하여 깨끗이 하고 납땜 중에 생성된 금속 산화물을 용해시켜 액체 상태로 만들어 납의 흐름을 좋게 한다.
- 경납용 용제: 붕사 $[Na_2B_4O_7, 10H_2O]$
- 연납용 용제: 붕산 $[H_3BO_3]$

⑦ 이음의 종류에 따른 용접의 종류

가) 이음의 종류에 따른 용접의 종류
- 맞대기 용접(butting welding)
- 필릿 용접(fillet welding)
- 모서리 용접(edge welding)
- 플러그 용접(plug welding)
- 플랜지 용접(flange welding)
- T 용접(t-welding)

나) 용접을 진행하는 방법
- 좌진법은 왼쪽 방향으로 용접을 진행해 나가는 것으로 용접봉이 토치보다 앞에 있어서 전진법이라고도 한다.
- 우진법은 용접봉이 팁과 비드 사이에 있어 토치의 뒤를 용접봉이 따라가기 때문에 후진법이라고도 한다.
- 비교

항목	좌진법(전진법)	우진법(후진법)
열이용률	나쁘다.	좋다.
용접속도	빠르다.	느리다.
비드의 모양	매끈하다.	매끈하지 않다.
소요 홈 각도	크다. 80°	작다. 60°
용접 변형	크다.	작다.
용접 가능한 판 두께	얇다. 5mm까지	두껍다.
용접금속의 냉각도	급랭	서냉
산화의 정도	심하다.	약하다.
용착금속의 조직	거칠어진다.	미세하다.

다) 용접 자세의 종류
- 위보기 용접
- 수평 용접
- 수직 용접
- 아래보기 용접

라) 용접 결함의 종류

결함의 종류	결함의 형상	발생 원인
표면의 오목 자국	표면에 만들어진 눌린 흔적	높은 용접 전류, 긴 통전 시간, 과도한 가압력, 적은 전극 지름
튀어 나옴	모재 표면 또는 판 사이에 녹은 금속이 날려 튀어 나온 상태	판 표면 및 판 사이의 과열, 높은 용접 전류, 적은 가압력, 표면 처리 및 전극 형상의 불량
피트	표면이 패어 대부분 중앙에 만들어진 깊은 구멍	긴 통전 시간, 중립의 발생

오손	전극과 모재가 합금을 만든 것	높은 용접 전류, 적은 가압력, 표면 처리 불량
기공	용접 금속 내에 생긴 열쇠 구멍	높은 용접 전류, 긴 통전시간, 적은 가압력, 지지 시간의 부족
균열	용접부의 쪼개짐	높은 용접 전류, 긴 통전시간, 적은 가압력, 지지 시간의 부족
판의 구부러짐 (판의 분리)	판이 구부러져 판이 분리된 것	중립의 발생, 높은 용접 전류, 과도한 가압력, 전극 형상의 불량

⑧ 가스 절단법

  가) 가스 절단 원리: 빨갛게 가열된 철사를 순수한 산소에 넣으면 불꽃을 내면서 연소한다. 따라서 절단 토치로 철판을 예열(약 800~1,000℃)하고, 순도 높은 산소를 분출시키면 철판은 급격한 연소 작용을 일으킨다. 이때 철판은 산화철이 되면서 연소열을 발생하고 계속 분출되는 산소에 의해 산화철은 밀려나면서 연소되지 않은 철판에 열을 전달한다. 이러한 열의 전달에 의해 연소가 계속되면서 철판의 절단이 진행된다.

  나) 가스 절단의 조건
  - 모재의 연소 온도가 모재의 융점보다 낮아야 한다.
  - 생성된 산화물의 용융 온도는 모재의 융점보다 낮아야 한다.
  - 생성된 산화물은 유동성이 좋아 잘 밀려 나가야 한다.
  - 모재의 성분 중에는 연소되지 않는 물질이 없어야 한다.

  다) 작업 최적 재료: 연강, 주강

    ※ 주철, 스테인리스강, 구리, 알루미늄 등은 위의 조건 중 한 가지 이상을 만족하지 않아 산화물 제거 용제를 사용하거나 아크 절단을 해야 한다.

5 수리작업

(1) 목재 및 천 외피의 수리작업

① 목재 수리작업

  가) 날개보의 수리
  - 한 번 수리한 부분은 어떠한 경우에도 수리하지 않는다.

- 주로 나무결 방향으로 균열이 생기는 이유: 목재가 수축하기 때문이다.
- 날개보를 수리한 부분에는 다른 체결 부품이 장착된 부분에 손상이 발생되었을 때는 수리할 수 없고 교환해야 한다.

② **리브의 수리**: 삽입재 사용 시 삽입재의 나무결 방향이 원래 부재의 나무결 방향과 가능한 한 일치되도록 한다.

③ **합판의 수리**

가) 플러그 패치: 원형과 타원형으로 된 합판을 직각으로 절단 후 1/4in 두께의 이중판을 이용하여 접합하는 패치이다.

나) 스플레이 패치: 1/10in 이하의 얇은 합판의 수리에 적용하는 패치로 손상 범위가 합판 두께의 15배 이상 되는 경우에 사용할 수 없다.

다) 표면 패치: 합판 표피 외부에 부착하여 사용하는 패치이다.

라) 스카프 패치: 응력 판넬의 수리에 적합해 가장 많이 사용하는 방법이다.

④ **목재의 특성**

가) 목재의 함수율: 8~12%

나) 목재 접착면에 묻어서는 안 되는 것: 기름, 왁스, 바니스, 락카, 에나멜, 도우프, 페인트, 먼지, 때, 크레용 등의 오물

다) 목재 접착 시 가압 압력
- 연목: 125~150psi
- 경목: 150~200psi

라) 가압 시간: 7시간 정도

마) 목재 수리 부분 중 가장 강한 부분: 접합부로 강도가 100% 이상이다.

바) 목재에 그리스나 오일이 묻었을 경우 제거 방법: 휘발유로 제거한다.

사) 목재 접착면은 사포질을 금한다.

⑤ **도프 작업**

가) 도프 종류
- 질산 도프: 유동성이 좋아 천에 바르기 쉽고 불에 잘 타는 성질이 있다. 질산에 목재펄프, 아마, 황마, 대마 등을 용해시켜 제조한다.
- 낙산 도프: 내구성이 있고 천에 침투 및 수축 효과가 좋다.
  – 낙산에 목재펄프, 아마, 황마, 대마 등을 용해시켜 제조한다.

- 보통 초기에 질산 도프를 칠하고 마른 다음 낙산 도프를 칠한다.
- 은분 도프: 투명 도프에 은분을 혼합해서 만든 것으로, 처음 투명 도프를 2~3회 칠한 다음 은분 도프칠을 하면 태양의 자외선으로부터 천을 보호하여 수명이 길어진다.

나) 은분 도프 혼합비: 은분 1.5파운드에 5갈론의 투명 도프를 혼합한다.

다) DOPE 작업 불량 현상이다.
- 브러싱(blushing) 현상: 다습한 기상 조건에서 도프 작업 시 도프의 희석제인 신나가 증발함으로써 날개 표면 온도가 강하하고 대기 중의 수증기가 응결하여 흰 반점이 나타나는 현상이다.
  - 브러싱 현상 방지책: 항브러싱 신나를 섞고 실내 온도를 약간 높여준다.
  - 도프 작업 시 가장 이상적인 기상조건: 온도 75°F 이상, 상대습도 65% 이하
- 핀 홀: 먼저 칠한 도프가 충분히 마르기 전에 다음번 도프칠을 할 때 또는 희석이 충분치 못할 때 일어난다.

라) 도프 칠 횟수
- 투명 도프를 3번 칠하고 샌드페이퍼 작업을 한다.
- 은분 도프 3회 그리고 샌드페이퍼 작업을 한다.
- 색소 도프 3회 후 매끈하게 샌드페이퍼 작업을 하고 걸레로 문지른다.

마) 탈수공 그로메트
- 두 번째 도프칠을 한 후 날개나 가동익 뒷전에 되도록 리브에 접근해서 탈수공 그로메트를 장착하며, 동체에는 각 구간마다 중앙부에 붙이되 가장 탈수 효과가 좋은 곳을 골라야 한다.
- 도프가 완전히 굳은 다음에 조그마한 칼로 뚫는다(송곳이나 펀치로 구멍을 내서는 안 된다).

바) 방부 도프
- 제일 첫 번째 도프칠은 도프에 방부제를 섞어서 쓰는 것이 좋다.
- 방부용으로 맨 처음 칠할 때 천의 표피에 충분히 침투되도록 아주 묽게 타서 쓰는 것이 좋다.

사) 주의사항
- 한냉기에는 도프가 심하게 굳어지므로 75°F(24℃) 정도로 데워서 사용하는 것이 이상적이다.
- 주황색으로 보이거나 표면이 두툴거리는 것은 도프의 희석이 부적당하거나 스프레이건을 너무 멀리서 사용했을 때 발생한다.

- 스프레이 장비는 사용 전에 탈수 및 탈유를 충분히 해야 한다.
- 도프가 부분적으로 잘 건조하지 않는 것은 오일이나 비누 기타의 자국을 완전히 닦아내지 않았을 때 나타나는 현상이다.

아) 도프 작업의 효과
- 우포가 팽팽해진다.
- 강도가 증가한다.
- 공기와 수분을 차단한다.
- 수명을 연장시킨다.

⑥ 우포(천 외피-fabric)

가) 우포의 등급: 날개의 익면 하중과 최대 속도로 결정된다.

나) 우포의 허용 퇴화율: 30%

다) 우포에 묻은 그리스나 오일 제거 방법: 아세톤으로 제거한다.

라) 8~10번 바느질 후 매듭을 지어야 한다.

마) 피복방법: 담요식, 봉투식

(2) 샌드위치 구조재 수리 작업

① 샌드위치 구성: 외피, 코어, 접착제

가) 외피, 코어의 재질: 알루미늄 또는 강화 플라스틱(FRP)

나) 접착제: 에폭시 계통의 열경화성(페놀수지, 폴리우레탄, 에폭시) 수지

② 샌드위치 구조의 특성

가) 장점: 가볍고 무게에 대한 강도비가 크며 충격에 강하다.

나) 단점: 우그러지기 쉽고 접착부로 습기가 스며들어 부식이 생길 수 있다. 또한, 스며든 수분이 응결하여 팽창함으로써 외피가 부풀어 오르거나 모서리의 박리현상이 생길 수 있다.

③ 손상의 검사

가) 손상의 종류: 우그러짐, 균열, 뚫림, 외피 분리, 모서리의 박리

나) 손상 검사 병법
- 육안검사
- 비파괴 검사: X선 검사, 초음파 검사
- 금속 조각으로 두드려 소리로 판단하는 방법이다.

6 부식방지 처리

(1) 부식의 종류

① 표면 부식: 금속 표면에 존재하는 수분에 의해 발생한다.

② 동전기 부식(이질금속 간 부식): 서로 다른 금속이 전해물질에 노출될 때 전해작용에 의해 부식한다.

③ 입자 간 부식: 부적절한 열처리에 의해 발생되며, 항공기 구조 부재에 가장 큰 손상을 입히는 부식이다.

④ 응력 부식: 금속 재료가 인장 응력을 받거나 냉간가공에 의한 조직의 변화가 일어나 부식이 발생한다.

(2) 부식처리

① 알로다인 처리: 알루미늄을 크롬산 용액으로 처리하는 방법이다.

② 양극처리: 얇은 산화 피막을 형성하는 방법이다.

③ 다우처리: 마그네슘을 크롬산 용액으로 처리하는 작업이다.

④ 알카리 착색법: 철금속에 산화물의 피막을 형성시키는 작업이다.

⑤ 파커라이징: 철금속에 인산염 피막을 형성시키는 작업이다.

7 중량과 평형

(1) 항공기의 중량

① 무게와 구분

가) 유효하중: 승무원, 승객, 화물, 무장계통, 연료, 윤활유 등의 무게를 포함한 것으로 최대 총 무게에서 자기 무게를 뺀 것을 말한다.

나) 기본 빈 무게(기본 자기 무게)

- 승무원, 승객 등의 유용하중, 사용 가능한 연료, 배출 가능한 윤활유의 무게를 포함하지 않는 상태에서의 항공기 무게이다.

- 기본 빈 무게에는 사용 불가능한 연료, 배출 불가능한 윤활유, 엔진 내의 냉각액의 전부, 유압계통의 무게도 포함한다.

다) 운항 빈 무게(운항 자기 무게): 기본 빈 무게에서 운항에 필요한 승무원, 장비품, 식료품을 포함한 무게이다. 승객, 화물, 연료 및 윤활유를 포함하지 않는 무게이다.

라) 최대 무게: 항공기에 인가된 최대 무게이다.

마) 영 연료 무게: 연료를 제외하고 적재된 항공기의 최대 무게이다.

바) 테어 무게: 항공기 무게를 측정할 때 사용하는 잭, 블록, 촉과 같은 부수적인 품목의 무게를 말한다.

사) 설계 단위 무게: 항공기 탑재물에 대한 무게를 정하는 데 기준이 되는 설계상의 무게이다.
- 남자 승객: 75kg, 여자 승객: 65kg
- 가솔린: 1리터당 0.7kg, JP-4 1리터당: 0.767kg
- 윤활유의 무게 1리터당 0.9kg

② **비행상태와 하중**

가) 비행 중 기체에 작용하는 하중: 인장 하중, 압축 하중, 굽힘 하중, 전단 하중, 비틀림 하중

나) 하중배수
- 선회비행 시 하중배수: $n = \dfrac{1}{\cos\theta}$
- 제한 하중배수

감항류별	제한 하중배수	제한운동
A류(acrobatic)	6	곡예비행에 적합
U류(utility)	4.4	제한된 곡예비행 가능
N류(normal)	2.25~3.8	곡예비행 불가
T류(transport)	2.5	수송기의 운동 가능

- 속도-하중배수 선도

다) 설계 급강하 속도: 구조강도의 안정성과 조종면에서 안전을 보장하는 설계상의 최대허용속도이다.

라) 설계 순항 속도: 순항성능이 가장 효율적으로 얻어지도록 정한 설계 속도이다.

마) 설계 운용 속도: 항공기가 어떤 속도로 수평비행을 하다가 갑자기 조종간을 당겨 최대 양력 계수의 상태로 될 때, 큰 날개에 작용하는 하중배수가 그 항공기의 설계제한 하중배수와 같게 되었을 때의 속도이다. 설계 운용속도 이하에서는 항공기가 어떤 조작을 해도 구조상 안전하다는 것이다.

바) 설계돌풍 운용속도: 어떤 속도로 수평비행 시 수직 돌풍속도를 받았을 때 하중배수가 설계제한 하중배수와 같아질 때의 수평 비행속도를 말한다.

③ **힘과 모멘트**

가) 힘: 물체에 작용하여 그 물체의 형태와 운동상태를 바꾸려는 것을 힘이라 한다.

나) 모멘트: 회전이 얼마나 크게 이루어지는가 하는 정도, 힘의 회전 능률을 말한다.

다) 평형 방정식

- 지지점과 반력

롤로 지지점	수직 반력만 생긴다.
힌지 지지점	수직, 수평 반력이 생긴다.
고정 지지점	수직, 수평, 회전 모멘트의 반력이 생긴다.

8 헬리콥터의 중량과 평형

(1) 세척

① **세척의 종류:** 내부 세척, 외부 세척

② **축전지 오염 시 중화 방법**

가) 황산으로 오염 시: 20% 희석된 중탄산나트륨 용액으로 중화시킨 후 세척한다.

나) 수산화칼륨으로 오염 시: 3% 희석된 붕산으로 중화시킨 후 세척한다.

③ **세척 방법:** 아래에서 위로 세척한다.

(2) 진동 특성

① **저주파수 진동**

가) 2/3회 진동: 회전날개의 감쇄 장치가 원활하게 작동되지 않을 때 발생하는 진동이다.

나) 1회 진동: 주 회전날개의 헤드나 회전날개 깃이 불평형 상태가 되었을 때 발생하는 진동으로 궤도가 벗어났을 때 발생한다.

다) **가로 방향의 횡전 진동**: 회전날개의 회전수가 너무 낮아 회전날개 자체의 하중을 지탱할 정도의 양력이 발생하지 못하는 경우에 회전날개 깃이 궤도를 벗어남으로써 발생한다.

라) **꼬리 진동**: 회전날개에 의해 교란된 공기 흐름이 헬리콥터의 꼬리회전날개에 영향을 끼칠 때 발생한다.

② **중간 주파수 진동**: 주 회전날개가 1회전 시 주 회전날개의 깃수 만큼 진동이 발생하는 것으로 회전날개 깃의 공기 역학적인 하중 분포가 다를 때 발생하며, 특히 전진 비행 시 진동 효과가 커진다.

③ **고주파수 진동**: 엔진이나 동력 구동장치 등에 의해 발생된다.

(3) 회전날개의 궤도 점검: 저주파수 진동의 원인 제거 방법

① **궤도 점검용 깃발 사용법**

가) 회전날개 깃 선단에 수성 펜으로 각기 다른 색을 칠한다.

나) 회전날개 깃을 회전시켜 점검용 깃발을 스치게 한다.

다) 깃발에 찍힌 색깔을 확인하여 해당 회전날개 깃의 궤도를 수정한다.

② **스트로보스코프 이용법**

가) 자기 발생장치에서 나오는 자력선을 차단 장치가 차단할 때 전자 파동 신호가 발생한다.

나) 이 파동 신호에 의해 스트로보의 섬광이 반사 표적에 반사되어 회전날개깃 영상이 스트로보스코프에 나타난다.

다) 궤도 이탈된 날개깃의 궤도를 조절한다.

③ **궤도 조절 방법**

가) 완속 상태에서의 궤도 조정: 피치 조종 로드의 길이를 조절하여 궤도를 수정한다.

나) 고속 상태에서의 궤도 조정: 회전날개 깃의 조종탭을 조절하여 궤도를 수정한다.

(4) 평형 점검

① **시행 착오법**

가) 평형이 맞지 않는다고 판단되는 선회깃 선단에 약 5cm 폭의 테이프를 부착 후 비행하여 진동을 측정한다.

나) 진동의 세기가 감소하면 테이프를 더 붙여 진동이 사라질 때까지 한 후 테이프의 무게와 같은 추를 선단에 부착한다. 단, 진동이 증가할 경우 반대쪽 선단에 테이프를 부착한다.

② **전자 평형 장비 이용법**

가) 스트로보스코프에서 얻은 전자 파동 신호와 가속도계에 의하여 감지된 진동 특성 신호를 전자 평형 기기에 입력시켜 계산함으로써 평형 점검 자료를 산출한다.

나) 자료로부터 도표를 이용하여 평형추의 위치, 무게를 구한다.

(5) 자동 회전 비행 수 점검

① 회전수 증가법: 동시 피치 조종 로드의 길이를 증가

② 회전수 감소법: 동시 피치 조종 로드의 길이를 감소

(6) 꼬리회전날개의 작동 점검 및 조절

① **궤도 점검:** 궤도 점검 후 궤도가 벗어난 경우 꼬리회전날개를 통째로 교환한다.

※ 평형 점검 전에 수행하는 것이 바람직하다.

② **평형 점검:** 아버 지시계로 확인한다.

(7) 동력 구동장치 계통의 정비

① **변속기와 기어박스:** 변속기와 기어박스의 점검은 주로 윤활유와 연관된 것이다.

가) 점검사항

- 윤활유의 누설 점검
- 윤활유의 오염 상태 점검
- 기어박스의 사용 점검

나) 변속기의 고장 탐구: 변속기의 고장은 주로 윤활유와 관계가 있다.

- 변속기 윤활유 압력 계기의 지시값이 흔들리는 경우: 전기적 접속 상태가 헐겁거나 계기 및 변환기에 결함이 있음을 의미한다.
- 윤활유 압력이 낮게 지시되는 경우: 윤활유 섬프의 윤활유 수준이 낮거나 윤활유 펌프가 고장일 수 있으며 방열기가 막혔을 수도 있다.

다) 기어박스의 고장 탐구
- 현상: 기어박스에 고장이 생기면 고주파수 진동이 발생한다.
- 원인: 장착 볼트의 헐거움, 기어박스 베어링의 결함, 기어의 손상 및 기어의 불확실한 정렬 상태 등이 있다.

② **동력 구동축**

가) 점검사항: 기계적인 손상과 변형 및 부식상태에 대한 육안점검을 하며, 필요에 따라 비파괴 검사를 통하여 균열상태를 점검한다.

나) 동력 구동축의 고장 탐구
- 현상: 기어박스에 고장이 생기면 고주파수 진동이 발생한다.
- 원인: 구동축의 부착 프랜지의 너트와 볼트의 헐거움, 구동축의 장착 상태의 불량, 구동축 및 구동축 커플링의 손상, 구동축의 불량한 평형상태 및 지지 베어링의 결함이다.

9 항공기 검사

(1) 육안검사의 정의와 적용

① **육안검사**

가) 개요: 가장 오래된 비파괴 검사 방법으로 결함이 계속해서 진행되기 전에 빠르고 경제적으로 탐지하는 방법이다. 검사자의 능력과 경험에 따라 신뢰성이 달려있다.

나) 검사 방법

㉠ 플래시 라이트를 이용한 균열 검사
- 검사하고자 하는 구역을 솔벤트로 세척한다.
- 플래시 라이트를 검사자의 5~45도의 각도로 향하도록 유지한다.
- 확대경을 사용하여 검사한다.

㉠ 보어스코프 검사: 육안으로 검사물을 직접 볼 수 없는 곳에 사용한다.

㉠ 파이버옵틱 스코프(fiberoptic scope): 검사하기 어려운 위치의 검사물을 검사하는 데 사용되는 비디오스코프 검사 방법이다.

(2) 비파괴 시험검사의 정의와 적용

① 침투탐상 검사

가) 특징
- 육안검사로 발견할 수 없는 작은 균열이나 결함 등을 발견하는 데 사용한다.
- 금속, 비금속의 표면 결함에 사용된다.
- 검사 비용이 저렴하다.
- 표면이 거친 검사에는 부적합하다.

나) 순서
- 검사물을 세척하여 표면의 이물질을 제거한다.
- 적색 또는 형광 침투액을 뿌린 후 5~20분 기다린다.
- 세척액으로 침투액을 닦아낸다.
- 현상제를 뿌리고 결함 여부를 관찰한다.

② 자분탐상 검사

가) 특징
- 피로균열 등과 같이 표면 결함 및 표면 바로 밑의 결함을 발견하기가 좋다.
- 검사 비용이 비교적 저렴하다.
- 검사원의 숙련이 필요 없다.
- 강자성체만 사용이 가능하다.

나) 순서: 전처리→자화→자분의 적용(습식, 건식)→검사→탈자→후처리

③ 와전류 검사
변화하는 자기장 내에 도체를 놓으면 표면에 와전류가 발생하는데, 이 와전류를 이용하는 검사 방법이다.
- 검사결과가 전기적 출력으로 얻어지므로 자동화 검사가 가능하다.
- 검사속도가 빠르고 검사 비용이 싸다.
- 표면 및 표면 부근의 결함을 검출하는 데 적합하다.

④ 초음파 검사
고주파 음속파장을 사용하여 부품의 불연속 부위를 찾는 방법으로, 항공기의 파스너 결함부나 파스너 구멍 주변의 의심나는 주변을 검사하는 데 많이 사용된다.
- 검사비가 싸고, 균열과 같은 평면적인 결함 검사에 적합하다.
- 검사 대상물의 한쪽 면만 노출되면 검사가 가능하다.

- 판독이 객관적이다.
- 재료의 표면상태 및 잔류 응력에 영향을 받는다.
- 검사 표준 시험편이 필요하다.

⑤ **방사선 투과 검사**
- 기체 구조부에 쉽게 접근할 수 없는 곳이나 결함 가능성이 있는 구조 부분의 검사에 사용된다.
- 검사 비용이 많이 들고 방사선의 위험성이 있다.
- 제품의 형태가 복잡한 경우 검사가 어렵다.

CHAPTER 03 실력 점검 문제

01 제작회사나 관련 기관으로부터 전달되는 기술 지시에서 AD는 무엇을 나타내는가?

① 시한성 기술 지시
② 감항성 개선 명령
③ 도해 부품 목록
④ 최소 구비장비 목록

해설
시한성 기술 지시(TCTO), 감항성 개선 명령(AD), 도해 부품 목록(IPC), 최소 구비장비 목록(MEL)

02 항공기 운항을 목적으로 수행되는 점검으로 액체 및 기체류의 보급과 비행 시 발생한 결함의 교정 등 기본적으로 수행하는 정비행위를 무엇이라 하는가?

① 운항 정비 ② 정시점검
③ 수리   ④ 개조

해설
운항정비는 항공기 운항을 목적으로 수행되는 점검으로 액체 및 기체류의 보급과 비행 시 발생한 결함의 교정 등 기본적으로 수행하는 정비행위이다.

03 항공기 기체, 엔진, 및 장비 등의 사용 시간을 "0"으로 환원시킬 수 있는 정비작업은?

① 항공기 오버홀
② 항공기 대수리
③ 항공기 대검사
④ 항공기 대개조

해설
오버홀은 항공기 기체, 엔진 및 장비 등의 사용 기간을 "0"으로 환원시킬 수 있는 정비작업을 말한다.

04 항공기의 수리 순환 부품에 초록색 표찰이 붙어 있다. 이것은 무엇을 뜻하는가?

① 수리 요구 부품
② 사용 가능 부품
③ 폐기품
④ 오버홀

해설
- 사용 가능 부품: 노란색 표찰
- 수리 요구 부품: 초록색 표찰
- 폐기품: 빨간색 표찰
- 수리 중 부품: 파란색 표찰

05 다음은 공장정비 내용의 순서이다. 가장 올바른 것은?

① 검사-분해-세척-수리-조립-시험/조종-보존 및 방부처리
② 분해-검사-세척-수리-조립-시험/조종-보존 및 방부처리
③ 수리-세척-검사-분해-조립-시험/조종-보존 및 방부처리
④ 분해-세척-검사-수리-조립-시험/조종-보존 및 방부처리

정답 01. ② 02. ① 03. ① 04. ① 05. ④

해설

공장정비 순서: 분해-세척-검사-수리-조립-시험/조종-보존 및 방부처리

06 볼트 머리 기호 중 삼각형(△)은 무엇을 의미하는가?

① 내식성 볼트 ② 합금강 볼트
③ 정밀공차 볼트 ④ 열처리 볼트

해설

볼트 머리 기호 식별

머리 기호	종류
—	내식성 볼트
=	내식성 볼트
+	합금강 볼트
△	정밀공차 볼트
◬	정밀공차 볼트
◈	정밀공차 볼트
R	열처리 볼트
- -	알루미늄 합금 볼트
≡	황동 볼트

07 AN21~AN36으로 분류되고, 머리 형태가 둥글고 스크루 드라이버를 사용하도록 머리에 홈이 파여 있는 모양의 볼트는?

① 아이 볼트 ② 클레비스 볼트
③ 육각 볼트 ④ 인터널 렌칭 볼트

해설

클레비스 볼트(AN 21~36)는 보통 스크루 드라이버를 사용하여 장착하며, 전단 하중만 작용하는 곳에 사용되고, 조종계통에 기계적 핀으로 자주 사용된다.

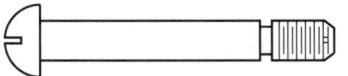

08 육각머리 볼트 중에서 생크에 구멍이 나 있는 볼트나 아이 볼트, 스터드 볼트 등과 함께 사용되는 큰 인장 하중에 잘 견디며, 코터 핀 작업 시 사용되는 너트는?

① 체크 너트 ② 캐슬전단 너트
③ 캐슬 너트 ④ 나비 너트

해설

캐슬 너트는 너트 자체만으로는 진동 등의 원인에 의해 너트가 풀리는 것에 대해 특별한 고정장치가 필요한 너트를 말한다(고정장치: 코터 핀).

09 안전결선 작업에 대한 내용으로 틀린 것은?

① 안전결선은 당기는 방향이 부품을 죄는 반대 방향이 되도록 한다.
② 안전결선은 한 번 사용한 것은 다시 사용하지 않는다.
③ 복선식 안전결선에서 부품의 구멍지름이 0.045in 이상일 때는 ø0.032in 이상의 안전결선을 사용한다.
④ 복선식 안전결선에서 부품의 구멍지름이 0.045in 이하일 때는 ø0.020in인 안전결선을 사용한다.

해설

안전결선은 당기는 방향이 부품을 죄는 방향이 되도록 결선작업을 해야 한다.

10 케이블을 케이블 단자에 압착할 때 사용되는 공구는?

① 패스너 공구
② 트위스터 공구
③ 스웨이징 공구
④ 버킹 바

정답 06. ③ 07. ② 08. ③ 09. ① 10. ③

해설

스웨이징 방법(swaging method)은 스웨징 케이블 단자에 케이블을 끼우고 스웨이징 공구나 장비로 압착하여 접착하는 방법으로, 연결 부분 케이블 강도는 케이블 강도의 100%를 유지하며 가장 일반적으로 많이 사용한다.

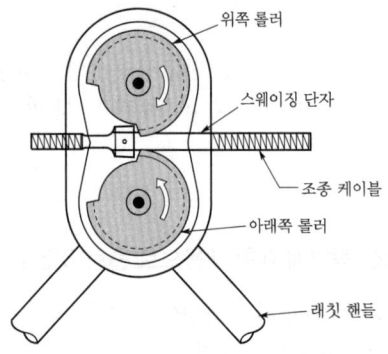

11 토크 렌치에 사용자가 원하는 토크 값을 미리 지정(setting) 시킨 후 볼트를 죄면 정해진 토크 값에서 소리가 나는 토크 렌치의 종류는?

① 디플렉팅-빔형(deflecting-beem type) 토크 렌치
② 오디블 인디게이팅형(audible indicating type) 토크 렌치
③ 리지드 프레임형(rigid frame type) 토크 렌치
④ 토션 바형(torsion bar type) 토크 렌치

해설

오디블 인디게이팅 토크 렌치는 규정된 죔값을 미리 설정한 후 그 값에 도달하여, "크릭"하는 소리를 내어 죔 값을 알려주는 공구이다.

12 케이블 장력 측정기(cable tension meter)를 이용하여 직경이 1/8″인 케이블의 장력을 측정하려고 한다. 이때 사용해야 할 라이저의 NO는 1번이었다. 만약 지시치가 19였다면 이때 케이블의 장력은?

NO 1	라이저
1/8	LB
9	30
16	40
22	50
27	60
⋮	⋮

① 35LBS
② 40LBS
③ 45LBS
④ 50LBS

해설

케이블 장력 측정기로 측정 시 3회 이상 측정하여 평균값을 확인한다. 예문과 같이 지시치가 16과 22 사이인 19라면, 40과 50 사이의 45lbs로 읽는다.

13 다음과 같은 리벳의 규격에 대한 설명으로 옳은 것은?

MS 20470 D 6 - 16

① 접시머리 리벳이다.
② 특수 표면처리 되어 있다.
③ 리벳의 지름은 6/16인치이다.
④ 리벳의 길이는 16/16인치이다.

해설

- 20470: 유니버설 리벳이다.
- D: 2017-T, 두랄루민으로 아이스박스 리벳이라 한다.
- 6: 리벳 지름은 6/32″이다.
- 16: 리벳 길이는 16/16″이다.

정답 11. ② 12. ③ 13. ④

14 0.032인치(inch) 두께의 알루미늄 두 판을 접합시키는 데 필요한 유니버설(univesal) 리벳은?

① AN430 AD-4-3
② AN470 AD-4-4
③ AN426 AD-3-5
④ AN442 AD-4-4

해설
- 470: 유니버설 리벳
- AD: 2117-T, 항공기에 가장 많이 사용된다.
- 4: 리벳 지름은 4/32"이다.
- 4: 리벳 길이는 4/16"이다.

15 생크 속에 화약을 넣어 인두기로 폭발시켜 작업할 수 있는 리벳은?

① 체리 리벳
② 솔리드 생크 리벳
③ 리브 너트
④ 폭발 리벳

해설
폭발 리벳은 생크 끝 속에 화약을 넣어 리벳 머리에 가열된 인두로 폭발시켜 리벳작업을 할 수 있다. 연료 탱크나 화재 위험이 있는 곳에 사용을 금지한다.

16 리벳작업 시 판재가 너무 얇아 카운터 싱크를 할 수 없는 경우 적용하는 방법은?

① 본딩
② 챔퍼링
③ 드릴링
④ 딤플링

해설
딤플링은 판재의 두께가 0.040in 이하로 얇아서 카운트 싱크 작업이 불가능할 경우에 적용되는 작업이다.

17 리벳 선택 시 리벳의 직경은 판재 두께의 몇 배가 가장 적당한가?

① 1
② 3
③ 5
④ 10

해설
리벳 선택 시 리벳의 직경은 가장 두꺼운 판 두께의 3D이다.

18 두께 1mm와 2mm의 판재로 리벳팅 작업을 하려 한다. 리벳트의 지름(D)으로 가장 올바른 것은?

① 6mm
② 1mm
③ 2mm
④ 3mm

해설
리벳 선택 시 리벳의 직경은 가장 두꺼운 판 두께의 3D이다. 즉, 3×2=6mm

19 다음 중 리벳의 제거 작업 시 가장 먼저 해야 할 작업은?

① 줄 작업
② 센터 펀치
③ 드릴링
④ 펀치 제거

해설
리벳 제거 순서
① 리벳 머리에 줄 작업을 해서 평평히 한다.
② 줄 작업 후 센터 펀치로 드릴 작업 위치를 잡는다.
③ 드릴은 리벳 지름보다 한 단계 작은 치수로 머리 깊이까지 수직으로 뚫는다.
④ 펀치를 이용하여 리벳의 머리를 제거한다.
⑤ 펀치를 이용하여 몸 전체를 밀어서 제거한다.

정답 14. ② 15. ④ 16. ④ 17. ② 18. ① 19. ①

20 다음 파스너 중 스터드(stud), 크로스 핀(cross pin), 리셉터클(receptacle)로 구성된 파스너는?

① 캠 로크 파스너(cam lock fastener)
② 주스 파스너(dzus fastener)
③ 에어 로크 파스너(air lock fastener)
④ 볼 로크 파스너(ball lock fastener)

해설

- 쥬스 패스너: 스터드, 그로멧, 리셉터클
- 캠록 패스너: 스터드 어셈블리, 그로멧, 리셉터클
- 에어로크 패스너: 스터드, 크로스 핀, 리셉터클

21 주스 파스너(Dzus Fastener)에 그림과 같은 표식이 되어있을 때 "50"이 의미하는 것은?

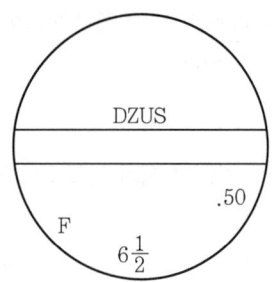

① 길이가 in $\frac{50}{16}$ in
② 몸체의 직경이 $\frac{50}{100}$ in
③ 길이가 $\frac{50}{100}$ in
④ 몸체의 직경이 $\frac{50}{50}$ in

해설

- F: FLUSH HEAD
- $6\frac{1}{2}$: 몸체 직경($\frac{6.5}{16} in$)
- 50: 몸체의 길이($\frac{50}{100} in$)

22 스테인리스 강으로 된 재료에 있어 드릴 작업을 하려고 하는 경우, 드릴 비트 각도는 얼마로 하여야 하는가?

① 59°　② 90°
③ 118°　④ 140°

해설

재질별 드릴날 끝 각
- 목재, 마그네슘: 75°
- 주철: 90~118°
- 저 탄소강: 118°
- 알루미늄: 90°
- 스테인리스강: 140°

23 계기계통의 배관을 식별하기 위하여 일정한 간격을 두고 색깔로 구분된 테이프를 감아두는데, 이때 붉은색은 어떤 계통의 배관을 나타내는가?

① 윤활계통　② 압축공기계통
③ 연료계통　④ 화재방지계통

해설

24 이중 플레어링(double flaring) 방식에 대한 설명으로 틀린 것은?

① 심한 진동을 받는 곳에 사용된다.
② 계통의 압력이 높은 곳에 사용된다.
③ 튜브 연결 부분이 누설되는 것을 방지하기 위하여 사용된다.
④ 지름이 비교적 두꺼운 3/8in 이상의 튜브에 적용된다.

정답 20.③ 21.③ 22.④ 23.③ 24.④

> **해설**
>
> 플레어 방식
> - 단일 플레어 방식: 플레어 공구를 사용하여 나팔 모양으로 성형하여 접합에 사용된다.
> - 이중 플레어 방식: 직경이 3/8in 이하인 알루미늄 튜브에 사용된다(플레어 표준 각도 37°).

25 계기계통의 배관을 식별하기 위하여 일정한 간격을 두고 색깔로 구분된 테이프를 감아두는데, 이때 노란색은 어떤 계통의 배관을 나타내는가?

① 윤활계통　② 압축공기계통
③ 연료계통　④ 화재방지계통

> **해설**
>
> LUBRICATION
> LUBRICATION
> LUBRICATION 황
> LUBRICATION
> LUBRICATION

26 항공기 계통의 고온, 고압의 작동 요구 조건에 맞도록 제작된 호스의 재질로서 진동과 피로에 강하며 강도가 높고, 고무호스보다 부피의 변형이 적은 특징을 가진 것은?

① 부틸　② 부나-N
③ 테프론　④ 네오프렌

> **해설**
>
> - 부나 N: 석유류에 잘 견디는 성질을 가지고 있으며 스카이드롤용에 사용해서는 안 된다.
> - 네오프렌: 아세틸렌 기를 가진 합성고무로 석유류에 잘 견디는 성질은 부나 N보다는 못하지만, 내마멸성은 오히려 강하다(스카이드롤에 사용금지).
> - 부틸: 천연 석유제품으로 만들어지며 스카이드롤용에 사용할 수 있으나 석유류와 같이 사용해서는 안 된다.

27 유압계통이나 연료계통에 튜브(tube) 대신에 호스(hose)가 사용되는 주된 이유는?

① 호스가 경제적이기 때문
② 내열성 및 강도를 증가시키기 위해서
③ 움직이는 부분에 유연성을 주기 위해서
④ 튜브보다 호스가 장착하기 편리하기 때문

> **해설**
>
> 호스는 상대운동을 하는 두 지점 사이의 배관에 사용되며, 장착 시 호스가 꼬이지 않고, 5~8%의 여유와 60cm마다 클램프로 고정하여 사용한다.

28 다음 중 굴곡작업에 관한 용어를 설명한 것으로 틀린 것은?

① 세트백은 굽힘 접선에서 성형점까지의 길이를 말한다.
② 성형점은 접어 구부러진 재료의 안쪽에서 연장한 직선의 교점이다.
③ 판재의 굽힘 반지름은 구부리는 판재의 안쪽에서 측정한 반지름을 말한다.
④ 굽힘여유는 굽힘 각도, 굽힘 반지름, 금속두께 등의 요소에 따라 결정된다.

> **해설**
>
> 성형점은 외부 표면의 연장선이 만나는 점을 말한다.

29 기체 판금 작업 시 두께가 0.2cm인 판재를 굽힘 반지름 40cm로 하여 60°로 굽힐 때, 굽힘여유(B.A)는 얼마인가? (단, π는 3으로 계산한다.)

① 35.72cm　② 31.19cm
③ 20.1cm　④ 40.1cm

> **해설**
>
> $BA = \dfrac{\theta}{360} 2\pi \left(R + \dfrac{1}{2}T\right)$
> $= \dfrac{60}{360} \times 2 \times 3 \times \left(40 + \dfrac{1}{2} \times 0.2\right) = 40.1$

정답 25. ① 26. ③ 27. ③ 28. ② 29. ④

30 판재의 두께가 0.051인치이고 판재의 굽힘 반지름이 0.125in일 때, 90° 구부릴 때에 생기는 세트백은 얼마인가?

① 0.074in ② 0.176in
③ 1.45in   ④ 2.45in

해설

$SB = K(R+T)$
$= \tan\dfrac{90}{2}(0.125 + 0.051) = 0.176$

31 산소-아세틸렌 용접에서 사용되는 아세틸렌 호스 색은?

① 백색 ② 적색
③ 녹색 ④ 흑색

해설

- 산소 호스 색: 초록색
- 아세틸렌 호스 색: 빨간색

32 다음 중 아크 용접에서 피복제의 역할이 아닌 것은?

① 아크를 안정시킨다.
② 용접물의 산화를 방지한다.
③ 용접 부위의 조직 변화를 방지한다.
④ 용접 부위의 냉각속도를 증가시킨다.

해설

피복제의 역할
- 아크를 안정시킨다.
- 용접물을 외부 공기와 차단시켜 산화를 방지한다.
- 용착금속을 피복하여 급랭에 의한 조직 변화를 방지하여 작업 효율이 좋아진다.
- 용착 금속의 기계적 성질을 개선한다.
- 용착 금속에 적당한 합금 원소를 첨가한다.
- 슬랙을 제거하고 비드를 깨끗이 한다.

33 이질 금속 간의 부식은 어느 것인가?

① 응력 부식   ② 동전기 부식
③ 입자 간 부식 ④ 표면 부식

해설

- 응력 부식: 금속 재료가 인장 응력을 받거나 냉간가공에 의한 조직의 변화가 일어나 부식이 발생한다.
- 입자 간 부식: 부적절한 열처리에 의해 발생되며, 항공기 구조 부재에 가장 큰 손상을 입히는 부식이다.
- 표면 부식: 금속 표면에 존재하는 수분에 의해 발생한다.

34 화학적으로 알루미늄 합금의 표면에 0.00001~0.00005인치의 크로멧처리를 하여 내식성과 도장작업의 접착효과를 증진시키기 위한 부식 방지 처리작업은?

① 다우처리   ② 양극처리
③ 파커라이징 ④ 알로다인처리

해설

- 양극처리: 얇은 산화 피막을 형성하는 방법이다.
- 다우처리: 마그네슘을 크롬산 용액으로 처리하는 작업이다.
- 파커라이징: 철금속에 산화물의 피막을 형성시키는 작업이다.

35 알루미늄 합금의 부식을 방지하는 표면 처리 방법이 아닌 것은?

① 양극처리
② 쇼트 피닝 처리
③ 알로다인 처리
④ 인산염 피막처리

해설

부식 방지의 종류에는 양극산화처리(아노다이징), 도금처리, 파커라이징(인산염 피막처리), 벤더라이징, 음극 부식 방지법, 알크래드 알로다인이 있다.

정답 30. ② 31. ② 32. ④ 33. ② 34. ④ 35. ②

36 부품을 파괴하거나 손상시키지 않고 검사하는 방법을 무엇이라 하는가?

① 내부 검사   ② 비파괴 검사
③ 내구성 검사 ④ 오버홀 검사

해설
비파괴 검사(non-destructive inspection)는 검사 대상 재료나 구조물이 요구하는 강도를 유지하고 있는지, 내부 결함이 없는지를 검사하기 위하여 그 재료를 파괴하지 않고, 물리적 성질을 이용하여 검사하는 방법이다.

37 다음 중 형광침투 검사의 순서를 올바르게 나열한 것은?

(a) 침투	(b) 현상
(c) 검사	(d) 세척
(e) 사전처리	(f) 유화처리

① (e) – (f) – (b) – (a) – (d) – (c)
② (e) – (a) – (f) – (d) – (b) – (c)
③ (e) – (d) – (a) – (b) – (f) – (c)
④ (e) – (a) – (b) – (c) – (f) – (d)

해설
침투탐상검사 순서
- 전처리: 세척액으로 표면의 오염물을 제거한다.
- 침투처리: 표면 장력이 적은 적색 또는 형광물질이 들어 있는 액체를 재료 표면에 침투액을 도포 후 5~20분 정도 방치한다.
- 유화처리: 침투제에 유화처리함으로써 물 수세가 가능하게 되고, 침투력이 높아진다.
- 세척: 형겊에 세척액을 분사하여 깨끗이 세척한다.
- 현상: 현상제를 뿌리면 균열 속에 침투되어 있던 침투액이 빨려 나오게 된다.
- 검사: 눈으로 결함을 직접 확인하거나, 형광침투인 경우 암실에서 블랙라이트(black light)로 자외선을 비춰 결함을 검출한다.

38 세라믹, 플라스틱, 고무로 된 항공기 재료를 검사할 때 가장 적절한 비파괴 검사는?

① 자분탐상 검사   ② 색조침투 검사
③ 와전류탐상 검사 ④ 자기탐상 검사

해설
침투탐상검사의 특징
- 금속, 비금속(세라믹, 플라스틱, 고무 등)의 표면 결함 검사에 적용된다.
- 검사 비용이 적다.
- 주물과 같이 거친 다공성 표면의 검사에는 부적합하다.

39 코인태핑 검사에 대한 설명으로 틀린 것은?

① 동전으로 두드려 소리로 결함을 찾는 검사이다.
② 허니컴 구조 검사를 하는 가장 간단한 검사이다.
③ 숙련된 기술이 필요 없으며 정밀한 장비가 필요하다.
④ 허니컴 구조에서는 스킨분리 결함을 점검할 수 있다.

해설
coin 검사는 판을 두드려 sound의 차이에 의해 들뜬 부분검사이며, 허니컴 구조 검사를 하는 가장 간단한 방법이다. 숙련된 기술이 필요 없으며 정밀한 장비가 필요 없다.

40 X선이나 감마선 등과 같은 방사선이 공간이나 물체를 투과하는 성질을 이용한 비파괴 검사는?

① 와전류탐상 검사 ② 초음파탐상 검사
③ 방사선 투과 검사 ④ 자분탐상 검사

해설
방사선 투과 검사는 방사선이 물질 내에서 재질에 따라 투과하고 흡수되는 정도가 다른 성질을 이용하여 거의 모든 재질을 검사할 수 있다. 검사결과는 필름으로 영구적인 기록을 남길 수 있다.

정답 36. ② 37. ② 38. ② 39. ③ 40. ③

CHAPTER 04 지상 안전 및 지원

1 항공기의 지상 안전

(1) 지상 안전의 책임과 사고 방지

① **지상 안전의 책임**: 모든 작업자에게 그 책임이 있다.

  가) 작업 감독자의 책임
  - 작업자에게 작업 절차와 작업규칙 및 장비와 기기의 취급에 대한 교육을 실시한다.
  - 각종 재해에 대한 예방조치를 하여야 한다.
  - 필요한 안전시설 및 작업자의 작업상태 등을 항상 점검한다.
  - 위험하거나 사고의 우려가 있는 상태에 대한 수정 조치를 철저하게 취해야 한다.

  나) 작업자의 책임
  - 작업 시에 반드시 규정과 절차를 준수하여 작업한다.
  - 보호장구 착용이 필요한 작업 시에는 반드시 보호장구를 착용한다.
  ※ 회전 장비(절삭 공구) 사용 시에는 장갑 착용을 금한다.
  - 작업장의 상태를 항상 청결히 유지한다.
  - 정리 정돈하여 사고의 잠재 요인을 제거한다.

② **사고 방지**

  가) 사고의 원인과 결과
  - 사람의 불안정한 행위: 88%
  - 불안정한 조건: 10%
  - 불가항력: 2%
  ※ 사고 중 98%가 인적 요인 및 물리적 요인에 의한 사고이므로 예방이 가능하다.

나) 불안정한 행위의 요인: 작업자의 능력 부족, 규칙, 질서 및 규정의 무시, 주의력 집중의 산만, 불안정한 습관, 신체적 및 정신적 부적합, 작업지시에 대한 결함

- 심리적 원인: 무지, 과실, 숙련도의 부족, 난폭, 흥분, 소홀 및 고의적 행위
- 생리적 원인: 체력의 부적응, 신체의 결함, 질병, 음주, 수면, 피로

다) 사고의 분석

- 하루 중 재해가 가장 많이 발생하는 시간: 오후 2~3시경
- 근무 기간으로 사고가 가장 많이 발생하는 기간: 근무 후 3~6개월 정도
- 재해가 가장 많이 발생하는 계절: 여름철(8월)

라) 사고 방지의 원리

- 안전에 대한 깊은 인식
- 규칙 이행
- 반복적인 교육과 훈련에 의한 해당 업무 숙달

마) 일반적인 안전수칙

- 바른 복장을 한다.
    - 모자를 바로 쓴다(안전모 착용).
    - 작업복의 단추를 모두 채운다.
    - 상의의 옷자락은 허리에 단단히 조여 맨다.
    - 하의는 걷어 올리지 않는 것이 좋다.
    - 구두는 작업하기 수월하고 안전한 것이 좋다.
    - 작업에 따라 안전화를 신는다.
- 보호구를 착용한다(보호복, 보호장갑, 보호장화, 안전화, 신발커버, 안전모, 방진두건, 방독마스크, 귀마개, 보호안경 등).
- 정리정돈을 잘한다.
- 통행 및 통로를 제대로 시행 및 설치한다.
    - 주로 통로는 1.8m 이상 잡으며 바닥에 백색 선을 그려야 한다.
    - 기계와 기계 간의 간격은 80cm 이상 잡는다.
    - 통로를 깨끗이 청소한다.
- 운반 시 안전에 유의한다(등이나 허리가 다치지 않도록 조심).
- 채광과 조명을 충분히 한다(태양광선을 충분히 받아 조명).
- 환기 통풍을 충분히 한다(공기 흐름의 속도는 1m/s 정도).

- 온도와 습도를 알맞게 유지한다.
  - 온도: 20℃
  - 습도: 55%
- 안전표지를 설치한다.
- 안전색채를 규정에 맞게 칠한다.

③ **안전 및 구급 조치**

가) 화상 치료제

나) 화상 습포제: 냉수, 붕산수

다) 치료제: 참기름, 간유

라) 각성제: 암모니아수

마) 인사불성 및 허약체질자의 흥분제: 포도주(알코올)

바) 삼각건 밑변의 길이: 1.5m

사) 방사선의 영향: 방사선의 거리의 제곱에 반비례하여 감소하기 때문에 방사선 발원지에서 멀리 떨어져야 한다.

(2) 항공기의 지상 안전

① **엔진 작동 시의 안전**

가) 감시 요원과 소화기 비치

나) 주변 청결

다) 통행 제한

라) 귀마개 착용(제트엔진 시동 시)

※ 제트엔진 조작 시 안전수칙: 공기 흡입구 흡입 부분은 팬형 엔진일 경우 25피트 주위는 위험지역으로 power run up 시 항공기 전방 200ft, 후방 500ft 이내에는 이유 없이 접근하지 말 것

② **항공기 급유 및 배유 시 안전**

가) 3점 접지: 항공기, 연료차, 지면

나) 지정된 위치에 소화기와 감시 요원 배치(15m 이내 흡연 금지)

다) 연료 차량은 항공기와 충분한 거리 유지(최소 3m 유지)

라) 번개 치는 날 급배유 작업 금지

마) 15m 이내에 고주파 장비 작동 금지

바) 급유 후 15분 이내에 전원 장비 작동 금지

③ **가스 취급 시의 안전**

가) 산소 취급 시 안전

- 반드시 유자격자가 취급
- 소화기를 비치하고 취급(15m 이내에서 담배를 피우거나 인화성 물질 취급금지)
- 산소 취급 장비, 공구 및 취급자의 의류 등에 유류가 묻지 않도록 해야 하고, 산소 보급 및 취급 시 환기가 잘되도록 한다.
- 액체 산소 취급 시 인체에 노출되지 않도록 장갑, 앞치마, 고무장화 등을 착용하고, 취급 시 그리스나 오일 등에 혼합되면 폭발하므로 주의한다.

나) 히드라진(유독성 무기 화합 물질) 취급 시 안전

- 유자격자가 취급
- 피부에 묻으면 물로 씻고 의사의 진찰을 받을 것
- 환기를 철저히 할 것
- 누설 시 구간을 폐쇄하고 제독 요원에게 제독을 요청

다) 독극물 취급 시 안전사항

- 유자격자가 취급할 것
- 뚜껑이 있는 견고한 용기에 보관하고 용기 표면에는 독극물 표시를 할 것
- 관계자 외 접근을 금할 것

라) 소음에 대한 안전

※ 엔진계통 업무에 종사하는 사람은 2년에 한 번씩 청력 검사를 해야 한다.

※ 귀마개의 종류

- 제1종 귀마개: 저음부터 고음까지 차단
- 제2종 귀마개: 고음만 차단

마) 항공기 주기 시의 안전

- 주위를 깨끗이 할 것
- 겨울에는 눈이나 얼음을 제거할 것
- 비행 조종계통은 중립상태에 고정

- 엔진 흡입구나 배기부 및 피토관 등에 덮개를 씌울 것
- 휠 촉을 괸다.
- 항공기를 접지시킨다.

  ※ 글리콜: 얼음이 어는 것을 방지해 주는 부동액으로 주성분은 에틸렌, 프로필렌, 적색 또는 오렌지색 색소가 첨가되어 있으며, 글리콜 사용 시 서리 또는 눈이 쌓이는 것을 방지하도록 상태를 유지할 수 있는 시간은 10~12시간 정도이나 매우 추운 날씨에는 1시간~1시간 30분 정도 그 기능을 유지한다.

2 항공기의 지상 취급

(1) 항공기의 지상 취급

운항을 준비하거나 정비 및 보존을 목적으로 항공기를 지상에서 다루는 작업이다.

① **지상 유도**: 항공기 자체동력을 사용하여 지상에서 운행 시 안전을 위해 유도하는 작업이다.

  ※ 조종사가 잘 보이는 위치에 유도수가 위치한 후 두 팔을 높이 올리고 조종사와 눈이 마주친 후부터 유도를 시작한다.

② **견인작업**: 항공기 엔진은 정지한 상태에서 외부의 힘으로 지상에서 이동시키는 작업으로 견인차, 견인봉으로 작업한다.

  가) 유자격자가 작업한다.
  나) 견인 시 3~7명이 필요하며, 작업 조건이 좋을 때는 3명에서도 견인이 가능하다.
  다) 견인 속도는 8km/h(5MPH) 이내로 한다.
  라) 견인 요원은 날개 끝, 꼬리 부분 등에 배치한다.
  마) 견인차에는 1명만 탑승한다.
  바) 조종석에 탑승한 자는 위급한 상황이 아니면 브레이크를 조절해서는 안 된다.
  사) 주변의 장애물은 사전에 제거한다.

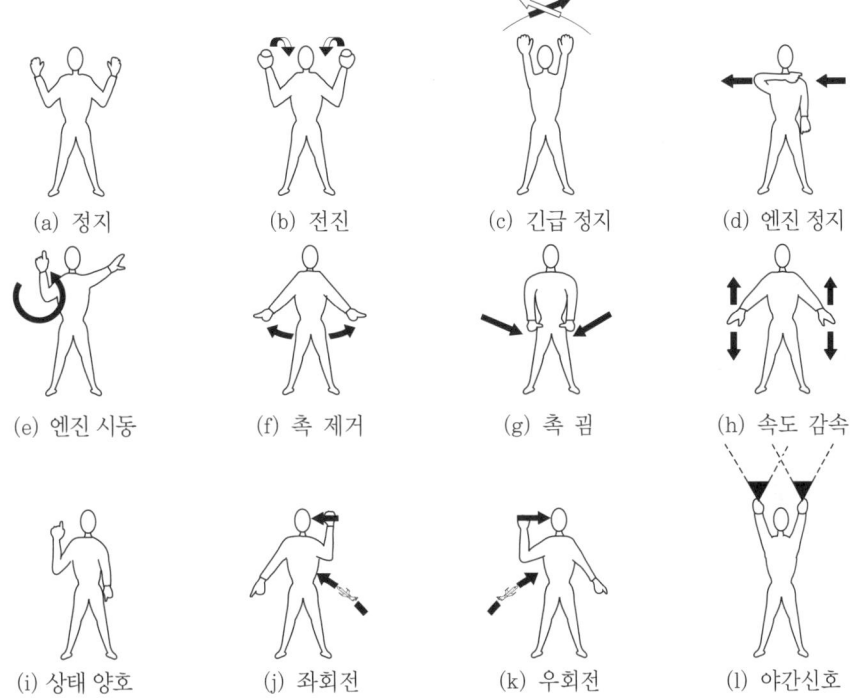

(a) 정지	(b) 전진	(c) 긴급 정지	(d) 엔진 정지
(e) 엔진 시동	(f) 촉 제거	(g) 촉 굄	(h) 속도 감속
(i) 상태 양호	(j) 좌회전	(k) 우회전	(l) 야간신호

③ **계류작업**: 지상에 주기시켜 놓은 항공기를 강풍으로부터 보호하기 위해 지상에 고정한다.

※ 기수는 바람이 부는 방향으로 향한다.

> **참고** 계류 시 주의 사항
> - 항공기를 바람 방향으로 주기 시킨다.
> - 모든 바퀴에는 굄목(chock)을 끼운다.
> - 계류 밧줄이나 케이블을 이용하여 앵커 말뚝에 느슨하게 묶어 고정한다.
> - 비행조종계통은 중립위치에 놓고 잠금장치를 해야 한다.
> - 플랩, 스포일러 및 수평 안정판은 gust lock으로 고정한다.
> - 항공기 무게를 증가시키는 것이 좋다.
> - 엔진 흡입구, 배기구, 피토관 등에 FOD(Foreign Object Damage) 예방을 위해 덮개를 씌운다.
> - 접지를 필히 실시해야 한다.

④ **호이스트 및 잭 작업**

　가) 호이스트 작업: 항공기를 공중에 매다는 작업으로 소형기에만 적용 가능하다.

　나) 잭 작업: 잭을 사용하여 항공기를 위로 들어 올리는 작업이다.
　　　- 표면이 단단하고 평평한 장소에서 수행한다.

- 풍속이 24km/h 이내인 경우에만 작업한다.
- 작업장 주변을 완전히 정리한 후 작업한다.
- 수평으로 서서히 들어 올린다.

※ 잭 작업 시 가장 먼저 할 사항: 응력 판넬의 위치를 확인한다.

3 화재 및 예방

(1) 화재 예방

① 화재의 분류

가) A급 화재: 나무, 종이, 직물, 각종 가연성 물질에 의해 발생되는 화재이다.
- 진화 방법: 냉각법(물)

나) B급 화재: 윤활유, 휘발유, 그리스 등에 의한 화재이다.
- 진화 방법: 질식법(이산화탄소 소화기, 브로모 클로로메탄 소화기, 포말소화기 등을 사용)
- B급 화재에는 물을 절대로 사용할 수 없다.

다) C급 화재: 전기기기, 전기계통 등에 의한 화재이다.
- 진화 방법: 부도체인 소화액 사용, 질식법, 냉각법

라) D급 화재: 마그네슘, 티타늄, 두랄루민과 같은 금속 가루에 발생하는 화재이다.
- 진화 방법: 분말소화기

마) E급 화재: LPG, LNG 가스로 인한 화재이다.
- 진화 방법: 차단법(AFFF, FFFP, 분말, CO_2, 할론)

② 소화기의 종류

가) 물 소화기: 물로 연소에 필요한 산소를 차단하고, 가연물을 냉각시키는 소화기로 "A급 화재"에 적합하다. "B급 화재"에 사용은 바람직하지 않고, "C급 화재"에 물 소화기를 사용할 경우에는 모든 전원 OFF, 배터리 및 코일에 있는 잔류 전기를 제거해야 한다. 또한, "D급 화재"에 물 소화기를 사용할 경우 냉각효과로 금속이 폭발할 수 있으니 절대 사용해서는 안 된다.

나) 이산화탄소 소화기: 가스의 질식작용에 의해 소화시키는 방식으로 "A급 화재", "B급 화재", "C급 화재"에 사용하고, "D급 화재"에는 이산화탄소의 냉각효과로 금속이 폭발할 수 있으니 절대 사용을 금한다. 이산화탄소 소화기 사용 시에는 모든 부분에 냉각을 시키고 산소 차단 및 산소 농도를 저하시키기 때문에 사용자는 반드시 보호장구 착용과 밀폐되지 않은 장소에서 사용해야 한다. 소화 시 1~3m 단거리에서 사용한다.

- 20LB 이산화탄소 소화기: 3~6ft에서 사용한다.
- 35~50LB 이산화탄소 소화기: 7~9ft에서 사용한다.

다) 할로겐화탄화수소: "B, C급 화재"에 가장 효과적인 소화기이며, "A, D급 화재"에도 사용할 수 있으나 성능이 좋지는 않다. 할로겐 화합물로는 냉매, 세정제, 발포제, 분사 추진제, 용재 및 소화제로 사용되고 있으나, 오존층을 파괴함에 있어 생산 및 사용을 중지하고 일부 생산 및 사용을 유예하고 있다. 현재까지 할로겐 소화 약재와 같은 소화효과 및 안정성이 확보된 소화 약재가 개발되지 않아 소화기를 유효하게 사용하되, 다만 함부로 방사되지 않도록 해야 한다.

라) 분말 소화기: "D급 화재"에 가장 효과적인 소화기이며, "B, C급 화재"에도 사용이 가능하다. 중탄산칼륨, 나트륨, 인산염 등을 화학적으로 분말 형태로 만들어 소화 용기에 넣어 가압상태에서 보관되어 있기 때문에 소화 시 잔류 분말이 민감한 전자장비 등에 손상을 줄 수 있어 금속화재를 제외한 항공기 사용에 권하지 않는다.

③ **소화제 구비 조건**

가) 소량으로 높은 소화 능력을 갖춰야 한다.

나) 장기간 안정되고 저장이 쉬워야 한다.

다) 충분한 방출압력을 유지하고 있어야 한다.

라) 항공기 기체 구조물을 부식시키지 않아야 한다.

4 안전 표식

(1) 표식

① **붉은색 안전색채**: 고압선, 폭발물, 인화성 물질, 위험한 기계류 등의 비상 정지 스위치, 소화기, 화재 경보 장치 및 소화전 등에 표시한다.

② **노란색 안전색채**: 충돌, 추돌, 전복 및 이에 유사한 사고의 위험이 있는 장비 및 시설물에 표시한다.

③ **녹색 안전색채**: 안전에 직접 관련된 설비 및 구급용 치료 설비 등에 사용한다.

④ **파란색 안전색채**: 장비 및 기기 수리, 조절 및 검사 중일 때, 이들 장비의 작동을 방지하기 위해 사용한다.

⑤ **오렌지색 안전색채**: 기계 또는 전기 설비의 위험 위치를 식별하도록 사용한다.

5 항공기 세척 및 지상 보급

(1) 세척

① **외부 세척**: 기체 외부의 금속 표면이나 도장한 부분 및 배기계통 등을 세척한다.

　가) 습식세척: 윤활유나 그리스 또는 탄소부착물, 부식과 산화피막을 제외한 대부분의 오물을 세척하는 것으로, 알칼리나 에멀션 세척제를 분사하거나 물로 세척한다.

　나) 건식세척: 먼지 및 오물과 흙 등의 축적물을 제거하는 데 스프레이, 밀걸레, 천 등을 활용하여 사용되며, 특히 엔진의 배기 부분에 있는 탄소, 그리스 또는 오일의 심한 퇴적물을 제거하는 데 적합하지 않다.

　다) 연마작업: 페인트칠이 되어 있지 않은 항공기 표면의 광택을 재생시키거나 산화 피막이나 부식을 제거하는 것이다.

② **내부 세척**: 항공기의 내부를 깨끗하게 세척한다. 중성세제나 알카리성 세제를 사용하여 세척한다.

③ **세척제**

　가) 알카리 세척제: 위험성이 없으며 세척효과가 우수해 널리 쓰인다. 또한, 독성이 없어 페인트칠 한 부분이나 플라스틱 표면에 대해 부작용이 없다.

　나) 솔벤트 세척제: 추운 날씨나 오염이 심한 경우에 사용한다.

　※ 건식 세척용 솔벤트는 산소와 혼합하면 폭발의 위험이 있다.

(2) 지상 보급: 필요한 연료, 작동유, 윤활유, 산소 등을 항공기에 보급하는 작업이다.

① **연료의 보급**

가) 항상 소화기를 비치한다.

나) 15m 이내에 인화성 물질이나 흡연을 금지한다.

다) 모든 동력장치의 작동을 중지한다.

라) 항공기와 연료차, 지면을 3점 접지시킨다.

마) 연료 보급 후 15분 이내에 지상 장비 가동을 금지한다.

바) 연료차와 항공기는 가급적 많이 띄우며 최소한 3m 이상의 거리를 유지한다.

사) 번개 치는 날 급·배유 작업을 금한다.

아) 15m 이내에서 고주파 장비의 작동을 금한다.

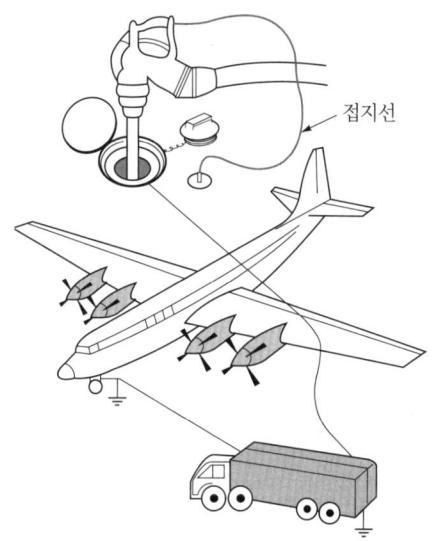

② **윤활유의 보급**

정확한 양을 검사하기 위해 엔진을 정지시킨 후 충분한 시간 경과 후 확인하여 정확한 양을 보급한다.

③ **작동유의 보급**

가) 종류

- 광물성 작동유: 빨간색
- 합성유: 자주색

나) 주의사항

- 깨끗이 취급할 것
- 다른 종류를 서로 혼합시키지 않는다.
- 한 번 사용한 작동유는 다시 사용해서는 안 된다.
- 작동유 계통 세척 시에는 솔벤트를 사용한다.

④ **산소의 보급**

가) 15m 이내에 화기나 흡연을 금지한다.

나) 통풍이 잘되는 장소에서 보급한다.

다) 동상에 대비하여 보호구를 착용한다.

※ 기체 산소가 그리스나 오일에 접촉하면 폭발의 위험이 있으므로 주의를 요한다.

CHAPTER 04 실력 점검 문제

01 지상 안전의 책임은 누구에게 있는가?

① 감독자   ② 모든 작업자
③ 관계 기관   ④ 총 책임자

해설
지상 안전의 책임은 지상에 있는 모든 작업자에게 그 책임이 있다.

02 감독자의 책임과 가장 관계 먼 것은?

① 새로운 장비를 인수하였거나, 작업 방법이 지시되었을 때는 교육을 실시한다.
② 모든 작업자들이 규정된 절차에 따라서 일을 할 수 있도록 이끌어 주고, 독촉해야 한다.
③ 불안정한 요소를 보고 받았거나 발견 시에는 해당 작업자에게 그에 해당하는 제지를 가한다.
④ 사용되고 있는 안전정비 및 이에 부수되는 자재들을 지원해야 한다.

해설
작업 감독자의 책임
- 작업자에게 작업 절차와 작업규칙 및 장비와 기기의 취급에 대한 교육을 실시한다.
- 각종 재해에 대한 예방 조치를 하여야 한다.
- 필요한 안전시설 및 작업자의 작업상태 등을 항상 점검한다.
- 위험하거나 사고의 우려가 있는 상태에 대한 수정 조치를 철저하게 취해야 한다.

03 작업자의 책임과 관계없는 것은?

① 작업자는 작업 시 반드시 규정과 절차를 준수해야 한다.
② 작업 시 보호장구가 필요할 때는 반드시 보호장구를 착용해야 한다.
③ 작업장 및 주위 환경보다 자기가 하고 있는 작업에 몰두한다.
④ 작업장의 상태를 청결히 하고 정리, 정돈하여 사고의 잠재 요인을 제거하도록 노력한다.

해설
작업자의 책임
- 작업 시에 반드시 규정과 절차를 준수하여 작업한다.
- 보호장구 착용이 필요한 작업 시에는 반드시 보호장구를 착용한다.
- 회전 장비(절삭 공구) 사용 시에는 장갑 착용을 금한다.
- 작업장의 상태를 항상 청결히 유지한다.
- 정리 정돈하여 사고의 잠재 요인을 제거한다.

04 불안전한 행위로 발생되는 사고와 거리가 먼 것은?

① 지시상의 결함
② 정돈 불량
③ 작업자의 능력 부족
④ 규칙, 절차 무시

정답 01. ② 02. ③ 03. ③ 04. ②

해설
- 불안정한 행위의 요인: 작업자의 능력 부족, 규칙, 질서 및 규정의 무시, 주의력 집중의 산만, 불안정한 습관, 신체적 및 정신적 부적합, 작업지시에 대한 결함
- 심리적 원인: 무지, 과실, 숙련도의 부족, 난폭, 흥분, 소홀 및 고의적 행위
- 생리적 원인: 체력의 부적응, 신체의 결함, 질병, 음주, 수면, 피로

05 재해의 원인 중에서 생리적인 원인은 어떤 것인가?

① 작업자의 피로
② 안정장치의 불안정
③ 작업자의 무지
④ 작업자의 부적당

해설
4번 문제 해설 참고

06 제트엔진의 지상 작동 중 일반적으로 접근을 금하거나 극히 위험한 지역은 어디인가?

① 앞쪽 30m, 뒤쪽 150m, 흡입구 30m
② 앞쪽 45m, 뒤쪽 200m, 흡입구 45m
③ 앞쪽 60m, 뒤쪽 150m, 흡입구 45m
④ 앞쪽 60m, 뒤쪽 150m, 흡입구 10m

해설
제트엔진 조작 시 안전수칙: 공기 흡입구 흡입 부분은 팬형 엔진일 경우 25ft(7.62m) 주위는 위험지역으로 power run up 시 항공기 전방 200ft(60.96m), 후방 500ft(152.4m) 이내에는 이유 없이 접근하지 말 것

07 다음 보기에서 격납고 내의 항공기에 배유 작업이나 정비작업 중의 접지(ground) 점을 모두 나타낸 것은?

> 항공기 기체, 연료차, 지면, 작업자

① 연료차, 지면
② 항공기 기체, 작업자
③ 항공기 기체, 연료차, 지면
④ 항공기 기체, 연료차, 지면, 작업자

해설
항공기 급유 및 배유 시 3점 접지는 항공기, 연료차, 지면이다.

08 작업 중에 반드시 접지를 하지 않아도 되는 것은?

① 연료의 급유 작업
② 연료의 배유 작업
③ 항공기의 정비작업
④ 항공기 시운전

해설
항공기 접지는 급유 작업, 배유 작업, 정비작업 시에는 반드시 접지를 해야 한다. 시운전 시에는 접지를 하지만, 반드시 하지 않아도 된다.

09 항공기의 급유 및 배유 시 유의사항으로 가장 거리가 먼 내용은?

① 3점 접지를 해야 한다.
② 지정된 위치에 소화기를 배치해야 한다.
③ 지정된 위치에 감시 요원을 반드시 위치시킬 필요는 없다.
④ 연료 차량은 항공기와 충분한 거리를 유지해야 한다.

정답 05. ① 06. ④ 07. ③ 08. ④ 09. ③

해설

항공기 급유 및 배유 시 안전
- 3점 접지: 항공기, 연료차, 지면
- 지정된 위치에 소화기와 감시 요원 배치(15m 이내 흡연 금지)
- 연료 차량은 항공기와 충분한 거리 유지(최소 3m 유지)
- 번개 치는 날 급·배유 작업 금지
- 15m 이내에 고주파 장비 작동 금지
- 급유 후 15분 이내에 전원 장비 작동 금지

10 귀보호 장구의 설명 내용으로 가장 올바른 것은?

① 1종 귀보호 장구는 고음에서만 차음되는 귀마개
② 2종 귀보호 장구는 저음에서 차음되는 귀마개
③ 1종 귀보호 장구는 고음, 저음에서 모두 차음되는 귀마개
④ 2종 귀보호 장구는 고음, 저음에서 모두 차음되는 귀마개

해설

- 제1종 귀마개: 저음부터 고음까지 차단
- 제2종 귀마개: 고음만 차단

11 히드라진 취급에 관한 사항으로 틀린 것은?

① 히드라진이 항공기 기체에 묻었을 경우 즉시 마른 헝겊으로 닦아 낸다.
② 유자격자가 취급해야 하고, 반드시 보호장구를 착용해야 한다.
③ 히드라진이 누설되었을 경우 불필요한 인원의 출입을 제한한다.
④ 히드라진을 취급하다 부주의로 피부에 묻으면 즉시 물로 깨끗이 씻고, 의사의 진찰을 받아야 한다.

해설

히드라진(유독성 무기 화합 물질) 취급 시 안전
- 유자격자가 취급해야 한다.
- 피부에 묻으면 물로 씻고 의사의 진찰을 받아야 한다.
- 환기를 철저히 해야 한다.
- 누설 시 구간을 폐쇄하고 제독 요원에게 제독을 요청한다.
- 조종계통의 작동을 위한 비상 동력원으로 사용된다.

12 다음 중 항공기의 지상 취급작업에 속하지 않는 것은?

① 세척작업　　② 견인작업
③ 계류작업　　④ 지상 유도작업

해설

항공기의 지상 취급작업
- 지상 유도: 항공기 자체 동력을 사용하여 지상에서 운행 시 안전을 위해 유도하는 작업이다.
- 견인작업: 항공기 엔진은 정지한 상태에서 외부의 힘으로 지상에서 이동시키는 작업으로 견인 차, 견인 봉으로 작업한다.
- 계류작업: 지상에 주기시켜 놓은 항공기를 강풍으로부터 보호하기 위해 지상에 고정한다.
- 호이스트 및 잭 작업
  - 호이스트 작업: 항공기를 공중에 매다는 작업으로 소형기에만 적용 가능
  - 잭 작업: 잭을 사용하여 항공기를 위로 들어 올리는 작업

13 강풍이 부는 기상상태에서 항공기를 계류시킬 경우 주의사항으로 틀린 것은?

① 모든 바퀴에 굄목을 끼운다.
② 항공기를 바람 방향으로 주기 시킨다.
③ 항공기 무게를 증가시키는 것이 좋다.
④ 항공기를 계류 밧줄이나 케이블을 이용하여 다른 항공기와 단단히 연결한다.

정답　10. ③　11. ①　12. ①　13. ④

해설

계류 시 주의사항
- 항공기를 바람 방향으로 주기 시킨다.
- 모든 바퀴에는 굄목(chock)을 끼운다.
- 계류밧줄이나 케이블을 이용하여 앵커 말뚝에 느슨하게 묶어 고정한다.
- 비행조종계통은 중립위치에 놓고 잠금장치를 해야 한다.
- 플랩, 스포일러 및 수평 안정판은 gust lock으로 고정한다.
- 항공기 무게를 증가시키는 것이 좋다.
- 엔진 흡입구, 배기구, 피토관 등에 FOD(Foreign Object Damage) 예방을 위해 덮개를 씌운다.
- 접지를 필히 실시해야 한다.

14 그림과 같은 항공기 표준 유도신호의 의미는?

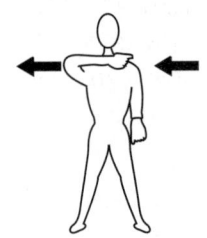

① 후진　　② 엔진 정지
③ 피스톤　　④ 스로틀 밸브

해설

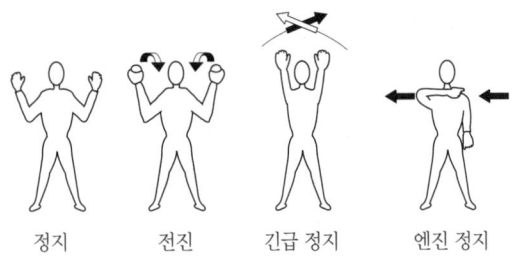

정지　　전진　　긴급 정지　　엔진 정지

15 그림은 지상에서 항공기 표준 유도신호를 나타낸 것이다. 신호가 뜻하는 것은?

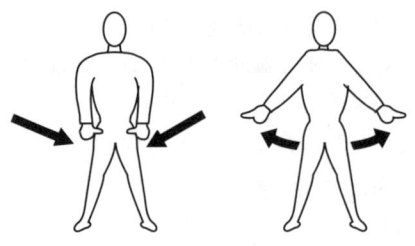

① 속도 감소　　② 촉 장착
③ 정지　　　　④ 후진

해설

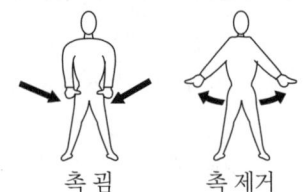

촉 굄　　　촉 제거

16 항공기의 잭 작업 시에 잭 포인트는 지침서에 표시되어 있으며 정비사는 반드시 지침서에 의거 작업을 실시하여야 한다. 잭 작업 시 잭 포인트에 설치하여야 할 작업공구를 무엇이라고 하는가?

① 응력 패널(stressPanel)
② 계류 로프(tie-down rope)
③ 촉(chock)
④ 잭 패드(jackPad)

해설

잭 작업은 항공기를 아래에서 위로 들어 올리는 작업으로 가장 먼저 지상 고정장치를 설치하고, 항공기의 잭 포인트(jack point)에 잭 패드(jack pad)를 장착하고, 잭을 잭 받침에 위치하여 3개의 잭에 각각의 작업자를 배치하고, 감독자에 의해 항공기를 수평을 유지하면서 항공기를 들어 올린다.

정답　14. ②　15. ②　16. ④

17 화재의 분류 중 전기가 원인이 되어 전기기기 또는 전기계통에 일어나는 화재의 종류는?

① A급 화재　　② B급 화재
③ C급 화재　　④ D급 화재

해설
- A급 화재: 나무, 종이, 직물, 각종 가연성 물질에 의해 발생되는 화재이다.
- B급 화재: 윤활유, 휘발유, 그리스 등에 의한 화재이다.
- C급 화재: 전기기기, 전기계통 등에 의한 화재이다.
- D급 화재: 마그네슘, 티타늄, 두랄루민과 같은 금속 가루에 발생하는 화재이다.
- E급 화재: LPG, LNG 가스로 인한 화재이다.

18 화재의 종류별 진화 방법이 잘못 연결된 것은?

① A급 화재-냉각법
② B급 화재-냉각법
③ D급 화재-질식법
④ C급 화재-질식법과 냉각법

해설
- A급 화재 진화 방법: 냉각법(물)
- B급 화재 진화 방법: 질식법(이산화탄소 소화기, 브로모 클로로메탄 소화기, 포말소화기 등을 사용)
- C급 화재 진화 방법: 부도체인 소화액 사용, 질식법, 냉각법
- D급 화재 진화 방법: 분말소화기
- E급 화재 진화 방법: 차단법(AFFF, FFFP, 분말, CO_2, 할론)

19 노란색 안전색채를 설명한 것 중 틀린 것은?

① 노란색 안전색채의 장비 및 시설물은 직접 인체에 위험을 준다.
② 충돌, 추락, 전복 및 이에 유사한 사고위험이 있는 장비 및 시설물에 표시한다.
③ 보통 검은색과 노란색을 번갈아 가며 칠한다.
④ 노란색 안전색채의 장비 및 시설물은 주의하지 않으면 사고의 위험이 있음을 알려주는 역할을 한다.

해설
- 붉은색 안전색채: 고압선, 폭발물, 인화성 물질, 위험한 기계류 등의 비상 정지 스위치, 소화기, 화재 경보 장치 및 소화전 등에 표시한다.
- 노란색 안전색채: 충돌, 추돌, 전복 및 이에 유사한 사고의 위험이 있는 장비 및 시설물에 표시한다.
- 녹색 안전색채: 안전에 직접 관련된 설비 및 구급용 치료, 설비 등에 사용한다.
- 파란색 안전색채: 장비 및 기기 수리, 조절 및 검사 중일 때 이들 장비의 작동을 방지하기 위해 사용한다.
- 오렌지색 안전색채: 기계 또는 전기 설비의 위험 위치를 식별하도록 사용한다.

20 항공기 외부 세척작업의 종류가 아닌 것은?

① 습식 세척　　② 건식 세척
③ 광택 작업　　④ 블라스트 세척

해설
- 외부 세척: 기체 외부의 금속 표면이나 도장한 부분 및 배기계통 등을 세척한다.
- 습식 세척: 윤활유나 그리스 또는 탄소 부착물, 부식과 산화 피막을 제외한 대부분의 오물을 세척하는 것으로, 알칼리나 에멀션 세척제를 분사하거나 물로 세척한다.
- 건식 세척: 먼지 및 오물과 흙 등의 축적물을 제거하는 데 스프레이, 밀걸레, 천 등을 활용하여 사용되며, 특히 엔진의 배기 부분에 있는 탄소, 그리스 또는 오일의 심한 퇴적물을 제거하는 데 적합하지 않다.
- 연마 작업: 페인트칠이 되어 있지 않은 항공기 표면의 광택을 재생시키거나 산화 피막이나 부식을 제거하는 것이다.

정답 17. ③　18. ②　19. ①　20. ④

CHAPTER 05 항공 영어

1 기본적인 항공기 용어

(1) Airfoil(날개골)

The front edge of the wing is called the leading edge. The rear edge of the wing is called the trailing edge. The curved surface on the top of the wing is called the camber. and then, Wing has a high degree of camber and low degree of camber, High degree camber produces more lift than low degree of camber.

해석

날개의 전방 모서리를 날개 전면부라고 부르며, 날개의 후방 모서리를 후면부라고 부른다. 날개의 위쪽 표면 곡면 부분을 캠버라고 한다. 그리고, 날개는 높은 각도를 가진 캠버와 낮은 각도를 가진 캠버가 존재하는데, 높은 캠버 각도를 가진 날개는 낮은 각도의 캠버보다 더 많은 양력을 발생시킨다.

중요용어

Front: 전방, Rear: 후방, Edge: 모서리, Camber: 시위, Degree: 각도

(2) Force(힘)

The air above the camber also flows through a constricted area. The increase in air speed over the wing creates a low pressure area and the wing is forced to lift. Pressure has one characteristic. That is, the pressure flows from high pressure to low pressure. We now know what lifts an aircraft, but we don't know how it moves forward. How does it move forward? The force which moves the aircraft forward is called thrust. The engines produce thrust. When an object moves through the air, that causes resistance. This is called drag.

> 해석

캠버 위의 공기는 제한된 지역을 흐르게 된다. 날개 위쪽의 공기속도 증가는 낮은 압력을 발생시키고 그 날개는 띄우는 힘인 양력을 발생한다. 압력은 하나의 특성을 갖고 있는데, 그것은 바로 압력은 높은 곳에서 낮은 곳으로 흐르려고 하는 것이다. 우리는 현재 항공기를 띄우는 힘인 양력을 알고 있다. 그러나 우리는 비행기가 앞으로 전진을 하는 방법은 모른다. 어떻게 앞으로 갈까? 비행기를 앞으로 움직이는 힘을 추력이라고 한다. 추력은 엔진에서 발생된다. 비행기가 공기를 통과하여 움직일 때 공기는 저항을 야기시킨다. 이러한 저항을 항력이라고 한다.

> 중요용어

Lift: 양력, Thrust: 추력, Drag: 항력, Characteristic: 특성, Resistance: 저항

(3) Fuselage(동체)

> The fuselage is the main structure of the airplane. It provides space for cargo, controls, accessories, Passengers, and other equipment.

> 해석

동체는 항공기의 주요 구조이며, 동체는 화물, 조종 장치, 부속품, 승객, 그리고 기타 장비품에 대한 공간을 제공한다.

> 중요용어

Cargo: 화물, Controls: 조종 장치, Accessories: 부속품, Passenger: 승객, Equipment: 장비품

(4) Taxiing(지상 활주)

> Taxiing is the movement of an aircraft on the ground, under its own power, in contrast to towing or push-back where the aircraft is moved by a tug. The aircraft usually moves on wheels, but the term also includes aircraft with skis or floats.

> 해석

Taxiing은 비행기를 타력에 의해 움직이는 견인 또는 푸시 백과 달리 자체의 힘으로 지상에서 항공기가 움직이는 경우이다. 항공기는 일반적으로 바퀴로 움직이지만, 이 용어는 스키식 또는 플로트식(수상용 착륙장치) 항공기도 포함한다.

> 중요용어

in contrast to: ~와 대비되다./~와 달리, Tug: 끌다./잡아당기다.

2 기본적인 항공기 정비에 관한 사항

(1) Elevator(승강키)

Ensure personnel and equipment are clear of horizontal stabilizer and elevator surfaces before moving elevator. Elevators will move rapidly in neutral when hydraulic power is operated and may cause injury to personnel or damage to equipment could occur.

해석

승강키를 움직이기 전에 사람과 장비가 수평 안정판 및 승강키 표면에 없는 것을 확실히 해야 한다. 유압이 작동될 때 승강키는 급속히 중립 상태로 움직일 것이다. 그러면 사람을 다치게 하거나 장비의 손상을 주는 일이 발생할 수 있다.

중요용어

Personnel: 인원, Equipment: 장비, Horizontal stabilizer: 수평 안정판, Elevator: 승강키, hydraulic power: 유압, Injury: 상해, Damage: 손상

(2) Rudder(방향키)

Restrict access to areas below rudders. Falling objects can cause injury to personnel or damage to equipment. Then, move rudder pedals smoothly and slowly. Minimum time which is used for complete cycle should be 8 seconds. Otherwise the rudder control systems could be damaged.

해석

방향키 아래쪽 지역의 접근을 제한하시오. 떨어진 물건이 사람에게 해를 줄 수 있고 장비의 손상을 야기할 수 있다. 또, 방향키 페달은 부드럽게 그리고 천천히 움직여라. 완전히 작동하기 위한 주기 시간은 최소 8초이다. 만약 그렇지 않으면 방향키 조종장치는 손상된다.

(3) Seal

Seals must be compatible with the type of fluid specified on the shock strut nameplate or seal deterioration and fluid contamination will occur.

> **해석**

밀봉제는 완충지 지대에 표시된 적당한 종류의 유체여야 한다. 그렇지 않으면 밀봉 저하와 유체 오염이 발생할 것이다.

> **중요용어**
>
> deterioration: 저하, contamination: 오염

(4) Oil

> Some oils are not suitable to mixed. Unless compatibility is assured, do not mix with other brand oils.

> **해석**

대부분의 오일은 혼합이 적합하지 않다. 적합성이 보호되지 않는 한 각기 다른 회사의 제품을 혼합하지 말아야 한다.

> **중요용어**
>
> compatibility: 적합성

(5) Overhaul

> Overhaul: Disassembly as recommended by the manufacturer of the component concerned or to the point where allParts subject to wear, breakage, contamination or corrosion can be adequately inspected. For example, Replacement or rework of defective Parts and replacement of seals, bearings, etcetera as may be recommended by the manufacturers. thorough cleaning, corrosion treatment, lubrication or other recommended finishing of bits and pieces. Reassembly in accordance with manufacturer's instructions. Complete test using test equipment capable of accomplishing at least minimum testing recommended by the manufacturer and of desired accuracy. Final inspection and tagging.

> **해석**

오버홀: 부품의 제작회사가 추천하는 방법으로 분해하거나 마모나 파손, 오염, 부식을 받기 쉬운 부품을 모두 적절히 검사받을 수 있는 지점까지 분해하는 것을 말한다. 예를 들면, 제작회사가 추천하는 방법에 따라 결함 부품을 교환 또는 수리하거나 밀봉제나 베어링 등을 교환하는 것, 작은 부품을 철저한 세척, 방식 처리, 윤활 및 다른 적절한 방법으로 마무리하는 것, 제작회사의 지시에 따라 다시 조립하는 것, 제작회사가 추천하는

최저 한도의 시험을 할 수 있고 또 신뢰성 있는 시험기기를 사용하여 완벽히 시험하는 것, 최종 검사를 하고 합격품에 사용 가능한 태그를 붙이는 것이다.

> **중요용어**
>
> wear: 마모, corrosion: 부식, accuracy: 정확, 정확성

(6) Inspect

> Inspect: "inspect" means an examination, visually, with or without magnifying glass or any other accepted methods, to determine, insofar as possible, the condition, serviceability or airworthiness of an aircraft, component or unit.

> **해석**
>
> 검사: "검사"는 항공기나 장비품의 상태, 사용 가능성 또는 감항성을 결정하기 위해 확대경을 사용하거나 육안 또는 다른 일반적으로 인정되고 있는 방법을 써서 조사하는 것이다.

(7) Check

> Check: the term "check" usually means the actual operation, movement or measurement of an assembly or component to determine the operating condition of the equipment and examination or comparison of its operational characteristics with the normal operational characteristics of the equipment.

> **해석**
>
> 점검: "점검"이라는 용어는 장비의 작동 상태가 적정한지를 결정하기 위해 장비품을 실제로 작동시키거나 움직이거나 혹은 측정하거나 하는 것, 또 그 장비의 정상적인 작동 특성과 장비품의 작동 특성을 조사하거나 비교하거나 하는 것을 의미한다.

> **중요용어**
>
> operation: 작동, determine: 결정하다, examination: 조사, 검사, comparison: 비교

(8) Repair

> Repair: the term "Repair" is applied to the restoration of an item, aircraft or component to fully serviceable condition according to FAR(Federal Aviation Regulations)

> 해석

수리: "수리"라고 하는 용어는 항공기 또는 장비품을 FAR(미연방항공국 규정)에 따라 충분히 사용 가능한 상태로 복원시키는 것을 의미한다.

> 중요용어

restoration: 복원, serviceable: 사용 가능한

(9) Service

> Service: To perform certain predetermined maintenance work generally known to be required by the Company or recommended by the manufacturer for aircraft assemblies or systems. This term will include an inspection of pertinent characteristics during the course of the maintenance work.

> 해석

서비스: 항공기 전체 또는 각 계통에 대해 회사가 일반적으로 필요하다고 생각하거나 제조사가 추천하는 미리 정해진 일정한 정비를 의미한다. 서비스에는 장비 작업 진행 중에 특성이 적정한지의 여부를 검사하는 것도 포함된다.

> 중요용어

predetermined: 미리 결정하다, pertinent: 적절한

(10) Functional Check

> Functional Check: A check or test of the designed function and operation of a unit in the aircraft using equipment, procedure and limits established in the Maintenance Manual or other applicable manuals.

> 해석

기능 점검: 정비 교범이나 다른 적용 가능한 교범에 정해져 있는 장비나 절차 및 한계를 이용하여 항공기에 탑재되어 있는 장비품이 설계대로의 기능을 갖고 있는지, 또 작동하는지의 여부를 점검하거나 시험하는 것을 말한다.

> 중요용어

established: 안정된, 인정받는, applicable: 적용 가능한

(11) Bench Check

> Bench Check: The unit shall be removed from the aircraft and checked or tested using appropriate procedures to determine that the unit is operating within the manufacturer's tolerance with respect to performance, wear or deterioration.

해석

벤치 체크: 항공기에서 탈착한 장비품의 성능이나 마모 및 열화 등에 관해서 제작사의 허용 범위 이내에서 그 장비품이 작동하는지를 결정하기 위해 적절한 절차를 사용하여 점검하거나 시험하거나 하는 것이다.

중요용어

appropriate: 적절한, tolerance: 허용 오차, 공차

(12) Towing Bar

> Towing Bar: this is light and well balanced, and ideal push-pull towing of airplanes in normal ramp use. The coupling level is adjustable with hydraulic hand pump and its towheads are interchangeable.

해석

토잉 바: 이것은 경량으로 균형이 잘 잡혀져 있으며 램프상에서 비행기를 밀거나 당기거나 하는 데 이상적이다. 결합 부분의 레벨은 수동의 유압 펌프로 조절 가능하며, 토우 헤드는 교환 가능하다.

중요용어

coupling: 결합, adjustable: 조절 가능한, hydraulic: 유압의, interchangeable: 교체할 수 있는

3 항공 관련 영어 단어

(1) 기체(Airframe)

① **A/C:** aircraft(항공기)의 약자

② **Aileron:** 도움날개라고 하며, 세로축으로 비행기의 자세를 조정하기 위해 날개 뒤편에 붙어있는 조종면이다.

③ **Attitude:** 항공기의 자세를 의미한다.

④ **Buffeting:** 실속의 초기 증상으로, 조종면에서 양력을 잃어버림으로써 발생하는 진동현상이다.

⑤ **Bulkhead:** 격벽이라고도 하며, 비행기의 구조적 강도를 제공하고 여압을 위해 수직으로 세워진 판이다.

⑥ **Empennage:** 비행기 후방에 위치한 동체의 일부분을 의미한다.

⑦ **Longeron:** 동체의 주 수평 방향 부재를 의미하며, 강도가 스트링거보다 강하다.

⑧ **Root:** 동체에 부착되는 날개의 뿌리를 의미, 날개의 끝은 tip이라고 한다.

⑨ **Spar:** 날개 끝에서 날개 뿌리 방향을 잇는 날개의 주요 구조 부재를 의미한다.

⑩ **Stringer:** 동체나 날개에서 외피의 모양을 잡아주고 강도를 보강하는 수평 방향 부재이다.

(2) 조종(Controls)

① **Bell Crank:** 조종장치에서 케이블에 적용된 힘의 방향을 변경하기 위해 사용되는 장치이다.

② **Control Wheel:** 조종장치가 도움날개(aileron)와 승강키(elevator)를 조절할 수 있는 장치를 의미한다.

③ **Elevator:** 비행기의 Pitch(상승, 하강)를 조종하기 위해 사용되는 꼬리날개에 붙어 움직일 수 있는 수평 조종면을 의미한다.

④ **Flaps:** 주 날개 뒤에 붙어있는 일종의 부 조종면으로 이륙 시 양력을 증가시키는 기능을 한다.

⑤ **Pully:** 움직이는 조종 케이블의 방향을 변경하기 위해 사용되는 홈이 패여 있는 바퀴 모양 장치이다.

⑥ **Rudder:** 항공기의 방향을 변경하기 위해 사용하는 수직꼬리날개에 붙어있는 조종면이다.

⑦ **Spoiler:** 항공기 주 날개 윗면에 붙어있는 부 조종면으로 양력을 감소시키는 제동장치 역할을 한다.

⑧ **Stabilizer:** 비행기 꼬리날개에 있는 수평, 수직으로 되어 있는 고정된 면이다.

⑨ **Stable:** 조종사의 별도 조종 없이 항공기 자세를 지속적으로 유지하는 상태를 의미한다.

⑩ **Tab:** 주 조종면 뒤에 붙어있는 작은 조종면으로, 항공기 조종 시스템의 작동 압력을 완화시켜 주는 장치이다.

⑪ **Tension:** 주로 케이블에 연관되어 사용되며, 케이블의 장력을 의미한다.

⑫ **Travel:** 조종면의 움직임 정도나 그 움직임 자체를 의미한다.

⑬ **Trim:** 조종면에 작용되는 힘이 '0'일 때를 의미한다.

⑭ **Turnbuckle:** 케이블 장력을 조정하기 위해 케이블 사이에 끼워 넣는 장치를 의미한다.

(3) 기타

① **APU:** Auxiliary Power Unit: 보조 동력 장치

② **ATA:** Air Transport Association: 항공운송협회

③ **Actual Time of Arrival:** 실제의 도착 시간

④ **ATC:** Air Traffic Control: 항공 교통 관제

⑤ **CW:** Clockwise: 시계 방향

⑥ **DME:** Distance Measuring Equipment: 거리 측정 장치

⑦ **EPR:** Engine Pressure Ratio: 엔진 압력비

⑧ **FAA:** Federal Aviation Administration: 미국연방항공국

⑨ **FAR:** Federal Aviation Regulation: 미국연방항공규칙

⑩ **FCU:** Fuel Control Unit: 연료 조절 장치

⑪ **FOD:** Foreign Object Damage: 외부 이물질에 의한 손상

⑫ **GPU:** Ground Support Equipment: 지상 지원 장비

⑬ **IATA:** International Air Transport Association: 국제항공운송협회

⑭ **IACO:** International Civil Aviation Organization: 국제민간항공기구

⑮ **ILS:** Instrument Landing System: 계기 착륙장치

⑯ **MM:** Maintenance Manual: 정비 교범, 정비 기준

⑰ **NDI:** Non-destructive Inspection: 비파괴 검사

⑱ **OAT:** Outside Air Temperature: 외기 온도

⑲ **rpm:** Revolution Per Minute: 분당 회전수

⑳ **TBO:** Time Between Overhaul: 오버홀 시간 한계

㉑ **VTOL:** Vertical Take off and Landing: 수직 이·착륙기

㉒ **W/B:** Weight and Balance: 중심 측정

CHAPTER 05 실력 점검 문제

01 다음 영문의 내용으로 가장 옳은 것은?

> "Personnel are cautioned to follow maintenance manual procedures."

① 정비를 할 때는 상사의 업무지시에 따른다.
② 정비 교범절차에 따라 주의를 해야 한다.
③ 정비 교범절차에 꼭 따를 필요는 없다.
④ 정비를 할 때는 사람을 주의해야 한다.

해설
- maitenance manual procedures: 정비 교범절차
- cautioned to: ~을 주의하다.

02 다음 문장 중 밑줄 친 부분의 내용으로 올바른 것은?

> "all pressure and temperature equipment and gauges shall be tested and calibrated <u>semiannually</u> by qualified assurance personnel."

① 분기마다   ② 매년
③ 시기에 맞게 ④ 반년마다

해설
- quarterly: 분기마다
- annually: 매년
- every time: 시기마다

03 다음 (   ) 안에 알맞는 말은?

> fair leads should never deflect the alignment of a cable more than (   )

① 12°   ② 8°
③ 5°   ④ 3°

해설
페어리드는 조종 케이블을 3° 이내로만 방향 전환이 가능하다.

04 다음 (   ) 안에 알맞은 말은?

> (   ) is used to maintain constant tension on the control cable, compensating for length changes resulting from temperature.

① turnbuckle
② Tension regulator
③ Pully
④ Tension meter

해설
장력 조절기는 온도로 인한 길이 변화를 보상하면서 조종 케이블의 장력을 일정하게 유지하는 데 사용된다.

정답 01. ② 02. ④ 03. ④ 04. ②

05 다음 ( ) 안에 알맞는 말은?

> ( ) should never deflect the alignment of a cable more than 3°.

① Fair leads ② Pulley
③ Stopper   ④ Hinge

[해설]
페어리드: 최소의 마찰력으로 케이블과 접촉하여 직선운동 3° 이내에서 방향 유도

06 다음 ( ) 안에 알맞은 말은?

> ( ) is used to maintain constant tension on the control cable.

① Tension meter
② Pulley
③ Turnbuckle
④ Tension regulator

[해설]
턴버클은 조종 케이블이 일정한 장력을 유지하는 데 사용된다.

07 다음 ( ) 안에 알맞은 말은?

> An airplane is controlled directionally about it's vertical axis by the ( ).

① rudder   ② elevator
③ ailerons ④ flap

[해설]
항공기는 수직축의 방향키에 의해 방향이 조정되어 진다.
vertical axis: 수직축, rudder: 방향키

08 다음 설명 중 밑줄 친 부분의 의미로 옳은 것은?

> The tail surfaces consist of the horizontal and vertical stabilizer and movable control surfaces.

① 수평축
② 수직 안정판
③ 수직축
④ 수평 안정판

[해설]
꼬리날개는 수평과 수직 안정판, 그리고 움직일 수 있는 조종면으로 구성된다.

09 밑줄 친 부분을 의미하는 올바른 단어는?

> An aluminum alloy bolts are marked with two raised dashes.

① 부식   ② 강도
③ 합금   ④ 응력

[해설]
알루미늄 합금 볼트에는 쌍 대시가 표시되어 있다.
alloy: 합금

정답 05. ① 06. ③ 07. ① 08. ② 09. ③

10 "다음 영문의 내용에 대한 옳은 값은?"

"Express 1/4 as a percent."

① 0.25　　② 2.5
③ 20　　　④ 25

해설
1/4을 백분율로 나타낸 것이다.

11 다음 ( ) 안에 알맞은 내용은?

"Aspect ratio of a wing is defined as the ratio of the ( )."

① wing span to the wing root
② wing span to the wing span
③ wing span to the mean chord
④ square of the chord to the wing span

해설
날개의 가로세로비는 날개 면적과 시위와의 비를 의미한다.
aspect ratio: 가로세로비, defined: 의미함, wing span: 날개 면적, mean chord: 평균시위

12 다음 ( ) 안에 알맞은 말은?

The two major divisions of aircraft engines used are the ( ) engine and ( ) engine types.

① Reciprocating, Gas turbine
② Ram, Pulse
③ turbojet, turbofan
④ opposed, Radial

해설
항공기 엔진은 중요한 두 가지로 나눌 수 있으며, (왕복) 엔진 및 (가스터빈) 엔진 유형으로 사용된다.

13 다음 ( ) 안에 알맞은 말은?

( ) entering the cockpit to start the engine, always inspect the air intake ducts for objects that may be sucked into the compressor.

① After　　② Before
③ On　　　④ During

해설
엔진 시동을 위해 조종석에 들어가기 전에, 압축기가 어떤 물체를 빨아들일 수 있을지 모르니 항상 공기 흡입구를 검사해야 한다.

14 다음 빈칸에 들어갈 말로 알맞은 것은?

The ( ) is the main structure of the airplane. It provides space for cargo, controls, accessories, Passengers, and other equipment.

① fuselage
② wing
③ tail wing
④ landing gear

해설
동체는 비행기의 주요 구조물이다. 그것은 화물, 제어장치, 부속품, 승객 및 기타 장비를 위한 공간을 제공한다.

정답 10. ④　11. ③　12. ①　13. ②　14. ①

15 다음 문장에서 밑줄 친 부분에 해당하는 내용으로 옳은 것은?

> "The primary flight control surfaces, located on the wings and empennage, are aileron, elevators, the rudder."

① 날개(주익)
② 보조날개
③ 꼬리날개(미익)
④ 도움날개

[해설]
- 날개: wing
- 보조날개: aileron
- 꼬리날개: empennage
- 도움날개: aileron

16 다음 괄호 안에 들어간 말로 적절한 것은 무엇인가?

> Some ( ) are not suitable to mixed. Unless compatibility is assures, do not mix with other brand oils.

① seals
② oils
③ lifts
④ equipment

[해설]
대부분의 오일은 혼합이 적합하지 않다. 적합성이 보호되지 않는 한 각기 다른 회사의 제품을 혼합하지 말아야 한다.

17 다음은 무엇에 대한 설명인가?

> It is applied to the restoration of an item, aircraft or component to fully serviceable condition.

① check
② inspection
③ repair
④ overhaul

[해설]
수리는 항공기 또는 장비품을 충분히 사용 가능한 상태로 복원시키는 것을 의미한다.

18 다음 빈칸에 들어갈 말로 알맞은 것은?

> ( ) must be compatible with the type of fluid specified on the shock strut nameplate or seal deterioration and fluid contamination will occur.

① Seal
② Wing
③ Oil
④ Fuel

[해설]
실(seal)은 충격 완화 장치 명판에 지정된 유형의 오일과 호환되어야 하며, 실의 성능이 저하되면 오일이 오염된다.

19 What's not the primary group of the control surface?

① The aileron
② The elevators
③ The rudder
④ The tab

정답 15. ③ 16. ② 17. ③ 18. ① 19. ④

[해설]
1차 조종면에 속하지 않는 것은?
1차 조종면: 도움날개(aileron), 승강키(elevators), 방향타(rudder)

20 다음 문장이 뜻하는 계기로 옳은 것은?

> "An instrument that measures and indicates height in feet."

① Turn and slip indicator
② Air speed indicator
③ Vertical velocity indicator
④ Altimeter

[해설]
피트 단위로 고도를 측정하고 지시하는 계기이다.
① 선회계, ② 속도계, ③ 수직 속도계, ④ 고도계

정답 20. ④

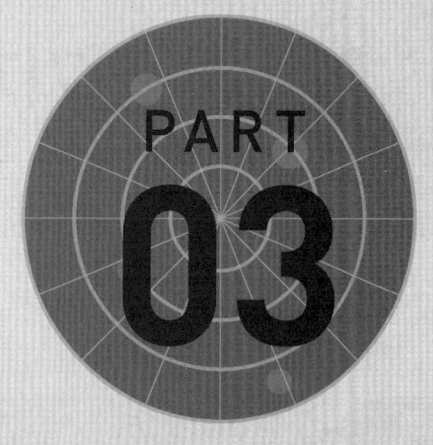

항공전기·전자 계통 정비

CHAPTER 01 전기계통

1 전기회로

(1) 전기 기초 이론

① **기전력(EMF: electromotive force)**: 단위 전하당 한 일을 말하며, 간단히 말해 낮은 퍼텐셜에서 높은 퍼텐셜로 단위전하를 이동시키는 데 필요한 일이다. 기전력의 단위는 J/C이며 볼트와 같다. 기전력은 전위차와 마찬가지로 볼트(V)라는 단위로 측정한다.

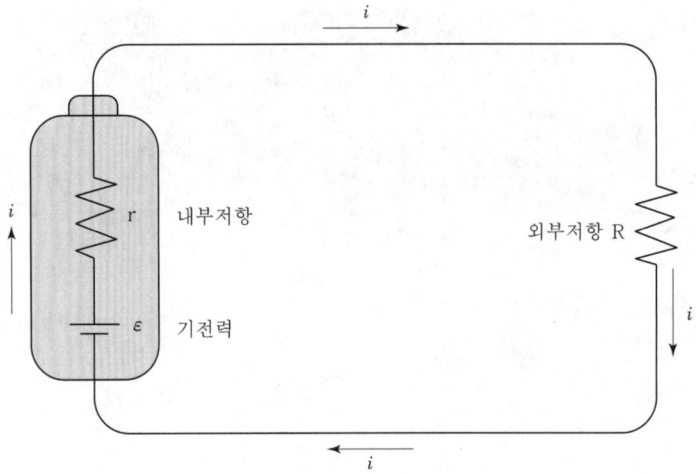

※ 전압의 단위 : 볼트(volt, V), 전압의 기호 : E

② **전류(electric current)**: 전위(전기장 내에서 단위전하가 갖는 위치 에너지)가 높은 곳에서 낮은 곳으로 전하(물체가 띠고 있는 정전기의 양, 1초 동안에 1C(쿨롬) 6.28×10^{18})의 전기량을 연속적으로 이동하면 1A라 한다.

$$I = \frac{Q}{t} [A]$$

③ 저항(resistance)

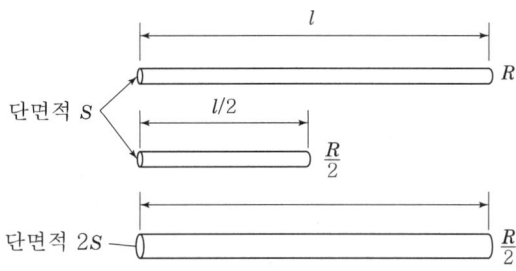

가) 전류가 흐르는 것을 막는 작용이며, 단위는 옴(Ω), 저항의 기호는 R이다.

나) 저항 R은 길이에 비례하고 단면적(S)에 반비례한다.

$$R = \rho \frac{l}{S} \ (\rho : 저항률)$$

④ **전력**(electric power): 단위시간 동안 전기장치에 공급되는 전기 에너지 또는 단위시간 동안 다른 형태의 에너지로 변환되는 전기 에너지를 말한다. 전력의 단위는 흔히 와트(W) 또는 킬로와트(KW)를 사용한다. 1W는 1A의 전류가 1V의 전압이 걸리는 곳을 흘러갈 때 소비되는 전력의 크기를 말한다.

※ $P(W) = E(V) \times I(A) = EI = (IR)I = I^2 R (W)$

(2) 직류회로(Direct Current Circuit)

① 키르히호프의 법칙

가) 제1 법칙(전류법칙): 도선의 접합점으로 흘러 들어오는 전류의 합은 "0"이다.

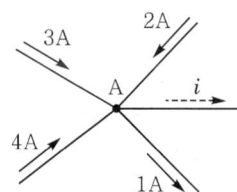

㉠ KCL의 전류의 합은 같다.

㉡ 2A+3A+4A−1A−iA=0

㉢ i=−8A

※ 회로 속 한 갈림길에서 들어온 전류의 합은 나가는 전류의 합과 같다(유입전류= 유출전류). 전류 법칙 혹은 분기점 법칙이라고도 한다.

나) 제2 법칙(전압법칙): 어느 폐쇄회로를 따라 특정한 방향으로 흐르는 전압 상승의 합은 0이다.

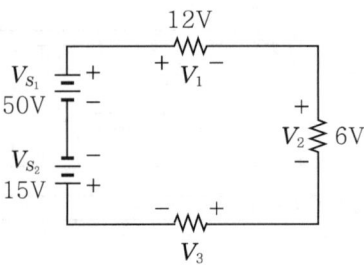

㉠ KCL의 전류 상승의 합은 "0"

㉡ $2+50-12-6-V_S-15=0$

㉢ $V_S = 17\,V$

※ 전압의 법칙이라고도 하며 전기적인 위치 에너지, 즉 전기적인 높이라고 말할 수 있다.

② **옴의 법칙(Ohm's law)**: 전류의 세기는 두 점 사이의 전위차에 비례하고, 전기 저항에 반비례한다는 법칙이다. 다시 말해서 회로에 흐르는 전류는 전압을 일정하게 하고 저항을 증가시키면 감소한다. "전기회로 내에 흐르는 전류는 그 양 끝이 가진 전압에 정비례하고, 전기회로의 저항에 반비례 한다는 것이다." 이것을 옴의 법칙이라 한다.

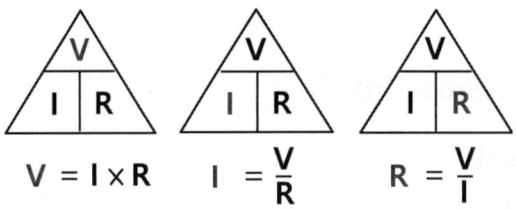

명칭	내용
전압 (voltage)	전자의 흐름은 (−)극에서 (+)극으로, 전류의 흐름은 (+)극에서 (−)극으로 흐름에 따른 두 점 사이의 전압차가 생긴다. 흐름의 운동을 일으키는 힘을 두 점 사이의 전위차(electric potential difference), 기전력(EMP), 전압(voltage)이라 한다. 단위는 볼트(V), 기호 [E]이다.
전류 (current)	전자의 운동으로 단위 시간당 이동한 전하량을 말한다. 단위는 암페어(A), 기호는 [I]이다. $$1A = \frac{Q}{t}$$

저항 (resistance)		도체 내에서 전류의 흐름을 방해하는 성질로 단위는 옴(Ω), 기호는 [R]이다. 전도율이 우수한 은, 구리, 금, 알루미늄 순 중 구리선은 자유전자가 많이 있어 저항이 작아 많이 사용되고, 알루미늄은 구리보다 매우 가볍고 가격이 저렴하여 도선의 무게에 문제가 있을 때 동력선으로 구리 대신 사용한다.
	도체의 길이	도체의 길이가 길수록 저항이 커진다.
	도체의 면적	도체의 면적이 작을수록 자유전자의 충돌 및 원자핵에 흡수되어 전자 이동에 방해를 주게 되어 저항이 커진다. 도체의 저항(R), 도체의 길이(ℓ), 도체 면적(A)의 관계식은 $$R = \rho \frac{L}{A}$$ - 고유저항(ρ) = $R\frac{A}{L}$ 이고, 단위는 MKS[Ω·m] 및 항공단위 [Ω·cmil(circular mil)/ft]를 쓴다.
	도체의 온도	물질은 온도가 증가하면 저항도 증가한다. 그와는 반대 물질로는 탄소, 서미스터가 있고, 저항 변화가 거의 없는 물질로는 콘스탄탄, 망가닌 등이 있다.

③ **저항을 가지는 직렬, 병렬회로**

가) 직렬회로(series circuit): 직렬회로는 회로가 나누어지지 않고, 전체 전류가 흐르는 길이 1개이다. 직류에 의해 작동되는 2개 또는 그 이상의 상호 관계된 도체를 포함한 회로를 말한다. 모든 전기 기구를 같이 통제할 수 있다는 장점이 있으나 전구가 어두워지고, 한 곳이 끊어지면 모두 작동하지 않는다.

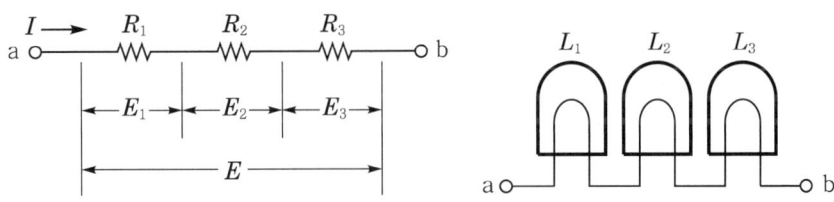

※ 저항의 직렬회로에서는 각 저항을 흐르는 전류(I)의 크기가 어느 점에서나 동일하다.
※ 이 전기회로의 합성 저항은 $R_T = R_1 + R_2 + R_3 [\Omega]$

나) 병렬회로(parallel circuit): 전지나 전구를 2개 이상 연결할 때, 한 줄로 연결하지 않고 갈라져서 전류가 흐르게 연결한 회로이다. 다시 말해 병렬회로의 각 소자에 흐르는 전류는 부하일 경우 각기 그 임피던스에 반비례한다.

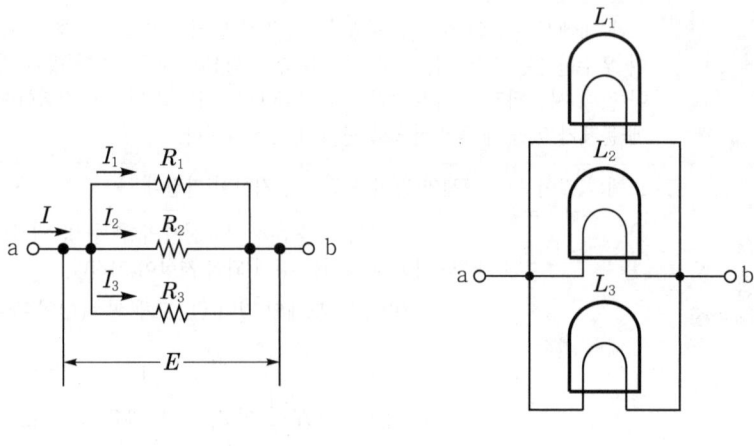

※ 이 전기회로의 합성 저항은 $R_T = \dfrac{1}{\dfrac{1}{R_1}+\dfrac{1}{R_2}+\dfrac{1}{R_3}}[\Omega]$

(3) 교류회로(Alternating Current Circuit)

교류회로란 회로 내의 전력 공급원으로부터 발생하는 전류의 양과 방향이 주기적으로 바뀌는 회로를 말한다. 교류의 종류로는 사인파, 삼각파, 사각파 등이 있으며, 그중에서도 사인파가 가장 전형적인 교류라 할 수 있다. 이때, 삼각파나 사각파를 비롯해 주기성을 띠는 임의의 전류는 사인파의 합성을 이용해 값을 찾을 수 있다.

① 용어

가) 주파수(frequency): 일정한 크기의 전류나 전압 또는 전계와 자계의 진동과 같은 주기적 현상이 단위 시간(1초)에 반복되는 횟수이다. 예를 들어 100Hz는 진동이나 주기적 현상이 1초 동안 100회 반복되는 것을 의미한다. 기호는 V 또는 f, 단위는 헤르츠를 사용한다. 항공기에 사용되는 대부분의 교류 전류의 주파수는 400Hz를 사용한다.

$$주파수(Hz) = \frac{비극수}{2} \times \frac{RPM}{60} = \frac{PN}{120} = \frac{발전기\ 극수 \times RPM}{120}$$

나) 교번(alternation): 전압이나 전류가 "0"에서 시작하여 최고점까지 올라간 후 다시 원래의 시작점인 "0"까지 내려오는 교류의 반 사이클을 나타낸다.

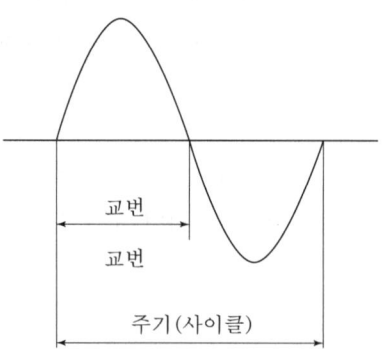

다) 사이클(cycle): 전압이나 전류가 "0"에서 시작하여 양의 방향으로 정상까지 올라간 후 다시 "0"을 지나 음의 방향으로 최하점을 지나서 다시 원래의 시작점인 "0"으로 돌아오는 완전한 하나의 연속되는 동작 상태를 나타낸다.

라) 위상(phase): 진동이나 파동과 같이 주기적으로 반복되는 현상으로, 주기적 변화를 하는 하나의 전기적 또는 기계적 파의 어느 임의의 기점에 대한 상대적 각도이다. 보통은 1사이클을 360° 또는 2π라디안으로서 각도로 나타낸다.

② **교류의 실효값(the effective value of an alternating current, E):** 교류의 전압 또는 전류의 순시값은 시간과 더불어 크기와 방향이 변하기 때문에 교류가 어떤 저항체에 가해져서 열을 발생시키거나 또는 일을 하였을 때 실제 효과와 똑같은 역할을 하는 직류의 값을 정의하는 값이다.

가) 최대값: E_m

나) 실효값: $E = \frac{1}{\sqrt{2}} E_m$ (0.707배)

다) 평균값: $E_a = \frac{2}{\pi} E_m$

③ **교류의 평균값(Average Valve, E_a):** 교류의 전압 및 전류는 실효값으로 표시하는 것이 일반적이지만, 교류의 이론을 연구하거나 정류기 등의 특성을 취급할 경우 사용하는 값이다.

$$E_a = 0.637 E_m$$

④ **교류회로에 작용하는 저항**

가) 저항회로: 저항성 회로에서는 전류는 전압에 비해 90°만큼 느리다.

나) 인덕턴스(기호: L, 단위: H(헨리)): 코일의 자기장 변화에 의한 저항이다.

다) 캐패시턴스(기호: C, 단위: F(패럿)): 콘덴서의 전기장 변화에 의한 저항이다.

라) 임피던스(기호: Z, 단위: Ω)

R, L, C 교류의 총 저항 $Z = \sqrt{R^2 + (X_L - X_C)^2}$ $\theta = \tan^{-1} \times \frac{X_L - X_C}{R}$

㉠ 리액턴스(기호: X, 단위: Ω): 90°의 위상차를 가지게 하는 교류 저항을 말한다.

㉡ 유도성 리액턴스(기호: X_L): 인덕턴스로 인한 저항으로 전류를 90° 지연시킨다.

㉢ 용량형 리액턴스(기호: X_C): 캐패시턴스로 인한 저항으로 전류를 90° 앞서게 한다.

⑤ **교류의 전력**

가) 유효전력(P)(단위: W)

㉠ 저항에서 흡수되어 실제로 소비한 전력이다.

㉡ $P = V \times I\cos\theta = I^2 R \, [W]$

나) 무효전력(P_r)(단위: VAR)

㉠ 전기장 및 자기장의 변화에 의하여 흡수, 반환되는 현상을 되풀이함으로써 소모되지 않는 전력이다.

㉡ $P_r = V \times I \sin\theta = I^2 X [VAR]$

다) 피상 전력(P_a)(단위: VA)

㉠ 유효전력, 무효전력의 총 전력

㉡ $P_a = V \times I = I^2 Z [VA]$

(4) 3상 교류회로(Three-Phase Alternating Current)

큰 전력을 전송하는 것이 경제적으로 가장 유리하기 때문에 3본의 전선을 사용하는 경우가 많다. 이러한 경우 3상 교류라 한다. 주파수가 같고 위상이 3개의 기전력에 의해 흐르는 교류이며, 일반적으로는 대칭 3상 기전력에 의해 흐르는 교류를 말하며, 서로 위상이 120° 다르고, 진폭이 같은 3개의 정현파 교류가 동시에 흐르고 있는 교류이다.

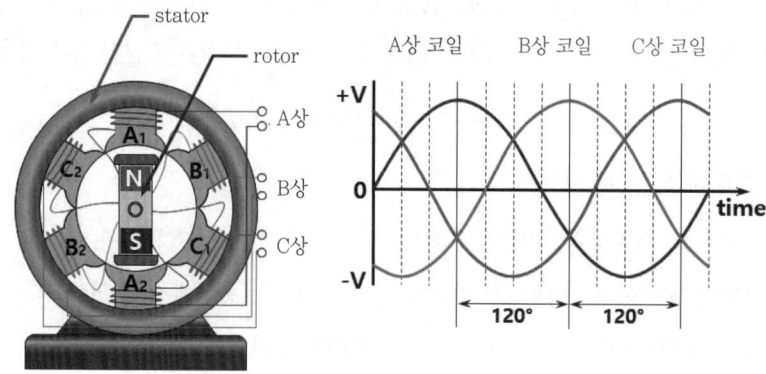

▲ 3상 교류 발전기

큰 전력을 전송하는 것이 경제적으로 가장 유리하기 때문에 3본의 전선을 사용하는 경우가 많다. 이러한 경우 3상 교류라 한다. 주파수가 같고 위상이 3개의 기전력에 의해 흐르는 교류이며, 일반적으로는 대칭 3상 기전력에 의해 흐르는 교류를 말하며, 서로 위상이 120° 다르고, 진폭이 같은 3개의 정현파 교류가 동시에 흐르고 있는 교류이다.

① **3상 Y결선**: Va, Vb, Vc를 연결하여 중심점을 만들고 a, b, c에서 한 개씩 연결하여 상A, 상B, 상C를 이룬 다음 중심점을 기체에 접지시키고 3선을 버스로 연결하는 방식이다.

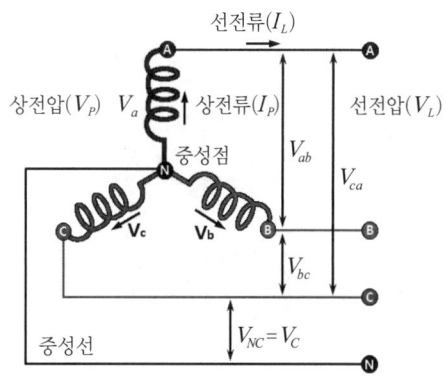

▲ Y결선의 전압/전류

가) 특징

㉠ 선간 전압의 크기는 상전압의 $\sqrt{3}$ 배이고, 위상은 해당하는 상전압보다 $30°$ 앞선다.

㉡ 선전류의 크기와 위상은 상전류와 같다.

② △(델타) 결선

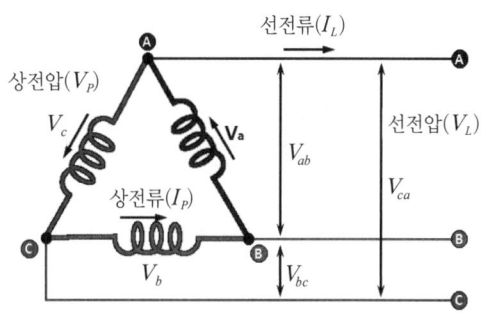

▲ △ 결선의 전압/전류

가) 특징

㉠ 선간 전압의 크기와 위상은 상전압(V_P)과 같다.

㉡ 선전류(I_L)의 크기는 상전류의 $\sqrt{3}$ 배이고, 위상은 상전류보다 $30°$ 늦다.

(5) 항공기 전기 시스템

① 직류(12V, 24V 사용): 니켈-카드뮴 축전지 그림이다. 20개의 셀을 cell connecting strap으로 직렬로 연결하여 24V의 축전지 전압을 갖게 된다. 니켈 카드뮴은 에너지 밀도가 떨어져서 셀당 1.2~1.25V의 전압을 갖고 있다.

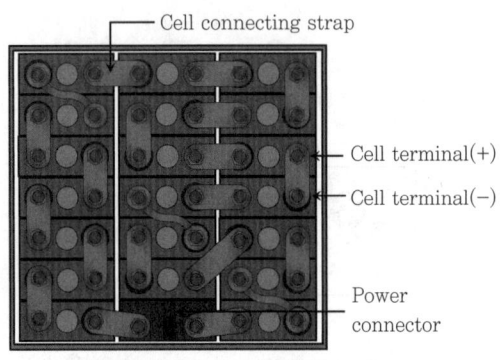

▲ 니켈-카드뮴 축전지의 셀 연결

② **교류(3상 115V, 400HZ 사용)**

명칭	주요 내용
고정자=계자 (stator)	얇은 규소강판으로 성층 시킨 성층 철심과 3상 Y결선으로 120° 위상차를 두고 교류를 발전시키는 장소이다.
회전자=전기자 (rotor)	로터 내부의 성층 철심에 코일이 감겨있고 슬립링을 통해 전류가 들어오면서 전자석이 된다. 로터가 회전하면서 자속을 끊어 스테이터 코일에 전기가 발전되도록 한다.
정류기 (rectifier)	교류 전력을 주 전원으로 사용하는 항공기에는 별도의 직류 발전기는 설치하지 않고 변압 정류기에 의해 직류를 공급한다. 이는 실리콘 다이오드 6개를 사용하여 교류를 직류로 정류시킨다. 다이오드는 정류작용과 역류를 방지한다.
슬립링과 브러시	2개의 브러시는 슬립링과 접촉하여 전기를 공급하게 한다.

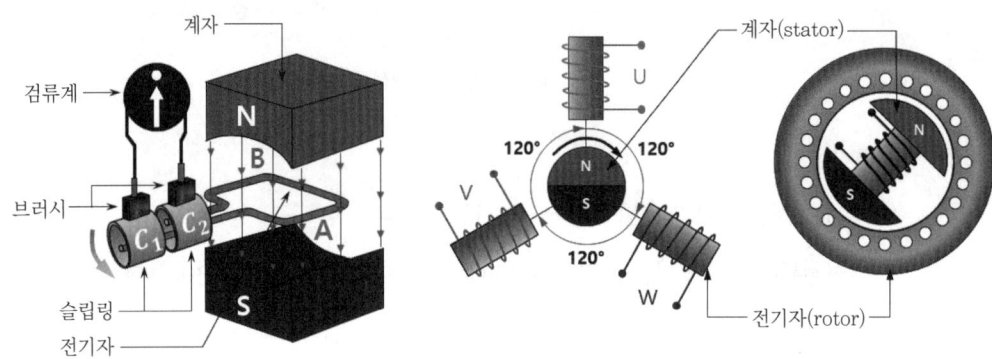

▲ 교류 발전기의 구조

③ **직류와 교류 비교**

가) 직류는 발전장치가 간단하고 축전지와 연결이 쉽다.

나) 축전지와의 연결을 위하여 전압은 낮아야 하고 상대적으로 흐르는 전류는 커야 하므로 전선이 굵어야 한다.

다) 같은 용량을 가진 교류보다 계통이 차지하는 무게가 무겁다.

④ **회로보호장치**: 예기치 못한 과중한 전압이 걸리거나 또는 회로의 단선 등으로 과대한 전류가 흐르는 경우 회로를 차단시켜 관계되는 전자전기장치의 손상을 미연에 방지하는 역할을 한다.

　가) 회로 차단기(circuit breakers): 회로 내에 규정 값 이상의 전류가 흐를 때 회로를 끊어주어 전류의 흐름을 막는 장치이며 종류로는 푸시형, 푸시풀형, 스위치형, 자동 재접속형이 있다.

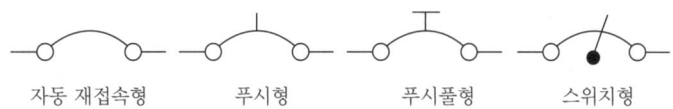

▲ 접속방식에 따른 회로 차단기 및 회로 기호

　나) 퓨즈(fuse): 규정 용량 이상의 전류가 흐르면 녹아 끊어지도록 함으로써 회로 내에 흐르는 전류를 차단하는 역할을 한다.

　다) 열 보호 장치(thermal protector): 열 스위치라고도 하고, 과부하 때문에 전동기가 과열되면 자동으로 공급 전류를 끊어주어 전동기를 보호하는 역할을 한다.

⑤ **회로제어장치(circuit controller)**: 전자회로를 닫거나 열거나 하는 장치로서, 필요한 시간동안 일정한 조건에서 작동할 목적으로 회로를 제어하는 장치이다.

　가) 스위치(switch): 항공기의 전기회로에 전류가 흐르게 하거나 멈추게 하거나 전류의 방향을 바꾸는 데 사용된다.

스위치 종류	내용
토글 스위치 (toggle switch)	스위치를 올리고, 내리면 불이 들어오고 꺼지게 되는 스위치로 항공기에서 가장 많이 사용한다. 토글 스위치의 종류와 심벌은 그림과 같다. ▲ 토글 스위치 접속 방법에 따른 회로 기호
푸시 버튼 스위치 (push button switch)	항공기 조종사가 쉽게 식별할 수 있도록 조종석 계기 패널에 많이 사용된다.
회전 선택 스위치 (rotary selector switch)	손잡이를 돌려 한 회로만 개방하고, 다른 회로는 닫게 한다. 동시에 여러 개의 스위치를 한번에 담당한다.

마이크로스위치 (micro switch)	스위치를 누르면 스프링이 눌려 회로를 구성하고, 다시 누르면 회로를 닫게 한다. 가동장치는 4.23mm 이하의 짧은 동작으로 회로를 개폐시키며, 착륙장치, 플랩을 작동시키는 전동기에 작동을 제한하여 제한 스위치(limit switch)라고도 한다. 항공기에 널리 사용된다.
근접 스위치 (proximity switch)	승객 출입문, 화물칸 문에 사용된다. 전자기장을 이용한 2개의 구성품을 갖추어 문이 닫히지 않은 경우 경고등이 점등되고, 문이 닫히면 소등되도록 만든 경고용 스위치이다.

나) 계전기(relay): 조종석에 설치되어 있는 스위치에 의해 작은 양의 전류로 큰 전류가 흐르는 회로를 개폐시켜 주는 전자기 스위치이다. 큰 전류를 제어하기 위해 전원과 버스 사이에 장착한다. 즉 조종석에서 솔레노이드를 이용한 회로를 제어하여 시동을 걸 때 사용되는 전동기는 많은 양의 전류가 필요하기 때문에 축전지와 시동기와의 전선은 짧을수록 좋다. 그림은 솔레노이드를 이용한 계전기와 회로기호 그리고 종류이다.

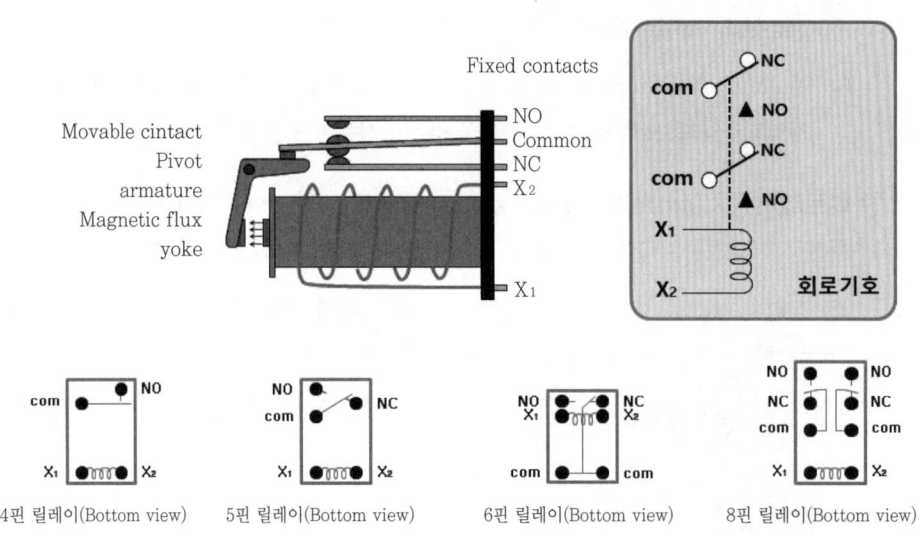

2 직류 전력

(1) 전지(battery)

일명 축전지라고도 하며, 이는 약품의 화학작용으로 화학 에너지를 전기 에너지로 바꾸는 장치를 말한다. 한 번 전류를 빼내면(방전) 다시 사용할 수 없는 것을 1차 전지(건전지)라고

하고, 전류를 보냄으로써(충전) 몇 번이라도 반복 사용할 수 있는 것을 2차 전지라고 한다. 항공기에서는 2차 전지를 널리 사용하고 있으며 납산 배터리, 니켈-카드뮴 배터리 두 종류가 있다.

① **니켈-카드뮴 배터리(nickel cadmium battery)**: 고충전율을 가지며 납산 배터리에 비해 방전 시 전압강하가 거의 없으며, 재충전 소요시간이 짧고, 큰 전류를 일시에 사용해도 배터리에 무리가 없으며, 유지비가 적게 들고, 배터리의 수명이 길다. 셀당 전압은 1.2V~1.25V이다. 정상작동 온도 범위는 -65°F~165°F이다.

가) 구조

㉠ 양극판은 수산화제2니켈(Ni(OH)$_3$), 음극판은 카드뮴(Cd)

㉡ 격리판 양극판은 음극판과 겹쳐 설치되어 층 판으로 형성된다. 판 사이에는 절연이 가능하도록 여러 분리 층으로 된 격리판으로 절연시킨다.

㉢ 커버 & 환기부: 커버와 환기부는 판 위에 부착되어 있는데, 필러 캡이 부착되어 전해액을 보급할 때 열리도록 하고, 캡 장착 시는 충전 시 나오는 가스가 환기되도록 한다.

㉣ 셀 판: 니켈-카드뮴 배터리의 셀은 각각 분리된 장치이며 개별적으로 작용을 하고, 각 셀은 플라스틱 케이스 안에 12V나 24V 배터리로 결합된다. 12V 배터리는 9개 혹은 10개의 셀을 가지며, 24V 배터리는 19개 혹은 20개의 셀을 가진다.

㉤ 전해액인 수산화칼륨(KOH)은 독성이 매우 강하므로 취급 시 보안경, 고무장갑, 고무 앞치마 등을 착용해야 하고, 전해액이 피부에 묻은 경우 중화제인 아세트산, 레몬주스, 붕산염 용액으로 중화시킨다. 전해액을 만들 때 물에 수산화칼륨을 조금씩 떨어뜨려 섞어야 한다. 전해액의 비중은 1,240~1,300이다.

나) 용량: 축전지의 방전상태는 전압계(voltmeter)로 측정한다.

다) 종류: 은-아연 셀, 니켈-카드뮴 셀, 에디슨 셀

② **납산 축전지(lead-acid storage battery)**: 납산 축전지의 기본 구성은 다음과 같이 극판, 격리판, 케이스(또는 컨테이너), 커버, 지지대, 플러그, 단자 등으로 구성된다. 셀(cell)당 전압은 충전 직후 전압은 2.2V이지만, 내부 저항에 의한 전압강하로 인하여 2V 정도이다. 화학반응이 상온에서 발생하므로 위험성이 적고, 신뢰성이 크며, 비교적 가격이 저렴하다.

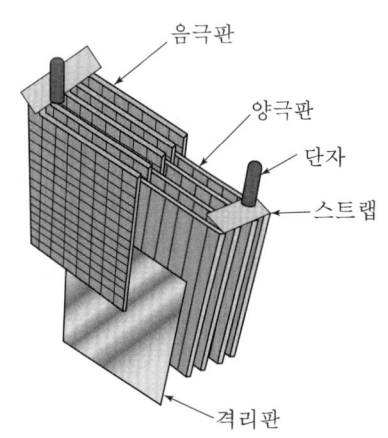

가) 구조

　㉠ 극판
　　- 납(Pb)과 안티몬(Sb)으로 만들어진 격자에 활성 물질을 붙였다.
　　- 양극판은 과산화납(PbO_2)으로, 음극판은 납(Pb)으로, 전해액은 묽은 황산(H_2SO_4)이다.
　　- 음극판 수가 양극판의 수보다 한 개 더 많다(양극판이 음극판보다 더 활성적이므로 양극판 보호 목적).

　㉡ 격리판
　　- 양극판과 음극판이 서로 접촉되어 전기적으로 단락되는 것을 방지한다.
　　- 홈이 파여 있는 면은 양극판 쪽으로 향하게 한다. 그 이유는 양극판의 활성물질이 음극판보다 화학적 활동이 더 활발하여 침전물이 많이 발생하므로 그만큼 빨리 전해액이 홈을 타고 들어와 침투확산이 잘되도록 하기 위함이다.

　㉢ 터미널 포스트: 셀을 직렬 연결할 때 쓰며, 중앙에는 캡이 있다. 캡은 전해액의 비중을 측정하고, 전해액의 증류수를 보충하며, 충전 시 발생하는 가스를 배출한다. 캡 속의 납추(차폐 마개)의 역할은 항공기의 자세가 흔들리거나 또는 배면 비행 시 납추가 가스 배출구를 막아 전해액의 누설을 방지한다.

　㉣ 마개

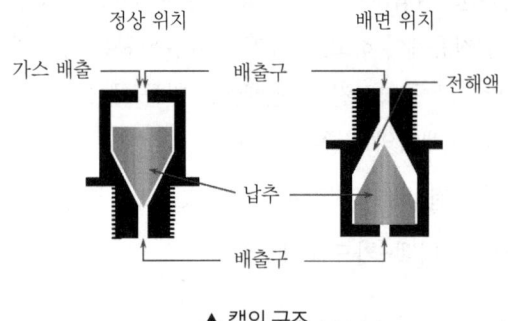

▲ 캡의 구조

- 커버의 가운데에는 플러그(또는 cap)가 있다. 이 플러그를 열고 비중계나 온도계를 넣어 측정한다. 그리고 전해액이나 증류수를 주입한다. 그래서 필러 플러그라고도 한다.
- 플러그 중앙에는 작은 구멍이 있어 축전지 내부에서 발생하는 산소와 수소가스를 방출한다. 그래서 벤트 플러그라고도 한다.

나) 용량

- ㉠ 12V 축전지는 6개의 셀을, 24V 축전지는 12개의 셀을 직렬로 연결하여 한 단위로 이룬다.
- ㉡ 축전지의 용량은 Ah(ampere-hour)로 표시한다.
- ㉢ 항공기 축전지는 5시간의 방전 제한을 가진다.
- ㉣ 축전지의 용량은 유효 극판의 넓이에 비례한다(극판이 넓으면 용량도 증가).

다) 화학반응

- ㉠ 축전지가 충전되면 비중은 높아진다.
- ㉡ 축전지의 충전, 방전상태는 전해액의 비중을 보고 알 수 있다.
- ㉢ 축전지의 비중 점검: 비중계를 이용한다.
- ㉣ 축전지 비중
  - 완전 충전상태: 1.300
  - 고 충전상태: 1.240~1.300
  - 중 운전상태: 1.240~1.274
  - 저 충전상태: 1.200~1.239
- ㉤ 전해액은 온도에 따라 변화한다.
- ㉥ 전해액 보충 시 반드시 물(증류수)에 묽은 황산을 넣어 만든다.

라) 충전 방법

- ㉠ 정전압 충전법: 과충전에 대한 특별한 주의가 없어도 짧은 시간에 충전을 완료할 수 있다. 여러 개를 동시에 충전할 때는 전압값별로 전류와 관계없이 병렬로 연결한다(일정한 규정 전압으로 계속 충전).
- ㉡ 정전류 충전법: 일정한 규정 전류로 계속 충전하는 방법이며, 여러 개를 동시에 충전하고자 할 때는 전압과 관계없이 용량을 구별하여 직렬로 연결한다.
  - 장점: 충전 완료시간을 미리 추정할 수 있다.
  - 단점: 충전 소요시간이 길고 주의를 하지 않으면 과충전이 되기 쉽다.

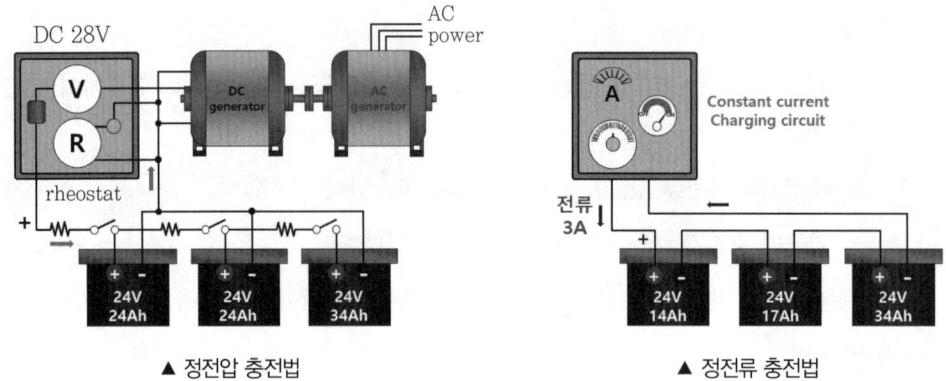

▲ 정전압 충전법　　　　　　　　▲ 정전류 충전법

마) 충전 시 주의사항

　　㉠ 충전 시 가스가 발생하므로 통풍이 잘되는 곳에서 충전한다.

　　㉡ 역 충전하면 과열되므로 충전기의 배선 접속을 반대로 하지 않는다.

　　㉢ 충전기의 접지선은 반드시 접지시킨다.

　　㉣ 충전 중인 축전지에 충격을 가하지 않는다.

　　㉤ 충전 시 발생하는 수소가스는 폭발성 가스이므로 담배 및 스파크 발생에 유의한다.

　　㉥ 과충전이 되지 않도록 주의한다.

　　㉦ 축전지 전해액의 온도가 45℃ 이상 넘지 않도록 한다.

③ **직류 발전기:** 항공기에 이용되는 직류 전원에는 직류 발전기, 축전지, APU(Auxiliary Power Unit), GPU(Ground Power Unit) 등 4종이 있다. 발전기는 엔진에 의해 구동되며 전자기 유도효과에 따라 기계적 에너지를 전기적 에너지로 바꾼다. 직류 발전기는 직류 전기를 공급하는 것으로서, 항공기에는 전력의 수요에 따라 1대 또는 그 이상의 발전기가 필요하다. 직류 발전기의 출력전압은 축전지가 12V인 항공기에서는 14V이고, 축전지가 24V인 항공기에서는 28V이다.

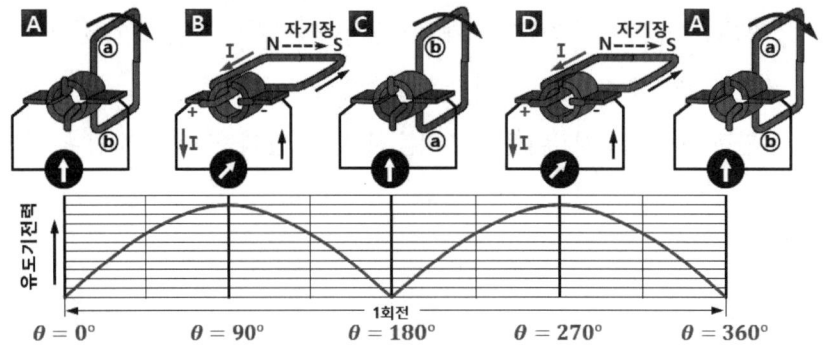

가) 작동원리: 자장을 정지시키고 코일을 회전시켜 전기를 발생하게 되는데 자장을 만들어 주는 부분을 계자라 하고, 전압이 유기되는 코일을 전기자라 한다.

나) 형식 및 구조

　㉠ 형식
　　• 전기의 수요에 따라 형식을 용량별로 나누게 된다.
　　• M형: 50A, O형: 100A, P형: 200A, R형: 300A

　㉡ 구조
　　• 계자: 요크 또는 프레임이라고 불리는 틀 내부에 볼트로 고정된 자석을 말한다. 이 자석으로 된 극은 보통 2극 또는 4극으로 되어 있다.
　　• 전기자: 전기자는 자장 내에서 회전하는 코일을 포함한 회전체로서 전기자는 전기자 철심, 전기자 코일, 전기자 축으로 구성되어 있다.
　　　– 전기자 철심: 자력선의 통과를 쉽게 하여 유도전류를 많이 일으킬 수 있는 작용과 전기자 코일을 지지하는 역할을 한다.
　　　– 전기자 코일: 전기자 코일에서 발생한 전류가 정류자와 브러시를 통해서 직류로 정유된다.
　　　– 전기자 축: 전기자의 회전축으로 계자 프레임의 양 끝에 있는 축받이에 의해 지지된다.
　　• 정류자: 교류를 직류로 바꾸며 브러시와 접촉하여 전류를 밖으로 흐르게 한다.
　　• 브러시 및 브러시 홀더: 정류자 면에 접촉되어 전기자에 발생한 전류를 외부로 보내는 역할을 한다. 브러시는 고전위 탄소로 만들어 사용한다.

　㉢ 종류
　　• 직권형 직류 발전기: 전기자와 계자 코일이 서로 직렬로 연결된 형식으로 부하의 변동에 따라 전압이 변하게 되므로 전압 조절이 매우 어렵다.
　　• 분권형 직류 발전기: 전기자와 계자 코일이 서로 병렬로 연결된 형식으로 계자 코일은 부하와 병렬관계에 있으므로 부하전류는 출력전압에 영향을 끼치지 않는다.
　　• 복권형 직류 발전기: 직권형과 분권형 계자를 모두 가지고 있는 형식으로 직권형과 분권형의 성질을 조합하는 정도에 따라 과복권, 평복권, 부족 복권으로 분류한다.

다) 직류 발전기 보조장치

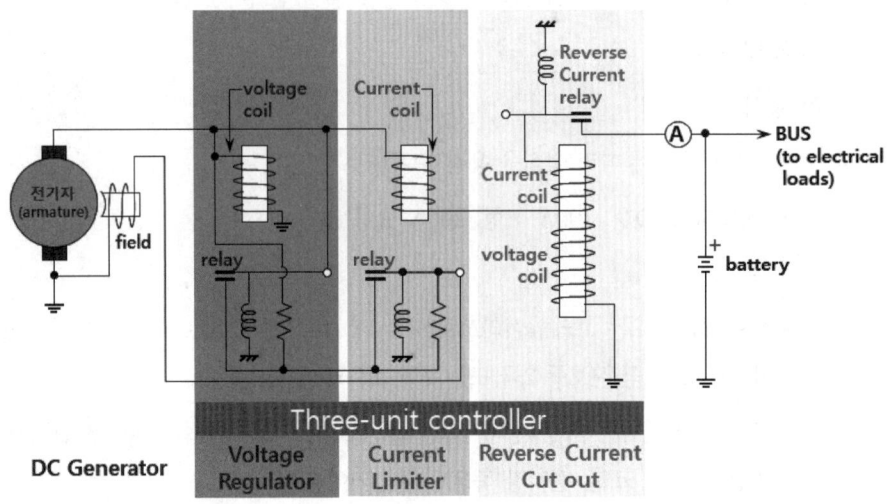

보조장치 종류		보조장치 핵심 내용
전압 조절기 (voltage regulator)		엔진 회전수와 부하 변동에 따라 계자 코일의 전류를 조절하여 출력전압을 일정하게 유지해 준다. 종류로는 진동형과 카본파일형이 있다.
	진동형	솔레노이드에 의해 단속적으로 전압을 조절하기 때문에 높은 전압 발전기에서는 스파크 발생 등으로 사용하기 어려워 일부 소형 항공기에서만 사용한다.
	카본파일형	세라믹 절연체로 된 원통관 안에 다수의 탄소판이 배열되어 있고, 일반적으로 가장 많이 사용되는 전압 조절기이다. 카본파일이 계자 코일과 직렬로 연결되어 발전기 전압이 증가하면 계자전류를 조절해 준다.
전류 제한기 (current limiter)		과전압 방지 장치(over voltage relay)라고 하며, 발전기에 과전류가 흐르면 저항을 거치면서 과전류를 감소시켜 준다.
역전류 차단기 (reverse current cut-off relay)		발전기의 출력 전압이 낮은 경우에는 축전지에서 발전기로 역류되는 것을 방지하고, 발전기 출력 전압이 높은 경우에는 정상적으로 각 버스를 통해 전류를 공급 및 축전지에 충전한다. 즉 역으로 전류가 흐르게 되는 것을 차단한다.
※ 직류 발전기의 병렬운전: 직류 발전기의 병렬운전을 하기 위해서는 출력 전압을 같게 해야 한다. 출력 전압을 같게 조정하는 회로는 이퀄라이저(equalizer) 회로이다.		

3 교류 전력

(1) 교류 발전기(Alternator)

자기장 속에 코일을 놓으면 플레밍의 오른손 법칙(자기장의 방향만 반대이고 플레밍의 왼손 법칙의 원리와 같음)에 의해 코일에는 전류가 흐른다. 교류 형태로 역학적 에너지를 전기에너지로 전환하여 교류 기전력을 일으키는 발전기이다. 전자감응 작용을 응용한 것으로, 간단히 교류기라고도 한다. 교류 발전기는 단상과 3상이 있으나 항공기에 사용되는 발전기는 모두 3상이며, 동기속도라는 일정한 속도로 회전하므로 3상 동기발전기(three-phase synchronous generator)라 한다.

(2) 교류 발전기의 구조 및 종류

① **회전 계자형**: 전기자 권선을 고정시키고 계자 권선을 회전시키는 발전기이다. 전기자 권선이 고정되어 있으므로 원심력을 받지 않으며, 절연하기가 쉬운 것이 장점이다. 따라서 고전압, 대용량 발전기에 사용된다.

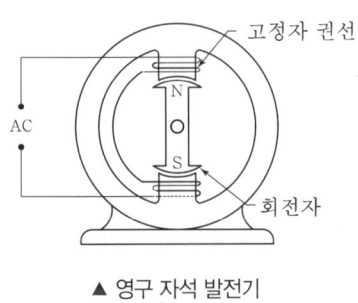

▲ 영구 자석 발전기

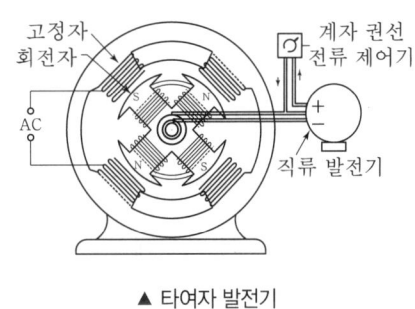

▲ 타여자 발전기

② **교류 발전기의 기본구조**

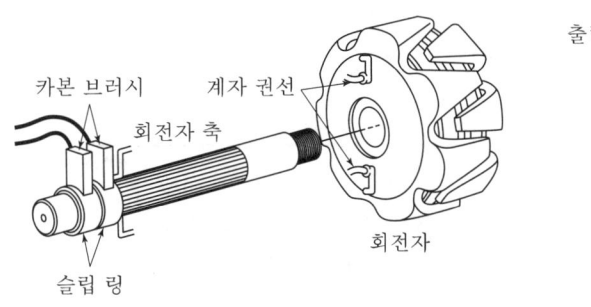

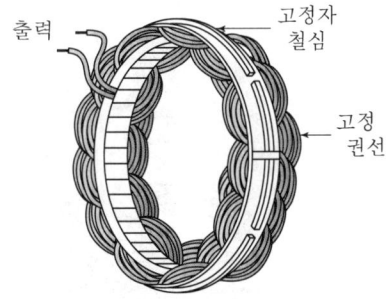

③ **단상 교류 발전기:** 직류 발전기는 계자를 고정하고 전기자를 회전시켰으나 교류 발전기는 전기자를 고정하고 무게가 가벼운 계자를 회전시킨다. 그림에서 교류계자(회전)의 자기장 세기는 회전계자와 같은 축을 가지고 회전하는 직류 발전기인 여자기 전기자에 의해 공급되는 전류에 의해 달라진다.

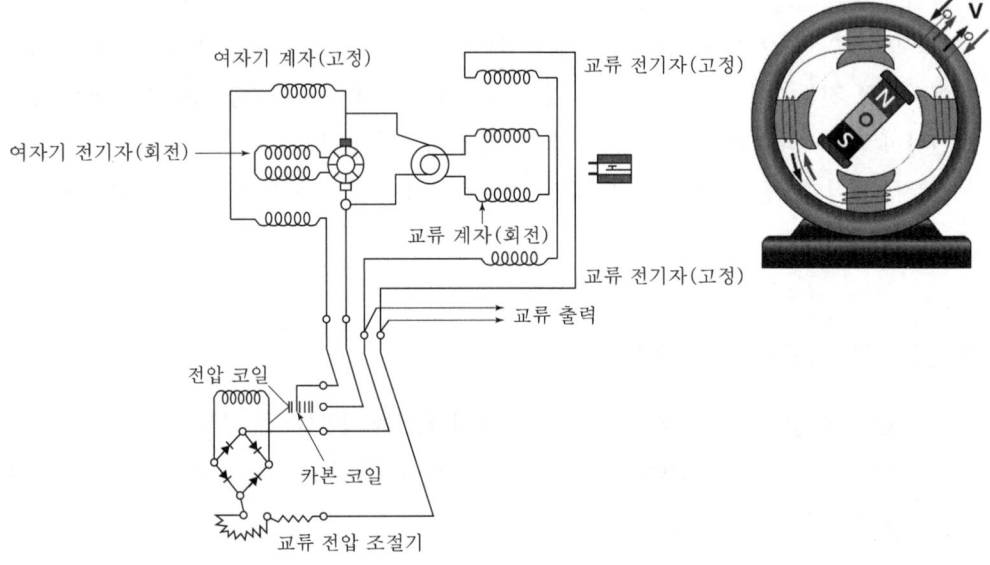

가) 주파수, 계자의 극수, 회전수의 관계

$$f = \frac{P}{2} \times \frac{N}{60}$$

※ f : 주파수(Hz 또는 cps), P : 계자의 극수, N : 분당회전수(rpm)

④ **3상 교류 발전기:** 단상에 비하여 효율이 우수하고 결선방식에 따라 전압, 전류에서 이득을 가지며, 정비와 보수가 쉽고, 높은 전력의 수요를 감당하는 데 적합하여 항공기에 많이 사용된다.

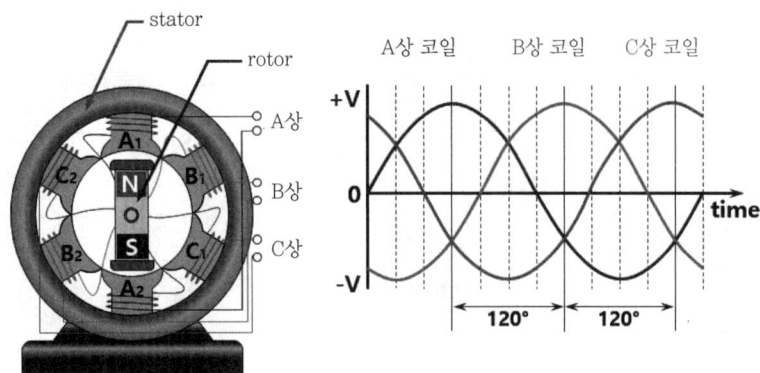

▲ 3상 교류 발전기

가) 자기 여자 교류 발전기: 계자에 직류 전류를 보내기 위해서 단상 교류 발전기와 같이 발전기를 이용하는 방법과 정류기를 이용한 3상 교류 발전기와 같이 자신이 발전한 교류를 정류하여 계자에 보내는 방법이 있다. 자기 여자 교류 발전기는 엔진 회전수 및 부하에 관계없이 일정 전압을 유지하기 위해 회전 계자 전류를 조절하여 출력을 일정하게 할 수 있다.

나) 브러시리스 교류 발전기: 브러시와 슬립링 없이 여자 전류를 발생시켜 3상 교류 발전기의 회전 계자를 여자시킨다. 브러시와 슬립링이 없어 브러시 마모가 없고, 아크 발생 위험이 없으며, 전기 저항 및 전도 변화율이 없어 출력 파형이 안정되어 고공비행 성능이 좋다. 단, 가격이 비싸고 구조가 복잡하다.

(3) 교류 발전기의 보조기기

① 교류 전압 조절기

가) 목적: 구동축의 회전수가 변하더라도 발전기의 출력전압을 항상 일정하게 유지하고, 여러 개의 발전기가 병렬운전할 때 각 발전기가 부담하는 전류를 같게 한다.

나) 종류

㉠ 카본 파일형 전압 조절기: 직류 발전기를 여자기로 이용하는 교류 발전기의 전압 조절에 사용한다.

㉡ 자기 증폭기형 전압 조절기: 부하의 크기에 상관없이 일정 전압을 유지할 수 있고, 규정 전압을 0.1초 만에 회복할 수 있어 제트 항공기에 많이 사용한다.

㉢ 트랜지스터형 전압 조절기: 교류 발전기에 계자 전류를 조절하며, 트랜지스터에 흐르는 전류를 조절하면 계자 전류가 조절되어 교류 출력 전압이 조절된다.

② 정속구동장치(CSD: Constant Speed Drive):
교류 발전기는 전압과 주파수를 일정하게 유지하며, 발전기의 회전수는 출력 주파수와 비례한다. 항공기의 교류 발전기는 엔진에 의해서 구동되기 때문에 엔진의 회전수가 변하게 되면 발전기의 출력 주파수도 변하게 된다. 따라서 엔진과 발전기 사이에 정속구동장치를 설치하여 엔진의 회전수와 관계없이 발전기를 일정하게 회전시킨다. 구성은 유압장치, 차동기어장치, 거버너 및 오일 등으로 구성되어 있다.

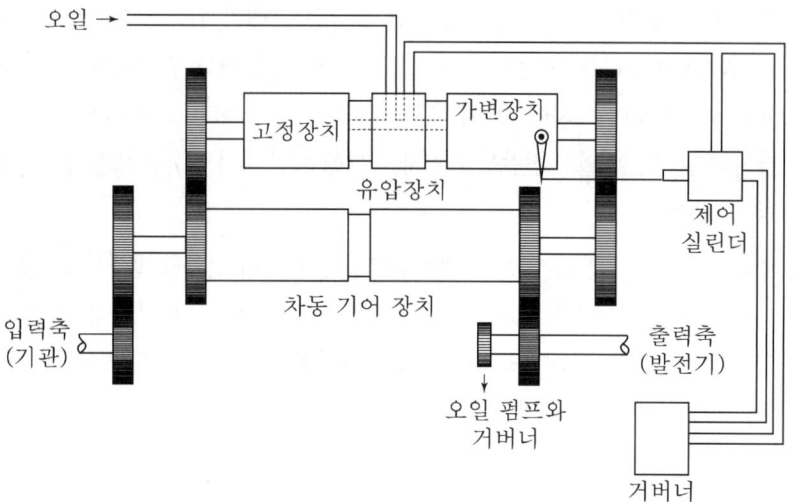

③ **통합 구동 발전기**: 통합 구동 발전기는 교류 발전기와 정속구동장치가 일체로 되어 있다. 현대의 중·대형 항공기는 이것을 사용한다.

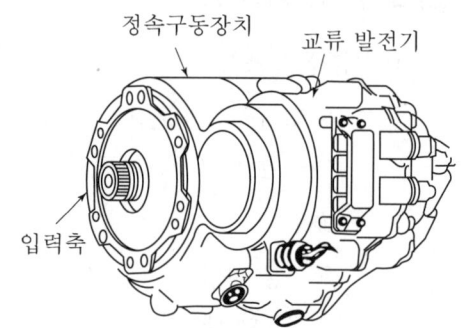

④ **인버터(inverter)**: 항공기 내에 교류 전원이 없을 때, 즉 교류 발전기가 고장 났을 때 직류만을 주 전원으로 하는 항공기에서 축전기의 직류를 공급받아 교류로 변환시켜 최소한의 교류 장비를 작동시키기 위한 장치이다(DC → AC).

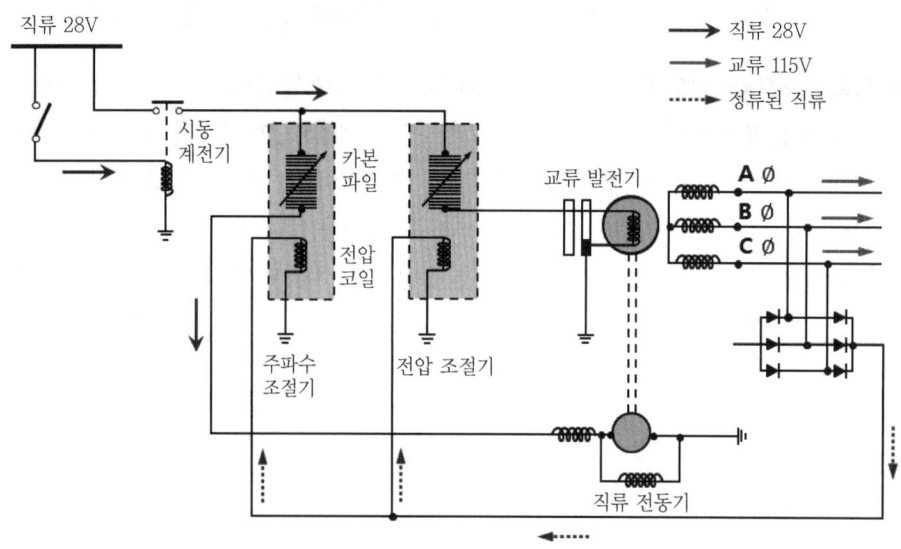

▲ 인버터의 회로도

⑤ **변압 전류기**(TRU: Transformer Rectifier Unit)

항공기의 많은 장치는 고전류, 저전압 직류로 작동한다. 교류계통을 주 전원으로 하는 항공기에는 별도로 직류 발전기는 설치하지 않고 변압 정류기에 의해 직류를 공급한다. 정류기란, 전류 흐름 방향을 한쪽으로만 흐르게 함으로써 교류를 직류로 바꾸는 장치이다.

(4) 항공기용 교류 발전기

①번은 영구자석 발전기, ②번은 여자 발전기, ③번은 주 발전기로 구성되어 있다. 엔진이 구동되어 발전기가 정격으로 회전하면, 영구자석 발전기는 교류 3상, 80V의 출력을 내보낸다. 이 전압은 발전기 제어장치 내에 있는 정류기에 의해서 직류로 만들어져 여자 발전기 계자 권선에 공급한다. 주 발전기 출력 전압을 일정하게 유지시키기 위하여 전압 조절기에 의해서 이 전압을 제어한다. 여자 발전기에 전기자 권선의 3상 출력은 회전자 축 내에 있는 정류자(6개의 다이오드)에 의해서 직류로 만들어지고, 이 직류 전압으로 주 발전기 계자 권선을 여자시킨다. 이때, 주 발전기 전기자 권선은 3상, 115/200V, 400Hz의 기전력이 출력된다. 이와 같은 방법으로 브러시 없이 발전기의 출력이 발생되기 때문에 안정된 출력을 유지할 수 있다.

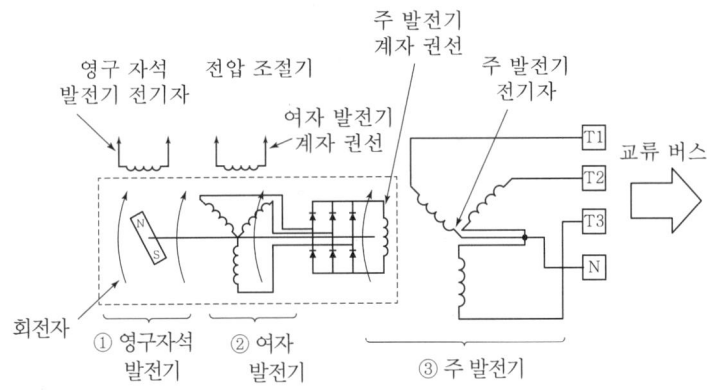

(5) 교류 발전기의 병렬운전

교류 발전기를 2대 이상 운전해야 할 때는, 각 발전기의 부하를 동일하게 분담시킴으로써 어느 한쪽 발전기에 무리가 생기는 것을 피하도록 한다. 그러나 직류 발전기와 달리, 교류 발전기의 병렬운전 조건은 각 발전기의 전압(기전력의 크기), 주파수, 위상 등이 서로 일치해야 한다.

4 전동기

착륙장치, 플랩 등을 올리고 내리는 동작과 서보모터 등의 작동을 위하여 전동기의 구동력을 이용한다. 발전기는 기계적인 에너지를 전기적인 에너지로 변환시키는 장치인데 반하여, 전동기는 전기적인 에너지를 기계적인 에너지로 바꾸어 주는 장치이다. 전동기는 사용되는 전류에 따라 직류 전동기와 교류 전동기로 나누어진다(엔진 시동 시 사용).

(1) 직류 전동기(플레밍의 왼손 법칙)

① **원리:** 구조는 계자와 전기자로 구성되어 있다. 전기자 코일에 전류가 흐름으로 인해 전류에 의한 자기장이 생겨서 이것이 원래 계자의 자기장과의 상호작용으로 힘이 생기는데, 이 힘으로 축을 회전시킨다.

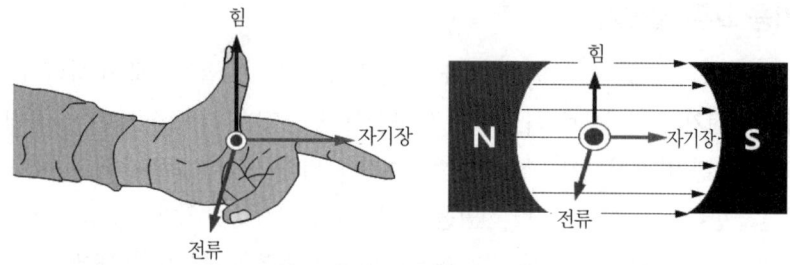

▲ 플레밍의 왼손 법칙

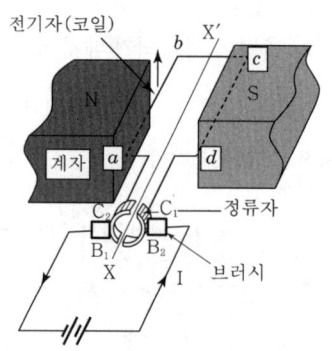

▲ 전동기의 구성요소

② **직류 전동기(DC motor)의 구조:** 직류 전력을 기계적 동력으로 변환하는 장치이다. 직류 전동기와 직류 발전기의 구조는 동일하며, 이들을 직류기라 총칭한다. 직류 전동기의 구성요소는 전기자, 계자, 정류자, 브러시 등으로 되어 있다.

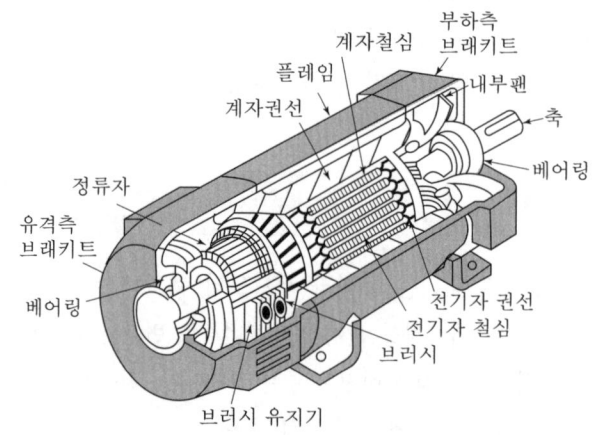

가) 전기자(armature): 전기자는 연철 코어, 코일 및 정류자, 회전식 강축에 장착되어 있다.

나) 계자기(field): 계자기 플레임, 극 조각, 계자 코일로 구성되어 있다. 계자기 플레임은 전동기 하우징의 내부 벽에 위치되어 있고, 계자 코일이 감겨있는 성층 연철 극 조각을 포함하고 있다.

다) 브러시(brush): 브러시와 지지대로 구성되어 있다. 브러시는 아주 작은 막대기 형태로 흑연탄소 재질로 되어 있으며 수명이 길고 교환자에 접촉하여 야기되는 마모를 최소화한다. 정류자 면과 접촉하여 전기자 회전 시 전기자 권선과 외부 회로를 연결하고 있다. 정류자 면과의 접촉 시 브러시는 두께 100%, 너비 70% 이상이 접촉되도록 하고, ⅓~½ 이상 마모되면 교환한다.

※ 브러시의 유무에 따라 브러시리스 모터, 스테핑 모터 등으로 나누어진다. 브러시 종류(튜브타입 브러시, 박스타입 브러시)에 따라 2개 또는 8개이다.

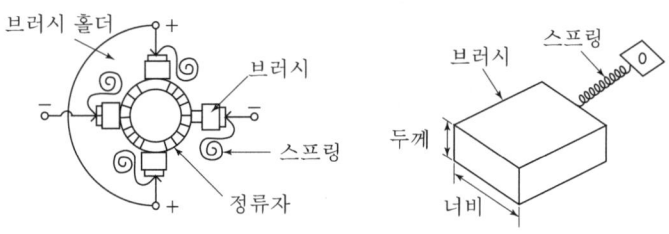

③ 직류 전동기 종류

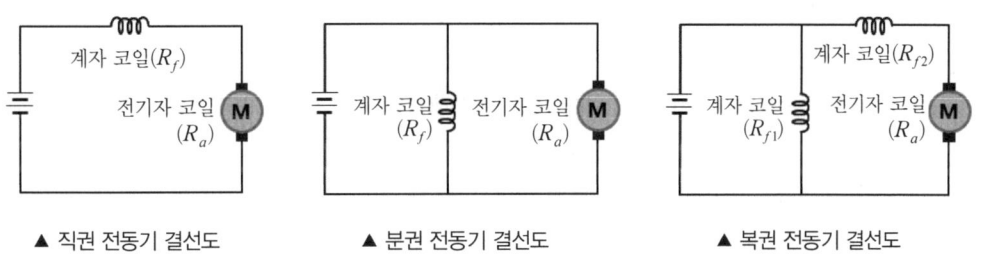

▲ 직권 전동기 결선도 　　　　▲ 분권 전동기 결선도 　　　　▲ 복권 전동기 결선도

가) 직권 전동기: 경항공기의 시동기, 착륙장치, 카울 플랩 등을 작동하는 데 사용한다. 전기자 코일과 계자 코일이 서로 직렬로 연결된 것이다. 직권 전동기의 특징은 시동할 때에 전기자 코일과 계자 코일 모두에 전류가 많이 흘러 시동 회전력이 크고, 무부하 상태에서 회전속도가 빠르다는 것이 장점이다.

나) 분권 전동기: 부하의 변화에 대한 회전속도의 변동이 적으므로 일정한 속도가 요구되는 인버터 등에 사용된다. 전기자 코일과 계자 코일이 병렬로 연결되어 있다. 이는 전기자가 회전하면서 역기전력(역전류)을 발생시키므로 계자의 입력전류를 제한하여 일정하게 만든다.

다) 복권 전동기: 선풍기, 원심 펌프, 전동기-발전기를 작동하는 데 사용한다. 전기자 코일과 계자 코일이 직렬과 병렬로 연결된 것이며, 직권 계자와 분권 계자의 자극 방향이 서로 같으면 가동 복권 전동기이고, 자극 방향이 서로 반대이면 차동 복권 전동기이다. 가동 복권 전동기는 직권 전동기와 분권 전동기의 장점을 모두 가지지만 구조가 복잡한 단점도 있다.

라) 가역 전동기: 회전 방향을 필요에 따라 스위치 조작으로 반대 방향으로의 움직임이 필요한 장비에 사용된다. 전동기의 회전 방향이 반대로 되려면, 전기자의 극성 또는 계자의 극성 중에서 어느 하나를 바꾸어야 한다. 전기자와 계자의 극성을 모두 바꾸면 회전 방향은 변하지 않는다.

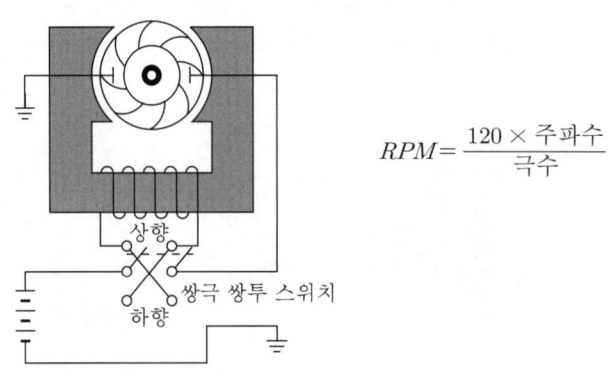

$$RPM = \frac{120 \times 주파수}{극수}$$

④ 교류 전동기

가) 개요

직류 전동기보다 효율이 좋기 때문에 경제적인 운전을 할 수 있으며, 직류에 비해 작은 무게로 많은 동력을 얻을 수 있으므로 대형 제트 항공기에 많이 사용된다. 여러 가지 형식의 항공기 모터가 교류로 작동되도록 설계되었다. 일반적으로 교류 전동기는 브러시와 교환자를 사용하지 않으므로 브러시에서 자주 발생되는 스파크를 피할 수 있다. 교류 전동기는 신뢰성을 가지고 있으며 교류 모터는 단상선으로 작동된다. 교류 전동기의 회전속도는 극의 수와 전원력의 주파수에 의하여 결정된다. 교류 전동기는 소형의 고속로터와 감속기어를 이용하여 날개 플랩, 인입식 착륙기어, 엔진 시동기와 같은 큰 부하로 움직이는 곳에 사용된다.

나) 교류 전동기의 종류

㉠ 만능 전동기(교류정류자 전동기, universal moter): 유도 전동기의 고정자와 직류 전동기의 전기자를 조합하여 만든 구조이다. 직류와 교류를 겸용할 수 있는 전동기를 만능 전동기라고 한다.

ⓒ 3상 유도 전동기(유도 전동기, induction moter): 교류에 비해 작동 특성이 좋기 때문에 시동이나 계자 여자에 있어 특별한 조치가 필요하지 않고, 부하 감당 범위가 넓어 대형 항공기의 비교적 작은 부하의 작동기로 사용된다. 유도 전동기는 단상 유도 전동기와 3상 유도 전동기로 나눈다.

ⓒ 3상 동기 전동기(동기 전동기, synchronous moter): 일정한 회전수가 필요한 기구에 사용되며, 항공기에서는 엔진의 회전계, AC-AC 컨버터에 이용한다. 영구자석이나 외부 직류 전원에 의한 전자석으로 되어 있다.

대분류	중분류	세부 내용
직류 전동기	직권 전동기	경항공기의 시동기, 착륙장치, 카울 플랩 등
	분권 전동기	일정한 회전속도가 요구되는 인버터 등
	복권 전동기	선풍기, 원심 펌프, 전동기 (발전기 - 가동 복권 전동기, 차동 복권 전동기)
교류 전동기	만능 전동기 (교류정류자 전동기)	진공청소기, 전기드릴 등
	유도 전동기	- 단상 유도 전동기: 차단 밸브, 잠금장치 등의 소형 전동기 - 3상 유도 전동기: 유압 펌프, 연료 펌프 등의 큰 힘을 요하는 전동기
	동기 전동기	- 단상 동기 전동기: 일정한 회전수가 필요한 정밀장비 - 3상 동기 전동기: 항공기 엔진의 회전속도를 표시하는 회전계기(RPM)

5 부하계통

(1) 변류기(Current Transformer)

교류의 큰 전류에서 일정한 비율의 작은 전류를 얻는 장치이다. 변압기라고도 하며, 도선 전류에 따라서 송전 전류를 조절한다.

$$\text{변류기} = \frac{I_1}{I_2} = \frac{N_2}{N_1}$$

(2) 정류기(Rectifier)

전류 흐름 방향을 제한하거나 조정함으로써 교류를 직류로 바꾸는 장치이다. 그리고 한 방향으로만 전류를 통과시키는 기능을 가졌다. 항공기에 사용되는 반도체 정류기(solid-state rectifier)의 종류에는 반파 정류기, 전파 정류기가 있다.

① 종류

가) 반도체 정류기: 대전류용의 제작이 가능하며 역방향의 내전압이 크다는 장점이 있다.

나) 전자관 정류기: 양극의 양·음극에 음의 전압이 가해졌을 때만 전류가 흐른다.

다) 기계적 정류기: 교류 전원과 직류 부하 사이에 접촉자를 넣고, 이 접촉자를 기계적으로 동작시켜 교류의 양의 파인 구간에만 통전하고 나머지 구간에서는 회로가 개방되도록 만든 접촉 변류기라는 장치이다.

(3) 변압기(Transformer)

전기적으로 직접 연결되지 않고 전자기 유도현상을 이용하는 장치로 철심에 2개의 코일을 감아 교류의 전압이나 전류의 값을 변화시켜주는 장치이다.

$$(\text{권수비})a = \frac{E_1}{E_2} = \frac{n_1}{n_2} \qquad \text{변압비} = \frac{V_1}{V_2}$$

6 조명 장치(항공기 내·외부, 조종실, 객실, 화물실 등)

(1) 기본 구성

구성 종류	등의 종류		등의 목적
외부 조명등	충돌방지등, 항법등, 지상 활주등, 착륙등, 앞전등, 동체 조명등, 주날개 조명등, 꼬리날개 조명등		착륙, 지상 활주와 비행 중에 시계를 밝히거나 항공기 위치를 알리거나 항공기 날개 등에 결빙 상태를 살필 수 있도록 하며, 충돌을 방지한다.
	구분	설치 위치	
	항법등	항공기 왼쪽 날개 끝에 적색등, 오른쪽 날개 끝에 녹색등, 꼬리 끝에 백색등 설치(좌적우청후백)	
	식별등	야간비행 시 항공기를 식별하기 위해 동체 하부에는 적색등, 녹색등, 황색등과 상부에는 백색등 설치	
	충돌방지등	야간에 비행기 시계확보를 위해 동체 가장 위·아래 및 수직 안정판 꼭대기에 적색 점멸등 설치	
	착륙등	야간 착륙 시 사용하는 등으로 날개 하부 및 앞쪽 착륙장치에 설치	
내부 조명등	계기등, 조종실 조명등, 객실 조명등, 화물실 조명등		조종실, 객실 내부를 조명하고, 계기 상태를 파악할 수 있게 하며, 기내에 필요한 부분에 조명을 한다.
비상 조명등	비상 출구등, 비상 탈출 보조등, 비상 구조등		비상시에 승무원, 승객의 비상탈출을 돕게 한다.

충돌방지등은 스위치를 작동하면 적색등이 켜지고, 동시에 필터를 거친 정류된 DC 전류에 의해 전동기는 회전하게 된다. 전동기가 회전하면 반사경이 회전하면서 적색 점멸등이 된다. 이때 가변저항을 돌리면 전동기의 속도를 조절할 수 있다.

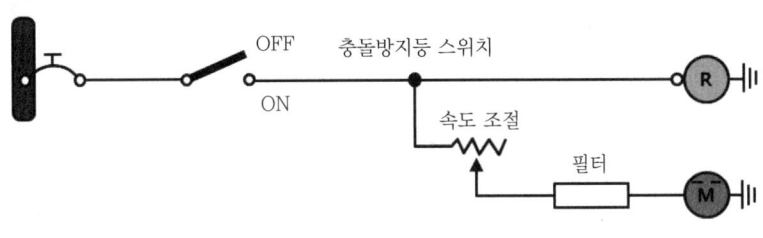

▲ 충돌방지등의 작동

착륙등은 2개의 스위치가 있고, 스위치 ①은 착륙등을 켜고 끄는 역할을 하고, 스위치 ②는 착륙등을 내리는 위치, 정지 위치, 접어 들이는 역할을 한다.

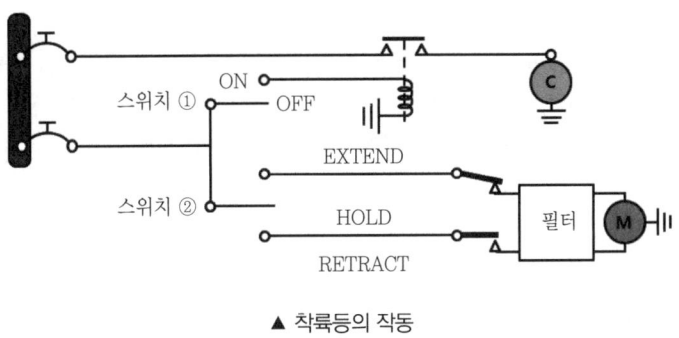

▲ 착륙등의 작동

(2) 조명 장치의 정비

정비 구분	점검 세부 내용		
점검	점검 사항에는 전기회로와 전동기 부분을 점검하며 항목은 다음과 같다. ① 단락 및 단선 ② 조명의 렌즈 상태와 밝기 ③ 비행 전 내·외부 전체 조명등 작동 이상 유무		
고장 탐구	조명 장치의 고장에는 램프의 파손, 회로의 단락 및 단선, 전동기 부분의 고장, 계전기 접속 불량, 가변저항의 훼손, 스위치 작동 불량이 있고 아래와 같이 조치할 수 있다.		
	충돌방지등 스위치가 제어되지 않는다면	점검 위치 및 이상 확인	조치
		① 회로의 단선 및 램프의 끊어짐 ② 전동기 고장 및 스위치 접속 불량	① 램프 교환 ② 스위치 교환
	등이 점멸되지 않는다면	점검 위치 및 이상 확인	조치
		① 전동기 부분 점검 ② 가변저항 변화에도 반응이 없다. ③ 램프	① 전동기 수리 및 교환 ② 가변저항 교환 ③ 램프 교환

CHAPTER 01 실력 점검 문제

01 8A가 흐르고 있는 3Ω 저항의 양단에 걸리는 전압은 얼마인가?

① 12V ② 24V
③ 36V ④ 48V

해설

전압은 전자의 흐름은 (−)극에서 (+)극으로, 전류의 흐름은 (+)극에서 (−)극으로 흐름에 따른 두 점 사이의 전압차가 생긴다. 흐름의 운동을 일으키는 힘을 두 점 사이의 전위차(electric potential difference), 기전력(EMP), 전압(voltage)이라 한다. 단위는 볼트V, 기호 [E]이다. 식은 그림과 같고, 식을 대입하면 아래와 같다.

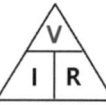  

$V = I \times R$ $I = \dfrac{V}{R}$ $R = \dfrac{V}{I}$

$V = I \times R = 8 \times 3 = 24\,V$

02 도체 내에서 전류의 흐름을 방해하는 성질을 무엇이라 하는가?

① 기전력 ② 전류
③ 저항   ④ 전력

해설

- 기전력(electromotive force)은 단위전하당 한 일을 말한다.
- 전류(electric current): 전위(전기장 내에서 단위전하가 갖는 위치 에너지)가 높은 곳에서 낮은 곳으로 전하(물체가 띠고 있는 정전기의 양, 1초 동안에 1C(쿨롬) 6.28×10^{18})의 전기량을 연속적으로 이동하면 1A라 한다.
- 저항(resistance): 전류가 흐르는 것을 막는 작용이며, 단위는 옴(Ω), 저항의 기호는 R이다.
- 전력(electric power): 단위시간 동안 전기장치에 공급되는 전기 에너지 또는 단위시간 동안 다른 형태의 에너지로 변환되는 전기 에너지를 말한다.

03 다음 중 키르히호프 제1 법칙을 맞게 설명한 것은?

① 임의의 폐회로를 따라 한 방향으로 일주하면서 취한 전압 상승의 대수적 합은 0이다.
② 도선의 임의의 접합점에 유입하는 전류와 나가는 전류의 대수적 합은 0이다.
③ 임의의 폐회로를 따라 한 방향으로 일주하면서 취한 전압 상승의 대수적 합은 1이다.
④ 도선의 임의의 접합점에 유입하는 전류와 나가는 전류의 대수적 합은 1이다.

해설

- 키르히호프 제1 법칙(전류법칙): 도선의 접합점으로 흘러 들어오는 전류의 합은 "0"이다.
- 키르히호프 제2 법칙(전압법칙): 어느 폐쇄회로를 따라 특정한 방향으로 흐르는 전압 상승의 합은 0이다.

04 교류의 값을 직류의 값으로 정의하는 실효 값(effective value)은 최대 값의 몇 배인가?

① $\dfrac{1}{2}$배 ② $\dfrac{1}{\sqrt{2}}$배
③ $\dfrac{1}{3}$배 ④ $\dfrac{1}{\sqrt{3}}$배

정답 01. ② 02. ③ 03. ② 04. ②

해설

교류의 실효값(the effective value of an alternating current, E)은 교류의 전압 또는 전류의 순시값은 시간과 더불어 크기와 방향이 변하기 때문에 교류가 어떤 저항체에 가해져서 열을 발생시키거나 또는 일을 하였을 때 실제 효과와 똑같은 역할을 하는 직류의 값을 정의하는 값이다.

- 최대값: E_m
- 실효값: $E = \dfrac{1}{\sqrt{2}} E_m (0.707배)$
- 평균값: $E_a = \dfrac{2}{\pi} E_m$

05 다음 중 계전기(relay)의 역할은?

① 전기회로의 전압을 다양하게 사용하기 위함이다.
② 작은 양의 전류로 큰 전류를 제어하는 원격 스위치이다.
③ 전기적 에너지를 기계적 에너지로 전환시켜 주는 장치이다.
④ 전류의 방향 전환을 시켜주는 장치이다.

해설

계전기(relay): 조종석에 설치되어 있는 스위치에 의해 작은 양의 전류로 큰 전류가 흐르는 회로를 개폐시켜 주는 전자기 스위치이다. 큰 전류를 제어하기 위해 전원과 버스 사이에 장착한다. 즉, 조종석에서 솔레노이드를 이용한 회로를 제어하여 시동을 걸 때 사용되는 전동기는 많은 양의 전류가 필요하기 때문에 축전지와 시동기와의 전선은 짧을수록 좋다.

06 다음과 같은 특성을 갖는 회로 보호장치는?

- 규정 용량 이상의 전류가 흐를 때 회로를 차단시킨다.
- 스위치 역할도 할 수 있다.
- 계속 사용이 가능하다.

① 퓨즈
② 회로차단기
③ 전류 제한기
④ 열 보호장치

해설

① 회로 차단기(circuit breakers): 회로 내에 규정 값 이상의 전류가 흐를 때 회로를 끊어 주어 전류의 흐름을 막는 장치이며, 종류는 푸시형, 푸시풀형, 스위치형, 자동 재접속형이 있다.
② 퓨즈(fuse): 규정 용량 이상의 전류가 흐르면 녹아 끊어지도록 함으로써 회로 내에 흐르는 전류를 차단하는 역할을 한다.
③ 열 보호장치(thermal protector): 열 스위치라고도 하고, 과부하 때문에 전동기가 과열되면 자동으로 공급 전류를 끊어주어 전동기를 보호하는 역할을 한다.
④ 전류 제한기(current limiter): 과전압 방지장치(over voltage relay)라고 하며, 발전기에 과전류가 흐르면 저항을 거치면서 과전류를 감소시켜 준다.

07 그림은 어떤 형의 회로 차단기인가?

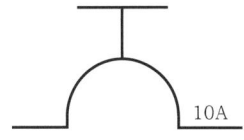

① 푸시형
② 스위치형
③ 푸시풀형
④ 자동 재접속형

해설

회로 차단기(circuit breakers): 회로 내에 규정 값 이상의 전류가 흐를 때 회로를 끊어 주어 전류의 흐름을 막는 장치이며, 종류는 푸시형, 푸시풀형, 스위치형, 자동 재접속형이 있다.

정답 05. ② 06. ② 07. ③

08 조종석 스위치에 의해 간접적으로 작은 전류를 입력받아 큰 전류를 제어하는 전자기 스위치는 무엇인가?

① 열스위치
② 계전기(릴레이)
③ 회로 차단기
④ 전류 제한기

해설

- 회로 차단기: 규정 용량 이상의 전류가 흐르면 접점이 열려 전류를 차단하는 장치로 다시 접속시켜 사용한다.
- 전류 제한기: 높은 전류를 짧은 시간에 흐를 수 있도록 만든 퓨즈로 동력회로에 사용한다.

09 축전지 구성품 중에서 납추(lead weight)의 역할로 옳은 것은?

① 양극판과 음극판의 단락을 방지한다.
② 비중 측정 및 증류수를 보충하기 위함이다.
③ 배면 비행 시 전해액의 누설을 방지한다.
④ CELL의 직렬 연결 시 사용한다.

해설

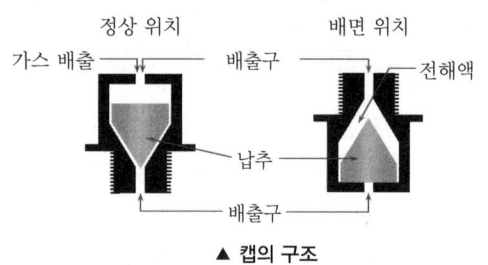

▲ 캡의 구조

① 납추: 전해액의 누설 방지
② 격리판: 양극판과 음극판의 단락을 방지
③ CAP(캡): 비중 측정 및 증류수 보충
④ 터미널 포스트: CELL의 직렬 연결 시 사용한다.

10 항공기에 사용되는 배터리 용량 표시는?

① Ampere
② Voltage
③ AH(Ampere Hour)
④ Watt

해설

배터리의 용량은 AH(Ampere Hour)로 나타낸다.
예) 50AH 축전지는 50A의 전류를 1시간 동안 흐르게 하거나, 25A의 전류를 2시간 동안 흐르게 할 수 있다.

11 일반적으로 니켈-카드늄 24V 축전지는 몇 개의 셀이 직렬로 연결된가?

① 6   ② 10
③ 12   ④ 19

해설

니켈-카드뮴 배터리(nickel cadmium battery)는 셀당 1.2~1.25V이다. 배터리는 직렬로 연결되어 있고 24V의 축전지인 경우 배터리는 19개(19×1.25=23.75V)의 배터리가 연결되어 있다.

12 115V, 3상, 400㎐는 무엇인가?

① 초당 사이클
② 분당 사이클
③ 시간당 사이클
④ 회전수당 사이클

해설

주파수(frequency): 일정한 크기의 전류나 전압 또는 전계와 자계의 진동과 같은 주기적 현상이 단위 시간(1초)에 반복되는 횟수이다. 예를 들어 100Hz는 진동이나 주기적 현상이 1초 동안 100회 반복되는 것을 의미한다. 기호는 V 또는 f, 단위는 헤르츠를 사용한다. 항공기에 사용되는 대부분의 교류 전류의 주파수는 400Hz를 사용한다.

$$주파수(Hz) = \frac{비극수}{2} \times \frac{RPM}{60} = \frac{PN}{120} = \frac{발전기\ 극수 \times RPM}{120}$$

정답 08. ② 09. ③ 10. ③ 11. ④ 12. ①

13 정속구동장치의 회전수 조절은 발전기의 무엇을 조절하기 위한 것인가?

① voltage
② current
③ phase
④ frequency

해설

정속구동장치(CSD: Constant Speed Drive): 교류 발전기는 전압과 주파수를 일정하게 유지하여야 한다. 발전기의 회전수는 출력 주파수와 비례한다. 항공기의 교류 발전기는 엔진에 의해서 구동되기 때문에 엔진의 회전수가 변하게 되면 발전기의 출력 주파수도 변하게 된다. 따라서 엔진과 발전기 사이에 정속구동장치를 설치하여 엔진의 회전수와 관계없이 발전기를 일정하게 회전한다. 구성은 유압장치, 차동기어장치, 거버너 및 오일 등으로 구성되어 있다.

14 발전기의 원리를 설명한 것은?

① 플레밍의 왼손 법칙
② 플레밍의 오른손 법칙
③ 암페어의 법칙
④ 렌쯔의 법칙

해설

- 플레밍의 오른손 법칙: 발전기
- 플레밍의 왼손 법칙: 전동기

15 항공기에서 3상 교류 발전기(A.C Generator)를 사용할 때 장점이 아닌 것은?

① 효율이 우수하다.
② 정비 및 보수가 쉽다.
③ 무게가 무거워 진동이 적다.
④ 높은 전력의 수요를 감당하는 데 적합하다.

해설

3상 교류 발전기는 단상에 비하여 효율이 우수하고 결선 방식에 따라 전압, 전류에서 이득을 가지며, 정비와 보수가 쉽고, 높은 전력의 수요를 감당하는 데 적합하여 항공기에 많이 사용된다.

16 직권형 전동기의 설명으로 틀린 것은?

① 계자와 전기자가 직렬로 연결된다.
② 시동 토크가 크다.
③ 무부하 상태에서 회전 속도가 빠르다.
④ 회전 속도가 일정하다.

해설

- 직권형 전동기: 경항공기의 시동기, 착륙장치, 카울 플랩 등을 작동하는 데 사용한다. 전기자 코일과 계자 코일이 서로 직렬로 연결된 것이다. 직권 전동기의 특징은 시동할 때에 전기자 코일과 계자 코일 모두에 전류가 많이 흘러 시동 회전력이 크고, 무부하 상태에서 회전속도가 빠르다는 것이 장점이다.
- 회전속도가 일정한 것은 분권형 전동기이다.

17 다음 중 교류 발전기와 동조하여 동일한 회전수가 회전하는 전동기는 무엇인가?

① 동기 전동기
② 유도 전동기
③ 만능 전동기
④ 직권 전동기

해설

교류 전동기의 종류는 만능 전동기(교류정류자 전동기), 3상 유도 전동기(유도 전동기), 3상 동기 전동기(동기 전동기)가 있다. 이 중 동기 전동기는 일정한 회전수가 필요한 기구에 사용되며, 항공기에서는 엔진의 회전계, AC-AC 컨버터에 이용한다. 영구자석이나 외부 직류 전원에 의한 전자석으로 되어 있다.

18 전기적으로 직접 연결되어 있지 않은 2개의 코일과 그 코일이 감겨 있는 철심으로 구성되어 전압을 올리거나 내려주는 장치는 어느 것인가?

① 정류기
② 인버터
③ 변압기
④ 변류기

정답 13. ④ 14. ② 15. ③ 16. ④ 17. ① 18. ③

해설

변압기(transformer): 전기적으로 직접 연결되지 않고 전자기 유도현상을 이용하는 장치로 철심에 2개의 코일을 감아 교류의 전압이나 전류의 값을 변화시켜 주는 장치이다.

19 전원장치에서 정류기의 역할은 무엇인가?

① 직류를 교류로 바꾼다.
② 교류를 직류로 바꾼다.
③ 직류를 승압시켜 준다.
④ 교류를 승압시켜 준다.

해설

정류기(rectifier): 전류 흐름방향을 제한하거나 조정함으로써 교류를 직류로 바꾸는 장치이다. 그리고 한 방향으로만 전류를 통과시키는 기능을 가졌다.

20 동체 상하면에서 장착되어 매분 일정 회수로 적색광을 점멸시켜 해당 항공기의 위치를 알려서 충돌을 회피하려는 목적으로 설치한 것은?

① 항법등
② 착륙등
③ 로고등
④ 충돌방지등

해설

충돌방지등은 야간에 비행기 시계 확보를 위해 동체 가장 위·아래 및 수직 안정판 꼭대기에 적색 점멸등을 설치한다.

정답 19. ② 20. ④

CHAPTER 02 계기계통

1 항공계기 일반

(1) 계기란?
① 항공기의 각종 작동상태를 표시한다.
② 이상 유무를 경고한다.
③ 항공기의 자세, 위치, 진로를 표시한다.
④ 안전한 비행을 할 수 있도록 한다.

(2) 계기가 갖추어야 할 조건
① 무게와 크기는 작아야 한다.
② 정확성이 확보되어야 한다.
③ 내구성이 길어야 한다.
④ 외부 조건의 영향이 적어야 한다.
⑤ 누설 및 마찰에 의한 오차가 없어야 한다.
⑥ 방진 및 진동장치를 장착해야 한다.
⑦ 계기판과 기체 사이에 장착하여 엔진으로부터의 진동을 흡수해야 한다.
⑧ 방습처리, 방염 및 항균처리

(3) 계기의 종류
① 비행계기(flight instrument): 항공기의 비행 상태를 지시
　가) 고도계(altimeter), 대기 속도계(air speed indicator), 마하계(mach meter)
　나) 승강계(vertical speed indicator), 선회 경사계(turn and bank indicator)
　다) 방향 자이로 지시계(directional gyro indicator), 자이로 수평 지시계(gyro horizon indicator)

② 엔진계기(engine instrument): 엔진의 상태를 지시

    가) 회전속도계(tachometer), 매니폴드 압력계(manifold pressure indicator)

    나) 연료 압력계(fuel pressure gauge), 연료유량계(fuel quantity indicator)

    다) 실린더 헤드 온도계(cylinder head temperature indicator)

    라) 배기가스 온도계(exhaust gas temperature indicator)

    마) 엔진 압력비 계기(engine pressure ratio indicator)

③ 항법계기(navigation instrument): 위치, 진로 및 방위를 지시

    가) 자기 컴퍼스(magnetic compass)

    나) 자동 무선 방향 탐지기(automatic directional finder)

    다) 초단파 전 방향식 무선 표지(VOR: very high frequency omni directional radio range)

    라) 단거리 항법장치(TACAN: tectical air navigation)

    마) 거리 측정장치(DME: distance measuring equipment)

    바) 관성항법장치(INS: inertial navigation system)

    사) 지구 위치 표시장치(GPS: global positional system)

(4) 항공계기의 배열

항공기 계기는 미국 연방항공청(FAA)에서 권고하는 T형 배열로 설치하며, 설명은 그림으로 대신한다.

▲ 항공계기의 T형 배열

(5) 계기판

① **알루미늄 합금으로 제작:** 자기 컴퍼스 등 자기장의 영향을 받는 계기들을 보호한다.
② **계기판과 기체 사이에 완충 마운트를 사용:** 낮은 주파수와 큰 진폭의 진동을 흡수한다.
③ **무광택의 검은색으로 도장:** 반사광을 방지한다.

(6) 계기 케이스

① **자성 재료의 케이스:** 철제 케이스를 이용하여 자기적인 영향을 차단한다.
② **비자성 금속제 케이스:** 알루미늄 합금은 가공성, 강도, 무게 등에 유리하며, 전기적인 차단효과가 있다.
③ **플라스틱 케이스:** 제작이 용이하고 전기적, 자기적 영향을 받지 않기에 가장 많이 사용된다.

(7) 항공계기의 색 표식

색 표식(color marking)은 신속한 상황 판단을 위해 항공기의 운영 한계를 눈금 또는 계기 유리 위의 색으로 표시한다. 색 표지와 의미는 다음과 같다.

색 표식	의미	
붉은색 방사선 (red radiation)	최대 및 최소 운용한계를 표시하며, 범위 밖에서는 절대로 운용 금지를 표시한다. 낮은 수치 표시는 최솟값이고, 높은 수치 표시는 최댓값이다.	
녹색 호선 (green arc)	사용 안전 운용 범위 및 계속 운전 범위를 의미하며, 순항 운용 상태를 표시한다.	
노란색 호선 (yellow arc)	안전 운용 범위에서 초과 금지까지의 경계 또는 경고를 표시한다.	
흰색 호선 (white arc)	대기 속도계에서 플랩 조작에 따른 항공기의 속도 범위를 표시한다.	
	하한	최대 착륙 중량에서의 실속 속도를 표시한다.
	상한	플랩 전개 가능 속도를 표시한다.
청색 호선 (blue arc)	기화기를 장비한 왕복엔진의 엔진 계기에 사용하는 호선으로 흡기압력계, 회전계, 실린더 헤드 온도계 등에 표시한다. 연료와 공기 혼합비가 오토린(auto-lean)일 때의 상용 안전 운용 범위를 표시한다.	
흰색 방사선 (white radiation)	유리판과 계기 케이스에 걸쳐 표시하여 유리가 미끄러졌는지를 확인하기 위해 표시한다.	

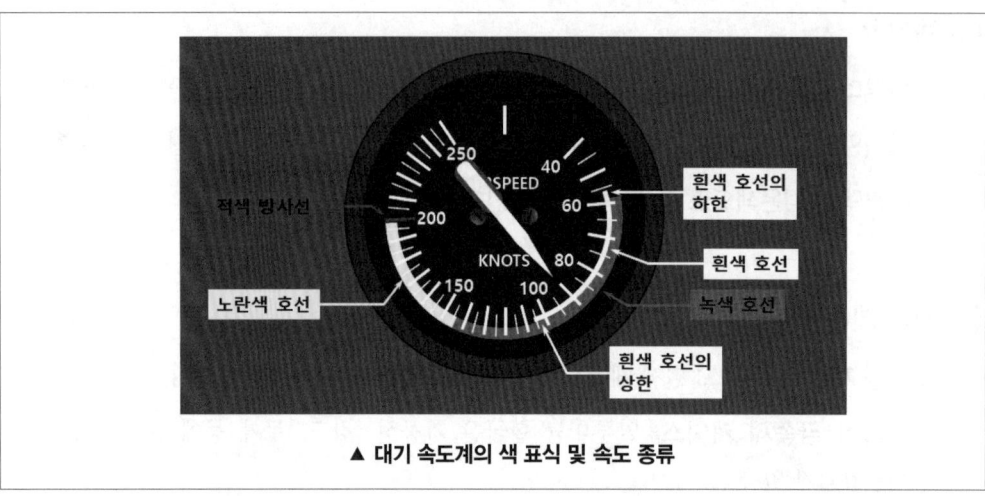

▲ 대기 속도계의 색 표식 및 속도 종류

(8) 계기의 장탈, 장착

계기의 작동원리로는 기계적 계기, 전기적 계기, 전자적 계기, 자이로 계기로 분류되며, 이를 정비할 때는 정확하게 정비 지침서에 따라 고장 탐구해야 한다.

장탈	장착
우선 계기 지시 불량의 원인을 전반에 걸쳐 살펴보고, 지시 불량의 원인이 계기로 판단 시 장탈을 진행한다. 순서는 아래와 같다.	장착할 때는 계기에 사용 가능(serviceable)이 tag에 기록되어 있는지 확인 후 장착하고, 순서는 장탈의 역순이다. 다음은 장착 완료 후 확인 사항이다.
① 전원, 고압 작동유 동력원을 차단한다. ② 계기의 명칭, 형식, 제작사명, 제조번호, 최종 수리 날짜 및 수리자명을 기록한다. ③ 배선 및 배관에 tag를 붙이고, 탈착한 구멍에는 cap, plug로 막고, 해당 회로명을 기록한다. 만일 cap, plug가 없을 경우 비닐과 고무줄을 이용하여 묶어둔다. ④ 나사를 제거 후 계기를 탈착한다. ⑤ 탈착한 계기에 사용 불능(unserviceable)을 tag에 이유와 함께 기록한다. ⑥ 운반 시 가능한 한 지정 케이스에 넣어 운반한다.	① 장탈 시의 tag와 비교하여 잘못 연결되었는지 확인한다. ② 배관 연결이 올바른지 확인한다. ③ 배선의 굽힘, 죔이 없는지 확인한다. ④ 작동 시험을 한다. ⑤ 시험 완료 후 배선, 배관에 tag를 제거한다.

2 피토-정압계기계통

(1) 피토-정압계기

피토-정압계통의 계기는 대기 속도계, 승강계, 고도계가 있으며, 이들 계기의 구성은 수감부, 확대부, 지시부로 나누어 볼 수 있다.

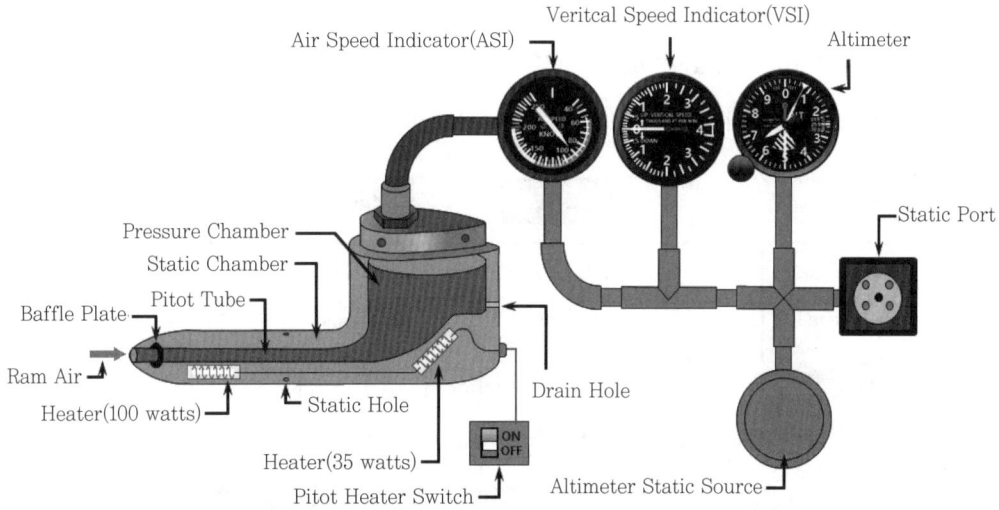

▲ 피토-정압계기계통의 구성과 연결

① **수감부**: 압력, 온도 등을 감지하여 기계적 변위 또는 전기적 변화를 가져오는 부분으로 외부 변화를 수감한다.

② **확대부**: 수감부의 변위나 변화가 지시부에 직접 지시하기에는 너무 적기 때문에 bell crank, sector, pinion gear, chain을 이용하여 확대하는 부분이다.

③ **지시부**: 확대부에서 확대된 변위가 지시부에 나타나며, 눈금이 매겨진 계기판과 지침으로 구성된다.

④ **피토-정압관**

가) 피토공과 정압공이 함께 있는 것

나) 탈수공: 수분 탈수

다) 방빙장치: 전기식 가열기

라) 대형 항공기는 빗놀이와 선회에 의한 오차를 줄이기 위해 피토공과 정압공이 따로 존재한다.

(2) 고도계(Altimeter)

고도계는 대기의 절대압력을 측정하여 표준 대기압력과 비교하여 간접적으로 고도를 알 수 있게 한 것이다. 고도계는 아네로이드를 수감부로 한 일종의 기압계이다. 아네로이드 외부에는 피토-정압계통의 정압이 가해져 이 압력에 해당하는 기계적 변위가 확대부에 전달되어 지시된다.

① 고도의 종류

가) 기압고도(pressure altitude): 표준 대기압 해면으로부터의 고도

나) 진고도(true altitude): 해면상으로부터의 고도

다) 절대고도(absolute altitude): 지표면으로부터의 고도

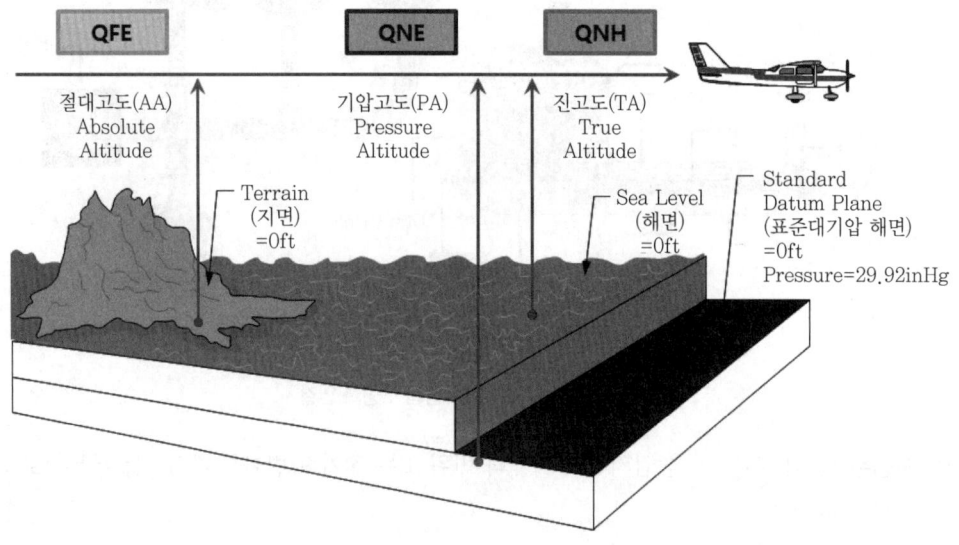

▲ 고도(Altitude)와 고도계 수정 방법의 종류

② 고도계의 보정 방법: 해면기압이 29.92inHg인 표준 대기와 실제 대기의 기압이 다른 경우 지시치가 다름으로 수정한다.

가) QNE 보정: 표준 대기압인 29.92inHg를 맞추어 표준 기압면으로부터의 고도를 지시하게 하는 방법이다. 해상 비행이나 14,000ft 이상의 높은 고도로 비행할 경우 사용한다.

나) QNH 보정: 일반적인 고도계의 보정 방법으로 창구의 눈금을 그 당시의 해면 기압에 맞추는 방법이다. 진고도를 지시하며 14,000ft 미만의 고도에서 장거리 비행 시 사용한다.

다) QFE 보정: 기압 창구의 눈금을 그 당시 활주로상의 기압에 맞추는 방법이다. 활주로상에 있을 때 고도계는 0ft를 지시한다. 절대고도를 지시하며 단거리 비행 시 사용한다.

③ **고도계의 오차:** 오차는 ±30ft까지 허용된다.

　가) 눈금 오차

　　㉠ 일반적으로 고도계의 오차는 눈금 오차를 의미한다.

　　㉡ 계기 특유의 오차로 수정 가능하다.

　나) 온도 오차

　　㉠ 온도 변화에 의한 수축, 팽창 및 탄성률의 변화에 의한 오차이다.

　　㉡ −30~50℃에서는 자동으로 수정한다(바이메탈 사용).

　다) 탄성 오차

　　㉠ 일정한 온도에서의 탄성 고유의 오차, 재료의 크리프현상에 의한 오차이다.

　　㉡ 고도가 높을수록 기압과 온도가 낮아짐으로 오차가 적다.

　　㉢ 히스테리시스(hysteresis), 잔류효과(after effect), 편위(drift)

　라) 기계적 오차: 계기 각 부분의 마찰, 불평형 및 가속도와 진동에 의한 오차, 수정 가능

(3) 승강계(Vertical Speed indicator)

항공기의 수직 방향 속도를 ft/min 단위로 지시하는 계기이다.

① **지시 지연**

　가) 작은 구멍의 크기가 작으면 감도는 좋아지나, 지시 지연은 길어진다.

　나) 작은 구멍의 크기가 크면 감도는 낮아지고, 지시 지연은 짧아진다.

▲ 승강계

② **순간수직속도 지시계(instantaneous vertical speed indicator)**

　가) 가속 펌프를 이용하며 지시 지연이 거의 없다.

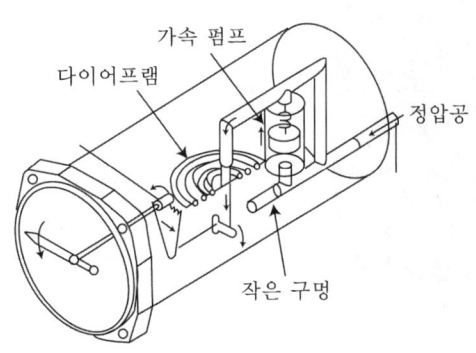

(4) 대기 속도계(Air Speed Indicator)

대기 속도계의 원리는 전압과 정압의 차이로 동압을 이용하여 다이어프램의 확장 및 수축에 따라 지시해 준다. 즉 공기에 대한 항공기의 상대속도인 대기 속도를 측정하여 지시해 준다.

① 속도의 환산

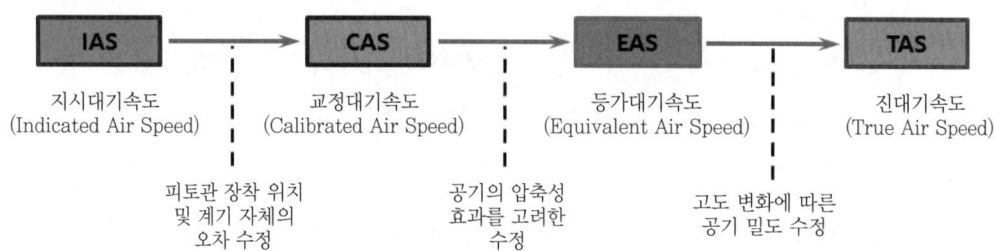

▲ 항공기 속도의 종류

가) 지시대기속도(indicated air speed): 동압을 속도 눈금으로 표시한 속도이다.

나) 수정대기속도(calibrated air speed): IAS에서 전압 및 정압계통의 오차와 계기 자체의 오차 수정이다.

다) 등가대기속도(equivalent air speed): CAS에서 공기의 압축성 효과를 고려한 속도이다.

라) 진대기속도(true air speed): EAS에서 고도에 따른 밀도 변화를 고려한 속도이다.

(5) 마하계(Mach Meter)

① 항공기의 대기속도를 그 항공기의 비행고도에 있어서의 마하수로 나타내는 계기이다.

② 음속은 고도에 따라 변화함으로 대기 속도계에 고도 수정용 아네로이드를 삽입하여 수정한다.

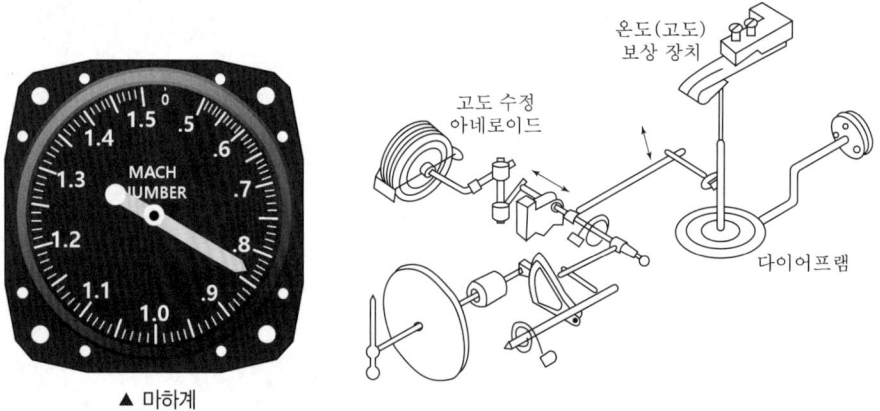

▲ 마하계

3 압력 및 온도계기

(1) 압력계기(Pressure Indicator)

압력계기는 주로 유체 압력을 측정하는 계기를 총칭하는 것이다. 액체나 기체의 압력을 측정하려면 이들의 압력을 기계적인 운동, 즉 직선 또는 회전운동으로 바꾸어 운동량을 압력의 단위로 환산하여 표시한다. 항공기에 사용하는 압력계기에는 오일 압력계, 작동유 압력계, 공기 압력계, 엔진 압력비 계기, 흡기 압력계 등이 있다.

① 압력계기 일반

가) 버든 튜브(bourdon tube)

　㉠ 압력측정 범위가 넓어 고압 측정용으로 가장 많이 사용되는 압력계기로 윤활유 압력계, 작동유 압력계에 사용된다.

　㉡ 속이 빈 타원형의 단면을 가진 금속관이 둥글게 구부러져 있는 형상이다.

　㉢ 압력이 가해지면 관이 펴지면서 바늘이 움직여 압력을 지시한다.

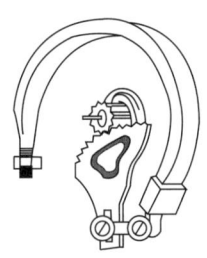

나) 벨로스(bellows): 탄성 재료로 압연 가공하여 여러 개의 공함을 겹친 것이다.

　㉠ 수감변위가 크고 감도가 좋아 직접 작동하는 계기로 적합하다.

　㉡ 확대부 크기가 작기 때문에 저압 측정용인 연료 압력계로 사용된다.

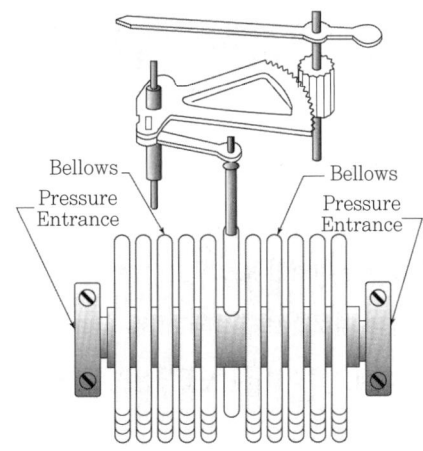

다) 아네로이드(aneroid, 밀폐형 공함): 내부가 진공되어 외부 압력을 절대압력으로 측정하는 데 사용한다.

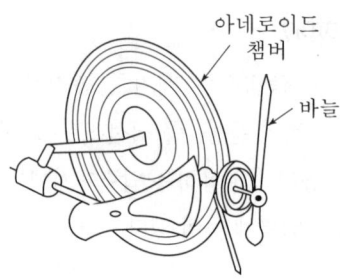

라) 다이어프램(diaphragm, 개방형 공함)

㉠ 공함의 안과 밖의 차압을 측정하는 데 사용한다.

㉡ 한쪽 압력이 대기압일 때는 계기압력을 측정한다.

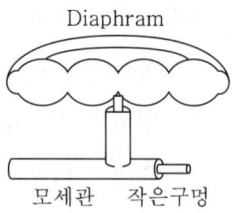

② **윤활유 압력계(oil pressure gage)**

가) 윤활유 압력이 규정된 범위에 있다는 것은 윤활유가 엔진 내부를 정상적으로 순환하여 모든 베어링을 충분히 윤활하고 있다는 뜻이다.

나) 윤활유의 압력과 대기압력의 차인 계기압력을 표시한다.

다) 엔진 입구 쪽의 압력을 지시하며, 일반적으로 버든 튜브를 이용한다.

▲ 윤활유 압력계

③ **연료 압력계(fuel pressure indicator)**

가) 연료 압력이 규정치 내에 있다는 것은 연료가 정상적으로 기화기나 FCU(Fuel Control Unit)로 공급되고 있음을 의미한다.

나) 다이어프램 또는 2개의 벨로스로 구성되며, 계기압 또는 흡입 공기와의 차압을 지시한다.

다) 왕복엔진: 연료탱크에서 기화기까지 공급되는 연료 압력을 지시한다.

라) 가스터빈엔진: 연료탱크에서 FCU까지 공급되는 연료 압력을 지시한다.

▲ 연료 압력계

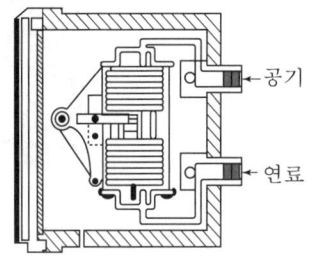

④ 흡입 압력계(manifold pressure gag)

가) 왕복엔진에서 흡입 공기의 압력을 측정하는 계기이다.

나) 정속 프로펠러와 과급기를 갖춘 엔진에서는 필수적인 계기이다.

다) 낮은 고도에서는 초과 과급을 경고하고, 높은 고도에서는 엔진의 출력 손실을 경고한다.

라) 아네로이드와 다이어프램을 사용하여 절대압력을 측정한다.

　㉠ Case 안쪽: 대기압 작용

　㉡ 다이어프램 안쪽: 흡입 압력 작용

　㉢ 아네로이드: 고도 및 여압에 따른 오차 수정

▲ 흡기 압력계

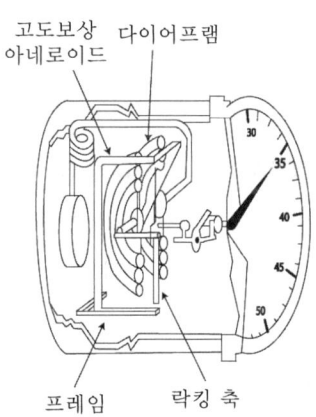

⑤ 엔진 압력비 계기(engine pressure ratio indicator)

가) 가스터빈엔진의 흡입 공기와 배기가스의 압력비를 지시한다.

나) 압력비는 항공기의 이륙 시와 비행 중의 엔진추력을 좌우하는 요소이며, 엔진의 출력을 산출하는 데 사용된다.

▲ EPR 계기

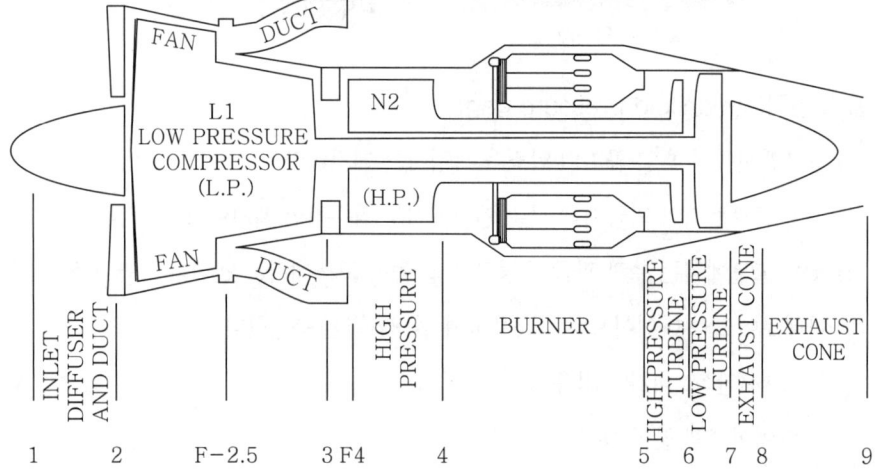

$$EPR = \frac{터빈\ 출구의\ 전압}{압축기\ 입구의\ 전압} = \frac{P_{t7}}{P_{t2}}$$

(2) 온도계기(Temperature Gauge)

물체는 온도의 높고 낮음에 따라 팽창 또는 수축한다. 높은 온도에서 내는 빛의 빛깔은 낮은 온도에서 내는 빛과 다르고, 전기 저항에도 변화를 일으킨다. 이와 같은 물리적 성질을 이용하여 정확하게 온도를 측정하는 기기를 온도계라고 한다.

① 측정 방법

가) 접촉법: 대상 물체에 수감부를 직접 접촉시키는 방법이다.

나) 간접 측정법: 복사에 의해 측정한다.

다) 직독식: 고체의 팽창과 수축을 이용한다.

라) 원격 지시식: 전기 저항의 변화와 열전쌍을 이용한다.

② **증기압식 온도계(vapor pressure type)**

가) 액체의 증기압과 온도 사이의 함수 관계를 이용한다.

나) 증발성이 강한 액체를 밀폐된 용기에 넣고, 온도 변화에 따른 압력을 버든 튜브로 측정한 다음 해당 온도로 환산하여 표시하며, 항공기에서는 염화메틸을 사용한다.

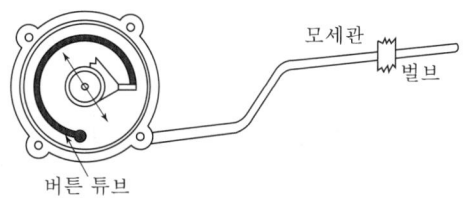

③ **바이메탈식 온도계(bi-metal type)**

가) 바이메탈: 열팽창계수가 다른 2개의 금속을 맞붙여 놓은 것이다.

나) 온도 변화에 따라 팽창의 차이가 생기고 이 변위로 온도를 지시한다.

다) 주로 외기 온도계에 사용하며, 지시 범위는 -60~50℃이다.

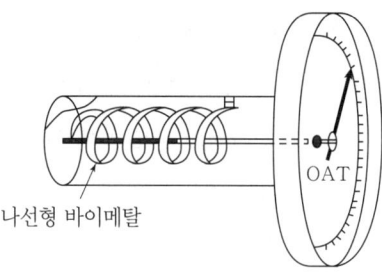

④ **전기 저항식 온도계(electric resistance type)**

가) 원리

　㉠ 온도 변화에 따른 금속의 저항 변화를 이용한다.

　㉡ 금속에 흐르는 전류를 측정하여 온도로 환산한다.

　㉢ 외부 대기 온도, 기화기 공기 온도, 윤활유 온도, 실린더 헤드의 온도를 측정한다.

나) 온도수감용 저항재료에 요구되는 특성

　㉠ 온도에 따른 전기 저항의 변화가 정비례 관계일 것

　㉡ 저항 값이 오랫동안 안정될 것

　㉢ 온도 이외의 조건에 영향을 받지 않을 것

　㉣ 온도에 대한 저항 값 변화가 클 것(큰 온도 저항 계수)

다) 온도수감용 재료

　　㉠ 백금, 순 니켈, 니켈-망간 합금, 코발트

　　㉡ 일반적으로 니켈 사용(300℃ 이내로 제한)

　　㉢ 일반적인 항공기용 온도 측정 저항체는 스템 감지식을 사용한다.

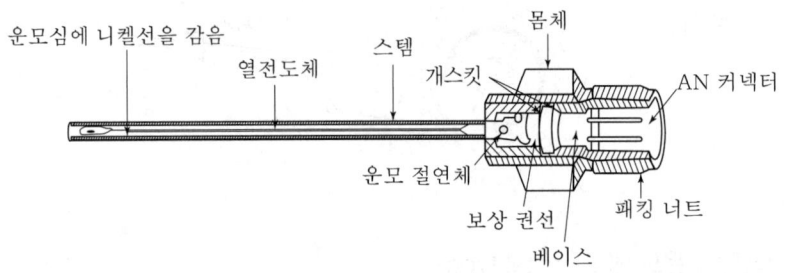

▲ 스템 감지식 온도 측정 저항계

⑤ **열전쌍식(thermocouple) 온도계**

　가) 원리

　　㉠ 2개의 다른 물질로 된 금속선의 양 끝을 연결한다.

　　㉡ 양 접합점에 온도 차가 발생하면, 열기전력이 발생한다.

　　㉢ 열기전력은 두 금속의 종류와 접합점의 온도 차에 의해 결정된다.

　나) 열전쌍(thermocouple): 두 금속선의 조합된 것으로 측정범위가 가장 큰 순으로 나열한다(크로멜-알루멜(1,000℃) → 철-콘스탄탄(800℃) → 구리-콘스탄탄(300℃)).

　다) 실린더 헤드 온도계(CHT indicator)

　　㉠ 왕복 엔진의 실린더 중 가장 높은 실린더 헤드의 온도를 지시한다.

　　㉡ 보상 저항: 리드선의 길이를 바꿀 때의 오차를 수정한다.

　　㉢ 바이메탈 스프링: 지시계 주위의 온도 변화를 보상한다.

　　㉣ 철-콘스탄탄 조합을 많이 사용한다.

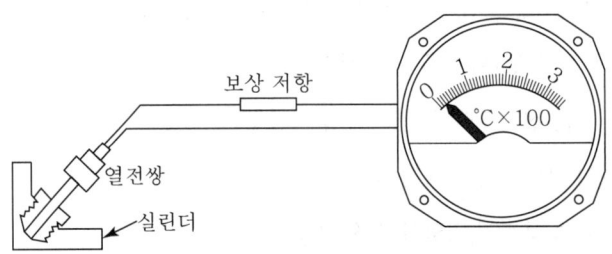

⑥ 배기가스 온도계(EGT indicator)

가) 엔진의 형식에 따라 터빈의 입구 온도(TIT)와 출구에서 측정한다.

나) 엔진이 클 경우 여러 곳의 온도를 측정하여 평균값을 지시한다.

다) 크로멜-알루멜 조합을 사용한다.

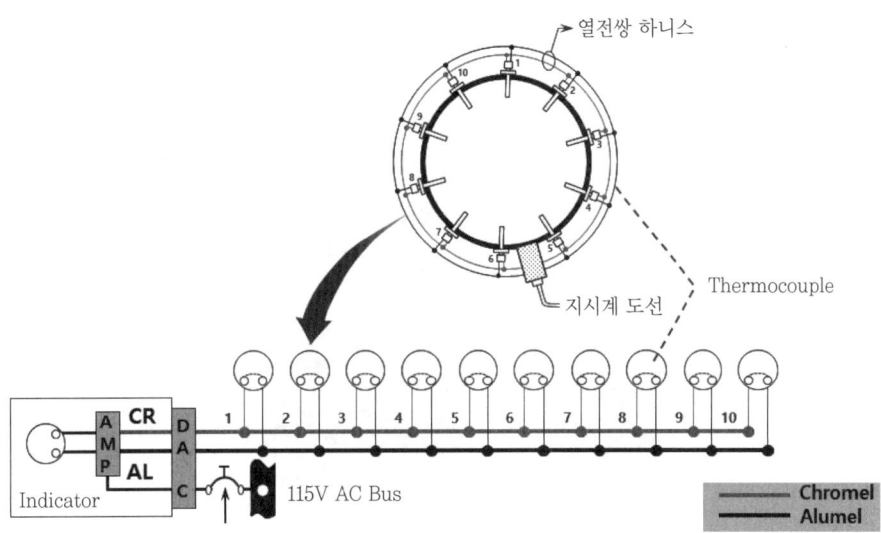

▲ 배기가스(EGT) 온도계기의 구조

4 자기 및 자이로계기

(1) 자기계기

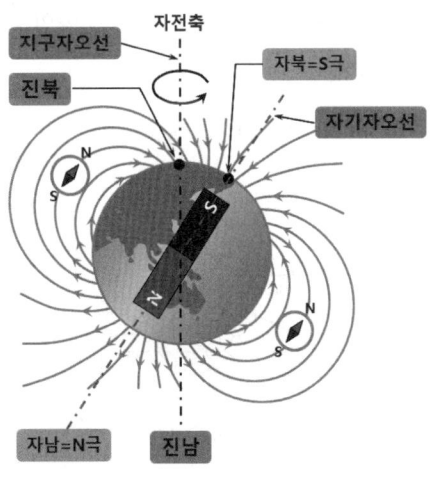

▲ 지구 자기장

① **지자기의 3요소**

가) 복각(dip)

㉠ 자기장과 지구 표면이 만드는 각

㉡ 자석을 양 극으로 이동시킬 때 기울어지는 각도

㉢ 적도에서는 0°, 극지방에서는 90°이다.

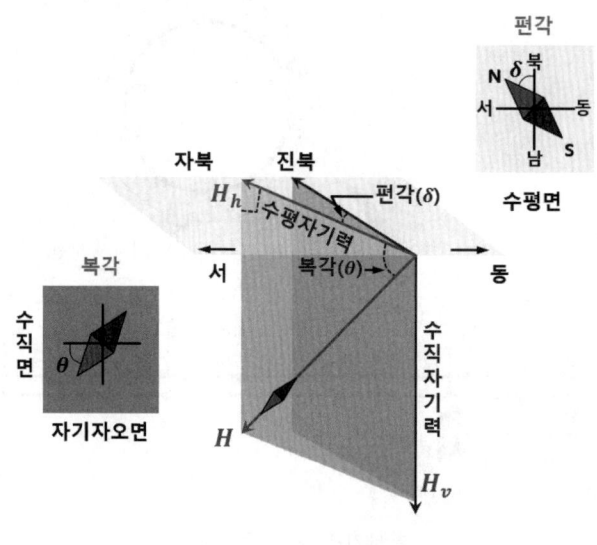

▲ 복각 및 수평분력

나) 편차(declination)

㉠ 지구 자오선과 자기 자오선 사이의 오차각이다.

㉡ 차의 값은 지표면 상의 지점마다 다르다.

다) 수평분력(horizontal intensity)

㉠ 지자력을 지구 수평면 방향과 수직 방향의 두 방향의 분력으로 나누었을 때 지구 수평면 방향 쪽의 분력이다.

㉡ 적도에서 최대, 극지방에서는 최소이다.

㉢ 수평분력 = 지자력 × $\cos\theta$ (복각)

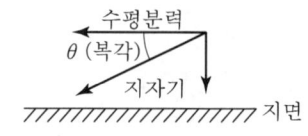

θ = 복각, H = 자북, H_O = 지자기

② **방위:** 북쪽을 기준하여 시계방향으로 잰 각을 의미한다.

　가) 나방위(compass heading): 나침반 상의 북쪽을 기준하여 잰 각이다.

　나) 자방위(magnatic heading): 자북을 기준하여 잰 각이다.

　다) 진방위(true heading): 진북을 기준하여 잰 각이다.

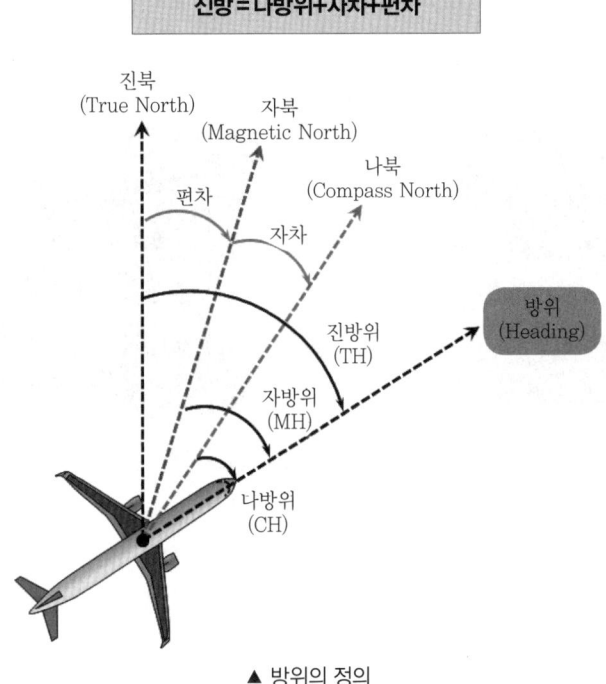

▲ 방위의 정의

③ **자기 컴퍼스(magnetic compass)**

　㉠ 컴퍼스 카드에 두 개의 막대자석을 붙인 형태이다.

　㉡ 컴퍼스 카드와 자석이 일체형, 항상 자북을 가리키도록 회전한다.

　㉢ 케이스에 고정된 기준선의 숫자로 항공기의 방위를 알 수 있다.

　㉣ 컴퍼스 액(MIL-L-5020): 컴퍼스 카드의 흔들림을 방지(damping)한다.

　㉤ 확장실(expansion chamber): 온도 변화에 대한 컴퍼스 액의 수축팽창으로 인한 압력 증감을 방지한다.

　㉥ 자기보상장치: 자차 수정

ⓢ 자차(deviation)
- 계기 주위의 전기 기기, 전선, 자성체의 영향과 계기의 제작상, 설치상 잘못으로 인하여 발생하는 지시 오차이다(정적 오차).
- 수정 시기는 전기 기기 등 컴퍼스에 영향을 주는 기기를 장·탈착했을 때나 엔진 교환 작업 후 기체나 날개의 구조 부분을 대수리했을 때 최소한 1년에 한 번 실시하고, 지시에 이상이 있다고 의심될 때 수정한다.

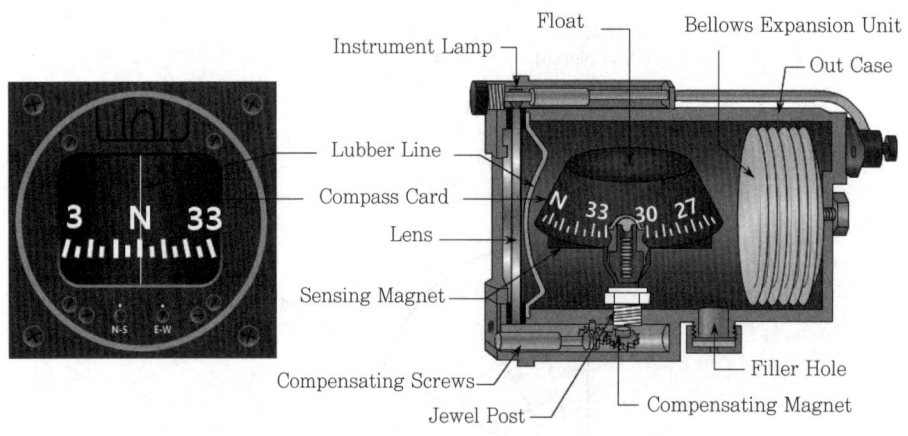

▲ 자기 컴퍼스(magnetic compass)

가) 자기 컴퍼스의 정적 오차

　㉠ 불이차(constant deviation) : 계기 자체의 제작상, 설치상의 오차이며, 모든 자방위에서 일정한 크기로 나타난다.

　㉡ 반원차(semicircular deviation): 기체 내의 전기 기기 및 전선, 수직구조 철재, 영구자석에 의한 오차이다.

　㉢ 사분원차(quadrant deviation): 기체 구조재 중 수평철재에 의한 오차이며, 연철 재료에 의해 지자기가 흩어지기 때문에 발생하는 오차이다.

나) 자기 컴퍼스의 동적 오차

　㉠ 와동 오차: 비행 중 난기류 및 기타 원인으로 발생하는 컴퍼스 액의 와동과 가동부의 관성으로 컴퍼스 카드가 불규칙적으로 움직여 발생한다.

　㉡ 북선 오차(선회 오차): 복각으로 인한 지자기의 수직 성분과 선회할 때의 원심력으로 발생하고, 북진하다가 동서로 선회하면 컴퍼스 카드가 선회방향으로 회전한다.

　㉢ 가속도 오차: 복각으로 인한 지자기의 수직 성분과 가감속할 때의 관성력으로 인해 발생한다. 북반구에서 동(서)으로 진행하다가 가속하게 되면 → 컴퍼스 카드가 오른쪽으로 회전→ 북쪽으로 향하는 오차가 발생한다.

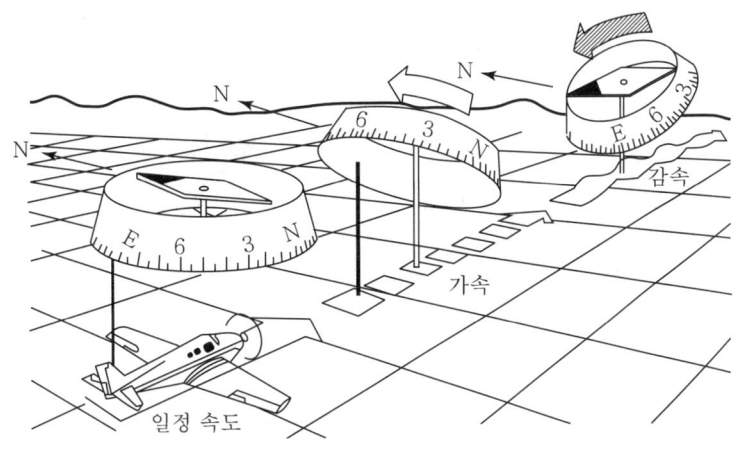

▲ 가속도 오차

③ **원격 지시 컴퍼스(remote indicating compass):** 직독식 자기 컴퍼스 지자기의 수감부가 철재와 전기 기기 등이 있는 조종실 내에 설치되어 있으므로 자차가 많이 발생한다. 이 오차를 줄이기 위하여 원격 지시 컴퍼스는 수감부를 기기의 영향이 작은 날개 끝이나 꼬리 부분에 장착하고, 지시부만을 조종석에 둔다.

가) 마그네신 컴퍼스

㉠ 지자기의 수감부를 날개 끝이나 꼬리 부분에 설치한다.

㉡ 수감부와 지시부를 마그네신 방식으로 연결한다.

나) 자이로신 컴퍼스

㉠ 대형 항공기에서 일반적으로 사용하는 방식이다.

㉡ 자차가 거의 없고 동적 오차가 없다.

다) 자이로 플럭스-게이트 컴퍼스

㉠ 자이로신 컴퍼스와 비슷한 원리이다.

㉡ 플럭스-게이트 자체가 지자기를 탐지할 뿐만 아니라 강직성도 가진다.

(2) 자이로 계기

① **자이로(gyroscope)**

회전하고 있는 회전자를 2개의 짐벌로 받치고 있는 장치이다.

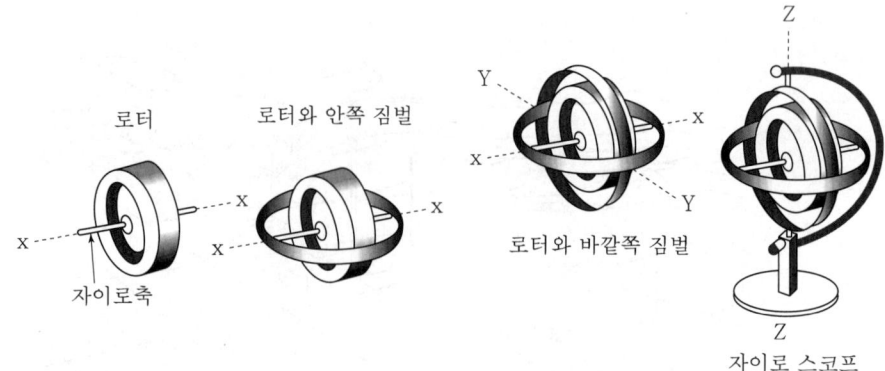

▲ 자이로 스코프

② **강직성(rigidity)**

가) 자이로가 고속 회전할 때 외력을 가하지 않는 한 회전자 축 방향을 우주 공간에 대하여 계속 유지하려는 성질이다.

나) 회전자의 질량이 클수록, 회전속도가 빠를수록 강하다.

다) 편위(drift): 자이로의 강직성과 지구의 자전에 의해서 생기는 지구와의 각 변위, 이론적으로 24시간 동안 360°, 1시간당 15°이다.

③ **섭동성(세차성, precession)**

가) 자이로가 회전하고 있을 때 외력 F를 가하면, 가한 점으로부터 회전 방향으로 90° 진행된 점에 P의 힘이 가해진 것과 같이 작용하는 현상이다.

나) 팽이의 섭동 운동: 팽이는 기울어지면 중력에 의해 힘 F가 작용한 것과 같겠지만, 섭동성에 의하여 회전 방향으로 90° 진행된 점에 힘 P가 작용하는 것 같이 기울어져 회전한다.

다) 섭동 속도는 외력에 비례하고, 자이로 회전자 속도에 반비례한다.

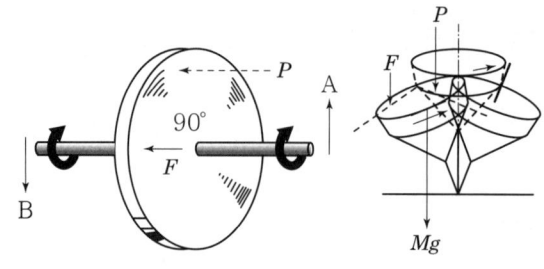

▲ 섭동 원리 및 섭동 운동

④ **선회경사계(turn&bank indicator):** 하나의 계기에 선회계와 경사계가 들어 있는 계기이다.

  가) 선회계: 항공기의 분당 선회율을 지시하며, 자이로의 섭동성만을 이용한다.

  나) 선회계 지시 방법

   ㉠ 2분계(2MIN TURN): 한 바늘 폭이 180(°/min)의 선회 각속도를 의미한다.

   ㉡ 4분계(4MIN TURN): 한 바늘 폭이 90(°/min)의 선회 각속도를 의미한다.

  다) 경사계: 중력과 원심력을 이용하여 정상선회 여부를 지시하며, 자이로와는 무관한 계기이다.

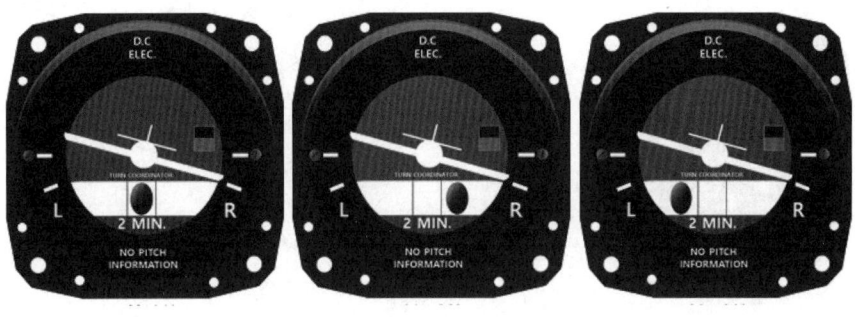

▲ 균형 선회   ▲ 내활 선회   ▲ 외활 선회

   ㉠ 균형 선회(coordinated turn): 선회 시 원심력과 중력이 같으며, 볼은 중앙에 위치한다.

   ㉡ 내활 선회(slip turn): 선회 시 구심력이 원심력보다 크고, 볼이 선회계 바늘과 같은 방향으로 치우친다. 즉 선회 방향 안쪽으로 미끄러지는 현상이다.

   ㉢ 외활 선회(skid turn): 선회 시 원심력이 구심력보다 크고, 볼이 선회계 바늘과 반대 방향으로 치우친다. 즉 원심력 때문에 선회 방향의 바깥쪽으로 미끄러지는 현상이다.

⑤ **방향 자이로 지시계(정침의, directional gyro):** 자이로의 강직성을 이용하여 항공기 기수방위와 정확한 선회각을 지시한다.

  가) 작동원리 및 구조

   ㉠ 자이로 회전자 축은 기수 방향에 수평이다.

   ㉡ 3축 자이로

   ㉢ 계기 내부 마찰 및 지구 자전으로 편위가 발생하여 지시 오차가 발생한다.

   ㉣ 자기 컴퍼스를 기준으로 15분마다 수정한다.

▲ 기수 방위 지시계

⑥ **자이로 수평 지시계(수평의, vertical gyro)**: 자이로의 강직성과 섭동성을 이용하고, 항공기의 피치와 경사를 지시한다.

가) 작동원리 및 구조

㉠ 자이로 회전자 축은 기수 방향에 수직이다.

㉡ 강직성과 섭동성을 이용하여 회전자 축이 항상 지구 중심을 향하게 한다.

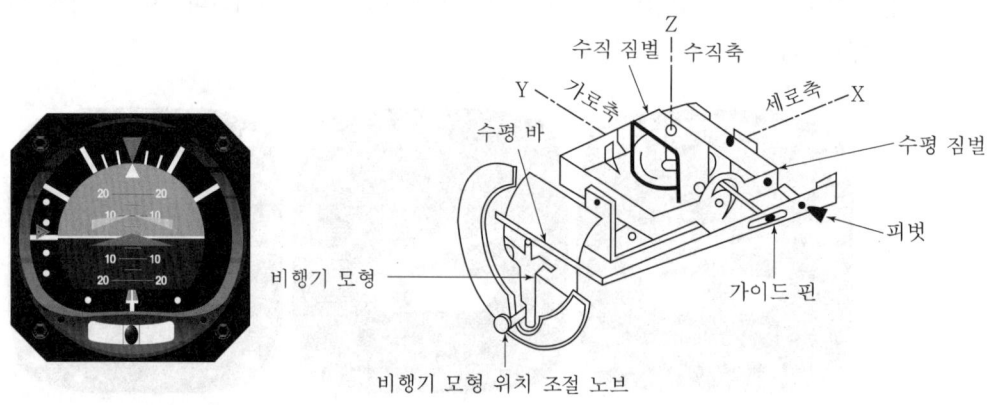

5 원격 지시계기

(1) 원격 지시계기 일반

항공기가 대형화, 고성능화되면서 수감부와 지시부 사이의 거리가 멀어지게 되었다. 수감부의 기계적인 변위를 전기적인 신호로 바꾸어 지시부에 같은 크기의 변위를 나타낼 수 있게 되었고, 이를 원격 지시계기라 한다. 원격 지시계기를 구성하는 동기기는 고정자와 회전자로 구성되어 있고, 각도나 회전력의 정보 전송을 목적으로 한다. 동기기는 전원 종류, 변위 전달 방식에 따라 오토신(autosyn), 서보(servo), 직류 데신(DC desyn), 마그네신(magnesyn) 등이 있다.

(2) 오토신(Autosyn)

오토신은 벤딕스 사에서 제작한 동기기 이름이다. 교류로 작동하는(AC 26V 400Hz) 원격 지시계기로 정밀 측정이 가능하다. 전원이 회전자에 연결되고, 고정자는 3상 결선 방법(Δ 또는 Y 결선)이 되어 단자 사이를 연결한다. 도선의 길이는 측정값 지시에 영향을 주지 않는다.

변환기의 회전자는 플랩의 위치, 착륙기어 위치, 윤활유나 연료의 유량 위치 등 장치의 움직임에 따라 기계적으로 회전한다.

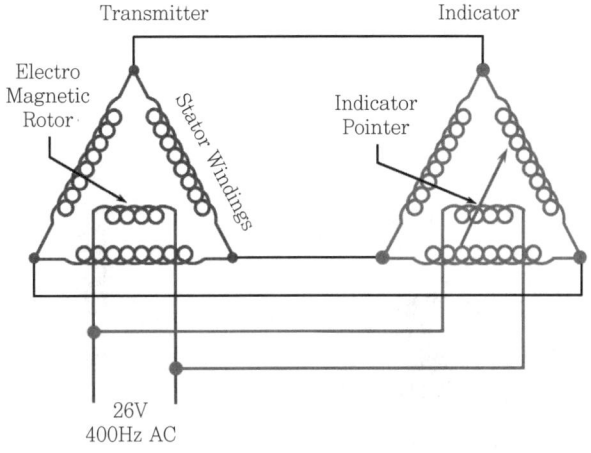

(3) 서보(Servo)

서보는 동기기로서, 노브 조작에 의해 명령을 주면 그 변위만큼 기계적으로 회전시켜 작동하는 장치이다.

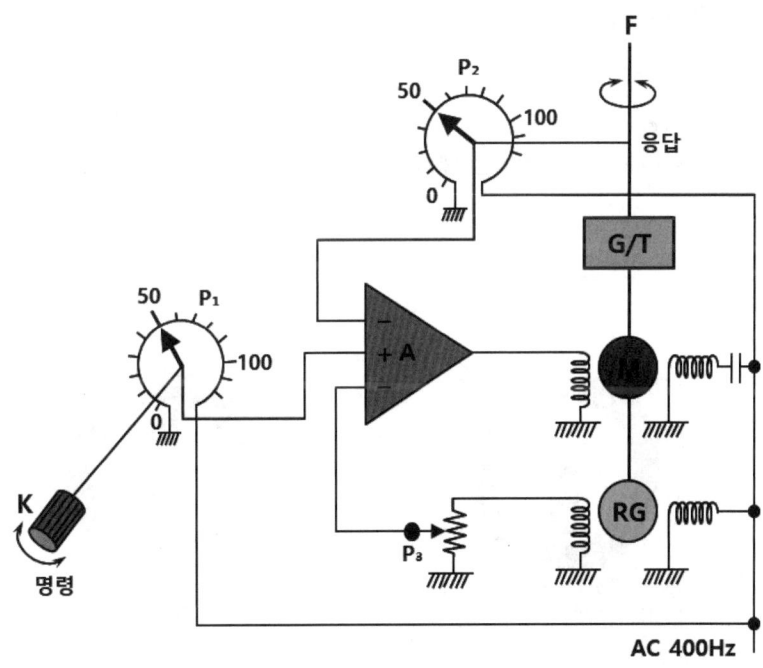

(4) 직류 데신(DC desyn)

직류 데신의 전달기는 120° 간격을 두고 감긴 정밀 저항 코일로 되어 있고, 3상 결선의 코일로 감긴 원형 연철 코어 내부에 영구자석의 회전자가 들어 있는 지시계로 구성된다. 이는 착륙장치, 플랩, 객실 출입문 위치지시계 및 연료의 용량을 측정하는 액량 지시계로 사용된다.

직류 데신은 가변 저항기 형식인 변환기의 구동부 각도가 변함에 따라 전압이 달라진다.

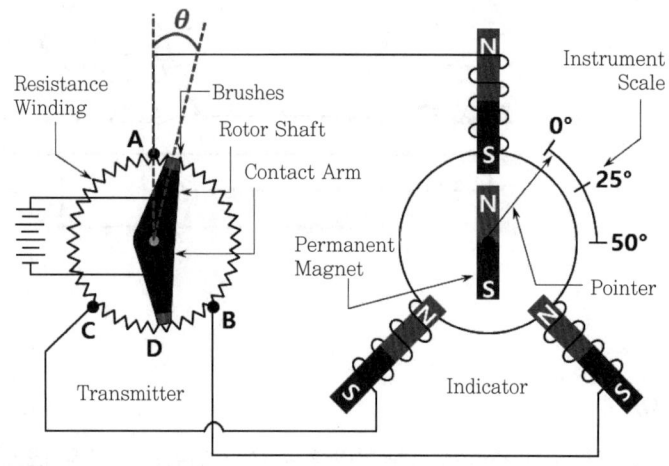

(5) 마그네신(Magnesyn)

오토신과 다른 점은, 오토신이 회전자로 전자석을 사용하는 대신 마그네신은 회전자로 강력한 영구자석을 사용한 형식이다. 또한, 오토신은 단상교류 전압이 회전자에 가해지지만, 마그네신은 고정자에 가해진다. 마그네신은 오토신보다 작고 가볍지만, 토크가 약하고 정밀도가 떨어진다.

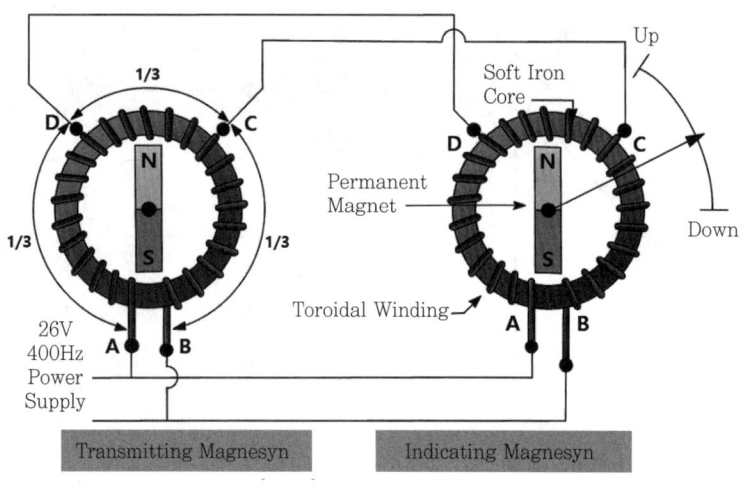

(6) 원격 지시계기의 정비

원격 지시계기의 시험과 작동 점검은 C-1 tester에 의해 수행된다. 지시계와 전달기의 시험을 각각 실시한다.

시험 및 고장 상황	시험 및 처리 방안
지시기의 시험을 위해서	시험할 지시기나 전달기를 연결하여 0점 시험, 눈금 오차 시험, 마찰 오차 시험, 위치 오차 시험 등을 한다.
회전 지시계와 회전계 발전기의 작동 중에 발생하는 고장	지시 값이 역으로 나타나는 경우, 지시가 전혀 안 되는 경우, 지시 바늘이 진동하는 경우, 지시값이 낮거나 높게 나타나는 경우에는 멀티미터로 고장 진단을 한다.
지시 값이 역으로 나타나는 경우	3선 중 2개의 선이 바뀐 것으로 도선의 연결을 맞게 연결한다.
회전계기 계통의 도선이 단락, 단선 및 지시계나 발전기가 고장 났을 경우	지시값이 전혀 나타나지 않으면 도선 연결을 확인 후 수리하고, 지시계나 발전기가 고장 시 교환한다.

6 회전계기

(1) 회전계기

① 엔진의 회전수를 지시하는 계기이다.
② **왕복엔진:** 크랭크축의 회전수를 분당 회전수(rpm)로 지시한다.
③ **가스터빈엔진:** 압축기의 회전수를 최대 출력 회전수의 백분율로 표시한다.
④ 회전계기는 기계식, 전기식, 전자식, 동기계로 분류된다.

(2) 기계식 회전계

① 원심력식 회전계

원심력을 이용한 회전계이다. 무게 추는 무게 중심이 기울어지도록 중심을 고정해 놓았다. 엔진의 회전 동력은 엔진 축에 연결된 구동축을 따라 기어에 전달되면 회전속도에 따른 무게 추가 원심력으로 수평 상태를 유지하게 된다. 이때 슬라이딩 칼라는 미끄러져 내려오게 되고, 섹터 기어를 움직여 지시침을 지시하게 한다. 이와 같은 기계식 회전계는 무게 추의 질량에 원심력이 작용하기 때문에 엔진의 회전수에 비례하여 만들어지는 것이다.

> 엔진 축에 연결된 구동축이 회전 → 회전축에 연결된 기어가 회전 → 플라이 웨이트의 원심력 → 코일 스프링 수축 → 로킹축 → 섹터 → 피니언 기어 → 바늘

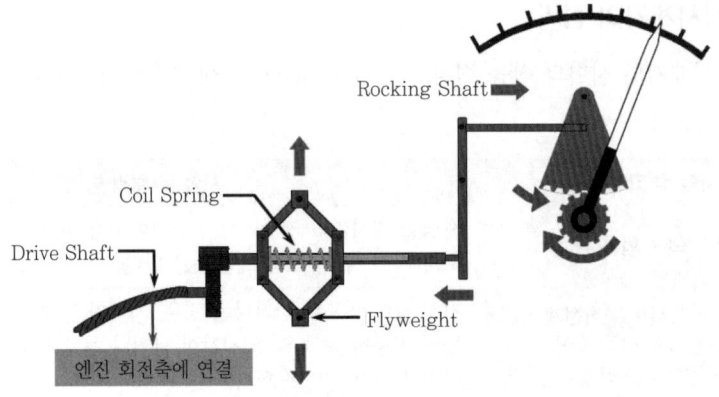

▲ 기계식 회전계기(Mechanical Tachometer)의 구조

② 맴돌이 전류식 회전계(와전류식 회전계)

맴돌이 전류를 이용하여 회전 자기장 내에 있는 알루미늄 또는 황동의 비자성 양도체로 된 원판은 판에 유기되는 맴돌이 전류 효과에 의해 회전 자기장과 같은 방향으로 회전하고, 토크의 크기는 자기장의 세기와 회전속도에 비례한다.

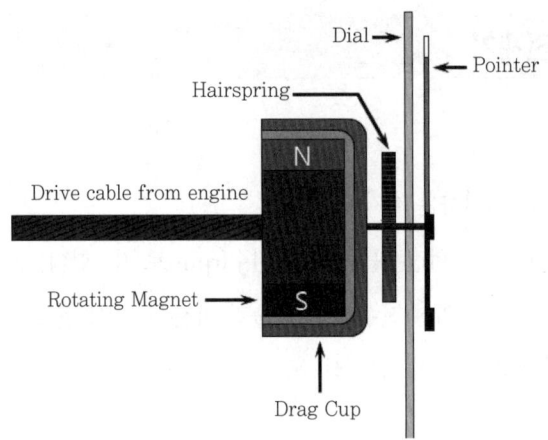

▲ 와전류식 회전계기(Eddy-current Type Tachometer)의 구조

(3) 전기식 회전계

Tacho Generator는 엔진 구동축에 연결되어 엔진의 회전수를 3상 교류 신호로 변환하고, Synchro motor는 3상 교류 신호를 받아 교류 발전기와 동조되는 회전속도로 회전하며, 맴돌이 전류식 회전계는 동기 전동기와 연결 회전수를 지시한다.

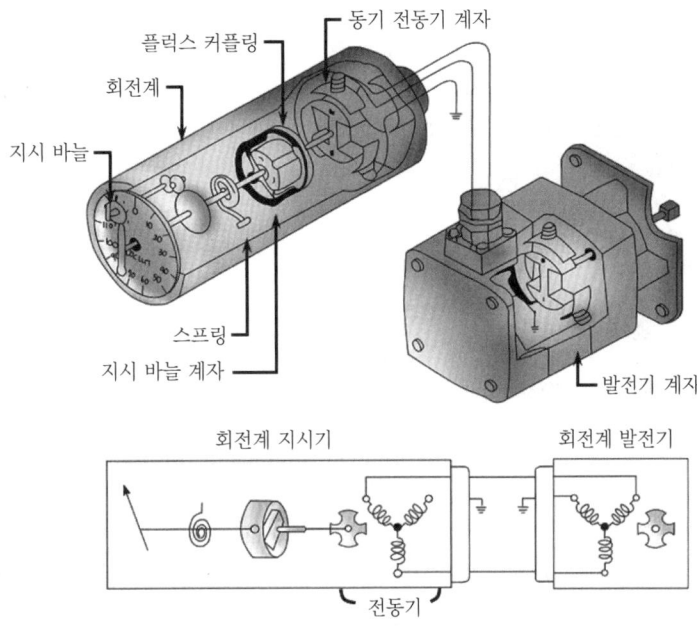

▲ 전기식 회전계기(Electrical Tachometer)의 구조

(4) 전자식 회전계

엔진 내부에서 회전수를 셀 수 있는 부품, 즉 기어, 가스터빈엔진의 블레이드 수를 세어서 회전속도로 표시한다. 가스터빈엔진의 저압 압축기와 저압 터빈을 연결축의 회전속도, 즉 N1 회전계는 이 방식을 이용한다.

① 일부 쌍발 항공기에 사용한다.
② 왕복엔진 마그네토의 브레이커 포인터로부터 전기 신호를 받는다.
③ 접점이 열리고 닫히는 시간당 수를 감지한다.

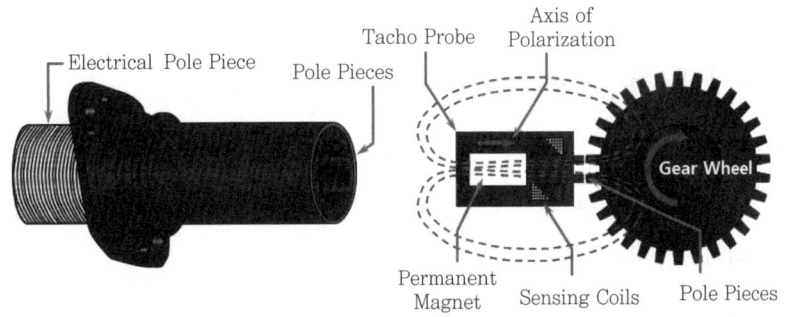

▲ 홀 센서 회전계기(Hall Sensor Tachometer)

(5) 동기계(동조계)

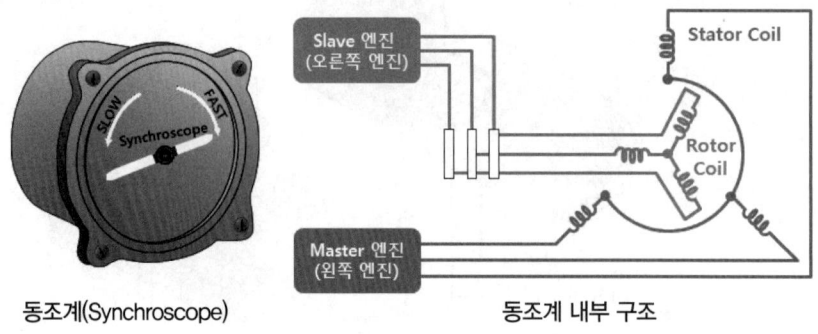

▲ 동조계(동기계, Synchroscope)

여러 엔진을 장착한 항공기(왕복엔진 쌍발항공기 및 프로펠러 다발항공기)의 엔진 회전속도가 서로 같은지 표시하는 계기이다. 회전속도가 차이 나면 소음이 발생하여 불안감을 갖을 수 있다. 큰 속도 차이는 회전계 지시 차이에 의해 조절 가능하고, 몇 rpm의 작은 속도 차이는 조절이 불가능하다. 이를 위해 동기계를 이용한다.

7 액량 및 유량계기

(1) 액량계(Quantity Indicator)

항공기에 사용되는 연료, 윤활유, 작동유 등의 양을 지시한다.

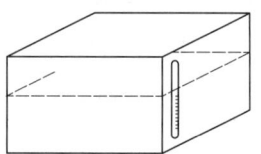

① 직독식 액량계

　가) 사이트 글라스를 통하여 액량을 읽는다.

　나) 액의 표면장력과 모세관 현상 등에 의한 오차가 발생한다.

② 부자식 액량계

　가) 액면 위에 떠 있는 부자가 상하 운동을 하면 이에 따라 레버를 거쳐 계기의 바늘이 움직이도록 하는 방법이다.

　나) 부자의 운동을 셀신 또는 전위차계 등을 이용한 원격 지시식을 많이 사용한다.

　다) 액면의 높이를 부피로 표시한다.

㉠ 기계식
- 레버가 장착된 부자에 의해 기어가 회전하고, 그 축 앞에 붙은 자석에 의해서 자기적으로 지시 바늘이 회전하여 액량을 표시한다.
- 액면 위에 떠 있는 부자가 상하 운동을 하면 이에 따라 레버를 거쳐 계기의 바늘이 움직이도록 하는 방법이다.

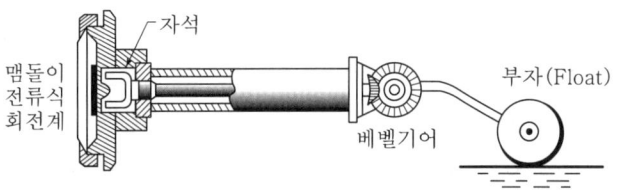

㉡ 전기 저항식
- 부자의 높낮이에 따른 가변 저항값의 변화에 의한 전류량의 변화를 측정하여 액량을 나타내는 액량계이다.
- 가변 저항값은 탱크가 가득 채워졌을 때 저항값이 최소가 되는 방식과 최대가 되는 방식이다.

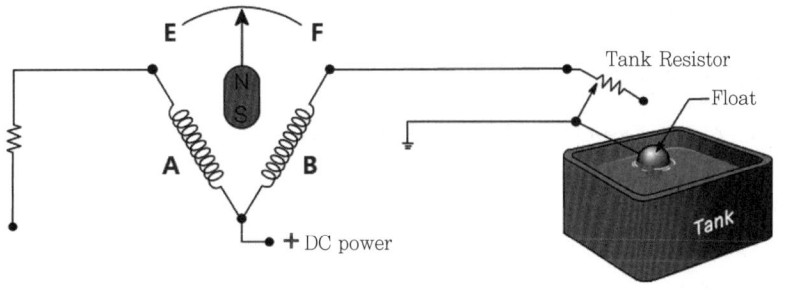

▲ 전기 저항식 플로트 액량계기 구조

㉢ 액압식 액량계

탱크 밑바닥에 작용하는 액체의 압력을 측정하여 지시한다.

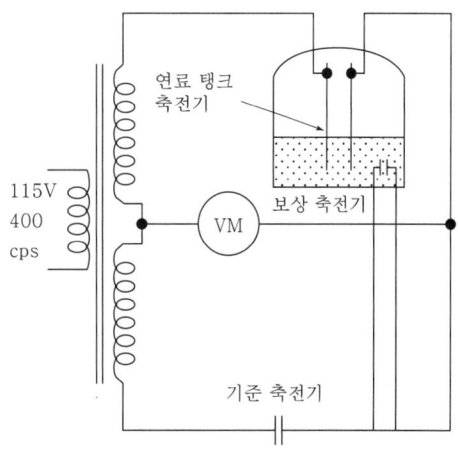

ㄹ) 전기용량식(capacitance type) 액량계
- 대부분의 항공기에 사용한다.
- 액체와 공기의 유전율이 다른 것을 이용한다.
- 연료탱크 내 축전기 극판 사이의 연료 높이에 따른 전기 용량으로 부피를 측정한다.
- 부피에 밀도를 곱하여 무게로 지시한다.

(2) 유량계(Flow Meter)

주로 연료탱크에서 엔진으로 흐르는 연료의 유량률을 지시한다. 1시간 동안 엔진이 소모하는 연료의 양을 지시하며, 오토신 또는 마그네신의 원리를 이용하여 원격으로 지시한다.

① 차압식 유량계

가) 액체가 통과하는 튜브의 중간에 오리피스를 설치한다.

나) 액체의 흐름이 있을 때 오리피스의 앞부분과 뒷부분에 압력 차가 발생한다.

다) 유량은 압력 차의 제곱근에 비례한다.

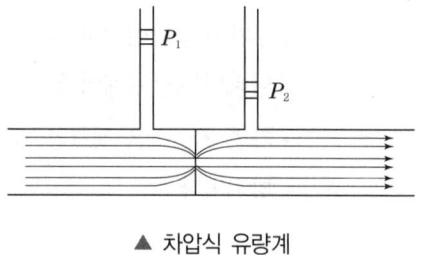

▲ 차압식 유량계

② 베인식 유량계

가) 연료 흐름에 따라 질량과 속도에 비례하는 동압을 받아 베인이 회전한 각변위를 이용하여 유량을 측정한다.

나) 베인의 각변위를 오토신의 변환기에 의해 전기 신호로 바꾸어 지시계에 전달한다.

다) 릴리프 밸브: 과도한 유량이 흐를 때 자동으로 열려 연료를 엔진으로 바로 보낸다.

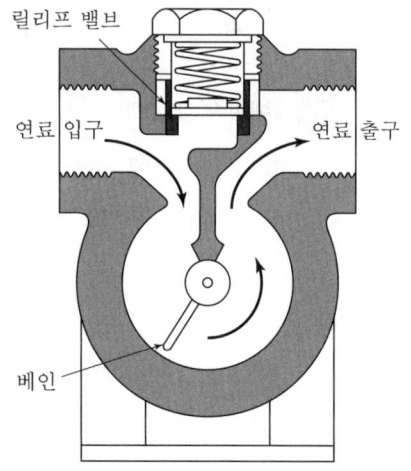

③ 동기 전동기식 유량계

가) 연료의 유량이 많은 제트엔진에서 사용하는 질량 유량계이다.

나) 각운동량을 측정하여 연료의 유량을 무게의 단위로 지시한다.

다) 동기 전동기가 임펠러를 구동한다.

　　㉠ 연료가 일정한 각속도 운동을 한다.

　　㉡ 연료의 각운동량(유량에 비례)이 터빈을 구동한다.

　　㉢ 터빈의 각변위를 오토신(마그네신)을 통해 지시계에 전달한다.

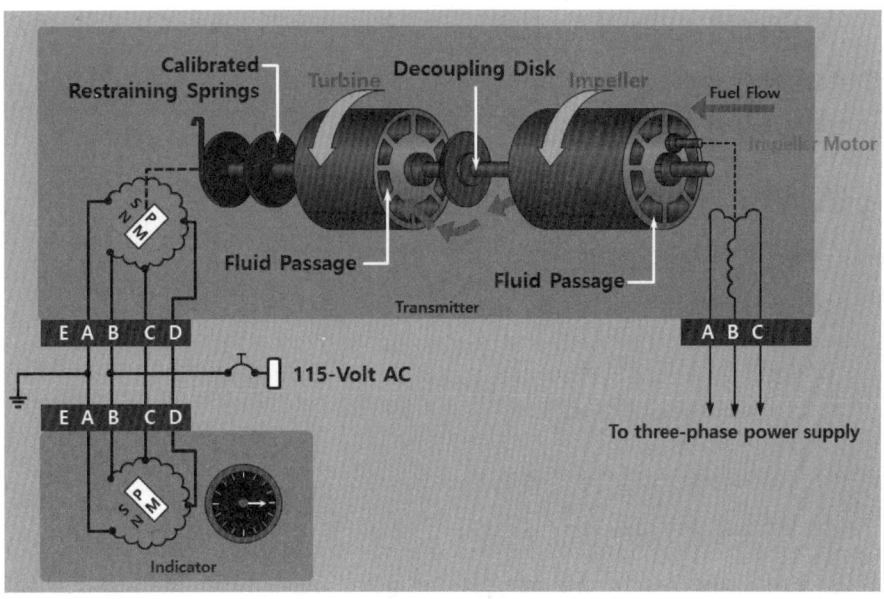

▲ 동기 전동기식 유량계의 구성도

(3) 액량 계기 및 유량 계기의 정비

구분	주의 및 점검사항
취급	① 전기 저항식 액량계 전달기 취급 시 충격으로 인한 계기 속의 코일 저항이 손상되지 않도록 주의한다. ② 정전 용량식 액량계 전달기에 입혀진 피막이 벗겨지지 않도록 주의한다. ③ 극판 간의 간격에 변화를 줄 만큼의 힘이 가해져서는 안 된다. ④ 지시계 뒷면의 EMPTY(비어 있음), FULL(차 있음)에 대해, 가변저항기로 조절 시 한곗값을 넘지 않도록 주의해야 한다.
시험 및 작동 점검	① 액량 계기의 작동 점검은 액량 지시계 시험기(MD-1 tester)로 수행된다. ② 전기 저항식 용량식 액량계 탱크 유닛의 점검은 탱크 유닛 시험기(MD-2 tester)로 수행된다. ③ ①, ②는 전기 용량을 가지는지 시험하는 것이고, 탱크 유닛의 단락 시험은 절연 저항기 및 메거 측정기로 실시한다.

8 경고장치

(1) 경고장치

경고장치는 조종사의 전방 엔진 계기 패널에 위치하여 색깔로 CRT 상에 다음과 같이 표시한다.

① **경고(warning)**: 적색 문자 및 숫자 표시로 조종사가 즉각 조치하지 않으면 안 되는 긴급사태 발생을 말한다.

② **주의(caution)**: 호박색 알파벳과 숫자 조합으로 이상사태 발생 시 교정이나 보정 조작에 시간적인 여유가 있는 경우를 말한다.

③ **충고(advisory)**: 호박색 알파벳과 숫자 조합으로 보정 조작이 필요하거나 그렇게 하지 않아도 무방한 상태를 말한다.

④ **경고 우선순위**

　가) 엔진 화재 경고: 벨소리

　나) 속도 초과 경고: 크랙커음

　다) 착륙장치 경고: 경적음

　라) 이륙 경고: 단속적 경적음

　마) 객실 여압 경고: 단속적 경적음

　바) 자동 조종장치 해제 경고: 부저음

　사) 수평 안정판 작동 경고: C 코드음

　아) 결심 고도 경고: C 코드음

⑤ **고도 경보 장치(altitude alert system)**: 비행 중 조종사에게 현재 고도를 확인시켜주고, 설정한 선택고도 이탈 시 경보등과 경보음으로 알려주어 사고 위험을 방지하는 장치로 고고도에서만 작동하게 되어 있다. 항공 교통량 증가로 인하여 FAA에서 공중 충돌 방지를 안정성 문제로 의무 설치하도록 하였다.

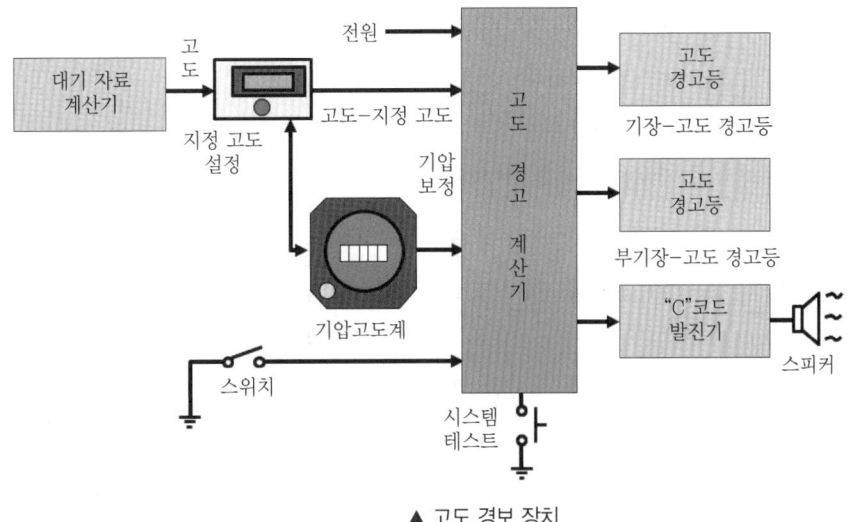

▲ 고도 경보 장치

⑥ **대지 접근 경고장치(GPWS: Ground Proximity Warning System):** FAA의 명령에 따라 장착 의무화 되어 있는 GPWS는 GPWS를 중심으로 전파고도계(RA), 대기 자료 컴퓨터(ADC), 글라이드 슬로프(GS) 수신기, 플랩 위치 등으로 구성되어 경고등과 경고음으로 출력한다. 감시 형태의 모드 영역은 다음과 같다.

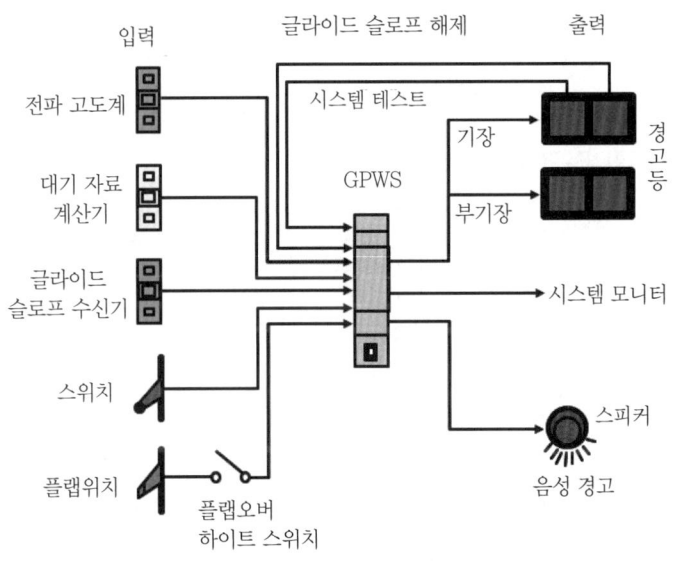

▲ 지상근접 경고 장치의 구성

가) 모드 Ⅰ : 강하율이 클 때
나) 모드 Ⅱ : 지표 접근율이 클 때
다) 모드 Ⅲ : 이륙 후의 고도 감소가 클 때
라) 모드 Ⅳ : 착륙은 하지 않았으나 고도가 부족할 때
마) 모드 Ⅴ : 글라이드 슬로프의 밑에 편위가 과도할 때

바) 모드 Ⅵ: 전파 고도의 음성(call out) 기능

사) 모드 Ⅶ: 전단풍(windshear)의 검출 기능

아) 엔벨로프 모듈 기능: GPWS의 기억장치에 특정 공항 정보를 기억시켜 경고를 내는 로직이 변하도록 하는 기능을 말한다.

※ 모드 Ⅵ, Ⅶ은 MARKER Ⅱ라 불리고, GPWS에는 없는 기능이다.

⑦ **개량형 대지 접근 경고장치(EGPWS: Enhanced Ground Proximity Warning System)**: 기존 GPWS는 지상 충돌 10~20초 전에 경고하였으나 EGPWS는 30~60초 전부터 조종사에게 경고할 수 있도록 개량된 경고장치이다. 전단풍을 만나게 되면 가장 먼저 회피 지시를 한다. 이처럼 GPWS는 경고 기능, 회피 지시 기능, 키놀이 제한 표시 기능이 있다.

⑧ **공중 충돌 회피 장치(TCAS: Traffic alert and Collision Avoidance System)**: ACAS(Airborne Collision Avoidance System)는 국제적인 명칭이며, 미국에서는 TCAS라고 한다. TCAS는 항공기에 독립적으로 탑재된 장비를 통해 주변 항공기 거리, 상대방위 및 고도를 분석하여 접근 경보(TA) 및 회피 권고(RA)를 내리는 공중 충돌 방지 장치이다. 정보 제공 모드는 다음과 같다.

모드 A	고유 식별 부호 요청
모드 B	고도 요청
모드 C	데이터 링크

TCAS의 종류와 제공으로는

가) TCAS Ⅰ: 거리, 방위 정보 및 접근 경보(TA) 제공

나) TCAS Ⅱ: 거리, 방위 정보, 식별부호 및 접근 경보(TA), 수직면 회피 권고(VRA)

다) TCAS Ⅲ: 위치정보, 접근 경보(TA), 수직면 회피 권고(VRA), 수평면 회피 권고(HRA)

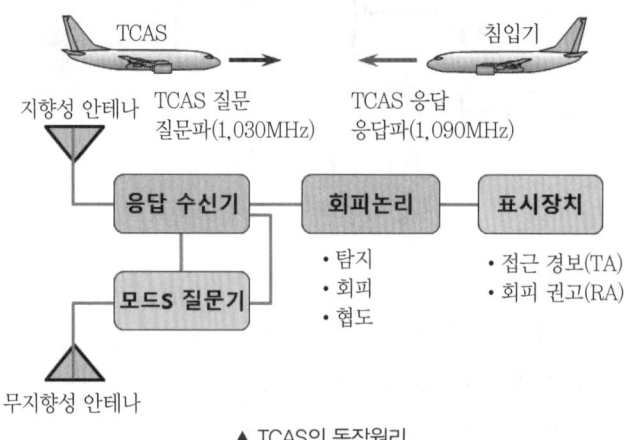

▲ TCAS의 동작원리

9 종합 전자계기

(1) 주 비행 표시장치(PFD)

주 비행 표시장치는 전자식 비행 자세 지시계(EADI)를 중심으로 대기 속도계, 기압고도계, 전파고도계, 승강계, 기수방위 지시계를 통합시킨 표시장치이다. 또한, 자동 조종 작동모드와 ILS 관련 정보를 동시에 표시하여 조종사에게 효과적인 비행정보를 제공할 수 있다.

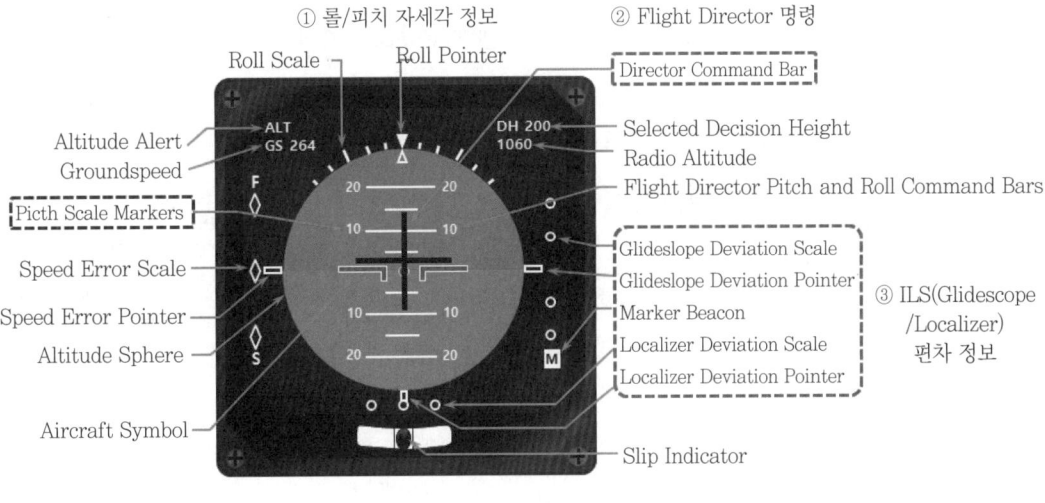

▲ EADI(Electronic ADI)

이는 항공기가 착륙 시 조종사에게 항공기의 정상적인 진입 각도와 진입로를 비행하고 있는지 모니터링 할 수 있는 계기로, 조종사가 비행 중 가장 많이 참고하면서 비행한다.

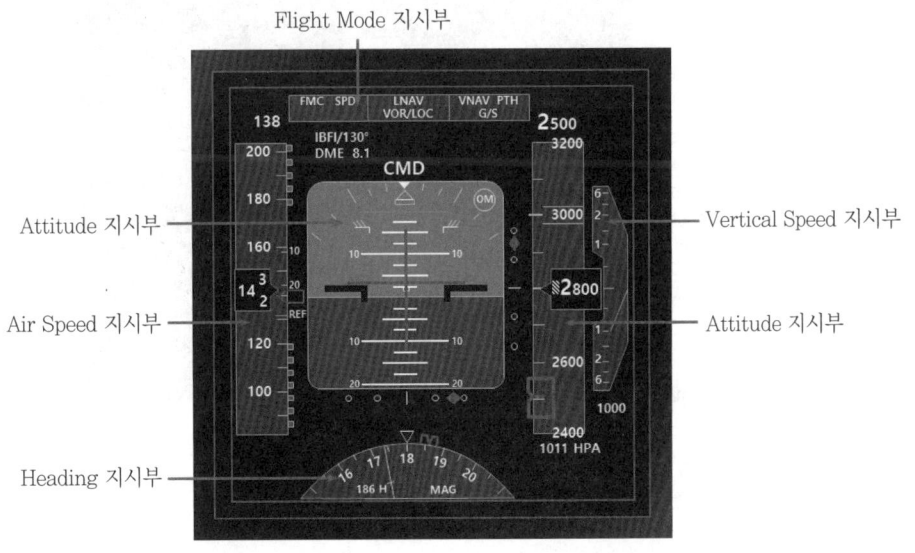

▲ PFD

(2) 항법 표시장치(ND)

항공기의 현재 위치, 기수 방위, 비행 방향, 비행 예정 코스, 비행 도중 통과 지점까지의 거리, 방위, 소요 시간의 계산과 지시 등에 관한 정보를 표시하며, 풍향, 풍속, 대지 속도, 구름 등에 관한 정보도 표시한다.

항법 표시장치는 조종사의 조작에 따라 모드를 선택하여 비행계획 모드(PLAN mode), 지도 모드(MAP mode), VOR 모드(VOR mode), 접근 모드(APPROACH mode)로 구성되어 있다.

(3) 엔진지시와 승무원 경고장치(EICAS: Engine Indication and Crew Alerting System)

엔진의 각 부위의 성능이나 상태를 지시하고 항공기 각 계통을 감시하고, 각 계통에 이상이 발생하였을 때 조종사에게 브라운관을 통해 경고를 전달하는 통합계기이다.

MAIN EICAS	AUX EICAS
엔진압력비(EPR), N1 회전수, 연료 유량, EGT 등 경고 및 주의를 요하는 주요 결함 상태를 지시해 준다.	N2 회전수, 윤활유 압력 및 온도 상태와 유압계통, 연료계통, 전기계통, 착륙장치 계통, 여압계통, 냉난방계통 등의 주요 결함 상태를 지시해 준다.

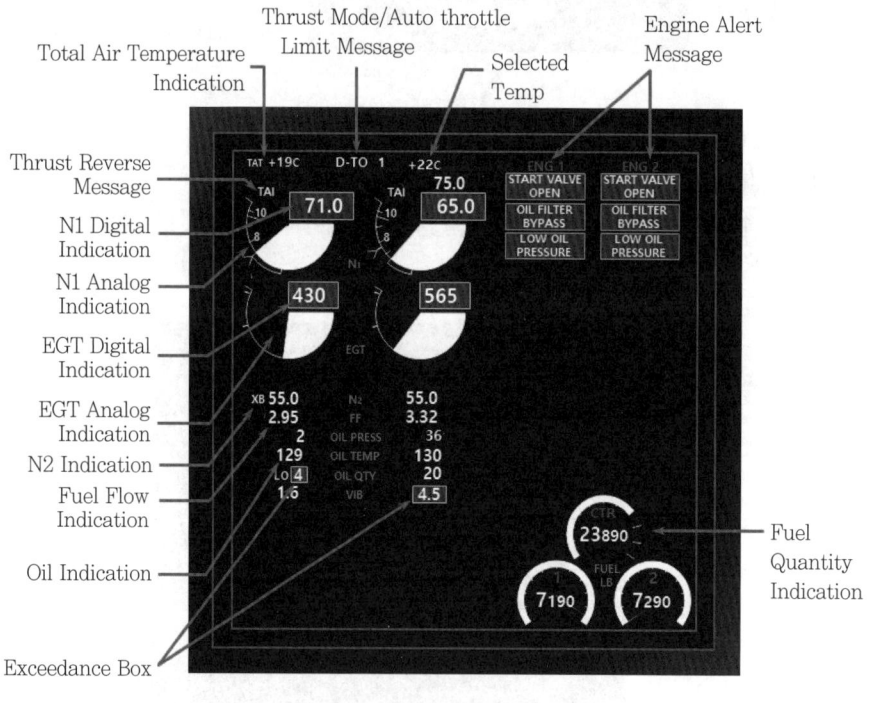

▲ M.EICAS

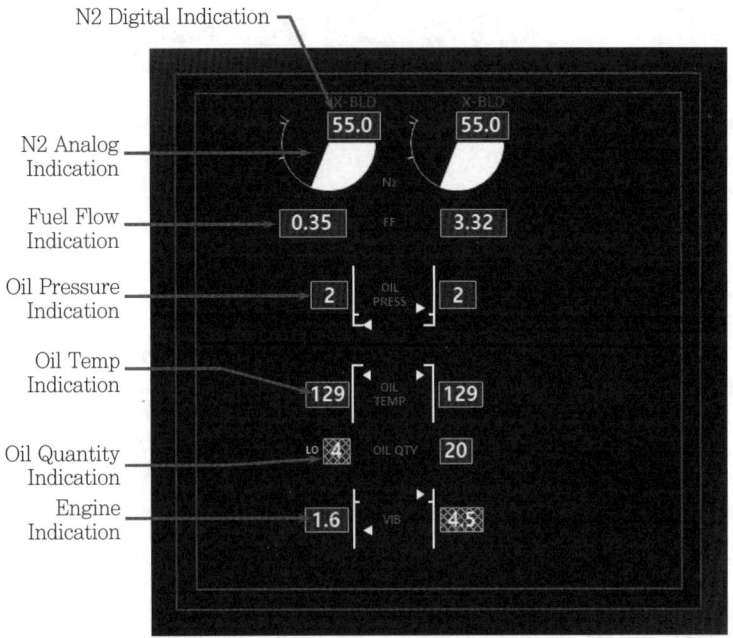

▲ A. EICAS

CHAPTER 02 실력 점검 문제

01 항공계기가 갖추어야 할 조건으로 가장 관계가 먼 것은?

① 무게와 크기가 작고, 내구성이 높아야 한다.
② 곰팡이에 대한 항균처리가 되어 있어야 한다.
③ 온도의 변화에 따른 오차가 적고, 진동에 대해 보호되어야 한다.
④ 누설에 의한 오차가 없고, 접촉 부분의 마찰력을 크게 하여 파손을 방지해야 한다.

해설

계기가 갖추어야 할 조건
- 무게와 크기는 작아야 한다.
- 정확성이 확보되어야 한다.
- 내구성이 길어야 한다.
- 외부 조건의 영향이 적어야 한다.
- 누설 및 마찰에 의한 오차가 없어야 한다.
- 방진 및 진동장치를 장착해야 한다.
- 계기판과 기체 사이에 장착하여 엔진으로부터의 진동을 흡수해야 한다.
- 방습처리, 방염 및 항균처리

02 계기의 작동기구가 원활하게 움직이지 못하여 발생하는 오차는?

① 북선 오차   ② 마찰 오차
③ 상온 오차   ④ 누설 오차

해설

- 북선 오차: 선회 오차로, 복각으로 인한 지자기의 수직 성분과 선회할 때의 원심력으로 발생하는 자기계기의 동적 오차이다.
- 마찰 오차: 지시부 또는 작동 기구들 간의 마찰 저항에 의해 원활하게 움직이지 못하여 발생하는 오차로, 베어링을 사용하여 오차를 감소시킬 수 있다.
- 상온 오차: 온도 오차로, 검교정 시 계기 주위의 온도가 표준온도와 다른 경우 발생한다. 기계적 수축, 팽창, 스프링의 탄성 변화가 표준대기와의 차이로 발생한다.
- 누설 오차: 연결관 및 밀폐가 불량으로 발생되는 오차로, 압력 계기에서 흔히 볼 수 있는 오차이다.

03 pitot tube를 이용한 피토 정압 계기가 아닌 것은?

① 대기 속도계   ② 고도계
③ 선회계   ④ 승강계

해설

피토 정압 계기
- 대기 속도계: 다이어프램(diaphragm) 이용
- 승강계: 다이어프램(diaphragm) 이용
- 고도계: 아네로이드(aneroid) 이용

04 기압고도(pressure altitude)에서 기압 수치는 얼마인가?

① 14.7inHg   ② 14.7mmAg
③ 29.92psi   ④ 29.92inHg

해설

고도의 종류
- 진고도(true altitude): 해면상에서부터의 고도
- 절대고도(absolute altitude): 항공기로부터 그 당시의 지형까지의 고도
- 기압고도(pressure altitude): 기압 표준선, 즉 표준대기압 해면(29.92inHg)으로부터의 고도

정답 01. ④   02. ②   03. ③   04. ④

05 항공기로부터 그 당시의 지형까지의 고도를 무엇이라 하는가?

① 진고도
② 밀도고도
③ 지시 고도
④ 절대고도

해설

고도의 종류
- 진고도(true altitude): 해면상에서부터의 고도
- 절대고도(absolute altitude): 항공기로부터 그 당시의 지형까지의 고도
- 기압고도(pressure altitude): 기압 표준선, 즉 표준 대기압 해면(29.92inHg)으로부터의 고도

06 다음 중 고도계의 오차에 해당하지 않는 것은?

① 온도 오차
② 탄성 오차
③ 북선 오차
④ 기계적 오차

해설

고도계 오차의 종류는 눈금 오차, 온도 오차, 탄성 오차, 기계적 오차가 있다. 와동 오차는 자기 컴퍼스의 동적 오차 종류이며, 동적 오차의 종류로는 선회 오차, 가속도 오차, 와동 오차가 있다.

07 다음 공함(collapsible chamber) 중 고도계에 사용되는 것은?

① aneroid
② diaphragm
③ bellows
④ burdon tube

해설

피토 정압 계기
- 대기 속도계: 다이어프램(diaphragm) 이용
- 승강계: 다이어프램(diaphragm) 이용
- 고도계: 아네로이드(aneroid) 이용

08 다음 중 대기 속도계(air speed indicator)에 사용되는 것은?

① aneroid
② burdon tube
③ diaphragm
④ diaphragm + aneroid

해설

7번 해설 참고

09 비행속도, 비행고도, 대기온도에 따라 비행 제원이 변하지 않는 것은?

① IAS
② CAS
③ EAS
④ TAS

해설

속도의 환산 및 오차 수정 절차
- 지시대기속도(indicated air speed): 동압을 속도 눈금으로 표시한 속도
- 수정대기속도(calibrated air speed): IAS에서 전압 및 정압계통의 오차와 계기 자체의 오차 수정
- 등가대기속도(equivalent air speed): CAS에서 공기의 압축성 효과를 고려한 속도
- 진대기속도(true air speed): EAS에서 고도에 따른 밀도 변화를 고려한 속도

10 다음 절대 압력과 게이지 압력과의 관계는?

① 절대 압력=게이지 압력−대기압
② 절대 압력=대기압±게이지 압력
③ 절대 압력=게이지 압력÷대기압
④ 절대 압력=게이지 압력×대기압

해설

압력의 종류
- 절대 압력: 완전 진공을 기준으로 측정한 압력
- 게이지 압력: 대기압을 기준으로 측정한 압력
- 압력에 사용되는 단위는 inHg와 psi가 대표적으로 많이 사용된다.

정답 05. ④ 06. ③ 07. ① 08. ③ 09. ① 10. ②

11 다음은 대기 속도계의 오차 수정 절차이다. 맞는 것은?

① TAS → EAS → CAS → IAS
② EAS → CAS → IAS → TAS
③ IAS → TAS → EAS → CAS
④ IAS → CAS → EAS → TAS

해설
9번 해설 참조

12 작동유 압력을 지시하는 계기에 가장 적합한 것은 다음 중 어느 것인가?

① aneroid를 이용한 계기
② diaphragm을 이용한 계기
③ burdon tube를 이용한 계기
④ bellows를 이용한 계기

해설
작동유 압력계로는 버든 튜브, 벨로스를 사용한다. 버든 튜브는 압력측정 범위가 넓어 고압 측정용으로 가장 많이 사용되어 윤활유 압력계, 작동유 압력계에 사용되고, 벨로스는 확대부 크기가 작기 때문에 저압 측정용으로 연료 압력계에 사용된다.

13 열전쌍(thermocouple)에 사용되는 재료 중 측정범위가 가장 높은 것은 어느 것인가?

① 크로멜-알루멜
② 철-콘스탄탄
③ 구리-콘스탄탄
④ 크로멜-니켈

해설
열전쌍식 온도계: 온도의 급격한 상승에 의하여 화재를 탐지하는 장치로 서로 다른 금속을 접합한 열전쌍(thermocouple)을 이용한다(크로멜-알루멜(1,000℃) → 철-콘스탄탄(800℃) → 구리-콘스탄탄(300℃)).

14 유량계의 단위는 다음 중 어느 것인가?

① gph   ② rpm
③ psi   ④ mpm

해설
유량계: 연료탱크에서 엔진으로 흐르는 연료의 유량을 시간당 부피 단위, 즉 gph(gallon per hour: 3.79l/h) 또는 무게 단위 pph(pound per hour: 0.45kg/h)로 지시한다.

15 교류로 작동하는 원격 지시계기로 회전자 (rotor)가 전자석인 것은 다음 중 어느 것인가?

① desyn   ② autosyn
③ magnesyn ④ gyrosyn

해설
오토신(autosyn)은 교류로 작동하는(AC 26V 400Hz) 원격 지시계기로 정밀 측정이 가능하다. 전원이 회전자에 연결되고, 고정자는 3상 결선 방법($\triangle$ 또는 Y 결선)이 되어 단자 사이를 연결한다. 도선의 길이는 측정값 지시에 영향을 주지 않는다. 변환기의 회전자는 플랩의 위치, 착륙기어 위치, 윤활유나 연료의 유량 위치 등 장치의 움직임에 따라 기계적으로 회전한다.

16 다음 지자기의 3요소에 해당되지 않는 것은?

① 수직분력   ② 수평분력
③ 복각   ④ 편차

해설
지자기의 3요소
- 편차: 지축과 지자기 축이 일치하지 않아 생기는 지구 자오선과 자기 자오선 사이의 오차각
- 복각: 지자기의 자력선이 지구 표면에 대하여 적도 부근과 양극에서의 기울어지는 각
- 수평분력: 지자기의 수평 방향의 분력

정답 11. ④ 12. ③ 13. ① 14. ① 15. ② 16. ①

17 자이로의 섭동성을 이용한 계기는 무엇인가?

① directional gyro indicator
② gyro horizon indicator
③ bank indicator
④ turn indicator

해설

자이로의 섭동성은 외부에서 가해진 힘의 방향과 90° 어긋난 방향으로 자세가 변하는 성질을 말한다.
- 선회계(turn indicator): 자이로의 특성 중 섭동성만을 이용한다.
- 방향 자이로 지시계(directional gyro indicator, 정침의): 자이로의 강직성을 이용한다.
- 자이로 수평지시계(gyro horizon indicator, 인공수평의): 자이로의 강직성과 섭동성을 모두 이용한다.
- 경사계(bank indicator): 구부러진 유리관 안에 케로신과 강철 볼을 넣은 것으로써, 케로신은 댐핑 역할을 하고, 유리관은 수평 위치에서 가장 낮은 지점에 오도록 구부러져 있다.

18 자이로의 강직성이란 무엇인가?

① 외력을 가하면 그 힘의 방향으로 자세가 변하는 성질
② 외력을 가하지 않는 한 항상 일정한 자세를 유지하려는 성질
③ 외력을 가하면 그 힘과 직각으로 자세가 변하는 성질
④ 외력을 가하면 그 힘과 반대 방향으로 자세가 변하는 성질

해설

자이로의 성질
- 강직성(rigidity): 자이로에 외력이 가해지지 않는 한 회전자의 축 방향은 우주 공간에 대하여 계속 일정 방향으로 유지하려는 성질로, 자이로 회전자의 질량이 클수록 자이로 회전자의 회전이 빠를수록 강하다.
- 섭동성(precession): 자이로에 외력을 가했을 때 자이로 축의 방향과 외력의 방향에 직각인 방향으로 회전하려는 성질을 말한다.

19 다음 중 승강계의 눈금 단위를 옳게 나타낸 것은?

① ℃/hr   ② hr/inch
③ ft/min   ④ kg/sec

해설

승강계는 항공기의 수직 방향 속도를 ft/min 단위로 지시하는 계기이다.

20 EICAS의 설명에 관하여 바른 것은 어느 것인가?

① 기체의 자세 정보의 영상 표시장치
② 엔진 출력의 자동 제어 시스템 장치
③ 엔진 계기와 승무원 경보 시스템의 브라운관 표시장치
④ 지형에 따라서 비행기가 그것에 접근할 때의 정보장치

해설

엔진지시와 승무원 경고장치(EICAS: Engine Indication and Crew Alerting System)는 엔진 각 부위의 성능이나 상태를 지시하고 항공기 각 계통을 감시하고, 각 계통에 이상이 발생하였을 때 조종사에게 브라운관을 통해 경고를 전달하는 통합계기이다.

정답 17. ④ 18. ② 19. ③ 20. ③

CHAPTER 03 공기 및 유압계통

1 공기 및 유압계통 일반

(1) 압축공기

공기를 압축한 압축공기는 공기압계통에 에너지원으로 사용하고 있다. 객실의 냉·난방 및 여압계통, 방빙 및 제빙계통, 작동유 압력 펌프의 구동 및 저장탱크의 가압, 연료의 가열 및 역분사 장치의 작동, 앞전 날개의 구동 등을 위한 열원, 압력원 또는 동력원, 화물실의 난방, 물탱크의 가압 등으로 사용된다.

① 압축공기의 특징과 필요성
  가) 작동유, 전기에 비행 대기 중에서 손쉽게 얻을 수 있다.
  나) 압축성 유체로 압축성능이 매우 높으며, 별도의 귀환관이 필요하지 않다.

② 압축공기의 장·단점
  가) 적은 양으로 큰 힘을 얻을 수 있으나, 압축공기 온도가 높아 주변이 가열된다.
  나) 조작이 간편하나, 배관 설치에 따른 많은 공간과 연결부 누출이 발생하기 쉽다.

③ 압축공기의 종류
  가) 저압 압축공기: 왕복엔진을 장착한 항공기에 많이 사용한다. 이는 전기 모터 또는 엔진에 의해 구동되는 베인형 펌프로 1~10psi의 압축공기를 연속 공급한다.
  나) 중압 압축공기: 가스터빈엔진의 압축기로부터 블리딩된 공기를 압력 조절 장치를 거쳐 유입시킨다. 이는 100~150psi의 압력으로 공급한다. 사용되는 사용처는 앞전 날개의 결빙 방지, 엔진 시동 시, 객실 여압과 엔진 시동 시, 객실 여압과 객실 공기 온도 조절용으로 사용된다.

다) 고압 압축공기: 압력용기에 1,000~3,000psi으로 저장되어 있다. 실린더에 장착된 충전 밸브는 공기 보충 시 사용하는 밸브이고, 조절 밸브는 고압 공기를 공급할 때 사용되는 밸브이다. 실린더는 비행 중에는 재충전할 수 없기 때문에 작동이 제한되며, 착륙장치나 브레이크 계통을 비상 작동시키기 위한 동력원으로 사용된다.

④ 압축공기의 조절과 제어

가) 전기 방식: 직류 또는 교류 전력에 의해 작동하는 모터(motor)나 액추에이터(actuator)가 버터플라이(butterfly) 밸브를 회전시켜 공기 흐름양을 조절한다.

나) 기계 방식: 다이어프램 양쪽의 압력 차이와 스프링(spring)의 힘을 이용하여 밸브를 회전시킴으로써 공기 흐름양을 조절한다.

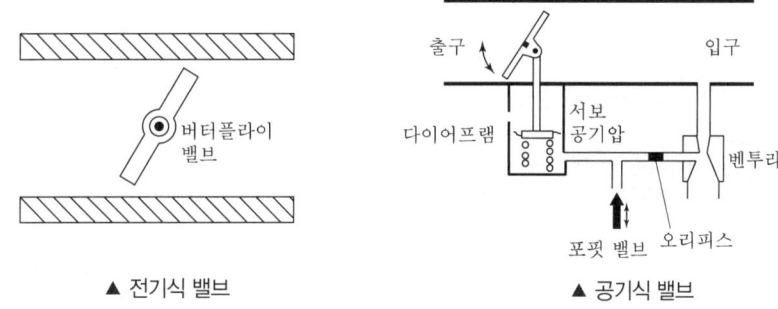

▲ 전기식 밸브　　　　▲ 공기식 밸브

㉠ 서보(sevor) 압력: 다이어프램을 작동시키기 위한 공기 압력 서보 공기 압력을 (+)의 압력으로 만드는 경우는 펌프에서 공급된 공기가 필터와 오리피스(orifice)를 통해 포핏(poppet) 밸브에 연결될 때이다. 포핏 밸브를 닫으면 서보 압력은 상승하여 출구 밸브가 닫히고, 포핏 밸브를 열면 서보 압력은 강하하여 출구 밸브는 열린다. 서보 공기 압력이 (−)의 압력을 필요한 경우에는 벤투리(venturi)나 제트 펌프를 사용하여 포핏 밸브를 열거나 닫아 압력의 크기를 조절한다. 포핏 밸브에는 스플을 넣는 방식, 스프링의 강도, 다이어프램에 가한 압력이나 그 움직임을 전달하는 기구에 따라 많은 종류가 있다. 수동, 전기, 압력 그리고 온도 등의 힘을 이용한다.

(2) 압축공기 계통

① 압축공기 공급원

가) 공급원

나) 압축공기의 매니폴드(manifold)

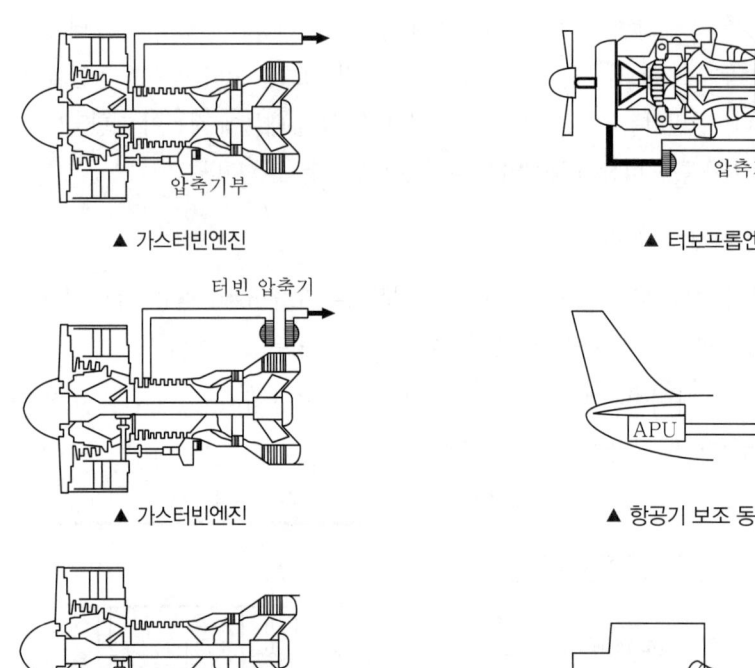

② **공기압력 계통의 장치**

가) 릴리프 밸브: 공기 압력계통의 손상 방지 및 압력 제한 장치로서 동작, 과도한 압력에 의해 배관이 파손되거나 실(seal)이 손상되는 것을 방지한다. 과도한 압력의 공기는 밸브를 거쳐 대기 중으로 방출하고, 밸브는 압력이 정상값으로 되돌아올 때까지 그대로 열려 있다.

나) 조절 밸브: 유압 제동 장치가 정상적으로 작동되지 않을 때, 공기 압력을 사용하며 비상 제동 기능을 하는 장치이다.

다) 체크 밸브: 압축공기가 한쪽 방향으로만 흘러가도록 고안된 밸브로서 작동유 압력계통과 공기 압력계통에서 모두 사용되고 있다.

라) 차단 밸브: 정해진 공기 압력을 초과하면 닫히는 밸브이다. 차단 밸브, 압력 조절 밸브, 흐름 조절 밸브 등이 있다.

마) 제한장치: 공기 흐름양을 줄이고, 작동장치의 작동 속도를 느리게 하는 장치이다.

바) 필터: 공기 압력계통에서 필터는 이물질의 침입을 막는 역할을 한다. 마이크론(micron)형과 스크린(screen)형이 있다.

(3) 작동유의 특징

① 파스칼의 원리

프랑스의 수학자 파스칼은 밀폐된 용기 내에 있는 액체의 임의의 점에 작용하는 압력은 '손실 없이 모든 방향으로 전달되고 모든 부분에 직각 방향으로 작용한다.'라고 정의하였다.

$$\frac{F_2}{F_1} = \frac{A_2}{A_1} = \frac{L_1}{L_2}$$

② 작동유 압력의 특성

유체의 기둥에 의해 발생되는 압력은 용기의 모양이나 용기에 담긴 유체의 양과 관계없이 원통 관의 높이에 정비례한다. 그림과 같이 1cm²당 1g인 물을 1cm 면적의 원기둥 용기에 100cm로 채웠다면 압력계에는 100g/cm²로 나타난다.

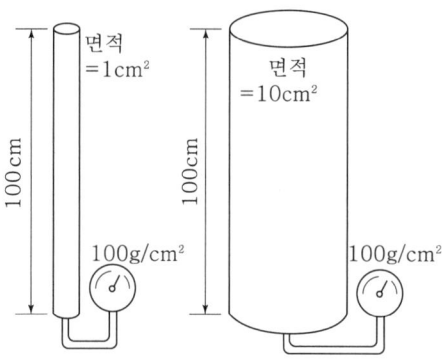

③ 힘, 면적, 압력의 관계

압력은 단위 면적당 작용한 힘의 크기를 말한다.

$$힘(F) = 압력(P) \times 면적(A)$$

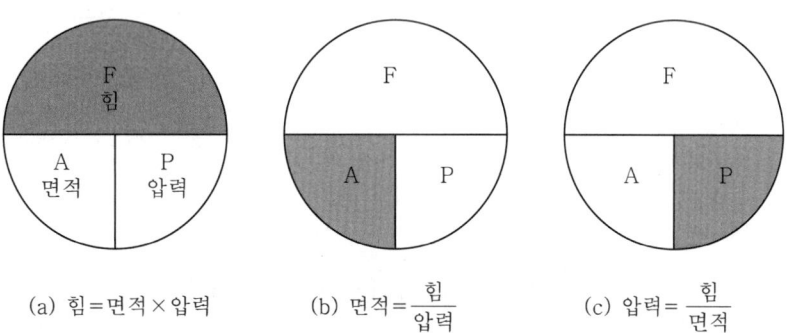

(a) 힘 = 면적 × 압력　　(b) 면적 = $\frac{힘}{압력}$　　(c) 압력 = $\frac{힘}{면적}$

④ 체적, 면적, 거리의 관계

체적(V)=면적(A)×거리(D)

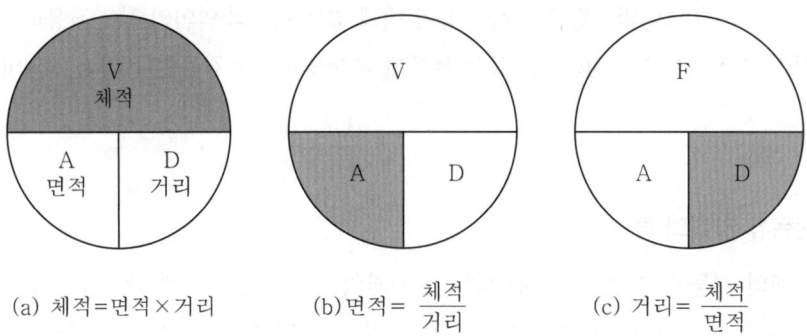

(a) 체적=면적×거리 (b) 면적=$\frac{체적}{거리}$ (c) 거리=$\frac{체적}{면적}$

(4) 작동유의 종류와 조건

① 작동유의 종류

가) 식물성유

㉠ 피마자기름+알코올 색은 파란색

㉡ 부식성과 산화성이 크고 현재에는 잘 사용하지 않으며, 고온에서도 사용할 수 없다.

나) 광물성유

㉠ 원유로부터 추출 색은 빨간색

㉡ 사용 온도 범위는 −54~71℃, 인화점이 낮아 과열되면 화재의 위험이 있다.

㉢ 소형 항공기의 브레이크 계통에 사용되고 있으며, 합성 고무 실을 사용한다.

다) 합성유

㉠ 인산염+에스테르(ester) 색은 자주색

㉡ 사용 온도 범위는 −54~115℃이다. 인화점이 높아 내화성이 크므로 대부분 항공기에 사용한다.

㉢ 독성이 있기 때문에 눈에 들어가거나 피부에 접촉되지 않도록 하며, 페인트나 고무 제품과 화학작용을 하여 손상시킬 수 있다.

② 작동유의 구비 조건

가) 점성이 낮고, 온도 변화에 따라 작동유의 성질 변화가 적어야 한다.

나) 산화하거나 퇴화되는 것에 대한 저항성, 화학적 안정성이 높아야 한다.

다) 화재의 위험을 덜기 위하여 인화점이 높아야 한다.

라) 충분한 내화성으로 끓는점이 높아야 한다.

마) 부식성이 낮아서 금속 및 그 밖의 물질 부품의 부식을 방지할 수 있어야 한다.

2 유압동력 계통 및 장치

(1) 동력계통 및 장치

유압동력 계통은 작동유에 압력을 가하여 기계적인 에너지를 압력 에너지로 변환시킨다.

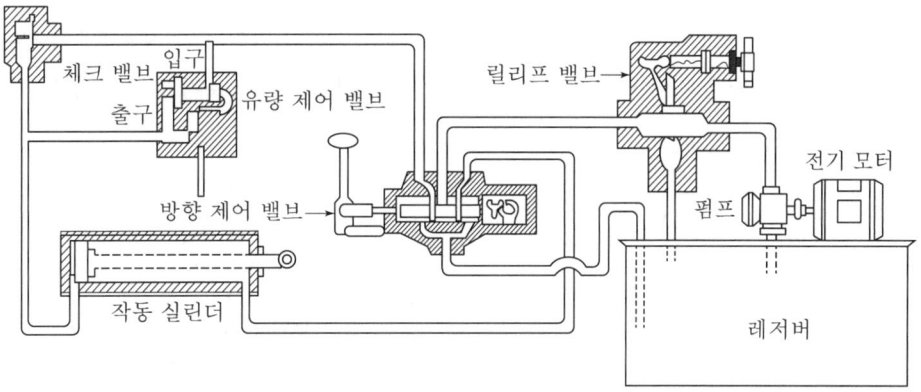

▲ 유압장치의 기본 요소

① 유압계통의 기본 요소

가) 레저버: 작동유를 저장하거나 일정량을 유지하거나 보충한다.

나) 펌프: 작동유를 장치 내로 가압하여 공급한다.

다) 제어 밸브: 유체의 방향, 압력, 유량을 조절한다.

라) 그 밖의 동력원 및 전기모터: 펌프를 구동한다.

(2) 작동유 압력 펌프

① 수동 펌프

가) 재래식 항공기에서 동력 펌프가 고장 났을 때 비상용으로 사용한다.

나) 지상에서 작동유 압력계통을 점검할 때 사용한다.

② **동력 펌프:** 작동유에 압력을 가하는 장치이며, 작동유에 의해 윤활과 냉각된다.

　가) 기어(gear)형 펌프: 2개의 기어가 맞물려 회전하는 것으로, 1개의 기어는 엔진의 구동부에 연결되어 회전하고, 다른 1개의 기어는 구동기어와 맞물려 회전한다.

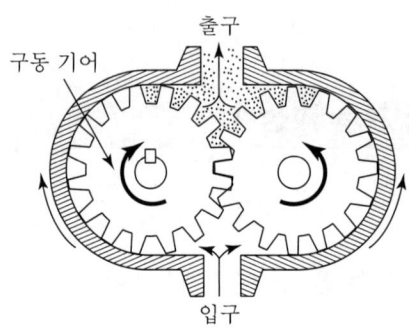

　나) 지로터(gerotor)형 펌프: 편심 된 고정 라이너와 안쪽의 라이너, 밀착된 5개의 넓은 이를 가진 안쪽 구동 기어 및 출구와 입구에 연결된 반달 모양의 통로가 있는 커버로 구성된다.

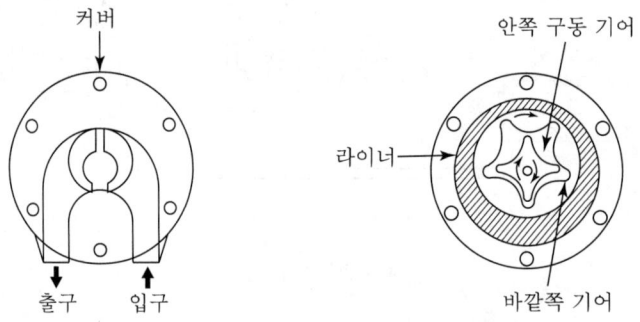

　다) 베인(vane)형 펌프: 원통형 케이스 안에 편심 된 로터가 들어 있으며, 로터에는 홈이 있고, 홈 속에는 판 모양의 베인이 삽입되어 자유로이 출입하게 되어 있다.

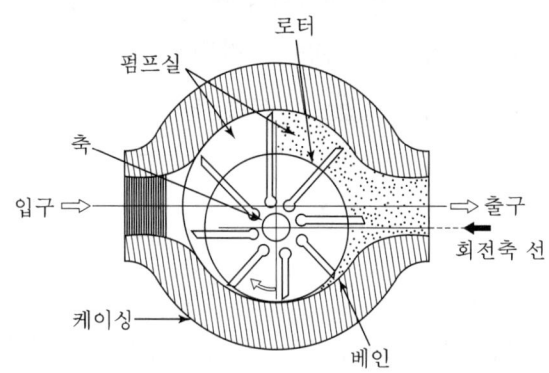

라) 피스톤(piston)형 펌프: 피스톤이 실린더 내에서 왕복운동을 하여 펌프작용을 하며, 고속·고압의 유압장치에 적합하지만, 구조가 복잡하고 값이 비싸다.

3 압력 조절, 제한 및 제어장치

(1) 압력 조절기(Pressure Control Valve)

불규칙한 배출 압력을 규정 범위로 조절하고, 계통에서 압력이 요구되지 않을 때 펌프에 부하가 걸리지 않도록 하기 위해 사용한다. 체크 밸브, 바이패스 밸브의 작동에 따라 킥 인(kick in), 킥 아웃(kick out)의 상태가 있다.

① **킥 인(kick in)**: 계통의 압력이 규정 값보다 낮을 때, 계통으로 작동유 압력을 보내기 위하여 사용된다.

② **킥 아웃(kick out)**: 계통의 압력이 규정 값보다 클 때, 펌프에서 배출되는 압력을 저장탱크로 되돌려 보내기 위하여 사용된다.

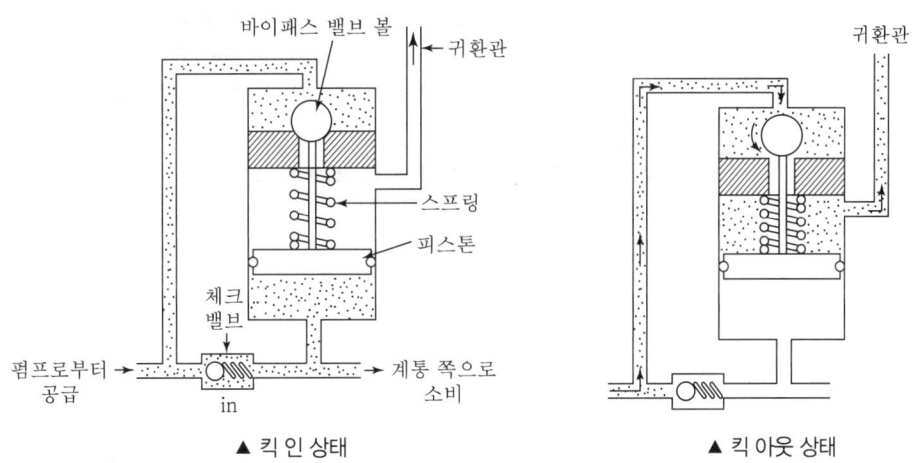

▲ 킥 인 상태　　　　　　　　　　▲ 킥 아웃 상태

(2) 릴리프 밸브(Relief Valve)

작동유에 의한 계통 내의 압력을 규정된 값 이하로 제한하는 데 사용되는 것으로, 과도한 압력으로 인하여 계통 내의 관이나 부품이 파손될 수 있는 것을 방지하는 장치이다.

① **계통 릴리프 밸브**: 입구가 계통과 연결되어 계통 내의 압력이 규정 값 이상으로 상승 시 작동유 압력이 볼을 밀어 올리게 되고, 밀려 올라간 작동유는 출구를 통해 레저버로 귀환하여 계통의 압력을 감소시킨다.

② **온도(열) 릴리프 밸브:** 온도 증가에 따른 작동유 압력계통의 압력 증가를 막아 주는 역할을 한다. 작동유 온도가 높아지면 계통의 압력이 상승하여 계통 손상을 초래할 수 있다. 이때 온도 릴리프 밸브가 열려 증가한 압력을 감소시킨다.

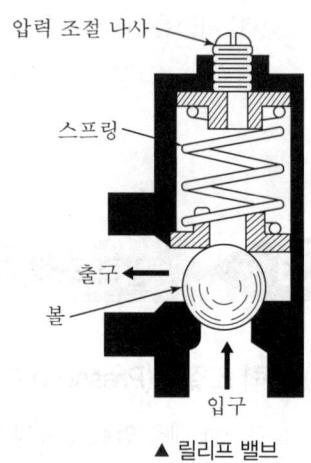

▲ 릴리프 밸브

(3) 감압 밸브(Pressure Reducing Valve)

계통의 압력보다 낮은 압력이 필요한 일부 계통의 압력이 필요할 때, 작동유 압력을 요구 수준까지 낮춰 열팽창에 의한 압력 증가를 막기 위해 사용한다.

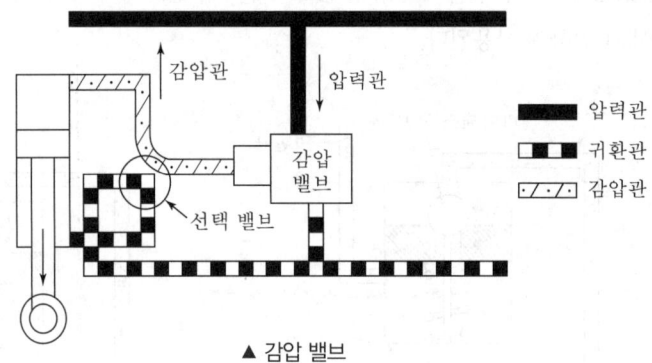

▲ 감압 밸브

(4) 퍼지 밸브(Purge Valve)

항공기 자세 흔들림 및 온도 상승으로 인하여 펌프의 공급관과 펌프 출구 쪽에 거품이 생긴다. 이때 펌프의 배출 압력이 낮아지게 된다. 퍼지 밸브는 스프링이 플런저를 밀어서 출구를 열어주어 공기가 섞인 작동유를 저장탱크로 되돌려 레저버로 배출된다.

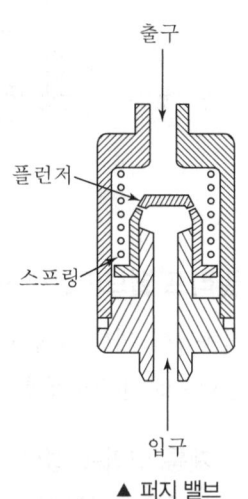

▲ 퍼지 밸브

(5) 디 부스터 밸브(debooster valve)

브레이크의 작동을 신속하게 하기 위한 밸브이다. 브레이크를 작동할 때 일시적으로 작동유의 공급량을 증가시켜 빠르게 제동되도록 하며, 귀환이 신속히 이루어지도록 한다.

(6) 프라이오리티 밸브(Priority Valve)

작동유의 압력이 일정 압력 이하로 떨어지면 유로를 막아 작동 기구의 우선순위에 따라 필요한 계통만을 작동시키는 기능을 가진 밸브이다.

4 흐름방향 및 유압 제어장치

(1) 유량 제어 밸브

① 오리피스

　가) 작동유의 흐름률을 제한하기 때문에 흐름 제한기라고도 부른다.

　나) 오리피스에는 고정식과 가변식이 있다.

② 체크 밸브

　가) 한쪽 방향으로만 작동유의 흐름을 허용하고, 반대 방향으로는 흐름을 차단하는 밸브이다.

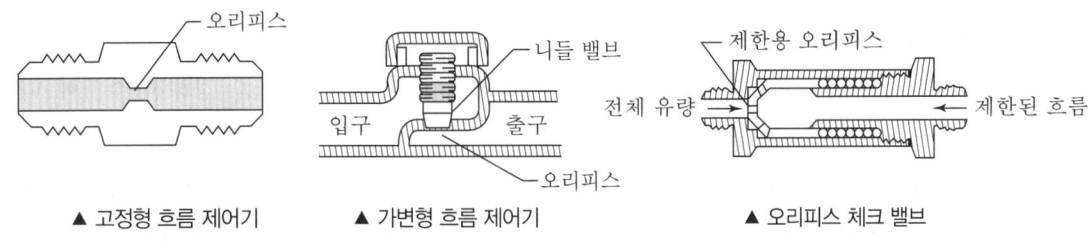

▲ 고정형 흐름 제어기　　▲ 가변형 흐름 제어기　　▲ 오리피스 체크 밸브

③ 오리피스 체크 밸브

　가) 오리피스와 체크 밸브의 기능을 합한 것이다.

　나) 한 방향으로는 정상적으로 작동유가 흐르고, 다른 방향으로는 흐름을 제한하는 밸브이다.

④ 미터링 체크 밸브

　가) 목적과 기능은 오리피스 밸브와 같으나, 작동유의 흐름을 조절할 수 있다.

나) 작동유가 B에서 A로 흐를 때는 볼을 밀치고 정상적으로 흐르지만, 반대로 흐를 때는 미터링 핀에 의해 제한된 양으로 흐르게 된다.

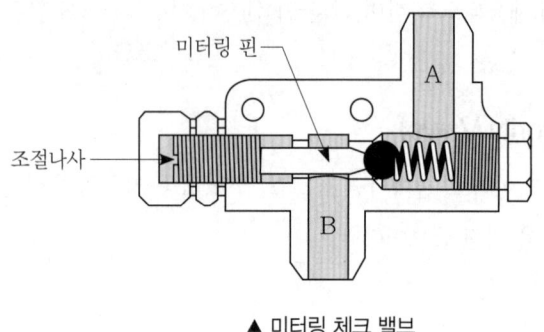

▲ 미터링 체크 밸브

⑤ 수동 체크 밸브

가) 평상시에는 체크 밸브의 역할을 하지만, 필요할 때는 수동으로 조작한다.

나) 양쪽 방향으로 작동유가 흐르도록 하는 밸브이다.

⑥ 흐름 조절기

가) 계통 압력의 변화와 관계없이 작동유의 흐름을 일정하게 유지하는 장치이다.

나) 작동유 압력 모터의 회전수를 일정하게 하거나 조종면, 플랩, 전방 조향 장치, 서보 실린더 등에 공급되는 작동유의 급격한 흐름의 변화를 방지하는 데 사용된다.

(2) 방향 제어 밸브

① 시퀀스 밸브

가) 착륙장치, 도어 등과 같이 2개 이상의 작동기 또는 모터를 정해진 순서에 따라 작동되도록 유압을 공급하기 위한 밸브로, 타이밍 밸브라고도 한다.

나) 착륙장치를 올릴 때는 랜딩 기어가 완전히 올라가면서 시퀀스 밸브 A가 열려 랜딩 기어의 도어가 닫히도록 하고, B가 열리고 랜딩 기어의 작동기에 랜딩 기어가 내려가도록 압력이 작용하도록 한다.

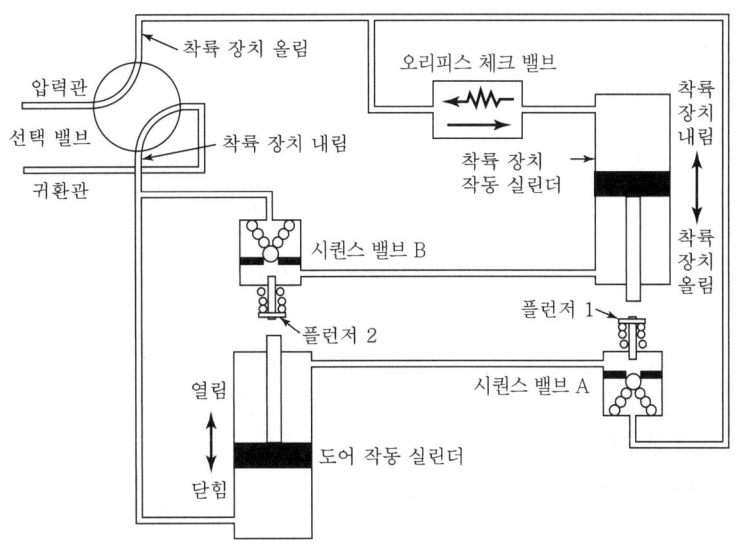

▲ 시퀀스 밸브가 있는 착륙 장치 계통

② **셔틀 밸브**

가) 2개의 이용 가능한 공급원 중에서 1개의 압력원을 선택하는 데 사용된다.

나) 정상 유압계통에 고장이 생겼을 때 비상계통을 사용할 수 있도록 하는 밸브이다.

다) B의 정상 압력이 A의 압력보다 크면 오른쪽 피스톤에 작용하는 힘이 크기 때문에 스풀이 왼쪽으로 움직여 B의 작동유가 밸브로 통하고 A의 작동유는 흐름이 차단된다.

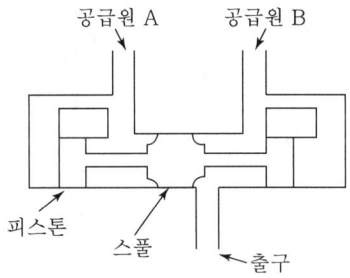

③ **흐름 평형기**: 2개의 작동기가 동일하게 움직이게 하기 위해 작동기에 공급·귀환하는 유량을 같게 한다.

(3) 기타 작동유 압력계통 기기

① **레저버**

가) 작동유를 펌프에 공급하고, 계통으로부터 귀환하는 작동유를 저장하는 동시에 공기 및 불순물을 제거하는 역할을 한다.

나) 레저버의 용량은 온도가 38℃(100℉)에서 150% 이상이거나, 축압기를 포함한 모든 계통 용량의 120% 이상이어야 한다.

다) 높은 고도에서 비행하는 항공기는 작동유를 펌프까지 공급하기에 공기의 압력이 너무 낮기 때문에 저장탱크를 가압하여야 한다. 따라서 주로 터빈엔진에서 나오는 블리드 공기를 이용하며, 가압된 저장탱크를 정비하기 전에는 반드시 공기를 방출한다.

레저버(reservoir)의 구조	
여압구	레저버 위쪽에 위치하여 고공에서 생기는 거품 발생을 방지하고 작동유가 펌프까지 확실하게 공급되도록 레저버 안을 여압시키는 압축공기의 연결구이다.
여과기(filter)	작동유를 보급할 때 불순물을 여과하는 역할을 한다.
사이트 게이지 (sight gauge)	레저버 안의 작동유 양을 확인할 수 있도록 설치되어 있다.
배플(baffle)과 핀(fin)	탱크 내에 있는 작동유가 심하게 흔들리거나, 귀환하는 작동유에 의하여 소용돌이치는 불규칙한 작동유에 거품이 발생하거나 펌프 안에 공기가 유입되는 것을 방지한다.
stand pipe	비상시 유압계통에서 사용할 수 있는 최소 작동 유량을 보관해 놓고, 비상 유압계통을 작동시킬 수 있게 작동유를 공급한다. 비상 공급은 Connection for Emergency System Pump로 나간다.

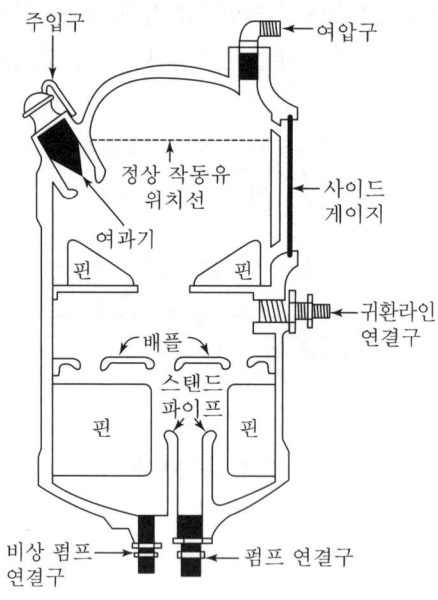

② **축압기**

가) 작동유의 저장통으로써 여러 개의 작동유 압력 기기가 동시에 사용될 때 동력 펌프를 돕는다. 또한 동력 펌프가 고장 났을 때는 저장되었던 작동유를 유압 기기에 공급한다.

나) 작동유 압력계통의 서지 현상을 방지, 작동유 압력계통의 충격적인 압력을 흡수해 주며, 압력 조절기가 열리고 닫히는 횟수를 줄여준다.

다) 다이어프램형 축압기, 블래더형 축압기, 피스톤형 축압기가 있다.

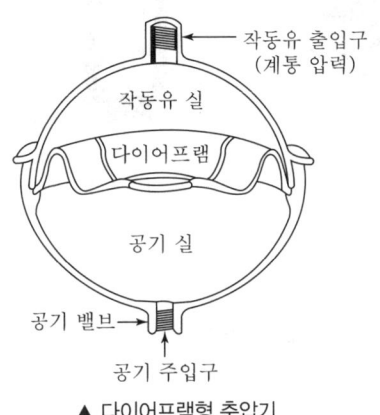
▲ 다이어프램형 축압기

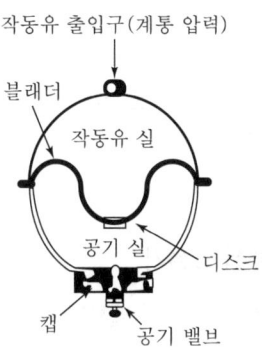
▲ 블랜더형 축압기

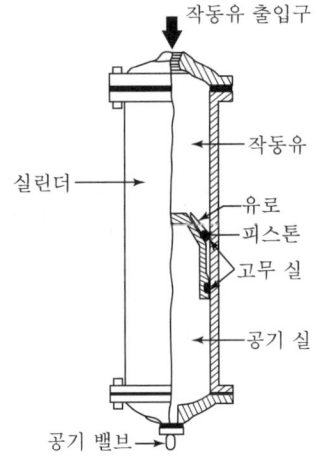
▲ 피스톤형 축압기

③ **여과기**

가) 작동유 속에 섞인 금속가루, 패킹, 실 부스러기, 모래 등 불순물을 여과하여 작동유 압력 펌프, 밸브의 손상을 방지하기 위해 설치된다.

나) 쿠노형 여과기와 미크론형 여과기로 분류된다.

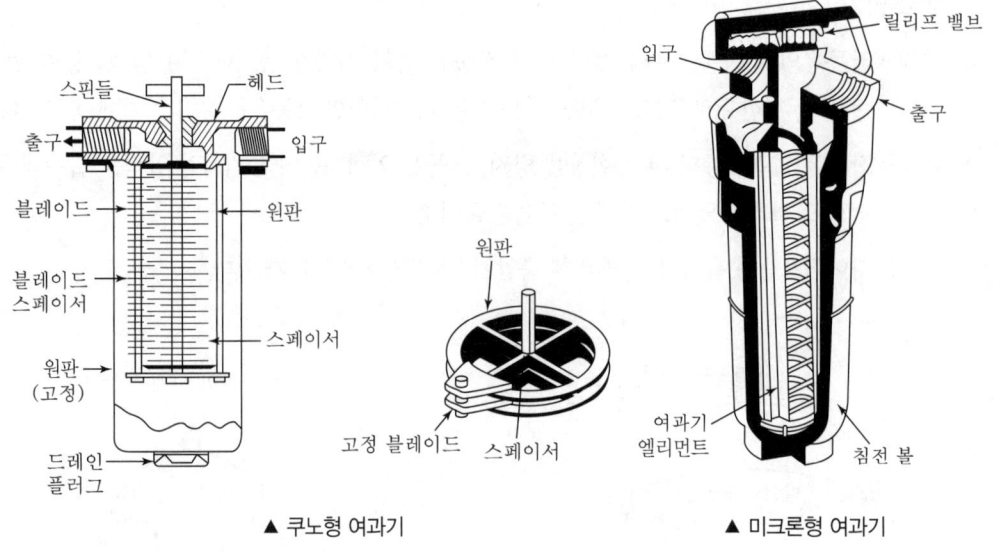

▲ 쿠노형 여과기　　　　▲ 미크론형 여과기

④ **흐름 조절기**

가) 흐름제어 밸브라고도 하며, 계통의 압력 변화와 관계없이 작동유의 흐름을 일정하게 유지시킨다.

나) 그림과 같이 선택 밸브를 작동시키면 작동유 입구로 들어와서 피스톤의 헤드에 있는 오리피스를 통과한 다음, 슬롯을 통하여 출구로 나간다. 따라서 조절기는 다른 것과 관계없이 언제나 일정한 흐름을 유지하여 작동기의 작동속도를 일정하게 한다.

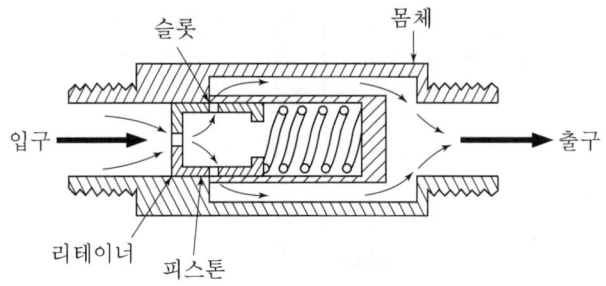

⑤ **유압 퓨즈**

가) 유압계통의 관이나 호스가 파손되거나 기기 내의 실이 손상되었을 때 과도한 누설을 방지하기 위한 장치이다.

나) 계통이 정상일 때는 작동유를 흐르게 하지만, 누설로 인하여 규정보다 많은 작동유가 통과할 경우에는 퓨즈가 작동되어 흐름을 차단하여 작동유의 과도한 손실을 막는다.

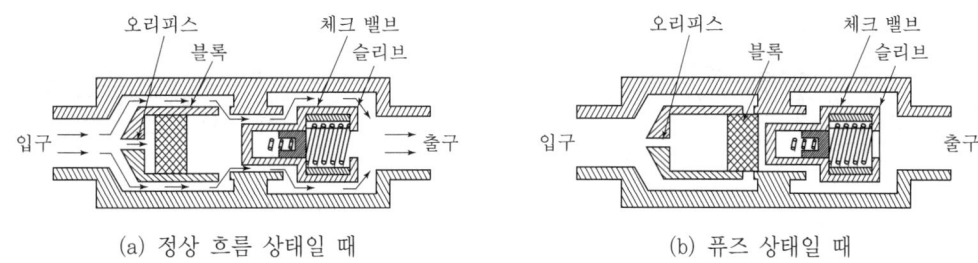

(a) 정상 흐름 상태일 때　　　　(b) 퓨즈 상태일 때

⑥ **유압관 분리 밸브**

　가) 유압 기기의 장탈 시 작동유가 누출되는 것을 방지하는 밸브이다.

　나) 유압펌프 및 브레이크 등과 같은 유압 기기를 장탈할 때 작동유가 외부로 유출되는 것을 최소화하기 위하여 유압관에 장착한다.

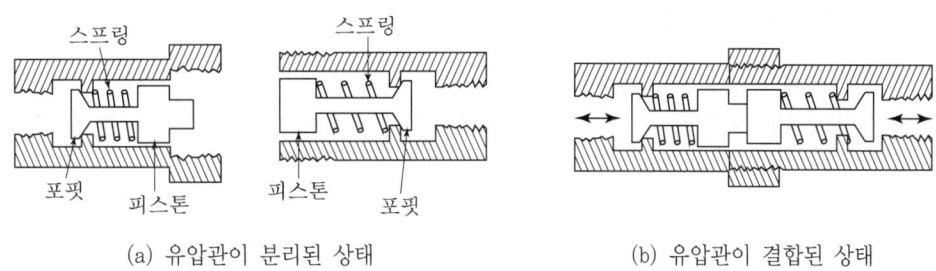

(a) 유압관이 분리된 상태　　　　(b) 유압관이 결합된 상태

5 유압 작동기 및 작동계통

(1) 유압 작동기

가압된 작동유를 받아 기계적 운동으로 바꿔주는 장치이다. 운동 형태에 따라 직선운동 작동기, 회전운동 작동기로 분류한다.

① **직선운동 작동기**: 실린더와 피스톤으로 구성되며 실린더는 항공기 구조부에 고정되고 피스톤이 직선으로 운동하는 작동기이다.

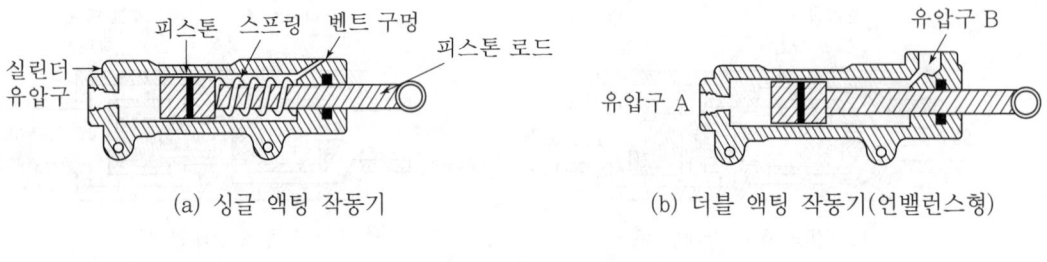

(a) 싱글 액팅 작동기   (b) 더블 액팅 작동기(언밸런스형)

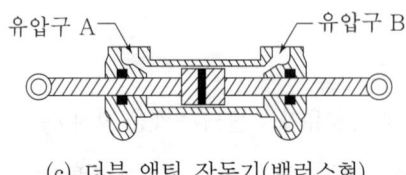

(c) 더블 액팅 작동기(밸런스형)

- 가) **단동형 작동기(single acting actuator)**: 한쪽 방향으로는 유압에 의하여 작동, 반대쪽 방향으로는 스프링에 의하여 귀환하는 형식이다.
- 나) **복동형 작동기(double acting actuator)**: 피스톤의 양쪽 모두에 유압이 작용하여 네 길 선택 밸브의 방향에 따라 운동하는 형식이다. 밸런스형 같은 경우 피스톤 양쪽의 면적이 같으므로 양방향으로 같은 힘을 발생한다.
- 다) **래크 피니언 작동기(rack and pinion actuator)**: 피스톤의 직선운동을 래크와 피니언에 의하여 제한적인 회전운동으로 바꾸어 주는 작동기로 윈드실드 와이퍼(wind shield wiper)나 앞착륙장치의 노즈 스티어링(nose steering)에 사용된다.

② **회전운동 작동기(rotary acting actuator)**: 유압 모터를 말한다. 선택 밸브의 위치에 따라 회전 방향이 조절된다. 유압 모터의 구조는 피스톤형 펌프와 같지만, 기능은 반대이다.

(2) 착륙장치 계통

항공기의 대부분은 접어들이식이 사용되고 있으며, 그 작동은 다음과 같다.

착륙장치를 올리려고 할 때는 그림에서 선택 밸브를 "올림" 위치에 놓는다. 이러면 작동유가 올림관으로 전달, 내림관의 작동유는 귀환관을 통하여 레저버로 돌아간다. 올림관에 작동유가 공급되면, 용량이 작은 착륙장치의 다운 로크 실린더가 작동하여 로크의 훅이 풀린다. 주 착륙장치와 앞 착륙장치의 작동 실린더가 작동함으로써 착륙장치가 올라가게 된다. 그리고 주 착륙장치가 완전히 올라간 뒤에 도어 작동 실린더가 작동되어 주 착륙장치 도어가 닫힌다. 착륙장치를 내리기 위하여 선택 밸브를 "내림" 위치에 놓으면 작동유는 앞 착륙장치, 주 착륙장치의 용량이 작은 업 로크 실린더를 먼저 작동시키기 때문에 로크의 축이 풀린다.

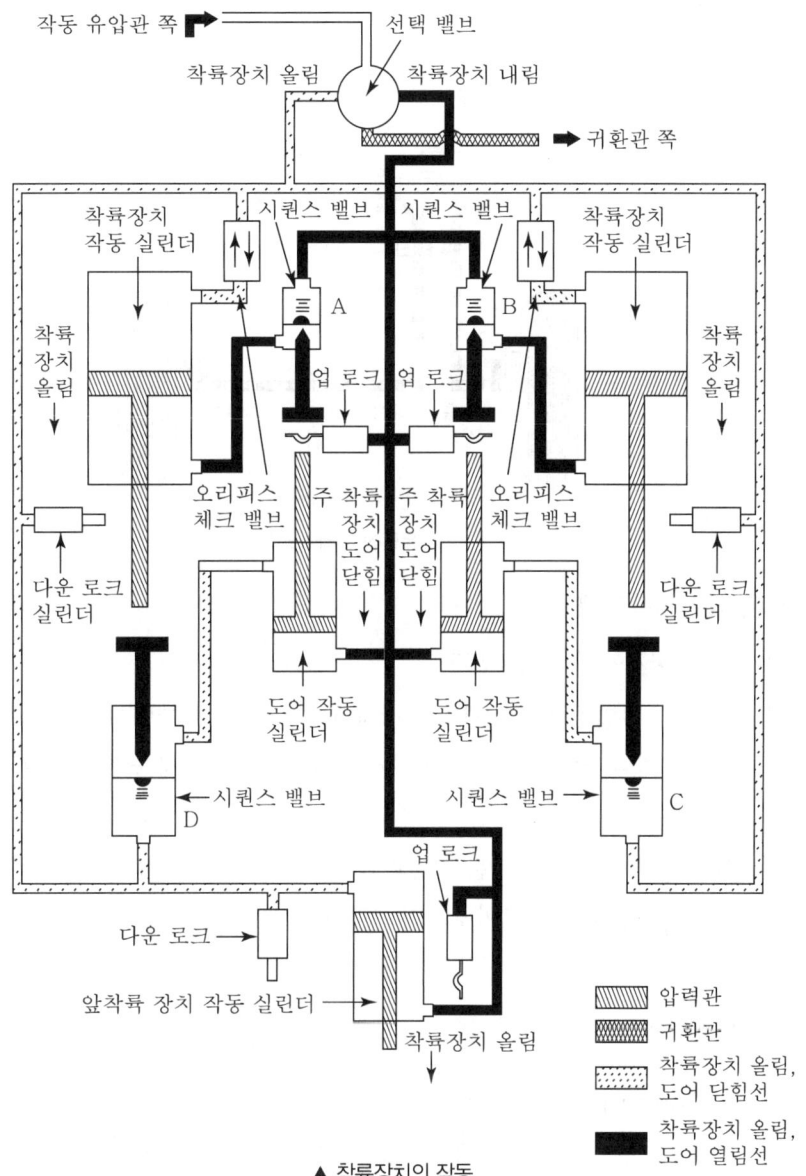

▲ 착륙장치의 작동

(3) 브레이크 장치계통

항공기가 지상에서 활주할 때 항공기의 속도를 감속·정지시키고, 항공기의 방향을 바꾸며, 항공기의 주기·계류 시에도 사용한다.

① 브레이크 계통

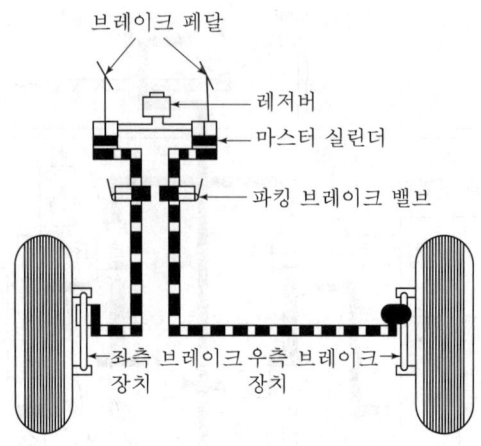

▲ 독립식 브레이크 계통

가) 독립식 브레이크 계통

ⓘ 소형 항공기에 주로 사용한다.

ⓒ 항공기의 유압계통과는 별도로 레저버를 가진다. 브레이크 페달을 밟으면 마스터 실린더 내의 작동유에 압력이 가해지고 브레이크 작동기에 전달되어 제동력을 발생시킨다.

ⓒ 브레이크 마스터 실린더는 그림과 같이 구성되어 있으며, 브레이크 페달을 밟으면 마스터 실린더의 피스톤이 움직여 브레이크 작동유에 압력이 가해진다.

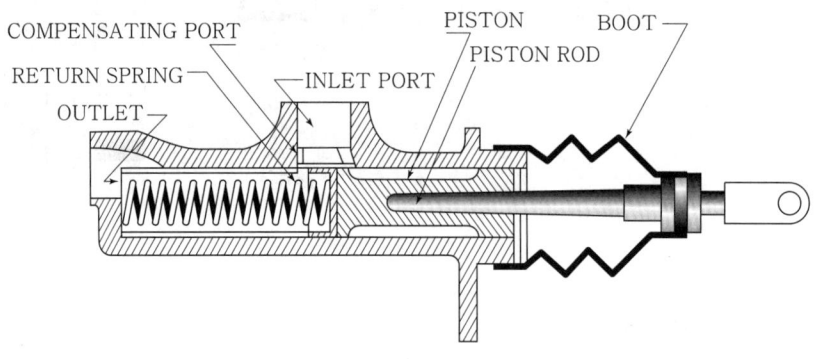

▲ 브레이크 마스터 실린더

나) 동력 부스트 브레이크 계통

ⓘ 독립식 브레이크 계통을 사용하기에는 항공기의 착륙속도가 빠르고 무거워 가벼운 항공기에 사용된다.

ⓒ 주 계통의 압력은 바로 브레이크 장치에 전달되는 것이 아니라 페달을 밟을 때 동력 부스트 마스터 실린더의 피스톤을 주 계통의 압력으로 밀어준다.

ⓒ 공기압계통은 비상시에 비상계통 손잡이를 당김으로써 셔틀 밸브를 통하여 브레이크 장치를 작동시킨다.

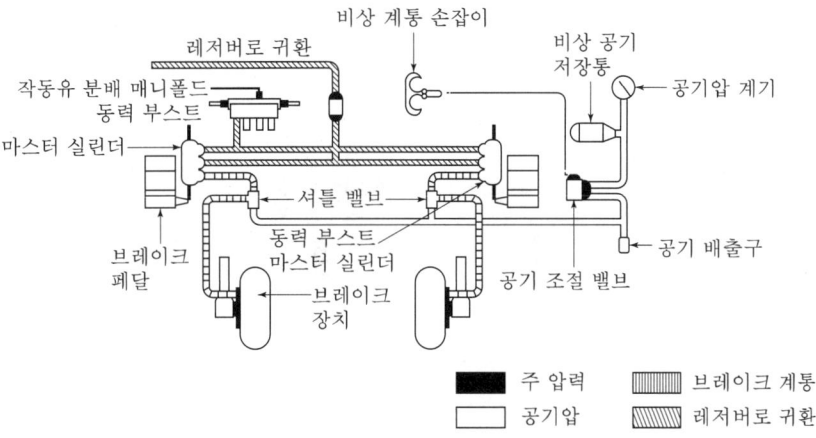

▲ 동력 부스트 브레이크 계통

다) 동력 브레이크 제어계통

ⓐ 브레이크를 작동시키는 데 많은 양의 작동유가 요구되는 대형 항공기에 사용된다.

ⓑ 축압기는 주 계통이 고장 났을 때를 대비하는 것이며, 셔틀 밸브는 비상시에 주 계통을 차단하고 비상계통을 연결하는 역할을 한다.

ⓒ 브레이크 제어 밸브에는 압력관, 귀환관, 브레이크 작동 실린더에 연결되는 브레이크관 등 3개의 유로가 연결되어 있다.

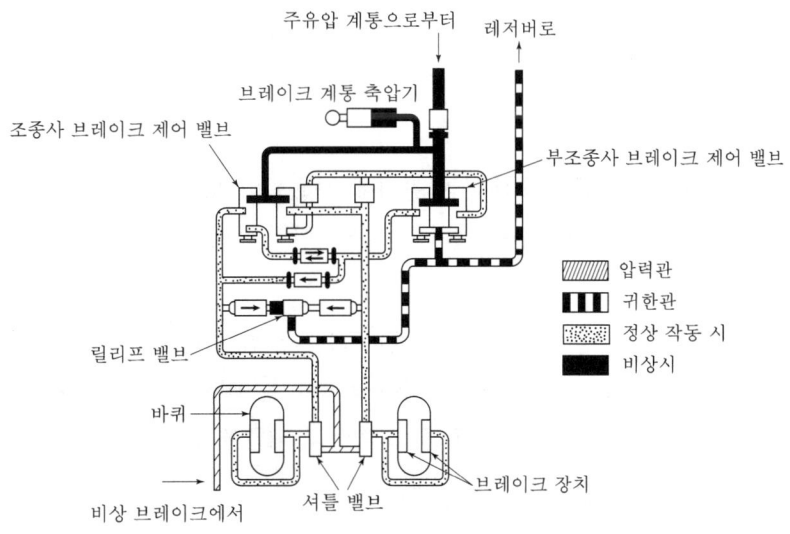

▲ 동력 브레이크 제어 계통

② 브레이크 장치

　가) 슈 브레이크

　　㉠ 브레이크 페달을 밟으면 브레이크 작동 실린더에 작동유가 공급된다.

　　㉡ 한 쌍의 브레이크 슈는 바퀴와 함께 회전하고 있는 드럼 마찰에 의하여 제동된다.

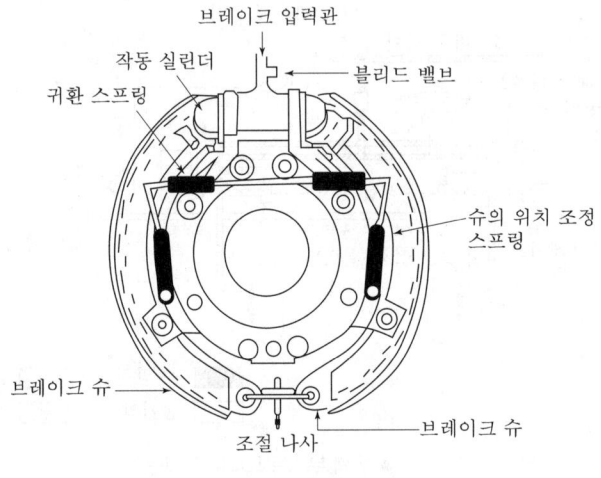

▲ 슈 브레이크

　나) 팽창 튜브 브레이크

　　㉠ 페달의 작동에 의해 작동유가 팽창 튜브 안으로 들어오면 귀환 스프링의 힘을 밀면서 브레이크 블록을 밀게 되어 브레이크 드럼과 접촉하면서 생기는 마찰력에 의하여 제동력이 생긴다.

　　㉡ 팽창 튜브 안의 유압이 제거되면 귀환 스프링에 의해 제자리로 돌아가 제동력이 해제된다.

　다) 단일 디스크 브레이크: 브레이크 페달을 밟으면 피스톤이 움직이며 이동 라이닝을 회전하고 있는 브레이크 디스크에 밀착, 고정 라이닝과 함께 제동시킨다.

　라) 다중 디스크 브레이크

　　㉠ 큰 제동력이 필요한 대형 항공기에 사용되며 토크 튜브의 외곽에는 압력관을, 반대쪽에는 뒤 고정판을 설치, 두 판 사이에 여러 개의 회전판과 고정판이 번갈아 설치되어 있다.

　　㉡ 브레이크 페달을 밟으면 고정된 뒤 고정판에 압력판을 브레이크 실린더의 피스톤이 가압하게 되므로 2개의 판 사이에 번갈아 설치되어 있는 회전판과 고정판이 서로 밀착되어 제동이 걸리게 되고, 브레이크 페달을 놓으면 귀환 스프링이 압력판을 잡아당겨 밀착된 상태가 풀어진다.

③ 안티 스키드(anti-skid) 계통
  ㉠ 항공기가 착륙 후에 지상 활주를 할 때, 바퀴의 빠른 회전에 제동을 가하면 바퀴가 회전을 멈추면서 지면에 대해 미끄럼이 생기는데, 이런 현상을 스키드(skid)라 한다.
  ㉡ 지면과의 마찰로 타이어가 손상되는데, 이런 미끄럼을 방지하는 장치가 안티 스키드(anti-skid) 장치이다. 휠 속도감지기(wheel speed sensor), 제어 박스(control box), 제어 밸브(control valve) 세 가지 구성으로 되어 있으며, 교류 또는 직류를 전원으로 사용한다.
  ㉢ 타이어가 미끄러지지 않는 조건에서 브레이크의 작동과 이완을 반복하면서 최대의 제동효과를 가진다.

④ 앞 착륙장치 스티어링 계통
  ㉠ 항공기의 지상 활주 중에 앞바퀴의 방향을 조정하는 계통으로, 방향키 페달을 사용한다.
  ㉡ 방향키 페달은 항공기가 지상 활주를 할 때 앞 착륙장치 스티어링 계통을 작동할 수 있도록 되어 있다.
  ㉢ 그림과 같이 스티어링 바퀴(steering wheel)에 의하여 조종되는데, 이것을 조종하면 조종 케이블을 통하여 미터링 밸브가 작동-스티어링 스핀들이 회전-앞바퀴 방향이 바뀐다. 그리고 스티어링 스핀들(steering spindle)이 작동됨에 따라 오리피스 로드를 통하여 플로업 드럼(follow-up drum)이 회전하여 플로업 케이블에 의하여 미터링 밸브가 중립 위치로 복귀한다.

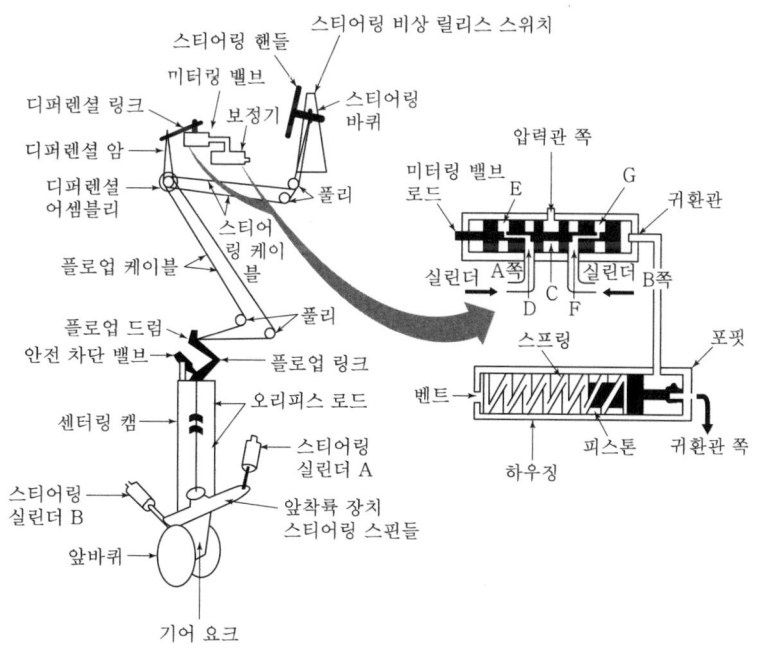

▲ 앞 착륙장치 스티어링 계통

ⓒ 위 그림에서 C(바이패스 밸브)와 같은 비상 바이패스 밸브(emergency bypass valve)는 앞 착륙장치 스티어링 계통에 고장이 생겼을 때 비상 릴리스 스위치를 작동하여 유로를 형성하고, 유로가 형성되면 2개의 스티어링 실린더의 작동유가 서로 연결되므로 앞바퀴는 자유롭게 움직일 수 있는 상태가 된다.

ⓓ 아래 그림에서 A(스티어링 실린더)와 같이 앞 착륙장치 스티어링 스핀들이 오른쪽으로 회전할 때, 센터링 캠(cenering cam)에 의하여 연결된 오리피스 로드는 스티어링 스핀들과 기어로 맞물려 있으므로 왼쪽으로 회전하게 된다.

그 밖에 미터링 밸브의 기능은 앞바퀴가 지면 충격에 의하여 좌우 방향이 회전하려고 할 때 일을 제한한다. 앞바퀴를 좌우로 회전시키려고 하는 충격이 가해지면, 2개의 실린더 중에서 하나는 압축, 하나는 팽창됨에 따라 중립 상태의 미터링 밸브를 통하여 작동유의 유동이 있게 된다. 그러나 중립 상태에서의 미터링 밸브의 유로는 매우 좁아 오리피스의 역할을 하기 때문에 쉽게 작동유가 흐르지 못하고, 순간적으로 충격을 흡수하면서 원래의 상태로 회복시켜 주게 된다. 이것을 시미 댐퍼(shimmy damper) 효과라 한다.

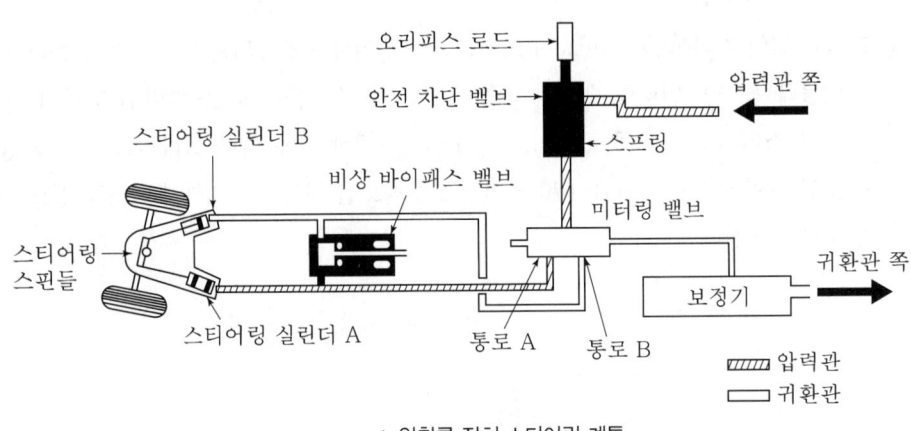

▲ 앞착륙 장치 스티어링 계통

CHAPTER 03 실력 점검 문제

01 유압 작동유(hydraulic fluid)의 특성은?

① 비압축성   ② 압축성
③ 안전성   ④ 유동성

해설
작동유는 압력을 받더라도 부피가 변하지 않는 성질의 비압축성 유체이다.

02 다음 수식 중 유체에 작용하는 압력을 나타낸 것은?

① $F \times A$ ② $\dfrac{F}{A}$
③ $F - A$ ④ $F \times L$

해설
압력은 작용하는 힘(F)을 단면적(A)으로 나눈 것으로, 즉 단위 면적당 작용하는 힘을 말한다.

03 작동유에 의한 계통 내의 압력을 규정 값 이하로 제한하는 것은?

① 레귤레이터(regulator)
② 릴리프 밸브(relief valve)
③ 선택 밸브(selector valve)
④ 감압 밸브(reducing valve)

해설
릴리프 밸브는 작동유에 의한 계통 내에 압력을 규정 값 이하로 제한하는 데 사용하여 과도한 압력으로 인하여 계통 내의 관이나 부품이 파손되는 것을 방지하는 장치이다. 종류에는 계통 릴리프 밸브와 온도 릴리프가 있다.

04 다음 중 압력의 단위는?

① LBS   ② IN-LBS
③ LBS/IN^3 ④ LBS/IN^2

해설
- 무게의 단위: g, kg, lbs
- 힘의 단위: kgf, lbs
- 부피의 단위: kg/m^3, lbs/in^3
- 압력의 단위: lbs/ft^2, lbs/in^2, atm

05 유압 작동유 중 붉은색이며, 인화점이 낮아 항공기 유압계통에는 사용되지 않고 착륙장치의 완충기에 사용되는 작동유는?

① 식물성유   ② 합성유
③ 광물성유   ④ 동물성유

해설
작동유의 종류
- 광물성유: 빨간색, 사용 온도 범위는 −54∼71℃, 인화점이 낮아 과열되면 화재의 위험이 있다.
- 식물성유: 파자마기름+알코올, 파란색
- 합성유: 사용 온도 범위는 −54∼115℃, 인산염+에스테르(ester), 색은 자주색

06 유압계통에서 사용되는 체크 밸브의 역할은?

① 역류 방지   ② 기포 방지
③ 압력 조절   ④ 유압 차단

해설
체크 밸브는 한쪽 방향으로만 작동유의 흐름을 허용하고, 반대 방향의 흐름을 제한하는 밸브이다.

정답 01. ① 02. ② 03. ② 04. ④ 05. ③ 06. ①

07 면적이 $2in^2$인 A 피스톤과 $10in^2$인 B 피스톤을 가진 실린더가 유체역학적으로 서로 연결되어 있을 경우, A 피스톤에 $20lbs$의 힘이 가해질 때 B 피스톤에 발생되는 힘은 몇 lbs인가?

① 5
② 10
③ 20
④ 100

해설

파스칼의 원리: 프랑스의 수학자 파스칼은 밀폐된 용기 내에 있는 액체의 임의의 점에 작용하는 압력은 '손실 없이 모든 방향으로 전달되고 모든 부분에 직각 방향으로 작용한다.'라고 정의하였다.

$$\frac{F_2}{F_1} = \frac{A_2}{A_1} = \frac{L_1}{L_2}$$

따라서, $\frac{F_2}{20} = \frac{10}{2}$ 이다. $20 \times 5 = 100 lbs$가 된다.

08 가요성 호스(flexible hose)를 허용하는 유압 계통에서는 대략 어느 정도의 느슨함을 주는가?

① 5~8%
② 15~18%
③ 20~23%
④ 최고 30%

해설

호스 장착 시의 주의사항
- 호스가 꼬이지 않도록 직선 띠(linear stripe)를 보면서 바르게 장착한다. 비틀린 호스에 압력이 가해지면 결함이 발생하거나 너트가 풀린다.
- 호스의 마멸 등을 방지하기 위해 필요한 곳에 테이프를 감아준다.
- 호스를 굽힐 경우 최소 굽힘 이상이 되도록 작업한다.
- 호스에 압력을 가하면 수축되기 때문에 길이의 5~8% 정도의 여유를 두고 장착한다.
- 호스에 열이 가해지지 않도록 해야 하기 때문에 열 차단판(shroud)을 설치한다.
- 호스가 길 때는 진동을 방지하기 위해 60cm마다 클램프(clamp)하여 지지한다.
- 호스를 식별할 수 있도록 식별표를 부착한다.
- 호스끼리 마찰이 없도록 설치한다.

- 교환하고자 하는 부분과 같은 형태, 크기, 길이의 호스를 사용한다.

09 유압 호스의 크기는 어떻게 표시하는가?

① 안지름
② 바깥지름
③ 벽의 두께
④ 내구 압력

해설

- 호스(hose)의 호칭 치수는 안지름으로 $\frac{1}{16}in$ 단위 크기로 나타내고, 운동 부분이나 진동이 심한 부분에 사용한다.
- 튜브(tube)의 호칭 치수는 바깥지름(분수)×두께(소수)로 나타내고, 상대운동을 하지 않는 두 지점 사이의 배관에 사용한다.

10 항공기 작동유 내의 공기를 제거하는 밸브는 어느 것인가?

① priority valve
② pressure reducing valve
③ purge valve
④ debooster valve

해설

퍼지 밸브(purge valve)는 항공기 자세 흔들림 및 온도 상승으로 인하여 펌프의 공급관과 펌프 출구 쪽에 거품이 생긴다. 이때 펌프의 배출 압력이 낮아지게 된다. 퍼지 밸브는 스프링이 플런저를 밀어서 출구를 열어주고 공기가 섞인 작동유를 저장탱크로 되돌려 레저버로 배출한다.

11 유압계통에서 장치의 작용과 펌프의 가압에서 발생하는 압력 서지(surge)를 완화시키는 것은?

① 축압기(accumulator)
② 체크 밸브(check valve)
③ 압력 조절기(pressure regulator)
④ 압력 릴리프 밸브(pressure relief valve)

정답 07. ④ 08. ① 09. ① 10. ③ 11. ①

해설

축압기(accumulator)는 가압된 작동유를 저장하는 통으로, 여러 개의 유압기기가 동시에 사용될 때 동력 펌프를 돕고, 동력 펌프가 고장 났을 때 저장되었던 작동유를 유압기기에 공급한다. 또 유압계통의 서지현상을 방지하고 충격적인 압력을 흡수하며 압력 조절기 개폐 빈도를 줄여 펌프나 압력 조정기의 마멸을 적게 한다.

12 다음 중 가변 용량 펌프에 해당하는 것은?

① 제로터형 펌프
② 기어형 펌프
③ 피스톤형 펌프
④ 베인형 펌프

해설

유압 펌프로는 기어형, 제로터형, 베인형, 피스톤형이 있다. 여기서 고정형은 1주기 작동 시 유량이 일정하고, 기어형, 제로터형, 베인형이 여기에 속한다. 가변형은 작동 중에 속도를 바꾸지 않더라도 행정을 조절하여 유량을 조절할 수 있고, 피스톤형(앵귤러형 펌프)이 여기에 속한다.

13 유압 작동유 탱크에서 fluid의 유동을 방지하기 위한 것이 아닌 것은?

① 배플
② 핀
③ 여압구
④ 작동유 필터

해설

레저버(reservoir)의 구조
- 여압구: 레저버 위쪽에 위치하여 고공에서 생기는 거품 발생을 방지하고 작동유가 펌프까지 확실하게 공급되도록 레저버 안을 여압시키는 압축공기의 연결구이다.
- 배플(baffle)과 핀(fin): 탱크 내에 있는 작동유가 심하게 흔들리거나, 귀환하는 작동유에 의하여 소용돌이치는 불규칙한 작동유에 거품이 발생하거나 펌프 안에 공기가 유입되는 것을 방지한다.

14 유압 펌프에 사용되는 대표적인 3가지 펌프는 무엇인가?

① 기어 펌프, 지로터 펌프, 베인 펌프
② 기어 펌프, 피스톤 펌프, 지로터 펌프
③ 피스톤 펌프, 베인 펌프, 지로터 펌프
④ 지로터 펌프, 피스톤 펌프, 진공 펌프

해설

대표적인 유압펌프는 기어 펌프, 피스톤 펌프, 지로터 펌프가 많이 사용된다.

15 다음 그림이 의미하는 것은 무엇인가?

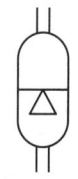

① 축압기
② 셔틀 밸브
③ 체크 밸브
④ 저장탱크

해설

축압기로써 가압된 작동유의 저장통으로 사용된다. 여러 개의 작동유 압력기가 동시에 사용될 때 동력 펌프를 도우며, 동력 펌프가 고장 났을 때 제한된 작동유 압력 기기를 작동시킨다.

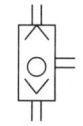 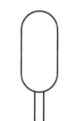  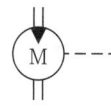

▲ 셔틀 밸브　▲ 저장탱크　▲ 릴리프 밸브　▲ 유압 모터

16 축압기 충전가스의 종류는 무엇인가?

① 질소
② 아르곤
③ 산소
④ 수소

해설

다이어프램형 압축기는 유압계통 최대 압력의 1/3에 해당되는 압력으로 압축공기(질소)를 충전하며, 계통의 압력이 1,500psi 이하인 항공기에 사용한다.

정답 12. ③　13. ④　14. ②　15. ①　16. ①

17 그림처럼 선택 밸브가 위치할 때 작동 실린더의 움직임으로 옳은 것은?

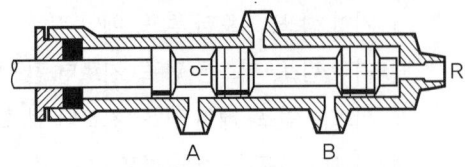

① 작동 실린더는 왼쪽으로 움직인다.
② 작동 실린더는 오른쪽으로 움직인다.
③ 작동 실린더는 움직이지 않는다.
④ 작동 실린더가 움직였다가 원위치로 돌아온다.

해설

선택 밸브의 종류는 Open Center, Close Center, 회전형, 스풀형, 포핏형이 있다. 위의 그림은 스풀형 선택 밸브이다. P 부분으로 압력이 들어오며 R 부분인 리턴 부분이 차단된 상태이다. B 부분으로 작동유가 빠져나가고 A 부분으로 작동유가 들어오는 상태이다. 그러므로 작동실린더는 왼쪽으로 움직인다.

18 그림과 같은 유압계통에서 압력을 조절하는 것은?

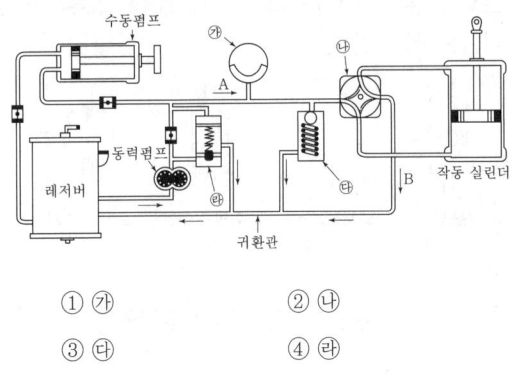

① ㉮   ② ㉯
③ ㉰   ④ ㉱

해설

그림은 동력 펌프를 갖춘 유압계통으로 ㉮는 축압기, ㉯는 선택 밸브, ㉰는 릴리프 밸브, ㉱는 압력 조절기이다.

19 다음 유압계통에 사용되는 기기 기호의 의미는?

① 축압기   ② 체크 밸브
③ 릴리프 밸브   ④ 셔틀 밸브

해설

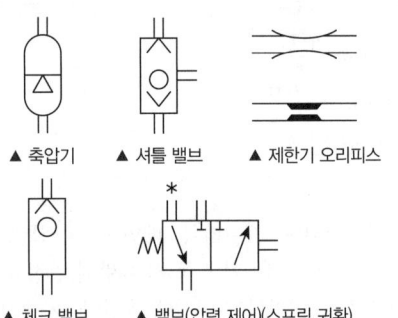

▲ 축압기   ▲ 셔틀 밸브   ▲ 제한기 오리피스

▲ 체크 밸브   ▲ 밸브(압력 제어)(스프링 귀환)

20 유압퓨즈의 기능을 가장 올바르게 설명한 것은?

① 일정 압력 이상일 때 압력을 제한한다.
② 일정 유량 이상 흐름을 제한한다.
③ 유압계통의 파이프나 호스 파손 시 작동유가 누설되는 것을 방지한다.
④ 계통 고장 시 작동유 공급을 중단시킨다.

해설

유압 퓨즈는 유압계통의 관이나 호스가 파손되거나 기기 내의 실이 손상되었을 때 과도한 누설을 방지하기 위한 장치이다. 계통이 정상일 때는 작동유를 흐르게 하지만, 누설로 인하여 규정보다 많은 작동유가 통과할 경우에는 퓨즈가 작동되어 흐름을 차단하여 작동유의 과도한 손실을 막는다.

정답 17. ① 18. ④ 19. ③ 20. ③

CHAPTER 04 연료계통

1 항공기 연료탱크

(1) 연료탱크(Fuel Tank)의 종류

① **인티그럴(integral) 연료탱크:** 날개의 빈 공간을 적절하게 활용하기 위하여 앞날개보와 뒷날개보 및 외피로 이루어진 공간을 밀폐제로 밀봉하여 연료탱크로 사용한다.

② **블래더형(bladder) 연료탱크:** 나일론 천이나 고무주머니 형태의 떼어낼 수 있도록 제작된 탱크로 민간항공기의 중앙 날개 탱크에 일부 사용하고 있다. 주의할 점은 블래더 탱크에 오랫동안 연료를 비운 상태로 항공기를 계류시키면 블래더가 손상될 우려가 있기 때문에 블래더 내부를 기름칠한 걸레로 살짝 문질러 주어야 한다.

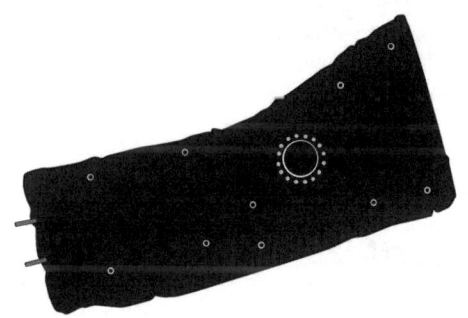

③ **셀(cell)형 연료탱크:** 알루미늄 합금 및 스테인리스강으로 만들었으며 금속판을 성형해 용접이나 리벳팅에 의해 만든 금속 탱크이다. 기체 구조의 공간에 맞는 모양으로 만들어 사용하며, 군용기에 사용한다.

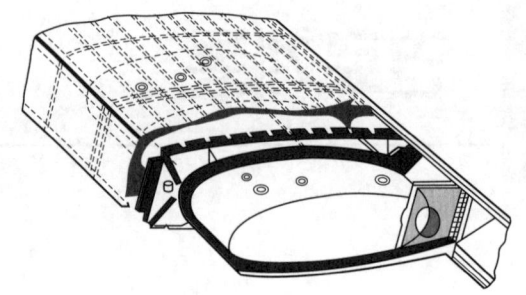

(2) 연료탱크 주입 캡

연료탱크의 주입 캡은 락킹 연료탱크 캡이 가장 널리 사용되고 모든 기상 조건에서 안정적으로 사용하기 위해서 번개 방지용 캡을 사용하는데, 탱크 내부 쪽의 면이 비금속으로 되어 있어 번개가 치더라도 전기를 탱크로 전달하지 않는다.

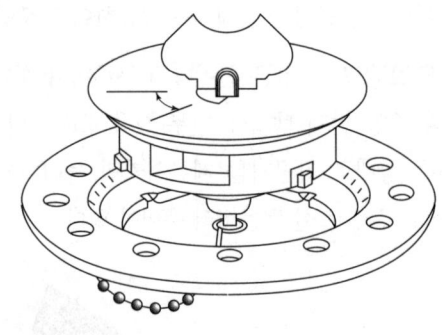

2 공급·이송 장치

(1) 연료분배계통

① 연료공급 방식

　가) 중력식 공급계통: 높은 날개의 소형 엔진의 항공기에 사용되고 일반적으로 양 날개에 각각의 연료탱크를 가지고 있다. 좌측과 우측 연료탱크에는 선택기 밸브를 통해 한쪽 또는 양쪽을 동시에 연료를 공급할 수 있다. 또한 가장 높은 곳에 위치하여 중력에 의한 헤드 압력으로 엔진에 연료를 공급한다.

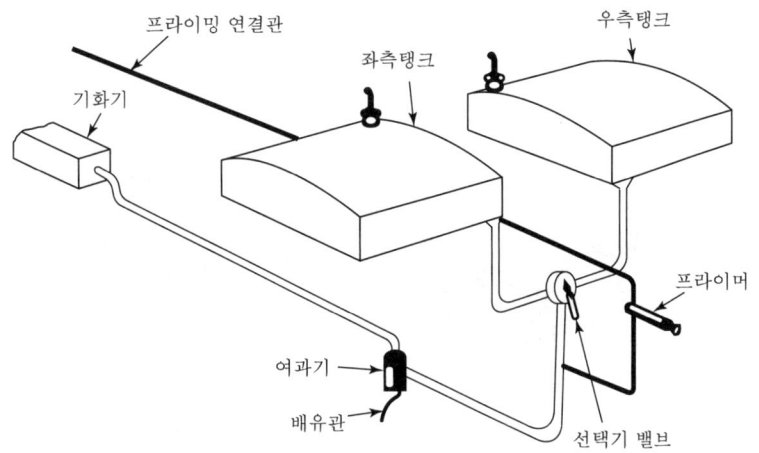

나) 압력식 연료계통: 하부날개를 가진 항공기에 사용되고 선택기 밸브는 각각의 탱크를 선택하거나 연료를 차단할 수 있다. 전기연료 펌프와 엔진구동 펌프가 있어 둘 중 하나로 연료를 공급할 수도 있다. 또한 구동 펌프에 의해 기화기까지 압력을 가해 연료를 공급한다.

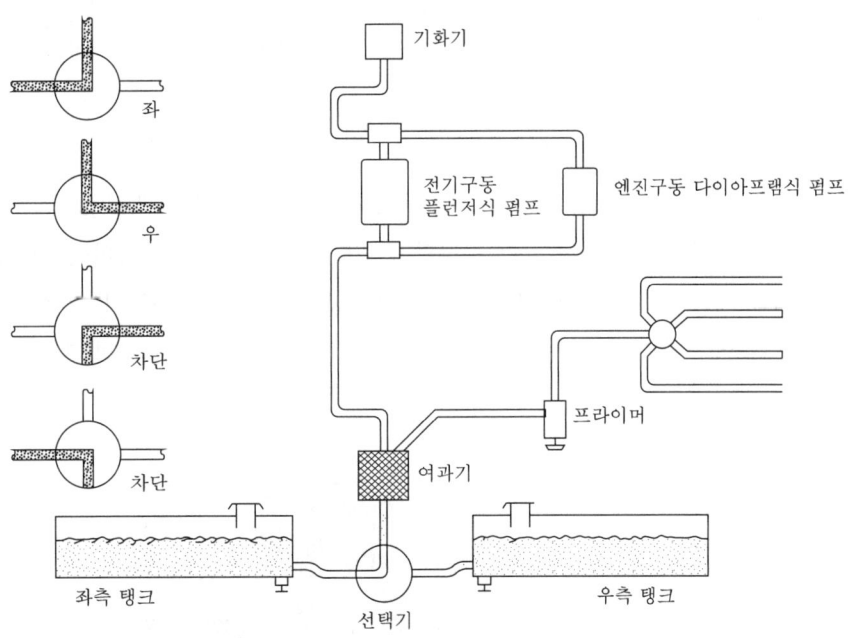

② **연료분배계통의 구성품**

가) 연료 밸브: 연료 밸브에는 차단 밸브와 선택 밸브가 있고, 이 두 가지의 기능을 함께 가지고 있는 것이 있다. 드럼(디스크)형 연료 밸브와 포핏형 연료 밸브가 있고 케이블을 통하여 수동으로 조작하거나, 전동 로터 또는 솔레노이드에 의해 조작한다.

㉠ 드럼(디스크)형: 드럼 또는 디스크 구멍의 공간을 이용하여 입구와 출구를 일치시키는 차단 또는 선택 밸브이다.

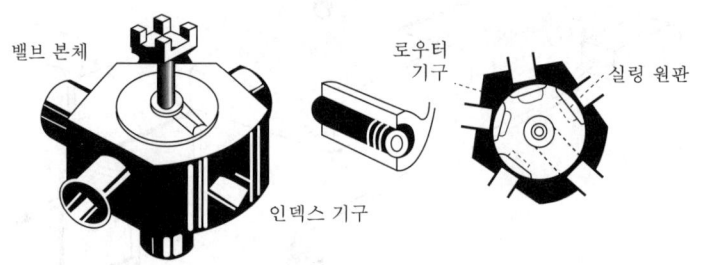

㉡ 포핏형 연료 밸브: 입구와 출구를 일치시킨 후 캠축을 작동시켜 포핏을 열리게 함으로써 연료의 흐름을 제어한다. 그리고 스프링의 부하로 연료를 차단한다.

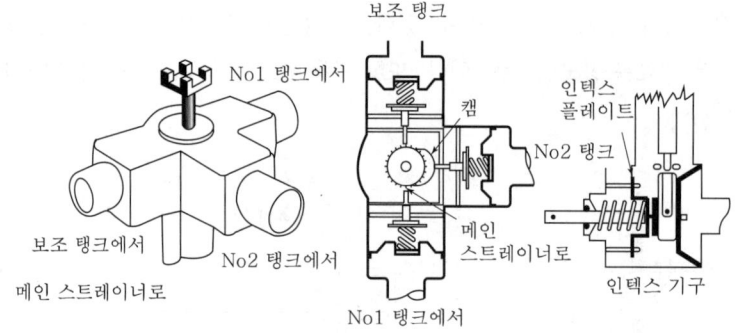

㉢ 솔레노이드 작동 밸브: 솔레노이드로 작동되는 포핏식 밸브이고 전동기 구동 밸브에 비하여 신속하게 열리는 장점이 있다. 자력의 힘을 이용하여 개방 솔레노이드에 전류가 흐르게 되면 밸브를 들어 올려 연료가 흐르게 되고, 밸브 스템에 있는 노치의 락킹 플런저를 코일의 자력으로 잡아당겨 스프링의 장력으로 밸브를 닫아준다.

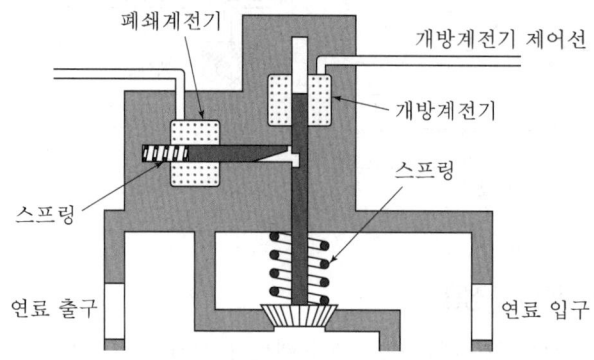

나) 여과기: 연료의 불순물 및 이물질을 걸러내는 장치이며, 연료탱크와 기화기 사이에 위치하고 연료계통의 가장 낮은 부분에 장치한다.

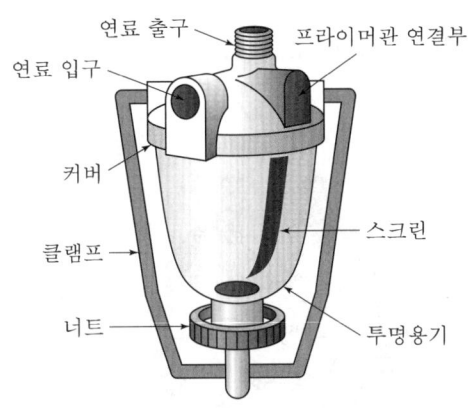

다) 연료 펌프: 연료 펌프는 연료탱크 내부에 장착하여 연료를 강압적으로 이송하는 장치이며, 사용 목적에 따라 수동작동 펌프, 원심형 승압 펌프, 맥동전기 펌프, 베인식 연료 펌프로 구분한다. 그리고 연료를 배출하거나 엔진 연료조종장치(FCU)에 필요한 연료의 압력을 제공해 주기 위한 목적으로 사용하는 이젝터 펌프도 있다.

라) 프라이머: 엔진 시동 시 기화기를 거치지 않고 실린더에 직접 연료를 분사하여 농후한 혼합비를 만들어 줌으로써 시동을 용이하게 해주며, 추운 환경에서 엔진의 시동을 쉽게 하기 위하여 사용한다.

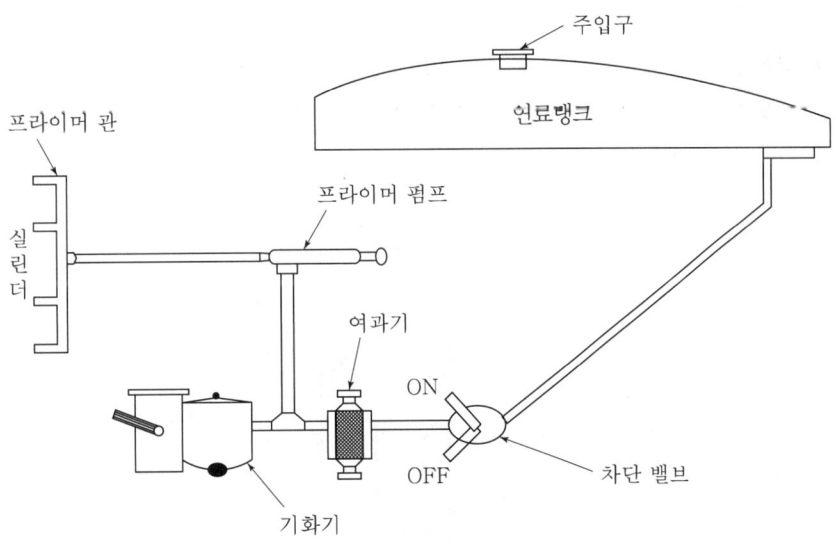

③ **연료분배계통의 작동원리**

가) 수동작동 펌프: 수동으로 작동하는 펌프는 위블 펌프라고 불린다. 엔진구동 펌프의 예비 펌프로 쓰이는 가장 보편화된 수동작동 펌프이다. 이 펌프는 연료를 한 탱크에서 다른 탱크로 이동시키기 위한 목적으로 사용한다.

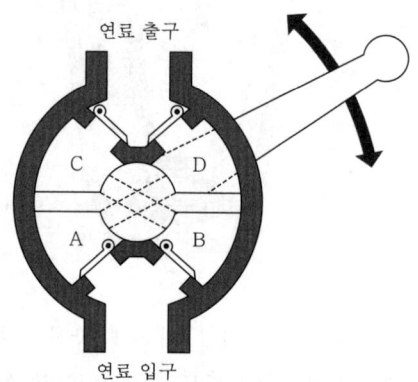

나) 부스터 펌프: 전기모터 펌프로서 연료탱크 내의 전방과 후방에 장착하여 엔진구동 연료 펌프 입구까지 연료를 1차적으로 가압하여 이송하는 역할을 한다.

다) 오버라이드 트랜스퍼 펌프: 날개탱크 사이의 동체를 연료탱크로 사용할 경우에 장착한다. 오버라이드 트랜스퍼 펌프의 가압 용량은 부스트 펌프보다 높아 부스트 펌프와 동시에 작동하더라도 동체 연료탱크의 연료가 모두 사용되어야 날개의 연료탱크에 있는 연료가 소모된다.

라) 맥동전기 펌프: 원심형 펌프에 비하여 가격이 저렴하여 경항공기에 널리 쓰인다. 맥동전기 펌프는 2개의 연료 챔버가 청동튜브 둘레에 장착되어 있는 솔레노이드 코일로 구성된다.

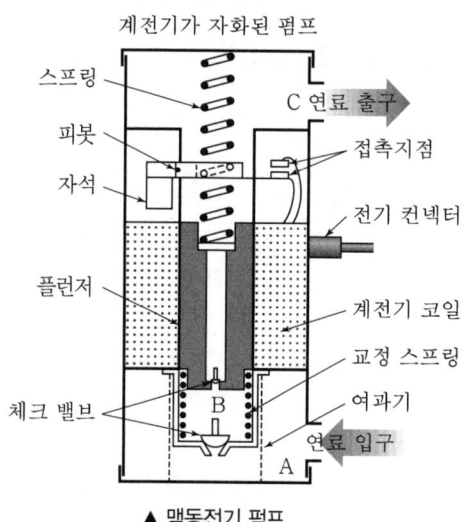

▲ 맥동전기 펌프

마) 분사 펌프: 별도의 구동 모터가 없으며, 부스트 펌프나 오버라이드 트랜스퍼 펌프의 출구 연료를 고속으로 분사하여 주변의 연료가 빨려 들어가게 되어 있다.

바) 연료 차단 밸브: 연료탱크로부터 엔진으로 유입되는 연료를 차단한다. 운항 중 엔진의 화재 발생, 엔진의 연료 누출, 또는 정비 목적을 위하여 연료탱크로부터 연료를 차단하기 위하여 사용한다.

3 지시장치

(1) 연료 흐름 지시계통

탱크 내의 유량을 측정하고 지시하는 연료량 지시계통, 연료 온도 지시계통이 있으며, 흐름 지시계는 용적형과 중량형이 있고 흔히 파운드/시간, 갤런/시간, kg/시간으로 표시한다. 용적형 연료 흐름 지시계는 정용적형 유량계 발신기에서 베인은 연료의 흐름양과 미터링 베인과 케이스의 간격 및 스프링의 항력으로 밸런스가 유지된 위치에서 멈춘다. 베인의 위치는 전기적으로 조종실에서 연료 흐름 지시계를 막기 위해 바이패스 회로를 설치하고 있다.

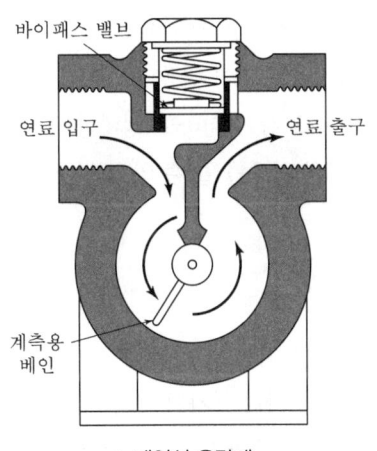

▲ 베인식 유량계

중량형 연료 흐름 지시계는 하나의 임펠러와 터빈이 연료의 흐름 가운데 배치되고 임펠러를 일정 속도로 회전시킨다. 터빈에는 회전을 막는 스프링이 부하되어 있고, 회전하며 흐르는 연료는 터빈을 변위시킨다. 변위 토크는 유량에 관계하기 때문에 터빈의 변위량을 측정해 유량을 알 수 있으며, 임펠러 회전속도의 정밀도 유지가 이 계기의 가장 중요한 점이다.

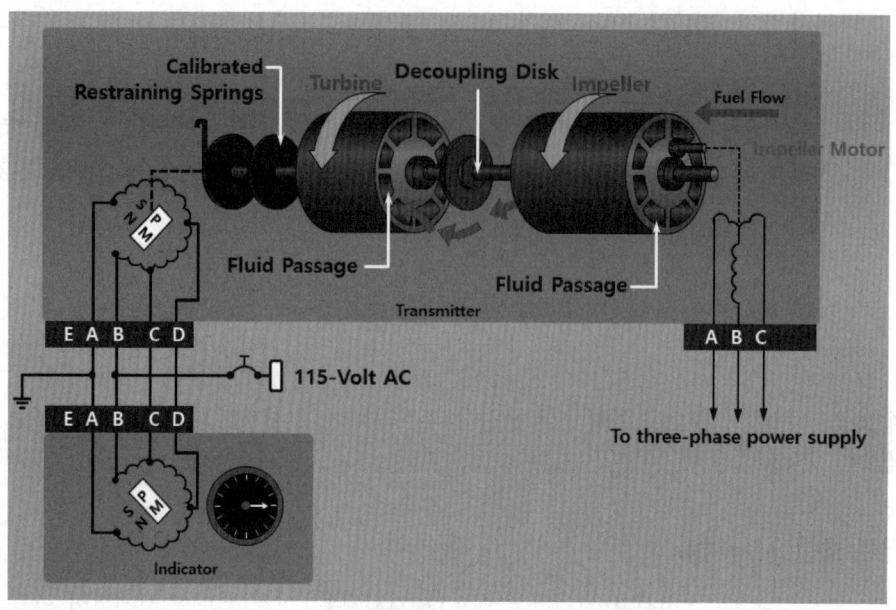

▲ 동기 전동기식 유량계의 구성도

① 연료 지시계통의 발달

  가) 항공기는 커패시턴스 센서를 사용하고 있으며, 이 센서는 연료 표면의 높이와 기체 공간의 유전율 차이를 감지한다. 현대 항공기의 연료감지장치는 커패시턴스 센서를 대신하는 초음파 센서를 사용하기도 한다.

  나) 현대 항공기에 장착되는 연료 제어 컴퓨터(FQIS: Fuel Quantity Indicating System)는 하나의 연료지시 채널이 고장 나더라도 정확한 연료량을 지시할 수 있게 되어 있으며, 실시간으로 연료의 흐름과 상태를 알 수 있도록 한다.

② 연료계통 계기

  가) 연료량 계기

    ㉠ 부자식 계기: 연료량 계기는 모든 동력 항공기에 반드시 설치해야 할 계기 중의 하나로서 액면의 변화에 따라 부자가 상하운동에 의해 계기의 바늘이 움직이도록 하는 부자식 계기이다. 이 부자식 계기는 기계적으로 1/4, 1/2, 3/4과 full 탱크의 연료량을 지시해 준다.

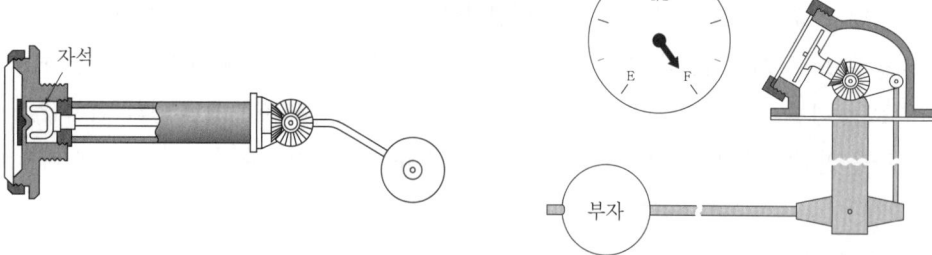

▲ 기계식 플로트 액량계기

ⓒ 전기적 비율계식: 연료량 게이지는 많은 왕복엔진 항공기에 쓰이며, 부자의 위치를 연료탱크의 트랜스미터 장치에 아날로그의 정한 값으로 전환해 준다.

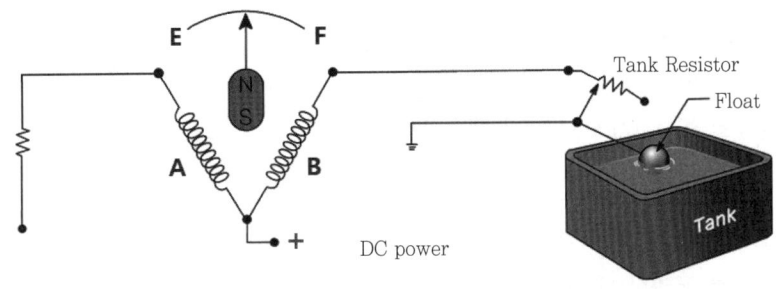

▲ 전기 저항식 플로트 액량계기 구조

ⓒ 축전기식: 가장 널리 사용되며, 축전기의 역할을 하는 원통형의 금속 튜브는 탱크 안에 상부에서 하부방향으로 설치되어 있다. 탱크에 연료가 없을 경우 튜브에 채워진 공기는 유전체 역할을 하고, 연료가 채워질 경우 유전체의 변화율이 연료감지봉에서 측정된다.

ⓔ 딥 스틱: 대부분의 대형 제트 운송용 항공기는 지상에서 연료탱크에 있는 연료의 양을 물리적으로 검사할 수 있는 장치를 설비한다. 자기력으로 작동하는 연료측정 스틱이 있다.

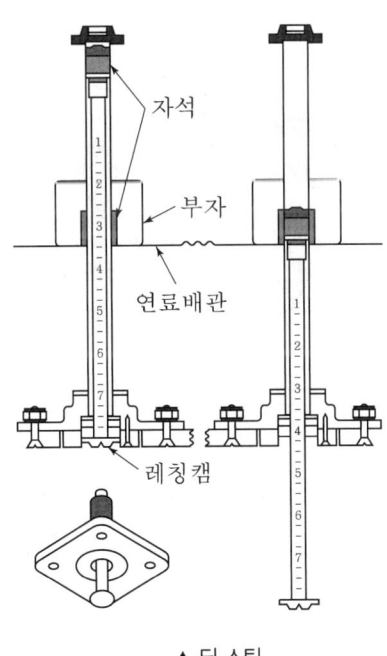

▲ 딥 스틱

나) 연료압 계기: 연료압은 간단하게 기화기의 입구부에
버든 튜브 압력 게이지를 연결하여 이 지점의 연료
압력을 측정한다. 압력식 기화기를 장치한 대형
왕복엔진은 실제 펌프에서 발생한 연료의 압력을
고려하지 않고 펌프의 입구 연료와 공기압력의
차이를 측정한다.

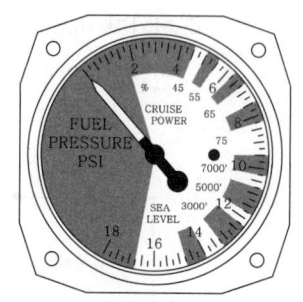

▲ 연료 압력계

다) 연료온도 게이지: 고고도로 비행하는 제트항공기는
고공의 낮은 온도 때문에 연료에 섞여 있는 물이
필터를 통과할 때 빙결할 우려가 있다. 이러한 이유로 비율계식 연료온도 측정장치가
연료탱크에 설치되어 조종실에 연료의 온도를 지시해 준다.

라) 연료 흐름계: 대형 왕복엔진은 연료 펌프와 기화기 사이에 연료 흐름계를 설치하고
움직임은 스프링 부하의 베인이 연료의 흐름에 의하여 기화기 쪽으로 움직임을 가진다.
동기 전동기식 유량계(synchronous motor flowmeter)는 엔진으로 흐르는 연료를
시간당 파운드로 지시해 준다. 가장 최근에 개발된 디지털식 연료 흐름계는 연료관에
작은 터빈 휠을 이용한다. 연료 흐름은 연료 흐름률을 전환하는 데 터빈을 회전시키면서
디지털 회로는 주어진 시간 동안 터빈의 회전을 감지한다.

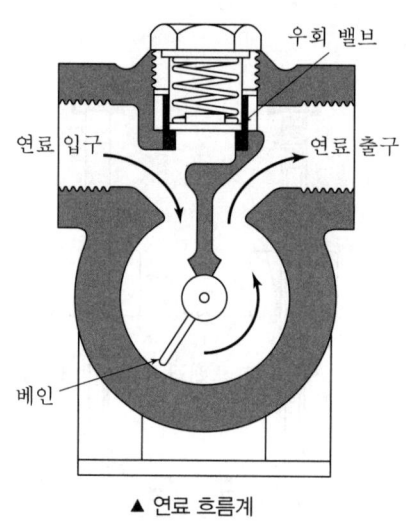

▲ 연료 흐름계

마) 연료 제어 컴퓨터와 화면표시: 현대 항공기는 멀티채널로 구동하는 연료 제어 컴퓨터에
의해 제어된다. 연료 제어 컴퓨터는 탱크별 연료 소모량을 조절하고 무게중심의 균형을
유지하기 위하여 연료 펌프와 밸브들을 자동으로 제어한다. 여기에는 자동으로 급유
밸브를 차단하고 연료탱크별로 연료 소모율을 균형 있게 조절한다. 그리고 연료계통의
이상 유무를 조종사에게 알려준다.

CHAPTER 04 실력 점검 문제

01 항공기 연료량을 무게의 단위로 표시하는 가장 큰 이유는?

① 고도와 외기 온도에 따라 부피의 변화가 심하기 때문에
② 고도와 외기 온도에 따라 압력의 변화가 심하기 때문에
③ 점성이 높은 액체이기 때문에
④ 측정하기가 간편하기 때문에

해설

항공기 연료: 연료탱크에서 엔진으로 흐르는 연료의 유량을 시간당 부피 단위, 즉 GPH(Gallon Per Hour) 또는 무게 단위 PPH(Pound Per Hour)로 지시한다. 무게단위로 표시하는 이유는 고도, 온도에 따라 부피가 다르기 때문이다.

02 항공기의 연료 유량측정에 사용하고 있는 전기용량식 액량계가 지시하는 단위는?

① MPH   ② LPH
③ PPH   ④ SPH

해설

전기용량식 액량계는 무게 단위 PPH(Pound Per Hour)를 지시한다.

03 다음 중 경고를 지시하는 장치의 방식이 다른 경우는?

① 객실 여압이 안전 한계에 있는지의 여부 경고
② 플랩이 항공기의 속도에 비하여 적절한 위치에 있는지의 여부 경고
③ 착륙장치가 비행에 지장 없이 확실하게 올라가고 내려갔는지의 여부 경고
④ 항공기의 문이 이륙 전이나 비행 중에 안전하게 닫혀 있는지의 여부 경고

해설

• 기계적 경고장치: 항공기의 문이 이륙 전이나 비행 중에 안전하게 닫혀 있는지의 여부나 카울 플랩이 엔진 출력에 비해 적절한 위치에 있는지, 착륙장치가 비행에 지장 없이 확실하게 올라갔는지의 여부 등을 기계적인 기구를 통해 경고등이나 혼에 경고 신호하는 장치이다.
• 압력 경고장치: 엔진의 윤활유 압력, 연료 압력, 자이로 계기에 이용되는 진공압 및 객실여압이 안전 한계 미만의 낮은 압력일 때 경고하는 장치이다.
• 화재 경고장치: 엔진과 그 주위 및 화물실 등의 열에 민감한 재료를 사용하여 화재 탐지장치를 설치하여 화재가 발생하면 경고장치에 의해 신호를 보낸다.

04 연료량을 중량으로 지시하는 방식은 무엇인가?

① 전기 저항식
② 전기용량식
③ 기계적인 방식
④ 부자식

해설

전기용량식 액량계(electric capacitance type): 고공 비행을 하는 제트 항공기에 사용되며 연료의 양을 무게로 나타낸다.

정답 01. ① 02. ③ 03. ① 04. ②

05 다음 중 액량 계기와 유량 계기의 설명 중 맞는 것은?

① 액량 계기는 tank에서 엔진까지의 흐름양을 지시한다.
② 액량 계기는 흐름양을 지시한다.
③ 유량 계기는 연료탱크에서 엔진으로 흐르는 연료의 유량을 부피 및 무게 단위로 나타낸다.
④ 유량 계기는 tank 내의 연료의 양을 나타낸다.

해설

액량계는 일반적으로 액면의 변화를 기준으로 하여 액량을 측정한다.
- 직독식 액량계(sight gauge): 사이트 글라스를 통하여 액량을 측정하는 방법이고, 표면장력과 모세관 현상 등으로 오차가 생길 수 있다.
- 부자식 액량계(float gauge): 액면의 변화에 따라 부자가 상하운동을 함에 따라 계기의 바늘이 움직이도록 하는 방법으로 기계식 액량계와 전기 저항식 액량계가 있다.
- 전기용량식 액량계(electric capacitance type): 고공 비행을 하는 제트 항공기에 사용되며 연료의 양을 무게로 나타낸다.

06 연료량 지시계에서 콘덴서의 용량과 가장 관계가 먼 것은?

① 극판의 넓이
② 극판과의 거리
③ 중간 매개체의 유전율
④ 중간 매개체의 절연율

해설

정전용량식 액량계는 연료의 체적(부피) 측정을 위해 콘덴서를 이용하며, 콘덴서의 정전용량(C)은 극판의 넓이(A)와 극판 사이의 거리(d) 및 극판 사이에 들어있는 물질의 유전율(f)에 의하여 결정된다.

07 날개의 빈 공간을 밀폐제로 밀봉하여 사용하는 연료탱크는 무엇인가?

① 인티그럴 연료탱크
② 블래더형 연료탱크
③ 금속제 연료탱크
④ 고무제 연료탱크

해설

인티그럴(integral) 연료탱크는 날개의 빈공간을 적절하게 활용하기 위하여 앞날개보와 뒷날개보 및 외피로 이루어진 공간을 밀폐제로 밀봉하여 연료탱크로 사용한다.

08 자력의 힘을 이용하여 전류가 흐르게 되면 밸브를 들어 올려 연료가 흐르게 되고 전동기 구동 밸브에 비하여 신속하게 열리는 장점을 가진 연료 밸브는?

① 드럼형 연료 밸브
② 포핏형 연료 밸브
③ 솔레노이드 작동 밸브
④ 연료 체크 밸브

해설

솔레노이드 밸브는 자력의 힘을 이용하여 개방 솔레노이드에 전류가 흐르게 되면 밸브를 들어 올려 연료가 흐르게 되고, 밸브 스템에 있는 노치의 락킹플런저를 코일의 자력으로 잡아당겨 스프링의 장력으로 밸브를 닫아 준다.

09 엔진 시동 시 기화기를 거치지 않고 실린더에 직접 연료를 분사하여 농후한 혼합비를 만들어 주며, 추운 환경에서 엔진의 시동을 쉽게 하기 위한 장치는?

① 연료 밸브
② 연료 여과기
③ 연료 펌프
④ 프라이머

정답 05. ③ 06. ④ 07. ① 08. ③ 09. ④

[해설]
프라이머는 엔진 시동 시 기화기를 거치지 않고 실린더에 직접 연료를 분사하여 농후한 혼합비를 만들어 줌으로써 시동을 용이하게 하며, 추운 환경에서 엔진의 시동을 쉽게 하기 위하여 사용한다.

10 지상에서 항공기 연료량을 측정할 때 사용하는 것은?

① Electronic cell
② Float
③ Dip stick
④ Sodium

[해설]
대부분의 대형 제트 운송용 항공기는 지상에서 연료탱크에 있는 연료의 양을 물리적으로 검사할 수 있는 장치를 설비하는데, 자기력으로 작동하는 연료측정 스틱이 있다.

정답 10. ③

CHAPTER 05 비상계통 및 지상지원장비

1 산소계통

항공기 기내는 지상의 1기압과는 달리 0.8기압이다. 비행 시 육체 건강한 성인은 상관없겠지만 노약자, 어린이, 임산부는 0.2기압의 차로 인하여 피로를 많이 느끼거나 정신적, 생명에 위협을 느낄 수 있다. 그렇기 때문에 산소 공급으로 조종사, 승무원, 승객에게 산소 공급을 통하여 이를 해소할 수 있다. 또한, 대형 항공기의 경우 여압시스템을 갖추고 있으나 비상 상황을 대비하여 산소 공급장치를 갖추고 있다. 산소는 저장과 공급방식에 따라 기체 산소계통, 액체 산소계통, 고체 산소계통으로 나눈다.

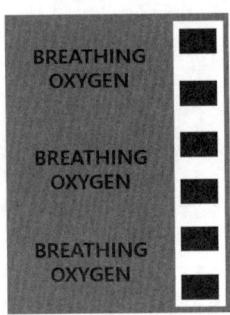

▲ 산소계통 식별 테이프

(1) 산소 공급장치

① **보충용 산소 장치(supplemental oxygen system)**

가) 객실고도가 최고 객실고도보다 높아질 경우 인체의 생명이나 기능을 유지하기 위해 호흡용 공기에 산소를 보충하여 신체 내부에 일정한 산소 분압이 확보되도록 하기 위한 장치이다.

나) 공급 방법은 항공기 유형에 따라 다르며, 연속 유량형(continuous flow type)에서는 해면상의 산소압력이 유지되고, 요구 유량형(demand diluter type)에서는 1,500m (5,000ft) 고도의 산소압력이 유지된다.

다) 그림은 연속 유량형으로 객실고도 3,900m(13,000ft) 이상일 때 자동으로 산소마스크가 나와서 연속적으로 산소를 공급한다.

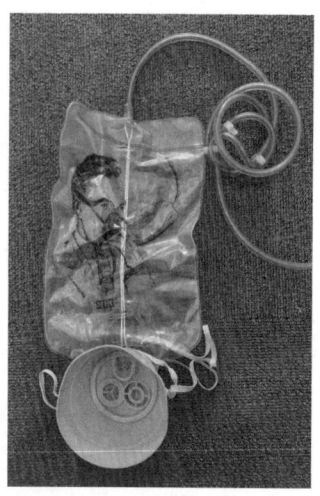

▲ 연속 유량형 마스크

② **방호용 호흡 장치(protective breathering):** 연속 유량형과 요구 유량형의 두 가지 종류를 가진 방호용 호흡장치는 객실에 화재 발생 시, 연기나 유해 가스로부터 인체를 보호하기 위한 목적으로 그림과 같이 얼굴 전체를 가릴 수 있는 마스크와 산소 용기가 하나로 되어 있고, 100% 산소가 공급된다. 이는 2,400m(8,000ft) 고도에서 연속 15분간 사용할 수 있는 용량을 갖추고 있다.

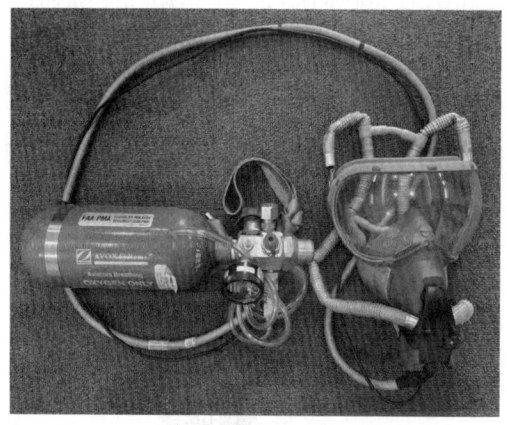

▲ 방호용 호흡 장치

③ **구급용 산소 장치(first aid oxygen system)**

가) 병약자나 신생아, 비상시 압력이 떨어졌다가 정상 여압으로 회복되었으나 저산소증으로부터 회복이 늦는 경우 구급, 의료용으로 쓰는 장치이다.

나) 산소의 흐름은 연속 유량형으로 4L/min, 2L/min의 두 가지 연결구가 있어 유량 선택에 따라 선택한다.

다) 항공기의 기종에 따라 승객용 보충용 산소 장치에 구급용 산소 장치 기능을 갖추고 있어 비상시에 구급, 의료용으로 쓰고 있다.

(2) 산소의 저장과 등급

① 기체 산소계통

가) 기체 산소계통의 산소 용기에는 고압용과 저압용으로 분류되며 일반적인 항공기에 사용되고 있다.

나) 용기의 설치는 항공기 축 방향에 대해 직각이 되도록 기체 구조에 장착시킨다.

다) 탑승자 후방위치에 항공기 축 방향으로 장착해야 하는 경우에는 산소 용기가 튀어 나가는 것을 방지하는 장치를 설치한다.

산소 용기 구분	주요 내용
고압 산소 용기	표면은 녹색으로 칠해져 있고, 표면에 "Aviators Breathing Oxygen"으로 표시되어 있다. 충전압력은 최대 압력 2,000psi(평균 1,800~1,850psi)이다. 재질은 합금강 실린더, 금속 실린더, 알루미늄 실린더 등이 있다.
저압 산소 용기	표면은 노란색으로 칠해져 있고, 충전압력은 보통 400psi(27,578hPa)이다. 용기는 스테인리스강 밴드를 연결한 형태이거나, 저합금강으로 되어 있다.

라) 산소의 사용 가능한 압력 한계는 완전 충전압의 약 10% 정도로, 고압 충전 최저 압력이 124,038hpa(1,800psi)라면 10,337hpa(150psi) 정도이고, 저압 충전 압력이 27,564hpa(400psi)라면 3,446hpa(50psi)까지 사용 가능한 압력이 된다. 만일, 이보다 낮은 압력까지 사용하게 되면 공기가 흡입되어 산소 재충전을 할 수 없게 된다. 이런 경우에는 용기를 교환하거나 정비 절차에 따라 용기를 세척해서 사용할 수 있다.

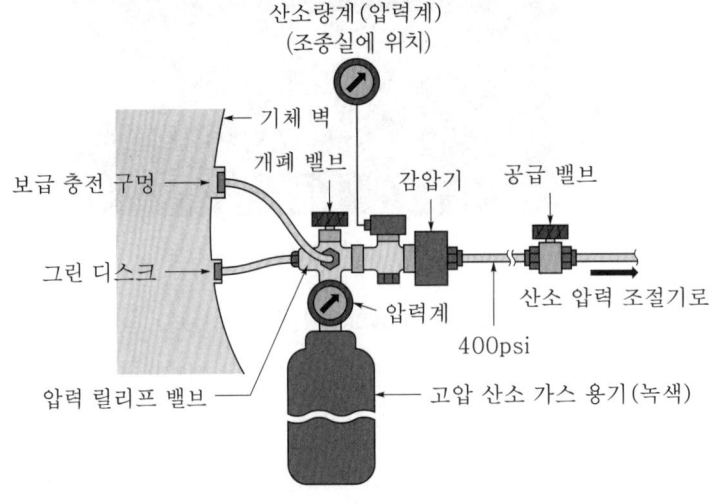

▲ 고압 산소계통

구성품명	구성품 특징
압력 릴리프 밸브	산소 용기 내의 압력이 비정상적으로 높게 되는 위험을 방지한다.
녹색 원판 디스크	충전 압력이 150%에 도달 시 항공기 외부로 방출하여 점검 시 항공기 밖에서 산소 방출 확인이 가능하다.
온도 보정기	산소 공급 시 산소 온도 상승을 방지한다.

② **액체 산소계통**

가) 저온의 액체 상태로 저장하고 있다가 필요할 때 기화시켜 공급하는 방식의 산소계통이다.

나) 산소통이 작은 이점이 있으나 취급에 있어 극저온이기 때문에 인체에 위험성이 있고, 보급이 번거로워 민간항공사에서는 거의 취급하지 않고, 일부 군용항공기에서 특수한 경우 사용한다.

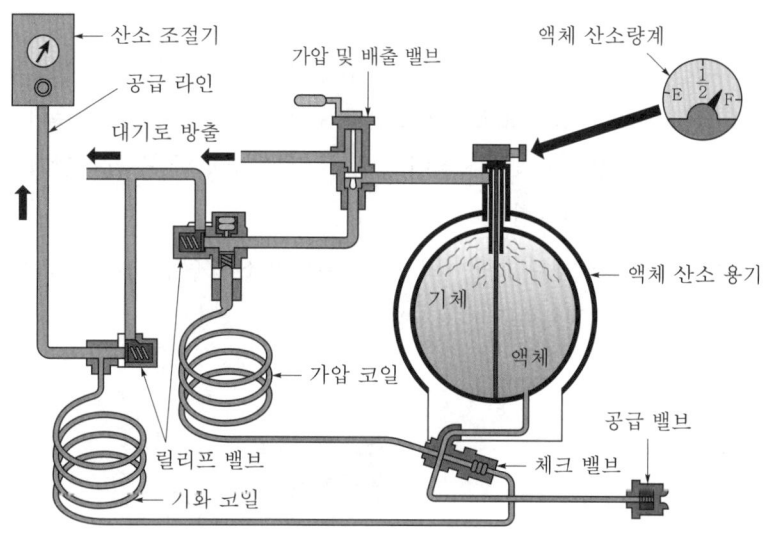

▲ 액체 산소계통

다) 조종석에 설치되어 있는 액체 산소계통은 가압 및 배출 밸브 핸들 ON → 압력 상승 → 액체산소 가압 코일로 이동 → 가압 코일을 지나면서 열을 흡수하여 가스로 변환 → 가스 상태의 산소는 압력폐쇄 밸브로 이동 → 승압 및 벤트 밸브를 거쳐 용기로 들어간다. → 요구되는 압력 도달 시 승압과정이 계속된다.

▲ 액체 산소 용기

③ 고체 산소계통

가) 산소 분자를 많이 함유한 고체 화합물에 화학반응을 일으키게 하여 산소가스를 발생시켜 분리해 공급한다. 염산나트륨($NaCiO_3$)을 넣고, 중심부에 초기 연소를 위한 점화장치가 있다.

나) 종류에는 폭발식 점화방식과 전기적 점화방식이 있다.

다) 가열이 시작되면 화학반응이 시작되고, 종료되면 산소가 분리된 후 식염과 같은 것이 남으나 해롭지는 않다.

라) 화학 방정식은 다음과 같다.

$$2NaCiO_3 + 2Fe \rightarrow 2NaCi + 2Fe + 3O_2$$

마) 고체 산소의 압력은 70~100psi로 낮고, 배관이 필요하지 않고, 화학적으로 안정되어 있다.

바) 용기는 영구적으로 사용할 수 있으나 10년으로 표기되어 있다. 고체 산소를 사용하지 않을 경우에는 보급 및 교환할 필요 없으나, 사용하기 위해 화학반응이 시작되면 도중에 멈출 수 없고, 용기 전체에 고온이 발생하여 주의해야 한다. 위와 같기 때문에 신뢰성이 높은 장치를 구비해야 한다.

사) 고체 산소계통은 대형 항공기의 승객 보충 산소 공급장치에 많이 사용되고, 휴대형 구급용 산소 공급장치로도 많이 사용된다.

▲ 화학 산소 발생기

(3) 산소 조절

① **연속 유량형:** 연속 유량형의 산소 유량은 고도에 따라 필요한 분압이 얻어지도록 자동 및 수동으로 조절되거나, 산소마스크의 연결구를 선택하여 조절한다. 이 방식은 고체 산소 방식에는 없는 기능이다.

② **요구 유량형:** 요구 유량형은 호흡 시 흡입할 때만 산소가 흘러 공급되는 형식이다. 산소 유량 공급 방식은 객실 압력 고도에 비해 희석 산소를 분압하거나 100% 산소를 흐르게 하며 필요에 따라 선택이 가능하다.

③ **압력형:** 압력형은 객실고도가 10,500m(35,000ft) 이상이 되면 100% 산소를 흡입하더라도 필요한 산소량이 부족해진다. 따라서 압력을 산소마스크에 가하여 산소를 폐 내부에 가압, 공급하는 방식이다.

(4) 산소 흡입 장치

산소 흡입 장치는 사용자의 호흡 작용에 의하여 산소가 사용자의 폐 속에 공급되는 장치로서, 산소 유량을 조절, 공급하는 산소 조절기와 마스크로 구성된다.

① **연속 유량형 산소 조절기**

　가) 수동식 연속 유량형 산소 조절기: 아래쪽 가운데에는 유량조절 노브(knob)가 있고, 왼쪽 지시계기는 산소의 유량을 나타내는 계기이나 해당 고도에 맞게 노브를 돌리면 해당되는 양의 산소가 공급되고, 오른쪽의 지시계기에는 공급되는 산소의 압력이 표시된다.

　나) 자동식 연속 유량형 산소 조절기: 해당 기압고도에 맞게 산소가 자동으로 조절되어 공급된다. 위쪽에는 산소 압력계가, 아래쪽에는 밸브가 있어 필요시 밸브를 조절하면 알맞은 유량으로 산소를 공급한다.

② **요구 유량형 산소 조절기:** 숨을 들이마실 때만 일정 유량의 산소가 유입되는 형식으로 경제적이다.

③ **희석 요구 유량형 산소 조절기**

　가) 숨을 들이쉴 때는 마스크에 있는 밸브는 닫히고 산소 조절기의 밸브는 열려서 대기압에 알맞은 양의 산소가 공급되고, 숨을 내실 때는 반대로 된다. 구조는 그림과 같이 얇은 고무 다이어프램과 다이어프램에 연결된 흡입 밸브, 감압 밸브 등으로 구성된다.

　나) 조절기는 마스크에 연결되어 있고, 다이어프램은 사용자가 숨을 들이쉬면 움직이게 되어 흡입 밸브가 열리면서 산소가 마스크 쪽으로 공급되고, 감압 밸브는 흡입 밸브의 안쪽에 있는 조절기의 작동 압력을 50psi를 유지 시키고, 아네로이드는 고도에 따라 산소의 양을 조절하기 위한 장치로, 높은 고도에서 아네로이드는 대기압이 낮아져 팽창되어 연결된 스프링 지지판을 오른쪽으로 많이 밀게 되어 산소의 공급량을 증가시킨다.

다) 조절기 고장이거나 비상 상태에서 고도와 관계없이 산소를 전량 공급할 때 비상 산소 흐름 조정 노브(emergency oxygen metering control knob)를 조절한다.

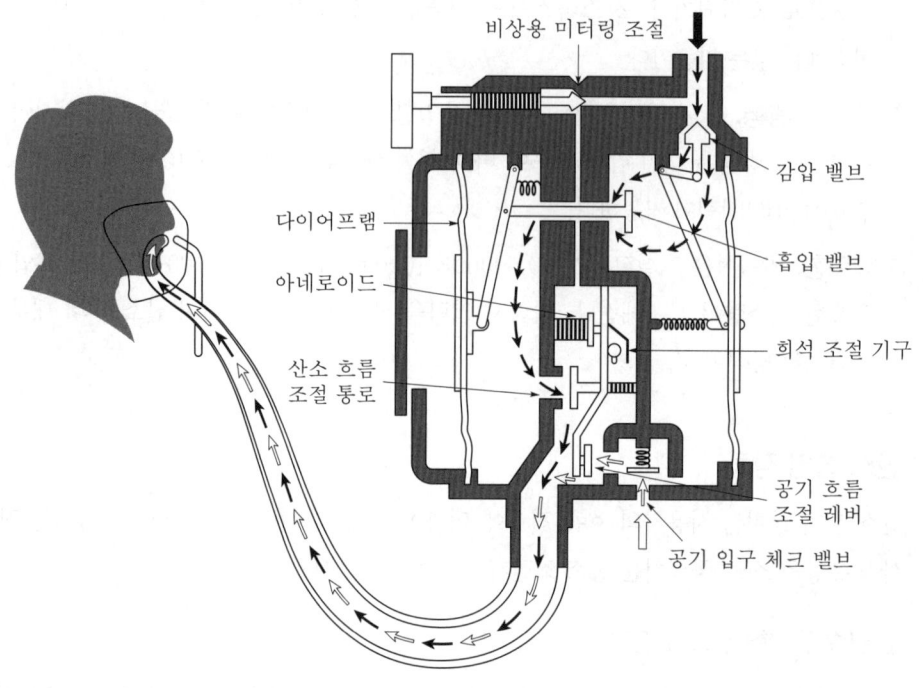

▲ 희석 요구 유량형 산소 조절기

④ **압력 요구 유량형 산소 조절기**: 압력 요구 유량형 산소 조절기는 군용기에 12,000m (40,000ft) 이상의 고도에서 비행하는 곳에 사용되며, 11,500m(38,000ft) 이상의 고도에서 100% 산소를 가압, 호흡할 수 있도록 한다. 이 형식은 희석 요구 유량형과 비슷하지만, 압력계가 있고, 기능 시험을 할 수 있다.

(5) 산소계통의 정비

상황	점검 내용
산소계통의 작동 점검	계통을 작동시켰을 때 공급 압력계의 지시가 규정 값인지, 차단 밸브의 작동에 따라 산소 압력계가 규정 값을 나타내는지 점검한다.
산소계통을 점검하거나 수리를 위한 정비 작업 시	① 화재에 대비하여 소화 장비를 준비한다. ② 감시 요원을 배치한다. ③ 작업자의 손이나 작업복에 먼지나 그리스와 같은 물질이 없도록 깨끗이 해야 한다. ④ 서서히 밸브를 풀어서 잔류 압력이 모두 빠져나가도록 한 후, 잔류 산소가 없다면 구멍을 지정된 플러그나 캡으로 막는다.

산소 실린더를 충전 및 저장할 때	① 충전할 때 환기가 잘 되는 곳에서 실시한다. ② 저장할 때 직사광선을 피해야 한다.

※ 또한 산소계통에 누설이 있는지를 점검하고, 산소 실린더의 상태와 차단 밸브, 압력 조절기, 마스크 등의 상태를 점검하여 손상이 있는지를 확인 후 이상이 있다면 교환해야 한다.

2 소화계통

화재 등급	주요 내용
A급 화재 (일반화재)	통상적인 연소 물질에 의한 화재로 종이, 나무, 의류 등 가연성 물질에 의한 화재이다.
B급 화재 (기름화재)	유류에 의한 화재로 석유, 윤활유, 타르, 알코올, 그리스, 솔벤트, 페인트, 가연성 가스 등에 의한 화재이다.
C급 화재 (전기화재)	전기에 의한 화재로 전기, 전자 장비가 원인이 되어 발생하는 화재이다.
D급 화재 (금속화재)	금속에 의한 화재로 마그네슘, 티타늄, 지르코늄, 나트륨, 리튬, 칼륨 등 금속 물질로 인한 화재이다.
E급 화재 (가스화재)	LNG, LPG 가스에 의한 화재이다.

(1) 소화제 및 소화제 용기

항공기에 사용되는 소화기는 이동식과 고정식으로 나뉜다. 이동식 소화기의 소화제로는 물, 이산화탄소, 분말 소화제가, 고정식 소화기의 소화제로는 이산화탄소와 프레온이 많이 사용되고 있다. 그림은 고정식 소화제이다.

고정식 소화제는 압력이 떨어질 때 경고하는 압력 스위치가 내장되어 있고, 용기가 비정상 온도 상승에 의한 과열을 막기 위해 열 릴리프 밸브가 있어 100℃ 이상이 되면 항공기 밖으로 가스를 방출시킨다.

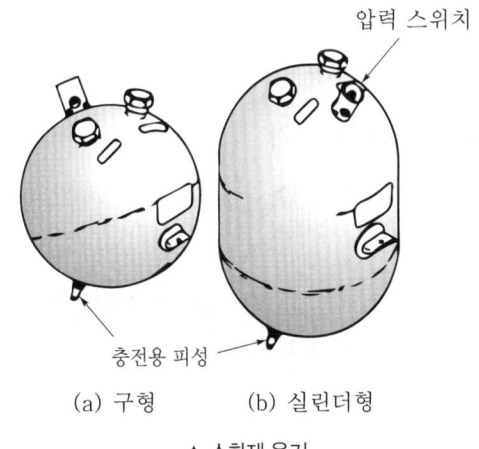

(a) 구형   (b) 실린더형

▲ 소화제 용기

항공기 소화제의 구비조건은 다음과 같다.

① 적은 양으로 큰 소화 능력을 갖고 있어야 한다.

② 저장이 용이해야 한다.

③ 장기간 보관이 안정되어야 한다.

④ 항공기 구조 부재를 부식시키지 않아야 한다.

⑤ 충분한 방출 압력이 있어야 한다.

화재 등급	주요 내용
물 (H_2O)	A급 화재용으로만 사용되고, B급 및 C급 화재용으로는 사용 금지한다. 소화제는 부동액을 섞어서 겨울철 동결을 막고, 질소가스 및 이산화탄소의 소량 폭약이 터지면서 분사된다.
이산화탄소 (CO_2)	B급 및 C급 화재에 사용되는 이산화탄소 소화기는 가스와 액화된 것이 함께 사용된다. 이 소화기는 용적을 작게 하기 위해 액화해서 고압 용기에 넣고 화재 진압 시 수초 간에 소화제가 노즐이나 다공관을 통해 분사될 수 있도록 한다. 이같이 수초 간에 소화할 수 있어 HRD(High Rate of Discharge system)라 한다. CO_2는 독성은 없지만, 사람이 마시면 저산소증에 걸려 20~30분 내에 의식장애를, 더 진행 시 생명에 지장을 초래할 수 있으니 밀폐된 곳에서는 사용을 금한다.
프레온가스 ($CBrF_3$)	할로겐계 소화제의 일종으로, B급과 C급 화재에 소화 능력이 좋다. 이는 화학적 안정성이 있고, 인체에 무해하나 프레온 가스로 인해 오존층 파괴의 우려가 있다. HRD 효과를 얻기 위해 질소가스로 가압시키는 소화제를 할론 소화기, BCF(Bromo-Choloro-DiFluoro-Methane) 소화기라 한다.
분말 소화제 (dry chemical)	이산화탄소나트륨의 소화제를 사용하는 소화기로써 상온에서 안정하지만, 가열되면 분해하여 이산화탄소가 발생한다. 일반적으로 B, C, D급 화재에 유효하다.
사염화탄소 (CCl_4)	상온에서 액체로 소화 능력은 좋으나 독성이 있어 현재 사용이 금지되었다.
질소(N)	이산화탄소와 비슷한 질소는 소화 능력이 매우 뛰어나며 독성이 적다. 사용 시 밀폐된 장소에서 사용을 금하고 있고, 질소를 액상으로 저장하는 데는 -160℃로 유지해야 하므로 군용기에서만 사용하고 있다.

(2) 휴대용 소화기

휴대용 소화기는 조종실에 1개, 그 밖의 T류 항공기는 승객에 따른 소화기 비치를 다음과 같이 한다.

항공기에 비치해야 할 소화기의 수	
승객 정원 수	소화기의 수

6인 이하	0
7~30인	1
31~40인	2
61인 이상	3

① **물 소화기**: 핸들 내에 이산화탄소 통이 들어 있어 핸들을 시계 방향으로 돌리면 이산화탄소가 방출되어 물을 가압한다. 상부의 분사 레버를 누르면 노즐을 통하여 물이 방출된다. 핸들에는 안전결선이 있고, 납으로 밀봉되어 있다. 물의 분사 시간은 30~40초이다.

② **이산화탄소 소화기**: 조종실이나 객실에 설치되어 있으며 일반화재, 전기화재 및 기름화재에 사용한다. 용기 내에는 액체 이산화탄소가 봉입되어 있고, 안전핀을 빼고 방아쇠를 당기면 소화제가 분사된다. 분사하고 있는 동안은 단열 변화에 의하여 드라이아이스 상태가 되기 때문에 인체에 해를 입지 않도록 주의해야 한다. 따라서 장갑 등을 사용하고, 노즐은 확실히 손으로 고정한다. 소화기에 따라서는 압력계가 설치되어 있는 것도 있으며, 분사 시간은 약 15초이고 좁고 밀폐된 장소에 사용하면 인체에 위험하다.

③ **분말 소화기**: 분말을 이산화탄소나 질소가스로 가압, 봉입되어 있다가 이들 가스에 의하여 분사된다. 일반 화재나 전기화재, 기름화재에 유효하지만, 조종실에서 사용해서는 안 된다. 그 이유는 시계를 방해하고, 주변기기의 전기 접점에 비전도성의 분말이 부착될 가능성이 있기 때문이다. 안전핀을 뽑고 레버를 강하게 쥐면 분말이 분사되며, 연소물에 분사력이 매우 강하게 퍼지므로 화재 지역에서 다소 떨어진 곳에서 분사한다. 그리고 사용하기 전에 용기를 잘 흔들어야 한다.

④ **프레온 소화기**: 프레온 소화기는 조종실이나 객실에 장비되어 있다. 프레온 소화기는 프레온 가스로 소화하는 것으로 A급 화재, B급 화재 및 C급 화재에 유효하고 소화 능력도 강하다. 프레온 소화기 한 통의 분사 시간은 10~15초 정도이고, 소화제는 인체에 무해하다.

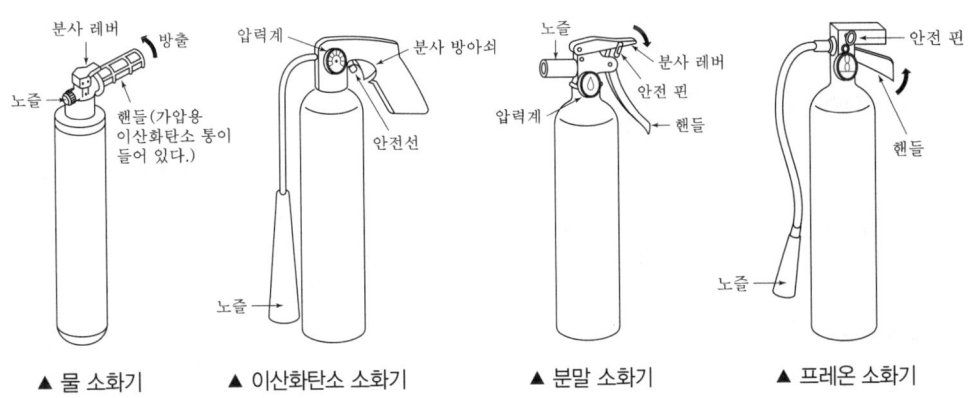

▲ 물 소화기　　▲ 이산화탄소 소화기　　▲ 분말 소화기　　▲ 프레온 소화기

(3) 고정식 소화기

① 고정식 소화기는 항공기 엔진, 보조 동력장치 및 화물실 등에 보다 효과적인 소화를 하기 위해 사용된다.

② 소화제는 용기 내의 금속 실로 봉입되어 있고, 소화제는 기계적으로 파괴하거나 기폭제를 전기적으로 발화시켜 파괴하여 소화제를 방출한다.

③ 항공기 엔진은 모든 엔진에 소화제가 방출될 수 있도록 배치한다. T형 헬리콥터의 경우 1개 엔진에 2회 이상 소화제가 방출할 수 있도록 요구한다.

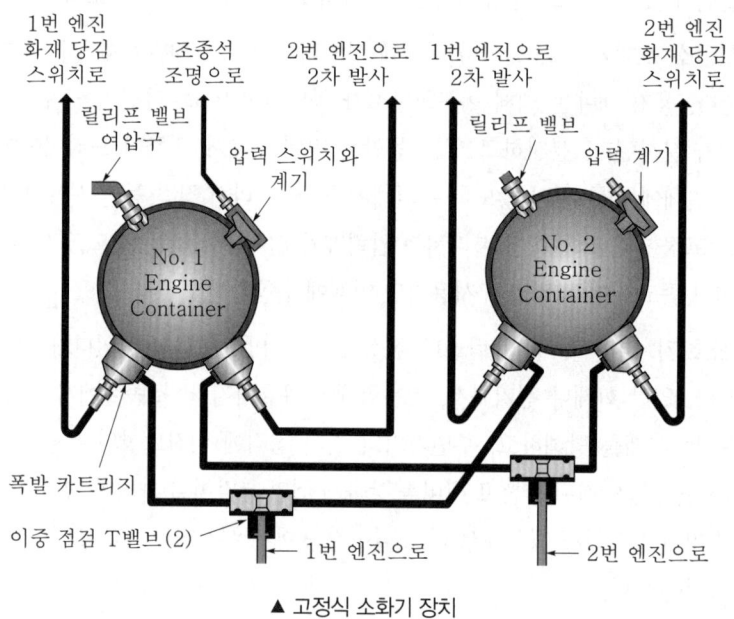

▲ 고정식 소화기 장치

(4) 소화계통의 정비

작동회로 시험	전기적 회로의 연속성 시험과 전압계, 전류계에 의한 전기부품의 전기적 특성 시험 등이 있다.	
부품 점검	소화기의 압력 점검, 방출 지시기의 점검, 카트리지와 분사 밸브 점검 등이 있다.	
소화기 압력 점검	외부 온도변화에 따른 소화기 압력이 규정 값 이내에 있는지 확인하고, 규정 값에 들지 않는다면 교환한다.	
방출 지시기 점검	적색 디스크 파괴 시	소화기의 안전 플러그가 과열로 인해 작동되었음을 알 수 있고 소화기를 교환한다.
	황색 디스크 파괴 시	소화계통을 동작시켜 소화액을 사용했음을 알 수 있고, 소화기를 교환한다.
방출된 소화액 관리	알루미늄 합금 등 기체 금속 부분에 부식을 촉진하기 때문에 깨끗하게 닦는다.	

3 경고계통

조종사가 주의를 기울이지 않더라도 경고등이 켜지고, 경고음이 울려 이상을 쉽게 알 수 있어 긴급 상황을 미연에 방지할 수 있는 장치를 경고장치라 한다. 이는 기계적 경고장치, 압력 경고장치, 화재 경고장치, 실속 경고장치로 분류된다.

(1) 기계적 경고장치

경고장치 위치	주요 내용
항공기 문	이륙 전, 비행 중 안전하게 닫혀 있는지의 여부
플랩	항공기 속도에 비례하여 적절한 위치에 있는지의 여부
착륙장치	비행에 문제없이 랜딩 기어가 완전히 올라가거나, 내려가는지의 여부
위 항공기 문, 플랩, 착륙장치는 마이크로 스위치를 개폐시켜 경고등이나 부저가 작동되도록 기계적 경고장치가 설치되어 있다.	

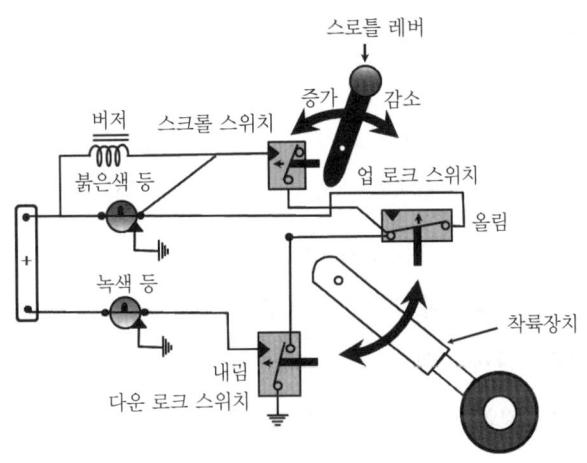

▲ 착륙장치의 경고회로

위 그림은 착륙장치의 경고 회로로 녹색 경고등과 붉은색 경고등으로 구성되어 있다.

동작 구분	주요 내용
녹색등 ON	바퀴가 내려가서 다운 로크 스위치가 녹색 경고등에 회로를 형성한 경우
붉은색 등 ON	바퀴가 올라가지도 내려가지도 않은 상태에서 업 로크, 다운 로크 스위치에 연결된 상태 그대로 회로를 형성한 경우
녹색등, 붉은색 등 OFF	바퀴가 완전히 올라가서 업 로크 스위치를 작동시켜 붉은색 등의 회로를 차단하여 폐회로를 형성한 경우
부저 ON	아무 불도 켜지지 않거나 붉은색 등이 ON인 상태에서 착륙하기 위해 출력을 줄이게 되면, 스로틀 레버의 위치가 전체 스로틀의 ⅓ 위치에 올 때 버저 회로가 형성된 경우

(2) 압력 경고장치

엔진의 윤활유 압력, 연료 압력, 자이로 계기의 진공압, 객실 여압이 안전 한계 미만인 경우, 그림과 같이 공함(diaphragm)을 이용하여 스위치를 개폐시켜 경고등을 작동시킨다. 여압 경고장치에서 객실 압력이 낮으면 아네로이드가 팽창하면서 압력스위치가 닫힌다. 이때 회로를 형성하여 경고등이 울린다.

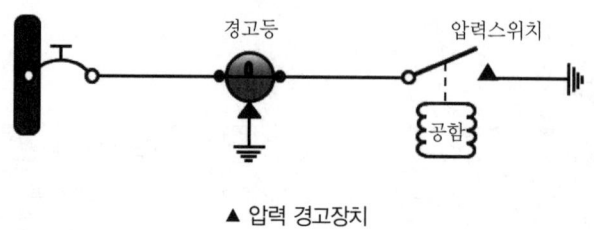

▲ 압력 경고장치

(3) 화재 경고장치

엔진과 그 주위 및 화물실 등에 열에 민감한 재료를 사용하여 화재 탐지장치를 설치하고, 화재가 발생하면 화재 경고장치에 신호를 보낸다. 화재 경고장치에는 내열 재료가 사용되며, 다음과 같은 기능과 성능을 요구한다.

① 지상이나 비행 중에 화재가 발생하지 않는 경우에는 작동이나 경고를 발생시키지 않을 것
② 화재가 발생하였을 때는 그 장소를 신속하고 정확하게 표시할 것
③ 화재가 계속 진행되고 있을 때는 연속적으로 표시할 것
④ 화재가 꺼진 후에는 정확하게 지시를 멈출 것
⑤ 화재가 다시 발생한 후에도 위의 ②, ③항대로 작동할 것
⑥ 조종실에서 화재 탐지와 화재 경고장치의 기능을 시험할 수 있을 것
⑦ 윤활유, 물, 열, 진동, 관성력 및 그 밖의 하중에 대하여 충분한 내구성을 가질 것
⑧ 무게가 가볍고, 장착이 용이하며, 정비나 취급이 간단할 것
⑨ 항공기의 전원에서 직접 전력을 공급받으며, 전력 소비가 적을 것
⑩ 화재 탐지는 화재 구역마다 독립적인계통으로 있을 것
⑪ 화재 경고는 조종실에 경고음을 발함과 동시에 화재의 장소를 알리는 경고등이 켜질 것

　가) 열전쌍식 화재 경고장치

　　㉠ 열전쌍식 화재 경고장치는 온도의 급격한 상승에 의하여 화재를 탐지하는 장치이다.

ⓛ 서로 다른 종류의 특수한 금속을 서로 접한 한 열전쌍을 이용하여 필요한 만큼 직렬로 연결하고, 고감도 릴레이를 사용하여 경고장치를 작동시킨다.

ⓒ 이 경고장치는 엔진의 완만한 온도 상승이나 회로가 단락된 경우에는 경고를 울리지 않는다.

ⓔ 고감도 릴레이는 주 회로의 릴레이를 작동시키고, 이 작용에 의하여 화재 경고가 발생한다.

ⓜ 경고 회로 내에 시험용 열전쌍이 설치되어 있어, 작동 시험을 할 때 이 부분이 가열되어 작동을 시험하게 된다.

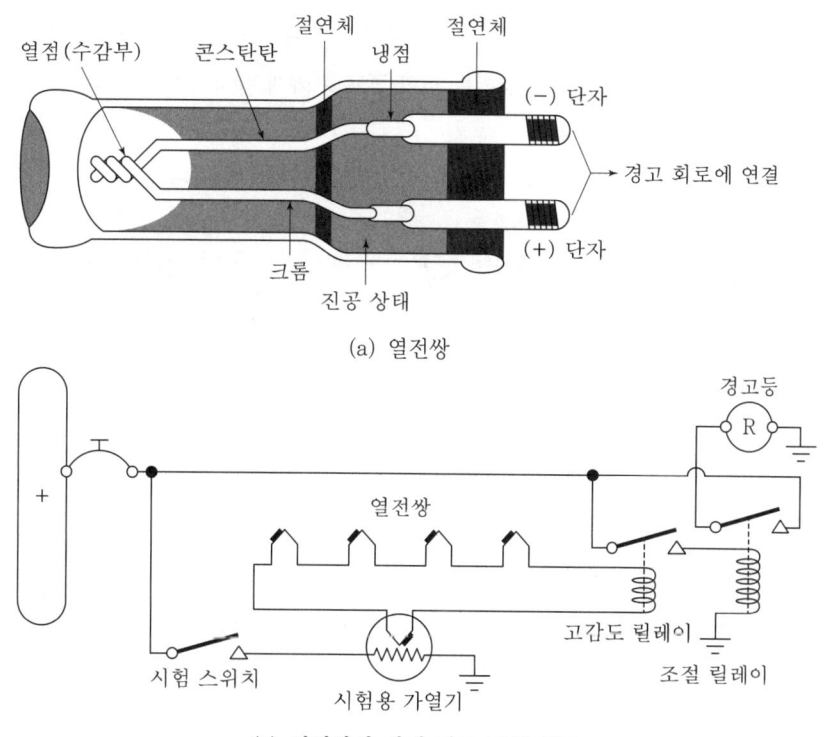

(a) 열전쌍

(b) 열전쌍식 화재 경고 장치 회로

나) 열 스위치식 화재 경고장치: 열 스위치는 열 팽창률이 낮은 니켈-철 합금인 금속 스트럿이 서로 휘어져 있어 평상시에는 접촉점이 떨어져 있다. 그러나 열을 받게 되면 스테인리스강으로 된 케이스가 늘어나게 되므로, 금속 스트럿이 퍼지면서 접촉점이 연결되어 회로를 형성시킨다.

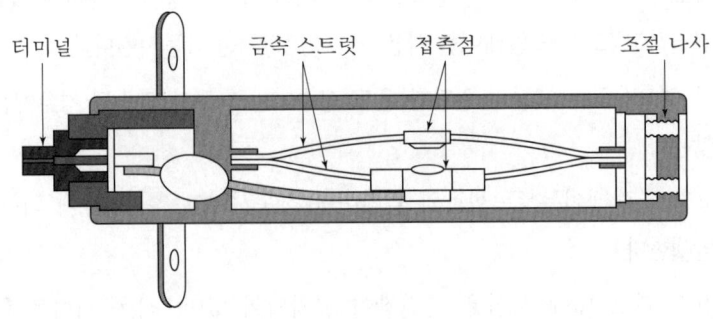

다) 저항 루프형 화재 경고장치: 전기 저항이 온도에 의해 변화하는 세라믹이나 일정 온도에 도달하면, 급격하게 전기 저항이 떨어지는 융점이 낮은 소금을 이용하여 온도 상승을 전기적으로 탐지하는 탐지기를 저항 루프형 화재 탐지기라고 한다.

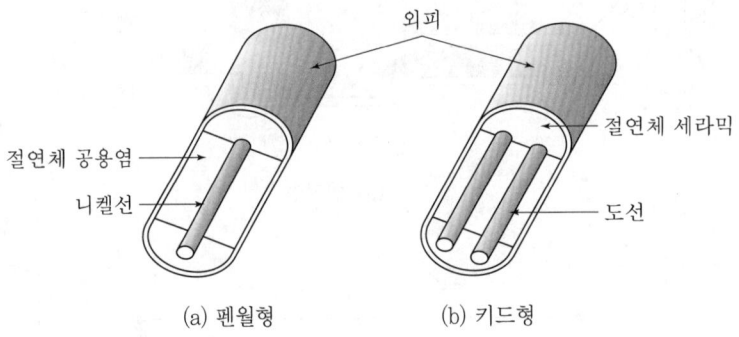

라) 광전지식 화재 경고장치
   ㉠ 광전지는 빛을 받으면 전압이 발생한다. 이것을 이용하여 화재가 발생할 경우에 나타나는 연기로 인한 반사광으로 화재를 탐지한다.
   ㉡ 비콘 램프는 항상 점등되어 있으며, 연기가 들어오면 그 반사광이 광전지에 도달하게 됨으로써 경고장치를 작동시킨다.
   ㉢ 시험 스위치를 작동시키는 릴레이가 동작하여 시험 램프는 비콘 램프와 직렬로 연결되면서 점등되어, 광전지에 빛이 들어가 경고회로가 작동되는 것을 시험할 수 있다.

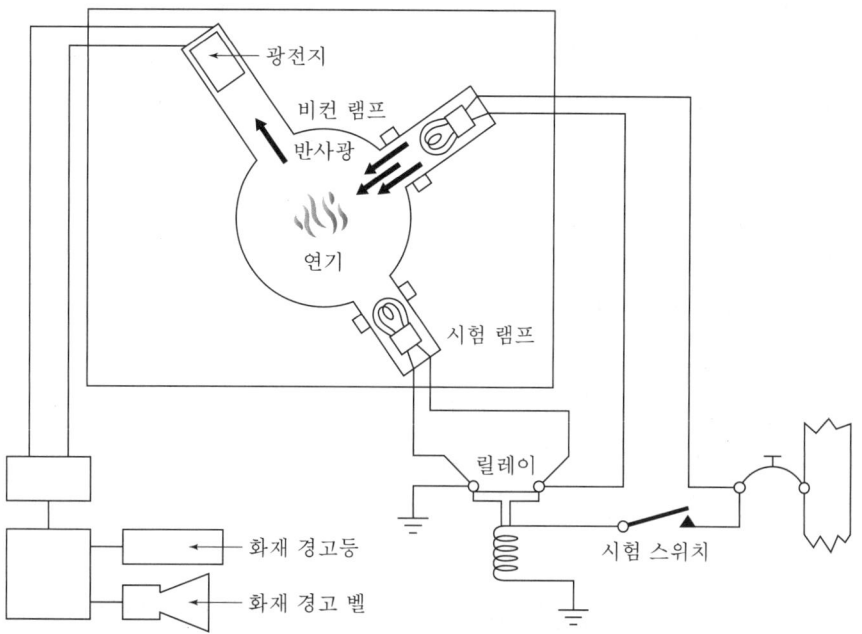

(4) 실속 경고장치

소형 항공기에서는 날개의 전면에 베인을 설치하여 공기 흐름 방향에 따라 스위치가 개폐되도록 함으로써 실속에 도달되기 전에 붉은색 등과 경고음이 울리도록 한다. 대형 항공기에서는 동체 옆에 변환 베인을 장착하여 공기 흐름 방향에 따라 움직이게 함으로써 실속 전에 미리 경고회로가 작동되도록 한다.

4 비상장비

(1) 비상장비

비상시 승객의 안전을 도모하기 위해 필요한 모든 비상용 장비들을 항공기에 비치할 것을 법적으로 정했다. 비치해야 하는 리스트는 다음과 같다.

탈출용 미끄럼대(escape slide), 탈출용 로프(escape rope), 구명조끼(life vest), 구급함(first aid kit), 휴대용 소화기(portable fire extinguisher), 휴대용 산소(portable oxygen), 휴대용 확성기(portable megaphone), 방연 안경(smoke goggle), 방수 손전등(flash light), 비상 신호등(signal kit), 비상 도끼(crash ax), 구명보트(life raft), 비상식량(emergency food), 비상 송신기(emergency transmitter) 등이 있다.

① **긴급 탈출장치**: 항공기가 운행 중 비상 상태가 발생하였을 때 정해진 시간인 90초 이내에 신속히 탈출할 수 있도록 탈출용 미끄럼대와 로프가 있어야 한다. 탈출용 미끄럼대는 자동 개방식 문과 연결되어 자동으로 밖으로 나와 압축 프레온가스에 의해 팽창된다. 또한 탈출용 미끄럼대는 구명보트의 역할도 한다.

② **구명보트**: 항공기가 바다 및 호수에 착수할 경우를 대비하여 1인용 구명보트와 5~6인승 및 25인승 구명보트가 있으며, 비행기 동체의 적당한 곳에 장착되어 있다. 1인용 구명보트는 고무로 만들어져 있고, 낙하산의 멜빵 속에 넣어져 지퍼로 닫혀 있다. 구명보트에 채워지는 가스는 이산화탄소이다.

③ **구명조끼**: 구명조끼 안쪽에는 이산화탄소 가스 캡슐이 달려 있다. 구명조끼 1개에는 각각 16g의 이산화탄소 가스가 압축된 2개의 가스 캡슐이 달려 있다. 양쪽 하단의 끈에 연결된 손잡이를 당기면 가스 캡슐의 밀봉이 터지고, 이때 이산화탄소가 순간적으로 빠르게 부풀어 올라 가스가 구명조끼의 공기주머니를 채운다.

④ **비상 송신기**: 항공기의 조난 위치를 알리고 전파를 발신하는 장치이다. 지정된 주파수인 121.5MHz와 243MHz로 약 48시간 동안 계속 구조 신호를 보낼 수 있게 되어 있다.

⑤ **소화기**: 조종실 및 객실 내에 화재 발생 시 승무원이 화재 진압을 할 수 있도록 휴대용 소화기가 탑재되어 있고, 엔진 및 화물칸에는 고정된 소화기가 장착되어 있다.

⑥ **산소 공급장치**: 비상 상황 시 객실 내부의 압력이 낮아지면 승객용 산소마스크가 머리 위에서 내려와서 산소를 흡입할 수 있도록 되어 있다. 이때 금연, 안전벨트 지시등이 켜지면서 안내방송이 나온다.

⑦ **기타 비상장비**: 방화복, 석면장갑, 손도끼, 연기 배출 셔터, 손전등, 연기 차단막, 구급약품, 비상 호흡장비가 탑재되어 있다.

5 지상장비

(1) 시동 지원 장비

① **지상 발전기(GPU)**: 교류와 직류를 항공기에 공급하는 장비로서, 전동기 구동 발전기와 엔진 구동 발전기가 있다. MD-3 엔진 구동식 발전기는 교류 발전기와 직류 발전기를 모두 가지고 있어 120/208V의 전압과 주파수 400Hz인 3상 교류와 28V 직류를 발전한다.

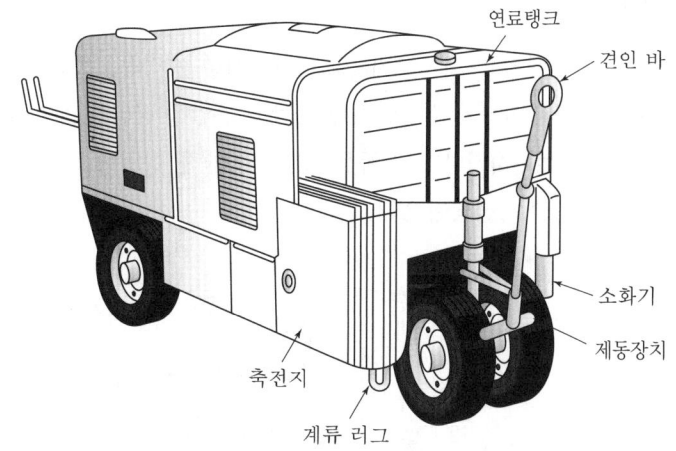

② 지상공기 압축기(GTC)

가) 가스터빈 압축기: 가스터빈 압축기는 내부에 압축기와 터빈을 갖추고 있어 다량의 저압 공기를 배출시킬 수 있다. 항공기 가스터빈엔진의 시동계통에 압축공기를 공급한다.

나) 가스터빈 발전기 압축기: 다량의 저압공기를 항공기에 공급할 뿐만 아니라, 가스터빈에 의해 교류 발전기도 회전하므로 120/208V, 400Hz인 3상 교류를 항공기에 공급한다.

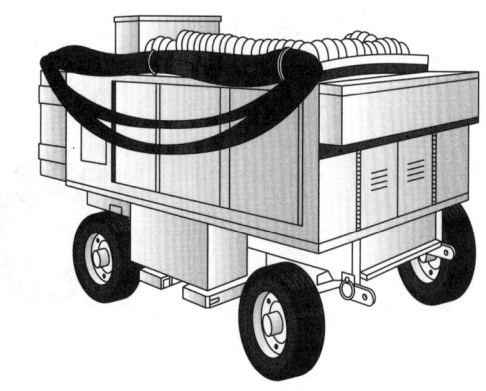

(2) 지상 보조 지원 장비

① **유압 시험대:** 항공기 엔진을 시동하지 않고 유압계통을 작동, 점검하거나 유압 부품의 기능을 점검하기 위하여 항공기의 유압계통에 작동 유압을 공급해주고 작동유를 배출시킬 뿐만 아니라 작동유를 여과시킨다. 구성품을 보면 구동엔진, 유압 펌프, 공기 배출 기구, 조명 패널 및 유압 기구 등으로 구성되어 있다.

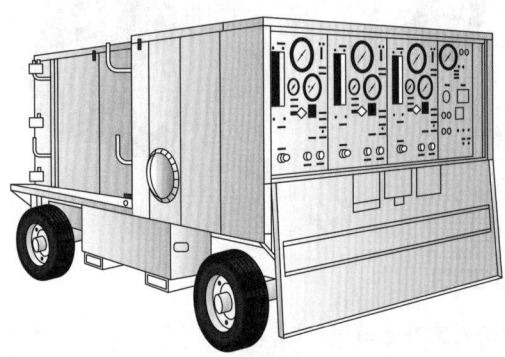

② **조명장비:** 자체 동력을 이용하여 항공기를 야간에 작업할 때 사용하는 장비이다. NF-1 엔진 구동식 조명장비의 시동기 발전기는 직류와 교류 발전기를 복합시켰고 120V, 60Hz의 단상 교류와 직류를 발전한다. 따라서 다른 장비에 교류 전원을 제공하며, 조명 전원을 확보하고, 축전에도 직류 전원을 공급할 수 있다.

③ **가열장비(heater):** 기온이 낮은 조건에서 사용하는 장비로서 특정한 부품의 예열이나 건조 및 정비작업 시에 방한용으로 활용된다.

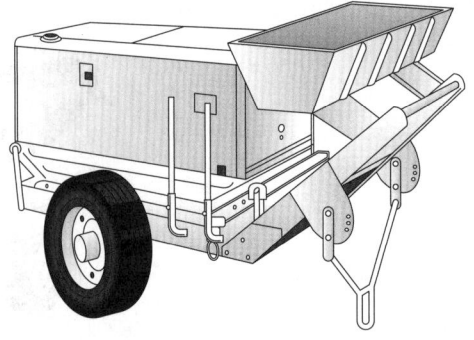

CHAPTER 05 실력 점검 문제

01 산소 공급관의 구성요소가 아닌 것은?

① 피팅 ② 튜브
③ 밸브 ④ 리테이너

[해설]
산소 공급관은 피팅, 튜브, 밸브로 구성되어 있다.

02 고압 산소계통에서 정상 압력은 얼마인가?

① 2,000psi ② 1,500psi
③ 1,850psi ④ 2,500psi

[해설]
고압 산소 용기의 표면은 녹색으로 칠해져 있고, 표면에 "Aviators Breathing Oxygen"으로 표시되어 있다. 충전압력은 최대 압력 2,000psi(평균 1,800~1,850psi)이다. 재질은 합금강 실린더, 금속 실린더, 알루미늄 실린더 등이 있다.

03 고압 산소계통은 고강도로 열처리된 합금강 실린더이다. 표면색채는?

① 흰색 ② 녹색
③ 노란색 ④ 적색

[해설]
2번 문제 해설 참고

04 저압 산소계통의 충전 정상 압력은 몇 hpa인가?

① 약 37,000hpa ② 약 33,000hpa
③ 약 27,000hpa ④ 약 23,000hpa

[해설]
저압 산소 용기의 표면은 노란색으로 칠해져 있고, 충전압력은 보통 400psi(27,578hPa)이다. 용기는 스테인리스강 밴드를 연결한 형태이거나, 저합금강으로 되어 있다.

05 산소계통 작업 시 주의사항으로 틀린 것은?

① 수동조작 밸브는 천천히 열 것
② 베어링 작업한 장갑을 착용해도 무방할 것
③ 개구 분리된 선은 반드시 캡으로 막을 것
④ 순수 산소는 먼지나 그리스 등에 닿으면 화재 발생 위험이 있으므로 주의할 것

[해설]
산소계통 작업 시 주의사항
- 오일이나 그리스를 산소와 접촉하지 말 것, 다른 어떤 아주 적은 양의 인화물질이라 할지라도 폭발할 우려가 있다.
- 유기 물질을 멀리해야 한다.
- 손이나 공구에 묻은 오일이나 그리스를 깨끗이 닦아야 한다.
- shut off valve는 서서히 열어야 한다.
- 산소계통 근처에서 어떤 것을 작동시키기 전에 shut off valve를 닫아야 한다.
- 불꽃, 고운 물질(면장갑 등)을 멀리해야 한다.
- 모든 산소계통 부품을 교환시키는 관을 깨끗이 해야 한다.

정답 01. ④ 02. ③ 03. ② 04. ③ 05. ②

06 산소 보충 시 산소의 온도 상승을 방지하기 위해 무엇을 장치하는가?

① 온도 보정기 ② 릴리프 밸브
③ 감압 밸브   ④ 체크 밸브

해설
온도 보정기는 산소 공급 시 산소 온도 상승을 방지한다.

07 휴대용 소화기에서 전기화재에 적합한 것은?

① 물 소화기
② 이산화탄소 소화기
③ 분말 소화기
④ 프레온 소화기

해설
B급 및 C급 화재에 사용되는 이산화탄소 소화기는 가스와 액화된 것이 함께 사용된다. 이 소화기는 용적을 작게 하기 위해 액화해서 고압 용기에 넣고 화재 진압 시 수초 간에 소화제가 노즐이나 다공관을 통해 분사될 수 있도록 한다. 이같이 수초 간에 소화할 수 있어 HRD(High Rate of Discharge system)라 한다. CO_2는 독성은 없지만, 사람이 마시면 저산소증에 걸려 20~30분 내에 의식장애를, 더 진행 시 생명에 지장을 초래할 수 있으니 밀폐된 곳에서는 사용을 금한다.

08 항공기 동체 외피에 있는 방출 지시기가 있다. 소화기의 안전 플러그가 과열로 인하여 작동되었음을 의미하는 것은?

① 적색 디스크 ② 황색 디스크
③ 흑색 디스크 ④ 흰색 디스크

해설
방출 지시기 점검
- 적색 디스크 파괴 시: 소화기의 안전 플러그가 과열로 인해 작동되었음을 알 수 있고 소화기를 교환한다.
- 황색 디스크 파괴 시: 소화계통을 동작시켜 소화액을 사용했음을 알 수 있고, 소화기를 교환한다.

09 항공기에 비치해야 할 소화기의 수에서 승객의 정원이 25명인 경우 소화기의 수는?

① 0 ② 1
③ 2 ④ 3

해설

승객 정원 수	소화기의 수
6인 이하	0
7~30인	1
31~40인	2
61인 이상	3

10 화재 탐지 방법에 해당되지 않는 것은?

① 온도 상승률 탐지기
② 연기 탐지기
③ 일산화탄소 탐지기
④ 이산화탄소 탐지기

해설
화재 탐지기는 열 스위치식 탐지기, 연속 저항 루프 탐지기, 열전대 탐지기, 연기 탐지기(광전기 연기탐지기, 이온식 탐지기, 시각 연기 탐지기, 일산화탄소 탐지기), 화염 탐지기, 압력식 탐지기가 있고, 승무원 및 승객에 의해 탐지되기도 한다.

11 화재 경고장치에서 탐지 장치에 사용되지 않는 것은?

① 열전쌍식   ② 열 스위치식
③ 와전류식   ④ 광전지식

해설
화재 탐지기는 열 스위치식 탐지기, 연속 저항 루프 탐지기, 열전대 탐지기, 연기 탐지기(광전기 연기탐지기, 이온식 탐지기, 시각 연기 탐지기, 일산화탄소 탐지기), 화염 탐지기, 압력식 탐지기가 있고, 승무원 및 승객에 의해 탐지되기도 한다.

정답 06. ① 07. ② 08. ① 09. ② 10. ④ 11. ③

12 공기 중의 스모그 입자로 인한 공기의 이온 밀도 변화를 이용하여 화재를 감지하는 방식의 연기 탐지기는?

① 광전기 연기 탐지기
② 이온식 탐지기
③ 동전기 연기 탐지기
④ 시각 연기 탐지기

[해설]
공기 중의 스모그 입자로 인한 공기의 이온 밀도 변화를 이용하여 감지하는 탐지기인 이온식 연기 탐지기는 일부 항공기에서 사용하고 있다.

13 일정 온도에 달하면 급격하게 전기 저항이 떨어지는 융점이 낮은 소금을 이용하여 탐지하는 탐지기는?

① 열전쌍식
② 열 스위치식
③ 저항 루프식
④ 광전지식

[해설]
저항 루프형 화재 경고장치는 전기 저항이 온도에 의해 변화하는 세라믹이나, 일정 온도에 도달하면 급격하게 전기 저항이 떨어지는 융점이 낮은 소금을 이용하여 온도 상승을 전기적으로 탐지하는 탐지기를 저항 루프형 화재 탐지기라고 한다.

14 화재 경고장치의 기능과 성능에 해당하지 않는 것은?

① 무게가 무겁고, 장착이 복잡해야 한다.
② 화재가 꺼진 후에는 정확하게 지시를 멈춰야 한다.
③ 화재가 계속 진행하고 있을 때는 연속적으로 표시되어야 한다.
④ 항공기 전원에서 직접 전력을 공급받으며, 전력 소비가 적어야 한다.

[해설]
화재 경고장치에는 내열 재료가 사용되며, 다음과 같은 기능과 성능을 요구하고 있다.
① 지상이나 비행 중에 화재가 발생하지 않는 경우에는 작동이나 경고를 발생시키지 않을 것
② 화재가 발생하였을 때는 그 장소를 신속하고 정확하게 표시할 것
③ 화재가 계속 진행되고 있을 때는 연속적으로 표시할 것
④ 화재가 꺼진 후에는 정확하게 지시를 멈출 것
⑤ 화재가 다시 발생한 후에도 위의 ②, ③항대로 작동할 것
⑥ 조종실에서 화재 탐지와 화재 경고장치의 기능을 시험할 수 있을 것
⑦ 윤활유, 물, 열, 진동, 관성력 및 그 밖의 하중에 대하여 충분한 내구성을 가질 것
⑧ 무게가 가볍고, 장착이 용이하며, 정비나 취급이 간단할 것
⑨ 항공기의 전원에서 직접 전력을 공급받으며, 전력 소비가 적을 것
⑩ 화재 탐지는 화재 구역마다 독립적인 계통으로 있을 것
⑪ 화재 경고는 조종실에 경고음을 발함과 동시에 화재의 장소를 알리는 경고등이 켜질 것

15 경고장치의 종류에 해당하지 않는 것은?

① 기계적 경고장치
② 압력 경고장치
③ 양력 경고장치
④ 화재 경고장치

[해설]
항공기 경고장치에는 기계적 경고장치, 압력 경고장치, 화재 경고장치, 실속 경고장치가 있다.

정답 12. ② 13. ③ 14. ① 15. ③

16 비상 송신기의 구난 전파를 발사하는 주파수는 몇 MHz인가?

① 141.5
② 183.0
③ 214.5
④ 243.0

해설
비상 송신기는 항공기의 조난 위치를 알리고 전파를 발신하는 장치이다. 지정된 주파수인 121.5MHz와 243MHz로 약 48시간 동안 계속 구조 신호를 보낼 수 있게 되어 있다.

17 물 위에서 구명보트의 역할을 하는 것은?

① 탈출용 미끄럼대
② 구명조끼
③ 구명보트
④ 비상 송신기

해설
긴급 탈출 장치는 항공기가 운행 중 비상 상태가 발생하였을 때 정해진 시간인 90초 이내에 신속히 탈출할 수 있도록 탈출용 미끄럼대와 로프가 있어야 한다. 탈출용 미끄럼대는 자동 개방식 문과 연결되어 자동으로 밖으로 나와 압축 프레온가스에 의해 팽창된다. 또한 탈출용 미끄럼대는 구명보트의 역할도 한다.

18 1인용 구명보트가 작동할 때 구명보트에 채워지는 가스는?

① 산소
② 암모니아
③ 질소
④ 이산화탄소

해설
구명보트는 항공기가 바다 및 호수에 착수할 경우를 대비하여 1인용 구명보트와 5~6인승 및 25인승 구명보트가 있으며, 비행기 동체의 적당한 곳에 장착되어 있다. 1인용 구명보트는 고무로 만들어져 있고, 낙하산의 멜빵 속에 넣어져 지퍼로 닫혀 있다. 구명보트에 채워지는 가스는 이산화탄소이다.

19 항공기에서 APU가 주로 장착되는 부분은?

① 날개 내부
② 동체 후방부
③ 동체 전방부
④ 조종실 하부

해설
APU는 비행에 직접 필요로 하는 추진력을 얻는 엔진 외에 각 시스템과 장비의 동력원이 되는 전력, 공압 또는 유압을 공급하기 위해 장비한 동력장치를 보조동력장치(APU)라 하며, 동체 후방부에 장착된다.

20 비상위치 지시용 무선표지 설비는 조난신호를 몇 시간 동안 지속하여 발신하게 되어 있는가?

① 12시간
② 23시간
③ 36시간
④ 48시간

해설
16번 해설 참고

정답 16. ④ 17. ① 18. ④ 19. ② 20. ④

CHAPTER 06 유틸리티 계통

1 객실 여압계통

(1) 여압공기의 공급

여압공기는 객실 여압과 공기조화를 위하여 왕복엔진의 항공기에서는 엔진의 구동력을 이용한 과급기 또는 배기가스 구동 터빈 힘을 이용한 터보 과급기로부터 얻는다. 그리고 가스터빈엔진의 항공기에서는 엔진 압축기에서 가압된 블리드 공기를 공급받거나 여압공기의 문제를 해결하기 위하여 엔진 블리드 공기나 액세서리 구동 기어에 의해서 구동되는 독립된 별도의 압축기로부터 공급받기도 한다.

① 왕복엔진 항공기의 여압공기 공급

가) 왕복엔진은 과급기 또는 터보 과급기로부터 객실여압에 필요한 공기를 공급받는다.

나) 과급기는 왕복엔진에 의해 구동되는 일종의 공기 펌프로서, 흡입과정 중의 공기를 가압하여 그중에서 일부를 직접 여압계통으로 보낸다.

다) 터보 과급기는 과급기와 작동 절차는 같으나 배기가스를 이용하여 구동한다는 점이 다르다. 이런 방법들은 객실 공기가 연료, 연기 또는 윤활유에 의하여 오염될 염려가 있고, 엔진의 출력을 감소시키는 불리한 점이 있다.

② 가스터빈엔진을 장착한 항공기의 여압공기 공급

가) 객실 여압을 위하여 엔진 압축기에서 가압된 블리드 공기를 사용한다. 이렇게 하면 엔진은 약간의 출력 감소를 가져온다.

나) 어떤 항공기에서는 공기의 오염 문제 때문에 별도의 압축기를 사용한다. 이때 압축기는 액세서리 케이스의 구동 기어에 의하여 구동되거나, 엔진 압축기로부터 나오는 블리드 공기에 의하여 구동되며, 압축기의 형식으로는 루츠식 압축기, 원심력식 압축기가 있다.

압축기 형식	주요 내용
루츠식 압축기	2개의 평행한 축에 붙어 있는 2개의 로브형 회전자가 같은 속도로 회전하면서 공기가 로브 사이로 들어가서 압축되어 공기 덕트로 공급된다.
원심력식 압축기	임펠러가 회전하면서 흡입되는 공기를 가속시켜 운동 에너지를 증가시키고, 디퓨저를 통과하면서 공기의 운동 에너지가 압력 에너지로 바뀐다.

다) 엔진 블리드 공기를 이용한 여압장치를 나타낸 것이다. 엔진 블리드 공기를 이용하여 터빈을 구동시키면, 같은 축에 연결되어 터보 압축기가 회전하면서 외부의 램 공기를 압축시켜, 이 압축된 램 공기와 엔진 블리드 공기가 섞여서 객실로 보내어진다.

라) 엔진 블리드 공기가 제트 펌프의 수축 노즐을 통하여 흐르면 속도가 매우 빨라지면서 압력은 감소하게 된다. 이 감소된 압력의 힘이 외부의 램 공기를 빨아들여 블리드 공기와 함께 섞여 필요 부분으로 보내어진다. 현대 항공기에는 엔진 블리드 공기에 의한 출력 감소를 줄이기 위하여 여과한 객실의 공기를 신선한 공기와 혼합하여 객실에 다시 공급하기도 한다.

(2) 객실 압력 조절장치

① 아웃 플로 밸브(out flow valve)

가) 아웃 플로 밸브는 일종의 방출 밸브로써 객실 압력을 조절하는 것이 그 첫째 기능이다. 이 밸브는 고도와 관계없이 계속 공급되는 압축된 공기를 동체의 옆이나 꼬리 부분 또는 날개의 필릿을 통하여 공기를 외부로 배출시킴으로써 객실의 압력을 원하는 압력으로 유지되도록 하는 밸브이다.

나) 아웃 플로 밸브의 개폐 조절은 직접 공기압에 의해 작동되거나 공기압에 의해 제어되는 전동기의 구동에 의해서 작동된다. 또 아웃 플로 밸브는 착륙할 때 착륙장치의 마이크로 스위치에 의하여 지상에서는 완전히 열리도록 함으로써 출입문을 열 때 기압 차에 의한 사고가 발생하지 않도록 한다.

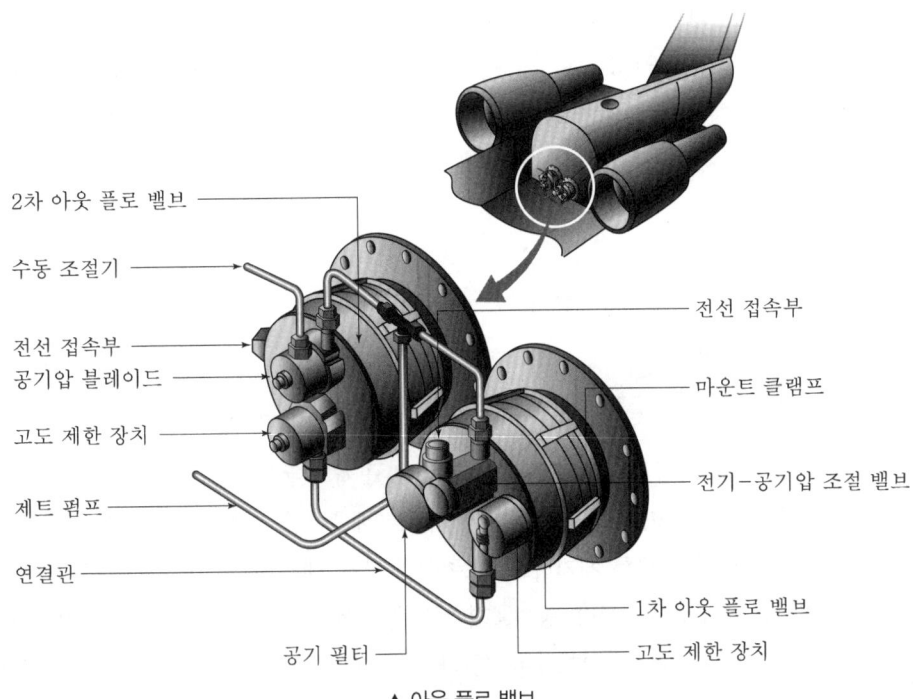

▲ 아웃 플로 밸브

② **객실 압력 조절기**(cabin pressure regulator)

가) 규정된 객실고도의 기압이 되도록 아웃 플로 밸브의 위치를 지정하고 자동으로 등기압 범위에 있어서의 설정값을 조절해 주며, 차압 영역에서는 미리 설정한 차압이 유지되도록 한다.

나) 등기압 범위에서는 고도와 관계없이 일정한 객실 압력을 위하여 차압의 조절은 동체 구조 설계의 최대 차압을 넘지 않도록 한다. 또 객실고도를 변경하려고 할 때는 설정 노브로 기준을 다시 선택할 수 있게 되어 있다.

③ **객실 압력 안전 밸브**(cabin pressure safety valve)

가) 객실 압력 안전 밸브에는 차압이 규정 값보다 클 때 작동되는 객실 압력 릴리프 밸브(cabin pressure relief valve)와 대기압이 객실 압력보다 높을 때 작동되는 부압 릴리프 밸브(negative pressure relief valve), 제어 스위치에 의해 작동되는 덤프 밸브(dump valve)가 있다.

나) 여압된 항공기는 일종의 커다란 압력 용기와 같은 것으로서, 과도한 차압에 대해서 기체의 팽창에 의한 파손을 방지하기 위한 장치가 필요한데, 이것을 객실 압력 릴리프 밸브라 한다. 이 밸브는 아웃 플로 밸브와 함께 구성하는 경우와 따로 분리시켜 장치하는 경우가 있다.

다) 부압 릴리프 밸브는 진공 밸브라고도 하며, 기체 밖의 외기압, 즉 대기압이 객실 안의 기압보다 높은 경우에는 대기의 공기가 객실로 자유롭게 들어오게 되어 있는 밸브이다. 이 밸브는 항공기가 객실고도보다 더 낮은 고도로 하강할 때나, 지상에서 객실 압력과 대기압을 일치시켜 줄 필요가 있을 때 열린다.

2 공기조화 계통

항공기에서의 공기조화 계통은 뜨거운 공기나 차가운 공기의 온도 및 습도를 모두 조절한다. 또 객실 내의 공기를 순환시키고, 순환시킨 공기는 외부로 배출시킨다. 이것은 공기의 적절한 흐름을 유도함으로써 객실 내의 냄새를 제거하고, 조종실과 객실 내부로 유입되는 압축공기의 온도를 인체에 가장 알맞은 상태로 조절한다. 공기조화 계통은 쾌적한 기내 환경을 제공해 주기 위해 객실 내부의 공기를 쾌적한 온도인 21~27°로 유지한다. 보조계통으로는 습도 조절과 윈도의 안개 제거 등이 있다. 객실 내의 공기 온도를 측정하고, 설정 온도와 비교하여 만약 온도가 일치되지 않으면, 가열기나 냉각기를 작동시켜 객실 내부를 일정한 온도가 되도록 공기를 혼합한다.

(1) 공기조화 계통의 기능

① 난방용 공기를 공급한다.
② 냉방용 공기를 공급한다.
③ 객실의 공기를 환기하고 순환시킨다.
④ 온도 조절 기능을 한다.

(2) 난방계통

난방계통은 뜨거운 공기를 이용하여 객실 내를 따뜻하게 조절하고, 화물실을 적정한 온도로 유지하며, 조종실의 윈도에 안개를 없애 준다. 또 조종사의 발과 어깨에 따뜻한 공기를 불어주고, 도어 입구에도 따뜻한 바람을 불어준다. 난방용 공기의 공급장치에는 배기가스 가열장치, 전기가열장치, 연소 가열기가 있다.

① 배기가스 가열장치

가) 배기가스 가열기는 대부분 경비행기에 사용되는 난방계통 중 간단형 형식이다.
나) 엔진배기계통의 소음기를 둘러싸고 있는 금속 슈라우드 안으로 찬 공기가 들어와서

소음기에 머물며 배기되는 약간의 열을 흡수하여 공기를 따뜻하게 한다.

다) 버려지는 열이 없으므로 에너지가 효율적으로 이용되어 매우 경제적이다.

② 연소 가열장치

가) 경·중형 항공기에는 연소 가열기로 공기를 가열한다.

나) 일반적으로 사용되는 연소 가열기는 두 겹의 스테인리스 스틸 실린더로 제작한다.

다) 항공기 외부에서 들어온 연소실 공기는 안쪽 실린더로 들어오고, 연료탱크로부터 공급되는 연료와 공기가 혼합되어 연속적으로 불꽃을 튀기는 점화플러그에 의해 연소되어 연소실을 가열한다. 그러면 연소된 가스는 연소실을 둘러싸고 있는 외부 실린더 사이로 지나가는 배기공기를 가열하여 고온의 공기를 얻는다. 이와 같은 가열기에는 자동 가열 조절에 의해 위험한 상태가 존재하고 있을 때는 가열기가 작동하지 않도록 하는 안전장치가 있다.

③ 전기 가열장치

가) 전기 가열기는 보조 열 공급원으로서 전기 저항에 의해 열이 발생되는 장치로써 항공기가 지상에 있을 때나 엔진을 작동하지 않을 때 주로 사용된다.

나) 전기 가열기를 작동시키면 팬이 강제로 공기를 불어 내고, 이 공기는 가열기의 코일을 지나면서 뜨거워지고 객실 내의 공기가 난방되어 순환된다.

(3) 냉방계통

현대 항공기는 대형화되어 감으로 냉방계통의 용량이 커야 한다. 여기서는 일반적인 두 가지 형식, 즉 공기 순환식 공기조화 계통과 증기 순환식 공기조화 계통에 대해서 설명한다.

① 공기 순환식 공기조화 계통(ACM: Air Cycle Machine)

가) 대형 터빈엔진을 장착한 항공기는 객실 및 조종실로 유입되는 공기의 온도 조절을 위해서 공기 순환장치를 이용하고 있다.

나) 이 장치는 약 80년 전에 이미 실용화되었지만, 용적이 크고 효율도 좋지 않았기 때문에 증기 순환 장치의 발달로 밀려나 그 모습을 감추게 되었다. 그러나 최근에 소형으로 성능이 좋은 터보 압축기나 팽창 터빈이 개발되어, 용도에 따라서는 증기 순환 장치보다도 냉각 능력으로 비교해 볼 때 오히려 중량이나 용적을 경감할 수 있게 되었다.

다) 공기를 매체로 하므로 안정성이 높고, 구조가 간단하며, 고장이 적고, 경제적이어서 항공기에 널리 사용하고 있다. 공기 순환식 조화계통에서의 구성 부품들은 1차, 2차 열교환기, 터빈 바이패스 밸브, 차단 밸브, 수분 분리기, 그리고 찬 외부 공기인 램 공기 흡입 및 배기 도어 등으로 구성되어 있다.

냉각장치 구성	주요 내용
1, 2차 열교환기	• 1차 열교환기의 기능은 램 공기가 뜨거운 블리드 공기가 지나가는 튜브 같이 생긴 난방기를 거치면서 열이 교환된다. • 지상에서는 열교환기를 통해 지나가는 외부 공기의 흐름이 충분하지 않기 때문에 팬이 열교환기를 식혀 주기 위한 공기를 불어 넣는다. • 객실을 따뜻하게 해야 할 경우, 엔진으로부터 얻어지는 뜨거운 블리드 공기의 일부는 공기 조화 팩 주위를 거치지 않고, 1차 열교환기 바이패스 밸브를 거쳐 직접 뜨거운 공기를 공급한다. 2차 열교환기는 1차 열교환기와 공기 순환 압축기를 거친 뜨거운 엔진 블리드 공기를 다시 한 번 냉각시켜 주며, 이것의 기능은 1차 열교환기와 비슷하다.
터빈 바이패스 밸브	• 터빈 바이패스 밸브는 공기 순환 장치의 출구가 막혀 얼어 버리는 것을 방지한다. • 아주 찬 공기가 공기 순환 장치에 들어와도 공기 순환 장치의 주위에 따뜻한 블리드 공기를 불어 넣어 약 $2°$를 유지한다.
차단 밸브	• 공기조화 차단 밸브는 계통에 공기의 흐름을 차단하거나 공기조화 계통을 작동하는 데 필요한 공기 흐름을 조절하며, 팩 밸브라고도 한다.
수분 분리기	• 공기의 급속한 냉각은 안개 형태의 습기가 응축되는 원인이 된다. 이 안개 형태의 공기는 수분 분리기를 통과할 때 수분의 아주 작은 물방울은 유리 섬유 안으로 스며들어 큰 물방울 형태로 된다. 물방울은 아래쪽 배수 컨테이너의 가장자리로 떨어져 배출 밸브를 통해 외부로 배출된다. 이 수분은 따뜻한 공기가 분리기 안에서 혼합됨으로써 결빙을 방지한다. • 수분 분리기의 출구 쪽에 있는 온도 감지기는 공기 순환 장치 주위의 바이패스 라인에 있는 온도 조절 밸브를 제어한다. 만약 수분 분리기 출구 쪽의 공기 온도가 $3°$ 이하가 되면, 조절 밸브는 수분이 결빙되는 것을 방지하기 위해 수분 분리기에서 따뜻한 공기와 혼합되도록 열어 준다.
램 공기 흡입 및 배기 도어	• 램 공기 흡입 도어와 배기 도어는 열교환기 주위를 지나는 램 공기의 양을 조절하기 위해 순차적으로 작동한다. • 도어를 통과하는 공기의 양에 따라 열교환기에 의해 추출된 열의 양도 조절된다. 이들 도어는 액추에이터에 의해 작동되며, 항공기가 지상에 있으면 완전히 열린다.

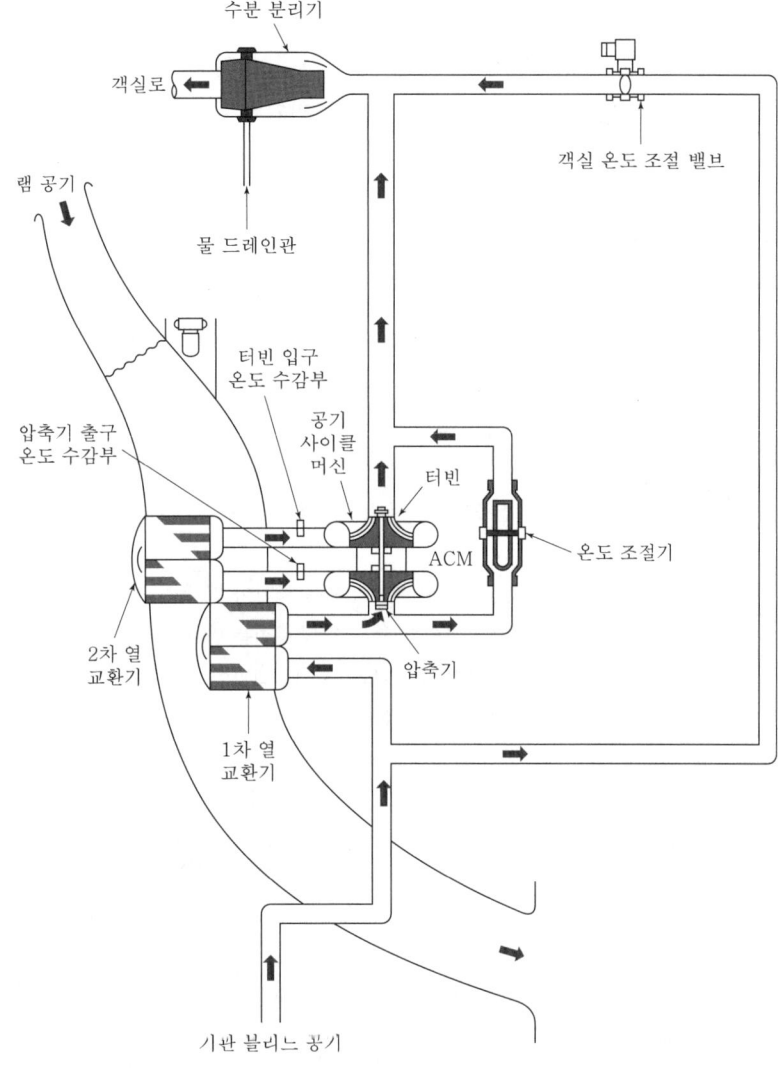

▲ 공기 순환 냉각 계통

② **공기 순환식 장치의 작동**(VCM: Vapor Cycle Machine)

가) 엔진 압축기로부터 얻은 압축공기는 팩 흐름 제어 및 차단 밸브를 통해 1차 교환기를 거쳐 냉각장치의 압축기에 공급된다. 이 공기는 냉각장치의 압축기 임펠러를 통과하면서 높은 압력과 온도를 가지게 된다. 높은 압력과 온도의 공기는 2차 열교환기를 거쳐 냉각장치의 터빈에서 팽창되어 냉각되고 터빈의 임펠러를 회전시키게 된다. 여기서 1차, 2차 열교환기는 압축공기를 항공기의 외부 공기 온도까지 냉각시킬 수 있다. 이처럼 온도가 내려간 공기는 냉방계통에 사용된다.

나) 냉방효과를 증가시키기 위하여 터빈 바이패스 밸브를 제어하여 더 많은 압축공기를 터빈으로 보내기 위하여 닫히게 된다. 열교환기를 냉각하는 공기는 램 공기 흡입구로 들어가 1차, 2차 열교환기를 통과한 다음 항공기 밖으로 방출된다.

다) 팬은 항공기가 지상에 있을 때 램 공기계통을 통하여 열교환기에 냉각공기를 제공한다.

라) 수분 분리기에서 분리된 물은 수분 흡입기에서 기화시켜 열교환기를 거치기 전에 분사함으로써 냉각효과를 높인다. 수분 분리기를 통과한 냉각공기는 배관망을 통해 실내에 분배된다.

③ 증기 순환식 공기조화 계통

가) 증기 순환식 냉각장치는 일반적으로 공기 순환식 계통보다 냉각 성능이 강력하고, 지상에서 엔진이 작동하고 있지 않을 때도 사용하는 것이 가능하다.

냉각장치 구성	주요 내용
리시버 건조기	• 냉각제는 응축장치에서 리시버로 흘러들어와 여과된다. 그다음에는 어떠한 습기라도 제거하는 실리카겔과 같은 건조제를 통과한다. • 이 건조기는 계통으로부터 모든 습기를 제거해 주는 매우 중요한 장치이다.
응축장치	• 응축장치는 냉각제의 열을 빼앗아 액체로 만든다. • 압축기로부터 고온, 고압의 증기를 받는 라디에이터와 유사한 부품이다. • 응축장치는 증발기와 구조나 외관이 유사하게 알루미늄 핀이 구리 튜브에 압착된 코일 형태이다.
냉각제	• 대부분 휘발성의 액체는 냉각제로 사용할 수 있다. 그러나 가장 효과적인 것은 매우 낮은 증기압과 낮은 비등점을 가지는 것이 필요하다. • 항공기 공기조화 계통의 냉각제는 프레온이 일반적으로 사용된다. 그 이유는, 프레온이 높고 낮은 온도에서도 안정적이고, 공기조화 계통의 어떤 물질과도 반응하지 않으며, 호스와 실에 사용되는 고무에 영향을 주지 않기 때문이다.
팽창 밸브	• 팽창 밸브는 액체 냉각제의 압력을 낮추어, 냉각제의 온도를 더욱 낮게 해주는 역할을 한다. • 열팽창 밸브의 구성을 나타낸 것으로, 감지기에서 증발기의 출구압력을 감지하여 압력이 높아지면 밸브를 열게 한다.
증발기	• 증발기는 공기조화 계통에서 공기를 냉각하는 장치로서 구리 튜브이다. • 증발기는 보통 공기를 객실로부터 불어 내는 송풍기 하우징에 장착되어 있다. • 공기가 객실 내로 불면, 냉각제를 거치면서 열이 제거되므로 시원하게 된다.
압축기	• 공기조화 계통에서 인간의 뇌와 같은 기능을 하는 것을 팽창 밸브라고 한다면, 압축기는 냉각제가 계통을 거쳐 순환되도록 하는 심장에 비교할 수 있다.

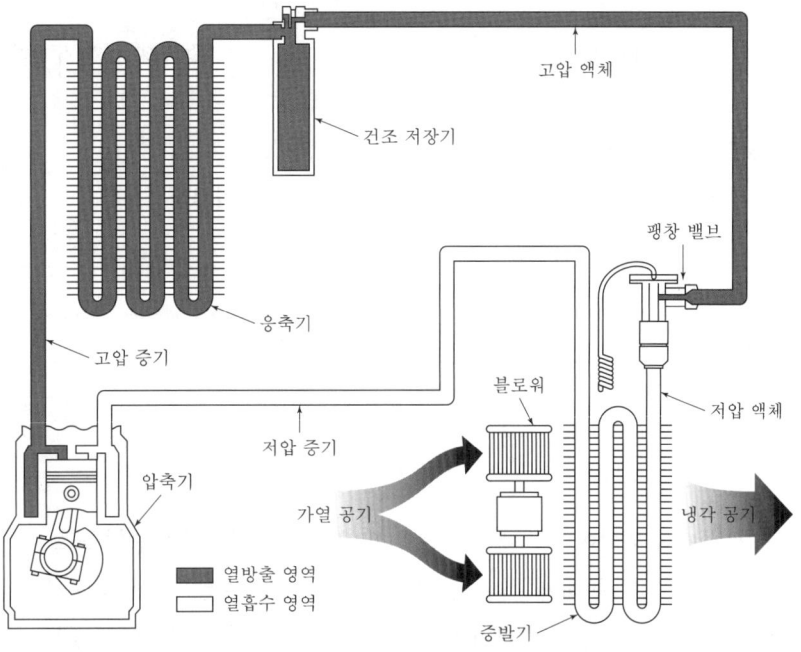

▲ 증기 순환 냉각계통

④ **증기 순환식 장치의 작동:** 압축기에 의해 높은 압력으로 된 프레온은 응축 온도가 상승하여 다음 단계인 응축장치로 보내진다. 이 응축장치에서 기체 프레온은 열교환기를 통과하면서 열을 빼앗겨 프레온은 액체로 응축한다. 이 프레온은 응축장치에서 액체 냉각액의 저장 용기인 리시버로 가고, 팽창 밸브를 거쳐 증발기로 간다. 차갑게 된 액체 프레온은 증발기를 통과하는 따뜻한 객실 공기를 냉각하고, 다시 뜨거워져 증기로 변한다. 증발기를 통과한 이 프레온은 압축기로 흐르게 되어 다시 압축하는 순환이 반복된다.

3 제빙, 방빙 및 제우계통

(1) 열적 방빙계통

열에 의한 방빙계통은 방빙이 필요한 부분에 덕트를 설치하고, 여기에 가열된 공기를 통과시켜 온도를 높여줌으로써 얼음이 어는 것을 막는 장치이다. 경우에 따라서는 가열공기 대신 전기적인 열을 이용하여 방빙하기도 한다. 방빙계통에 이용되는 가열공기를 얻는 방법으로는 가스터빈 압축기로부터 블리드 공기를 얻는 방식과 엔진 배기가스 열교환기를 통해 얻는 방법 및 연소 가열기에 의한 방법 등이 있다.

항공기의 방빙 및 제빙 방법	
결빙 위치	얼음 방지 및 제거 방법
날개 앞전	가열 공기
수직 안정판, 수평 안정판의 앞전	가열 공기
플로트형 기화기	가열 공기, 알코올
윈드실드 및 창문	전열기, 알코올
프로펠러 깃의 앞전	전열기, 알코올
히터, 엔진 공기 흡입구	전열기
실속 경고장치	전열기
피토관	전열기

날개 앞전의 방빙을 위하여 방빙해야 하는 날개의 앞전 부분이나 이중판을 설치하여 판 사이의 틈으로 뜨거운 공기가 통하게 하여 결빙이나 제빙시킬 부분이 가열되도록 한다. 항공기의 피토관이나 윈드실드 등은 전기적인 열을 이용한 방빙장치가 사용되고 있다. 피토관 하우징 내부에는 전기 가열기가 설치되어 있어서 피토관이 타는 것을 방지하기 위해 지상에선 작동하지 않는다.

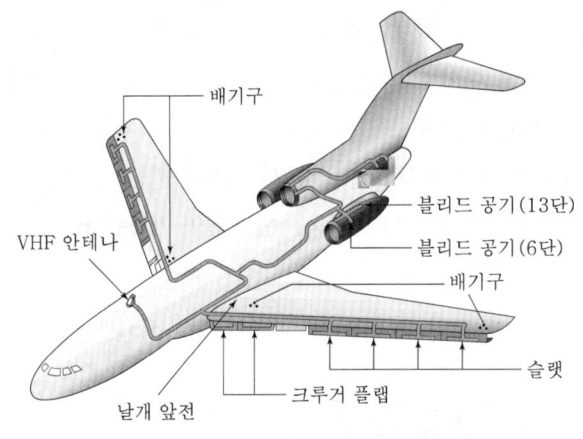

▲ 열에 의한 방빙계통(보잉 727기)

(2) 화학적 방빙계통

결빙에 우려가 있는 부분에 이소프로필 알코올이나 에틸렌글리콜과 알코올을 섞은 용액을 분사, 어는점을 낮게 하여 결빙을 방지하는 것이다. 주로 프로펠러 깃이나 윈드실드 또는 기화기의 방빙에 사용하는데, 때로는 주 날개와 꼬리날개의 방빙에 사용할 때도 있다.

(3) 제빙 부츠

팽창 및 수축할 수 있는 공기방이 유연성 있는 호스에 의해서 계통의 압력관과 진공관에 연결된다. 계통이 작동을 시작하면 가운데 공기 방이 팽창하면서 얼음을 깨트리고, 가운데 공기방이 수축하면 바깥쪽 공기방이 팽창하면서 깨진 얼음을 밀어내어 대기 중으로 날려버린다. 이처럼 제빙 부츠의 팽창 순서를 조절하는 것은 분배 밸브이다.

(4) 제우계통

낮은 고도 비행 시 비나 눈으로 인하여 윈도 전면 시야가 흐려지는 여러 가지 요인 중 빗물로 인한 요인을 제거하는 방법은 다음과 같다.

물방울 제거장치 종류	주요 내용
윈드실드 와이퍼 (windshield wiper)	• 와이퍼 블레이드가 적절한 압력으로 누르면서 물방울을 기계적으로 제거한다. • 기계적인 움직임은 유압 및 전기에 의해 구동된다. 보통은 전기모터에 의해 구동되며 조종석과 부조종석의 시스템은 독립적으로 설치된다.
공기 커튼 장치 (air curtain)	• 압축공기를 이용하여 공기 커튼을 만들어 물방울을 날려 버리거나 건조시켜 부착을 방지하는 방법이다. • 제트 블라스트 제우계통은 엔진 압축공기 및 압축기 블리드 공기를 이용하여 빗방울이 윈드실드에 붙기 전에 날려버릴 만큼의 고온, 고압이다.
방우제 (rain repellent)	• 우천 시 와이퍼를 사용해서 시야가 보이지 않는 경우 방우제를 사용하여 시야가 선명하게 보일 수 있도록 사용한다. • 방우제는 강유량이 적거나 건조한 유리 표면에 사용하게 되면 방우제가 유리에 달라붙어 시야를 방해하기 때문에 사용이 금지되어 있다. • 방우제가 유리에 달라붙으면 제거하기 어렵기 때문에 빨리 중성 세제로 닦아내야 한다.
실 코팅 (seal coating)	• 소수성 코팅(hydro-phobic coating)이라 불리는 실 코팅을 일부 항공기에서 하고 있다. • 실 코팅을 하면 빗방울이 달라붙지 않고 윈드실드 표면을 굴러 날아가 버린다. • 실 코팅을 사용하므로 와이퍼 사용이 줄고, 많은 강우량에서도 좋은 시야를 확보할 수 있어 최근 항공기에는 실 코팅을 설치하고 있다.

※ 윈도 와셔: 윈드실드에 세정액을 분사하여 오염물질을 제거한다. 세정액은 기체 구조에 영향을 주기 때문에 지정된 것을 사용해야 하고, 방수액을 사용할 수도 있다.

CHAPTER 06 실력 점검 문제

01 객실 여압에서 임펠러가 회전하면서 흡입되는 공기를 가속하여 운동 에너지를 증가시키는 압축기 형식은?

① 루츠식 압축기
② 베인식 압축기
③ 원심력식 압축기
④ 유압동력식 압축기

해설

가스터빈엔진을 장착한 항공기의 여압공기의 공급은 압축기에서 가압된 블리드 공기를 사용한다. 이에 따른 압축기는 루츠식과 원심력식 압축기를 사용한다. 그중 원심력식 압축기는 임펠러가 회전하면서 흡입되는 공기를 가속하여 운동 에너지를 증가시키고, 디퓨저를 통과하면서 공기의 운동 에너지가 압력 에너지로 바뀐다.

02 다음 항공기의 착륙장치에 있어 지상에는 완전히 열리도록 함으로써 출입문을 열 때 기압차에 의한 사고가 발생하지 않도록 하는 스위치는?

① 토글 스위치
② 슬라이드 스위치
③ 푸스 풀 버튼 스위치
④ 마이크로 스위치

해설

마이크로 스위치(micro switch): 착륙장치와 플랩 등을 작동하는 전동기의 작동을 제한하는 스위치(limit switch)로 사용된다.

03 객실 내의 공기를 일정한 압력이 되도록 외부로 공기를 내보내는 장치는?

① out flow valve
② safety valve
③ dump valve
④ air condition valve

해설

아웃 플로우 밸브는 고도와 관계없이 계속 공급되는 압축된 공기를 동체의 옆이나 꼬리 부분 또는 날개의 필릿을 통하여 공기를 외부로 배출시킴으로써 객실의 압력을 원하는 압력으로 유지되도록 하는 밸브이다.

04 다음 중 방빙장치의 종류가 아닌 것은?

① 전열식
② 가열 공기식
③ 제빙 부츠식
④ 윈드실드 와이퍼식

해설

방빙계통은 고온 공기를 이용한 방식(엔진 압축공기, 배기 가열기, 연소 가열기), 전기식 방빙계통, 화학적 방빙계통(알코올 분출식), 제빙 부츠식이 있다.

05 항공기가 객실고도보다 더 낮은 고도로 하강할 때나, 지상에서 객실 압력과 대기압을 일치시켜 줄 필요가 있을 때 열리는 밸브는?

① 객실 압력 조절기
② 객실 압력 안전 밸브
③ 아웃 플로 밸브
④ 감압 밸브

 정답 01. ③ 02. ④ 03. ① 04. ④ 05. ②

> 해설

객실 압력 안전 밸브에는 차압이 규정 값보다 클 때 작동되는 객실 압력 릴리프 밸브(cabin pressure relief valve)와 대기압이 객실 압력보다 높을 때 작동되는 부압 릴리프 밸브(negative pressure relief valve), 제어 스위치에 의해 작동되는 덤프 밸브(dump valve)가 있다. 부압 릴리프 밸브는 진공 밸브라고도 하며, 기체 밖의 외기압, 즉 대기압이 객실 안의 기압보다 높은 경우에는 대기의 공기가 객실로 자유롭게 들어오게 되어 있는 밸브이다. 이 밸브는 항공기가 객실고도보다 더 낮은 고도로 하강할 때나, 지상에서 객실 압력과 대기압을 일치시켜 줄 필요가 있을 때 열린다.

06 공기압식 제빙계통에서 부츠의 팽창 순서를 조절하는 것은?

① 분배 밸브   ② 부츠 구조
③ 진공 펌프   ④ 흡입 밸브

> 해설

제빙 부츠는 팽창 및 수축할 수 있는 공기방이 유연성 있는 호스에 의해서 계통의 압력관과 진공관에 연결된다. 계통이 작동을 시작하면 가운데 공기방이 팽창하면서 얼음을 깨트리고, 가운데 공기방이 수축하면 바깥쪽 공기방이 팽창하면서 깨진 얼음을 밀어내어 대기 중으로 날려 버린다. 이처럼 제빙 부츠의 팽창 순서를 조절하는 것은 분배 밸브이다.

07 다음 중 화학적 방빙계통에서 쓰이는 액체는?

① 알코올   ② 가솔린
③ 아세톤   ④ 경유

> 해설

화학적 방빙은 결빙의 우려가 있는 부분에 에틸렌글리콜(ethylene glycol)과 알코올을 섞은 용액이나 이소프로필(isopropyl) 알코올을 분사하여 어는점을 낮게 하여 결빙을 방지한다.

08 건조한 윈드실드(windshield)에 레인 리펠런트(rain repellent)를 사용할 수 없는 이유는?

① 유리를 분리한다.
② 유리를 애칭 시킨다.
③ 유리가 뿌옇게 되어 시계가 제한된다.
④ 열이 축적되어 유리에 균열을 만든다.

> 해설

방우제는 우천 시 와이퍼를 사용해서 시야가 보이지 않는 경우 방우제를 사용하여 시야가 선명하게 보일 수 있도록 사용한다. 방우제는 강우량이 적거나 건조한 유리 표면에 사용하게 되면 방우제가 유리에 달라붙어 시야를 방해하기 때문에 사용이 금지되어 있다. 방우제가 유리에 달라붙으면 제거하기 어렵기 때문에 빨리 중성 세제로 닦아내야 한다.

09 공기 조화계통의 기능이 아닌 것은?

① 냉방용 공기를 공급한다.
② 난방용 공기를 공급한다.
③ 객실 공기를 순환시킨다.
④ 엔진 공기를 순환시킨다.

> 해설

공기조화 계통의 기능
- 난방용 공기를 공급한다.
- 냉방용 공기를 공급한다.
- 객실의 공기를 환기하고 순환시킨다.
- 온도 조절 기능을 한다.

10 난방용 공기의 공급장치가 아닌 것은?

① 배기가스 가열장치
② 후기연소 가열장치
③ 전기 가열장치
④ 연소 가열장치

정답 06. ① 07. ① 08. ③ 09. ④ 10. ②

해설

난방용 공기의 공급장치로는 배기가스 가열장치, 연소 가열장치, 전기 가열장치가 있다.

11 압축공기에 의한 제빙계통의 구성요소가 아닌 것은?

① 가압 진공 펌프
② 가압-진공 릴리프 밸브
③ 윈드실드
④ 사이클 타이머

해설

엔진 압축공기에 의한 제빙계통의 구성요소로는 분배 밸브, 타이머, 객실 압력 릴리프 밸브, 진공 릴리프 밸브, 진공 펌프, 오일 분리기 등이 있다.

12 다음 중 일반적으로 방빙 및 제빙계통이 설치되지 않는 곳은?

① 기화기
② 윈드실드
③ 뒷전 플랩
④ 날개 앞전

해설

방빙계통이 설치되는 곳은 날개 앞전(크루거 플랩, 슬랫), 수직 안정판 앞전, 수평 안정판 앞전, 윈드실드 및 창문, 히터, 엔진 공기 흡입구, 실속 경고장치, 피토관, 프로펠러 깃 앞전, 기화기(플로트형), VHF 안테나 등이 있다.

13 공기 순환식 공기조화 계통의 구성으로 틀린 것은?

① 응축기
② 1,2차 열교환기
③ 차단 밸브
④ 수분 분리기

해설

공기 순환식 공기 조화계통의 구성은 1,2차 열교환기, 터빈 바이패스 밸브, 차단 밸브, 수분 분리기, 램 공기 흡입 및 배기 도어 등으로 구성된다.

14 냉각장치의 구성으로 틀린 것은?

① 압축기
② 수분 분리기
③ 팽창 밸브
④ 리시버 건조기

해설

증기 순환식 공기 조화계통(냉각장치)의 구성품은 리시버 건조기, 응축장치, 냉각제, 팽창 밸브, 증발기, 압축기 등으로 구성된다.

15 주로 프로펠러 깃이나 윈드실드의 방빙에 사용하는 것은 무엇인가?

① 전기 가열
② 제빙 부츠
③ 흡입 가열 공기
④ 에틸렌글리콜 혼합액

해설

화학적 방빙은 결빙의 우려가 있는 부분에 에틸렌글리콜(ethylene glycol)과 알코올을 섞은 용액이나 이소프로필(isopropyl) 알코올을 분사하여 어는점을 낮게 하여 결빙을 방지한다.

16 다음 제우장치 중 빗물로 인한 요인을 제거하는 방법에 해당하지 않는 것은?

① 윈드실드 와이퍼
② 제트 블라스트
③ 방우제
④ 공기 커튼 장치

해설

물방울 제거장치 종류로는 윈드실드 와이퍼(windshield wiper), 공기 커튼 장치(air curtain), 방우제(rain repellent), 실 코팅(seal coating) 등이 있다.

정답 11. ③ 12. ③ 13. ① 14. ② 15. ④ 16. ②

17 소수성 코팅이라 불리며, 항공기의 시야를 확보할 수 있는 것은 무엇인가?

① 윈드실드 와이퍼
② 방우제
③ 공기커튼 장치
④ 실 코팅

해설

실 코팅(seal coating)은 소수성 코팅(hydro-phobic coating)이라 불리며, 일부 항공기에서 하고 있다. 실 코팅을 하면 빗방울이 달라붙지 않고 윈드실드 표면을 굴러 날아가 버린다. 실 코팅을 사용하므로 와이퍼 사용이 줄고, 많은 강우량에서도 좋은 시야를 확보할 수 있어 최근 항공기에는 실 코팅을 설치하고 있다.

18 제우장치의 하나로 물방울을 날려 버리거나 건조시켜 빗방울의 부착을 방지하는 방법은 무엇인가?

① 윈드실드 와이퍼
② 방우제
③ 공기 커튼 장치
④ 실 코팅

해설

공기 커튼 장치(air curtain)는 압축공기를 이용하여 공기 커튼을 만들어 물방울을 날려 버리거나 건조시켜 부착을 방지하는 방법이다. 제트 블라스트 제우계통은 엔진 압축공기 및 압축기 블리드 공기를 이용하여 빗방울이 윈드실드에 붙기 전에 날려버릴 만큼의 고온, 고압이다.

19 다음 중 항공기의 열에 의한 방빙계통에 해당하지 않는 것은?

① 랜딩 기어
② 날개 앞전
③ 크루거 플랩
④ 엔진 공기 흡입구

해설

방빙계통이 설치되는 곳은 날개 앞전(크루거 플랩, 슬랫), 수직 안정판 앞전, 수평 안정판 앞전, 윈드실드 및 창문, 히터, 엔진 공기 흡입구, 실속 경고장치, 피토관, 프로펠러 깃 앞전, 기화기(플로트형), VHF 안테나 등이 있다.

20 비행 중인 항공기에서 결빙을 고려하지 않아도 되는 곳은?

① 안테나
② 날개의 뒷전
③ 피토관
④ 공기 흡입구

해설

19번 문제 해설 참고

정답 17. ④ 18. ③ 19. ① 20. ②

PART 04

통신항법 계기 정비

CHAPTER 01 통신장치

1. 전파의 성질

전자기파(electromagnetic wave)를 넓은 의미로 보면 무선전파, 적외선, 가시광선, 우주선을 총칭하고, 좁은 의미로 보면 무선 통신용 전자기파를 의미하고, 이를 전파라 한다. 이 전파는 공간을 전파할 때 주파수에 따라 굴절, 반사 및 회절의 특성에 따라 다르다. 전파는 전자기 유도현상에 의해 전기장과 자기장이 90°를 이루며 사인파 형태로 퍼져 나간다. 전자파의 성질은 다음과 같다.

가) 동일 매질 중을 전파하는 전파도 직진한다.
나) 입사파 및 반사파의 통로는 동일 평면 내에 있고, 반사점에 세운 법선에 대해 반사파와 입사파는 같다.
다) 다른 매질의 경계면을 통과할 때는 굴절한다.
라) 회절 현상이 있다.

주파수 구분	주파수 특성	적합 여부
주파수가 낮을때	회절성이 강하고, 감쇠가 작다.	해상 원거리 통신에 적합하다.
주파수가 높을때	회절성이 약하고, 감쇠가 크다.	근거리 통신 적합하다.

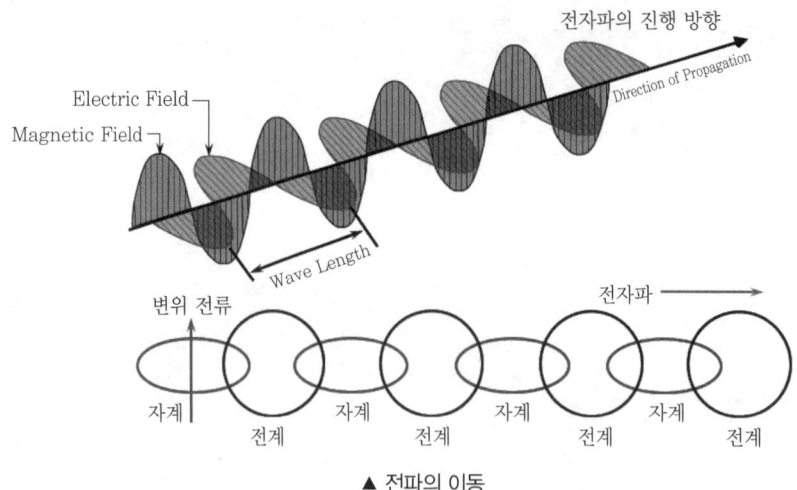

▲ 전파의 이동

(1) 전파의 발생

① 전파가 발생되는 원리

가) 두 개의 평면 전극판에 교류 전압을 인가하였을 때, 높은 주파수에서는 두 평면 전극판 사이의 공간에는 전기장이 발생되고, 전기장의 변화에 따른 전류가 흐른다.

나) 패러데이(Faraday), 맥스웰(Maxwell)에 이어 헤르츠(Hertz)는 실험적으로 전파를 발생시키는 것을 성공시켰다.

(2) 전파의 분류

① 주파수에 의한 분류

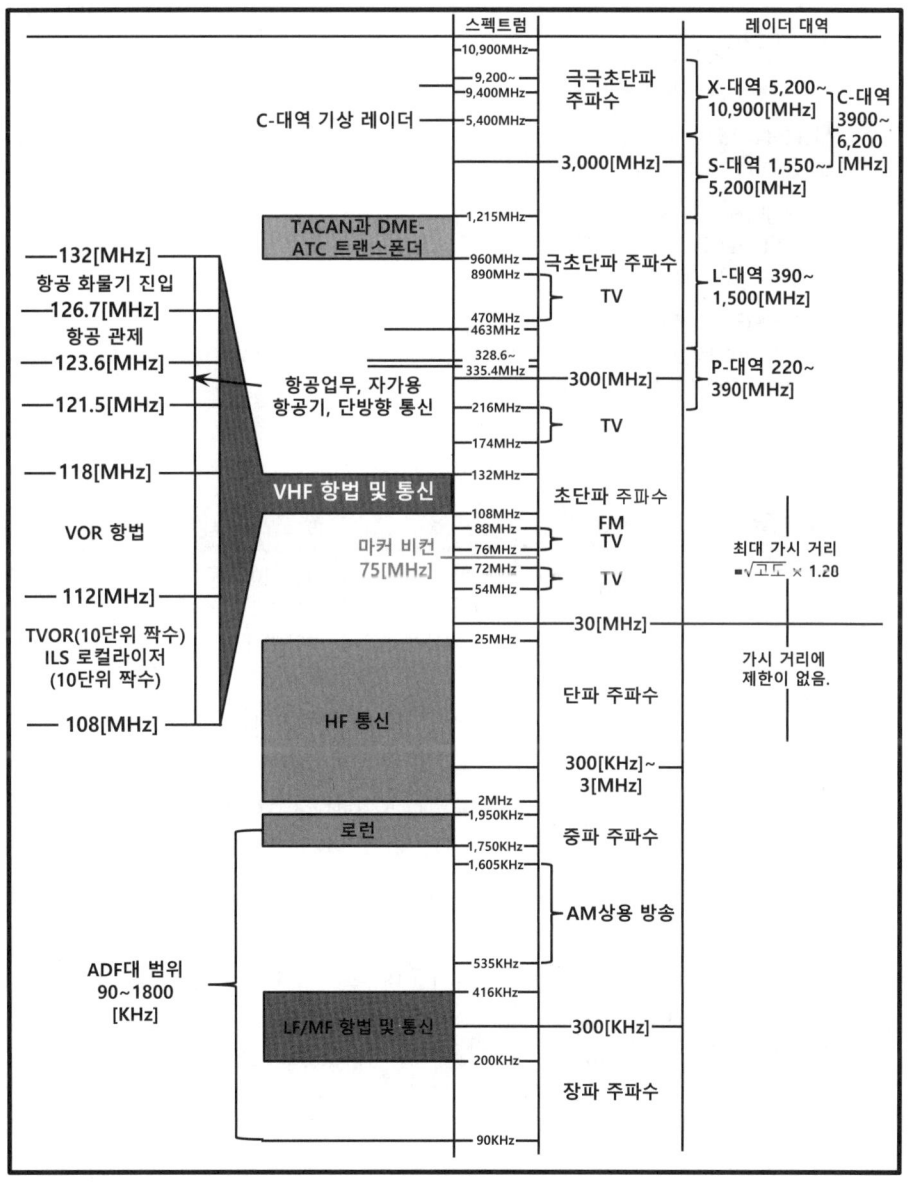

▲ 항공 주파수 대역

주파수 분류

주파수 구분	주파수 범위	파장 범위	용도
VLF(초장파, Very Low Frequency)	3~30KHz	100~10Km	오메가
LF(장파, Low Frequency)	30~300KHz	10~1Km	ADF 로란 C
MF(중파, Medium Frequency)	300KHz~3MHz	1,000~100m	ADF 로란 A
HF(단파, High Frequency)	3~30MHz	100~10m	HF 통신 (VOR, VHF통신, 로컬라이저, G/S, 마커 비컨, DME)
VHF(초단파, Very High Frequency)	30~300MHz	10~1m	ATC 트랜스폰더, TACAN
UHF(극초단파, Ultra High Frequency)	300~3,000MHz	100~10cm	기상 레이더
SHF(센치미터파, Super High Frequency)	3~30GHz	10~1cm	도플러 레이더
EHF(밀리미터파, Extra High Frequency)	30~300GHz	10~1mm	전파고도계

② 전파 경로에 의한 분류

전파 종류	파장	핵심내용	
지상파 (ground wave)	직접파 (direct wave)	항공기와 항공기, 인공위성과 지상 지구국 간의 자유공간에 전파되어 도달하는 전파로써 장애물에 전파거리 제한을 받기 때문에 송·수신 안테나가 길수록 전파거리가 증가한다.	
	대지반사파 (reflected wave)	대지에서 반사되어 도달하는 전파이다.	
	지표파 (surface wave)	지표를 따라 전파되어 도달하는 전파이다.	
	회절파 (diffracted wave)	산, 건물 위로 회절되어 도달되는 전파이다.	
공간파 (sky wave)	대류권산란파 (tropospheric scattered wave)	불규칙한 대류권 기류에 산란하는 전파이다.	
		D층	장파(LF)는 반사되고, 이보다 높은 전파는 통과 및 흡수된다.

공간파 (sky wave)	전리층파 (ionospheric wave)	전리층에 반사·산란하는 전파로써 E층 반사파, F층 반사파, 전리층 활행파, 전리층 산란파로 분류된다.	
		E층	초장파(VLF), 장파(LF), 중파(MF)는 반사되고, 이보다 높은 전파는 통과된다.
		F층	단파(HF)는 반사되고, 이보다 높은 전파는 통과된다.
		초단파(VHF) 및 그 이상은 전리층을 뚫고 나간다.	

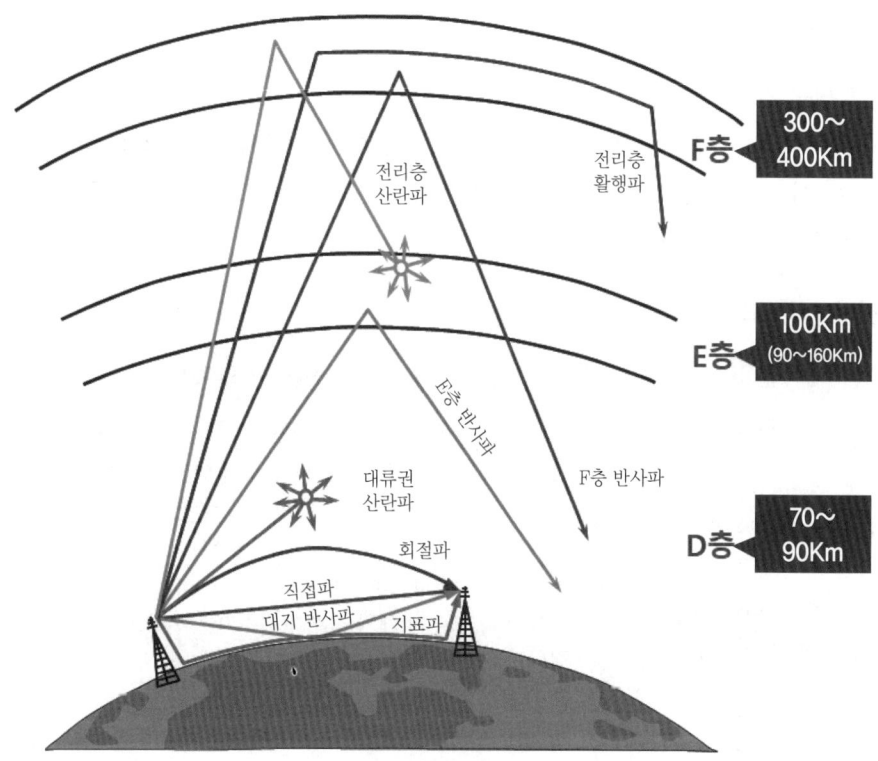

▲ 지상파와 공중파의 분류

③ 전리층에 관한 여러 가지 현상

전리층(ionosphere)은 지구를 둘러싸고 있는 상층 대기가 태양으로부터 오는 복사 에너지에 의해 전리된 층을 말하며, 전파를 반사한다. 이는 대기압이 낮은 약 50~400km 높이에 존재하며, 지상에서 D층 70~90km, E층 100km, F층 300~400km 높이에 있다.

여러 가지 현상	현상의 내용
델린저 현상	태양이 비추는 반대편에서 단파의 수신 전기장의 강도가 급격히 저하 및 수신 불능 상태가 수 분~수 시간 지속되다가 후에 점차 회복되는 현상을 말하며, 소실 현상이라고도 한다.

전리층 교란	전리층 교란은 자기 교란(magnetic storm)에 의해 일어나며, 갑작스러운 전리층 교란(SID: Sudden Ionospheric Disturbance)이 발생한 수 시간 뒤 발생한다.
그 밖의 우주 현상의 영향	• 오로라(aurora)가 나타나면 극지방에서 전파의 감쇠가 커지고, E층 전자밀도가 증가하고, 전파가 산란된다. • 룩셈부르크 현상은 전리층의 한 점을 두 전파각이 지날 경우, 한쪽 전파가 다른 쪽 전파로 변조되는 현상을 말한다.

(3) 전파 경로상의 특성

① 전파의 회절

전파의 주파수가 낮을수록(파장이 길수록) 회절 현상이 강해지고, 감쇠는 작아져 멀리에서도 수신이 가능하다. 그래서 주파수가 높은 경우 근거리 통신에 사용하고, 주파수가 낮은 경우 원거리 통신에 사용한다.

② 전파의 여러 현상

전파의 현상	전파 현상의 특징
페이딩(fading)	전파의 수신 전기장 강도가 시간적으로 변동하는 현상을 말한다.
에코현상 (echo effect)	송신 안테나에서 발사된 전파가 수신 안테나에 도달하는 데 여러 가지 통로가 있다. 이들 통로를 따라 도달하는 시간에도 약간의 차이가 생겨 신호가 여러 번 반복되면서 나타나는 현상을 말한다.
다중신호 (multiple signal)	송신점에서 수신점에 도달하는 전파는 여러 개가 있기 때문에 도착 시각에 따라 여러 개의 신호가 겹쳐지는 현상으로 이미지 전송 시 뚜렷하지 않게 된다.
태양 흑점의 영향	태양의 흑점이 증가하면 자외선이 많이 증가하고, 전리층 내의 전자밀도가 증가하기 때문에 F층의 임계 주파수가 높아져 높은 주파수의 전파가 반사된다.
자기폭풍 (magnetic storm)	태양 표면의 폭발이나 태양 흑점의 활동이 활발할 때 지구 자기장이 비정상적으로 변화하는 현상을 말한다. 자기폭풍이 발생하면 HF 통신이 불가능하다.
대칭점 효과 (symmetric point effect)	대칭점은 지구 어느 한 점에 대해 그 반대쪽에 있는 점을 대칭점이라고 한다. 전파의 도래 방향이 항상 변하게 된다. 많은 통로를 지나 수신점에 모이게 되면 수신 전기장의 강도가 커지게 되는 현상을 말한다.

2 항공기 안테나

(1) 안테나의 원리

① **자기력선속과 기전력:** 시간적으로 변화하는 전기장과 자기장이 얽혀 전파되는 파동을 전파라 한다. 전기장과 자기장이 서로 얽혀가면서 퍼져 나가는 전파는 그 전기장이나 자기장의 세기가 거리에 반비례하여 감소만 되고, 원거리까지 전파할 수 있다. 이와 같은 교류 전자장을 전파라고 한다.

② **전자파의 복사:** 전류가 흐르면 주위에는 자기장이 생기고, 전류를 증가시키면 자기장도 증가한다. 이때 전자 유도 법칙에 따라 전기장이 생긴다. 이후 전류가 감소하게 되면 전기장이 감소하고, 자기 작용으로 다시 자기장이 나타나는 변화를 반복하면서 시간적으로 변화하는 전기장과 자기장이 점점 퍼져 나가는 전자기파는 모든 방향으로 퍼져 나간다.

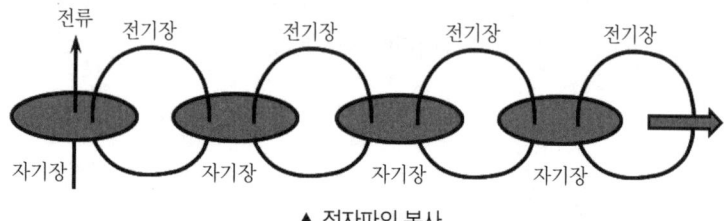

▲ 전자파의 복사

전자파의 성질
1. 동일 매질 중에 전파하는 전파도 직진한다.
2. 입사파 및 반사파의 통로는 동일 평면 내에 있고, 반사점에 세운 법선에 대하여 반사파와 입사파는 같다.
3. 서로 다른 매질의 경계면을 통과할 경우에는 굴절한다.
4. 회절 현상이 있다.

(2) 항공기에 사용되는 안테나

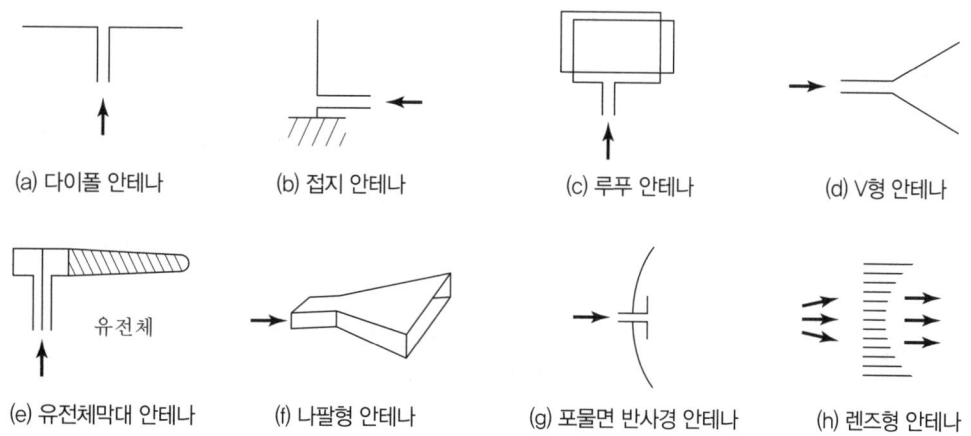

▲ 안테나의 종류

B-747 항공기에는 통신장치, 항법장치용 송·수신용 안테나가 25개 부착되어 있다. 이처럼 현대 항공기에는 전자공학의 발전으로 소형, 경량으로 정밀도와 신뢰도가 높은 항법장치가 개발되어 장파에서 초단파까지 광범위하게 사용되고 있다.

구분	안테나 사용
저속기	장파, 중파, 단파용으로 기체 외부에 붙인 와이어 안테나를 사용한다.
고속기	기체 외피 일부를 크기가 작고, 저항이 적은 초단파 이상의 안테나로 사용하거나, 기체 내부에 내장하는 플러시형을 사용한다.
※ 주파수가 낮을수록 파장이 길어지므로 안테나는 길어지고, 주파수가 높을수록 파장이 짧아지므로 안테나는 짧아진다.	

안테나는 통신용 수직 안테나와 같이 모든 방향에 균일하게 전파를 송·수신하는 무지향성(omni-direction)과 방향탐지기의 루프 안테나와 같이 특정 방향으로만 송·수신하는 지향성(direction)이 있다. 지향성 안테나를 회전하여 넓은 범위를 탐지하는 스캐닝 안테나(scaning antenna)는 기상 레이더에 사용된다.

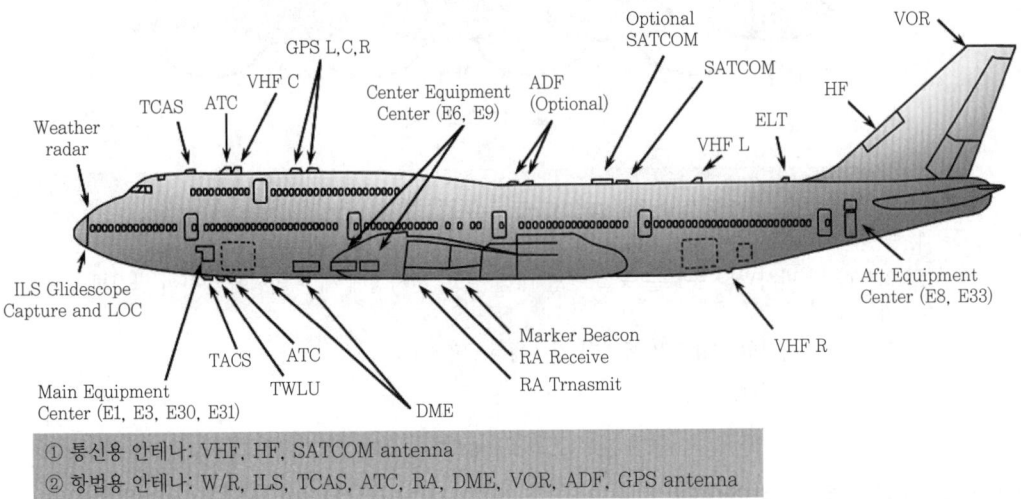

① 통신용 안테나: VHF, HF, SATCOM antenna
② 항법용 안테나: W/R, ILS, TCAS, ATC, RA, DME, VOR, ADF, GPS antenna

▲ B747 항공기 안테나 장착 위치

안테나 종류	안테나 특성
와이어 안테나	저속기에서 HF(단파), LF(장파)/MF(중파)의 HF 통신장치가 이용되는 곳에 간혹 사용하고 안테나의 결빙을 최소화하기 위해 20°가 넘지 않도록 설치해야 한다. 하지만 현대 항공기에는 거의 사용되지 않는다.
로드 안테나	소형 항공기에 전 방향 서비스를 위해 수직으로 장착하여 사용하고, 고속기에는 부적합하다.
수평 비 안테나	소형 항공기에 TV 안테나와 비슷한 형태로 하고 있다. 완전하게 단일방향으로 만들 수 없는 단점이 있다.

블레이드 안테나	유리섬유 구조의 밀폐된 매질로 구성되어 공기저항을 최소로 설계하였다. ATC 트랜스폰더, VHF 안테나, DME에 사용된다.
접시형 안테나	접시형 반사기에서 반사된 전자파가 중심축에 집중되어 지향성이 높은 예리한 전자파 빔을 얻어 레이더 및 기상 레이더에 사용된다.
슬롯 안테나	여진용 및 항공기용 레이더의 복사기로 사용되어 글라이드 슬로프(G/S)의 수신용 안테나로 사용되는 슬롯의 길이는 $\frac{\lambda}{2}$이다.
나팔형 안테나	도파관의 단면적을 크게 할수록 지향성이 높아지는 특성과 반사기를 결합하여 전파고도계(RA)에 사용한다.

※ 주파수(f)와 파장(λ)의 관계식은 다음과 같다.

$$\lambda = \frac{C}{f},\ f = \frac{C}{\lambda}$$

C : 전파 속도($3 \times 10^8 m/s$)
f : 주파수(Hz)
λ : 파장(m)

3 통신장치

(1) HF 통신장치

HF 통신장치는 항공기의 통신 수단인 통신장치, 항법장치, 감시장치 중 가장 먼저 도입된 단파 통신으로, 주로 해상 원거리 통신(장거리 통신)에 사용되고 항공기와 지상, 항공기와 항공기 간, VHF 통신 결함 시 비상용으로 사용하고 있다. 단파 통신은 전리층과 지표 반사를 반복하기 때문에 원거리까지 통신할 수 있지만, 전리층 상태(잡음 및 페이딩)에 따라 통신 품질이 떨어진다.

통신 방식으론 회선 수 증가 요구에 따라 단측파대(SSB: Single Side Band) 통신 방식이 채택되어 사용하고 있으나, 초단파 양측파대(DSB: Double Side Bang)를 사용할 수 있는 장치가 많다. 주파수는 2~25MHz, 채널 수는 최대 144채널, 사용 고도 제한은 35,000ft이다. 현재 항공기 통신장치에서는 위성통신 시스템(SATCOM)이 활성화되어 HF 통신 사용이 줄었으나, 위도가 높은 극지방에서는 위성통신을 사용할 수 없어 HF 통신을 사용하고 있다.

① 통신용 송신기

그림은 AM 무선 전화 송신기 구성의 예로, 발진부는 주파수 안정도가 높은 수정 발진기를 사용하고, 부하 변동의 영향을 방지하기 위해 완충 증폭기를 사용한다. 세부 사항은 아래와 같다.

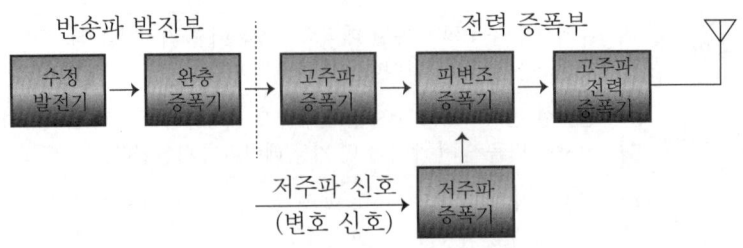

▲ AM 무선 전화 송신기 계통

송신기 구분	세부 내용
발진부	발진부는 신호를 전송하는 데 필요한 반송파를 발생하는 부분으로, 수정 발전기나 자려 발진기를 사용한다.
	발진기가 갖추어야 할 중요한 사항
	① 송신 주파수가 허용 편차를 벗어나지 않기 위해 전압, 온도, 습도가 변하더라도 높은 안정도를 갖추어야 한다. ② 부하 변동이 있더라도 주파수 변동이 일어나지 않도록 회로를 구성해야 한다. ③ 주파수를 변경하며 사용하는 송신기에서는 주파수 변환이 간단하고 확실해야 한다.
완충 증폭부	발진기에서 고주파 출력을 얻는 경우, 발진기 동조 회로의 코일에 부하가 직접 접속하면 부하 변동에 따른 회로 정수가 변화하여 발진 주파수가 변화됨을 방지하기 위해 발진기와 부하 사이에 증폭기를 넣어 부하 변동이 되더라도 영향이 되지 않도록 완충 증폭기(buffer amplifier)를 사용한다.
고주파 증폭기	원하는 고주파 전력을 얻기 위해 전력 증폭을 여러 번 해야 하기에 효율이 높은 B, C급 증폭 방식을 사용하여 큰 출력을 얻는다. 컬렉터 효율(η)의 식은 다음과 같다. $$\eta = \frac{P_0}{P_1} \times 100(\%)$$ P_0 : 컬렉터 출력 전력, P_1 : 직류 입력 전력
피변조 회로	변조 회로는 보내고자 하는 정보 내용을 높은 주파수의 반송파에 싣는 역할을 하는데, 변조 신호의 파형을 일그러짐 없이 피변조파로 만드는 직선성을 갖추는 회로이다.
전력 증폭기	여진 증폭기는 종단 전력 증폭기를 여진하는 데 필요로 하는 충분한 전력까지 증폭하기 위해 사용되는 여진기(exciter)라 한다. 효율이 높은 C급 증폭기가 사용되나, 단측파대(SSB)에서는 AB급, B급으로 동작시킨다.

② **통신용 수신기**

수신 안테나에 입력되는 전파 중에서 희망파를 선택하여 증폭, 복조하여 정보를 얻는 장치로 스트레이트(straight) 방식과 슈퍼헤테로다인(superheterodyne) 방식이 있다. 스트레이트 방식은 구성은 간단하지만, 감도, 선택도, 안정도가 떨어져 사용하지 않고, 암스트롱에 의해 발명된 슈퍼헤테로다인 방식은 스트레이트 방식의 단점을 개선하여 현재 이 방식을 사용하고 있다. 하지만, 회로가 복잡한 단점이 있다.

그림은 HF 통신의 수신기로 동작하는 이중 슈퍼헤테로다인 수신기의 그림이다.

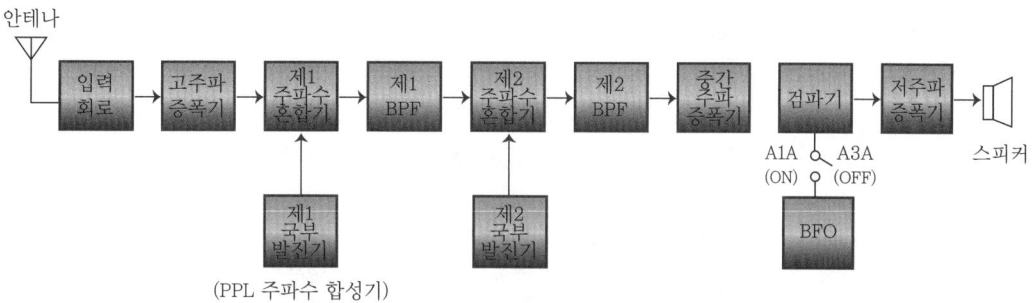

▲ 이중 슈퍼헤테로다인 수신기의 구성도

③ 통신장치 구성

그림과 같이 2개의 단파 통신장치의 구성으로 단파 통신 안테나, 단파 통신 안테나 커플러, 단파 통신 송수신기로 구성되어 있고, 또한 무선튜닝패널, 음성관리장치, SELCAL 해독장치, 항공기 정보관리장치에 연결되어 있다.

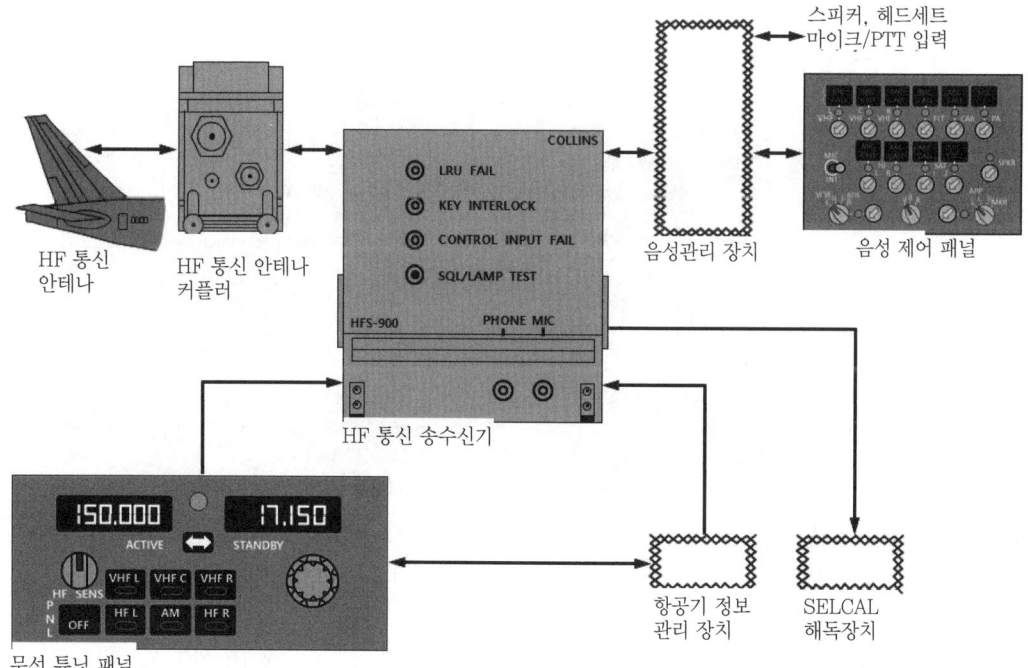

▲ 단파 통신 장치의 구성

구성요소	구성 내용
송·수신기	진폭 변조 및 양측파대(DSB: Double Side Bang) 모드에서 작동되고 무선 주파수 송신신호를 증폭시킨다. 수신하는 동안에는 무선 주파수 신호를 음성신호로 변환하고, 송신하는 동안에는 음성 신호를 무선 주파수 신호로 변환시킨다.
안테나 커플러	안테나의 임피던스와 선택한 주파수에서 송·수신기의 출력 임피던스를 자동으로 정합(maching)시킨다. 커플러 앞쪽의 압력 밸브를 통해 5~7psi 공기&질소를 충전 가압시킨다. 안테나 커플러는 수직 안정판에 있는 단파 통신 안테나 위쪽에 위치한다.
단파 통신 안테나	단파 주파수 범위 내에서 무선 주파수 신호를 송·수신한다. 슬롯 형태의 안테나로 길이는 약 9ft이고, 수직 안정판 앞전의 U자 모양 절연 물질은 안테나 구동요소를 감싸고 있다.
선택호출 장치	모든 항공기에 고유의 등록부호를 주어 지상에서 호출 시 통신에 앞서 호출부호를 송신하면 항공기 부호해독기가 해독하여 호출부호 수신 시 벨 소리 및 호출 등을 점멸하여 승무원에게 지상 호출을 알려주는 장치를 항공기 탑재 통신장치에 부가하는 장치를 말한다.

SELCAL 코드별 주파수

코드	주파수	코드	주파수	코드	주파수	코드	주파수
A	312.6Hz	E	473.2Hz	J	716.1Hz	P	1083.9Hz
B	346.7Hz	F	524.8Hz	K	794.3Hz	Q	1202.3Hz
C	384.6Hz	G	582.1Hz	L	881.0Hz	R	1333.5Hz
D	426.6Hz	H	645.7Hz	M	977.2Hz	S	1479.1Hz

※ 무선 튜닝 패널 및 구성 명칭

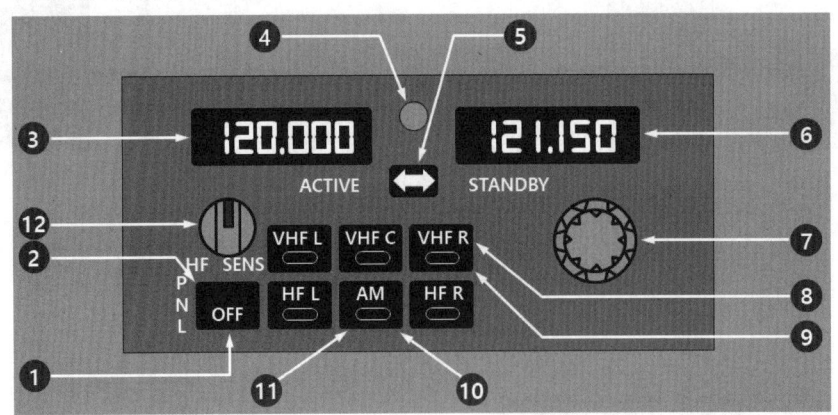

① 무선 튜닝 패널 'OFF'등   ② 무선 튜닝 패널 'OFF' 스위치   ③ 선택한 주파수 창
④ 측면 튜닝등   ⑤ 주파수 전환 스위치   ⑥ 대기 주파수 창
⑦ 주파수 선택기   ⑧ 무선 튜닝 스위치   ⑨ 무선 튜닝등
⑩ AM 스위치   ⑪ AM등   ⑫ HF 감도 조절기

위와 같이 구성되어 있으며, 단파 통신 송·수신기에 동조자료와 모드 정보를 제공한다.

④ 변조의 원리와 종류

무선으로 멀리 신호를 전송할 때 진폭과 주파수를 일정한 고주파에 실어 전송하며, 진폭과 주파수가 일정한 고주파에 신호를 싣는 것을 변조라 하고, 변조된 고주파(반송파)를 피반송파라 한다.

구성요소		구성 내용
진폭 변조 (AM: Amplitude Modulation)		반송파의 진폭이 신호파의 세기에 따라 변화하는 방식이다. AM 통신에는 반송파 상·하측대파를 모두 전송하는 양측대파(DSB) 방식은 중파 라디오 방송에, 반송파 상·하측대파 중 한쪽 측대파만 사용하는 단측대파(SSB) 방식으로 무선통신에 많이 사용하고 있다.
	SSB 장점	① 단측파대만을 사용하기 때문에 점유 주파수 대역폭이 ½로 줄어든다. ② 수신 전기자의 세기에 대하여 송신전력과 소비전력이 양측대파 방식보다 적어도 된다. ③ 선택성 페이딩의 영향을 양측대파 방식보다 적게 받는다. ④ 수신기의 출력에 있어서 신호 대 잡음이 개선된다. ⑤ 비트 방해가 일어나지 않는다. ⑥ 양측대파 방식에 비하여 송신기를 소형으로 제작할 수 있다.
	SSB 단점	① 송신기와 수신기는 입력에서 출력까지 직선성이 좋아야 한다. ② 주파수가 안정되어야 한다. ③ 회로 구성이 양측대파 방식보다 복잡하여 제작비가 비싸다.
주파수 변조 (FM: Frequency Modulation)		반송파의 주파수가 신호파의 세기에 따라 변화하는 방식이다. 신호파가 없을 때는 일정한 반송파를 유지하고, 신호파가 발생하면 신호파의 크기에 따라 반송파 진폭은 일정하고, 주파수만 변화한다.
위상 변조 (PM: Phase Modulation)		반송파의 위상을 신호파의 순시값에 따라 변조시키는 방식이다.
펄스 변조 (PM: Pulse Modulation)		신호를 펄스화 하여 통신하는 다중 통신 방식으로 오래전부터 사용되었다. 현대에는 디지털 통신이 발전함에 따라 PCM(펄스 부호 변조) 통신 방식이 주로 사용되고 있다.

(2) VHF 통신장치

① VHF 통신의 특징

가) 초단파(VHF: Very High Frequency) 통신장치의 구성은 조정 패널, 송·수신기, 안테나로 구성되어 있다.

나) 초단파의 사용 주파수는 118.0~136.9MHz이고, 국제적으로 규정된 항공 초단파 통신 주파수 대역은 108~136MHz 범위를 25KHz 간격으로 760개 채널을 갖고 있다.

다) 파장이 매우 짧고 높은 주파수의 초단파는 전리층에서 반사되지 않고 직진성이 있어 항공기와 항공기, 항공기와 지상국 및 VOR, ILS 중 Localizer, Marker Beacon에 사용하는 가시거리(근거리) 통신에만 유효하며, 공대지 통신에 이상적이다.

라) 반사파가 아닌 직접파라서 잡음이 적고, 음질이 깨끗하다.

마) VHF 통신은 데이터 통신에도 사용된다. 대표적으로 항공기와 지상 간의 메시지를 자동으로 전송하는 양방향 데이터 통신 시스템인 ACARS(Aircraft Communication Addressing and Reporting System)가 있다. 항공기가 공항 출발 전에 관제탑이나 항공사로부터 운항에 필요한 자료나 관련 공항의 기상 정보, 게이트 정보 등을 무선으로 받을 수 있다.

② VHF 송·수신기

가) 기상 VHF 송신기 설계는 라디오 방송 통신 위원회(RTCA: Radio Technical Commission for Aeronautics), 항공 라디오(ARINC: Aeronautical Radio Incorporated) 등의 규격과 탑재용 기기의 엄격한 환경 조건으로 충분한 성능을 발휘해야 하고, 소형 경량, 높은 신뢰도, 양호한 정비 등의 요구 조건을 만족해야 한다.

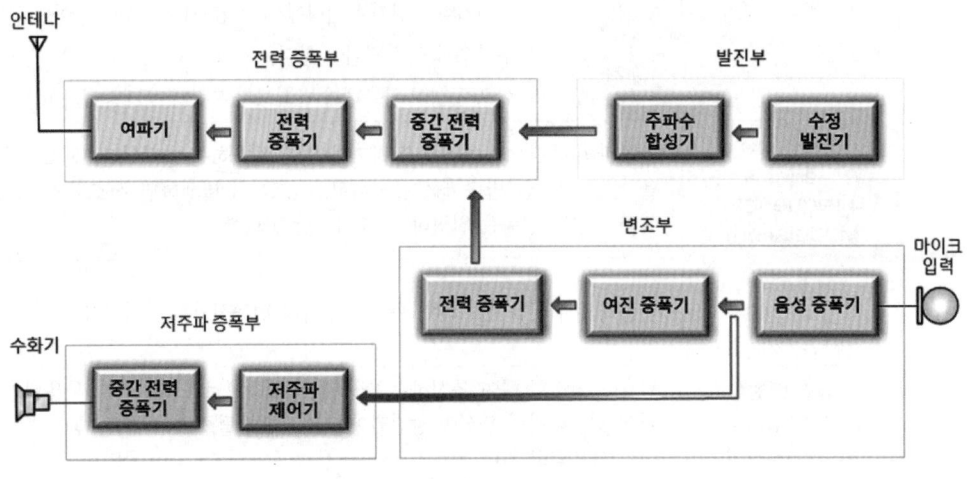

▲ 초단파 송신기의 계통도

나) VHF 송·수신기는 기존 AM 변조 방식을 사용하되, 변조 회로부의 효율을 높이고, 소비전력을 극소화하는 설계가 필요하다.

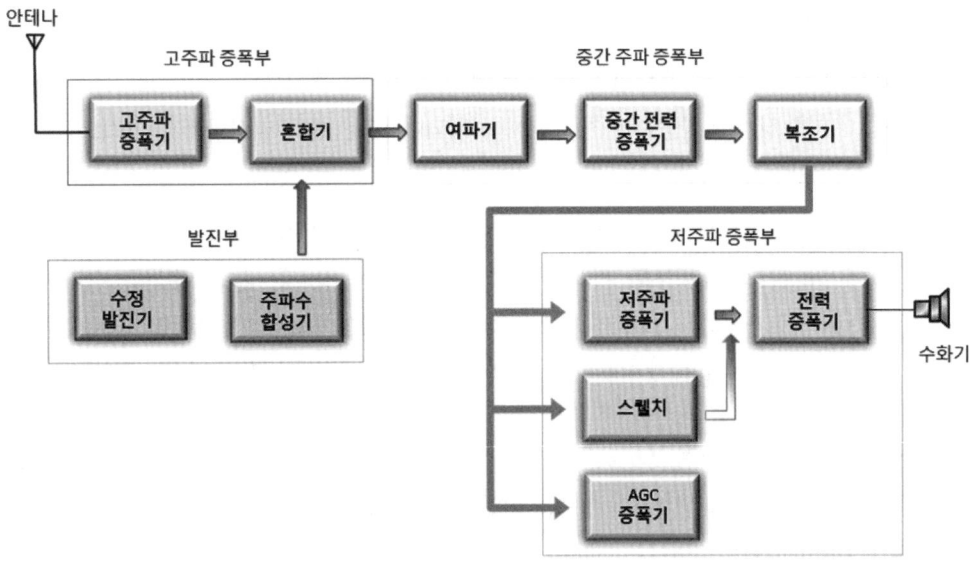

▲ 초단파 수신기의 계통도

	구비 조건
송신잡음	송신파에 부수하여 안테나에 의해 방사된 잡음 에너지로 VOR 수신기와 ILS 수신기에 영향을 준다. 이 문제점을 해결하기 위해 안테나 사이 충분한 절연 처리를 하거나, 송신기 출력에서 가변 대역 필터를 삽입하여 제거한다.
자동 이득 조절	지상 송신 안테나와 근접한 상태에서 수신하는 경우, 자동 이득 조절(AGC: Automatic Gain Control)의 동작 범위를 충분히 넓혀 TV 수신기 입력에 대해 블로킹을 고려한다.
스켈치 회로	• 신호 입력이 없을 때 임펄스성 잡음에 의해 동작되고, 신호를 수신할 때 스켈치가 동작되어 있을 경우 백색 잡음이 가해져도 동작을 유지해야 한다. • 방송파 스켈치 방식보다는 수신 신호에 의해 수신기 잡음의 변화를 검지[1]하는 잡음 스켈치 방식을 사용한다. • 응답속도 300ms 이하이고, 신호가 없는 시간부터 수신기 출력이 없어질 때까지의 시간을 100~500ms 정도로 설계해야 한다.

(3) UHF 통신장치

극초단파(UHF: Ultra High Frequency) 통신장치는 225~400MHz 주파수 범위에서 A3 단일 통화방식(SSB)에 의해 항공기와 지상국, 항공기와 항공기 상호 간 통신에 사용하며, 현재는 군용 항공기에 한정하여 사용하고 있다.

---

1) 검지: 검사하여 알아냄.

① UHF 통신의 특징

가) UHF는 가시거리 내로 한정된 근거리용으로 양호한 통신을 할 수 있다.

나) UHF를 장치한 항공기는 항로상에 설치되어 있는 여러 지상국과 순차적으로 주파수를 교신하면서 비행한다.

다) 절환[2]하여 교신하기 위해서는 원격 제어에 의해 신속 정확해야 하고, 송신기는 전기적, 기계적인 자동 동조의 기능을 갖추고 있다. 이 장치는 긴급 통신용 단일파인 가드 수신기가 장치되어 있어 사용 중인 주파수와 관계없이 항상 가드 채널 243MHz를 수신할 수 있다. VHF 긴급 통신용 가드 채널인 121.5MHz보다 2배이다.

② UHF 송·수신기

가) 송신기는 발진, 변조, 증폭의 요소를 갖추고 있고, 여진부는 전력 증폭부로 나뉘어져 있다.

나) 여진부는 주파수 합성기로 반송 주파수를 만들고, 마이크로나 톤 신호를 증폭하여 여진부에서 변조한다.

다) 수신기는 수정 제어 2중 제어 슈퍼헤테로다인 방식으로 수신되고, 전파가 들어오지 않을 경우 스켈치 회로에 의해 잡음이 억제된다.

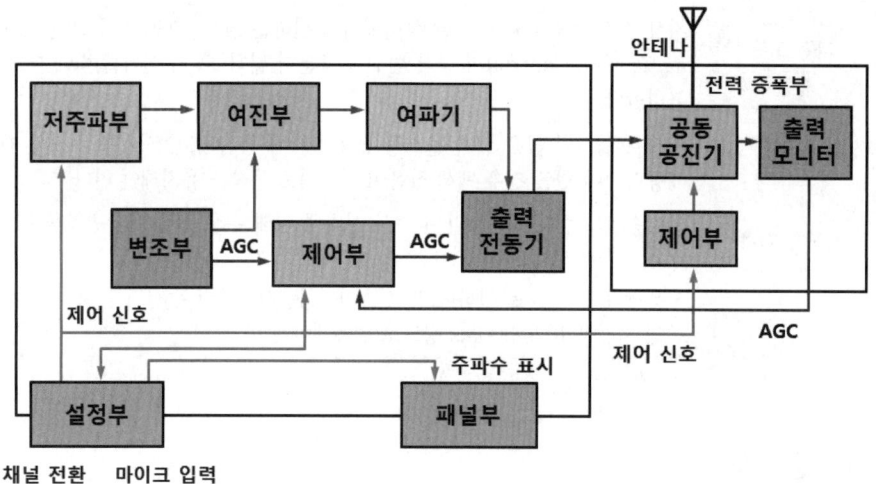

▲ UHF 송신기의 계통도

라) 수신기는 국부 발진기에서 만들어진 주파수와 혼합되어 30MHz의 제1 중간주파수 → 1.45MHz의 제2 중간 주파수로 변환, 증폭 → 복조 → 음성신호가 만들어진다. 상업용 워키토키는 대부분 극초단파 대역을 사용한다.

---

[2] 절환: 제어하는 극의 신호에 따라 변환하여 작동함.

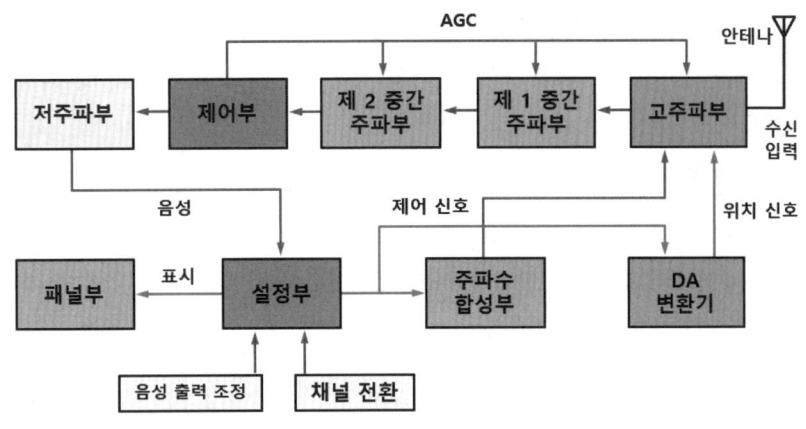

▲ UHF 수신기의 계통도

(4) 위성통신장치

① 위성통신의 기초

가) 항공 교통관제 업무에는 항공기와 지상 관제소 간에 음성에 의한 공지통신(VHF, HF)에 의존한다. 하지만 공지통신은 통달거리, 전파의 잡음 및 전 세계적인 운영시스템으로는 어려움이 있어 이를 개선하기 위해 인공위성을 통해 매우 큰 통신이 가능하게 되었다. 위성통신시스템(SATCOM: SATellite COMmunication System)은 3~30GHz 대의 초고주파(SHF)를 사용한다.

세부적인 위성통신의 주파수는 아래 표와 같다.

대역	주파수	상향링크 주파수(GHz)	하향링크 주파수(GHz)
C	4~8	5.925~6.425	3.7~4.2
Ku	12.5~18	14~14.5	11.7~12.2
K0	18~26.5	27.5~31	17.7~21.2
Ka	26.5~40		

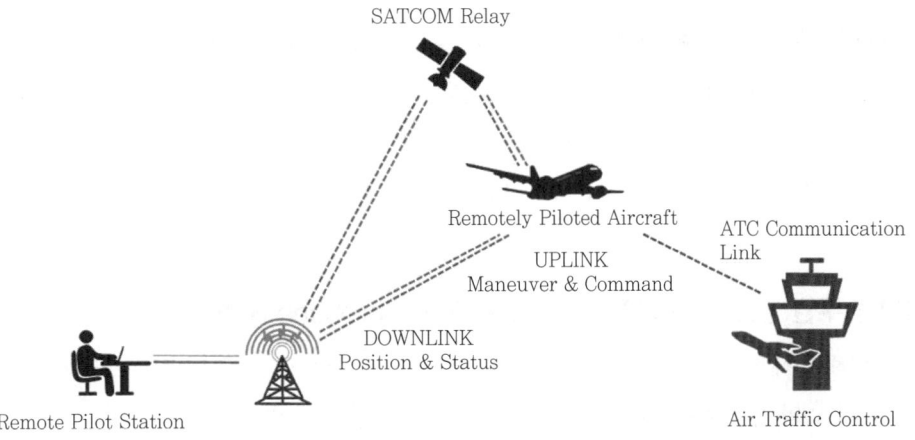

▲ 위성통신시스템

나) 위성통신시스템은 통신중계위성(COMSAT: COMunication SATellite)을 이용하여 국제통신, 국내통신, 휴대통신, 기업 통신망 서비스를 제공하고, 항공기 내의 전화 네트워크, 팩스 등으로 이용되고 있다.

위성통신시스템의 특징
① 장거리 광역통신에 적합하다.
② 통신 거리 및 지형과 관계없이 전송품질이 우수하다.
③ 신뢰성이 좋다.
④ 대용량 통신이 가능하다.
⑤ 통신 거리에 따른 신호 지연이 발생한다.

② 궤도 조건과 배치 방식에 따른 위성통신 방식

통신 방식	방식 내용
랜덤 위성 방식	궤도 위를 수 시간의 주기로 선회하는 위성을 이용하는 방식이며, 기상 관측 위성에만 사용한다.
위상 위성 방식	지구 상공에 등 간격으로 여러 개의 위성을 배치하고, 지구국은 안테나를 사용하여 차례로 위성을 추적하여 상시 통신망을 확보하는 방식이나, 이 방식은 경제적이지 못하여 실용화되지 않는 방식이다.
정지 위성 방식	현재 주로 사용하는 방식으로 적도 상공의 궤도에 쏘아 올린 3개의 위성에 의하여 상시 통신망을 확보하는 방식이다. 위성의 공전주기를 지구의 자전주기와 동일하게 제어하여 위성이 정지해 보인다고 하여 정지위성이라 한다.

4 기내 통신

(1) 운항 승무원 상호 간 통화장치(FIS: Flight Interphone System)

조종실 내에서 운항 승무원 상호 간 통화를 위해 각종 통신이나 음성신호를 각 운항승무원에게 배분하여 서로 간섭받지 않고 각 승무원석에서 자유롭게 선택하여 청취할 수 있고, 마이크로폰으로부터 PTT(Push To Talk) 스위치를 눌러 송신할 수 있다.

(2) 승무원 상호 간 통화장치(SIS: Service Interphone System)

비행 중에는 조종실과 객실 승무원석 및 갤리 간 통화하고, 지상에서 정비 시 조종실과 지상 요원과의 점검에 필요한 기체 외부와 통화하기 위한 장치이다.

(3) 객실 인터폰 장치(CIS: Cabin Interphone System)

조종실과 객실 승무원 간의 통화 및 객실 승무원 상호 간의 통화장치이며, 이 장치에 있어 조종사의 지시가 우선권을 갖게 된다.

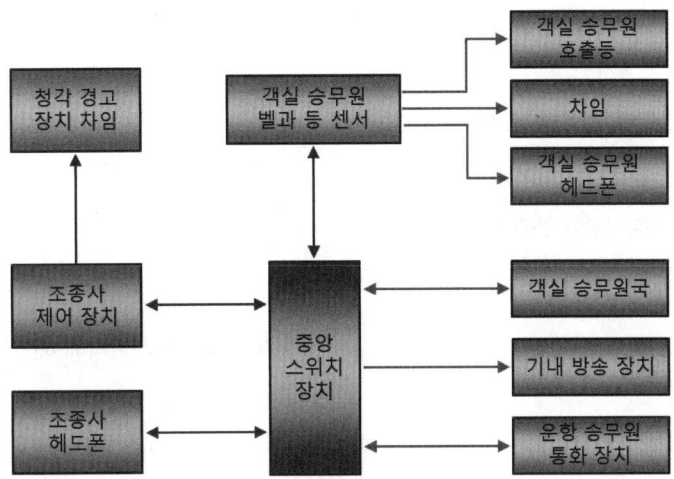

▲ 객실 인터폰 장치의 계통도

호출 시스템	장치 내용
승무원 상호 호출장치 (FCCS)	Flight Crew Call System은 조종사와 객실 승무원 상호 간, 객실과 객실 사이의 호출하는 장치이다.
지상 요원 호출장치 (GCCS)	Ground Crew Call System은 조종석 내부와 항공기 외부에 위치하는 지상 요원 사이의 상호 호출하는 장치이다.

(4) 기내 방송 장치(PAS: Passenger Address System)

조종실 및 객실 승무원에서 승객에게 필요한 정보를 방송하기 위한 기내 장치로, CIS와 같이 방송에 우선순위를 부여하는 기능이 있다. 우선순위로는 조종사 안내방송 → 객실 승무원 안내방송 → 녹음된 안내방송 및 비디오 시스템 음성 안내방송 → 기내 음악이다.

(5) 승객 서비스 시스템(PSS: Passenger Service System)

승객이 객실 서비스를 받기 위해 승무원 호출, 자석에 등 제어, 금연, 안전벨트 착용, 화장실 사용 등의 객실 사인을 통해 승객에게 정보를 제공하는 기능이 있다.

(6) 오락 프로그램 제공 시스템(PES: Passenger Entertainment System)

승객에게 영화, 방송 등의 오락 프로그램 제공이나, 비행기 위치, 비행시간 등의 비행정보와 운항정보도 제공한다.

CHAPTER 01 실력 점검 문제

01 다음 전자파의 성질 중 틀린 것은?

① 회절현상이 없다.
② 다른 매질의 경계면을 통과할 때 굴절된다.
③ 반사점에 세운 법선에 대해 반사파와 입사파는 같다.
④ 입사파와 반사파의 통로는 동일 평면 내에 있다.

해설

전자파의 성질
- 동일 매질 중을 전파하는 전파도 직진한다.
- 입사파 및 반사파의 통로는 동일 평면 내에 있고, 반사점에 세운 법선에 대해 반사파와 입사파는 같다.
- 다른 매질의 경계면을 통과할 때는 굴절한다.
- 회절 현상이 있다.

02 주파수가 300MHz인 무선파의 파장은?

① 10cm ② 1m
③ 10m ④ 100m

해설

$$\lambda = \frac{C}{f} = \frac{3 \times 10^8}{300 \times 10^6} = 1[m]$$

(전파의 속도는 $3 \times 10^8 \, [m/\sec]$이다.)

03 전파고도계에 대한 설명이다. 틀린 것은?

① 무선파의 파장 범위는 10~1mm이다.
② 사용 주파수는 30~300GHz이다.
③ 사용 주파수는 30~300MHz이다.
④ 초극초단파를 사용한다.

해설

전파고도계는 초극초단파(EHF: Extra High Frequency)로 주파수 범위는 30~300GHz, 파장의 범위는 10~1mm이다.

04 다음 중 지상파에 해당하지 않는 것은?

① 직접파
② 지표파
③ 회절파
④ 전리층파

해설

지상파에는 직접파, 대지반사파, 지표파, 회절파가 있다. 전리층파는 공간파이다.

05 태양이 비추는 반대편에서 수신 전기장의 강도가 급격히 저하 또는 수신 불능상태가 수 분~수 시간까지 지속 후 점차 회복되는 현상을 무엇이라 하는가?

① 페이딩
② 태양 흑점의 영향
③ 델린저
④ 대칭점 효과

해설

델린저 현상은 태양이 비추는 반대편에서 단파의 수신 전기장의 강도가 급격히 저하 및 수신 불능 상태가 수 분~수 시간 지속되다가 후에 점차 회복되는 현상을 말하며, 소실 현상이라고도 한다.

정답 01. ① 02. ② 03. ③ 04. ④ 05. ③

06 다음 전리층 중 전자밀도가 가장 높고, 전파가 산란 되는 층은?

① D층
② E층
③ F층
④ 전자밀도가 모두 같다.

해설

전자밀도는 D층보다 E층이 높고, F층이 전자밀도가 가장 높다. 유성우에 따라서 E층의 전자밀도가 높아지고 유성우 뒷자리에는 전리 기체가 남아서 전파가 산란된다.

07 다음 중 전파의 이상 현상이 아닌 것은?

① 페이딩 현상
② 에코 현상
③ 자기폭풍
④ 전리층 교란

해설

전파의 이상 현상에는 페이딩, 에코 현상, 다중신호, 자기폭풍, 태양 흑점의 영향, 대칭점 효과 등이 있다.

08 유리섬유 구조의 밀폐된 매질로 구성되어 공기저항을 최소로 설계하였고, ATC 트랜스폰더 및 ADF, DME에 사용되는 안테나는 무엇인가?

① 블레이드 안테나
② 수평 비 안테나
③ 슬롯 안테나
④ 로드 안테나

해설

블레이드 안테나: 유리섬유 구조의 밀폐된 매질로 구성되어 공기저항을 최소로 설계하였다. ATC 트랜스폰더, VHF 안테나, DME에 사용된다.

09 기상 레이더의 안테나 주파수 대역은?

① X 대역
② D 대역
③ C 대역
④ T 대역

해설

기상 레이더(weather rader): 민간 항공기에 의무적으로 장착되어 있는 기상 레이더는 조종사에 대해 비행 전방의 기상 상태를 지시기(CRT)에 알려주는 장치로서 안전비행을 하기 위한 것이다. 항공기용 기상 레이더는 구름이나 비에 반사되기 쉬운 주파수대인 9,375MHz(X밴드)를 이용한다.

10 HF 통신 시스템의 설명 중 틀린 것은?

① AM 무선 전화방식이다.
② 전리층과 지표 반사를 반복하여 원거리 통신을 한다.
③ 2~25GHz의 주파수를 사용한다.
④ 단측파대(SSB) 통신 방식을 사용한다.

해설

HF 통신 시스템의 송·수신기는 진폭 변조(AM)의 단측파대(SSB) 모드에서 작동한다. 1KHz 채널 간격으로 2~25MHz의 주파수를 사용한다. 또한 전리층과 지표 반사를 반복하여 원거리 통신을 사용한다.

11 주파수가 신호파의 세기에 따라 변화하는 방식을 무엇이라 하는가?

① 진폭 변조
② 주파수 변조
③ 위상 변조
④ 단파 변조

해설

- 진폭 변조(AM: Amplitude Modulation)는 반송파의 진폭을 정보 신호의 크기에 따라 변화시키는 변조 방식이다. 주파수는 거의 변하지 않고 진폭이 정보 신호와 비슷한 파형으로 변한다.
- 주파수 변조(FM: Frequency Modulation)는 반송파의 주파수를 정보 신호의 크기에 따라 변화시키는 변조 방식이다. 정보 신호의 크기를 반송파의 위상에

정답 06. ② 07. ④ 08. ① 09. ① 10. ③ 11. ②

대응시키는 방식으로, 사용되는 장비가 복잡하여 독립적으로는 사용되지 않고 주파수 변조 전에 신호를 증폭하는 과정에서 주로 이용된다.
- 위상 변조(PM: Phase Modulation)는 정보 신호의 크기를 반송파의 위상에 대응시키는 방식으로, 사용되는 장비가 복잡하여 독립적으로는 사용되지 않고 주파수 변조 전에 신호를 증폭하는 과정에서 주로 이용된다.

12 항공기 통신 시스템 중 단거리 통신에 사용되며 전리층 변화에 대해 잡음이 없는 시스템은?

① HF 시스템
② VHF 시스템
③ UHF 시스템
④ SELCAL 시스템

[해설]
VHF 통신장치는 국내 항공로 등의 근거리 통신(단거리 통신)에 사용하고, 사용 주파수 범위는 30~300MHz이고, 항공 통신 주파수 범위는 118~136.975MHz이고, 국제적 VHF 항공통신 주파수 대역은 108.0~136.975MHz이다.

13 다음 중 VHF의 사용 주파수는?

① 3~30MHz
② 3~30KHz
③ 3~30GHz
④ 30~300MHz

[해설]
12번 문제 해설 참고

14 초단파 통신장치의 구성이 아닌 것은?

① 송·수신기   ② 안테나 커플러
③ 안테나   ④ 조정 패널

[해설]
초단파(VHF: Very High Frequency) 통신장치의 구성은 조정 패널, 송·수신기, 안테나로 구성되어 있다. 초단파의 사용 주파수는 118.0~136.9MHz이고, 국제적으로 규정된 항공 초단파 통신 주파수 대역은 108~136MHz 범위를 25KHz 간격으로 760개 채널을 갖고 있다.

15 UHF 통신장치의 설명 중 틀린 것은?

① 사용 주파수는 225~400MHz이다.
② 단파 통화방식 SSB를 사용한다.
③ 현재 민간항공기에서 많이 사용하고 있다.
④ 단파 통신에 의해 항공기와 지상국, 항공기와 항공기 상호 간 통신한다.

[해설]
UHF 항공 주파수 특성
- 항공통신 주파수는 108~136MHz이다.
- 전송 선로는 도파관과 같은 덕트를 형성하여 먼 거리까지 통신이 가능하다.
- 단일 통화 방식에 의해 군용 항공기와 지상국 및 군용 항공기 상호 간 통신(225~400MHz)에 사용한다.
- 항공기에 사용되는 레이더의 안테나는 파라볼라 반사기를 사용한다.
- 원거리 통신이 가능하다.
- 450MHz 대의 공대지 통신은 군사용으로만 이용된다.
- 글라이드 슬로프(G/S) 주파수 대역인 329~335MHz를 사용한다.

16 와이어 안테나의 결빙이 발생하는 것을 최소화하기 위해 설치 시 몇 도를 넘지 않도록 해야 하는가?

① 15°   ② 20°
③ 25°   ④ 30°

정답 12. ② 13. ④ 14. ② 15. ③ 16. ②

> [해설]

와이어 안테나는 저속기에서 HF(단파), LF(장파)/MF(중파)의 HF 통신장치가 이용되는 곳에 간혹 사용하고, 안테나의 결빙을 최소화하기 위해 20°가 넘지 않도록 설치해야 한다. 하지만 현대 항공기에는 거의 사용되지 않는다.

17 민간 항공기의 비상 주파수는?

① 111.5MHz ② 121.5MHz
③ 132.5MHz ④ 142.5MHz

> [해설]

ELT는 항공기 추락 시 자동으로 121.5MHz와 243MHz의 전파를 송신하는 장치로 보통 항공기의 뒷부분에 장착되어 있다.

18 다음 중 파장을 나타내는 기호는?

① σ ② A
③ Ω ④ λ

> [해설]

$$\lambda(파장) = \frac{C(전파의\ 속도)}{f(주파수)}$$

(전파의 속도는 $3 \times 10^8\ [m/\sec]$이다.)

19 오락 프로그램을 제공하며, 1개의 동축 케이블로 각 승객에게 오락을 제공하는 장치는?

① PCU ② PA SYS
③ PES ④ MUX

> [해설]

오락 프로그램 제공 시스템(PES: Passenger Entertainment System)은 승객에게 영화, 방송 등의 오락 프로그램 제공이나, 비행기 위치, 비행시간 등의 비행 정보와 운항 정보도 제공한다.

20 음성에 의한 공지통신에 의존하지 않고, 인공위성을 활용하는 큰 통신이 가능한 것은?

① HF ② SATCOM
③ UHF ④ VHF

> [해설]

위성통신 시스템은 항공 교통관제 업무에는 항공기와 지상 관제소 간에 음성에 의한 공지통신(VHF, HF)에 의존한다. 하지만 공지통신은 통달거리, 전파의 잡음 및 전 세계적인 운영시스템으로는 어려움이 있어 이를 개선하기 위해 인공위성을 통해 매우 큰 통신이 가능하게 되었다. 위성통신시스템은(SATCOM: SATellite COMmunication System) 3~30GHz 대의 초고주파(SHF)를 사용한다.

정답 17. ② 18. ④ 19. ③ 20. ②

CHAPTER 02 항법장치

1 항법장치의 정의

항공기가 목적지까지 정확하고 안전하게 비행하기 위해 항상 현 위치를 측정하면서 목적지까지의 거리와 방향을 알아가며 비행한다. 이렇게 측정하며 측정결과에 따라 진행 방향을 정확하게 유지하며 비행하는 방법을 항법(navigation)이라 한다.

(1) 항법의 종류

항법의 종류	항법의 특징
지문 항법 (piloting)	조종사(navigator)가 등대, 신호불빛, 부표, 돌출 바위, 절벽과 같은 Landmark를 관찰하여 선박 및 항공기를 인도한다.
천문 항법 (celestial navigation)	해, 달, 행성, 별을 관찰하여 위치를 파악한다.
추측 항법 (dead-reckoning navigation)	조종사가 이미 알고 있는 지점으로부터 지나온 거리나 방향을 관찰 및 계산하여 목적지까지의 거리, 방위각, 지면속도, 도착 예정시간 등의 항법 계획을 작성한다.
관성 항법 (inertial navigation)	가속도계에 의해 X, Y, Z 축의 각각 운동 가속도를 검출하고 적분하여 거리를 구한 후 출발점의 위치, 방위, 거리로부터 목적지 위치를 구한다.
무선 항법 (radio navigation)	전자 항법이라 하며, 레이더와 같은 전자장비의 도움으로 위치를 파악한다.

(2) 방위와 베어링

항법에서 방위를 구분하면 기수방위, 국방위, 상대방위로 나눈다.

구분	세부내용	
기수방위 (heading)	항공기의 기수방향을 시계방향으로 측정한 각도로, 자북을 기준으로 측정하므로 자방위(MH)를 사용한다.	
국방위 (MB: Magnetic Bearing)	\multicolumn{2}{l}{지상 무선국과 항공기를 연결하는 직선이 자북을 기준으로 시계방향으로 이루는 각이다.}	
	TO 베어링	항공기에서 지상 무선국으로 직선을 연결한 자북과 이루는 각도를 말한다.
	FROM 베어링	지상 무선국에서 항공기로 직선을 연결한 자북과 이루는 각도를 말한다.
상대방위 (RB: Relative Bearing)	항공기의 진행 방향과 직선 사이의 각도를 시계방향으로 측정한 각도를 말한다.	
레디얼 (radial)	방위 자방위라고 하며, 지상 무선국에서 발사되는 전파의 방위각으로 FROM 베어링과 같다.	

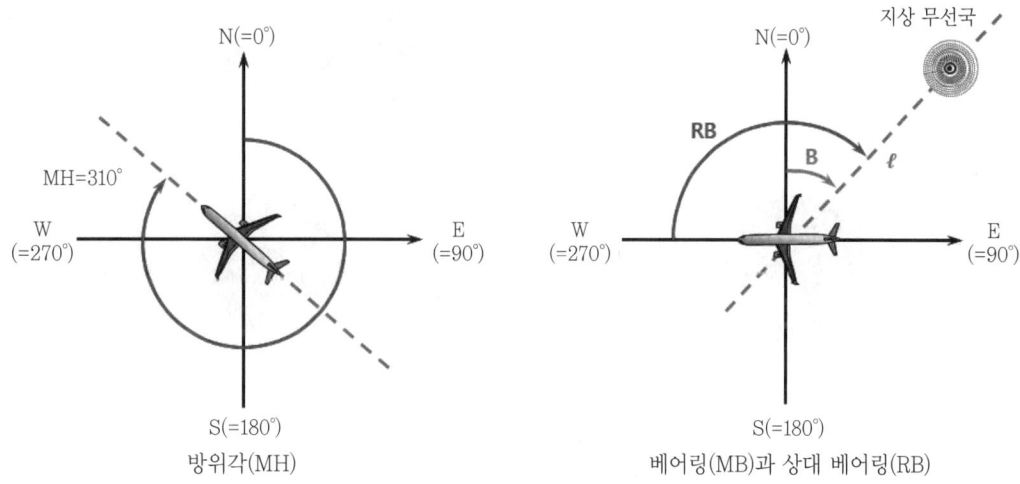

▲ 방위각과 베어링

2 전파 항법장치의 종류

(1) 자동 방향 탐지기(ADF: Automatic Direction Finder)

1937년부터 민간 항공기에 탑재하여 사용하고 있는 가장 오래되고, 널리 사용되는 항법장치로, 장파(LF) 및 중파(MF) 대의 190~1,750KHz의 반송파를 사용하여 1,020Hz를 진폭 변조한 전파를 사용하여 무선국으로부터 전파 도래 방향을 알아 항공기의 방위를 시각 또는 청각 장치를 통해 알아낸다. 구성으로는 안테나, 수신기, 방향 지시기, 전원장치로 구성되어 있다.

① 무지향 표지 시설(NDB: Non Directional Beacon)

가) 무선 항행 보조 시설의 하나로, 무지향으로 전파를 발사하여 항공기에서 방향 탐지를 가능하게 하여 호밍 비컨(homing beacon)이라 한다.

나) homing beacon의 유효 거리는 항공기의 고도에 따라 다르다.

다) 주간에는 80~320km이고, 야간에는 공간파 영향으로 자동 방향 탐지기 오차가 커져 주간보다 짧다.

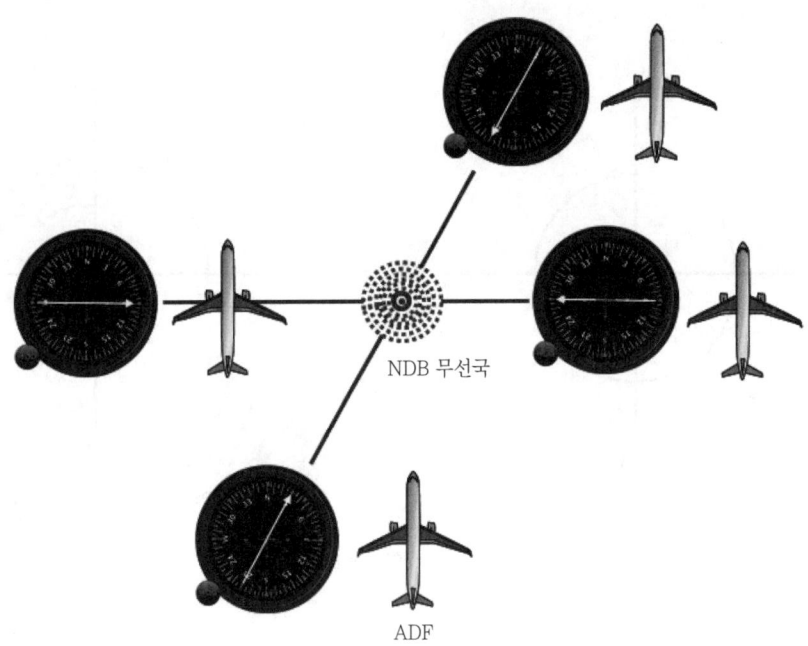

▲ NDB 무선국과 호밍장치

② 루프 안테나(Loop Antenna)

	주요 내용
구성 및 지향성	• 지름 1m 내외의 원형, 정사각형, 다각형 형태에 코일을 감아 코일 내를 관통하는 자기력 선속이 변화할 때 유기되는 기전력을 이용한다. • 안테나를 수직으로 세웠을 때 지향 특성이 8자형이 된다. • ADF를 적용하기 위해 안테나를 회전시키지 않고 감도를 측정하여 2개의 최대 감도 중 어느 방향이 송신국 위치인지 방향을 찾는다.
고니오미터 (goniometer)	• 안테나를 회전시키지 않고 회전시키는 효과를 얻는 장치로, 2개의 고정 코일의 중앙에 고정 코일의 축을 중심으로 회전할 수 있는 가동 코일을 배치한 것이다. • 루프 코일은 전파의 방향을 측정하는 고니오미터 고정자 코일과 연결하고, 고니어미터 회전자가 360° 회전 시 정확한 전파의 방향을 찾게 된다.
단일 방향 결정 방법	단일 방향 결정 8자형 루프 안테나 출력에, 무지향성 특성을 갖고 있는 센스 안테나의 출력을 가하면 위상차가 90° 차이 난다. 이를 동상, 기전력을 같게 하면 하트 모양의 지향 특성을 갖게 된다. 이때 최대 감도점, 최소 감도점을 알게 되어 전파 수신 방위를 결정할 수 있다.

▲ 자동 방향 탐지기(ADF)의 원리

③ 수신기

가) 항공기 방향 탐지기는 200~1,800KHz의 주파수 범위를 사용하고 있고, 공항용 방향 탐지기는 VHF대 100~150MHz이고, UHF대 200~400MHz를 사용한다.

나) 자동방위지시계(RMI)에 사용되는 수신기 방식은 2중 또는 3중 슈퍼헤테로다인 방식으로 원격제어에 의한 채널 전환 및 주파수 합성 방식에 의한 자동 조절 방식을 많이 사용한다.

④ 방향 지시기

가) 안테나 내부의 2상 교류 발전기에 의한 $\sin\theta$, $\cos\theta$ 신호와 수신기에 의한 방위 신호를 위상계에 가하여 방위를 지시한다.

나) 방위 신호의 위상은 회전자의 방향을 결정하므로, 목표물의 방위를 지시하는 바늘은 회전자 권선의 축에 직결된다.

(2) 전 방향 표지 시설(VOR: VHF Omni-directional radio Range)

전방향 표지 시설(VOR)은 자북을 지시하는 전파를 받는 순간부터 지향성의 전파를 수신하는 순간까지의 시간 차를 측정하여 발신국의 위치를 파악할 수 있다. 항공기에서는 자기 방위 지시계(RMI: Radio Magnetic Indicator), 수평 상태 지시계(HSI: Horizontal Situation Indicator)에 표지국의 방위와 그 국에 가까운지, 멀어지는지, 코스 이탈 등을 총괄적으로 나타낸다.

▲ RMI(ADF+VOR)

▲ HSI(VOR+ILS+Heading Indicator)

① 지상 장치의 개요

가) 비행을 시작한 이후 완전하고, 정밀한 항행 장치를 연구, 발전시키는 데 노력해 왔다. 특히 조종사에게는 자기의 위치, 거리와 방위는 중요한 정보이기 때문이다. 현재 상용되고 있는 항행 보조 시설에서 조종사에게 방위의 정보를 알려주는 것은 전 방향 표지 시설이다.

나) 공항 및 공항 부근에 설치하는 공항 전 방향 표지 시설(TVOR: Terminal VOR)은 항공기의 진입 및 강하 유도에 사용되고 있다. 사용되는 주파수는 108.00~117.95MHz,

채널 간격은 0.1MHz로 사용 가능 채널은 100개이다. 그중 108.1~111.9MHz의 홀수 채널은 ILS Localizer 채널로 사용하고 있다.

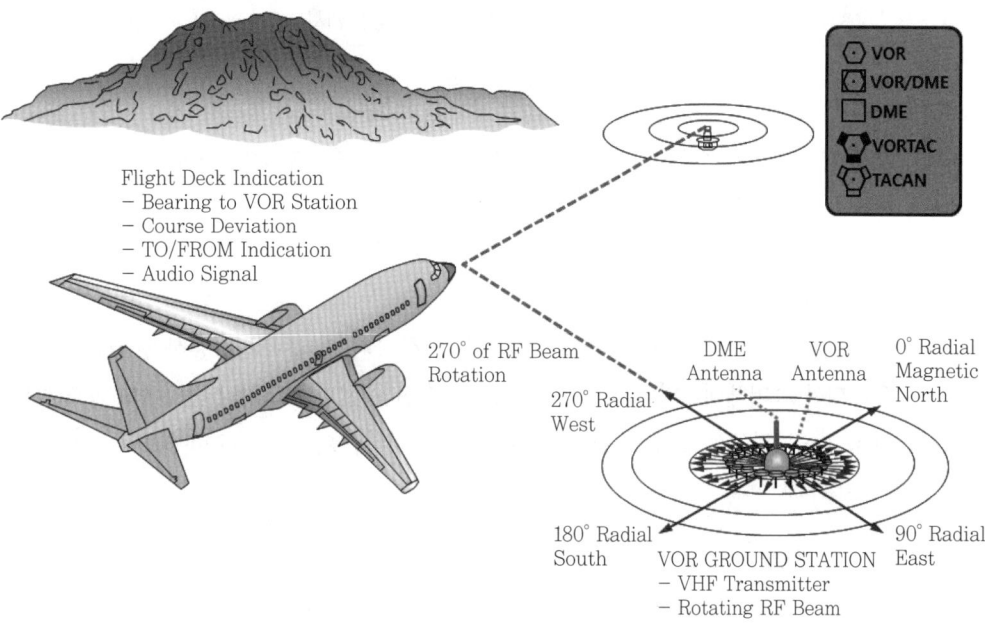

▲ 초단파 전 방향 무선표지(VOR) 및 항공지도상의 기호

② 지상 장치의 동작 원리

VOR 지상국은 수신 방위에 따라 위상이 변하는 30Hz 신호인 가변 위상신호(variable phase signal)와 방위와 관계없이 위상이 일정한 기준 위상신호(reference phase signal) 전파를 동시에 발사한다.

VOR 위상신호	신호별 역할
가변 위상신호	1개의 8자형 다이폴(지향성 안테나)을 1,800rpm으로 회전시켜, 수신점에서는 공간 변조에 의한 30Hz의 진폭 변조된 가변 신호를 얻게 된다.
기준 위상신호	30Hz의 주파수 변조를 받은 중심 주파수 9,960Hz의 부반송파로 무선 반송파(RF carrier)를 다시 진폭 변조시킨 후 무지형상 안테나에 급전시켜 얻게 된다.

③ 기상 장치의 동작 원리

가) VOR 뿐만 아니라 ILS 로컬라이저의 무선 신호에 얻어지는 코스를 유지하기 위해 사용하는 항법 원조 시설로도 사용한다.

나) 로컬라이저 송신기는 G/S와 M/B 송신기 등이 한 조로 동작하여 ILS 시스템을 구성한다.

다) 활주로 끝에 위치하여 2개의 로브를 발사하는데, 이들 로브는 150Hz(청색)와 90Hz(황색)로 변조되어 서로 교차한다.

> **기상 장치의 정보 지시**
>
> ① VOR국에 대한 항공기의 방위를 결정한다.
> ② 선택된 방사형 코스에 대한 좌우의 편위를 지시한다.
> ③ VOR국에 대하여 TO 또는 FROM의 어느 쪽을 비행하고 있는지를 지시하고, 로컬라이저에 대한 동작에서 빔 방향에서 좌우의 편위량을 지시한다.

④ VOR 수신기

VOR 수신기는 VOR/LOC를 같은 주파수를 하나의 안테나로 사용하는 겸용 수신기이고, 주로 더블 슈퍼헤테로다인 방식을 사용한다. 수신된 신호는 그림과 같이 AM 복조(검파)해서, 30Hz 가변 위상신호, 음성, 1,020Hz의 모스식별 부호, FM 복조한 30Hz 고정 위상 기준 신호로 구분된다.

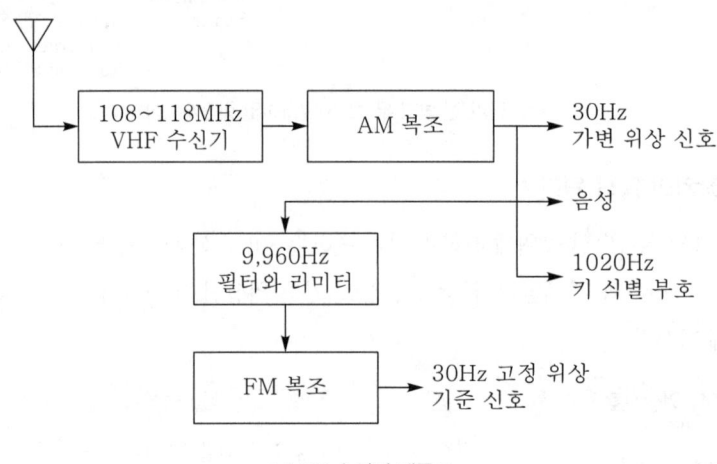

▲ VOR 수신기 계통도

⑤ 코스 지시기

가) VOR/LOC 및 G/S의 편위 바늘에 항법 정보를 가하여 비행 상태 및 경보를 조종사에게 알려주는 장치를 코스 지시기라 한다.

나) VOR국을 지나지 않았을 경우 TO(△)로 표시되고, VOR국을 지났을 경우 FROM(▽)으로 변화된다. VOR 지상국은 DME국 또는 TACAN(전술 항행 장치, TACtical Air Navigation system)국과 병설하여 VOR/DME 또는 VOR/TACAN으로 이용되는 경우가 많아 거리 계수기가 들어가 있어 거리까지 지시하도록 되어 있다.

다) VOR 계기는 코스 편차 표시기(CDI: Cour Deviation Indicator)의 역 감지 현상이 있다.

VOR 계기의 지시는 기수방위각과 무관하기에, TO/FROM 영역과 기수방위에 따른 무선국 위치와 항로 편차에 대해 반대로 지시하는 결과를 나타내는 현상을 CDI 역감지라 한다. 이를 방지하기 위해서는 기수방위와 설정 코스가 유사한 경우 VOR 계기 판독을 정확히 해야 한다.

(3) 거리 측정 시설(DME: Distance Measuring Equipment)

거리 측정 시설은 항공기의 DME 기상 장치에 직선거리 정보를 제공한다. DME는 단일 장비가 아닌 VOR 항법에 VOR/DME, 계기 착륙 시설로 ILS/DME, LOC/DME와 함께 운용된다. VORTAC(VOR+DME)는 단거리 항법 보조 시설로 국제 표준으로 규정되어 있다.

① 거리 측정의 개요 및 특징

기상 장치와 지상 장치로 구성된 2차 레이더의 형식으로, 항공기 기상 장치(질문기)에서 발사된 1,025~1,150MHz 대의 질문 펄스는 지상 장치(응답기)에 수신되면, 지상 장치에서 디코딩하여 962~1,213MHz로 응답 펄스를 발사한다. 이렇게 기상 장치에서 질문하고, 지상 장치에서 응답하여 수신될 때까지의 시간으로 거리를 구한다.

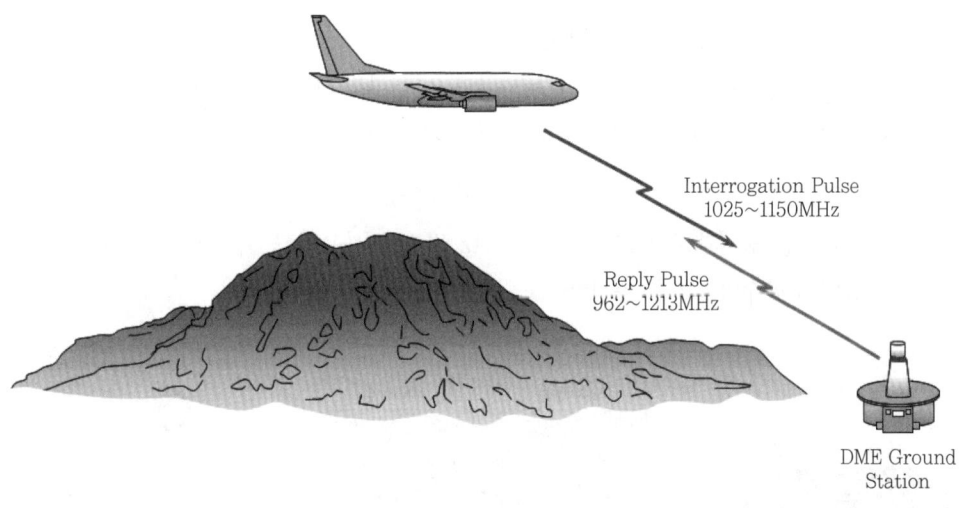

▲ 거리 측정장치

DME의 특징
① 진로에 대해서 연속적으로 위치 결정이 된다(ADF, VOR 보다 정확하다).
② 항공기의 GS(대지 속도)가 정확, 신속하게 산출된다.
③ 정확한 항공기 위치 정보를 확보할 수 있다.
④ 진입 시 관제 거리를 짧게 할 수 있어 체공 선회를 할 필요가 없다.

(4) 전술 항법장치(TACAN: TACtical Air Navigation)

TACAN은 군사용 항법장치로 저출력으로 원거리(200NM=370Km)까지 정보를 제공하고, 응답 신호가 돌아오는 시간을 측정하여 거리를 계산한다. TACAN의 특징은 아래와 같다 (1NM=1.862Km).

TACAN의 특징
① 방위 및 거리 정보에 대해 항법장치의 일원화 가능하다.
② 클리어 채널 방식이다.
③ 잡음의 지터를 이용하면 다수의 신호를 식별할 수 있어 다수의 항공기가 동시에 하나의 지상국을 이용한다.
④ 방위 및 거리 정확도가 우수하다.
⑤ 지상 장치는 일정 동작 주기로 동작되어 안전하다.
⑥ 1세트의 펄스로 신호를 보내므로 착오가 적다.
⑦ 지상 장치는 VOR 지상 장치와 함께 정비하여 VOR/TAC 시스템을 구성할 수 있으며, TACAN에 거리계통은 DME 시스템의 역할을 한다.

(5) 쌍곡선 항법장치(Hyperbolic Navigation)

① 로런(LORAN: LOng RAnge Navigation)

가) 송신국으로부터 원기리에 있는 선박 또는 항공기에 항행 위치를 제공하는 무선 항법 보조 시설로 "두 정점으로부터의 거리 차가 일정한 점의 궤적은, 두 정점을 초점으로 한다."는 쌍곡선 항법의 원리이다. 이는 현재 실용화되고 있는 것은 "LORAN A"와 "C"가 있다.

나) 주파수는 중파대로 1,750~1,950KHz 펄스를 사용하고, 주국과 종국이 한 조로 되어 동일 주파수의 펄스를 송신한다.

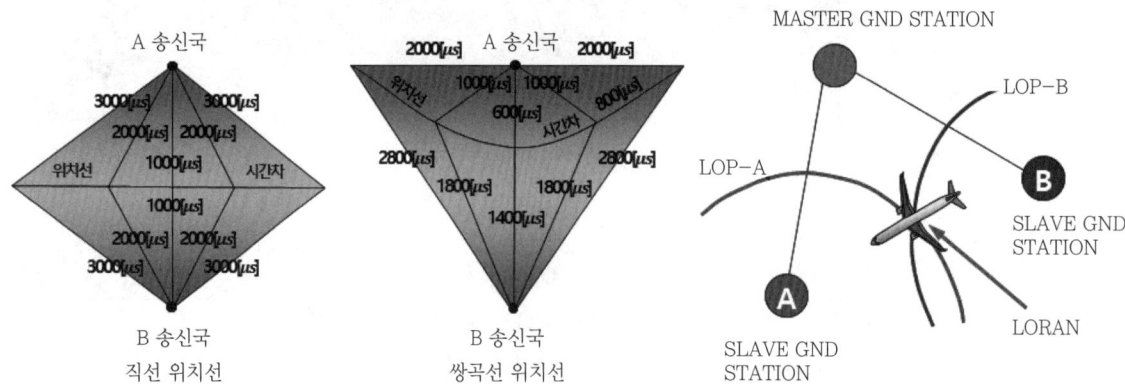

▲ 직선 위치선 및 쌍곡선 위치선   ▲ LOTAN-C System

② 오메가(OMEGA)

가) 10~14KHz의 초장파(VLF)를 사용한 쌍곡선 항법으로 2개의 송신국으로부터 발사되는 전파의 위상차를 측정하여 위치를 결정한다.

나) 오메가 항법의 특징은 초장파를 10,000Km에 1국씩 설치하여 현재 8개국의 송신국이 설치되어 있다. 지구상 어느 지점에서도 위치 결정이 가능하다.

송신국 배치는 아래과 같다.

국	송신국 위치
A 국	브라프란드(Brapland: 노르웨이)
B 국	몬로비아(Monrovia: 라이베리아)
C 국	하와이(Hawaii: 미국)
D 국	노스다코다(North Dakota: 미국)
E 국	레위니옹 섬(La Reunion: 프랑스령, 인도양)
F 국	갈포 누에보(Golfo Nuevo: 아르헨티나)
G 국	호주(Trinided and Tobage: 남미)
H 국	쓰시마(대마도: 일본)

3 위성 항법 시스템(GNSS, GPS 등)

(1) 위성 항법 시스템(GNSS: Global Navigation Satellite System)

위성항법장치는 인공위성을 이용하여 항공기, 선박 등의 이용자가 기후, 시간에 관계없이 항법서비스를 제공하는 전파항법 시스템이다. 이 항법 시스템의 서비스는 3차원 위치 정보 제공(위도, 경도, 고도), 통신 서비스 제공, 수색 감시, 대지 속도(GS), 시간 정보 서비스를 제공한다.

위성 항법 시스템(GNSS)
• GPS(Globla Positioning System) – 미국 • GLONASS(GLObla NAvigation Satellite System) – 러시아 • Galileo – 유럽 • BeiDOU – 중국

(2) 위성항법장치(GPS: Global Positioning System)

미 국방성에서 개발한 세계적 위성항법장치는 우주 부분, 제어 부분, 이용자 부분으로 구성된다. GPS는 대기권 밖 궤도상에 위치한 24개의 인공위성을 이용하여 3차원의 위치를 결정하기 위해서 4개의 위성과의 거리 측정이 필요하고, 고도를 알고 있는 경우에는 2차원 위치(위치, 경도)를 결정하기 위해 3대의 위성 간 거리를 측정해야 한다.

위성항법장치(GPS)의 특징
① 전 세계적 연속 위치 결정이 가능하다.
② 대역 확산 통신 방식의 채택으로 혼신의 영향을 끼칠 수 있다.
③ 이용 코드의 선택, 동시 병행 수신이 가능하여 용도의 적합한 정밀도의 자료를 얻을 수 있다.
④ C/A(Coarse/Acquisition) 코드의 경우 100m, P(Precision code)인 경우 10m 이내의 오차로 3차원 위치를 얻는다.

위성항법 보정기법 종류	내용
DGPS (Differential Global Positioning System)	정확한 위치를 알고 있는 지점에서 GPS의 시간 오차, 궤도 오차, 전파 지연 오차 등 각종 오차를 찾아 보정하여 통신을 통해 사용자에게 전달하여 오차를 보정하는 방식이다.
RTK (Real Time Kinematics)	실시간 이동 보정 방식으로 정밀한 위치를 확보한 기준점의 반송파 오차 보정 값을 이용하여 사용자에게 실시간 정밀 위치를 알려주는 방식으로 측량 및 측지 분야에서 사용된다.

(3) 항공용 위성항법 보정시스템

항공용 위성 항법 시스템은 신호의 정확성(accuracy), 신뢰성(reliability), 무결성(integrity)이 보장되어야 안전성을 최우선으로 하는 항공용으로 이용할 수 있다. 신호를 차단하는 재밍, 위조된 GPS 신호로 혼란을 일으키는 스푸핑 등에 영향을 받지 않아야 한다.

GPS는 10~15m 위치 오차를 가지며, 오차 보정을 위해 근거리 오차보정시스템(GBAS)과 광역 오차보정시스템(SBAS)을 사용한다.

각국의 광역위치보정시스템은 WAAS(미국), EGNOS(유럽연합), MSAS(일본), GAGAN(인도), SDCM(러시아) 등 광역보정시스템을 구축하고 있고, KASS(대한민국)는 구축이 임박해 있다. KASS는 오차가 1~3m 이하의 매우 정확한 위치 정보를 제공할 수 있다.

4 자립 항법 시스템(INS 등)

(1) 관성항법장치(INS: Inertial Navigation System)

가속도계, 적분기, 플랫폼, 짐벌 기구로 구성된 관성항법장치는 무선 항법 및 위성항법장치와 같이 지상 무선국 및 위성과 같은 외부 시스템의 도움 없이 탑재된 센서만으로 항법 정보를 계산한다. 가속도계로 항공기의 운동 가속도를 검출한 후 적분하여 속도를 구하고, 다시 속도를 적분하여 이동 거리를 구해 초기 출발지의 위치를 기준으로 항법 정보를 계산하는 장치이다. 관성항법장치는 1969년 B-747을 시작으로 현재 반도체 기술이 발전함에 따라 무인기, 드론, 자동차, GPS/INS 등에 장착되어 사용되고 있다.

① 관성측정장치(IMU: Inertial Measuring Unit)
　가) 3방향의 가속도계와 자이로스코프 3개씩을 설치한 센서 묶음을 말한다.
　나) 측정된 가속도 성분을 각 축마다 적분하여 속도와 위치를 구한다.
　다) 관성항법장치의 문제점은 외부의 기준을 참조하지 않기 때문에 시간이 지날수록 오차가 생긴다. 15시간 비행했을 때 1Km 정도의 오차가 있다.

(2) 관성항법장치의 종류

종류	특징
안정대 방식 (stable platform)	안정대 방식은 가속도계 3개와 자이로스코프 3개로 구성되어 항공기가 심한 운동을 하더라도 그 운동을 상쇄시키는 안정대가 있으므로 자이로스코프의 측정 범위가 넓지 않아도 구현할 수 있어 전투기에 적용되는 관성항법장치로 사용되고 있다. 이 방식은 제작이 까다롭고, 비용이 많이 들며, 고장을 일으키기 쉽다. 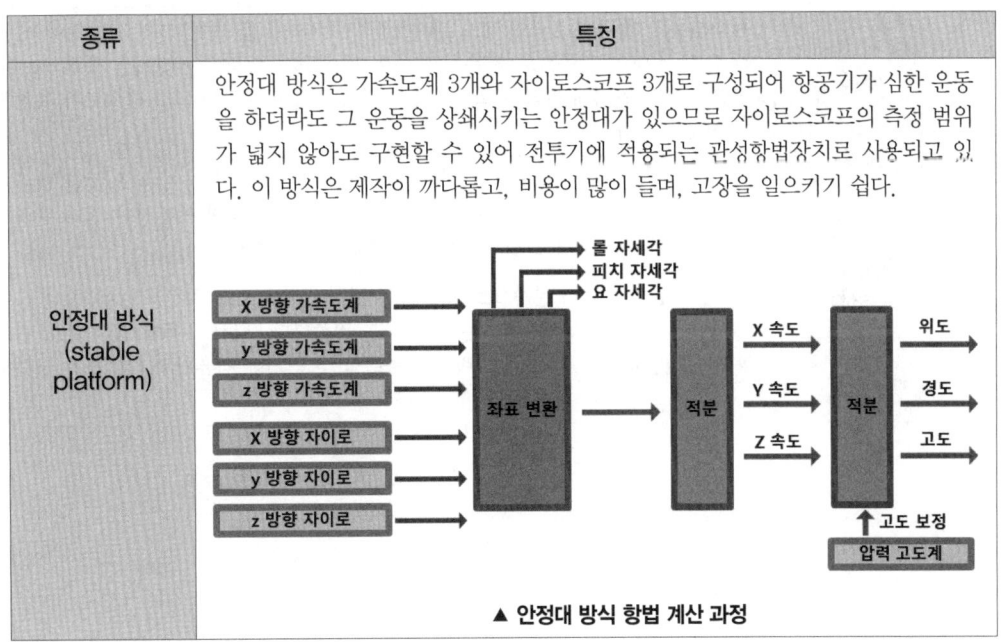 ▲ 안정대 방식 항법 계산 과정

안정대 방식의 단점을 개선하기 위해 안정대를 삭제하고, 가속도계와 자이로스코프를 항공기 기체에 고정시킨 방식으로 빠른 계산을 할 수 있고, 레이저 자이로스코프가 개발되면서 여객기의 관성항법장치로 사용되고 있다.

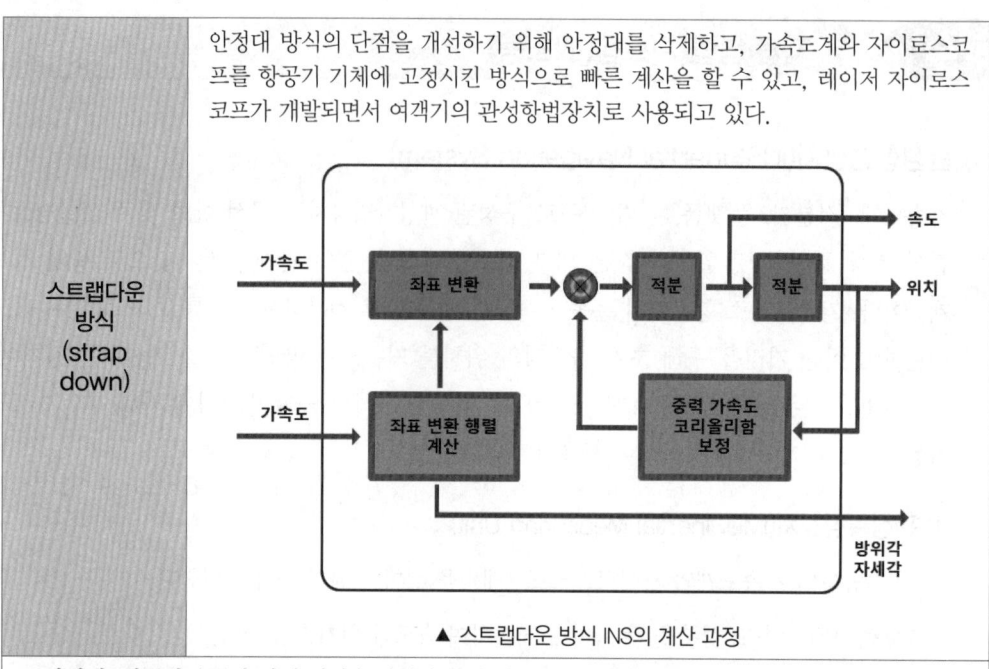

스트랩다운 방식 (strap down)

▲ 스트랩다운 방식 INS의 계산 과정

- 안정대: 항공기 운동과 반대 회전을 하면서 항상 지면과 수평을 유지하는 판이다.
- 짐벌: 나침반이나 안정대를 수평으로 유지하는 장치이다.

① 관성센서

종류		특징
가속도계		관성센서의 하나인 가속도계로 매우 정확한 가속도를 측정한다. 항공기에 중력 작용 시 질량이 한쪽으로 치우치게 되어 가속도가 작용하는 것처럼 측정되는데, 이런 점에서 안정대 방식은 회전각과 반대로 기울여 중력에 의한 가속도가 측정되지 않도록 한다.
자이로스코프	부동식 적분 자이로스코프	고속으로 회전하는 모터를 내장하고 있어 항상 일정한 방향을 유지하려고 한다. 안정대가 기울어지면 섭동성이 생겨 출력축을 회전시키게 되어 회전각을 검출할 수 있다.
	링 레이저 자이로스코프	오른쪽으로 회전하는 광선과 왼쪽으로 회전하는 두 광선 사이에서 생기는 시간 차를 검출한다. 회전 운동에 의한 각도 변화를 펄스 출력으로 출력할 수 있기에 컴퓨터로 데이터를 전송하기가 좋다.

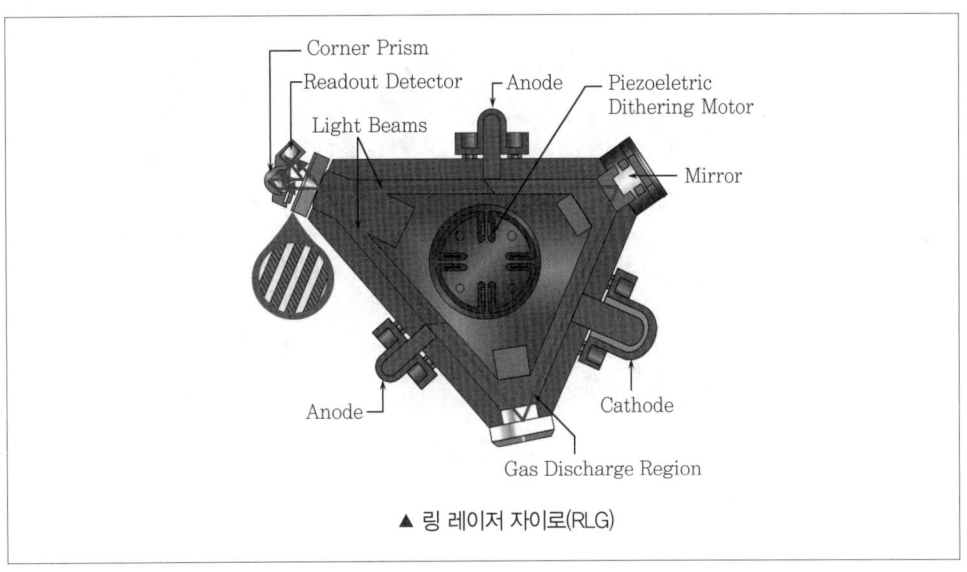

▲ 링 레이저 자이로(RLG)

5. 지역 항법 시스템(RNAV 등)

(1) 지역 항법 시스템

기존의 항공로(airway)는 지상의 항행안전시설(NAVAID)을 기준으로 방위 정보와 거리정보를 측정하여 VOR/DME 또는 VORTAC를 통과하는 항로점(waypoint)을 직선으로 연결한 항공로를 운영하고 있다. 이러한 기존 방식은 항공 교통량이 증가하면서 제한된 항공로로 인한 교통 정체, 비행경로 연장으로 경제성이 떨어지는 문제점이 있다.

성능 기반 항법(PBN: Performance Based Navigation)은 지상 무선국 상공을 의무적으로 통과하지 않고 주어진 항로 오차 범위 내에서 항로점을 설정하여 비행거리를 단축할 수 있는 방식으로 지역 항법(RNAV: aRea NAVigation) 또는 RNP(Required Navigation Performance)로 구성된다.

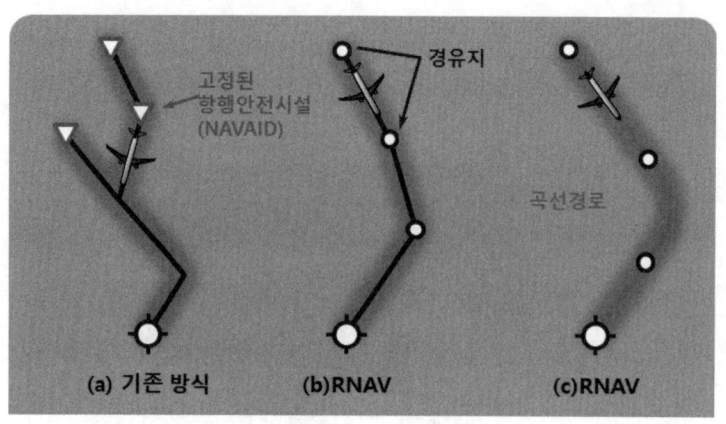

▲ 기존 항법과 지역 항법

6 항행 보조 장치(WXR, RA, AAS, GPWS, TCAS, FDR, CVR, ELT, ILS 등)

(1) 기상 레이더(WXR: Weather Radar)

항공기에 탑재된 레이더는 기상측정용과 항법용이 있다. 레이더는 근거리 초단파 전 방향 무선표지(VOR), 장거리 위성항법장치(GPS), 관성항법장치(INS), 기상 레이더(보조항법장치)가 있다.

기상 레이더는 구름의 형성, 폭우 지역을 알려주고, 이착륙 시 위험을 주는 윈드시어(wind shear)의 예측 활용, 지형을 탐지하여 항공기의 현재 위치 탐지, 야간 및 시계가 나쁜 경우 항로 및 주변 악천후 영역을 탐지하여 표시한다. 악천후 지역은 빗방울로 인한 전파 반사를 이용하여 강우량을 확인하여 표시한다.

안테나는 전방 레이돔(radom) 내에 장착되며 높은 이득을 얻는 평판 안테나를 사용한다.

대역과 주파수는 다음과 같다.

대역	주파수	특징
C 대역	5.4GHz	강우량이 많을 때 사용
X 대역	9.375GHz	강우지역이 없거나 강우량이 적은 구름이 있는 경우에 사용

(2) 전파고도계(RA: Radio Altimeter)

전파고도계는 항공기가 착륙 접근하면서 고도 정보를 얻는 데도 사용한다. 항공기에서 지표를 향해 전파를 발사하고, 그 반사파가 되돌아올 때까지의 시간을 측정하는 장치로 지형과 항공기 간의 수직거리, 즉 절대고도를 측정하여 절대고도계라고도 한다.

종류	특징
펄스식 전파고도계	발사한 펄스가 지표면에서 반사되어 기상 수신기에 도달하는 시간에 의해 고도를 구하는 방식으로 지형과 눈, 얼음, 초목 등의 지표면 상황과 기후의 영향을 받지 않는 장점이 있다.
FM식 전파고도계	0~750m(0~2,500ft)까지의 낮은 고도를 정밀하게 측정하여 활주로 접근, 착륙 시 사용된다. 전파고도계는 LRRA(Low Range Radio Altimeter)라 불린다.

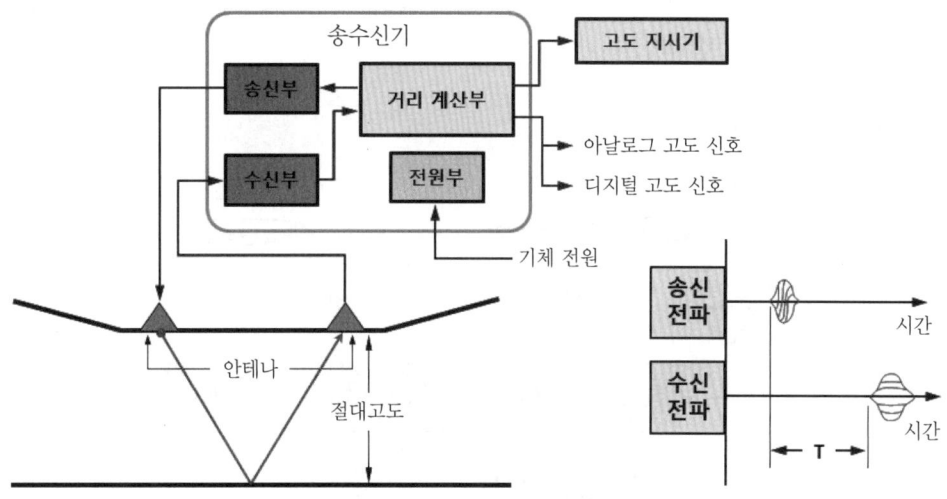

▲ 펄스식 전파고도계의 원리

(3) 고도경보장치(AAS: Altitude Alert System)

운항 중인 항공기에서 조종사에게 현재 고도를 확인시켜 주고, 설정한 고도와의 차이 발생 시(선택 고도 접근 및 이탈 ±300~900ft) 경보등과 경보음으로 알려주어 사고 위험을 방지하는 장치이다. 단, 고고도에서만 작동한다. 조종사가 항공교통관제(ATC)에서 지정된 비행고도를 MCP(Mode Control Panel)의 Altitude Selector 노브를 돌려서 입력 설정하면 비행제어컴퓨터(FCC: Flight Control Computer)는 선택 고도 접근 및 이탈 시 경고음을 발생시킨다.

(4) 대지접근 경보장치(GPWS: Ground Proximity Warning System)

1975년 이후 FAA(Federal Aviation Administration)에서 의무 장착 이후 대부분의 항공기에 장착되어 항공기와 산 및 지표면과의 충돌을 방지하는 경고장치로 속도, 전파고도계, 강하율, 착륙장치, 플랩 위치, 글라이드 슬로프 수신기 등의 비행정보를 수집하여 이륙, 순항, 진입, 하강, 착륙 등 비행 단계에 필요한 경보를 제공한다.

(5) 공중충돌방지장치(TCAS: Traffic alert Collision Avoidance System)

공중충돌방지장치는 미국에서 TCAS라고 부르고, 국제적인 명칭인 ACAS(Airborne Collision Avoidance System)는 항공기의 접근을 탐지하여 조종사에게 항공기의 위치나 충돌을 피하기 위한 회피 정보를 제공한다. ICAO에서는 5,700kg 초과 또는 승객 19인 초과 비행기는 TCAS 1기 이상 의무적으로 장착되었다.

① TCAS의 동작원리

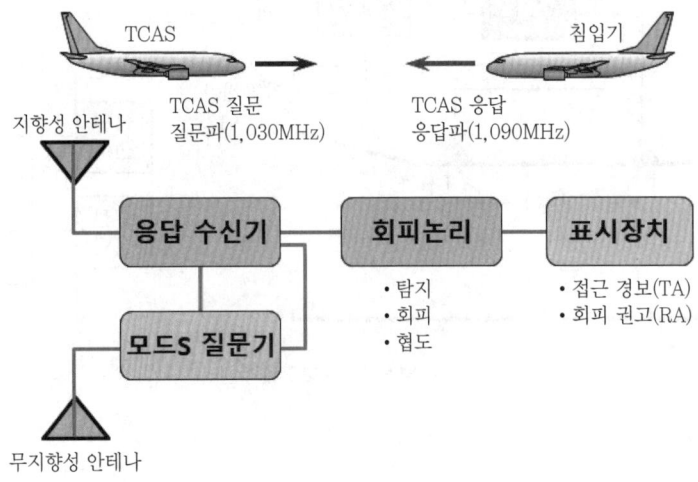

▲ TCAS의 동작원리

가) TCAS는 항공교통관제(ATC)와는 독립적으로 탑재된 장비를 통해 주변 항공기 거리, 상대방위, 고도를 분석하여 접근 경보(TA), 회피 권고(RA)를 내리는 공중충돌 방지장치이다.

나) ATC transponder(질문기)에서 1,030MHz의 질문을 보내고 주변 항공기의 ATC transponder가 질문을 수신하면 자동으로 1,090MHz의 응답신호를 송출한다. 모드 A(고유 식별 부호 요청), 모드 C(고도 요청), 모드 S(데이터 링크)를 통해 정보를 주고받을 수 있고, 그 정보를 통해 주의 구역(Caution Area)과 경고 구역(Warning Area)으로 나눈다.

종류	내용
접근 경보 (TA: Traffic Alert)	상대 항공기가 약 0.4NM 내에 있거나, 이 거리 내로 들어오기까지의 예측시간이 약 35~45초 이하인지를 판단한다.
회피 권고 (RA, Resolution Alert)	상대 항공기가 약 0.3NM 내에 있거나, 이 거리 내로 들어오기까지의 예측시간이 약 20~30초 이하인지를 판단한다. 회피 권고는 주비행표시장치에 표시되며, 이때 조종사는 상승 또는 하강을 수행해야 한다. 만일 동등한 고도의 위치에서 RA가 판정되면 조종사는 오른쪽 선회를 수행해야 한다.

※ TCAS와 항공교통관제사(air traffic controller)의 관제지시가 다른 경우에는 TCAS의 지시를 우선해야 한다.

② TCAS 종류

종류	내용
TCAS I	거리, 방위 정보 및 접근 경보(TA) 제공
TCAS II	거리, 방위 정보, 식별부호 및 접근 경보(TA), 수직면 회피 권고(VRA)
TCAS III	위치 정보, 접근 경보(TA), 수직면 회피 권고(VRA), 수평면 회피 권고(HRA)

(6) 비행기록장치(FDR: Flight Data Recorder)

비행기록장치는 항공기 사고의 원인 규명 및 분석을 위해 기록하는 저장장치로 12,500LB 이상, 25,000ft 이상 비행하는 모든 항공기에 미국연방항공청(FAA)에 의해 장착이 의무화되었다. FDR은 비행기록장치 초기의 아날로그 모델로 마그네틱 테이프로 기록되었으나, 아날로그 방식의 파라미터 수, 정밀도와 오차의 한계가 있어 현재는 반도체 메모리를 이용한 디지털 비행기록장치(DFDR: Digital Flight Data Recorder)를 사용하고 있다. FDR의 요구조건은 다음과 같다.

FDR의 요구조건

① 비행 중에는 비행자료가 계속 기록되어야 한다.
② 사고, 추락 등 외부 충격에도 손상될 확률이 낮고, 데이터가 파괴되지 않도록 후방 동체에 장착한다.
③ 현 시간을 기준으로 25시간 비행자료를 기록하고, 260℃에서 10시간, 1,100℃에서 30분을 견뎌야 한다.
④ 최대 충격 3,400G에서도 정상 작동되어야 한다.
⑤ 해저 추락 시 수중위치표시장치 ULD(Under water Locating Device)가 내장되어 37.5KHz의 저주파가 수면으로부터 6Km 수신이 가능해야 한다.
⑥ 눈에 잘 식별될 수 있도록 오렌지색 또는 황색으로 표시해야 한다.

(7) 조종실 음성기록장치(CVR: Cockpit Voice Recorder)

조종실 음성기록장치는 사고원인 규명에 기여하며, 기록되는 음성으론 조종실에서의 승무원 간의 대화, 관제 기관과의 교신내용, 헤드셋이나 스피커를 통해 정해지는 항행 및 관제시설 식별 신호음, 각종 항공기 시스템의 경보음이 기록되며, 최종 30분 이상 4채널로 녹음하여 저장 기록한다. 단, B737, B777은 최종 120분 음성 데이터를 기록한다. CVR의 요구조건은 다음과 같다.

CVR의 요구조건
① 1,100℃에서 30분을 견디고, 1,000G 충격에서 11ms까지 견디고, 해수, 연료, 작동유에 48시간 침전되어도 견딜 수 있도록 캡슐에 수용되어야 한다. ② 정상 비행 시 승무원이 녹음을 소거할 수 있어야 하고, 비행 중 잘못된 동작으로 녹음이 소거되지 않도록 비행 중에는 부동작되어야 한다. ③ 항공기 후방에 쉽게 발견될 수 있도록 오렌지색 또는 황색으로 도장이 규정되어 있다. ④ 최근에는 FDR, CVR을 합쳐 CVFDR 형태로 개발되어 항공기 후방 동체에 장착되어 있다.

(8) 비상위치발신기(ELT: Emergency Locator Transmitter)

비상위치발신기는 후방 동체 객실 천장 패널에 장착되어 초단파(VHF) 주파수를 사용하여 항공기의 충돌, 추락 등 조난 상태에서 항공기의 위치를 알리는 비상 신호이다. 민간 항공기에서는 121.5MHz, 군용 항공기에서는 243.0MHz의 비상신호를 발신한다. 최근에는 리튬배터리로 300Mw로 48시간 동안 406MHz의 주파수 신호 발신이 가능하다. 이는 위성 송신기가 장착되어 50초 간격으로 극초단파(UHF) 406MHz 조난 비컨 신호를 0.44초 동안 발신하고, 위성에서 수신 후 재전송하게 되면 2km 내에 항공기 위치를 찾을 수 있게 된다.

(9) 계기 착륙장치(ILS: Instrument Landing System)

계기 착륙장치는 일기 및 시계가 불량할 때 항공기가 안전하게 공항에 착륙할 수 있도록 유도신호를 송출하여 진입 경로와 각도를 제공하는 시스템이다.

구분	종류
민간 시스템	계기 착륙장치(ILS: Instrument Landing System), 마이크로파 착륙장치(MLS: Microwave Landing System), 위성항법보정시스템(DGPS: Differential GPS)의 광역 오차보정시스템(SBAS), 근거리 오차보정시스템(GBAS) 등
군용 시스템	정밀 진입 레이더(PAR: Precision Approach Radar)

① 시스템 구성

착륙 시스템은 비행 자세, 활강 제어의 정확한 정보를 제공하는 시스템으로 아래와 같이 구성된다.

구성 구분	구성 특징				
로컬라이저 (localizer)	수평 위치를 표시하고 정밀한 수평 방향의 접근 유도신호를 제공하며, 40채널의 VHF 스펙트럼을 사용한다. 주파수는 108.1~111.95MHz를 50KHz 간격으로 구분하여 0.1MHz 단위가 홀수인 것만 사용한다. 항공기 탑재 수신기에서는 왼쪽 90Hz와 오른쪽 150Hz의 변조파 감도를 비교하여 진행 방향을 지시해 준다.				
글라이드 슬로프 (glide slope)	활주로에 대해 적정한 강하 각을 유지하기 위해 수직 방향의 유도를 위한 시설이다. 송신기에서는 2개의 지향성 로브를, 위쪽은 90Hz, 아래쪽은 150Hz로 변조된 로브를 330.95~334.75MHz로 로컬라이저 신호와 조합하여 발사한다. 즉, 로컬라이저 주파수 선택 시 동시에 글라이드 슬로프 주파수가 선택되도록 되어 있다.				
마커 비컨 (marker beacon)	활주로 끝으로부터의 일정 거리를 표시하며, 마커 비컨 상공을 통과할 때 시각 및 청각신호를 제공한다.				
	마커 구분	설치 위치	주파수	전구 색	모르스 부호
	Outer Marker	7 km	400Hz	청색, 자색	― ― ― ―
	Middle Marker	1,050 m	1300Hz	황색	― · ― ·
	Inner Marker	300 m	3000Hz	백색	· · · ·

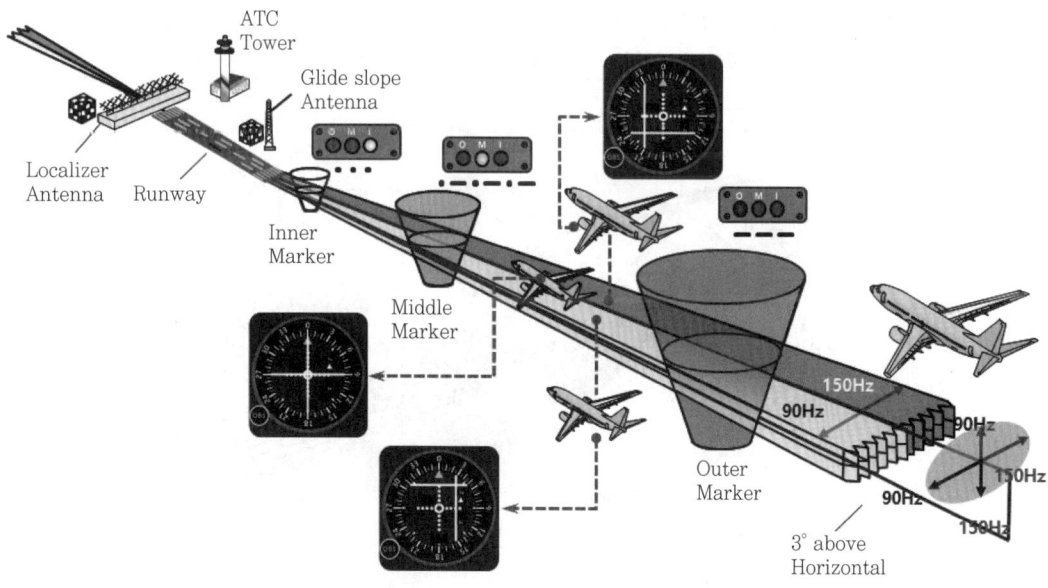

▲ 계기착륙장치(ILS)의 지상설비

국제민간항공기구(ICAO)에서 규정한 시정 등급은 아래와 같이 나눈다. 결심고도는 조종사가 시계비행으로 착륙시키거나 착륙을 포기할 것을 결정하는 고도를 DH(Decision Height)라 하고, 활주로까지의 가시 거리는 RVR(Runway Visual Range)로 나타낸다.

카테고리	system minima	DH	RVR/(활주시정거리)
CAT-I	200ft[60m] ↑	200ft	550m/(800m) ↑
CAT-II	100ft[30m] ↑	200ft ↓, 100ft ↑	350m/(350m) ↑
CAT-III A	50ft[15m] ↑	100ft ↓, DH 없음	200m/(200m) ↑
CAT-III B	50ft[15m] ↓	50FT ↓, DH 없음	15m/(50m) ↑
CAT-III C	0ft	DH 없음.	0m

② **마이크로파 착륙장치(MLS: Microwave Landing System)**

국제민간항공기구(ICAO)에서 스캐닝 빔(TRSB: Time Reference Scanning Beam) 방식을 국제 표준 채택 이후 ILS에서 MLS로 이행 계획이 결정되었다. 그에 따른 차이는 다음과 같다.

> **ILS에 비해 MLS의 이점**
> ① MLS는 진입 영역이 넓고, 곡선 진입이 가능하다. 소음 경감에도 효과가 있다.
> ② ILS는 VHF, UHF 대역의 전파를 사용하기에 넓고 평평해야 하지만, MLS는 5GHz 주파수 대역을 사용하므로 건물 등의 반사, 지형의 영향을 적게 받으므로 설치 조건이 완화되었다.
> ③ ILS 운용 주파수 40개 채널, MLS 운용 주파수 200개 채널로 간섭문제가 적어진다.
> ④ 각종 정보를 제공할 수 있는 자유 데이터 링크가 가능하다.
> ⑤ MLS의 구성: 방위각(AZ: Azimuth), 고저각(EL: Elevation), 정밀 거리 측정(DME/P, Distance Measuring Equipment Pecision), 후방 방위각(BAZ: Back Azimuth)

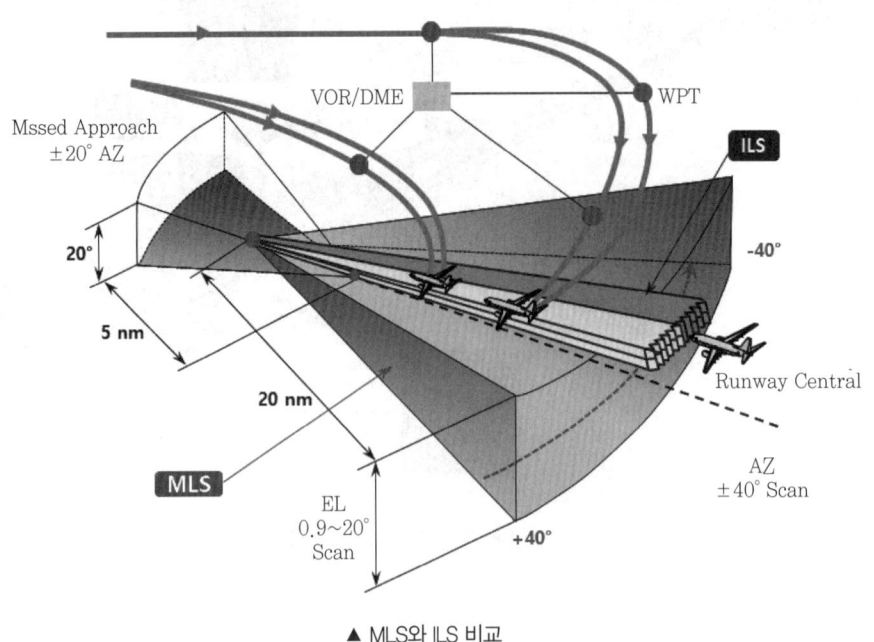

▲ MLS와 ILS 비교

CHAPTER 02 실력 점검 문제

01 무지향성 비컨의 설명으로 적합하지 않는 것은?

① 호밍 비컨(homing beacon)이라고도 한다.
② 항공기나 선박은 보통 수신기로 전파의 도래 방향을 탐지한다.
③ 변조한 전파를 30초마다 단점(morse) 부호를 발사한다.
④ 방위선을 이용하여 자기의 위치를 측정할 수 있다.

해설

무지향성 비컨 방식에서는 지향성 공중선을 사용하며, 회전 비컨 때는 보통 수신기로 전파의 도래 방향을 탐지한다.

02 ADF에 사용되는 안테나는?

① Loop Antenna
② Beam Antenna
③ Yagi Antenna
④ Lot Antenna

해설

ADF는 자동 방향 탐지기로 안테나, 수신기, 방위지시기 및 전원장치로 구성되며, 안테나는 지름 1m 내외의 정사각형, 원형, 다각형 등으로 코일을 몇 번 감은 루프 안테나를 사용한다. 자동 방향 탐지기는 루프 안테나(지향성 안테나)와 센스 안테나(무지향성 안테나)를 함께 사용한다.

03 360°의 모든 방향에 있는 항공기에게 비행코스를 지시해 주는 항공용 단거리 항행 보조 시설의 표준 방식은?

① 회전 베컨
② 내바르호
③ VOR
④ GCA

해설

VOR은 전 방향식 AN 레인지 비컨이라고도 하며, 초고주파 전 방향 비컨이라고도 한다. 또한, 항공로 상의 요소에 설치하여 주파수는 108~118MHz 정도로 360°의 모든 방향에 비행코스를 지시해 주는 항공용 단거리 항행 보조 기기이다.

04 자동 방향 탐지기(ADF)의 계기 지침은 무엇을 지시하는가?

① 항공기 진행 방향
② 항공기 Heading 방향
③ 자복(magnetic north) 방향
④ 선택된 무선국 방향

해설

자동 방향 탐지기는 190~1,750KHz 대의 전파를 사용하여 무선국으로부터 방사된 전파를 받아 전 방향에 걸쳐 NDB국의 방위를 알 수 있다. 지상에서는 무지향 표지 시설(NDB: Non Directional Beacon)을 호밍 비컨(homing beacon)이라 한다.

정답 01. ② 02. ① 03. ③ 04. ④

05 소형 비행기의 VOR 안테나의 위치는?

① 비행기의 앞쪽 위
② 날개 양쪽
③ 비행기 하체
④ 비행기 꼬리 부분

해설

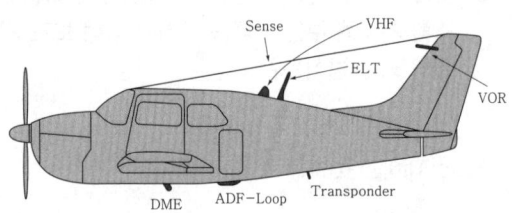

06 AN 레인지 비컨이라고도 하며 108~117.95MHz 의 초단파를 사용하는 방위 장치는?

① VOR   ② DME
③ AIDS   ④ INS

해설

VOR(초단파 전 방향 무선표식)의 주파수는 108~118 MHz로 전 방향식 AN 레인지 비컨이라고도 하며, 지상 국에서 조종사에게 방위 정보를 주며, 통상 유효거리는 가시거리이다.

07 VOR 동작 원리 설명이다. 잘못된 것은?

① VOR은 일반적으로 자북에 있어서의 수신 전파의 위상 비교로서 관측점의 방위 지시를 얻는다.
② 송신기에서는 방위와 관계없는 일정 위상인 기준 위상신호(reference phase signal)를 발사한다.
③ 방위에 의하여 기준 위상신호와 다르게 하는 가변 위상신호(variable phase signal)를 발사한다.
④ 기준 위상신호와 가변 위상신호는 동위상 인 경우 가끔 발생한다.

해설

자북에서는 기준 위상신호와 가변 위상신호가 동위상이 된다.

08 초고주파 전 방향 비컨(VOR)에 사용되는 주파수 범위는 얼마인가?

① 100~110MHz
② 108~118MHz
③ 270~280MHz
④ 280~290MHz

해설

6번 문제 해설 참고

09 초단파 전 방향식 무선표지장치(VOR)의 설명 중 틀린 것은?

① VOR국에 대한 항공기의 자방위를 결정한다.
② 기준 신호와 가변 위상신호의 위상차에 의해서 방위를 결정한다.
③ 두 개의 신호 전파를 수신하기 위하여 2개의 안테나를 사용한다.
④ 측정 유효 거리는 가시거리이므로 항공기 고도에 따라 달라진다.

해설

VOR은 유효 거리 내에 있는 모든 항공기에 VOR 지상국에 대한 자기 방위를 연속적으로 지시하여 정확한 항로를 완성할 수 있게 한다. 사용 주파수 범위는 108.00~117.95MHz이다. VOR 지상국은 수신 방위에 따라 위상이 변하는 30Hz 신호인 가변 위상신호(variable phase signal)와 방위와 관계없이 위상이 일정한 기준 위상신호(reference phase signal)를 포함한 전파를 발사한다. ③번은 쌍곡선 항법장치를 말한다.

정답 05. ④   06. ①   07. ④   08. ②   09. ③

10 VOR의 설명과 관계없는 것은 다음 중 어느 것인가?

① VHF를 사용한 전 방향식 레인지 비컨이다.
② 일종의 라디오 비컨으로 180°의 방향에서는 항공기가 수신하고 다른 180° 방향에서는 비행코스를 알려준다.
③ 유효 거리는 가시거리 내로 한정한다.
④ 30Hz 정도의 가청 신호를 포함한 신호를 방사한다.

해설
360° 전 방향 비컨으로서 항공기는 VOR에서 나오는 전파를 VOR 수신기로 수신하여 지상국까지의 거리, 방위 정보 등을 알아낸다.

11 DME(거리 측정장치)를 사용 시 장점이 아닌 것은?

① 진로에 대해 연속적으로 위치 결정이 된다.
② 진입 시 관제거리를 짧게 할 수 있어 많은 체공선회를 할 필요가 없다.
③ 레이더에 의한 유도를 받아야 한다.
④ 위치 결정이 ADF, VOR보다 정확하다.

해설
DME의 사용 시 장점
• 진로에 대해 연속적으로 위치를 결정한다.
• 항공기의 대지속도를 정확하고 신속하게 산출한다.
• 위치 결정이 ADF, VOR보다 정확하다.
• 정확한 항공기 위치의 정보를 얻을 수 있어 레이더에 의한 유도를 받을 필요가 없다.
• 진입 시에 관제 거리를 짧게 할 수 있어 많은 체공선회를 할 필요가 없다.

12 DME 안테나의 위치로 적합한 곳은?

① 비행기의 앞쪽 위
② 날개 양쪽
③ 비행기 하체
④ 비행기 꼬리 부분

해설

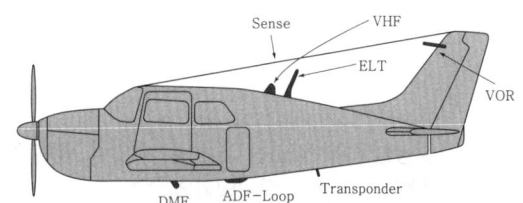

13 다음 중 항공계기 착륙장치(ILS: Instrument Landing System)가 아닌 것은?

① 로컬라이저(localizer)
② 글라이드 슬로프(glide slope) 또는 글라이드 패스(glide path)
③ 마커 비컨(marker beacon)
④ 초단파 전 방향식 무선표지(VOR)

해설
계기착륙장치(ILS)
• 로컬라이저(LOC: Localizer): 수평면 상의 정밀 접근 유도신호를 제공하여, 활주로 중심선을 맞추도록 유도한다.
• 글라이드 슬로프(G/S: Glide Slope): 수직면 상의 정밀 접근 유도신호를 제공하여, 착륙 각도인 38 활공각을 제공한다.
• 마커 비컨(MKR 또는 M/B: Marker Beacon): 활주로까지의 거리를 표시한다.

정답 10. ② 11. ③ 12. ③ 13. ④

14 보통 VOR과 병설되며 지상국으로부터 정보를 제공받아 항공기의 지상국과의 거리를 측정하는 장치는?

① GCA ② DME
③ ATC ④ INS

[해설]
DME는 기상장치와 지상장치로 구성되며, 보통 VOR과 병설되어 사용하는 거리 측정장치이다.

15 관성항법장치(INS)는 다음 중 무엇을 검출하여 항법에 이용한 장치인가?

① 물체가 이동할 때 생기는 가속도
② 이동하는 물체의 질량
③ 지구의 중력
④ 전파의 직진성을 이용한 도래시간

[해설]
관성항법장치(INS: Inertial Navigation System)는 뉴턴의 제1법칙(관성의 법칙)과 제2법칙(가속도의 법칙)을 이용한 장치로, 매시간 물체의 가속도를 측정하여 시간에 대해 적분하면 물체 속도를 구하고, 다시 속도를 적분하여 이동 거리를 구하여 출발지의 위치를 기준으로 항법 정보를 계산할 수 있는 장치이다.

16 항공기의 지표면 또는 해면 등과 항공기로부터 수직 하향 거리를 측정하는 것은 어떤 것인가?

① 전파고도계
② 글라이드 패드
③ AM형 고도계
④ 팬 마터

[해설]
전파고도계(RA: Radio Altimeter)는 지표를 향해 전파를 발사하여 반사파가 되돌아오는 시간을 측정하는 장치이다. 전파고도계는 절대고도를 지시하여 절대고도계라고도 한다. 높은 고도용으로는 펄스형을, 낮은 고도용으로는 FM형을 사용한다. FM식 전파고도계는 주파수 변조된 4,300MHz의 전파를 발사하여 그 반사파를 송신파의 일부와 비트시켜 수신한다.

17 비행 DATA 기록장치(FDR)는 어느 것인가?

① 운항 승무원의 통화 내용을 기록하는 장치이다.
② 사고 시 비행상태를 규명하는 데 필요한 DATA를 기록하는 장치이다.
③ 운항에 필요한 DATA를 미리 기록해 두는 장치이다.
④ 이 장치에 기록된 DATA에 따라 자동 비행되는 장치이다.

[해설]
비행 DATA 기록장치는 항공기의 성능 확인 및 항공기의 사고분석용으로 사용하기 위하여 비행 중인 항공기의 DATA를 기록하는 장치이다.

18 조종실 음성기록장치(CVR)의 테이프에 몇 가지 입력신호가 동시에 녹음될 수 있는가?

① 1개 ② 2개
③ 3개 ④ 4개

[해설]
조종실 음성기록장치(CVR: Cockpit Voice Recorder): 조종실 음성기록장치는 사고원인 규명에 기여하며, 기록되는 음성으론 조종실에서의 승무원 간의 대화, 관제기관과의 교신내용, 헤드셋이나 스피커를 통해 정해지는 항행 및 관제시설 식별 신호음, 각종 항공기 시스템의 경보음이 기록되며, 최종 30분 이상 4채널로 녹음하여 저장 기록한다.

정답 14. ② 15. ① 16. ① 17. ② 18. ④

19 항공기가 추락 시에 자동으로 송신되도록 한 비상위치 송신기(ELT)의 장착 위치는?

① 날개 양쪽
② 비행기의 앞쪽
③ 비행기의 뒷부분
④ 비행기의 중앙

해설

ELT는 항공기 추락 시 자동으로 121.5MHz와 243MHz의 전파를 송신하는 장치로 보통 항공기의 뒷부분에 장착되어 있다.

20 ILS(계기 착륙장치)를 구성하는 설비의 명칭이 아닌 것은?

① 접근 레이더
② 글라이드 패스
③ 로컬라이저
④ 팬 마커

해설

항공기가 공항에 도달하면 종래에는 조종사의 경험과 감각에 의하여 착륙했지만, 근래에는 계기 착륙 방식(ILS: Instrument Landing System)을 이용하여 착륙한다. 이 착륙 방식은 공항에서 필요한 전파를 발사하고 조종사는 이것을 받아서 계기의 지시에 따라 착륙하는 것으로 글라이드 패스, 로컬라이저, 팬 마커로 구성되어 있다.

정답 19. ③ 20. ①

CHAPTER 03 자동 조종장치

1. 자동 조종장치의 원리

(1) 자동 조종장치의 개요

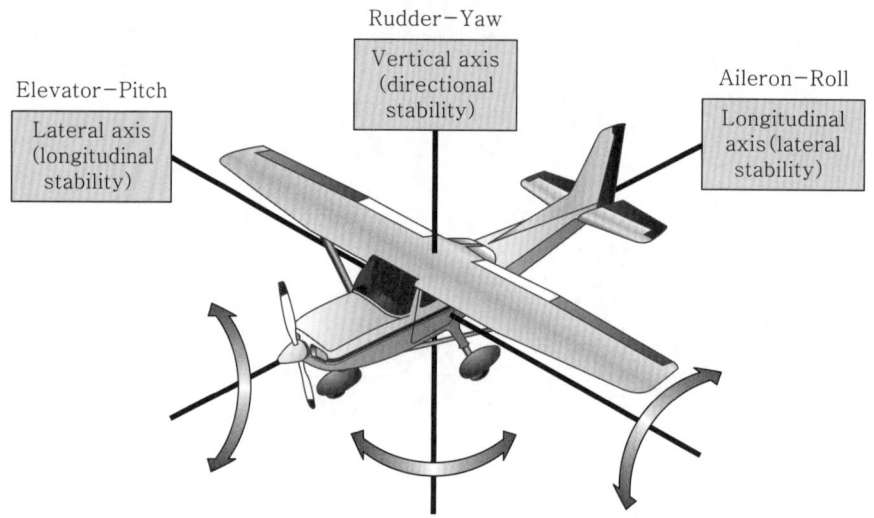

항공기가 점차 대형화, 고속화되면서 항공기의 상승, 선회, 항법장치에 의한 비행코스의 결정 등 조종사의 피로와 그보다 더 안전한 비행을 할 수 있도록 자동 조종장치가 개발되었다. 이 자동 조종장치는 비행 자세, 비행 고도, 항로 유지 등 조종사가 하던 일을 자동으로 조종해 준다. 자동 조종장치는 안정(stability), 조종(control), 유도(guidance) 3가지의 기능을 두고 3대 축 제어를 한다. 3대 제어 축은 다음 표와 같다.

제어 축	각	제어 키	운동	제어
옆놀이 축 제어 (X축)	ϕ	도움날개	기수방향을 중심으로 왼쪽과 오른쪽 방향의 운동	속도, 고도, 수직 항법, glide slope 등을 제어

키놀이 축 제어 (Y축)	θ	승강키	기수방향이 상하로 흔들리는 상태에서 기수가 상, 하 방향의 운동	방향, 트랙, 수평 항법, localizer 등을 제어
빗놀이 축 제어 (Z축)	ψ	방향키	수평상태에서 기수방향이 왼쪽으로 향했다가, 오른쪽으로 향하는 상태의 운동	역 요, 상승각, localizer 등을 제어

(2) 자동 조종장치의 기능

① 안정화 기능

기능	핵심 내용
마하 트림 보정	음속 가까이 비행하게 되면 날개의 압력중심이 충격파에 의해 후퇴하게 되어 기수가 점차 내려가는 현상을 턱 언더 현상이라 한다. 턱 언더 현상 발생 시 항공기 기수가 내려가지 않도록 승강키를 움직여 상승할 수 있도록 자동으로 보정해 주는 장치를 피치 트림 보상기 또는 마하 트리머라고 한다.
요 댐퍼	항공기의 후퇴각이 있기 때문에 가로 및 세로 방향의 안정성이 떨어져 돌풍에 의한 좌우 측 흔들림이 발생한다. 이와 같은 현상을 더치 롤이라 한다. 더치 롤 현상이 일어나는 것을 방지하기 위해 요 댐퍼가 있다.

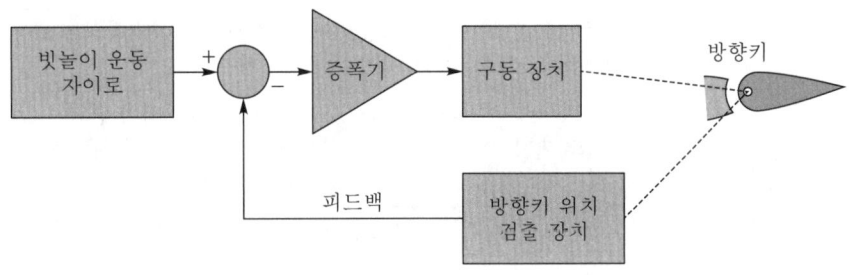

▲ 안정화 기능의 요 댐퍼

② 조종 기능

기능	핵심 내용
경사각 제어	계획된 경사각으로 비행하고자 할 때 경사각의 명령은 MCP(Mode Control Panel)에 있는 방향 제어부이다. 수평비행 하고 있을 때 MCP에 있는 방향 제어부 노브를 20° 위치로 돌리면 도움날개가 작동되어 항공기는 20° 경사각을 갖는다.
상승률 및 하강률 제어	항공기의 상승 및 하강은 승강키를 움직여 제어하여 일정한 상승률과 하강률이 되도록 한다.
방향 제어	방향 제어는 수평자세지시계(HSI) 오른쪽 하단 노브를 돌려 설정한다.

항법장치 정보는 제어 휠, CDI, VOR/DME, ILS, IRS 등으로 입력받아 조종면에 신호를 보내면 서보 드라이버, 작동기가 조종면을 작동시킨다. 항공기 자세, 방위, 고도, 속도는 명령값에 도달되도록 피드백되어 오차를 줄이도록 제어한다.

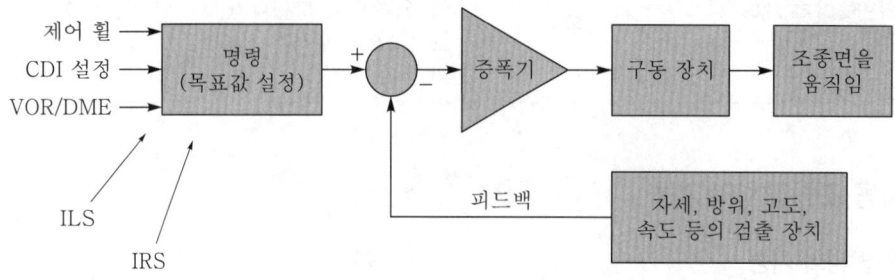

▲ 기본적인 오토파일럿 장치 시스템

③ 유도 기능

기능	핵심 내용	
VOR에 의한 유도	항공기는 지상 VOR 무선국의 주파수를 설정하여 수신하면서 비행한다. 이때 입력된 방위신호와 측정된 방위각의 차이가 발생하지 않도록 제어기의 피드백 데이터를 통해 오차를 줄일 수 있어서 VOR 항로를 유도, 유지 비행할 수 있다.	
ILS에 의한 유도	항공기를 운항함에 있어 최종 자동 착륙까지 가능하게 하는 기능으로 높은 신뢰성이 요구되는 유도 방법이다.	
	로컬라이저	좌측 90Hz, 우측 150Hz를 수신하여 편위를 살피고, 편위량에 따라 전압을 발생시킨다. 이 전압은 증폭기에 입력되고 신호를 구동장치에 전달하여 도움날개를 작동시킨다.
	글라이드 슬로프	상측 90Hz, 하측 150Hz를 수신하여 편위를 살피고, 편위량에 따라 전압을 발생시킨다. 이 전압은 증폭기에 입력되고 신호를 구동장치에 전달하여 승강키를 작동시킨다.
INS에 의한 유도	항공기가 출발지에서 목적지까지 통과, 경유하는 경유지를 IRS(Inertial Reference System)에 입력하여 경유지와 경유지로 가는 항로를 계산하고 설정한다. 항공기가 비행하고 있는 항로는 IRS에 의한 위치정보로 설정값과 차이가 있으면 증폭기에 입력되고 구동장치에 전달하여 승강키, 도움날개 등을 작동시킨다.	

(3) 자동 조종장치의 구성

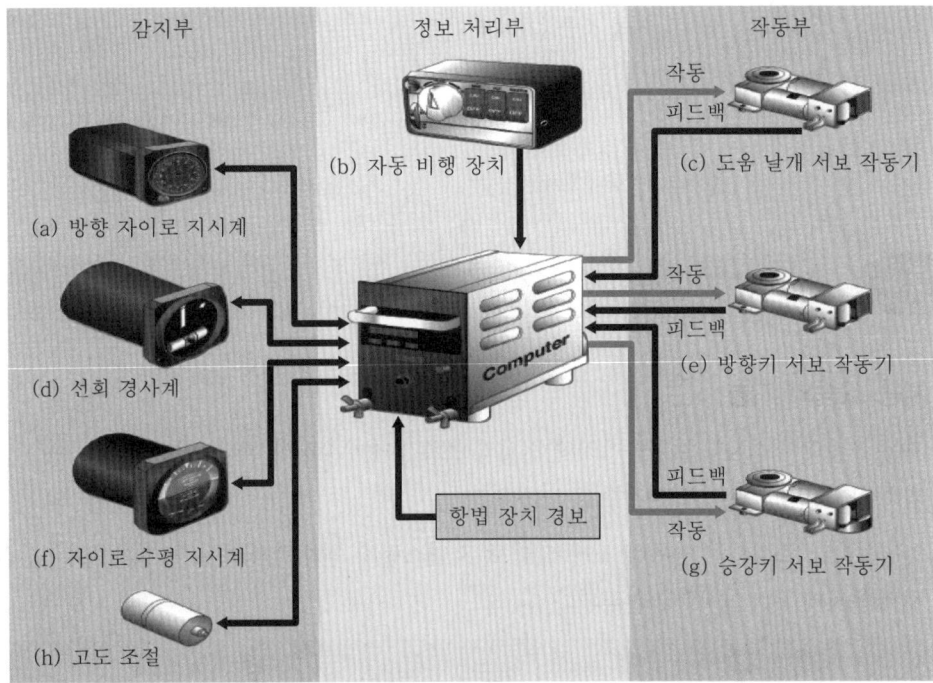

▲ 오토파일럿의 구성

자동 조종장치 구성	핵심 내용	
감지부	기체의 동요를 억제하기 위한 제동 신호로, 동요의 속도 또는 가속도를 검출하는 레이트 자이로나 가속도계가 기체에 장착되어 신호를 얻는다.	
	수직 자이로	롤 및 피치 자세 신호를 얻는다.
	방향 자이로	기수 방위 신호를 얻는다.
	대기 자료 컴퓨터	정압과 동압을 얻고, 고도 신호나 편위 신호, 대기속도 신호 등을 공급한다.
	각종 항법장치	진로 편위량이나 방위 신호가 공급된다.
정보 처리부	각 센서로부터 정보를 집계하여 조타 신호를 산출한다.	
작동부	정보 처리부의 전기 신호를 기계적 출력으로 변환시키는 부분으로 자동 조종장치의 응답 특성을 결정하며, 대형 항공기에서는 유압 서보를 많이 사용하고 있다.	
제어부	부조종사의 조작이 쉬운 장소에 부착한다. 조작은 다음과 같다. ① 자동 조종장치의 연결, 분리 제어 ② 자동 기능의 선택 및 소요 자료의 생성 ③ 자동 조종장치 및 키놀이 및 선회 수동 조작	

표시부	자동 조종장치의 작동 상황을 조종사에게 알리는 표시부로, 조종사가 계기판을 확인하기 쉬운 장소에 위치하며 내용은 다음과 같다. ① 자동 조종장치의 분리 경고 ② 기능의 자동 전환 표시(접근 및 진입 등)

2 자동 조종장치의 종류

(1) 자동 조종의 기능

자동 조종의 핵심사항은 항공기의 안전성과 조종성이 우수해야 한다. 안전성에는 종축 안정성, 횡축 안전성, 기수방향 안정성으로 나뉜다.

안정성이란 조종사의 아무런 조타 없이도 자연스럽게 원래의 상태로 균형을 잡는 성질이고, 정적 안정과 동적 안정으로 분류된다.

정적과 동적	주요 내용
정적 안정 (+의 정적 안정)	기체의 평형이 무너졌을 때 원래의 균형 상태로 되돌리는 경우
정적 불안정 (−의 정적 안정)	기체의 평형이 무너졌을 때 변위가 점점 커져 균형 상태에서 빠지는 경우
동적 안정 (+의 동적 안정)	자세가 평형 위치로 되돌리기까지의 과정에서 변위가 시간이 지남에 따라 감소하는 경우
동적 불안정 (−의 동적 안정)	자세가 평형 위치로 되돌리기까지의 과정에서 변위가 시간이 지남에 따라 증가하는 경우

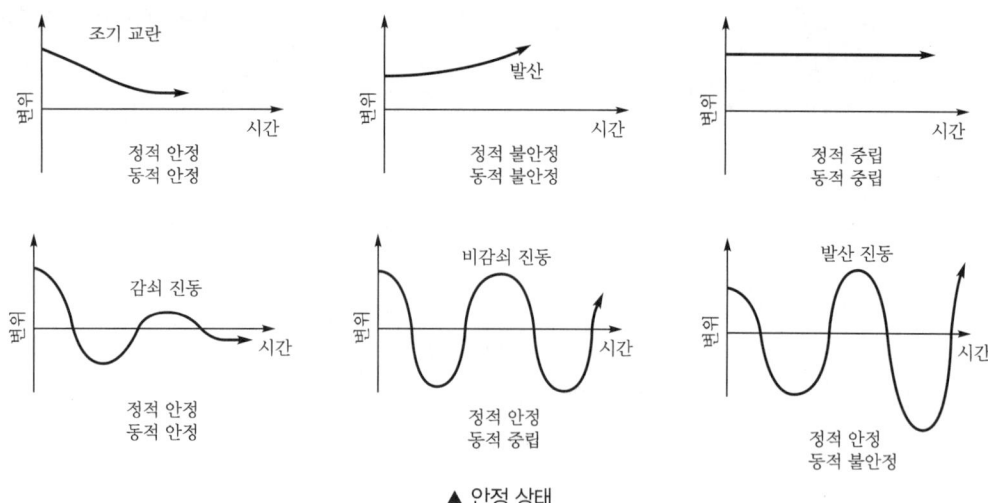

▲ 안정 상태

항공기는 정적 안정, 동적 안정이 모두 양으로 설계되어 있다. 하지만 안정성이 너무 좋으면 조종성이 떨어지고, 조종성이 좋으면 안정성이 떨어진다. 그렇기에 민간 항공기의 경우에는 감항성이 우선이기에 안정성에 중점을 두고, 전투기는 기동력이 우선이기에 조종성에 중점을 두고 있다.

① **세로 안정성(longitudinal stability)**: 항공기가 키놀이에 따른 상하 방향 운동에 있어, 돌풍으로 세로 방향의 균형이 무너져 양각이 변화한 경우에 원래의 자세로 되돌리는 것을 말한다. 기체에 상향의 힘이 가해져 받음각이 증가하면 수평 안정판의 받음각도 증가하여 양력을 생성한다. 이때, 기수 아래 모멘트가 발생하여 받음각이 감소되면서 균형 상태로 안정된다.

중심 이동 상황	안정성과 키놀이 관계
중심이 전방으로 이동하면	중심과 풍압 중심의 거리가 커지며, 기체 중량의 외관 변화는 적게 된다. 즉, 안정성은 좋아지지만, 승강 키의 기능이 나빠진다.
중심이 후방으로 이동하면	중심과 풍압 중심의 거리가 적어지며, 기체 중량의 외관 변화는 커진다. 즉, 안정성은 떨어지고 승강 키의 기능은 좋아진다.

② **가로 안정성(lateral stability)**: 항공기 기체가 가로 흔들림을 일으켰을 때 원래의 균형 위치까지 되돌리는 성질로 기체의 옆놀이에 대한 안정성이다. 이는 주 날개의 상반각과 후퇴각에 따라서 안정성을 얻는다.

③ **방향 안정성(directional stability)**: 항공기 기체가 횡활을 일으켰을 때 그 풍상 측으로 기수를 향하여 다시 균형 상태로 되돌리는 성질로 빗놀이에 대한 안정성이며, 수직 안정판에 의해 안정성을 얻는다.

(2) 자세 유지 방법

① **균형 선회(coordinated turn)**: 기체를 선회할 때는 동시에 빗놀이 운동도 같이 해야 균형 선회를 할 수 있다. 그렇지 않으면 미끄럼이 발생하게 된다. 즉, 조종사가 조종간을 '우'로 돌려 오른쪽으로 회전시키면서 동시에 '우측' 방향 페달을 밟아 기수를 오른쪽으로 선회시킨다. 조종사는 계획한 옆놀이각에 이르기 전에 조종간을 '좌'로 돌려 옆놀이율을 감소시키고, 계획한 옆놀이 각에 도달했을 때는 도움날개가 중립 위치에 오게 된다.

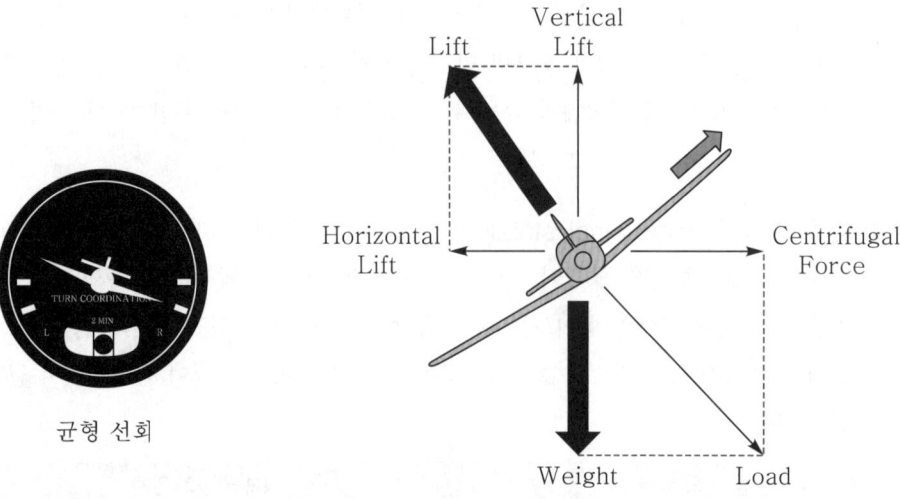

균형 선회

균형 선회	주요 내용
선회 중	• 양력의 수직 성분=기체 중량의 균형을 이루기 위해서는 추력을 일정하게 하기 위해 승강키를 당기고, 양각을 크게 하여 양력을 증가시켜야 한다. 다만, 이때 항력도 증가하므로 속도가 저하되면서 고도도 저하하게 된다. • 양력의 수평 성분=원심력의 균형의 선회 반지름은 중력 가속도 성분에 반비례하고, 속도 제곱의 값에 비례한다. $$R = \frac{V^2}{g\tan\theta}$$
수평 비행 중	양력(L)=기체 중량(W)

② **내활 선회(slip turn)**: 선회 시 방향키의 조작량이 충분하지 않아 안쪽에 횡활을 일으켜 내활 선회라고 한다. 이때, 원심력보다 양력의 수평 성분이 크고, 외관의 중력 방향은 대칭면보다 선회의 안쪽으로 기울어지므로 선회계의 볼은 안쪽으로 기울어진다. 즉, 선회 방향 안쪽으로 미끄러지는 현상이다.

외활 선회

③ **외활 선회(skid turn)**: 선회 시 방향키의 조작량이 너무 많아 바깥쪽에 횡활을 일으켜 외활 선회라고 한다. 이때, 원심력보다 추력의 수평 성분이 적고, 외관의 중력 방향은 대칭면보다 선회의 바깥쪽으로 기울어지므로 선회계의 볼은 바깥쪽으로 기울어진다. 즉, 원심력으로 인해 선회 방향의 바깥쪽으로 미끄러지는 현상이다.

내활 선회

④ **트림(trim):** 조종 날개면에 작용하는 X축(세로축–옆놀이축), Y축(가로축–키놀이축), Z축(수직축–빗놀이축)에 관한 모멘트를 '0'으로 하고, 기체에 작용하는 공기력, 엔진 출력 등이 균형을 유지하는 것을 트림 유지라 한다.

⑤ **더치 롤(dutch roll):** 항공기에는 수직 안정판에 의한 방향 안정성보다도 상반각이 있는 후퇴 날개의 가로 흔들림 복원성이 강하기 때문에 방향 불안정 현상인 더치 롤이 일어나기 쉽다.

멈추는 방법	방향 키를 조작하여 편 흔들림을 멈추고, 그에 따라 횡활도 멈추어 기체가 안정된다.
방지하는 방법	더치 롤을 방지하는 기능은 비행 중 언제나 사용하며, 이를 빗놀이 댐퍼라 한다.

(3) 항법계통과의 결합

① **자세 유지(gyro) 모드:** 비행 제어의 요 댐퍼, 자동 조종장치 결합 레버를 결합 위치로 한 모드를 말한다. 키놀이 자세는 결합하였을 때 피치 자세를 유지하게 되고, 옆놀이 자세는 날개를 수평 위치로 되돌렸을 때 기수 방위를 유지하며 비행한다.

② **자세 제어(turn-knob) 모드:** 비행 제어장치의 턴 노브(선회 설정기)나 키놀이 노브(피치 설정기)를 돌려 항공기의 자세를 바꾸는 모드를 말한다. 기체의 옆놀이각은 턴 노브의 회전각에 비례하고, 기체의 키놀이율은 키놀이 노브의 회전각에 비례한다.

③ **기수 방위(HDG SEL) 설정 모드:** HDG SEL 모드는 수평 상태 지시계의 HDG knob를 돌려 설정한 방향으로 기수를 바꾸는 모드이다. 그림과 같이 기수방위(HDG) 190°로 비행하고 있던 비행기가 설정한 기수 방위(SEL HDG) 170° 방향으로 선회를 시작하여 기수가 170°를 향하게 되면 수평 비행하게 된다.

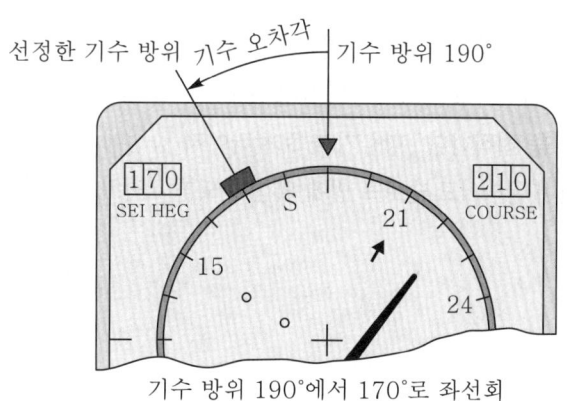

▲ 기수 방위 설정 모드의 선회 예

④ **고도 유지(ALT HOLD) 모드**: 자세 제어 모드로 항공기 기체가 원하는 고도에 이르렀을 때 ALT HOLD 버튼을 누르면 버튼을 눌렀을 때의 고도로 항공기는 안정되고, 그 고도를 유지하며 비행한다.

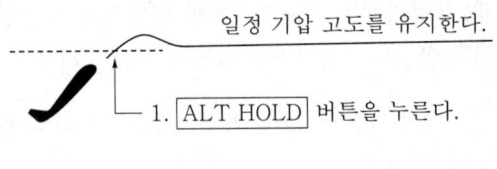

▲ 고도 유지 모드의 기능

⑤ **VOR/LOC 모드**: VOR 지상 무선국의 유도 전파를 이용하여 비행하는 모드이다. 초단파 전 방향 무선 표지(VOR)는 방위각을 유지하고, 거리 측정장치(DME)는 거리 정보를 제공한다. VOR국을 수신할 수 있을 때 그림과 같이 모드 선택기의 VOR/LOC 버튼을 눌러 VOR 전파를 수신하면, VOR 전파에 의한 유도가 시작되어 090° 코스로 직진 비행하게 되고, VOR 지상 무선국을 통과해도 090° 코스를 계속 유지한다.

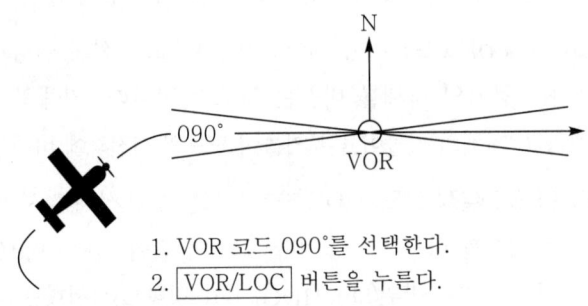

▲ VOR/LOC 모드에서 VOR국으로의 접근

⑥ **ILS 모드**: 계기 착륙장치의 유도 전파를 이용하여 활주로에 강하하는 모드이다. 먼저 활주로 방위를 HSI에 설정하고, 모드 선택기의 ILS 버튼을 누르면 먼저 로컬라이저(LOC) 빔을 포착하여 유도를 시작한다. 항공기가 로컬라이저 중심에 가까우면 글라이드 슬로프(G/S) 전파를 수신하여 글라이드 슬로프 빔에 의한 유도를 시작하고 빔에 의해 강하하게 된다.

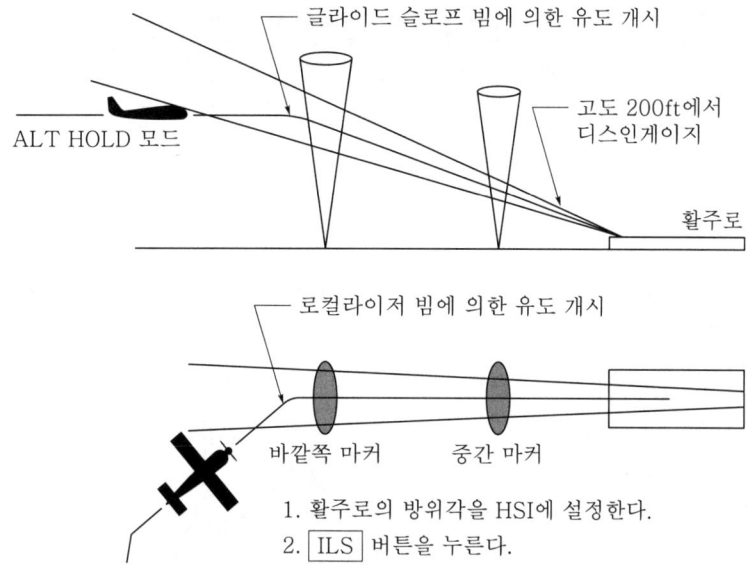

▲ ILS 모드에 의한 강하

CHAPTER 03 실력 점검 문제

01 항공기의 자동 조종장치(auto pilot system)의 사용 목적이 아닌 것은?

① 비행 자료를 기록하여 차후 조종 방법을 분석하고 향상하는 데 있다.
② 비행 중 난류(turbulence)를 받더라도 자동으로 항공기를 안정상태로 하는 데 있다.
③ 항공기 조종사의 부담과 피로를 덜어주는 데 있다.
④ 항공기의 안전성을 향상하고 쾌적한 비행을 하는 데 있다.

해설
자동 조종장치는 조종사 보조(pilot assistance) 기능과 유도기능(guidance)으로 구분하며 비행경로의 유지, 조작을 간략화하여 조종사의 피로를 경감시키고 쾌적한 비행을 하게 하는 데 목적이 있다.

02 항공기의 자동 조종장치에서 좌우 방향 흔들림(Yawing)을 제어하는 조종익면은 어느 것인가?

① 방향타(rudder)
② 보조익(aileron)
③ 승강타(elevator)
④ 수평미익(stabilizer)

해설
요 댐퍼 시스템은 더치롤을 방지할 목적으로 더치롤을 감지하여(각 가속도를 탐지하여 전기적인 신호로 변경) 운동이 정지하는 방향으로 방향타를 제어하는 자동 조종장치를 말한다.

03 다음 중 자동 조종장치의 구성에 해당되지 않는 것은?

① 센서부
② 서보
③ 컴퓨터부
④ 방위 지시기

해설
자동 조종장치는 센서부, 정보를 산출하여 조타 신호를 발생하는 컴퓨터부, 전기 신호를 기계적 출력으로 변환하는 서보, 조종사가 자동 조종장치에 대하여 명령을 가하는 컨트롤부, 자동 조종장치의 상황을 조종사에게 알리는 표시부 등으로 구성되어 있다.

04 자동 비행장치(AFCS)의 작동상 분류할 때 유도작용이란 무엇을 의미하는가?

① 기체가 기준 자세에서 벗어났을 경우 그 기체를 다시 원상으로 하는 작용이다.
② 항공기를 상승, 하강, 선회 작용을 하게 하는 것이다.
③ 항공기를 자동으로 정해진 항로를 따라 비행시키는 작용이다.
④ 항공기 엔진의 추력을 자동으로 제어하는 작용을 말한다.

해설
유도기능이란 관련된 항법장치 또는 항법전자 계산기에 의하여 만들어진 신호에 따라 자동으로 비행경로를 조작하는 기능을 말한다.

정답 01. ① 02. ① 03. ④ 04. ③

05 다음은 요 댐퍼 시스템(yaw damper system)의 설명이다. 틀린 것은?

① 항공기의 비행고도를 급속하게 낮추는 조작이다.
② 더치롤(dutch roll)을 방지할 목적으로 이용된다.
③ 각 가속도를 탐지하여 전기적인 신호로 바꾼다.
④ 방향타를 적절하게 제어하는 것이다.

해설
요 댐퍼 시스템은 더치롤을 방지할 목적으로 더치롤을 감지하여(각 가속도를 탐지하여 전기적인 신호로 변경) 운동이 정지하는 방향으로 방향타를 제어하는 자동 조종장치를 말한다.

06 비행기의 DUTCH ROLL 현상을 억제하기 위하여 조종되는 기체 표면 명칭은?

① 보조익   ② 승강타
③ 방향타   ④ 수평 안정판

해설
주익의 큰 후퇴각으로 인하여 세로방향과 가로방향의 안정성이 떨어지게 되어 더치 롤(dutch roll)이 발생하고 이를 피하기 위해서 방향키를 사용하게 된다. 이를 요 댐퍼 시스템이라 한다. 이와 같은 더치 롤(dutch roll) 방지와 균형 선회(turn coordination)를 위해서 방향타(rudder)를 제어하는 자동 조종장치를 말한다.

07 조종사의 부담 경감과 비행 조작 가변화를 위하여 안정성을 향상시키기 위해 사용되는 장치는?

① 자동 방향 탐지장치
② 자동비행 기록 집적장치
③ 자동호출 장치
④ 자동비행 조종장치

해설
항공기가 점차 대형화, 고속화되면서 항공기의 상승, 선회, 항법장치에 의한 비행코스의 결정 등 조종사의 피로와 그보다 더 안전한 비행을 할 수 있도록 자동 조종장치가 개발되었다. 이 자동 조종장치는 비행 자세, 비행고도, 항로 유지 등 조종사가 하던 일을 자동으로 조종해 준다. 자동 조종의 기본 역할은 안정(stability), 조종(control), 유도(guidance)이다.

08 각종 대기상태 자료를 얻기 위하여 ADC(Air Data Computer)로 들어가는 기본 입력신호는?

① 동압과 정압(static and pitot pressure)
② 대기의 온도 및 밀도(air temperature and density)
③ 대기속도 및 정압(air speed and static pressure)
④ 동압 및 온도(out side temperature)

해설
대기 자료 컴퓨터는 피토-정압(pitot-satic) 계통(정압과 동압)과 온도감지부의 수감부로부터 자료를 얻어 기본 입력신호로 한다.

09 Auto Pilot System의 사용 목적 중 틀린 것은?

① 비행경로의 유지, 조작을 간략화한다.
② 안정성을 향상시키고 쾌적한 비행을 하게 한다.
③ 비행 시의 자료를 기록하여 사고 분석 시 사용한다.
④ 조종사의 피로를 경감시킨다.

해설
자동 조종장치는 조종사 보조(pilot assisrtance) 기능과 유도기능(gideance)으로 구분하며, 비행경로의 유지, 조작을 간략화하여 조종사의 피로를 경감시키고 쾌적한 비행을 하게 하는 데 목적이 있다.

정답 05. ① 06. ③ 07. ④ 08. ① 09. ③

10 대기 속도계는 다음 중 어느 신호를 받는가?

① 동압과 정압 ② 동압과 고도
③ 정압과 상승률 ④ 고도 및 상승률

해설
8번 문제 해설 참고

11 Yaw Damper에서 터치롤을 감지하기 위하여 사용되는 것은?

① 레이트 자이로 ② 서보 모터
③ 방향타 ④ 보조날개

해설
터치롤을 감지하여 이 운동을 감소시키기 위한 자동 조종장치를 요 댐퍼라고 하며, 감지기는 레이트 자이로가 사용되며 전기적인 신호로 서보 모터를 동작시켜 방향타를 조타시킨다.

12 YAW DAMPER SYSTEM의 역할이 아닌 것은?

① DUTCH ROLL 억제
② 회전(TURN) 조정
③ 저속도에서 엔진 고장 보상
④ TUCK UNDER 현상 보상

해설
요 댐퍼 시스템은 더치 롤 방지와 균형 선회할 목적으로 더치롤을 감지하여 운동이 정지하는 방향으로 방향타를 제어하는 자동 조종장치를 말한다.

13 자동비행 조종장치의 기본 구성 계통으로 부적당한 것은?

① 자동 추력 제어
② 자동 수평 안전판
③ 자동 조정 & FLIGHT DIRECTOR
④ YAW DAMPER

해설
AFCS(자동 비행장치)의 구성
- 자동 조종과 플라이트 디렉터
- 요 댐퍼
- 자동 추력 제어

14 선택된 방식(mode)으로 비행기가 조종되고 있을 때 표시기에 나타나는 색깔은?

① 붉은색 ② 녹색
③ 흑색 ④ 호박색

해설
자동 조종장치는 센서부, 컴퓨터부, 제어부, 표시기 등으로 구성된다. 자동 조종장치의 상황을 조종사에게 알리는 표시기는 자동 조종 선택 모드와 같이 항공기가 비행하고 있다면 녹색을 확인할 수 있다.

15 제트기가 고속으로 비행하면서 턱 언더 현상이 발생되었다. 조종사 대신 승강키를 움직여 상승 조종면을 자동으로 보정해 주는 것은?

① 요 댐퍼 ② 트림
③ 보상기 ④ 피치 트림 보상기

해설
음속 가까이 비행하게 되면 날개의 압력중심이 충격파에 의해 후퇴하게 되어 기수가 점차 내려가는 현상을 턱 언더 현상이라 한다. 턱 언더 현상 발생 시 항공기 기수가 내려가지 않도록 승강키를 움직여 상승할 수 있도록 자동으로 보정해 주는 장치를 피치 트림 보상기 또는 마하 트리머라고 한다.

16 선회 시 방향키의 조작량이 너무 많아 바깥쪽으로 선회하는 것은?

① 내활 선회 ② 정상 선회
③ 외활 선회 ④ 균형 선회

정답 10. ① 11. ① 12. ③ 13. ② 14. ② 15. ④ 16. ③

해설

선회 시 방향키의 조작량이 너무 많아 바깥쪽에 횡활을 일으켜 외활 선회라고 한다. 이때 원심력보다 추력의 수평 성분이 적고, 외관의 중력 방향은 대칭면보다 선회의 바깥쪽으로 기울어지므로 선회계의 볼은 바깥쪽으로 기울어진다. 즉 원심력으로 인해 선회 방향의 바깥쪽으로 미끄러지는 현상이다.

17 자동 추력 제어장치의(automatic throttle control system)의 입력신호가 아닌 것은?

① 대기속도(TAS)
② 엔진의 압축비(engine pressure ratio)
③ 대기온도(OAT 또는 TAT)
④ 연료 소모량(fuel consumption)

해설

자동 추력 제어장치의 입력신호에는 엔진 압력(EPR), 저압 로터 회전수, 배기가스 온도계(EGT), 고압 로터 회전수, 연료 유량(FF: Fuel Flow) 등이 표시된다.

18 Electro Mechanical Auto Pilot System의 감각 엔진은?

① Servo
② Turn Bank
③ Gyro
④ Controller

해설

자동 조종장치는 센서부, 정보를 산출하여 조타 신호를 발생하는 컴퓨터부, 전기 신호를 기계적 출력으로 변환하는 서보, 조종사가 자동 조종장치에 대하여 명령을 가하는 컨트롤부, 자동 조종장치의 상황을 조종사에게 알리는 표시부 등으로 구성되어 있다. 이중 센서부의 감각 엔진은 gyro에 의해 센싱된다.

19 항공기가 착륙하기 위해 글라이드 슬로프를 따라 하강하다가 적당한 고도가 되면 항공기 기수를 들어 착지할 때, 충격을 덜 받도록 부드러운 곡선 형태로 하강 비행을 하는 것을 무엇이라 하는가?

① 이륙
② 복행
③ 순항
④ 플레어

해설

INS는 피치각을 컴퓨터에 보내고 중력 가속도를 보정하여 항공기가 전후 방향의 가속도 성분과 비교 수정하여 사용한다. 자동 조종장치가 자동 착륙 모드 사용 시 플레어(flare)는 전파고도계(RA)의 고도가 53ft(16.15m)에 도달하면 시작하여 항공기 기수를 들어 착륙 시 충격을 덜 받도록 하강 비행한다.

20 이륙, 상승 및 복행 시 자동으로 추력을 설정하고 순항, 진입 및 착륙 상태에서는 자동으로 속도를 제어하는 장치는?

① 오토 스로틀
② 자동 착륙장치
③ 플라이트 디렉터 시스템
④ 요 댐퍼

해설

자동 추력 제어장치(automatic throttle system)는 이륙, 상승, 하강, 순항 및 복행 시 자동으로 추력을 설정하고, 순항, 진입 및 착륙 상태에서는 자동으로 속도를 제어한다. 항공기는 독립적으로 작동하거나 오토파일럿 제어 시스템과 함께 작동한다. 자동 추력 제어장치는 항공기가 이륙에서부터 착륙할 때까지 모든 비행 구간에서 항공기 속도를 미리 설정한 속도로 유지할 수 있는 장치이다.

정답 17. ③ 18. ③ 19. ④ 20. ①

최종 점검 모의고사

제1회 최종 점검 모의고사

01 동압(dynamic pressure)과 정압(static pressure)을 이용하는 기본적인 계기는?

① 동기 전동기, 유압계
② E.P.R
③ 회전계, 방향지시계
④ 대기 속도계, 고도계

해설
피토-정압계통의 계기는 대기 속도계, 고도계, 승강계 및 피토-정압 프로브로 구성되어 있다.

02 다음 중 산소 식별 테이프에 대한 설명으로 옳은 것은?

① 청색 바탕에 검은색 사각형 모양
② 흰색 바탕에 검은색 사각형 모양
③ 녹색 바탕에 검은색 별표 모양
④ 회색 바탕에 검은색 별표 모양

해설

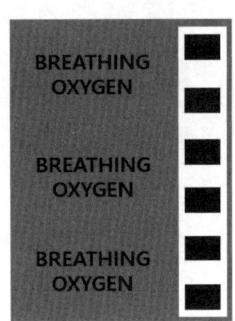

▲ 산소계통 식별 테이프

03 일반적으로 전기식 방빙이 사용되지 않는 곳은?

① 얼음 감지기
② 피토관
③ 조종실 윈도
④ 리딩 엣지

해설
전기식 방빙: 피토관, 전 공기 온도 감지기, 받음각 감지기, 엔진 압력 감지기, 엔진 온도 감지기, 얼음 감지기, 조종실 윈도, 그리고 물 공급 라인과 오물 배출구에 방빙한다.

04 열전쌍(thermocouple)의 특성을 이용한 계기는?

① 외기온도계기
② 윤활온도계기
③ 연료온도계기
④ 배기가스 온도계기

해설
열전쌍 탐지기(thermocouple type detector): 2개의 다른 물질로 된 금속 선의 양 끝을 연결하여 양 접합점에 온도 차가 발생하면 열기전력이 발생한다. 열기전력은 두 금속 종류와 접합점 온도 차에 결정된다.
철-콘스탄탄, 구리-콘스탄탄, 크로멜-알루멜 조합의 금속을 사용한다. 철-콘스탄탄은 실린더 헤드 온도계에 사용하고, 크로멜-알루멜은 주로 배기가스 온도계에 사용한다.

정답 01. ④ 02. ② 03. ④ 04. ④

05 다음과 같은 특성을 갖는 회로 보호장치는?

- 규정 용량 이상의 전류가 흐를 때 회로를 차단한다.
- 스위치 역할도 할 수 있다.
- 계속 사용이 가능하다.

① 퓨즈 ② 회로 차단기
③ 전류 제한기 ④ 열 보호장치

해설

회로 차단기(circuit breakers): 회로 내에 규정 값 이상의 전류가 흐를 때 회로를 끊어 주어 전류의 흐름을 막는 장치이며, 종류는 푸시형, 푸시풀형, 스위치형, 자동 재접속형이 있다.

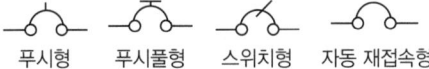
푸시형 푸시풀형 스위치형 자동 재접속형

06 다음 중 여객기용 비상장비 및 장치에 속하지 않는 것은?

① 낙하산
② 비상신호용 장비
③ 산소 공급장치
④ 비상탈출 미끄럼대

해설

비상시 승객의 안전을 도모하기 위해 필요한 모든 비상용 장비들을 항공기에 비치하는 것은 법적으로 정해졌다. 비치해야 하는 리스트는 다음과 같다.
탈출용 미끄럼대(escape slide), 탈출용 로프(escape rope), 구명조끼(life vest), 구급함(first aid kit), 휴대용 소화기(portable fire extinguisher), 휴대용 산소(portable oxygen), 휴대용 확성기(portable megaphone), 방연 안경(smoke goggle), 방수 손전등(flash light), 비상 신호등(signal kit), 비상 도끼(crash ax), 구명보트(life raft), 비상식량(emergency food), 비상 송신기(emergency transmitter) 등이 있다.

07 항공계기를 수감부, 확대부, 지시부로 나눌 경우, 수감부로 사용되지 않는 것은?

① 벨로스 ② 다이어프램
③ 부르동관 ④ 피니언 기어

해설

피니언 기어는 압력 계기의 구성품으로 확대 부분에 링크 장치, 섹터, 피니언 기어가 있다.

08 지자기의 3요소가 아닌 것은?

① 자차 ② 편각
③ 복각 ④ 수평분력

해설

지자기 3요소
- 편각 또는 편차: 지구의 자전축인 지축과 지자기 축 간에 이루는 각
- 복각: 지자기 자력선의 방향과 지구 수평선이 이루는 각
- 수평분력: 지자력을 지구 수평면 방향과 수직 방향의 두 방향의 분력으로 나누었을 때, 지구 수평면 방향 쪽의 분력

09 면적의 피스톤과 면적을 가진 실린더가 서로 유체역학적으로 연결되어 있을 경우, 전자에 10psi의 압력을 인가할 때 후자의 압력은 몇 psi인가?

① 2 ② 5
③ 10 ④ 50

해설

파스칼의 원리: 프랑스의 수학자 파스칼은 밀폐된 용기 내에 있는 액체의 임의의 점에 작용하는 압력은 '손실 없이 모든 방향으로 전달되고 모든 부분에 직각 방향으로 작용한다.'라고 정의하였다.

$$\frac{F_2}{F_1} = \frac{A_2}{A_1} = \frac{L_1}{L_2}$$

따라서, $2in^2$ 면적일 때 압력이 10psi, $10in^2$ 면적일 때 압력은 10psi이다.

정답 05. ② 06. ① 07. ④ 08. ① 09. ③

10 브레이크 종류 중 중형 이상의 항공기에 사용되며, 여러 개의 회전판과 고정판을 사용하는 것은?

① 슈 브레이크(shoe brake)
② 다중 디스크 브레이크(multi-disk brake)
③ 단일 디스크 브레이크(single disk brake)
④ 팽창 튜브 브레이크(expansion tube brake)

해설

브레이크 종류
- 팽창 튜브식 브레이크: 가볍고 단단하여 소형기에 많이 쓰인다. 재질은 석면이다.
- 싱글 디스크 브레이크: 소형 항공기에 가장 널리 사용된다.
- 슈형 브레이크: 구형 항공기에 널리 사용되었으며, 현재 자동차에 폭넓게 이용되고 있다.
- 멀티 디스크 브레이크: 여러 개의 고정판과 회전판으로 구성된다.
- 세그먼트 로터 디스크 브레이크: 고압의 유압을 계통에 사용하기 위해 개조된 중량용 브레이크 장치이다.

11 승강계에서 모세관의 저항이 증가할 때 성능에 대한 설명으로 옳은 것은?

① 감도는 증가하고 계기 지시의 지연이 증가한다.
② 감도는 증가하고 계기 지시의 지연이 짧아진다.
③ 감도는 감소하고 계기 지시의 지연이 증가한다.
④ 감도는 감소하고 계기 지시의 지연이 짧아진다.

해설

승강계의 지시 지연
- 작은 구멍의 크기가 작으면 감도는 좋아지나, 지시 지연은 길어진다.
- 작은 구멍의 크기가 크면 감도는 낮아지고, 지시 지연은 짧아진다.

12 비행장에 설치된 시설물, 장비 및 각종 기기 등에 색채를 이용하여 작업자로 하여금 사고를 미연에 방지할 수 있도록 하는데, 청색의 안전색채가 의미하는 것은?

① 방사능 유출위험이 있는 것을 의미한다.
② 수리 및 조절 검사 중인 장비를 의미한다.
③ 수리가 불가능한 장비의 폐기 처분을 의미한다.
④ 충돌, 추락, 전복 등의 위험 장비를 의미한다.

해설

안전색채
- 사용 가능 부품(serviceable parts): 노란색 표찰
- 수리 요구 부품(repairable parts): 초록색 표찰
- 폐기품(condemn parts): 빨간색 표찰

13 항공기에서 3상 교류 발전기(A.C generator)를 사용할 때 장점이 아닌 것은?

① 효율이 우수하다.
② 정비 및 보수가 쉽다.
③ 무게가 무거워 진동이 적다.
④ 높은 전력의 수요를 감당하는 데 적합하다.

해설

교류 발전기(alternator)
- 자기장 속에 코일을 놓으면 플레밍의 왼손 법칙(자기장의 방향만 반대이고 플레밍의 오른손 법칙의 원리와 같음)에 의해 코일에는 전류가 흐른다.
- 교류 형태로 역학적 에너지를 전기에너지로 전환하여 교류 기전력을 일으키는 발전기이다.
- 전자 감응 작용을 응용한 것으로, 간단히 교류기라고도 한다.
- 단상과 3상이 있으나 항공기에 사용되는 발전기는 모두 3상이며, 동기속도라는 일정한 속도로 회전하므로 3상 동기발전기(three-phase synchronous generator)라 한다.

정답 10. ② 11. ① 12. ② 13. ③

14 항공기 유관(hose) 외부에 부착된 식별표(decal)는 무엇을 표시하기 위한 것인가?

① 호스의 재질
② 호스의 제작번호
③ 호스의 사용 가능 압력
④ 호스에 흐르는 액체의 종류

해설
항공기 호스 및 배관에 부착된 데칼의 색은 배관 내부의 유체의 종류를 표시하기 위한 것이다.

15 다음 영문의 내용으로 가장 올바른 것은?

> Personnel are cautioned to follow maintenance manual procedures

① 정비를 할 때는 상사의 자문을 구한다.
② 정비 교범 절차에 따라 주의를 해야 한다.
③ 정비 교범 절차에 꼭 따를 필요는 없다.
④ 정비를 할 때는 사람을 주의해야 한다.

해설
- caution: 주의
- procedure: 절차

16 대형 항공기의 탑재용 APU에 대한 설명으로 옳은 것은?

① 주엔진 고장 시 비상신호를 발생시키는 장치이다.
② 주엔진 고장 시 필요한 추력을 얻기 위한 장치이다.
③ 주엔진 고장 시 필요한 교류 전원과 블리드 공기를 얻기 위한 장치이다.
④ 주엔진에 연료 부족 시 추가 연료를 공급하기 위한 장치이다.

해설
APU: 비행에 직접 필요로 하는 추진력을 얻는 엔진 외에 각 시스템과 장비의 동력원이 되는 전력, 공압 또는 유압을 공급하기 위해 장비한 동력장치를 보조동력장치(APU)라고 한다.

17 비상 위치 지시용 무선표지 설비는 조난신호를 몇 시간 동안 지속하여 발신하게 되었는가?

① 12시간
② 24시간
③ 48시간
④ 96시간

해설
비상 위치 지시용 무선표지 설비는 48시간 동안 지속하여 발신하게 되어 있다.

18 액체를 보내는 튜브 중간에 오리피스를 설치하여 오리피스의 상류와 하류 액체 흐름의 압력 차를 지시하는 유량계는?

① 질량 유량계
② 차압식 유량계
③ 면적식 유량계
④ 부자식 유량계

해설
차압식 유량계
- 액체가 통과하는 튜브의 중간에 오리피스를 설치한다.
- 액체의 흐름이 있을 때 오리피스의 앞부분과 뒷부분에 압력 차가 발생한다.
- 유량은 압력 차의 제곱근에 비례한다.
- 유량계의 종류는 차암식, 베인식, 동기 전동기식이 있다.

정답 14. ④ 15. ② 16. ③ 17. ③ 18. ②

19 결빙 방지를 위한 조건이 아닌 것은?

① 전열선
② 가열공기
③ 윈드실드 와이퍼
④ 알코올

해설

방빙(anti-icing) 방법: 전기가열식, 가열공기(블리딩 에어), 알코올 분사

20 조종석 스위치에 의해 간접적으로 작은 전류를 입력받아 큰 전류를 제어하는 전자기 스위치는 무엇인가?

① 열스위치
② 계전기(릴레이)
③ 회로 차단기
④ 전류 제한기

해설

- 회로 차단기: 규정 용량 이상의 전류가 흐르면 접점이 열려 전류를 차단하는 장치로 다시 접속시켜 사용한다.
- 전류 제한기: 높은 전류를 짧은 시간에 흐를 수 있도록 만든 퓨즈로 동력회로에 사용한다.

21 자차 수정으로 할 수 없는 것은?

① 불이차의 수정
② 반원차의 수정
③ 북선 오차의 수정
④ 사분원차의 수정

해설

- 정적 오차: 불이차, 사분원차, 반원차
- 동적 오차: 북선 오차, 가속도 오차, 와동 오차

22 유압계통 펌프의 공급관이나 출구 쪽에 거품이 생기면 공기가 섞인 작동유를 저장탱크로 되돌아가게 하는 밸브는?

① 릴리프 밸브
② 프라이오리티 밸브
③ 퍼지 밸브
④ 디 부스터 밸브

해설

- 릴리프 밸브: 계통 릴리프 밸브와 온도 릴리프 밸브가 있다. 작동유에 의한 계통 내의 압력을 규정된 값 이하로 제한하는 데 사용되는 것으로, 과도한 압력으로 인하여 계통 내의 관이나 부품이 파손될 수 있는 것을 방지하는 장치이다.
- 프라이오리티 밸브: 작동유의 압력이 일정 압력 이하로 떨어지면 유로를 막아 작동 기구의 우선순위에 따라 필요한 계통만을 작동시키는 기능을 가진 밸브이다.
- 디 부스터 밸브: 브레이크의 작동을 신속하게 하기 위한 밸브이다. 브레이크를 작동할 때 일시적으로 작동유의 공급량을 증가시켜 빠르게 제동되도록 하며, 귀환이 신속히 이루어지도록 한다.

23 지상에서 항공기에 장착된 제너레이터가 가동되지 않을 때 항공기 전기계통의 작동을 위해 항공기에 400Hz, 115/200V, AC Power를 공급하는 장비는?

① G.T.C(Gas Turbine Compressor)
② G.P.U(Ground Power Unit)
③ HT – Lift Car(하이 리프트 카)
④ Heater(히터)

해설

GPU: 항공기에 3상 400Hz 교류를 공급하여 시동 보조를 위해 사용되는 장비로, 직류 28V도 공급할 수 있다.

정답 19. ③ 20. ② 21. ③ 22. ③ 23. ②

24 객실고도란?

① 실제 비행하는 고도
② 절대고도
③ 밀도고도
④ 객실 내의 기압에 해당되는 고도

해설

고도의 종류
① 비행고도: 실제 비행하는 고도
② 절대고도: 어느 지형 표면 위를 비행하고 있는 항공기에서 지형 표면까지의 수직거리
③ 밀도고도: 압력 고도에서 비표준 온도와 압력을 수정해서 얻은 고도
④ 객실고도: 객실 안의 기압에 해당되는 기압고도

25 유압계통의 저장탱크 내부에 있는 배플과 핀의 기능은 무엇인가?

① 저장탱크 안을 여압 시키는 압축공기 연결구이다.
② 저장탱크 안의 작동유의 양을 알 수 있게 해준다.
③ 저장탱크 안에서 작동유에 발생한 거품이나 기포가 펌프로 들어가는 것을 방지한다.
④ 주입구에서 작동유가 보급될 때 불순물을 거르는 작용을 하고 있다.

해설

레저버 구성
• 여압구: 압축공기 연결구
• 사이트 게이지: 작동유의 양을 알 수 있다.
• 필터: 이물질을 걸러준다.

26 항공기 비상장비 중 구명조끼를 팽창시키는 데 주로 사용되는 가스는?

① 아르곤 가스
② 질소 가스
③ 수소 가스
④ 이산화탄소 가스

해설

구명조끼는 안에 달린 가스 캡슐에 있다. 구명조끼 1개에는 각각 16g의 이산화탄소 가스가 압축된 2개의 가스 캡슐이 달려 있다. 양쪽 하단의 끈에 연결된 손잡이를 당기면 가스 캡슐의 밀봉이 터지고, 이때 이산화탄소가 순간적으로 빠르게 부풀어 올라 가스가 구명조끼의 공기주머니를 채운다.

27 다음 중 직류를 교류로 바꾸어 주는 것은?

① TRANSFORMER
② DIODE
③ RECTIFIER
④ INVERTER

해설

• 트랜스포머: 교류의 전압이나 전류의 값을 변화시킨다(변압기).
• 다이오드: 전류를 한 방향으로만 흐르게 하고, 그 역방향으로는 흐르지 못하게 하는 반도체 소자이다.
• 정류기: 회로에 한 방향으로 전류가 흐르게 하는 소자를 말한다.

28 그림은 어떤 형의 회로 차단기인가?

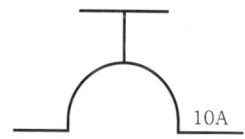

① 스위치형
② 푸시형
③ 푸시풀형
④ 토글형

해설

회로 차단기의 종류는 다음 그림과 같다.

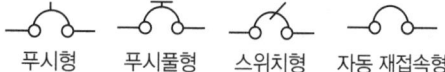

푸시형　푸시풀형　스위치형　자동 재접속형

정답　24. ④　25. ③　26. ④　27. ④　28. ③

29 대기 속도계의 색 표식 중에서 플랩(flap)을 조작하는 것과 가장 관계가 깊은 것은?

① 흰색 호선
② 노란색 호선
③ 녹색 호선
④ 붉은색 방사선

해설

항공기 계기의 색 표식
- 노란색 호선: 안전운용 범위에서 초과 금지에 이르는 사이의 경계 및 경고 범위
- 녹색 호선: 안전 운용 범위
- 붉은색 방사선: 최대 및 최소운용 한계(표시된 범위 밖에서는 절대 운용 금지)

30 교류 발전기의 정격이 115V, 1KVA, 역률(power factor)이 0.866이라면 무효전력은?

① 57Var
② 500Var
③ 575Var
④ 866Var

해설

무효전력

피상전력 × $\sqrt{1-(역률)^2}$

$= 1000 \times \sqrt{1-0.866^2} ≒ 500$

31 싱크로 발신기와 싱크로 수신기의 각도 차이가 0도일 때 회전 방향은?

① 회전하지 않는다.
② 반대 방향으로 회전한다.
③ 같은 방향으로 회전한다.
④ 정회전과 역회전을 반복 회전한다.

해설

원격 지시계기는 수감부의 기계적인 각 및 직선 변위를 수감하여 전기신호로 바꾸어 멀리 떨어져 있는 지시부에 같은 크기의 변화를 나타내는 계기이다. 여기에 사용되는 동기기(synchro)는 오토신, 마그네신, 직류셀신(데신)이 있다. 이 동기기는 회전자가 동기되면 전류의 흐름이 없게 된다. 싱크로 발신기와 수신기의 각도 차이가 '0'이라는 건 동기되었음을 알 수 있고, 전류 흐름은 없기 때문에 회전하지 않게 된다.

32 스위치에 의하여 먼 거리의 많은 전류가 흐르는 회로를 직접 개폐시키는 역할을 하는 일종의 전자기 스위치는?

① 계전기
② 회전선택 스위치
③ 토글 스위치
④ 푸시버튼 스위치

해설

계전기(relay): 주로 조종석에 설치되어 있으며 스위치에 의하여 간접적으로 작동되며 큰 전류가 흐르는 회로를 제어하기 위해 제어할 부분과 가장 가까운 전원 또는 버스 사이에 장치하여 큰 전류가 흐르는 도선의 길이를 가능한 짧게 하여 전선이 차지하는 무게 경감 및 위험 부분의 노출을 최소화하여 최대한 배선을 짧게 하기 위한 설치 목적을 가지고 있다.

33 대기압이 객실 내의 기압보다 높을 경우에 대기의 공기가 객실로 자유롭게 들어오게 되어 있는 객실 압력 안전 밸브는?

① 덤프 밸브
② 아웃 플로우 밸브
③ 압력 릴리프 밸브
④ 부압 릴리프 밸브

해설

객실 압력 안전 밸브에는 차압이 규정 값보다 클 때 작동되는 객실 압력 릴리프 밸브와 대기압이 객실 압력보다 높을 때 작동되는 부압 릴리프 밸브가 있다.

34 항공기에 사용하는 전기식 회전계의 작동원리에 대한 설명이 아닌 것은?

① 직접 구동한다.
② 원격 지시 방식이다.
③ 회전하고 있는 부분의 돌출 부분을 센다.
④ 드래그캡(drag cap)이라 부르는 회전속도를 지시한다.

해설

전기식 회전계: 엔진과 지시하는 계기가 멀리 떨어져 있을 경우에 주로 사용한다. 이와 같은 방식을 원격 지시방식이라고 한다. 전기식 회전계는 엔진 회전수를 감지하는 회전계 발전기에서 엔진의 회전속도를 전기 신호로 바꾸어 지시계기까지 보내고, 지시계기에서 전기 신호를 동기 전동기에 의해서 회전속도로 표시하는 방식이다. 즉, 3상 동기 발전기의 출력이 3상 동기 전동기를 회전시키기 때문에 발전기 회전속도와 전동기 회전속도는 일치하게 된다.

35 유량 제어장치인 흐름평형기(flow equalizer)에서 작동유가 각 작동기에 공급될 때, 유량 제어에 사용되지 않는 부품은?

① 결합 체크 밸브
② 미터링 그루브
③ 분리 체크 밸브
④ 자유 부동 미터링 피스톤

해설

흐름 조절기: 계통 압력의 변화와 관계없이 작동유의 흐름을 일정하게 유지하는 장치로, 작동유 압력 모터의 회전수를 일정하게 하거나 조종면, 플랩, 전방 조향 장치, 서보 실린더 등에 공급되는 작동유의 급격한 흐름의 변화를 방지하는 데 사용한다.

36 30V의 전압에 의해 3A의 전류가 흐르는 전기회로에서 저항은 몇 Ω인가?

① 0.1　　② 3
③ 10　　④ 33

해설

저항=전압/전류

$$R = \frac{E}{I} = \frac{30}{3} = 10\Omega$$

37 이산화탄소 소화제 및 용기에 대한 설명으로 틀린 것은?

① 이산화탄소의 원소기호는 CO_2이다.
② 압력의 상승을 위하여 가압용 질소가스를 봉입한다.
③ 밀폐된 장소에서 이산화탄소 소화제 사용은 위험하다.
④ 이산화탄소의 용적을 작게 하기 위하여 저압의 기체 상태로 가압하여 압력용기에 넣는다.

해설

이산화탄소 소화기는 조종실이나 객실에 설치되어 있으며, 일반화재, 전기화재 및 기름화재에 사용된다. 용기 내에는 액체 이산화탄소가 봉입되어 있고, 안전핀을 빼고 방아쇠를 당기면 소화제가 분사된다. 분사하고 있는 동안은 단열변화에 의하여 드라이아이스 상태가 되기 때문에 인체에 해를 입지 않도록 주의해야 한다. 따라서 장갑 등을 사용하고, 노즐은 확실히 손으로 고정한다. 소화기에 따라서는 압력계가 설치되어 있는 것도 있으며, 분사 시간은 약 15초이고 좁고 밀폐된 장소에 사용하면 인체에 위험하다.

38 항공기에 전선을 사용하기 위해 선택할 경우 우선적으로 고려해야 할 사항이 아닌 것은?

① 전선의 색
② 전선의 길이
③ 전선에 흐르는 전류량
④ 공급하려고 하는 전압

해설

전선은 전력 또는 전기신호를 보내기 위해 사용되는 전류를 통틀어 이르는 말로 절연선과 나선으로 나누며, 절연선은 나선의 겉에 고무나 에나멜과 같은 절연 물질로 되어 있는 것이며, 나선은 구리로만 되어 있는 모양이다.

정답 35. ①　36. ③　37. ④　38. ①

39 유압 피스톤의 홈 부분에 O-링을 끼울 때 백업 링을 사용하는 주된 목적은?

① O-링에서 더러워진 부착물을 떨어지게 하기 위해
② O-링이 틈새에서 밀려 나오는 것을 방지하기 위해
③ 처음의 O-링이 파손된 경우 예비 역할을 하기 위해
④ O-링의 장착 및 분해 시 편의를 돕기 위해

[해설]
백업 링은 70kg/cm 이상의 유압이 작동하면 O-링이 변형하여 틈새가 생기는데, 이를 방지하기 위해 사용하는 링이다.

40 유압계통에서 축압기(accumulator)의 기능이 아닌 것은?

① 가압된 작동유를 저장한다.
② 유압계통의 서지 현상을 방지한다.
③ 계통에 사용된 유체를 저장 및 배출한다.
④ 펌프 고장 시 작동유를 유압장치에 공급한다.

[해설]
축압기는 작동유의 저장 통으로 여러 개의 작동유 압력기기가 동시에 사용될 때 동력 펌프를 돕는다. 또한, 동력 펌프가 고장 났을 때는 저장되었던 작동유를 유압기기에 공급한다. 또 작동유 압력계통의 서지 현상을 방지하고, 작동유 압력계통의 충격적인 압력을 흡수해 주며, 압력 조절기가 열리고 닫히는 횟수를 줄여 준다. 종류로는 다이어프램형 축압기, 블래더형 축압기, 피스톤형 축압기가 있다.

41 항공기의 착륙로에 대한 수직면 내의 상하 위치의 벗어난 정도를 표시하는 설비를 무엇이라 하는가?

① 마커 비컨
② 로컬라이저
③ 글라이드 슬로프
④ 초단파 전 방향 표지기

[해설]
글라이드 슬로프(글라이드 패스)는 항공기가 강하할 때 수직면 내에서의 올바른 코스를 지시하는 것으로, 로컬라이저와 마찬가지로 90Hz와 150Hz로 변조된 전파에 의해서 발사된다.

42 기내 전화 장치를 지상에서 조종실과 정비 점검상 필요한 기체 외부와의 통화 연락을 하기 위한 장치는?

① 플라이트 인터폰 장치(flight interphone system)
② 서비스 인터폰 장치(service interphone system)
③ 캐빈 인터폰 장치(cabin telephone system)
④ 피에이 장치(PA system)

[해설]
- Flight Interphone: 운항 승무원 상호 간 통화
- Service Interphone System: 비행 중 조종실과 객실 승무원석 간의 통화, 조종실과 정비, 점검상 필요한 기체 외부와의 통화
- Cabin Interphone System: 조종실과 객실 승무원, 객실 승무원과 객실 승무원 상호 간의 통화
- Passenger Address System: 기내 방송 장치
- Passenger Entertainment System: 객실 개별 승객에게 영화, 음악, 오락 프로그램 제공

정답 39. ② 40. ③ 41. ③ 42. ②

43 다음 중 가정용 적산 전력계로 쓰이는 계기는 어느 것인가?

① 가동철편형 ② 유도형
③ 전류력계형 ④ 가동선륜형

해설
현재 교류용 적산 전력계에는 거의 유도형의 이동자장형 계기가 쓰이고 있다.

44 자동 추력 제어장치(automatic throttle system)의 설명 중 틀린 것은?

① 엔진의 압축비(EPR) 한계치를 초과하지 않도록 제어한다.
② 지정된 속도를 유지하기 위하여 추력을 가감한다.
③ 자동 착륙장치와도 연결하여 추력을 가감할 수 있다.
④ 비행 중 난류를 받더라도 항공기를 안정하게 한다.

해설
자동 추력 제어장치(automatic throttle system)는 이륙, 상승, 하강, 순항 및 복행 시 자동으로 추력을 설정하고, 순항, 진입 및 착륙 상태에서는 자동으로 속도를 제어한다. 항공기는 독립적으로 작동하거나 오토파일럿 제어 시스템과 함께 작동한다. 자동 추력 제어장치는 항공기가 이륙에서부터 착륙할 때까지 모든 비행 구간에서 항공기 속도를 미리 설정한 속도로 유지할 수 있는 장치이다.

45 마커 비컨(marker beacon)의 변조 주파수와 전등 색깔이 짝지어진 것은?

① 아우터마커(outer marker)-400Hz, 백색
② 이너마커(inner marker)-3,000Hz, 적색
③ 미들마커(middle marker)-1,300Hz, 호박색
④ 아우터마커((outer marker)-3,000Hz, 청색

해설
마커 비컨은 2개 또는 3개를 설치하며 각각, OM(Outer Marker), MM(Middle Marker), IM(Inner Marker)로 구분된다.
• OM - 400Hz - 자색
• MM - 1,300Hz - 황색
• IM - 3,000Hz - 백색

46 초단파 전 방향 표지기(VOR)에 사용되는 주파수 범위는 어느 것인가?

① 190~1,700KHz
② 2~30MHz
③ 108~118MHz
④ 4,550~9,530MHz

해설
VOR은 전 방향식 AN 레인지 비컨이라고도 하며, 초고주파 전 방향 비컨이라고도 한다. 또한, 항공로 상의 요소에 설치하여 주파수는 108~118MHz 정도로 360°의 모든 방향에 비행코스를 지시해 주는 항공용 단거리 항행 보조 기기이다.

47 초단파 전 방향 표지기(VOR)로 얻을 수 있는 정보가 아닌 것은?

① 비행코스
② heading 방향
③ 무선국 방향
④ 고도

해설
초단파 전 방향 표지기(VOR)는 유효 거리 내에 있는 모든 항공기에 VOR 지상국에 대한 자기 방위를 연속으로 지시할 수 있게 주요 지점에 VOR 지상국을 설치하여 정확한 항로를 완성해 준다. 공항 전 방향 표지시설(TVOR)은 공항 또는 공항 부근에 설치하여 항공기 진입 및 강하 유도에 사용한다.

정답 43. ② 44. ④ 45. ③ 46. ③ 47. ④

48 다이오드(diode)와 같은 작용을 하는 것은?

① rectifier
② C.S.D
③ transformer
④ transmitter

해설
다이오드는 rectifier와 같이 교류를 직류로 변환시키는 역할을 한다.

49 다음 중 항공계기 착륙장치(ILS: Instrument Landing System)가 아닌 것은?

① 로컬라이저(localizer)
② 글라이드 슬로프(glide slope) 또는 글라이드 패스(glide path)
③ 마커 비컨(marker beacon)
④ 초단파 전 방향식 무선표지(VOR)

해설
계기착륙장치(ILS)는 로컬라이저, 글라이드 슬로프, 마커 비컨으로 구성되어 있다.
- 로컬라이저(LOC, Localizer): 수평면 상의 정밀 접근 유도신호를 제공하여, 활주로 중심선을 맞추도록 유도한다.
- 글라이드 슬로프(G/S: Glide Slope): 수직면 상의 정밀 접근 유도신호를 제공하여, 착륙 각도인 3° 활공각을 제공한다.
- 마커 비컨(MKR 또는 M/B: Marker Beacon): 활주로까지의 거리를 표시한다.

50 항공기의 자동비행 조종장치(auto pilot system)의 사용 목적이 아닌 것은?

① 비행자료를 기록하여 차후 조종 방법을 분석하고 향상하는 데 있다.
② 비행 중 난류(turbulence)를 받더라도 자동으로 항공기를 안정상태로 하는 데 있다.
③ 항공기 조종사의 부담과 피로를 덜어주는 데 있다.
④ 항공기의 안전성을 향상하고 쾌적한 비행을 하는 데 있다.

해설
자동 조종장치는 조종사 보조(pilot assistance) 기능과 유도기능(guidance)으로 구분하며 비행경로의 유지, 조작을 간략화하여 조종사의 피로를 경감시키고 쾌적한 비행을 하게 하는 데 목적이 있다.

51 자동 비행장치(AFCS)의 작동상 분류할 때 유도작용이란 무엇을 의미하는가?

① 기체가 기준 자세에서 벗어났을 경우 그 기체를 다시 원상으로 하는 작용이다.
② 항공기를 상승, 하강, 선회 작용을 하게 하는 작용이다.
③ 항공기를 자동으로 정해진 항로를 따라 비행하는 작용이다.
④ 항공기 엔진의 추력을 자동으로 제어하는 작용을 말한다.

해설
유도기능이란 관련된 항법장치 또는 항법전자 계산기에 의하여 만들어진 신호에 따라 자동으로 비행경로를 조작하는 기능을 말한다.

52 자동착륙장치와 관계가 먼 것은?

① 자동 조종장치(Ap system)
② 자동 추력 제어장치(auto throttle system)
③ 전파고도계(radio altimeter)
④ 자동 방향 탐지기(ADF)

해설
자동 방향 탐지기(ADF)는 항법장치의 일종으로 지상 무선국에서 송출된 전파를 수신하여 항공기의 방위를 알아내는 장치로 무선통신을 사용한다.

정답 48. ① 49. ④ 50. ① 51. ③ 52. ④

53 Flare Command는 약 50피트(ft)에서 이루어지는데, 이때의 고도란?

① 절대고도
② 밀도고도
③ 기압고도
④ 객실고도

해설

전파고도계(RA)는 지상과 항공기와의 절대고도를 측정하는 장치로 FM형과 펄스형 고도계로 구분한다. flare command는 지상과 항공기와의 절대고도를 약 50피트(ft)에서 측정한다.

54 다음은 요 댐퍼 시스템(yaw damper system)의 설명이다. 틀린 것은?

① 항공기의 비행고도를 급속하게 낮추는 조작이다.
② 터치 롤(dutch roll)을 방지할 목적으로 이용된다.
③ 각 가속도를 탐지하여 전기적인 신호로 바꾼다.
④ 방향타를 적절하게 제어하는 것이다.

해설

요 댐퍼 시스템은 더치롤을 방지할 목적으로 더치롤을 감지하여 운동이 정지하는 방향으로 방향타를 제어하는 자동 조종장치를 말한다.

55 120Ω 저항 3개의 조합으로 얻어지는 가장 작은 합성 저항은 얼마인가?

① 140Ω ② 80Ω
③ 40Ω   ④ 180Ω

해설

$R_T = \dfrac{R}{n} = \dfrac{120}{3} = 40\Omega$

56 Glide Path의 강하로 상하에서 각각 어느 주파수 세력이 우세한가?

① 상방향 영역에서 90Hz, 하방향 영역에서는 150Hz가 우세하다.
② 상방향 영역에서 150Hz, 하방향 영역에서는 90Hz가 우세하다.
③ 상하 모든 영역에서 90Hz 세력이 우수하다.
④ 상하 모든 영역에서 150Hz 세력이 우수하다.

해설

90Hz와 150Hz로 변조된 두 신호를 사용하며 상방향 영역에서는 90Hz, 하방향 영역에서는 150Hz가 우세하다.

57 확성장치(PA system)의 입력신호가 아닌 것은 어느 것인가?

① 운항 승무원 음성신호
② 객실 승무원 음성신호
③ boarding music
④ 영화 및 텔레비전 영상 및 음성신호

해설

기내 방송(passenger address)의 우선순위
① 운항 승무원(flight crew)의 기내 방송
② 객실 승무원(cabin crew)의 기내 방송
③ 재생장치에 의한 음성방송(auto-announcement)
④ 기내음악(boarding music)

58 어떤 코일에 직류 10A가 흐를 때 축적된 에너지가 50J이라면, 이 코일의 자기 인덕턴스는 몇 H인가?

① 0.5   ② 1.0
③ 1.5   ④ 2.0

해설

$W = \dfrac{1}{2}LI^2$ 에서 $L = \dfrac{2W}{I^2} = \dfrac{2 \times 50}{10^2} = 1H$

정답 53. ① 54. ① 55. ③ 56. ① 57. ④ 58. ②

59 10A의 전류를 흘렸을 때 소비전력이 1kW인 전열기구에 20A의 전류를 흘리면 소비전력은?

① 1kW ② 2kW
③ 3kW ④ 4kW

[해설]

$R = \dfrac{V}{I^2} = \dfrac{1000}{10^2} = 10\Omega$

$\therefore P = I^2 R = 20^2 \times 10 = 4,000\,W = 4KW$

60 항공기용 Computer에는 자체의 고장 여부를 쉽게 파악하고 고장 내용을 판가름하는 시설이 있다. 다음 중 어느 것인가?

① ATE ② MWS
③ BITE ④ ASTU

[해설]

자체 고장 진단장치(BITE: Built In Test Equipment)는 별도의 장치가 아니라, 비행 관리시스템의 FMC가 이 기능을 함께 수행하며, 점검 기능 수행과 점검 결과를 출력하기 위한 입출력장치는 CDU가 동일하게 사용된다.

정답 59. ④ 60. ③

제2회 최종 점검 모의고사

01 항공기에 사용하는 전선에 대한 설명으로 틀린 것은?

① 구리선은 저항률이 낮아 전기적 성질이 우수한 도체이다.
② 항공기에 사용하는 전선은 폴리아미드(poly-amid) 수지를 사용한 전선이다.
③ 영상신호 또는 무선신호를 전송하는 데 일반 전선을 사용한다.
④ 항공기에 사용하는 구리선은 산화 방지와 납땜을 쉽게 하기 위하여 아연, 은, 니켈 등을 입힌다.

해설

- 과거의 항공기에서 사용한 일반 전선은 주석이나 은을 입힌 구리선이다. 구리선 주위에 약 0.5mm의 폴리염화비닐과 나일론을 절연 재료로 사용한다. 현대 항공기에서 사용하는 전선은 테프론, 즉 폴리아미드 수지를 사용한 전선이며 주위에 약 0.2mm의 두께로 입혀져 있다.
- 구리선은 저항률이 낮아 전기저 성질이 우수하지만, 비중이 크고 무겁다. 알루미늄은 구리보다 저항률이 크지만, 비중이 작아 전선을 경량화할 수 있으나 장력이 작으므로 일부 전력 공급 계통에만 사용한다.

02 다음 중 항공기에 비치된 비상장비에 속하지 않는 것은?

① 손도끼   ② 방수 손전등
③ 구급약품 ④ 세계지도

해설

항공기에 비치된 비상장비 리스트
탈출용 미끄럼대(escape slide), 탈출용 로프(escape rope), 구명조끼(life vest), 구급함(first aid kit), 휴대용 소화기(portable fire extinguisher), 휴대용 산소(portable oxygen), 휴대용 확성기(portable megaphone), 방연 안경(smoke goggle), 방수 손전등(flash light), 비상 신호등(signal kit), 비상 도끼(crash ax), 구명보트(life raft), 비상식량(emergency food), 비상 송신기(emergency transmitter) 등이 있다.

03 자기 컴퍼스의 동적 오차(dynamic error)가 아닌 것은?

① 북선 오차 ② 눈금 오차
③ 가속도 오차 ④ 와동 오차

해설

동적 오차
- 와동 오차: 비행 중 난기류 및 기타 원인으로 발생하는 컴퍼스 액의 외동과 기둥부의 관성으로 컴퍼스 카드가 불규칙적으로 움직여 발생한다.
- 북선 오차(선회 오차): 복각으로 인한 지자기의 수직 성분과 선회할 때의 원심력으로 발생하고, 북진하다가 동서로 선회하면 컴퍼스 카드가 선회 방향으로 회전한다.
- 가속도 오차: 복각으로 인한 지자기의 수직 성분과 가감속할 때의 관성력으로 인해 발생한다. 북반구에서 동(서)으로 진행하다가 가속하게 되면 → 컴퍼스 카드가 오른쪽으로 회전→ 북쪽으로 향하는 오차가 발생한다.

정답 01. ③ 02. ④ 03. ②

04 싱크로 장치에서 댐퍼(damper)의 1차적 목적은?

① 과열 방지
② 진동 방지
③ 습기 제거
④ 180도 반대 방향 지시

해설
댐퍼의 1차적 목적은 진동 방지이다.

05 14,000ft 미만의 고도에서 사용하는 것으로 활주로에서 고도계가 활주로의 표고를 지시하도록 만든 보정 방법은?

① QNH 보정   ② QNE 보정
③ QFE 보정   ④ QHN 보정

해설
고도계 보정
- QNE 보정: 표준 대기압을 맞추어 표준 기준면으로부터의 고도를 지시, 즉 기압고도를 지시한다. 14,000ft 이상의 높은 고도로 비행할 경우 사용한다.
- QNH 보정: 활주로 표고를 가리키도록 보정, 해면으로부터의 기압고도, 즉 진고도를 지시한다. 14,000ft 미만의 고도에서 사용한다.
- QFE 보정: 활주로 위에서 고도계가 0ft를 지시하도록 보정하는 방식으로 절대고도를 지시한다. 단거리 비행할 경우에 사용한다.

06 고공비행하는 비행기에서 지상에서와 같은 상태로 압력과 온도가 유지되어야 하는 요구조건을 충족시키는 공간을 무엇이라 하는가?

① 점검실   ② 화물실
③ 연료탱크실 ④ 여압실

해설
인간이 외부 도움 없이 신체적 장애를 받지 않고 정상적인 활동이 가능한 고도는 2,400m이다. 또한, 기체가 지상이랑 똑같은 기압으로 여압을 할 경우 고도가 올라갈수록 기체에 무리가 가기 때문에 동체 손상을 안 입고 사람에게도 영향을 안 주는 이상적인 고도가 2,400m이다. 항공기 기내에는 높은 고도에 따른 압력과 온도를 지상과 같은 압력과 온도를 유지하기 위해 여압실을 갖추고 있다.

07 다음 중 경고를 지시하는 장치의 방식이 다른 경우는?

① 객실 여압이 안전 한계에 있는지 여부의 경고
② 플랩이 항공기의 속도에 비하여 적절한 위치에 있는지 여부의 경고
③ 착륙장치가 비행에 지장 없이 확실하게 올라가고 내려갔는지 여부의 경고
④ 항공기의 문이 이륙 전이나 비행 중에 안전하게 닫혀 있는지 여부의 경고

해설
항공기 경고장치
- 기계적 경고장치: 항공기의 문이 이륙 전이나 비행 중에 안전하게 닫혀 있는지의 여부나 카울 플랩이 엔진 출력에 비해 적절한 위치에 있는지, 착륙장치가 비행에 지장없이 확실하게 올라갔는지의 여부 등을 기계적인 기구를 통해 경고등이나 혼에 경고하고 신호하는 장치이다.
- 압력 경고장치: 엔진의 윤활유 압력, 연료 압력, 자이로 계기에 이용되는 진공압 및 객실여압이 안전 한계 미만의 낮은 압력일 때 경고하는 장치이다.
- 화재 경고장치: 엔진과 그 주위 및 화물실 등의 열에 민감한 재료를 사용하여 화재 탐지장치를 설치하고 화재가 발생하면 경고장치에 의해 신호를 보낸다.

08 항공기에서 APU가 주로 장착되는 부분은?

① 날개 내부   ② 동체 전방부
③ 동체 후방부   ④ 조종실 내부

정답 04. ② 05. ① 06. ④ 07. ① 08. ③

> [해설]

APU: 비행에 직접 필요로 하는 추진력을 얻는 엔진 외에 각 시스템과 장비의 동력원이 되는 전력, 공압 또는 유압을 공급하기 위해 장비한 동력장치를 보조동력장치(APU)라 하며, 동체 후방부에 장착한다.

09 비행 중인 항공기에서 결빙을 고려하지 않아도 되는 곳은?

① 안테나 ② 날개의 뒷전
③ 피토관 ④ 공기 흡입구

> [해설]

방빙이나 제빙은 맞바람을 맞는 곳에 어는 곳이 발생하여 설치하지만, 뒷전 플랩에는 설치할 필요가 없다.

10 항공기의 표준 유도신호 중 그림과 같은 신호는 무엇을 뜻하는가?

① 촉 굄 ② 정지
③ 전진 ④ 촉 제거

> [해설]

| 엔진 시동 | 전진 | 왼쪽 회전 | 오른쪽 회전 |
| 속도 감소 | 정지 | 긴급 정지 | 엔진 정지 |

11 다음 중 전기화재 또는 유류화재에 가장 부적당한 소화기는?

① 이산화탄소 소화기
② 분말 소화기
③ 물 소화기
④ 브롬클로로메탄 소화기

> [해설]

물 소화기: A급 화재에 사용한다.

12 2대의 엔진 구동 교류 발전기를 병렬운전 시 버스 타이 차단기를 열어 회로를 보호해야 하는 경우가 아닌 것은?

① 저전압 발생 시
② 차전류 발생 시
③ 외부 전류 공급 시
④ 불평형 전류 발생 시

> [해설]

- 과전압 및 저전압: 발전기의 출력전압이 약 130볼트 이상이면 과전압, 100볼트 이하이면 저전압이다. 이와 같은 경우, 버스 타이 차단기를 열어 다른 발전기와 병렬운전으로 분리한다.
- 차전류: 차전류는 발전기가 병렬운전 중에 각 발전기의 부하 전류가 정격의 약 20% 이상의 차가 생기면 버스 타이 차단기를 열어 병렬운전을 중단한다.
- 불평형 전류: 3상 교류 발전기의 각상 전류가 같지 않을 경우, 즉 불평형 전류가 발생하면 발전기의 출력 전압을 버스로부터 분리하기 위하여 버스 타이 차단기, 발전기 회로 차단기를 열게 한다.

13 열전쌍(thermocouple)식 온도계의 적합한 재료는?

① 철-콘스탄탄 ② 철-구리
③ 철-알루미늄 ④ 철-코발트

정답 09. ② 10. ③ 11. ③ 12. ③ 13. ①

> [해설]

열전쌍식 온도계: 온도의 급격한 상승에 의하여 화재를 탐지하는 장치로 서로 다른 금속을 접합한 열전쌍(thermocouple)을 이용한다(철-콘스탄탄, 구리-콘스탄탄, 크로멜-알루멜).

14 작동유가 B에서 A로 흐를 때는 볼을 밀치고 자유롭게 흐르지만, 흐름이 반대되면 조금 열린 통로로 제한된 양이 흐르는 그림과 같은 밸브는?

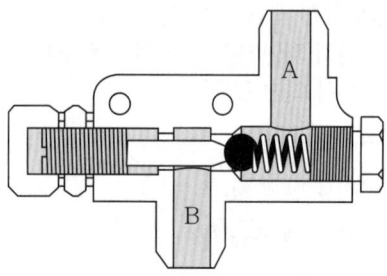

① 리듀서
② 유압관 분리 밸브
③ 유압퓨즈
④ 미터링 체크 밸브

> [해설]

- 체크 밸브: 한쪽 방향으로만 작동유의 흐름을 허용하고, 반대 방향의 흐름은 제한하는 밸브이다.
- 오리피스 체크 밸브: 오리피스와 체크 밸브의 기능을 합한 것으로 작동유를 한 방향으로 정상적으로 흐르게 하고, 다른 방향으로는 흐름이 제한되도록 한 장치이다.
- 미터링 체크 밸브: 오리피스 체크 밸브와 같지만, 흐름을 조절할 수 있다.
- 수동 체크 밸브: 정상 시에는 체크 밸브의 역할을 하지만 필요할 때는 수동으로 핸들을 조작하여 양쪽 방향으로 흐르도록 하는 밸브이다.

15 항공기에서 사용되는 브러시(brush)가 없는 교류 발전기(A.C generator)에 대한 설명으로 틀린 것은?

① 브러시와 슬립링 간의 저항 및 전도율의 변화가 없어도 출력 파형은 변화한다.
② 슬립링과 정류자가 없기 때문에 브러시가 마멸되지 않아 정비 유지비가 적게 든다.
③ 브러시가 없으므로 아크(arc)가 발생하지 않기 때문에 고공비행 시 우수한 기능을 발휘할 수 있다.
④ 브러시와 슬립링이 없으므로 이에 따른 마찰 현상이 없다.

> [해설]

브러시리스형: 브러시와 슬립링이 없으며, 영구자석발전기, 여자발전기, 3상 교류 발전기로 구성된다. 장점으로는 정비 유지비가 싸고, 출력 파형이 안정하고, 고공에서도 적합하다.

16 항공기의 회전계기에 대한 설명으로 틀린 것은?

① 왕복엔진에서는 크랭크축의 회전수를 rpm으로 지시한다.
② 엔진의 분당 회전수를 지시하는 계기이다.
③ 가스터빈엔진에서는 압축기의 회전수를 최대 회전수의 백분율(%)로 나타낸다.
④ 엔진의 최적 상태를 연료 대비 거리로 지시하는 계기이다.

> [해설]

회전계기

- 기계식 회전계: 무게 추의 질량에 작용하는 원심력을 이용하는 계기(원심력식 회전계, 와전류식 회전계가 있다.)
- 전기식 회전계: 엔진과 지시는 계기가 멀리 떨어져 있을 경우에 주로 사용한다. 이와 같은 방식을 원격 지시 방식이라 하고, 전기식 회전계는 엔진 회전수를 감지하는 회전계 발전기에서 엔진의 회전속도를 전기신호로 바꾸어 지시계기까지 보내고, 지시계기에서 전

기신호를 동기 전동기에 의해서 회전속도로 표시한다.
- 전자식 회전계: 회전수를 셀 수 있는 부품을 통하여 엔진의 회전수를 구한다.
- 동조계: 쌍발 이상의 항공기에서 임의로 정해놓은 엔진을 마스터 엔진이라 하고 다른 엔진을 슬레이브 엔진이라고 하는데, 마스터 엔진과 슬레이브 엔진 사이의 회전수가 서로 같은가를 표시해 주는 계기이다.

17 직접 액면을 보면서 액량을 확인하는 방식으로 지상 정비작업을 위해 장착되는 액량계는?

① 부자(float)식 액량계
② 액압(liquid pressure)식 액량계
③ 사이트 게이지(sight gauge)식 액량계
④ 전기용량(electric capacitance)식 액량계

해설

- 정전(전기)용량식 액량계: 콘덴서를 이용한 액량계로서 콘덴서는 2개의 전극판으로 구성되어 있으며, 전극판의 거리 및 전극판 사이에 있는 절연물에 의해서 결정된다.
- 부자식 액량계: 직류 전원에 의해서 작동되는 계기이다. 이것은 연료탱크 내의 연료 액면 높이에 따라 부자의 위치가 변하여 저항이 변화한다.
- 직독식 액량계: 사이드 글라스에 의하여 액량계를 읽는다.
- 액압식 액량계: 탱크 밑바닥 액체의 압력을 측정하여 액량을 읽는다.

18 다음 중 부하가 크고, 시동 토크 값이 크게 필요한 엔진의 시동장치에 가장 많이 사용되는 것은?

① 직권형 전동기
② 가역 전동기
③ 복권형 전동기
④ 분권형 전동기

해설

종류		전동기
직류	직권	시동토크가 큰 곳에 사용
	분권	일정 속도를 요구하는 곳에 사용
	복권	무부하가 되어도 속도가 증가하지 않음

19 항공기 동압계기의 종류가 아닌 것은?

① 브르동관
② 벨로스
③ 공함
④ 바이메탈

해설

바이메탈: 열팽창 계수가 서로 다른 2종류의 금속을 맞붙여서 만든 것으로, 항공기에서는 주로 온도계로 쓰인다.

20 과도한 압력으로 인하여 계통 내 배관이나 부품의 파손을 방지하기 위하여 사용되는 밸브는 무엇인가?

① 디 부스터 밸브
② 릴리프 밸브
③ 덤프 밸브
④ 체크 밸브

해설

- 체크 밸브: 계통 내 유체의 역류를 방지한다.
- 디 부스터 밸브: 브레이크를 작동할 때 일시적으로 작동유의 공급량을 증가시켜 신속히 제동되도록 도와준다.

21 유압계통 압력 조절기가 킥 아웃(kick-out) 상태일 때, 체크 밸브와 바이패스 밸브의 작동상태는?

① 바이패스 밸브는 열리고 체크 밸브는 닫히는 상태
② 바이패스 밸브는 닫히고 체크 밸브는 열리는 상태
③ 바이패스 밸브와 체크 밸브 모두가 열리는 상태
④ 바이패스 밸브와 체크 밸브 모두가 닫히는 상태

해설

- kick in: 계통의 압력이 규정 값보다 낮거나 정상일 때 배출되는 유압은 계통으로 직접 공급된다. 즉, 체크 밸브는 열려 있고 바이패스 밸브는 닫혀 있는 상태이다.

정답 17. ③ 18. ① 19. ④ 20. ② 21. ①

- kick out: 계통의 압력이 규정 값보다 클 때 펌프에서 배출되는 압력을 저장탱크로 되돌려 보내기 위하여 귀환관에 연결된 바이패스 밸브가 열리고 체크 밸브는 닫히는 상태이다.

22 자이로의 섭동성이란?

① 자이로에 외력을 가하지 않는 한 자세를 유지하는 성질

② 자이로에 외력을 가하면 그 힘의 방향으로 자세가 변하는 성질

③ 자이로에 외력을 가하면 가한 점으로부터 회전 방향으로 90도 진행된 점에 작용하는 성질

④ 자이로에 외력을 가하면 방향, 자세가 변하지 않는 성질

해설

섭동성(세차성, precession)
- 자이로가 회전하고 있을 때 외력 F를 가하면, 가한 점으로부터 회전 방향으로 90° 진행된 점에 힘이 가해진 것과 같이 작용하는 현상이다.
- 팽이의 섭동 운동: 팽이는 기울어지면 중력에 의해 힘이 작용한 것과 같겠지만, 섭동성에 의하여 회전 방향으로 90° 진행된 점에 힘이 작용하는 것같이 기울어져 회전한다.
- 섭동 속도는 외력에 비례하고, 자이로 회전자 속도에 반비례한다.

23 유압계통에 사용되는 미크론형 필터의 여과 능력은?

① 0.1미크론 이상의 이물질을 제거한다.

② 10미크론 이상의 이물질을 제거한다.

③ 100미크론 이상의 이물질을 제거한다.

④ 1,000미크론 이상의 이물질을 제거한다.

해설

미크론(micron)
- 국제단위계에 의한 길이의 보조 계량 단위이다.
- 기호는 μ를 사용한다.
- 1미크론은 1mm의 1/1000을 나타낸다.

24 그림과 같이 $15\mu F$의 콘덴서를 3개 병렬 연결했을 때의 합성 용량은 몇 μF인가?

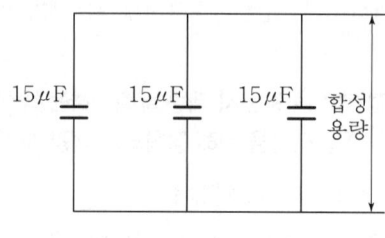

① 50 ② 45
③ 15 ④ 4.5

해설

- 콘덴서 병렬 연결 시
$C_0 = C_1 + C_2 + C_3 = 15 + 15 + 15 = 45\mu F$

- 콘덴서 직렬 연결 시
$\frac{1}{C} = \frac{1}{15} + \frac{1}{15} + \frac{1}{15} = \frac{3}{15} = \frac{1}{5}, \quad C = 5\mu F$

25 강하비행 시 객실 내의 압력이 낮아서 외기의 높은 압력을 받아들일 때 사용되는 밸브는?

① 네거티브 밸브(negative valve)

② 덤프 밸브(dump valve)

③ 아웃플로 밸브(out flow valve)

④ 세이프티 릴리프 밸브(safety relief valve)

해설

객실 압력 조절장치
- 덤프 밸브: 제어 스위치에 의해 작동되는 밸브이다.
- 아웃플로 밸브: 고도와 관계없이 계속 공급되는 압축된 공기를 동체의 옆이나 꼬리 부분 또는 날개 필릿을 통하여 외부로 배출시킨다.
- 세이프티 릴리프 밸브: 항공기가 객실고도보다 더 낮은 고도로 하강할 때, 지상에서 객실 압력과 대기압을 일치시켜 줄 필요가 있을 때 열린다.

정답 22. ③ 23. ② 24. ② 25. ①

26 항공기 유압계통의 작동유 중에서 사용온도 범위가 −54~115℃ 정도이며, 색깔이 자주색인 것은?

① 합성유 ② 광물성유
③ 동물성유 ④ 식물성유

해설

작동유의 종류
- 광물성유: 빨간색, 사용 온도 범위는 −54~71℃, 인화점이 낮아 과열되면 화재의 위험이 있다.
- 식물성유: 파자마기름+알코올, 파란색
- 합성유: 사용 온도 범위는 −54~115℃, 인산염+에스테르(ester), 색은 자주색

27 항공기 연료량을 무게의 단위로 표시하는 가장 큰 이유는?

① 고도와 외기 온도에 따라 부피의 변화가 심하기 때문에
② 고도와 외기 온도에 따라 압력의 변화가 심하기 때문에
③ 점성이 높은 액체이기 때문에
④ 측정하기가 간편하기 때문에

해설

항공기 연료: 연료탱크에서 엔진으로 흐르는 연료의 유량을 시간당 부피 단위, 즉 GPH(Gallon Per Hour) 또는 무게 단위 PPH(Pound Per Hour)로 지시한다.

28 축전지의 충전계통에서 암메타는 어느 것을 지시하는가?

① 축전지의 전위
② 축전지의 충전율
③ 항공기에 사용되는 총용량
④ 항공기에 사용되는 전압

해설

암메타(ammeter)는 전류계로써 축전지의 충전율을 지시한다.

29 유압계통 축압기(accumulator)의 공기실에 공기를 공급해야 하는 경우는?

① 계통에 압력이 없을 때
② 계통에 압력이 과다할 때
③ 계통의 장비를 장탈할 때
④ 계통에 화재와 같은 비상 상황이 발생할 때

해설

① 축압기 역할: 가압된 작동유를 저장하는 저장통으로 여러 기기가 동시에 작동 시 펌프를 도와 일시적으로 작동유를 공급하고, 펌프 고장 시 일정량의 작동유를 기기에 공급한다. 서지 현상을 방지한다. 압력조절기의 개폐 빈도를 줄여 마모를 방지한다.
② 축압기 구조: 축압기 한쪽에는 압축공기 또는 질소를 충전하고, 다른 한쪽에는 비압축성인 작동유가 작용한다. 계통 내의 압력이 없을 때 계통 압력의 약 1/3 정도의 압축공기나 질소를 충전한다.

30 빛을 받으면 전압이 발생하는 것을 이용하여 항공기에서 연기 경고장치의 화재탐지 수감부로 많이 쓰이는 것은?

① 광전지 ② 열전쌍
③ 열스위치 ④ 루프

해설

화재방지계통
- 열전쌍: 2개의 다른 물질로 된 금속(크로멜-알루멜, 철-콘스탄탄, 구리-콘스탄탄) 선의 양 끝을 열결하여 양 접합점에 온도 차가 발생되면 열기전력이 발생하는 원리를 이용한다.
- 열 스위치: 열팽창계수가 다른 두 금속을 이용하여 설정값 이상으로 열이 상승하면 열스위치가 닫혀 화재를 지시한다.
- 루프식: 금속관 내부 전선을 통해 주위 온도 상승에 따라 전기 저항이 감소하는 온도조절기를 충전한 구조이다.

정답 26. ① 27. ① 28. ② 29. ① 30. ①

31 항공기에서 사용되는 교류의 주파수는 몇 Hz 인가?

① 60　　② 120
③ 200　　④ 400

해설
항공기에 사용되는 교류 주파수는 400Hz이다.

32 회전하는 팽이가 약간 기울어져도 넘어지지 않고 윗부분이 선회하면서 계속 회전하는 현상을 무엇이라고 하는가?

① 강직성　　② 직진성
③ 섭동성　　④ 회전성

해설
- 강직성: 외부에서 힘이 가해지지 않는 한 항상 같은 자세를 유지하려는 성질이다.
- 섭동성: 외부에서 가해진 힘의 방향과 90° 뒤쳐진 방향으로 자세가 변하는 성질이다.

33 다음 유압계통에 사용되는 기기 기호의 의미는?

① 축압기　　② 프라이오리티 밸브
③ 릴리프 밸브　　④ 셔틀 밸브

해설
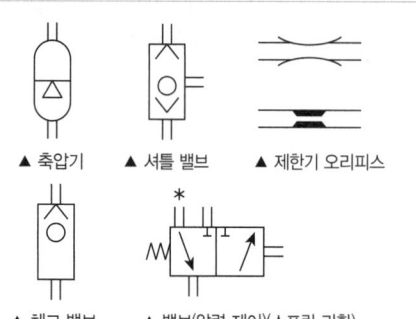

▲ 축압기　▲ 셔틀 밸브　▲ 제한기 오리피스

▲ 체크 밸브　▲ 밸브(압력 제어／스프링 귀환)

34 유압계통에 쓰이는 유압 펌프의 형식 중 고속, 고압의 유압장치에 가장 적합한 펌프는?

① 지로터형　　② 베인형
③ 피스톤형　　④ 기어형

해설
형식에 의한 분류
- 기어형 펌프: 2개의 기어가 맞물려 회전하는 것으로, 1개의 기어는 엔진의 구동부에 연결되어 회전하고, 다른 1개의 기어는 구동기어와 맞물려 회전한다.
- 지로터형 펌프: 편심 된 고정 라이너와 안쪽의 라이너, 밀착된 5개의 넓은 이를 가진 안쪽 구동 기어 및 출구와 입구에 연결된 반달 모양의 통로가 있는 커버로 구성된다.
- 베인형 펌프: 원통형 케이스 안에 편심 된 로터가 들어 있으며, 로터에는 홈이 있고, 홈 속에는 판 모양의 베인이 삽입되어 자유로이 출입하게 되어 있다.
- 피스톤형 펌프: 피스톤이 실린더 내에서 왕복운동을 하여 펌프작용을 하며, 고속·고압의 유압장치에 적합하다.

35 윈드실드 패널(windshield panel)의 외측판 안쪽 면에 붙어 있는 금속산화피막의 기능에 대한 설명으로 옳은 것은?

① 윈드실드의 방빙 및 서리 제거를 위한 것이다.
② 윈드실드 패널이 여압 압력에 견디도록 해주는 보강 막이다.
③ 비행 중 새 등의 충돌로부터 윈드실드를 보호해 주기 위한 것이다.
④ 동체와 윈드실드 사이의 틈새로 여압 공기가 새는 것을 방지하기 위한 것이다.

해설
윈드실드: 바깥판의 안쪽 면에는 유리의 보온을 위해서 전도성이 좋은 금속피막을 입히고 여기에 전기가 통하게 함으로써 윈드실드의 방빙 및 서리를 제거한다.

정답 31. ④　32. ③　33. ③　34. ③　35. ①

36 8극의 교류 발전기가 115V, 360Hz의 교류를 발전하려면 회전자의 축은 분당 몇 회전(rpm)으로 구동시켜 주어야 하는가?

① 4,000   ② 5,400
③ 5,000   ④ 6,000

해설

$f = \dfrac{P}{2} \cdot \dfrac{N}{60}$ (P : 극수, N : 분당 회전수)

$360 = \dfrac{8 \times N}{120}$ $N = \dfrac{360 \times 120}{8} = 5,400$

37 계자와 전기자가 병렬로 연결된 직류 전동기는?

① 분권형   ② 직권형
③ 복권형   ④ 만능형

해설

직류 전동기
- 직권형 : 전기자와 계자 직렬 연결, 시동토크가 커서 시동기에 사용, 회전속도 변화가 심하다.
- 분권형 : 전기자와 계자 병렬 연결, 회전속도가 일정, 시동토크가 약하다.
- 복권형 : 직권+복권, 직권과 분권의 중간 성질이다.

38 다음 중 공기압계통의 압력을 규정 범위로 유지하는 밸브는?

① 체크 밸브
② 압력 조절 밸브
③ 선택 밸브
④ 그라운드 차징 밸브

해설

- 체크 밸브 : 작동유의 흐름을 한쪽 방향으로만 흐르게 하고 다른 방향으로는 흐르지 못하게 하는 밸브이다.
- 릴리프 밸브(relief valve) : 작동유에 의한 계통 내의 압력을 규정된 값 이하로 제한하는 데 사용되는 것으로, 과도한 압력으로 인하여 계통 내의 관이나 부품이 파손될 수 있는 것을 방지한다.
- 선택 밸브 : 유로를 선정해 주는 밸브이며 중심 개방형, 중심 폐쇄형으로 구분한다.

39 화재 경고장치를 주요 3개 부분 회로로 나눌 때 속하지 않는 것은?

① 탐지회로
② 경고회로
③ 시험(test) 회로
④ 분석회로

해설

화재탐지와 경고장치는 운항 시 사용되며, 고장을 예방하기 위하여 조종실에서 항상 기능 시험을 할 수 있는 장치가 요구된다. 기능 시험은 테스트 스위치의 조작으로 확인한다.

40 그림과 같이 유체가 채워진 기구에 단면적이 5cm²인 왼쪽에 50kg, 단면적이 10cm²인 오른쪽에 100kg의 힘을 가했을 때 유체에 가해지는 압력은 몇 kg/cm²인가?

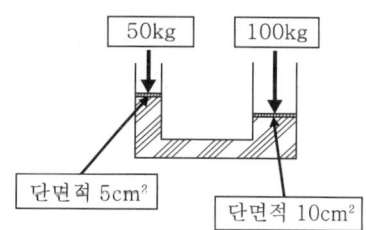

① 5   ② 10
③ 15   ④ 20

해설

파스칼 원리

$P = \dfrac{F}{A} = \dfrac{50}{5} = \dfrac{100}{10} = 10$

41 항공기 무선 통신장치 중 근거리 통신에 사용되는 장치는?

① 장파 통신장치
② 중파 통신장치
③ 단파 통신장치(HF)
④ 초단파 통신장치(VHF)

[해설]
VHF 통신장치: 국내 항공로 등의 근거리 통신에 사용하고, 사용 주파수 범위는 30~300MHz이고, 항공통신 주파수 범위는 118~136.975MHz이다.

42 다음 중 자속밀도의 단위는?

① AT/m ② Wb/m^2
③ H/m ④ AT/m^2

[해설]
자속밀도의 단위로는 테슬라(tesla, T) 또는 Wb/m^2가 사용된다.

43 150V용 직류전압계가 있다. 내부 저항은 18,000Ω이다. 이 전압계를 직류 600V용으로 사용하려면 몇 Ω의 직렬저항이 필요한가?

① 7,200   ② 54,000
③ 6,000   ④ 4,500

[해설]
$R_m = r_V(m-1) = 18,000 \times (\frac{600}{150} - 1) = 54,000[\Omega]$

44 비행 기록 집적장치(AIDS)에 기록되는 내용이 아닌 것은?

① 비행 중인 항공기의 ENGINE 운전상태
② 비행 중인 항공기의 조종익의 움직임
③ 비행 중에 하는 기내 방송 내용 및 사용 횟수
④ 각종 계기류의 상태 자료

[해설]
AIDS에는 비행, 조종, 엔진, 항법, 고장 정보 등의 내용이 기록된다.

45 다음 그림에서 합성 정전 용량은?

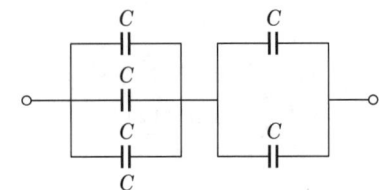

① $\frac{3}{2}C$ ② $5C$
③ $\frac{5}{6}C$ ④ $\frac{6}{5}C$

[해설]
$C_0 = \frac{3C \times 2C}{3C + 2C} = \frac{6C^2}{5C} = \frac{6}{5}C[F]$

46 직류 전류를 측정할 때 전류계의 측정범위를 확대하기 위하여 전류계의 병렬로 접속하는 저항을 무엇이라 하는가?

① 배율기   ② 변압기
③ 변류기   ④ 분류기

[해설]
전류의 측정범위 확대에는 분류(Shunt)를, 전압측정범위 확대에는 배율기(multiplier)를 사용한다.

47 조종실 음성기록장치(CVR)의 테이프에 몇 가지 입력신호가 동시에 녹음될 수 있는가?

① 1개   ② 2개
③ 3개   ④ 4개

[해설]
CVR은 4채널로 구성되어 있으며 녹음시간은 30분이다.

정답 41. ④ 42. ② 43. ② 44. ③ 45. ④ 46. ④ 47. ④

48 초단파용 표준 신호 발생기의 특징이 아닌 것은?

① 발진부를 이중 차폐한다.
② 발진 회로에 리액턴스관을 이용한다.
③ 출력 임피던스가 매우 높다.
④ 리액턴스 감쇄기가 많이 쓰인다.

해설

표준 신호 발생기는 수신기의 성능을 조사하는데 뿐만 아니라, 표준의 고주파 발진기로 사용되도록 다음과 같은 조건을 만족해야 한다.
- 주파수가 정확하고 가변 범위가 넓은 것
- 변조도가 자유롭게 조절될 수 있을 것
- 출력이 가변될 수 있고, 그의 정확한 값을 알 수 있을 것
- 출력 임피던스가 일정할 것
- 불필요한 출력을 내지 않을 것
- 누설 전류가 적고, 장기 사용에 견딜 것
- 변조 특성이 좋으며, 지시 변조도가 정확할 것

49 다음은 일반적인 금속의 전기 저항을 설명한 것이다. 옳지 않은 것은?

① 전기 저항은 길이에 비례한다.
② 전기 저항은 단면적에 반비례한다.
③ 전기 저항은 온도에 비례하여 증가한다.
④ 반도체의 경우 온도가 상승하면 전기 저항이 증가한다.

해설

$R = \rho \dfrac{l}{A}[\Omega]$, 즉 도체의 저항값은 고유저항과 길이에 비례하고 그 단면적에 반비례한다.

50 컬러 바 제너레이터가 사용되지 않는 때는?

① 컬러 TV의 색동기 회로 조정
② 컬러 킬러 회로 조정
③ 메트릭스 회로 조정
④ FM 검파회로의 조정

해설

패턴 제너레이터(pattern generator)는 TV의 색동기 회로, 색 복조, 매트릭스, 컬러 킬러 회로 등의 조정에 필요한 컬러 바(bar)를 발생하는 장치와 컨버전스나 래스터의 직선성 등을 조정하기 위해 크로스 해치(창 모양의 무늬)나 도트(흰점)의 패턴을 발생하는 장치를 조합한 TV 전용 측정기이다.

51 이동자장형 유도형 계기의 특징에 해당하지 않는 것은?

① 공극이 좁고 자장이 약하다.
② 외부 자장의 영향이 적다.
③ 구동 토크가 크다.
④ 온도 및 주파수 영향이 크다.

해설

유도형 계기는 금속제의 가동 부분에서 발생하는 맴돌이 전류와 자장 사이의 전자력에 의한 구동 토크를 이용한 계기로서, 구조가 간단하고 튼튼하여 오래 사용할 수 있으므로 적산 전력계(watt our meter)로 널리 사용되고, 외부 자장의 영향이 적고, 구동 토크가 크지만, 온도 및 주파수 영향이 크다.

52 조종실 음성 기록 장치의 녹음 내용 중 일반적으로 포함되지 않는 내용의 것은?

① 조종사
② 부조종사
③ 항법사
④ 기관사

해설

- 항공기 추락 또는 기타 중대한 사고 시 원인 규명을 위한 장치이다.
- 조종실 승무원의 통화 내용을 녹음한다.
- Tape는 30분 Endless Type이며, 4개의 Channel을 갖고 있다.
- 조종실 내 제반 Warning 상황을 녹음한다.

정답 48. ③ 49. ④ 50. ④ 51. ① 52. ③

53 조종실 음성 기록장치의 설명 중 틀린 것은?

① 항공기의 인터폰 계통을 이용하여 행하는 조종실 내 승무원 간의 음성 통신을 기록한다.
② 기내 방송계통을 이용한 승무원의 음성통신을 기록한다.
③ 헤드셋(head set)이나 스피커에 전해지는 음성도 기록한다.
④ 비행기가 이륙하여 착륙할 때까지의 음성 통신을 모두 기록한다.

해설

조종실 음성기록장치(CVR)에 기록하여야 할 음성
- 무선에 의하여 비행기 내에서 송신 또는 수신되는 음성 통신
- 조종실 내의 승무원 간의 음성
- 항공기의 인터폰 계통을 사용하여 행하는 조종실 내의 비행승무원 간의 음성통신
- 헤드셋 또는 스피커에 들어오는 음성 또는 신호음으로서 항법이나 착륙 보조에 사용되는 것
- 승객 스피커 계통을 사용한 승무원의 음성 통신

54 열전대 전류계를 높은 주파수에 사용 시 일어나는 오차가 아닌 것은?

① 차폐 오차
② 표유용량에 의한 오차
③ 표피작용에 의한 오차
④ 배분 오차

해설

열전대형 전류계를 높은 주파수에 사용할 때의 오차로는, 도선의 표피작용에 의한 열선 저항의 증가로 열선의 온도가 높아져 생기는 오차와, 열전대와 지시계기에 접속된 도선의 인덕턴스와 표유용량의 직렬 공간에 의한 오차 및 복선형의 열전대에서 각 열선에 흐르는 전류 배분이 변화하기 때문에 생기는 배분 오차 등이 있다.

55 두 종류의 금속을 그림과 같이 접속하여 두 접점 P_1, P_2를 다른 온도로 유지하면 열기전력이 발생하는 이런 현상을 무슨 효과라고 하는가?

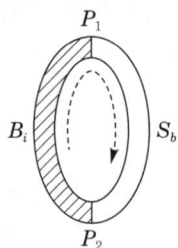

① 제벡 효과
② 톰슨 효과
③ 펠티어 효과
④ 주울의 효과

해설

열전쌍형 전류계는 두 종류의 금속을 직렬 환상으로 접속하고 그 두 접속점을 다른 온도로 유지하면 기전력(열기전력)이 발생하는 제어벡 효과(see back effect)를 이용한 것으로, 주파수나 파형 등의 영향이 적은 측정을 할 수 있어 고주파용으로 많이 사용된다.

56 다음은 검류계의 내부 저항 측정 그림이다. 검류계의 내부 저항 R_g의 값을 구하는 계산식이 맞는 것은?

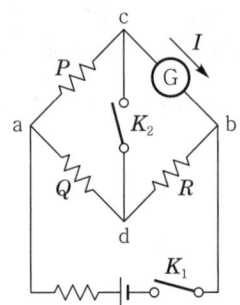

① $R_g = \dfrac{Q}{P}R$
② $R_g = \dfrac{P}{Q}R$
③ $R_g = \dfrac{P}{R}Q$
④ $R_g = \dfrac{Q}{R}$

해설

평형조건 $R_g Q = PQ$에서 $R_g = \dfrac{P}{Q}R [\Omega]$

정답 53. ④ 54. ① 55. ① 56. ②

57 관성항법장치(INS)는 다음 중 무엇을 검출하여 항법에 이용한 장치인가?

① 물체가 이동할 때 생기는 가속도
② 이동하는 물체의 질량
③ 지구의 중력
④ 전파의 직진성을 이용한 도래시간

해설
INS(관성항법장치)는 이동체의 가속도를 검출하여 비행 위치를 알 수 있는 시스템이다.

58 비행 DATA 기록장치(FDR)는 어떤 것인가?

① 운항 승무원의 통화 내용을 기록하는 장치이다.
② 사고 시 비행 상태를 규명하는 데 필요한 DATA를 미리 기록해 두는 장치다.
③ 운항에 필요한 DATA를 미리 기록해 두는 장치이다.
④ 이 장치에 기록된 DATA에 따라 자동 비행하는 장치다.

해설
비행 DATA 기록장치는 항공기의 성능 확인 및 항공기의 사고분석용으로 사용하기 위하여 비행 중인 항공기의 DATA를 기록하는 장치이다.

59 니켈-카드뮴 배터리의 특징이 아닌 것은?

① 비중은 1.240~1.300이며 셀(cell)당 전압은 1.2~1.25V이다.
② 충전, 방전은 전해액의 농도에 변화를 초래하지 않는다.
③ 충전하면 전해액 면이 올라가고 방전하면 내려간다.
④ 충전 상태는 비중으로 알 수 있다.

해설
니켈-카드뮴 축전지는 전해액의 비중이 변하지 않고 방전 시 전해액을 그 판이 흡수하므로 전해액의 수면이 낮아지고, 충전하면 높아지므로 수면의 높이로 충전상태를 알 수 있다. 그러나 엄격한 기준이 되지 못하기 때문에 정밀한 전압계를 이용하여 셀마다 전압을 측정하여 충전 정도를 판단하지만, 이것도 또한 니켈-카드뮴 축전지는 90% 방전할 때까지도 거의 일정하게 유지되므로 전압계로도 충전상태를 판단하는 데 어려움이 있다. 이때는 정전압 전원에 연결한 다음 충전 전류를 측정하면 충전상태를 가장 잘 알 수 있다.

60 항공기 기내 방송에는 우선순위가 있다. 순위가 제일 낮은 것은?

① 조종사의 기내 방송
② 부조종사의 기내 방송
③ 객실 승무원의 기내 방송
④ 승객을 위한 음악 방송

해설
기내 방송(passenger address)의 우선순위
① 운항 승무원(flight crew)의 기내 방송
② 객실 승무원(cabin crew)의 기내 방송
③ 재생장치에 의한 음성방송(auto-announcement)
④ 기내음악(boarding music)

정답 57. ① 58. ② 59. ④ 60. ④

제3회 최종 점검 모의고사

01 피토(전)압과 정압과의 압력 차를 이용한 계기는?

① 대기 속도계　② 고도계
③ 승강계　　　④ 회전계

해설

- 대기 속도계: 대기 속도계의 원리는 전압과 정압의 차이로 동압을 이용하여 속도를 측정한다.
- 고도계: 고도계는 대기의 절대 압력을 측정하여 표준 대기 압력과 비교하여 간접적으로 고도를 알 수 있게 한 것이다. 고도계는 아네로이드를 수감부로 한 일종의 기압계이다. 아네로이드 외부에는 피토-정압계통의 정압이 가해져 이 압력에 해당되는 기계적 변위가 확대부에 전달되어 지시된다.
- 승강계: 항공기의 수직 방향 속도를 ft/min 단위로 지시하는 계기이다.
- 회전계: 엔진의 회전수를 지시하는 계기이다.

02 8극인 유도 전동기에 60Hz의 교류를 가할 때 동기속도는 몇 rpm인가?

① 900　　　② 1,200
③ 1,800　　④ 3,600

해설

교류 발전기의 주파수 공식

$$f = \frac{P}{2} \cdot \frac{N}{60} = 60 = \frac{8}{2} \cdot \frac{N}{60}$$

$$\frac{60 \times 120}{8} = 900\, rpm$$

03 시동할 때 계자에도 많은 전류가 흘러 큰 토크를 얻을 수 있는 전동기는?

① 직권형　② 분권형
③ 정류형　④ 만능형

해설

직류 전동기의 종류에는 직권형, 분권형, 복권형, 가역 전동기가 있다. 그중 직권형 전동기는 계자 코일과 전기자 코일이 직렬로 연결된 전동기로 시동용 전동기, 착륙장치, 플랩 등에 사용한다. 시동 회전력이 큰 장점이 있으나, 부하에 따른 회전속도의 변화가 크다는 단점도 있다.

04 1인용 구명보트가 작동할 때 구명보트에 채워지는 가스는?

① 산소　② 암모니아
③ 질소　④ 이산화탄소

해설

구명보트에 채워지는 가스는 이산화탄소이다.

05 다음의 유압 밸브 중 평상시에는 체크 밸브 역할을 하지만, 필요시에는 그 기능이 해제되는 밸브는?

① 시퀀스 밸브
② 수동 체크 밸브
③ 오리피스 체크 밸브
④ 미터링 체크 밸브

해설

수동 체크 밸브: 평상시에는 체크 밸브의 역할을 하지만, 필요할 때는 수동으로 조작한다. 양쪽 방향으로 작동유가 흐르도록 하는 밸브이다.

정답 01. ①　02. ①　03. ①　04. ④　05. ②

06 APU에서 항공기 시스템과 장비에 공급하는 것이 아닌 것은?

① 직류 전력 ② 교류 전력
③ 압축공기 ④ 엔진오일

해설

APU: 비행에 직접 필요로 하는 추진력을 얻는 엔진 외에 각 시스템과 장비의 동력원이 되는 전력으로, 공압 또는 유압을 공급하기 위해 장비한 동력장치를 보조동력장치(APU)라고 한다.

07 시퀀스 밸브(sequence valve)가 내장된 장치는?

① 착륙장치 ② 조종장치
③ 브레이크장치 ④ 보조동력장치

해설

시퀀스 밸브(sequence valve): 착륙장치, 도어 등과 같이 2개 이상의 작동기를 정해진 순서에 따라 작동되도록 유압을 공급하기 위한 밸브이다. 타이밍 밸브라고도 불린다.

08 항공기에서 열팽창이 적은 작동유를 사용해야 하는 주된 이유는?

① 고고도의 증발을 감소하기 위해서
② 작동유의 점도를 낮춰 동절기 사용을 가능하게 하기 위해서
③ 화재 가능성을 최소한 방지하기 위해서
④ 유압장치가 고온일 때 과대 압력 발생 방지를 위해서

해설

열팽창: 대부분의 물질은 온도가 올라가면 길이와 부피가 늘어난다. 온도에 따라 물체의 길이와 부피가 변하는 현상을 열팽창이라 한다. 따라서 열팽창이 작아야 하는 주된 이유는 유압장치가 고온일 때 압력 발생을 방지하기 위해서이다.

09 왕복엔진에서 실린더 헤드 온도계, 회전계 및 흡입 압력계와 같은 엔진계기에 표시하는 것으로, 상용안전 운용범위를 표시하는 계기의 색 표지는?

① 노란색 호선 ② 초록색 호선
③ 푸른색 호선 ④ 붉은색 호선

해설

항공계기 색 표지
• 붉은색 방사선: 최대 및 최소 운용한계를 나타낸다.
• 녹색 호선: 안전 운용범위, 즉 계속 운전범위를 나타낸다.
• 노란색 호선: 안전 운용범위에서 초과 금지까지의 경계와 경고 범위를 나타낸다.
• 흰색 호선: 대기 속도계에서 플랩 조작에 따른 항공기의 속도 범위를 나타낸다.
• 푸른색 호선: 기화기를 장비한 왕복엔진에 관계되는 엔진계기에 표시하는 것으로서, 연료공기 혼합비가 오토린일 때의 상용 안전 운전 범위를 나타낸다.

10 다음 중 선회계를 작동시키는 데 사용되는 것은?

① 정격 자이로(rate gyro)
② 공간 자이로(space gyro)
③ 방향 자이로(directional gyro)
④ 수직 자이로(vertical gyro)

해설

• 선회계: 항공기의 분당 선회율을 지시하며, 자이로의 섭동성만을 이용한다.
• 정격 자이로(rate gyro): 회전 각속도를 검출하는 센서이다.
• 방향 자이로(directional gyro): 항공기의 진행 방향(방위)을 기계적인 방법(장치)으로 지시하게 한 일종의 컴퍼스이다.
• 수직 자이로(vertical gyro): 자이로의 로터축을 연직되게 한 2축 자유 자이로로서, 기관의 동요각(경사각) 측정이나 검출에 사용된다.

정답 06. ④ 07. ① 08. ④ 09. ③ 10. ①

11 정속구동장치의 회전수 조절은 발전기의 무엇을 조절하기 위한 것인가?

① 전압(voltage)
② 전류(current)
③ 위상(phase)
④ 주파수(frequency)

해설
정속구동장치(CSD: Constant Speed Drive): 교류 발전기는 전압과 주파수를 일정하게 유지하여야 한다. 발전기의 회전수가 출력 주파수와 비례한다는 것은 이미 학습하였다. 항공기의 교류 발전기는 엔진에 의해서 구동되기 때문에 엔진의 회전수가 변하면 발전기의 출력 주파수도 변한다. 따라서 엔진과 발전기 사이에 정속구동장치를 설치하여 엔진의 회전수와 관계없이 발전기를 일정하게 회전시킨다. 구성은 유압장치, 차동기어장치, 거버너 및 오일 등으로 구성되어 있다.

12 지상에서 항공기에 장착된 제너레이터가 가동되지 않을 때, 항공기 전기계통의 작동을 위해 항공기에 AC Power를 공급하는 장비는?

① Heater
② HT-LIFT Car
③ GPU(Ground Power Unit)
④ GTC(Ground Turbine Compressor)

해설
GPU(Ground Power Unit): 지상에서 항공기에 장착된 제너레이터가 가동되지 않을 때, 항공기 전기계통의 작동을 위해 항공기에 Power를 공급하는 장비이다.

13 항공기 엔진 회전축의 회전을 지시하는 계기는?

① EPR 계기
② EGT 계기
③ Tachometer
④ Synchroscope

해설
① Tachometer: 회전 속도계
② EPR 계기: 가스터빈엔진의 압축기 입구압력과 터빈 출구압력과의 비를 나타내어 이륙 또는 비행 중 제트엔진을 가장 알맞은 추력으로 작동시키기 위하여 엔진의 출력을 지시하도록 하는 계기이다. 압력비는 항공기의 이륙 시와 비행 중의 엔진 추력을 좌우하는 요소이고 엔진 출력을 산출하는 데 사용된다.
③ EGT 계기 배기가스 온도계(EGT Indicator): 엔진의 형식에 따라 터빈의 입구 온도(TIT)와 출구에서 측정한다. 엔진이 클 경우 여러 곳의 온도를 측정하여 평균값을 지시하고, 크로멜-알루멜 조합을 사용한다.
④ synchroscope: 일반적인 오실로스코프와 다른 점은 주로 스위프 회로에 있다. 즉, 오실로스코프에서는 회로상수로 정해지는 스위프 주파수로 스위프하고, 그 주파수를 관측파의 반복에 접근시켜서 강제 동기를 취하고 있으므로 스위프 주파수와 관측파의 반복은 반드시 정수관계에 있어야 하며, 이 값이 클수록 동기가 불안정해지는 결점이 있다.

14 유압계통에 사용되어 작동유의 과도한 누설을 방지하기 위한 그림과 같은 장치는?

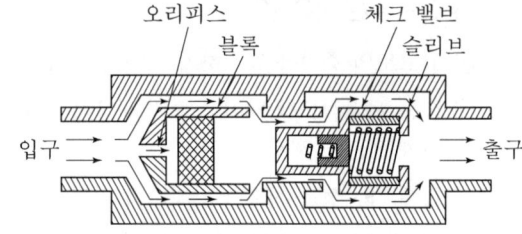

① 유압 퓨즈
② 흐름 조절기
③ 유압관 분리 밸브
④ 시퀀스 밸브

해설
유압 퓨즈: 유압계통의 관이나 호스가 파손되거나 기기 내의 실이 손상되었을 때 과도한 누설을 방지하기 위한 장치이다.

정답 11. ④ 12. ③ 13. ③ 14. ①

15 항공기에서 유압계통을 사용하지 않는 계기는?

① 착륙장치를 올리고 내리는 장치
② 자이로 계기의 구동 및 제빙장치
③ 앞 착륙장치 스티어링의 작동장치
④ 활주 중 항공기의 브레이크 작동장치

해설

자이로 계기는 회전하고 있는 회전자를 2개의 짐벌로 받치고 있는 장치로써 유압을 사용하지 않는다.

16 아날로그형 멀티미터(multimeter)에 사용되는 측정 계기는?

① 전류력형 계기
② 가동 코일형 계기
③ 정류형 계기
④ 가동 철편형 계기

해설

직류를 측정하는 계기는 전류계, 전압계, 저항계 등이 있고, 이는 다르송발 계기라 불리는 가동코일형 계기가 사용된다. 다르송발 계기는 영구자석의 자기장 내에 코일이 감긴 도체가 있고, 전류가 흐르면 토크가 발생한다.

17 그림과 같은 회로에서 A와 B점 사이에 흐르는 전류값은 몇 A인가?

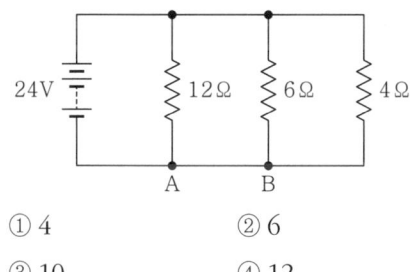

① 4
② 6
③ 10
④ 12

해설

$I_3 = \dfrac{24}{6} = 6A, \quad I_2 = \dfrac{24}{6} = 4A$

$\therefore 6 + 4 = 10A$

18 항공기가 여압 중 객실고도계 파이프에 약간의 누출이 있을 때 객실고도계는?

① 실제 항공기 고도보다 낮게 지시
② 실제 항공기 고도보다 높게 지시
③ 실제 항공기 고도와 같게 지시
④ 객실고도와 같게 지시

해설

객실고도와 비행고도: 고공을 비행하는 항공기는 저공을 비행하는 항공기보다 연료가 적게 소모된다. 즉, 제트 항공기는 높은 고도에서 더 높은 효율을 가진다. 탑승자는 높은 고도에서 산소 결핍증에 걸리게 되므로, 객실 안의 기압을 인체에 불편함이나 해가 없도록 조절해야 한다. 이러한 이유로 실제 비행하는 고도의 대기압과 객실 안의 기압이 서로 다른데, 실제 비행하는 고도를 비행고도라 한다.

19 화재 경고장치에 이용되는 서미스터(thermister)의 온도가 증가할 때 변화를 옳게 설명한 것은?

① 정격전압을 증대시킨다.
② 정격전압을 감소시킨다.
③ 정격전류를 증대시킨다.
④ 정격전류를 감소시킨다.

해설

thermistor: 전자부품으로 사용하기 쉬운 저항값과 온도 특성을 가진 반도체 디바이스로, 온도가 오르면 저항 값이 떨어지는 NTC(Negative Temperature Coefficient thermistor), 온도가 올라가면 저항 값이 올라가는 PTC(Positive Temperature Cefficient thermistor), 그리고 어떤 온도에서 저항 값이 급변하는 CIR(Critical Temperature Resistor)로 분류된다.

정답 15. ② 16. ② 17. ③ 18. ① 19. ③

20 제빙 부츠에 묻어있는 윤활유, 연료, 그리스 등을 제거하는 방법은?

① 솔벤트로 제거한다.
② 마른 걸레로 닦아낸다.
③ 시너(thinner)로 제거한다.
④ 비눗물이나 물을 사용하여 제거한다.

해설
윤활유, 연료, 그리스 등을 제거하는 방법은 비눗물이나 물을 사용한다.

21 싱크로(synchro)로 작동되는 지시계의 전원이 차단되면 나타나는 현상은?

① 정상적으로 작동된다.
② 프래그(flag)가 제거된다.
③ 지시바늘(indicator)이 영(zero) 위치로 간다.
④ 지시바늘이 최후 위치(last position)에 위치한다.

해설
snchro motor: 3상 교류 신호를 받아 교류 발전기와 동조되는 회전속도로 회전한다.

22 윤활유 압력계에 대한 설명으로 틀린 것은?

① 일반적으로 부르동관으로 되어 있다.
② 고도가 높아지면 외기압력을 사용한다.
③ 윤활유의 압력과 외기 압력과의 차인 게이지압을 나타낸다.
④ 일반적으로 압력계에서 사용하는 단위는 psi이다.

해설
윤활유 압력계(oil pressure gage): 윤활유 압력이 규정된 범위에 있다는 것은 윤활유가 엔진 내부를 정상적으로 순환하여 모든 베어링을 충분히 윤활하고 있다는 뜻이다. 이 압력계는 윤활유의 압력과 대기 압력의 차인 계기 압력을 표시한다. 엔진 입구 쪽의 압력(psi)을 지시하며, 일반적으로 버든 튜브를 이용한다.

23 전기용량식 연료량계에 대한 설명으로 틀린 것은?

① 온도나 고도 변화에 의한 지시 오차가 없다.
② 옥탄가 등 연료질의 변화에도 지시 오차가 없다.
③ 전기용량식 연료량을 감지하여 중량으로 나타내기에 적합하다.
④ 전극판 사이의 유전체율을 이용하여 연료량을 지시하는 계기이다.

해설
전기용량식(capacitance type) 액량계: 대부분의 항공기에 사용하고 액체와 공기의 유전율이 다른 것을 이용한다. 연료탱크 내의 축전기 극판 사이의 연료 높이에 따른 전기 용량으로 부피를 측정한다. 부피에 밀도를 곱하여 무게로 지시한다.

24 여압장치가 있는 항공기가 제작 순항고도로 비행할 때 객실고도는 대략 얼마인가?

① 해수면   ② 5,000ft
③ 8,000ft   ④ 20,000ft

해설
여압장치의 객실고도는 8,000ft(약 2,400m)이다.

25 공기냉각계통에서 공기 순환 냉각계통의 구성품으로만 짝지어진 것은?

① 응축기, 압축기
② 터빈, 압축기
③ 연소가열기, 압축기
④ 증발기, 응축기

해설
공기냉각계통 중 증기 순환 구성품은 리시버 건조기, 팽창 밸브, 증발기, 압축기, 응축기가 있으며, 공기 순환 구성품은 1, 2차 열교환기, 압축기, 터빈, 수분 분리기, 차단 밸브가 있다.

정답 20. ④ 21. ④ 22. ② 23. ② 24. ③ 25. ②

26 다음 보기와 같은 특징을 갖고 있는 안테나는?

> - 가장 기본적이며, 반파장 안테나이다.
> - 중심에 고주파 전력을 공급한다.
> - 수평길이가 파장의 약 반 정도이다.

① 다이폴 안테나
② 야기 안테나
③ 마르코니 안테나
④ 루프 안테나

해설

다이폴 안테나(dipole antenna)는 안테나 종류 중 기하학적으로 가장 단순하고 부피가 작은 안테나이며, 안테나의 길이는 전파의 반파장($\lambda/2$) 길이와 같고, 무지향성 특성을 갖는다.

27 정보 신호에 따라 반송파의 진폭이 변화되는 것을 무슨 변조라 하는가?

① AM   ② FM
③ GM   ④ PM

해설

① 진폭 변조(AM: Amplitude Modulation)는 반송파의 진폭을 정보 신호의 크기에 따라 변화시키는 변조 방식이다. 주파수는 거의 변하지 않고 진폭이 정보 신호와 비슷한 파형으로 변한다.
② 주파수 변조(FM: Frequency Modulation)는 반송파의 주파수를 정보 신호의 크기에 따라 변화시키는 변조 방식이다. 정보 신호의 크기를 반송파의 위상에 대응시키는 방식으로, 사용되는 장비가 복잡하여 독립적으로는 사용되지 않고 주파수 변조 전에 신호를 증폭하는 과정에서 주로 이용된다.
③ 위상변조(PM: Phase Modulation)는 정보 신호의 크기를 반송파의 위상에 대응시키는 방식으로, 사용되는 장비가 복잡하여 독립적으로는 사용되지 않고 주파수 변조 전에 신호를 증폭하는 과정에서 주로 이용된다.

28 활주로에 접근하는 비행기에 활주로 중심선에 제공하는 지상시설은?

① VOR
② Glide Slope
③ Localizer
④ Marker Beacon

해설

로컬라이저(LOC, Localizer)는 활주로에 접근하는 항공기에게 활주로 중심선에 대한 유도신호를 제공하는 지상 ILS 시설로, LOC 지상 안테나와 송신기로 구성된다. LOC 안테나는 항공기 접근 방향 활주로 반대편에 위치하며, 안테나에서 항공기를 바라보면서 활주로 중심선 오른쪽으로 90Hz, 왼쪽으로 150Hz의 변조파를 발사하여 활주로 중심선에서 벗어난 편차를 제공한다.

29 다음 중 키르히호프 제1 법칙을 맞게 설명한 것은?

① 임의의 폐회로를 따라 한 방향으로 일주하면서 취한 전압 상승의 대수적 합은 0이다.
② 도선의 임의의 접합점에 유입하는 전류와 나가는 전류의 대수적 합은 0이다.
③ 임의의 폐회로를 따라 한 방향으로 일주하면서 취한 전압 상승의 대수적 합은 1이다.
④ 도선의 임의의 접합점에 유입하는 전류와 나가는 전류의 대수적 합은 1이다.

해설

키르히호프의 제1 법칙은(KCL) 전류 법칙으로 회로망의 임의의 접속점에서 볼 때, 접속점에 흘러 들어오는 전류의 합은 흘러 나가는 전류의 합과 같다는 법칙이고, 키르히호프의 제2 법칙은(KVL) 전압 법칙으로 회로망 중의 임의의 폐회로 내에서 그 폐회로를 따라 한 방향으로 일주하면서 생기는 전압 강하의 합은 그 폐회로 내에 포함된 기전력의 합과 같다는 법칙이다.

정답 26. ① 27. ① 28. ③ 29. ②

30 디지털 비행자료 기록장치의 자기 테이프(DFDR)는 몇 시간 자료를 기록할 수 있는가?

① 25시간　② 15시간
③ 5시간　④ 1시간

[해설]
블랙박스라고 불리는 비행 기록장치(FDR: Flight Data Recorder)는 항공기의 사고분석에 필요한 비행 데이터를 기록, 보관하기 위한 장치로, 스테인리스 테이프에 다이아몬드 기록침으로 기록하며 레코드 유닛(recorder unit), 편명 날짜 인코더(trip and data encoder), 가속도계(accelerometer)로 구성되어 있고, 자료를 기록하기 위해 일반적으로 25시간의 자료를 기록한다. 이 기록장치는 항공기 후방에 설치하도록 규정되었고, 쉽게 발견될 수 있게 황색으로 도장하도록 규정되었다.

31 초단파 전 방향식 무선표지장치(VOR: VHF Omni Directional Range)의 설명 중 틀린 것은?

① VOR국에 대한 항공기의 자방위를 결정한다.
② 기준 신호와 가변위상신호의 위상차에 의해서 방위를 결정한다.
③ 두 개의 신호 전파를 수신하기 위하여 2개의 안테나를 사용한다.
④ 측정 유효 거리는 가시거리이므로 항공기 고도에 따라 달라진다.

[해설]
VOR은 유효 거리 내에 있는 모든 항공기에 VOR 지상국에 대한 자기 방위를 연속적으로 지시하여 정확한 항로를 완성할 수 있게 한다. 사용 주파수 범위는 108.00~117.95MHz이다. VOR 지상국은 수신 방위에 따라 위상이 변하는 30Hz 신호인 가변 위상신호(variable phase signal)와 방위와 관계없이 위상이 일정한 기준 위상신호(reference phase signal)를 포함한 전파를 발사한다. ③번은 쌍곡선 항법장치를 말한다.

32 직류(DC)와 교류(AC)를 모두 측정할 수 있는 계기는?

① 정류형 계기
② 전류력계형 계기
③ 가동철편형 계기
④ 가동코일형 계기

[해설]
전류력계형 계기(electro-dynamometer instrument)는 직류(DC), 교류(AC)의 전류와 전압 측정에 모두 사용할 수 있으므로 전력계로 주로 활용된다.

33 전파고도계(radio altimeter)에 관련된 설명 중 옳지 못한 것은?

① 비행 중의 항공기에 있어서 지표면으로부터의 고도(절대고도)를 알 수 있다.
② 고도계의 일종이다.
③ FM형 고도계와 자기형 고도계가 있다.
④ 저고도용과 고고도용으로 분리할 수 있다.

[해설]
전파고도계는 지상과 항공기와의 절대고도를 측정하는 장치로 낮은 고도에서는 FM형 고도계를, 높은 고도에서는 펄스형 고도계를 사용한다.

34 기내 전화에서 조종실과 객실 승무원, 객실 승무원 상호 간에 통화 연락을 하기 위한 전화장치는?

① 플라이트 인터폰 장치(flight interphone system)
② 서비스 인터폰 장치(service interphone system)
③ 캐빈 인터폰 장치(cabin interphone system)
④ 피 에이 장치(PA system)

정답 30. ① 31. ③ 32. ② 33. ③ 34. ③

해설
- Flight interphone: 운항 승무원 상호 간 통화
- Service interphone system: 비행 중 조종실과 객실 승무원석 간의 통화, 조종실과 정비, 점검상 필요한 기체 외부와의 통화
- Cabin interphone system: 조종실과 객실 승무원, 객실 승무원과 객실 승무원 상호 간의 통화
- Passenger address system: 기내 방송 장치
- Passenger entertainment system: 객실 개별 승객에게 영화, 음악, 오락 프로그램 제공

35 방향 탐지기에서 공중선 소자를 일일이 회전하지 않고 그와 동등한 효과를 얻는 것은 무엇인가?

① 야기 안테나(yaggi antenna)
② 고니오미터(goniometer)
③ 센서(sensor)
④ 고주파 브리지

해설
고니오미터는 안테나를 회전시키는 대신 안테나를 고정하여 사용하며 용량성 고니오미터가 사용된다.

36 쌍안정 멀티바이브레이터(multi vibrator)에 관한 설명 중 옳지 않은 것은?

① 입력 트리거 펄스 2개마다 1개의 펄스가 얻어지는 회로이다.
② 전자계산기나 2진 소자로 이용된다.
③ 플립플롭(flip flop) 회로이다.
④ 시정수 회로를 갖는다.

해설
쌍안정 멀티바이브레이터는 입력 트리거 펄스 2개마다 1개의 출력펄스를 얻어내는 직류결합 2단 증폭기로 구성되는 회로로서, 일반적으로 플립플롭 회로라고 한다. 분자기나 전자계산기, 계수 기억회로, 2진 계수회로 등의 디지털 기기들의 소자로 많이 사용된다.

37 다음 거리 측정장치(DME)의 설명 중 틀린 것은?

① DME는 지상국과의 거리를 측정하는 장치이다.
② 수신된 전파의 도래시간을 측정하여 현재의 위치를 알아낸다.
③ 응답 주파수는 960~1,215MHz이다.
④ 항공기에서 발사된 질문 펄스와 지상국 응답 펄스 간의 도래시간을 계산하여 거리를 측정한다.

해설
거리 측정 장치(DME: Distance Measuring Equipment)는 VOR station으로부터 거리의 정보를 항행 중인 항공기에 연속적으로 제공하는 항행 보조방식 중의 하나로서, 통상 VOR과 병설되어 지상에 설치되며 유효거리 내의 항공기는 VOR에 의해 방위를, DME에 의해 거리를 파악해서 항공기의 위치를 정확히 결정한다. 항공기로부터 송신 주파수 1,025~1,150MHz 펄스 전파로 송신하면 지상 station에서는 960~1,215MHz 펄스를 항공기로 보낸다. 기상장치는 질문 펄스를 발사한 후 응답 펄스가 수신될 때까지의 시간을 측정하여 거리를 구하여 계기에 나타낸다.

38 전류의 정의를 바르게 설명한 것은?

① 단위 시간에 이동한 전기량
② 단위 시간에 발생한 기전력
③ 단위 시간에 수행한 일
④ 단위 기전력으로 수행한 일

해설
단위 시간(sec) 동안에 이동한 전하량(C)으로 전류의 단위는 A, 전류의 표기는 I로 정의한다.

정답 35. ② 36. ④ 37. ② 38. ①

39 1차 코일의 권수가 400회, 2차 코일의 권수가 50회인 변압기의 1차 코일에 100V, 60Hz의 전압을 가했을 때 2차 코일에 유기되는 전압은?

① 12.5 ② 25
③ 40   ④ 50

해설

권선비 $\dfrac{E_1}{E_2} = \dfrac{N_1}{N_2} = a$ 에서

$$E_2 = \dfrac{N_2}{N_1} \cdot E = \dfrac{50}{400} \times 100 = 12.5[V]$$

40 항공기 음성장치의 해당 기능계통이 아닌 것은?

① 음성신호 선택 제어계통
② 기내 통화계통
③ 풍향 정보계통
④ 기내 확성 방송계통

해설

항공기 음성장치의 기능
- 음성신호 선택 제어계통
- 기내 통화계통
- 기내 확성 방송계통

41 착륙을 계속할 것인가, 아니면 포기하고 상승할 것인가를 결정하는 고도를 무슨 고도라 하는가?

① 절대 ② 결심
③ 기압 ④ 상대

해설

결심고도(DH: Decision Height)는 계기 비행 상태에서 접근 절차상 하강할 수 있는 최저고도를 말한다. 이 고도 이전에 조종사가 착륙할지 아니면 복행(go-around)할지 최종 결정을 내리게 된다.

42 도체에 1A의 전류가 5분간 흘렀다. 이때 도체를 통과한 전기량은 몇 [C]인가?

① 100 ② 200
③ 300 ④ 400

해설

$Q = It = 1 \times 5 \times 60 = 300C$

※ 전류가 흘러간 시간은 5분이지만, 단위 시간을 sec로 하기에 60을 곱해야 한다.

43 평면에 대해 2.5°~3° 상향 각도의 비행 진입 코스를 형성하게 하는 것은 무엇인가?

① 글라이드 슬로프
② 로컬라이저
③ 마커 비컨
④ 계기 착륙장치

해설

글라이드 슬로프는 지표면에 대하여 2.5~3°의 각도 비행 진입 코스를 유도한다.

44 반지름이 $r[m]$, 권수가 N인 원형코일에 $I[A]$의 전류가 흐를 때, 그 중심 자장의 세기는 몇 AT/m인가?

① $\dfrac{NI}{2\pi r}$ ② $\dfrac{NI}{r^2}$
③ $\dfrac{NI}{4\pi r^2}$ ④ $\dfrac{NI}{2r}$

해설

$H = \dfrac{NI}{2r} AT/m$

45 0.2Ω의 컨덕턴스를 가진 저항체에 4A의 전류를 흘리기 위해서는 몇 V의 전압을 가해야 하는가?

① 0.8V ② 2V
③ 8V   ④ 20V

[해설]

$I = GV$ 또는 $\dfrac{I}{V} = G$의 식에서

$V = \dfrac{I}{G} = \dfrac{4}{0.2} = 20\,[V]$

46 계기 착륙장치에 포함되지 않는 것은 어느 것인가?

① 로컬라이저(localizer)
② 글라이드 슬로프(glide slope) 또는 글라이드 패스(glide path)
③ 마커 비컨(marker beacon)
④ 전 방향 표지시설(VOR)

[해설]

계기 착륙장치(instrument landing system): 착륙을 위해서는 진행 방향뿐만 아니라 비행 자세 및 활강 제어를 위한 정확한 정보를 제공해야 한다. 항로 비행 중에 사용하는 고도계는 착륙 정보에 필요한 저고도 측정기로는 부적합하다. 시정이 불량한 경우의 착륙을 위해서는 수평 및 수직 제어를 위한 전자적 착륙 시스템의 도움이 필요하다. 이와 같은 기능을 하는 착륙 시스템이 계기 착륙장치이다. ILS는 수평 위치를 알려주는 로컬라이저(localizer)와 활강 경로, 즉 하강 비행각을 표시하는 글라이드 슬로프(glide slope), 거리를 표시해 주는 마커 비컨(marker beacon)으로 구성된다.

47 비행 기록 집적 장치(AIDS)에 수집기록 되는 data가 아닌 것은 어느 것인가?

① 엔진의 운전상태
② 조종익의 움직임 상태
③ 각종 계기류의 data 수집기록
④ 기후 및 날씨 상태

[해설]

비행, 조종, 엔진, 항법, 시각, 고장 정보 등이 기록되며 세부 파라미터는 다음과 같다.

- 비행 파라미터: 기압고도, 대기속도, 자세, 기수 방향, 온도 등
- 조종 파라미터: 조종 간 위치, 조종익 위치, 플랩, 스포일러 등
- 엔진 파라미터: EPR, EGT, 회전수, 연료량, 엔진 각 부 압력, 온도 등
- 항법 파라미터: 현재의 위치, 풍향, 풍속, 편류각, 대지 속도, 전파 표지 정보

48 다음 그림은 반도체의 에너지대에 대한 설명이다. a에 맞는 말은?

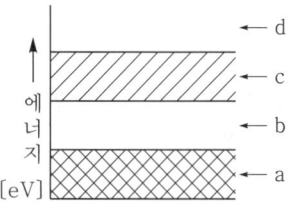

① 전도대 ② 금지대
③ 충만대 ④ 자유공간

[해설]

반도체의 에너지대 그림에서 (a) 충만대(filled bacd)는 전자가 가득 찬 허용대로 가전자대라고도 하고, (b) 금지대(forbidden band)는 허용대와 허용대 사이의 전자가 존재할 수 없는 범위를 말하고, (c) 허용대(allowed band)는 고체 중에서 전자가 존재할 수 있는 에너지 준위를 말하고, (d)는 (b)와 같이 금지대이다.

49 마커 비컨(Marker Beacon)의 사용 주파수는 얼마인가?

① 75MHz   ② 108.0MHz
③ 121.1MHz   ④ 329MHz

[해설]

마커 비컨은 75MHz가 2W 출력으로 상공을 향해서 지향성 전파를 발사한다.

정답 46. ④ 47. ④ 48. ③ 49. ①

50 자동 비행 조종장치의 기본 구성 계통으로 부적당한 것은?

① 자동 추력 제어
② 자동 수평 안정판
③ 자동 조정 & FLIGHT DIRECTOR
④ YAW DAMPER

해설

AFCS(자동 비행장치)의 구성
- 자동 조종과 플라이트 디렉터
- 요 댐퍼
- 자동 추력 제어

51 100W, 500W의 전열기를 80V로 사용했을 때의 소비전력은?

① 240W   ② 320W
③ 400W   ④ 480W

해설

$P = \dfrac{V^2}{R} W$에서 $R = \dfrac{V^2}{P} = \dfrac{100^2}{500} = 20\Omega$

$P = \dfrac{80^2}{20} = 320\,W$

52 기상 레이더로 식별할 수 없는 것은 어느 것인가?

① 구름
② 지형지물
③ 해안
④ 바닷물의 염분농도

해설

기상 레이더(WXR, weather radar)는 구름이나 악천후 지역의 빗방울로 인한 전파 반사를 이용하여 강우량 정보와 기상상태를 조종실 계기 중 항법 표시장치(ND: Navigation Display) 상에 표시한다. 전방의 기상상태 탐지뿐 아니라 지상 쪽으로 레이더를 틸팅시켜 지형, 지물 등의 탐지도 가능하다.

53 디지털 비행자료 기록장치(DFDR)의 설명 중 틀린 것은?

① 테이프는 일반적으로 25시간분의 자료를 기록할 수 있다.
② 사고 시에 테이프가 파손되지 않게 캡슐에 들어 있다.
③ 두꺼운 스테인리스 테이프 위에 다이아몬드 침으로 새겨서 기록한다.
④ 동체 끝부분 테일 콘(tail cone)에 부착되어 있다.

해설

블랙박스라고 불리는 비행 기록장치(FDR: Flight Data Recorder)는 항공기의 사고분석에 필요한 비행 데이터를 기록, 보관하기 위한 장치로 스테인리스 테이프에 다이아몬드 기록침으로 기록하며 레코드 유닛(recorder unit), 편명 날짜 인코더(trip and data encoder), 가속도계(accelerometer)로 구성되어 있고, 자료를 기록하기 위해 일반적으로 25시간의 자료를 기록한다. 이 기록장치는 항공기 후방에 설치하도록 규정되어 있고, 쉽게 발견될 수 있게 황색으로 도장하도록 규정되어 있다.

54 다음 중 N형 반도체의 불순물이 아닌 것은?

① 비소[As]
② 인듐[In]
③ 안티몬[Sb]
④ 인[P]

해설

- N형 반도체를 만드는 불순물(도너): 안티몬[Sb], 비소[As], 인[P] 등
- P형 반도체를 만드는 불순물(억셉터): 인듐[In], 붕소[B], 갈륨[Ga] 등

정답 50. ② 51. ② 52. ④ 53. ③ 54. ②

55 비행 중인 항공기의 각종 자료를 수집 기록하여 이것을 기상 및 지상에서 처리 분석하여 항공기의 효율적인 운용을 하는 종합장치는 무엇인가?

① 비행 기록 집적 장치(AIDS)
② 비행 자료 기록 장치(FDR)
③ 조종실 음성 기록 장치(CVR)
④ 관성 항법장치(INS)

해설
AIDS(Air Intergrated Data System)는 비행 중에 얻은 자료를 항상 해독하고, 항공기의 운항 상태를 수시로 개선하기 위한 종합 시스템이다. DFDR(디지털비행자료기록장치)과 같으나, 그 자료를 항공사에서 분석용으로 사용하고 있다. 구성요소로는 기상 시스템, 지상 자료 해독 시스템으로 구분된다.

56 비행기의 DUTCH ROLL 현상을 억제하기 위해 조종되는 기체 표면 명칭은?

① 보조익 ② 승강타
③ 방향타 ④ 수평 안정판

해설
주익의 큰 후퇴각으로 인하여 세로방향과 가로방향의 안정성이 떨어져 더치 롤(dutch roll)이 발생하고 이를 피하기 위해 방향키를 사용하게 된다. 이를 요 댐퍼 시스템이리 한다. 이와 같은 더치 롤(dutch roll) 방지와 균형 선회(turn coordination)를 위해서 방향타(rudder)를 제어하는 자동 조종장치를 말한다.

57 공기 콘덴서의 극판 사이에 비유전율 7인 유전체를 넣을 경우, 정전 용량 C는 몇 배로 증가하는가?

① 7배 ② $\frac{1}{7}$배
③ 불변 ④ 14배

해설
커패시턴스(C)는 충전할 수 있는 전기용량을 말한다. 식은 $C = \epsilon \frac{A}{d}[F]$이다.
여기서, A: 전극면적, d: 전극간격, ϵ: 유전율, ϵ_s: 비유전율이다. 비유전율이 7이 증가하면 커패시턴스는 7배 증가한다.

58 각종 대기상태 자료를 얻기 위하여 ADC(Air Data Computer)로 들어가는 기본 입력신호는?

① 동압과 정압(static and pitot pressure)
② 대기의 온도 및 밀도(air temperature and density)
③ 대기속도 및 정압(air speed and static pressure)
④ 동압 및 온도(out side temperature)

해설
대기 자료 컴퓨터는 피토-정압(pitot-satic) 계통(정압과 동압)과 온도감지부의 수감부로부터 자료를 얻어 기본 입력신호로 한다.

59 항공기의 자동 조종장치에서 좌우 방향 흔들림(Yawing)을 제어하는 조종익면은 어느 것인가?

① 방향타(rudder)
② 보조익(aileron)
③ 승강타(elevator)
④ 수평미익(stabilizer)

해설
요 댐퍼 시스템은 더치롤을 방지할 목적으로 더치롤을 감지하여 운동이 정지하는 방향으로 방향타를 제어하는 자동 조종장치를 말한다.

정답 55. ① 56. ③ 57. ① 58. ① 59. ①

60 그림의 브리지 전파 정류회로에서 교류 입력을 인가하여야 할 단자는?

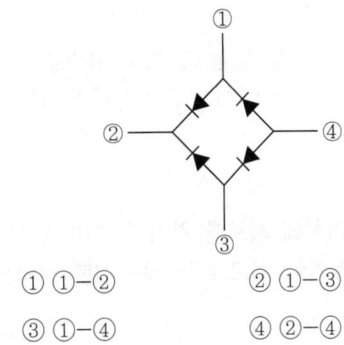

① ①-② ② ①-③
③ ①-④ ④ ②-④

[해설]
교류 입력점은 ①-③, 정류 출력(직류) 점은 ②-④이다.

60. ②

제4회 최종 점검 모의고사

01 다음 중 부하가 크고, 시동 토크 값이 크게 필요한 엔진의 시동장치에 가장 많이 사용되는 것은?

① 직권형 전동기
② 가역 전동기
④ 복권형 전동기
③ 분권형 전동기

해설

종류		전동기
직류	직권	시동토크가 큰 곳에 사용
	분권	일정 속도를 요구하는 곳에 사용
	복권	무부하가 되어도 속도 증가하지 않음

02 자이로의 섭동성이란?

① 자이로에 외력을 가하지 않는 한 자세를 유지하는 성질
② 자이로에 외력을 가하면 그 힘의 방향으로 자세가 변하는 성질
③ 자이로에 외력을 가하면 가한 점으로부터 회전 방향으로 90도 진행된 점에 작용하는 성질
④ 자이로에 외력을 가하면 방향, 자세가 변하지 않는 성질

해설

- 자이로가 고속 회전할 때 외력을 가하지 않는 한 회전자 축 방향을 우주 공간에 대하여 계속 유지하려는 성질이다.
- 자이로가 회전하고 있을 때 외력 F를 가하면, 가한 점으로부터 회전 방향으로 $90°$ 진행된 점에 P의 힘이 가해진 것과 같이 작용하는 현상이다.

03 객실고도란?

① 실제 비행하는 고도
② 절대고도
③ 밀도고도
④ 객실 내의 기압에 해당되는 고도

해설

고도의 종류
- 비행고도: 실제 비행하는 고도
- 절대고도: 어느 지형 표면 위를 비행하고 있는 항공기에서 지형 표면까지의 수직거리
- 밀도고도: 압력 고도에서 비표준 온도와 압력을 수정해서 얻은 고도
- 객실고도: 객실 안의 기압에 해당되는 기압고도

04 유압계통의 저장탱크 내부에 있는 배플과 핀의 기능은 무엇인가?

① 저장탱크 안을 여압 시키는 압축공기 연결구이다.
② 저장탱크 안의 작동유의 양을 알 수 있게 해준다.
③ 저장탱크 안에서 작동유에 발생한 거품이나 기포가 펌프로 들어가는 것을 방지한다.
④ 주입구에서 작동유가 보급될 때 불순물을 거르는 작용을 하고 있다.

해설

레저버 구성
- 여입구: 압축공기 연결구
- 사이트 게이지: 작동유의 양을 알 수 있다.
- 필터: 이물질을 걸러준다.

정답 01. ① 02. ③ 03. ④ 04. ③

05 그림과 같이 $15\mu F$의 콘덴서를 3개 병렬 연결했을 때의 합성 용량은 몇 μF인가?

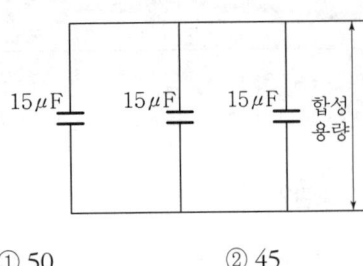

① 50　　　　② 45
③ 15　　　　④ 4.5

해설

- 콘덴서 병렬 연결 시
$C_0 = C_1 + C_2 + C_3 = 15 + 15 + 15 = 45\mu F$

- 콘덴서 직렬 연결 시
$\dfrac{1}{C} = \dfrac{1}{15} + \dfrac{1}{15} + \dfrac{1}{15} = \dfrac{3}{15} = \dfrac{1}{5}$,　$C = 5\mu F$

06 유압계통 펌프의 공급관이나 출구 쪽에 거품이 생기면 공기가 섞인 작동유를 저장탱크로 되돌아가게 하는 밸브는?

① 릴리프 밸브
② 프라이오리티 밸브
③ 퍼지 밸브
④ 디 부스터 밸브

해설

- 릴리프 밸브: 계통릴리프 밸브와 온도 릴리프 밸브가 있다.
- 프라이오리티 밸브: 펌프의 고장으로 인해 작동유의 압력이 부족할 때 다른 계통에는 압력이 공급되지 않도록 차단하고 우선 필요한 계통에만 유압이 공급되도록 하는 밸브이다.
- 디 부스터 밸브: 브레이크를 작동할 때 일시적으로 작동유의 공급량을 증가시켜 신속히 제동되도록 도와 준다.

07 지상에서 항공기에 장착된 제너레이터가 가동되지 않을 때, 항공기 전기계통의 작동을 위해 항공기에 400Hz, 115/200V, AC Power를 공급하는 장비는?

① G.T.C(Gas Turbine Compressor)
② G.P.U(Ground Power Unit)
③ HT – Lift Car(하이 리프트 카)
④ Heater(히터)

해설

- 가스터빈 압축기: 내부에 압축기와 터빈을 갖추고 있어 다량의 저압 공기를 배출시킬 수 있다. 항공기 가스터빈엔진의 시동계통에 압축공기를 공급한다.
- 가열장비(heater): 기온이 낮은 조건에서 사용하는 장비로서 특정한 부품의 예열이나 건조 및 정비작업 시에 방한용으로 활용된다.

08 유압계통에 사용되는 미크론형 필터의 여과 능력은?

① 0.1미크론 이상의 이물질을 제거한다.
② 10미크론 이상의 이물질을 제거한다.
③ 100미크론 이상의 이물질을 제거한다.
④ 1,000미크론 이상의 이물질을 제거한다.

해설

미크론(micron): 국제단위계에 의한 길이의 보조 계량 단위이다. 기호는 μ를 사용하며, 1미크론은 1mm의 1/1,000을 나타낸다.

09 항공기 비상장비 중 구명조끼를 팽창시키는 데 주로 사용되는 가스는?

① 아르곤 가스
② 질소 가스
③ 수소 가스
④ 이산화탄소 가스

정답　05. ②　06. ③　07. ②　08. ②　09. ④

해설

구명조끼 안쪽에는 가스 캡슐이 달려 있다. 구명조끼 1개에는 각각 16g의 이산화탄소 가스가 압축된 2개의 가스 캡슐이 달려 있다. 양쪽 하단의 끈에 연결된 손잡이를 당기면 가스 캡슐의 밀봉이 터지고, 이때 이산화탄소가 순간적으로 빠르게 부풀어 올라 가스가 구명조끼의 공기주머니를 채운다.

10 조종석 스위치에 의해 간접적으로 작은 전류를 입력받아 큰 전류를 제어하는 전자기 스위치는 무엇인가?

① 열스위치
② 계전기(릴레이)
③ 회로 차단기
④ 전류 제한기

해설

- 회로 차단기: 규정 용량 이상의 전류가 흐르면 접점이 열려 전류를 차단하는 장치로 다시 접속시켜 사용한다.
- 전류 제한기: 높은 전류를 짧은 시간에 흐를 수 있도록 만든 퓨즈로 동력회로에 사용한다.

11 항공기 유압계통의 작동유 중에서 사용온도 범위가 −54~115℃ 정도이며, 색깔이 자주색인 것은?

① 합성유   ② 광물성유
③ 동물성유   ④ 식물성유

해설

작동유의 종류
- 광물성유: 빨간색, 사용 온도 범위는 −54~71℃, 인화점이 낮아 과열되면 화재의 위험이 있다.
- 식물성유: 파자마기름+알코올, 파란색
- 합성유: 사용 온도 범위는 −54~115℃, 인산염+에스테르(ester), 색은 자주색

12 결빙을 방지하기 위한 조건이 아닌 것은?

① 전열선
② 가열 공기
③ 윈드실드 와이퍼
④ 알코올

해설

방빙(anti-icing) 방법: 전기가열식, 가열공기(블리딩 에어), 알코올 분사

13 다음 중 직류를 교류로 바꾸어 주는 것은?

① Transformer
② Diode
③ Rectifier
④ Inverter

해설

전기장치
① 트랜스포머(변압기): 교류의 전압이나 전류의 값을 변화시킨다.
② 다이오드: 전류를 한 방향으로만 흐르게 하고, 그 역방향으로는 흐르지 못하게 하는 반도체 소자이다.
③ 정류기: 회로에 한 방향으로 전류가 흐르게 하는 소자를 말한다.

14 축전지의 충전계통에서 암메타는 어느 것을 지시하는가?

① 축전지의 전위
② 축전지의 충전율
③ 항공기에 사용되는 총용량
④ 항공기에 사용되는 전압

해설

암메타(ammeter)는 전류계로써 축전지의 충전율을 지시한다.

정답 10. ② 11. ① 12. ③ 13. ④ 14. ②

15 항공기 연료량을 무게의 단위로 표시하는 가장 큰 이유는?

① 고도와 외기 온도에 따라 부피의 변화가 심하기 때문에
② 고도와 외기 온도에 따라 압력의 변화가 심하기 때문에
③ 점성이 높은 액체이기 때문에
④ 측정하기가 간편하기 때문에

해설

항공기 연료: 연료탱크에서 엔진으로 흐르는 연료의 유량을 시간당 부피 단위, 즉 GPH(Gallon Per Hour) 또는 무게 단위 PPH(Pound Per Hour)로 지시한다.

16 그림은 어떤 형의 회로 차단기인가?

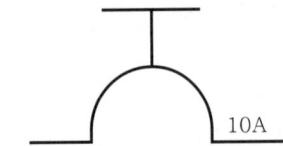

① 스위치형   ② 푸시형
③ 푸시풀형   ④ 토글형

해설

회로 차단기(circuit breakers): 회로 내에 규정 값 이상의 전류가 흐를 때 회로를 끊어주어 전류의 흐름을 막는 장치이며, 종류로는 푸시형, 푸시풀형, 스위치형, 자동 재접속형이 있다.

접속방식에 따른 C.B 종류 및 회로기호

17 유압계통 압력 조절기가 킥 아웃(kick-out) 상태일 때, 체크 밸브와 바이패스 밸브의 작동상태는?

① 바이패스 밸브는 열리고 체크 밸브는 닫히는 상태
② 바이패스 밸브는 닫히고 체크 밸브는 열리는 상태
③ 바이패스 밸브와 체크 밸브 모두가 열리는 상태
④ 바이패스 밸브와 체크 밸브 모두가 닫히는 상태

해설

- kick in: 계통의 압력이 규정 값보다 낮거나 정상일 때 배출되는 유압은 계통으로 직접 공급된다. 즉, 체크 밸브는 열려 있고 바이패스 밸브는 닫혀 있는 상태이다.
- kick out: 계통의 압력이 규정 값보다 클 때 펌프에서 배출되는 압력을 저장탱크로 되돌려 보내기 위하여 귀환관에 연결된 바이패스 밸브가 열리고 체크 밸브는 닫히는 상태이다.

18 강하비행 시 객실 내의 압력이 낮아서 외기의 높은 압력을 받아들일 때 사용되는 밸브는?

① 네거티브 밸브(negative valve)
② 덤프 밸브(dump valve)
③ 아웃플로 밸브(out flow valve)
④ 세이프티 릴리프 밸브(safety relief valve)

해설

객실 압력 조절장치

- 부압 릴리프 밸브(negative pressure relief valve) 또는 진공 밸브: 대기압이 객실 내의 기압보다 높은 경우에는 대개의 공기가 객실로 자유롭게 들어오도록 한다.
- 덤프 밸브: 객실 압력 안전 밸브에 있어 조종석에서 작동하며 조종석의 스위치를 램 공기 위치에 놓으면 솔레노이드가 열려 객실 공기를 대기로 배출시킨다.
- 아웃 플로우 밸브: 고도와 관계없이 계속 공급되는 압축된 공기를 동체의 옆이나 꼬리 부분 또는 날개 필릿을 통하여 외부로 배출시킨다.
- 세이프티 릴리프 밸브: 항공기가 객실고도보다 더 낮은 고도로 하강할 때, 지상에서 객실 압력과 대기압을 일치시켜 줄 필요가 있을 때 열린다.

정답 15. ① 16. ③ 17. ① 18. ①

19 다음 유압계통에 사용되는 기기 기호의 의미는?

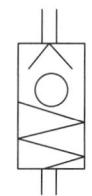

① 축압기　　② 프라이오리티 밸브
③ 릴리프 밸브　④ 셔틀 밸브

해설

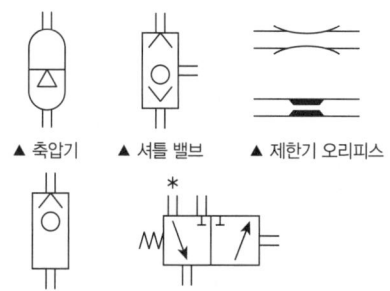

▲ 축압기　▲ 셔틀 밸브　▲ 제한기 오리피스

▲ 체크 밸브　▲ 밸브(압력 제어)(스프링 귀환)

20 빛을 받으면 전압이 발생하는 것을 이용하여 항공기에서 연기경고장치의 화재탐지 수감부로 많이 쓰이는 것은?

① 광전지　② 열전쌍
③ 열스위치　④ 루프

해설

화재방지계통
- 열전쌍: 2개의 다른 물질로 된 금속선의 양 끝을 연결하여 양 접합점에 온도 차가 발생하면 열기전력이 발생하는 원리를 이용한다(크로멜-알루멜/철-콘스탄탄/구리-콘스탄탄).
- 열스위치: 열팽창계수가 다른 두 금속을 이용하여 설정값 이상으로 열이 상승하면 열스위치가 닫혀 화재를 지시한다.
- 루프식: 금속관 내부 전선을 통해 주위 온도 상승에 따라 전기 저항이 감소하는 온도조절기를 충전한 구조이다.

21 항공기 동압계기의 종류가 아닌 것은?

① 브르동관　② 벨로스
③ 공함　　　④ 바이메탈

해설

바이메탈: 열팽창 계수가 서로 다른 2종류의 금속을 맞붙여서 만든 것으로, 항공기에서는 온도계로 주로 쓰인다.

22 교류 발전기의 정격이 115V, 1KVA, 역율(power factor)이 0.866이라면 무효전력은?

① 57Var　　② 500Var
③ 575Var　④ 866Var

해설

$$무효전력 = 피상전력 \times \sqrt{1-(역률)^2}$$
$$= 1,000 \times 1\sqrt{1-0.866^2} = 500\,Var$$

※ 피상전력(P_a)[단위: VA]은 유효전력, 무효전력의 총 전력을 말한다.
$P_a = V \times I = I^2 Z\,[VA]$

23 과도한 압력으로 인하여 계통 내 배관이나 부품의 파손을 방지하기 위하여 사용되는 밸브는 무엇인가?

① 디 부스터 밸브
② 릴리프 밸브
③ 덤프 밸브
④ 체크 밸브

해설

- 체크 밸브: 계통 내 유체의 역류를 방지한다.
- 디 부스터 밸브: 브레이크를 작동할 때 일시적으로 작동유의 공급량을 증가시켜 신속히 제동되도록 도와준다.
- 덤프 밸브: 객실 압력 안전 밸브에 있어 조종석에서 작동하며 조종석의 스위치를 램 공기 위치에 놓으면 솔레노이드가 열려 객실 공기를 대기로 배출시킨다.

24 대기 속도계의 색 표식 중에서 플랩(flap)을 조작하는 것과 가장 관계가 깊은 것은?

① 흰색 호선
② 노란색 호선
③ 녹색 호선
④ 붉은색 방사선

해설

항공기 계기의 색 표식
- 노란색 호선: 안전운용 범위에서 초과 금지에 이르는 사이의 경계 및 경고 범위
- 녹색 호선: 안전 운용 범위
- 붉은색 방사선: 최대 및 최소운용 한계(표시된 범위 밖에서는 절대 운용 금지)

25 자차 수정으로 할 수 없는 것은?

① 불이차의 수정
② 반원차의 수정
③ 북선 오차의 수정
④ 사분원차의 수정

해설

- 정적 오차: 불이차, 사분원차, 반원차
- 동적 오차: 북선 오차, 가속도 오차, 와동 오차

26 다음과 같은 회로에 10V의 전압을 가할 때 15Ω의 저항 측에 흐르는 전류는?

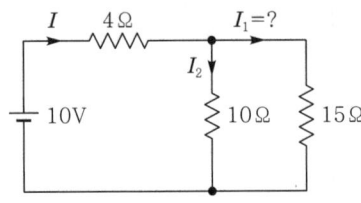

① 0.3A   ② 0.4A
③ 0.6A   ④ 0.8A

해설

- 회로의 합성 저항 $R_T = 4 + \dfrac{10 \times 15}{10 + 15} = 10\Omega$
- 회로의 흐르는 전 전류 $I = \dfrac{V}{R} = \dfrac{10}{10} = 1A$
- 15Ω의 저항에 흐르는 전류
  $I_1 = \dfrac{10}{10+15} \times 1 = 0.4A$

27 다음 그림은 널 레퍼런스(Null Reference)형, 글라이드 슬로프 공중선의 지향성을 나타낸 것이다. Ⓐ가 뜻하는 성분을 맞게 설명한 것은?

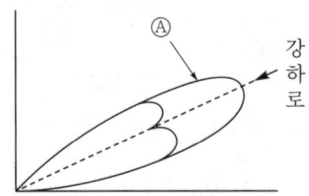

① 측대파 − 150Hz+90Hz
② 반송파+150Hz+90Hz
③ 측대파+150Hz−90Hz
④ 측대파+150Hz+90Hz

해설

글라이드 슬로프 전파 패턴은 경사가 중심선의 전기장에서 가장 크며, 하측에 +150Hz, 상측에 +90Hz의 신호가 우세하도록 변조신호가 가해진다. 이 두 신호의 세기가 같은 중심선으로부터 상하 0.7°의 코스가 기상 탑재 수신기에서 수신하여 지시계기에 하강 상태를 나타낸다.

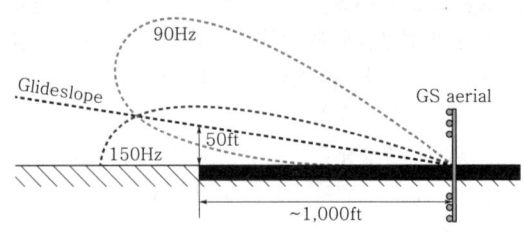

정답 24. ① 25. ③ 26. ② 27. ②

28 다음은 항공기에 사용되는 UHF 대역에 대한 설명이다. 틀린 것은?

① 전송 선로는 도파관으로 대치된다.
② 동조회로는 공동 공진기를 사용한다.
③ 안테나는 파라볼라 반사기를 사용한다.
④ 주로 민간용 항공기의 지상과 항공기 상호 간에 사용된다.

해설

UHF 항공 주파수 특성
- 항공통신 주파수는 108~136MHz이다.
- 전송 선로는 도파관과 같은 덕트를 형성하여 먼 거리까지 통신이 가능하다.
- 단일 통화 방식에 의해 군용 항공기와 지상국 및 군용 항공기 상호 간 통신(225~400MHz)에 사용한다.
- 항공기에 사용되는 레이더의 안테나는 파라볼라 반사기를 사용한다.
- 원거리 통신이 가능하다.
- 450MHz 대의 공대지 통신은 군사용으로만 이용된다.
- 글라이드 슬로프(G/S) 주파수 대역 329~335MHz를 사용한다.

29 계기착륙장치에 의한 착륙 진입 중에 조종사 진입을 계속할 것인가, 아니면 복행(GO AROUND)할 것인가를 결정하는 정해진 고도를 무엇이라 하는가?

① 결심고도   ② 기압고도
③ 비행고도   ④ 절대고도

해설

결심고도(DH: Decision Height)는 계기 비행 상태에서 접근 절차상 하강할 수 있는 최저고도를 말한다. 이 고도 이전에 조종사가 착륙할지 아니면 복행(go-around)할지 최종 결정을 내리게 된다.

30 75MHz에 1,300Hz 신호를 변조신호로 쓰며 호박색등이 계기판에 들어오도록 한 마커 비컨 장치는 진입 방향의 활주로를 기준하여 다음 중 어느 곳을 통과할 때인가?

① 뒷방향   ② 내측
③ 중앙   ④ 외측

해설

마커 비컨(marker beacon): 활주로 끝으로부터의 일정 거리를 표시하며, 마커 비컨 상공을 통과할 때 시각(등 점멸) 및 청각신호(도트(dot, ·)와 대시(dash, −)를 제공한다.

마커 구분	설치 위치	주파수	전구 색
Outer Marker	7km	400Hz	청색, 자색
Middle Marker	1,050m	1300Hz	황색
Inner Marker	300m	3000Hz	백색

31 YAW DAMPER SYSTEM의 역할이 아닌 것은?

① DUTCH ROLL 억제
② 회전(TURN) 조정
③ 저속도에서 엔진 고장 보상
④ TUCK UNDER 현상 보상

해설

요 댐퍼 시스템은 더치 롤 방지와 균형 선회할 목적으로 더치롤을 감지하여 운동이 정지하는 방향으로 방향타를 제어하는 자동 조종장치를 말한다.

32 조종사의 부담 경감과 비행 조작 간편화를 위하여 안정성을 향상하기 위해 사용되는 장치는?

① 자동 방향 탐지장치
② 자동비행 기록 집적장치
③ 자동호출 장치
④ 자동비행 조종장치

정답 28. ④ 29. ① 30. ③ 31. ③ 32. ④

해설

항공기가 점차 대형화, 고속화되면서 항공기의 상승, 선회, 항법장치에 의한 비행코스의 결정 등 조종사의 피로와 그보다 더 안전한 비행을 할 수 있도록 자동 조종장치가 개발되었다. 이 자동 조종장치는 비행 자세, 비행 고도, 항로 유지 등 조종사가 하던 일을 자동으로 조종해 준다. 자동 조종의 기본 역할은 안정(stability), 조종(control), 유도(guidance)이다.

33 RL 직렬회로에서 $L = 5mH$, $R = 10\Omega$일 때, 이 회로의 시정 수는?

① 2×10^{-4}
② 3×10^{-4}
③ 4×10^{-4}
④ 5×10^{-4}

해설

$$T = \frac{L}{R} = \frac{5 \times 10^{-3}}{10} = 5 \times 10^{-4} \sec$$

34 어떤 도선의 길이를 5배, 단면적을 3배로 하면 전기 저항은 몇 배로 되는가?

① 3
② 5
③ $\frac{5}{3}$
④ $\frac{3}{5}$

해설

$R(\text{전기 저항}) = \rho \frac{l}{A}[\Omega]$

(도선의 길이를 l, 단면적 A, 고유 저항은 ρ이다.)

$\therefore R = \rho \frac{5l}{3A} = \frac{5}{3}R$

35 와이어 안테나는 결빙이 발생하는 것을 최소화하기 위하여 비행 중 최소한 몇 도를 넘지 않도록 설치해야 하는가?

① 20°
② 30°
③ 40°
④ 50°

해설

와이어 안테나는 저속기에서 HF(단파), LF(장파)/MF(중파)의 HF 통신장치가 이용되는 곳에 간혹 사용하고, 안테나의 결빙을 최소화하기 위해 20°가 넘지 않도록 설치해야 한다. 하지만 현대 항공기에는 거의 사용되지 않는다.

36 열전쌍의 재료로 요구되는 사항이 아닌 것은?

① 저항 변동이 커야 한다.
② 열기전력이 커야 한다.
③ 고온에서도 안전한 금속이어야 한다.
④ 저항이 일정해야 한다.

해설

열전쌍식(thermocouple) 온도계의 원리
- 2개의 다른 물질로 된 금속선의 양 끝을 연결한다.
- 양 접합점에 온도 차가 발생하면, 열기전력이 발생한다.
- 열기전력은 두 금속의 종류와 접합점의 온도 차에 의해 결정된다.

37 다음 중 블레이드 타입(blade type)의 안테나가 아닌 것은?

① 거리 측정 시설 송·수신용 안테나
② ATC 트랜스폰더 송·수신기
③ 글라이드 슬로프의 기상 안테나
④ VHF 통신기기 송·수신기

해설

보통 접시형 안테나는 항공기용 레이더의 복사기로 사용하고, 글라이드 슬로프 수신용 안테나로 사용한다.

정답 33. ④ 34. ③ 35. ① 36. ① 37. ③

38 다음은 레이더의 목표물 탐지에 대한 기본요건을 설명한 것이다. 잘못된 것은?

① 레이더 안테나와 목표물 간에 차단 물체가 없어야 한다.
② 목표물은 레이더의 최대 탐지거리 이내에 있어야 한다.
③ 목표물은 레이더의 최소 탐지거리 밖에 있어야 한다.
④ 특정의 사물을 탐지하기 위해서는 주위의 물체보다 특정 사물의 반사 에너지가 약해야 한다.

해설

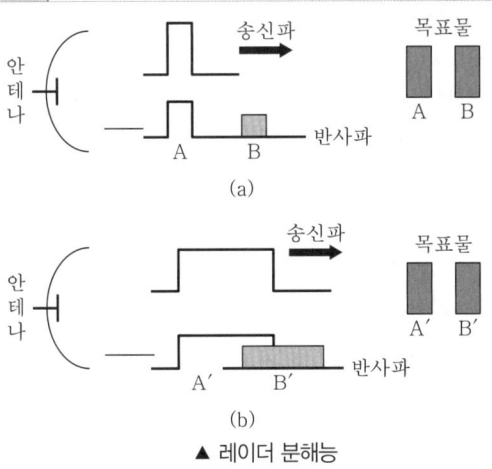

▲ 레이더 분해능

- 두 표적 사이의 거리가 너무 가까우면 반사파가 겹쳐서 물체를 분간할 수 없기 때문에 최소 탐지거리 밖에 있고, 최대 탐지거리 이내에 있어야 분해능이 좋아진다.
- 송신 펄스폭이 좁으면 반사 에너지가 강하여 구별할 수 있지만, 송신 펄스폭이 넓으면 구별할 수 없다. 즉, 분해능은 레이더 펄스폭이 좁을수록 좋아진다.
- 레이더 안테나와 목표물 간의 차단 물체가 없어야 한다.
- 분해능: 두 표적을 서로 분간할 수 있는 최소거리를 말한다.

39 확성장치(PA system)란?

① 승객에게 영화나 텔레비전을 상영해 주는 장치이다.
② 승객이 승무원에게 요구사항을 말하는 장치이다.
③ 승객에게 어떤 정보보다 안내방송 등을 하는 방송장치이다.
④ 승객이 Headphones(수신기)로 노래를 듣도록 한 장치이다.

해설

객실 방송 시스템(passenger address system)은 조종실 및 객실 승무원석에서 승객에게 필요한 방송을 위한 기내 장치를 말한다.

40 그림과 같은 회로망에 있어서 전류를 산출하는데 맞는 식은?

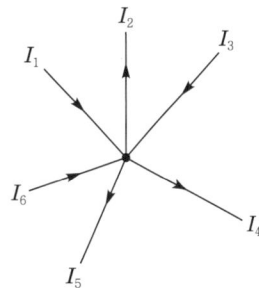

① $I_1 + I_3 + I_6 = I_2 + I_4 + I_5$
② $I_2 + I_3 = I_1 + I_4 - I_5 + I_6$
③ $I_1 + I_2 + I_3 = I_4 + I_5 + I_6$
④ $I_2 + I_4 + I_6 = I_1 + I_3 + I_5$

해설

키르히호프의 제1 법칙($\sum I = 0$) 전류법칙은 도선의 접합점으로 흘러 들어오는 전류의 합은 "0"이다.
$I_1 + I_3 + I_6 - I_2 - I_4 - I_5 = 0$
$\therefore I_1 + I_3 + I_6 = I_2 + I_4 + I_5$

정답 38. ④ 39. ③ 40. ①

41 대기 속도계는 다음 중 어느 신호를 받는가?

① 동압과 정압
② 동압과 고도
③ 정압과 상승률
④ 고도 및 상승률

해설

대기 자료 컴퓨터는 피토-정압(pitot-satic) 계통과 (정압과 동압) 온도감지부의 수감부로부터 자료를 얻어 기본 입력신호로 한다.

42 다음 그림은 VOR의 동작 원리도이다. (a)의 그림에서 안테나가 시계방향으로 회전할 때 남쪽 방향에서 나타나는 가변 신호는?

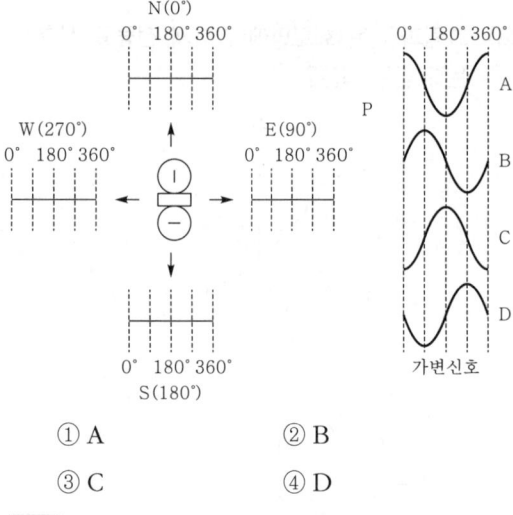

① A ② B
③ C ④ D

해설

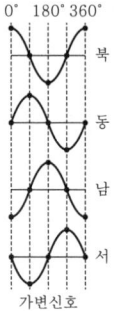

43 동일한 펄스코드(pulse code)와 같은 주파수 대역을 사용하기 때문에 억압 신호가 채택되어 양계통 간에 간섭을 막기 위하여 연결된 장치들은?

① 전파고도와 기상레이더
② 항공 교통관제와 거리 측정장치
③ 초단파 전 방향 무선장치와 로컬라이저
④ 도플러와 로란

해설

거리 측정장치(DME)는 항공기로부터 송신 주파수에서 발사된 1,025~1,150㎒ 질문 펄스 전파로 송신하면 지상 장치(응답기)에서는 962~1,213㎒ 응답 펄스를 항공기로 보낸다. 거리 측정장치는 기상장치(질문기)와 지상장치(응답기)로 구성된 SSR(2차 레이더)의 한 형식으로 질문 펄스를 발사한 후 응답 펄스가 수신될 때까지의 시간을 측정하여 거리를 구하고 지시계기에 나타낸다.

44 아웃 마커 비컨(outer marker beacon) 설명 중 틀린 것은?

① 계기착륙장치 기준점에서 가장 먼 곳에 설치한다.
② 실제로는 설치하지 않는 경우가 많다.
③ 변조 주파수는 400Hz이다.
④ 모르스(morse) 부호 중 dash(---)를 송출한다.

해설

outer marker는 활주로 끝으로부터 6.4~11.2km 지점에 설치하며, 초당 2개의 대시(dash) 신호를 송신하며 400Hz로 변조되고 자색 또는 청색 등을 점멸한다.

정답 41. ① 42. ③ 43. ② 44. ②

45 비행자료 기록장치계통에 수동으로 입력시킬 수 있는 사항은 어느 것인가?

① 비행 경유 지점
② 기수, 방위, 시간
③ 비행편, 번호, 날짜
④ 고도, 대기속도

해설
비행자료 기록장치계통에 있어 수동으로 입력할 때는 제어 패널을 통해 입력시킨다. 입력할 수 있는 것은 날짜, 항공기, 편명, 승무원, 번호 등이다.

46 다음 송·수신용 플러그(Plug)에서 마이크(Mike)를 연결하면 어느 부위를 거쳐 신호가 전달되는가?

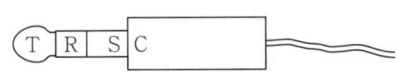

① T & R
② T & S
③ R & S
④ S & C

해설
T는 Tip, R은 Ring, S는 Sleeve, C는 Connector이다. 플러그에서 마이크를 연결하면 T, S가 접촉되어 신호가 전달되고, TS connector라고 한다.

47 민간항공기 HF SYSTEM 설명 중 아닌 것은?

① AM 방식
② 3~30MHz
③ F층에서 반사되는 전리층파
④ SSB 방식

해설
HF SYSTEM은 주로 국제 해상 원거리 통신에 사용하며 사용 주파수는 3~30MHz 대의 주파수를 사용한다. HF 전파는 E층을 지나 F층에서 반사되므로 원거리 통신이 가능한 특징이 있어 VHF 통신장치의 2차 통신 수단이기도 하다. 최근 항공기에서는 SSB 방식을 많이 사용하며 F_1전신 또는 F_6전신(항공고정국), A_3전화(항공국)에서 주로 사용한다.

48 자체 인덕턴스 10mH의 코일에 10A의 전류를 흘렸을 때, 코일에 저축되는 에너지는 몇 J인가?

① 0.1
② 0.5
③ 10
④ 50

해설
$W = \frac{1}{2}LI^2 = \frac{1}{2} \times 10 \times 10^{-3} \times 10^2 = 0.5J$

49 구성 부품이나 장비품 개개의 중요성, 신뢰도, 구조 등에 따른 정비 방식과 거리가 먼 것은?

① ON CONDITION
② HARD TIME
③ CLEANING
④ CONDITION MONITORING

해설
① 시한성 정비(HT: Hard Time): 장비나 부품의 상태는 관계하지 않고 정비 시간의 한계 및 폐기 시간의 한계를 정하여 정기적으로 분해, 점검하거나 폐기 한계에 도달한 장비나 부품을 새로운 것으로 교환하는 방식이다(TRP: 시한성 부품).
② 상태 정비(OC: On Condition): 정기적인 육안검사(보어스코프)나 측정 및 기능 시험 등의 수단에 의해 장비나 부품의 감항성이 유지되고 있는지를 확인하는 정비 방식이다(성능 허용한계, 마멸한계, 부식한계를 가지는 장비나 부품에 활용).
③ 신뢰성 정비(CM: Condition Monitoring): 항공기가 안정성에 직접 영향을 주지 않으며 정기적인 검사나 점검을 하지 않은 상태에서 고장을 일으키거나 그 상태가 나타날 때까지 사용할 수 있는 일반 부품이나 장비에 적용하는 것으로 고장률이나 운항 상황 등의 데이터를 분석하여 필요한 부분만을 정비하는 방식이다.

정답 45. ③ 46. ② 47. ① 48. ② 49. ③

50 전류의 단위 암페어(ampere)의 설명으로 틀린 것은?

① 크기는 1초 동안에 얼마만큼의 전기량이 이동했는가에 따라 정해진다.
② 어떤 도체를 t초 동안에 Q[C]의 전기량이 이동하면, 이때 흐르는 전류는 $I=\frac{Q}{t}[A]$이다.
③ 1초 동안에 1V의 전기량이 이동한 것이다.
④ 1초 동안에 1[C]의 전기량이 이동하면 1A의 전류가 흐르는 것이 된다.

해설
전류는 전위(전기장 내에서 단위전하가 갖는 위치 에너지)가 높은 곳에서 낮은 곳으로 전하(물체가 띠고 있는 정전기의 양, 1초 동안에 1C(쿨롬) 6.28×1,018)의 전기량을 연속적으로 이동하면 1A라 한다.

51 선택된 방식(mode)으로 비행기가 조종되고 있을 때 표시기에 나타나는 색깔은?

① 붉은색   ② 녹색
③ 흑색   ④ 호박색

해설
자동 조종장치는 센서부, 컴퓨터부, 제어부, 표시기 등으로 구성된다. 자동 조종장치의 상황을 조종사에게 알리는 표시기는 자동 조종 선택 모드와 같이 항공기가 비행하고 있다면 녹색을 확인할 수 있다.

52 저항 10Ω과 15Ω의 병렬회로에서 30V의 전압을 가할 때, 15Ω에 흐르는 전류 A는?

① 1   ② 2
③ 3   ④ 4

해설
$I=\frac{V}{R}=\frac{30}{15}=2A$

53 그림에서 V_{ab}가 50V일 때, 전류 I는 몇 A인가?

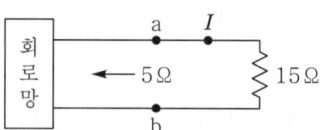

① 1.5   ② 2.0
③ 2.5   ④ 3.0

해설
$I=\frac{Vab}{Z_0+Z_L}=\frac{50}{5+15}=2.5A$

54 계수형 비행자료 기록기의 작동 개시점은?

① 엔진 구동 시
② 대지속도 80KTS 이상
③ 비행기 이륙
④ 고도 2,500FT 이상

해설
계수형 비행자료 기록기(DFDR: Digital Flight Data Recorder)는 이륙 활주부터 착륙 활주가 끝날 때까지 기록한다. 즉, 비행 중에는 비행자료가 계속 기록되어야 한다.

55 항공기가 항법사 없이도 장거리 운항을 할 수 있다. 이때 꼭 있어야 할 장치는?

① 관성항법장치(INS)
② 쌍곡선 항법장치(LORAN)
③ 항공 교통응답 장치(ATC)
④ 거리 측정장치(DME)

해설
관성 항법장치(INS: Inertial Navigation System): 가속도계, 적분기, 플랫폼, 짐벌 기구로 구성된 관성항법장치는 무선 항법 및 위성항법장치와 같이 지상 무선국 및 위성과 같은 외부 시스템의 도움 없이 탑재된 센서만으로 항법 정보를 계산한다.

정답 50. ③ 51. ② 52. ② 53. ③ 54. ③ 55. ①

56 조종실 음성기록장치(CVR)의 테이프에 기록된 data는 최종 비행시간 얼마 동안의 분량인가?

① 15분 ② 30분
③ 60분 ④ 25시간

해설

조종실 음성기록장치(CVR: Cockpit Voice Recorder): 조종실 음성기록장치는 사고원인 규명에 기여하며, 기록되는 음성으론 조종실에서의 승무원 간의 대화, 관제 기관과의 교신내용, 헤드셋이나 스피커를 통해 정해지는 항행 및 관제시설 식별 신호음, 각종 항공기 시스템의 경보음이 기록되며, 최종 30분 이상 4채널로 녹음하여 저장 기록한다.

57 착륙 진입 중 자동 추력 제어용 손잡이가 자동으로 IDLE 위치로 후진한다. 어느 신호 때문인가?

① 전파고도계 ② 글라이드 슬로프
③ 로컬라이저 ④ 마커 비컨

해설

전파고도계(low range radio altimeter)는 조종석에 절대고도 정보를 제공하며, 자동비행 시 자동 추력 제어기에 의해 손잡이가 자동으로 IDLE로 위치하게 된다. 그 밖에 대지접근 경보장치(GPWS), 공중충돌방지장치(TCAS) 및 기상 레이더(WXR) 등에 항공기의 고도와 강하율 정보를 제공한다.

58 직렬회로에서 $L = 0.2H$, $R = 2\Omega$일 때, 이 회로의 시정수 sec는 얼마인가?

① 10 ② 5
③ 1   ④ 0.1

해설

시정수 $T = \dfrac{L}{R}[\text{sec}]$

$\therefore T = \dfrac{0.2}{2} = 0.1\,\text{sec}$

59 이상적인 정전류 전원의 단자전압 V와 출력 전류 I의 관계를 나타내는 그래프는 다음 중 어느 것인가?

① 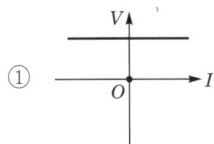 ②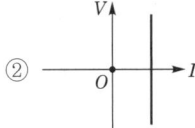

③ 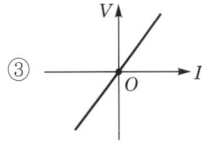 ④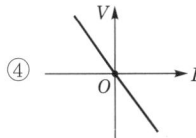

해설

이상적인 정전류 전원에서 정전류는 전류를 일정하게 유지하는 것을 말한다. 그림에서 전류가 일정한 것은 ②번이고, 이상적인 정전압 전원은 ①번이다.

60 항공기 기내 전화장치(interphone system)의 사용 목적이 아닌 것은 어느 것인가?

① 운항 승무원(flight crew) 상호 간 통화한다.
② 객실 승무원(cabin crew) 상호 간 통화한다.
③ 비행기 정비 시 필요에 따라 통화한다.
④ 승무원(crew)과 승객(passenger) 간 통화한다.

해설

기내 전화장치
- Flight interphone system: 운항 승무원 상호 간 통화
- Service interphone system: 비행 중 조종실과 객실 승무원석 간의 통화, 조종실과 정비, 점검상 필요한 기체 외부와의 통화
- Cabin interphone system: 조종실과 객실 승무원, 객실 승무원과 객실 승무원 상호 간의 통화
- Passenger address system: 기내 방송 장치
- Passenger entertainment system: 객실 개별 승객에게 영화, 음악, 오락 프로그램 제공

정답 56. ② 57. ① 58. ④ 59. ② 60. ④

제5회 최종 점검 모의고사

01 작동유 중 광물성 작동유의 색깔은 무슨 색인가?

① 자주색   ② 노란색
③ 파란색   ④ 빨간색

해설

작동유 색깔
- 광물성 작동유: 빨간색
- 합성유: 자주색

02 항공기 계기의 흰색 방사선(white radiation)이 있는 이유는?

① 안전 운용 범위에서 초과 금지까지의 경계 또는 경고 범위를 나타낸다.
② 안전 운용 범위를 나타낸다.
③ 기화기를 장비한 왕복엔진에 관계되는 엔진계기에 표시한다.
④ 계기 앞면의 유리판에 표시하여 유리가 미끄러졌는지를 확인하기 위하여 사용한다.

해설

① 붉은색 방사선(red radiation): 최대 및 최소 운용 한계를 표시한다.
② 녹색 호선(green arc): 안전 운용 범위를 표시한다.
③ 노란색 호선(yellow arc): 안전 운용 범위에서 초과 금지까지의 경계 또는 경고 범위를 표시한다.
④ 흰색 호선(white arc): 대기 속도계에서 플랩 조작에 따른 항공기의 속도 범위를 표시한다.
⑤ 푸른색 호선(blue arc): 기화기를 장비한 왕복엔진에 관계되는 엔진계기에 표시한다.

03 제트 항공기(jet aircraft)에 외부 전원(400Hz)을 공급하기 위하여 사용되는 장비는?

① 텔레스코핑 플러드 라이트(telescoping flood light)
② HYD tester
③ G.T.C (Gas Turbine Compressor)
④ G.P.U (Ground Power Unit)

해설

- 텔레스코핑 플러드 라이트: 정비 시 사용되는 조명등
- HYD tester: 항공기 유압계통을 시험하는 장비
- G.T.C: 가스터빈엔진의 시동계통에 압축공기를 공급하는 장비

04 항공기 전선의 표식에 관한 설명 중 틀린 것은?

3 P 281 C 20

① P: 항공기 계통
② 281: 전선의 일련번호
③ C: 회로의 특정 부분
④ 20: 전선의 색깔

해설

- 3: 3번 엔진
- P: 항공기 계통
- 281: 전선의 일련번호
- C: 회로의 특정 부분
- 20: 전선의 굵기

정답 01. ④ 02. ④ 03. ④ 04. ④

05 항공기에 사용되는 작동유 중 합성유에 대한 설명으로 틀린 것은?

① 합성유는 화학작용으로 페인트나 고무 제품을 손상시킬 수 있으며 독성을 가지고 있다.
② 합성유는 원유로부터 추출한 것으로, 식별 색깔은 붉은색이다.
③ 합성유의 상품명은 스카이드롤(skydrol)이며, 식별 색깔은 자주색이다.
④ 합성유에는 부틸(butyl)고무 또는 에틸렌-프로필렌 실을 사용한다.

해설

작동유의 종류로는 식물성유, 광물성유, 합성유가 있다. 원유로부터 추출하여 사용되며, 식물성유는 파란색, 광물성유는 빨간색, 합성유는 자주색으로 식별할 수 있다.

06 유압계통의 레저버(reservoir) 구성품 중 스탠드 파이프의 역할은 무엇인가?

① 레저버 안의 작동유가 불규칙적으로 움직여 거품이 생기는 것을 방지
② 레저버 안에서 공기와 혼합을 최소로 하는 장치
③ 계통 내 작동유의 양이 없더라도 비상 유입계통을 작동시킬 수 있는 양을 공급해 주는 장치
④ 레저버 안의 작동유 양을 확인할 수 있는 장치

해설

레저버의 구성품과 역할
- 여압구: 고공에서 작동유에 생기는 거품을 방지하고 작동유가 펌프까지 확실하게 공급되도록 레저버 안을 여압시키는 압축공기의 연결구이다.
- 사이트 게이지: 레저버 안의 작동유 양을 확인할 수 있는 장치이다.
- 귀환관: 레저버 안에서 작동유의 거품을 방지하여 공기와의 혼합을 최소로 하는 장치이다.
- 배플과 핀: 레저버 안의 작동유가 불규칙적으로 움직여 거품이 생기는 것을 방지하고 펌프 안에 공기가 유입되는 것을 방지한다.

07 정속구동장치(CSD)의 구성품으로 틀린 것은?

① 자이로(gyro)
② 유압장치(hydraulic unit)
③ 차동 기어장치(differential unit)
④ 가버너(governor)

해설

- 정속구동장치(CSD: Constant Speed Drive) 구성품은 유압장치, 차동 기어장치, 가버너, 오일 등으로 구성되어 있다.
- 자이로는 강직성과 섭동성(세차성)을 이용하여 선회경사계, 방향 자이로 지시계(정침의), 자이로 수평 지시계(수평의) 등의 자이로 계기에 사용한다.

08 착륙장치 작동 시 경고등에 대한 설명으로 옳은 것은?

① 바퀴가 완전히 내려가면 아무 불도 켜지지 않는다.
② 올라가지도 내려가지도 않는 상태에서는 녹색등이 켜진다.
③ 완전히 올라간 업 로크(up lock) 상태에서는 아무 불도 켜지지 않는다.
④ 바퀴가 중간지점까지 내려오면 황색등이 켜진다.

해설

- 녹색등: 바퀴가 완전히 내려간 상태이다(down lock).
- 적색등: 올라가지도 내려가지도 않은 상태이다.
- 완전히 올라간 상태(up lock)는 아무 불도 켜지지 않는다.

정답 05. ② 06. ③ 07. ① 08. ③

09 항공기 냉각계통에서 증기 순환식 공기 조화계통의 구성품이 아닌 것은?

① 1차, 2차 열교환기
② 리시버(receiver) 건조기
③ 응축장치
④ 증발기

해설

- 공기 순환식 공기 조화계통 구성품: 1차, 2차 열교환기, 터빈 바이패스 밸브, 차단 밸브, 수분 분리기, 램 공기 흡입 및 배기 도어
- 증기 순환식 공기 조화계통 구성품: 리시버 건조기, 응축 장치, 냉각제, 팽창 밸브, 증발기, 압축기

10 아래 그림과 같이 피토-정압계통에 속하는 계기의 종류는 무엇인가?

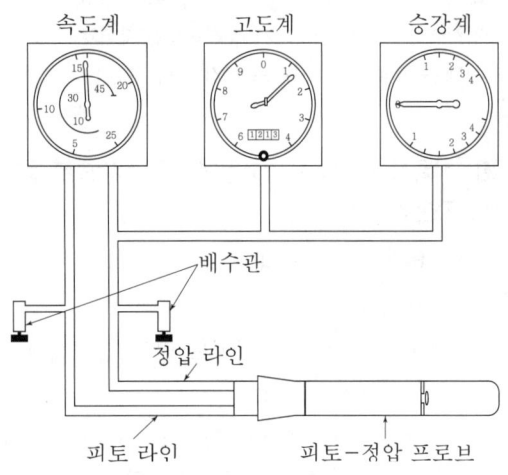

① 배기가스 온도계기(EGT)
② 오일 압력계기, 연료 유량계기
③ 대기 속도계, 고도계, 승강계
④ 경사계, 선회계, 방향자이로 지시계

해설

피토-정압계기는 기본적으로 대기 속도계(air speed indicator), 고도계(altimeter), 승강계(vertical speed indicator)가 있으며, 구성은 크게 수감부, 확대부, 지시부로 나누어진다.

11 다음 중 비행계기로만 짝지어진 것은?

① 고도계, 회전계, 자기 컴퍼스
② 마하계, 배기가스 온도계, 회전계
③ 대기 속도계, 승강계, 자이로 수평 지시계
④ 승강계, 연료 압력계, 거리 측정장치

해설

비행계기의 종류는 고도계, 대기 속도계, 마하계, 승강계, 선회 경사계, 방향 자이로 지시계, 자이로 수평 지시계가 있다.

12 다음 중 항법 3요소에 해당하지 않는 것은?

① 위치   ② 방향
③ 속도   ④ 도착시간

해설

항법 3요소는 항공기의 위치, 방향, 목적지까지의 도착 예정 시간이다.

13 다음 중 일반적으로 항공기에 사용하는 산소의 종류는 무엇인가?

① 액체 산소   ② 고체 산소
③ 팽창 산소   ④ 기체 산소

해설

액체 및 고체 산소는 전투기나 로켓에 사용하는 산소의 종류이다.

14 두 피스톤의 면적이 각각 5cm², 10cm²일 때, 작은 피스톤이 1cm 움직이면 큰 피스톤은 몇 cm 움직이는가?

① 0.5   ② 1
③ 1.5   ④ 2

해설

힘=면적×압력
체적=면적×거리

15 순항 중 ROLL CHANNEL 명령 신호와 관련이 없는 것은?

① 기수방위
② 관성항법
③ 초단파 전 방향
④ 로컬라이저

해설

옆놀이 채널은 도움날개를 조작하여 현 기체의 각도와 자세 목푯값에 일치하도록 자동으로 제어하는 장치이다. 이처럼 자동으로 제어하기 위해서는 2개의 자이로가 있다.
- 버티컬 자이로: 기체의 옆 놀이각 Ø를 점검하는 자세 센서
- 레이트 자이로: 기체의 옆 놀이각 Ø의 움직임을 점검하는 레이트 센서

16 납산 축전기(lead-acid storage battery)에서 완전 충전상태의 비중은 얼마인가?

① 1.240~1.300
② 1.300
③ 1.240~1.274
④ 1.200~1.239

해설

- 완전 충전상태: 1.300
- 고 충전상태: 1.240~1.300
- 중 충전상태: 1.240~1.274
- 저 충전상태: 1.200~1.239

17 다음 그림이 의미하는 것은 무엇인가?

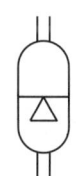

① 축압기
② 셔틀 밸브
③ 체크 밸브
④ 저장탱크

해설

축압기로써 가압된 작동유의 저장통으로 사용된다. 여러 개의 작동유 압력기가 동시에 사용될 때 동력 펌프를 도우며, 동력 펌프가 고장 났을 때 제한된 작동유 압력기기를 작동시킨다.

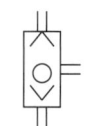 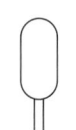 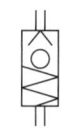 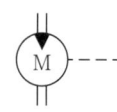

▲ 셔틀 밸브   ▲ 저장탱크   ▲ 릴리프 밸브   ▲ 유압 모터

18 항공기 공기조화 계통 구성품 중에서 터빈의 역할로 옳은 것은?

① 냉각 공기를 가압 및 가열한다.
② 냉각 공기를 팽창 및 냉각한다.
③ 고압의 냉매를 저장한다.
④ 열을 방출하고 레저버로 귀환시킨다.

해설

공기 순환 냉각계통의 구성품 중 하나인 터빈은 압축기에 의해 구동되며, 터빈을 지난 냉각공기는 팽창과 냉각된다.

19 반도체의 PN 접합에서 접합부 내의 고정 이온만 있고 이동 전하가 존재하지 않는 영역을 무엇이라 하는가?

① 전위장벽
② 활성영역
③ 공핍층
④ 포화영역

해설

PN 접합의 접합부에서는 P형 영역의 정공과 N형 영역의 전자가 재결합하여 소멸하기 때문에 P형 영역에는 정공을 잃은 음이온이 남고, N형 영역에는 전자를 잃은 양이온이 남아 이들 전하에 의한 경사면이 생기는데, 이를 전위장벽이라 한다.

정답 15. ③ 16. ② 17. ① 18. ② 19. ①

20 축전지 구성품 중에서 납추(lead weight)의 역할로 옳은 것은?

① 양극판과 음극판의 단락을 방지한다.
② 비중 측정 및 증류수를 보충하기 위함이다.
③ 배면 비행 시 전해액의 누설을 방지한다.
④ CELL의 직렬 연결 시 사용한다.

[해설]

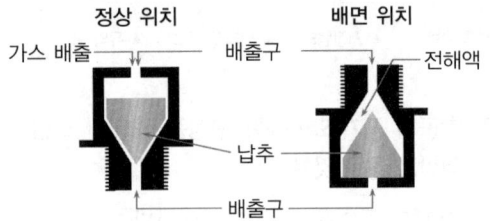

① 납추: 전해액의 누설 방지
② 격리판: 양극판과 음극판의 단락을 방지
③ CAP(캡): 비중 측정 및 증류수 보충
④ 터미널 포스트: CELL의 직렬 연결 시 사용한다.

21 다음 안티 스키드 계통 Touchdown Protection의 기능으로 옳은 것은?

① 고정된 바퀴를 풀어준다.
② 바퀴의 회전수가 정상보다 줄어들 때 작동하는 장치이다.
③ 안티 스키드 계통을 자동이 아닌 수동으로 조작하기 위한 장치이다.
④ 페달을 밟더라도 브레이크의 오작동을 방지한다.

[해설]

- normal skid control: 바퀴의 회전수가 급격하게 줄어들 때 작동한다.
- locked wheel skid control: 바퀴가 고정되어 있을 때 브레이크를 풀어준다.
- fail safe protection: 안티 스키드 고장 시 수동으로 변환시켜 주고 경고를 해준다.

22 다음식은 레이더의 수평 빔 폭(θ), 스캐너의 치수(D), 파장(λ)과의 관계식이다. 맞는 것은?

① $\theta = 50\dfrac{\lambda}{D}$　　② $\theta = 50\dfrac{D}{\lambda}$

③ $\theta = 70\dfrac{D}{\lambda}$　　④ $\theta = 70\dfrac{\lambda}{D}$

[해설]

레이더의 수평 빔 폭(θ)

$= 70(\text{고정값}) \times \dfrac{\lambda(\text{파장})}{D(\text{안테나 길이})}$

23 항공기용 온도계기 중 열팽창계수가 다른 2개의 금속을 맞붙여 온도 변화에 따라 팽창의 차이를 이용하여 온도를 지시하는 온도계기의 종류는 무엇인가?

① 바이메탈 온도계기
② 열전쌍식 온도계기
③ 증기압식 온도계기
④ 전기 저항식 온도계기

[해설]

바이메탈: 두 개의 열팽창계수가 다른 것을 붙여 한 장으로 만든 막대 형태로, 온도 변화에 따라 휘는 성질을 이용한 온도계이다.

24 최대눈금 500V인 1.5급 전압계로 전압을 측정하였을 때 그 지시가 250V였다. 이때 상대 오차는 얼마인가?

① 1%　　② 2%
③ 3%　　④ 4%

[해설]

최대 눈금에서 1.5급, 즉 1.5% 이내의 오차가 있다는 뜻이므로 250V 눈금에서 오차는

상대오차 $= \dfrac{500}{250} \times 1.5 = 3.0\%$

정답 20. ③　21. ④　22. ④　23. ①　24. ③

25 다음 휘스톤 브릿지 회로가 평형이 될 때 X의 값은? (단, 전룟값은 0이다.)

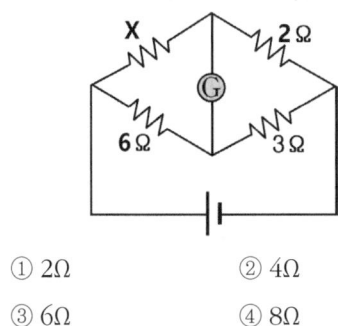

① 2Ω
② 4Ω
③ 6Ω
④ 8Ω

해설

평형조건
$I_1 R_1 = I_2 R_2$
$I_1 \times 3 = 6 \times 2$
$\therefore I_1 = 4\Omega$

26 다음 비상 송신기의 구조 신호는 최소한 몇 시간 동안 작동하여야 정상인가?

① 12시간 동안
② 24시간 동안
③ 48시간 동안
④ 60시간 동안

해설

비상 송신기는 항공기의 조난 위치를 알려주며, 지정된 주파수는 121.5MHz와 243MHz이며, 약 48시간 동안 작동하여야 한다.

27 다음 열거한 계기 중 고주파의 주파수 측정에 정확한 측정을 할 수 있는 것은 어느 것인가?

① 흡수형 파장계
② 진동편형 주파수계
③ 헤테로다인 주파수계
④ 지침형 주파수계

해설

흡수형 파장계는 마이크로파의 주파수를 비교적 정확하게 측정할 수 있고, 측정계의 구분은 다음과 같다.
- 상용 주파수의 측정계: 진동편형 주파수계, 지침형 주파수계가 있다.
- 가청 주파수의 측정계: 헤테로다인 주파수계, 오실로스코프, 주파수 브리지가 있다.
- 고주파 주파수의 측정계: 흡수형 주파수계, 팁 미터, 동축 주파수계, 공동 주파수계가 있다.

28 거리 측정장치(DME)의 측정거리는 항공기와 무엇과의 거리를 측정하는 장치인가?

① 지상 무선국과의 수평거리이다.
② 지상(지면)과 수직거리이다.
③ 지상 무선국과의 직선거리이다.
④ 공항까지의 직선거리이다.

해설

거리 측정 시설은 항공기의 DME 기상 장치에 직선거리 정보를 제공한다. DME는 단일 장비가 아닌 VOR 항법에 VOR/DME, 계기 착륙 시설로 ILS/DME, LOC/DME와 함께 운용된다. VORTAC(VOR+DME)는 단거리 항법 보조 시설로 국제 표준으로 규정되어 있다.

29 다음 중 항공기의 비상 조명계통에 대한 설명으로 틀린 것은?

① 항공기의 기본 전원계통과 함께 사용한다.
② 항공기 전체에 전원이 끊어졌을 때 자동으로 점등된다.
③ 조명의 밝기는 책을 읽을 정도이면 된다.
④ 최소 10분 이상 밝기가 유지되어야 한다.

해설

항공기 비상 조명계통의 기본 전원계통과는 별개의 계통으로 구성하여 비상시 자동으로 점등되어야 한다.

정답 25. ② 26. ③ 27. ① 28. ③ 29. ①

30 전압이나 전류의 크기를 숫자로 고치는 장치는?

① C-A 변환기 ② A-C 변환기
③ D-A 변환기 ④ A-D 변환기

해설

아날로그 신호를 디지털 신호로 바꾸어서 나타내는 것을 아날로그/디지털 변환(analog to digital conversion) 또는 A/D 변환기라 한다. 반대로 디지털 신호를 아날로그 신호로 바꾸는 것을 디지털/아날로그 변환(digital to analog conversion) 또는 D/A 변환이라고 한다.

31 거리 측정장치(DME: Distance Measuring Equipment)의 설명 중 옳지 못한 것은?

① DME 지상국과의 거리를 측정하는 장치이다
② 수신된 전파의 도래시간을 측정하여 현재의 위치를 알아낸다.
③ 사용 주파수는 960MHz~1,215MHz이다.
④ 항공기에서 발사된 질문 펄스와 지상국 응답 펄스 간의 도래시간을 계산하여 거리를 측정한다.

해설

거리 측정 장치(DME: Distance Measuring Equipment)는 VOR station으로부터의 거리 정보를 항행 중인 항공기에 연속적으로 제공하는 항행 보조방식 중의 하나로서 통상 VOR과 병설되어 지상에 설치되며 유효거리 내의 항공기는 VOR에 의해 방위를, DME에 의해 거리를 파악해서 항공기의 위치를 정확히 결정하게 된다. 항공기로부터 송신 주파수 1,025~1,150MHz 펄스 전파로 송신하면 지상 station에서는 960~1,215MHz 펄스를 항공기로 보낸다. 기상장치는 질문 펄스를 발사한 후 응답 펄스가 수신될 때까지의 시간을 측정하여 거리를 구하여 계기에 나타낸다.

32 그림과 같은 가동코일형 전압계에서 전압계의 내부 저항률 R_v, 배율기의 저항률 R_m, 전압계에 걸리는 전압을 V_V 이라고 할 때, 전체의 전압 V는?

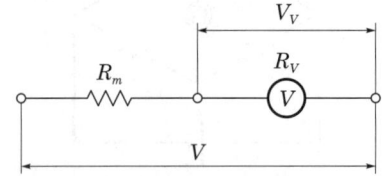

① $V = (1 + \dfrac{R_m}{R_v}) V_V$

② $V = (\dfrac{R_r}{R_m} + 1) V_V$

③ $V = (1 - \dfrac{R_m}{R_v}) V_V$

④ $V = (\dfrac{R_m}{R_v} - 1) V_V$

해설

전체의 전압(V)는 $V = (1 + \dfrac{R_m}{R_v}) V_V$이다.
R_v: 내부 저항, R_m: 배율기 저항, V_V: 전압계에 걸리는 전압, V: 측정하는 전압이다.

33 자동 방향 탐지 수신기의 주파수대는?

① 장파 및 중파대 ② 중파 및 단파대
③ 단파 및 초단파대 ④ 초단파대

해설

자동 방향 탐지기(ADF)의 수신기는 중파(MF, 300Khz~3Mhz)와 장파대(LF, 30~300Khz)의 주파수를 사용한다.

34 휘스톤 브리지(wheatstone bridge)를 평형시키는 경우에 이용되는 영위법은 다음 어디에 속하는가?

① 직접 측정 ② 간접 측정
③ 절대 측정 ④ 비교 측정

정답 30. ④ 31. ② 32. ① 33. ① 34. ④

> [해설]

휘스톤 브리지법은 평형의 원리로 비교 측정하여 저항 값의 측정에 사용되며, 중저항 측정에는 전압계와 전류계에 의한 전압강하법이 가장 널리 사용된다.

35 자기 컴퍼스의 오차에서 동적 오차에 해당하는 것은?

① 와동 오차
② 불이 오차
③ 반원 오차
④ 사분원 오차

> [해설]

자기 컴퍼스의 동적 오차에는 북선 오차(선회 오차), 동서 오차(가속도 오차), 와동 오차가 있고, 정적 오차에는 불이차, 반원차, 사분원차가 있다.

36 승강계기에서 지시하는 단위로 옳은 것은?

① km/h
② m/sec
③ mil/min
④ ft/min

> [해설]

항공기의 수직 방향 속도를 나타내는 승강계의 단위는 ft/min이다.

37 TRIAC의 설명 중 틀린 것은?

① 쌍방향성 소자이다.
② (+) 또는 (−) 전류로 통전시킬 수 있다.
③ 게이트 전압을 가변하여 부하전류를 조절한다.
④ 교류위상제어에 사용한다.

> [해설]

트라이액(triac) 소자: 쌍방향성 소자로 순방향 및 역방향에서 어느 한쪽으로 전압을 인가할 때 게이트에 어느 값 이상의 전류가 흘러 들어가거나 나가면 단락(도통)될 수 있고, (+) 또는 (−) 전류로 통전시킬 수 있으며, 어느 값 이상의 전류를 흘리면 트리거시킬 수 있고, 비교적 낮은 전력으로 동작시킬 수 있다.

38 관성항법장치(INS: Inertial Navigation Sys)에서 얻을 수 있는 항법 정보가 아닌 것은?

① 대지속도(ground speed)
② 항공기 현재의 위치(위도, 경도)
③ 진폭에 대한 비행코스 각도
④ 지상전파 발신국까지의 거리 및 방위

> [해설]

INS(관성항법장치)는 자립항법장치로서 이동체의 가속도를 검출하여 비행 위치, 방위, 자세를 알 수 있는 시스템이다. 또한, 가속도계는 항공기의 가속도를 검출·계측하고, 자이로스코프는 가속도계를 올바른 자세로 유지해 준다.

39 자동 방향 탐지기 성능 설명 중 옳은 것은?

① 전파도래 방향을 자동으로 결정
② 전파도래 방향을 수동으로 결정
③ 기상정보와 다른 방송 프로그램 수신
④ 가, 나, 다항 모두 해당한다.

> [해설]

자동 방향 탐지기의 단일 방향 결정은 8자형 루프 안테나 출력에 센스 안테나 출력을 가하여 전파 수신 방위를 자동으로 결정할 수 있다.

40 나음 항공기 유압계통에서 축압기가 있을 경우 레저버의 올바른 용량은 기존 용량의 몇 퍼센트(%)를 준비하여야 하는가?

① 100%
② 120%
③ 150%
④ 180%

> [해설]

항공기 유압계통의 기본 용량(100%)에서 작동유의 온도에 따른 팽창을 고려하여 축압기가 있을 경우 120%를, 축압기가 없을 경우 150%의 팽창을 대비하여 준비한다.

정답 35. ① 36. ④ 37. ③ 38. ④ 39. ① 40. ②

41 그림과 같은 파형의 주파수는 얼마인가?

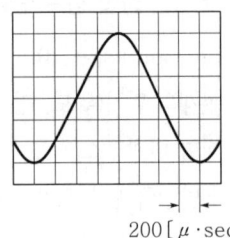

200[μ·sec]

① 200Hz ② 250Hz
③ 625Hz ④ 2,500Hz

해설
주기 $T = 200 \times 8 = 1,600[\mu \cdot sec]$
$\therefore f = \dfrac{1}{T} = \dfrac{1}{1,600 \times 10^{-6}} = 625[KHz]$

42 실리콘 정류기의 일반적 특징 중 옳지 않은 것은?

① 정류 효율이 좋다.
② 주위 온도가 높아져도 견딜 수 있다.
③ 과부하에 강하다.
④ 과전압이 걸리면(순간적으로) 파괴된다.

해설
SCR(Silicon Controlled Rectifier, 실리콘 제어 정류기) 또는 사이리스터(thyristor)는 단위 면적당 허용 전류가 크고, 주변 온도가 높아져도 잘 견딜 수 있고, 고전압(6,000V)과 고전류(3,000A)까지 견딜 수 있다. SCR은 정류 기능과 전류 흐름을 제어하는 on/off 제어 기능을 동시에 하는 반도체 소자이다.

43 객실의 개별 승객에게 영화, 음악 등 오락 프로그램을 제공하는 장치는?

① Cabin Interphone System
② Passenger Address System
③ Service Interphone System
④ Passenger Entertainment System

해설
• 객실 인터폰 시스템(cabin interphone system): 승무원 상호 간 통화장치(SIS)의 일부로 조종실과 객실 승무원석 및 각자 근무 위치에 있는 객실 승무원 상호 간에 통화 연락을 위한 전화(인터폰) 장치이다.
• 객실방송 시스템(passenger address system): 조종사 및 객실 승무원이 승객에게 필요한 정보를 방송하기 위한 기내 방송장치이다.
• 서비스 인터폰 시스템(service interphone system): 비행 중 조종실과 객실 승무원석 간의 통화, 조종실과 정비, 점검상 필요한 기체 외부와의 통화장치이다.
• 오락 프로그램 제공 시스템(passenger entertainment system): 객실 개별 승객에게 영화, 음악, 오락 프로그램을 제공하는 장치이다.

44 가동 철편형 계기를 옳게 설명한 것은?

① 고정코일에 흐르는 전류에 의하여 생기는 자장 속에서 연철편이 받는 흡인, 반발력을 이용한 계기
② 고정극과 가동편에 의하여 측정전압의 정전력으로 토크를 일으키는 계기
③ 전류코일과 전압코일에서 생기는 자장에 의하여 알루미늄판을 가동시키는 계기
④ 온도계수가 다른 두 금속체에 측정전류를 가하여 열의 팽창에 의하여 구동되는 계기

해설
가동철편형 계기(moving iron vane instrument)는 교류전류와 전압을 측정하는 데 사용한다. 이는 고정된 원통형 코일 속에 철편을 넣고, 코일에 흐르는 전류에 의한 자계를 이용한 것이다.

45 직렬 공진회로에서 Q로 표시한 것 중 맞는 것은?

① $\dfrac{1}{R}\sqrt{\dfrac{L}{C}}$ ② $\dfrac{1}{R}\sqrt{\dfrac{C}{L}}$
③ $\dfrac{1}{L}\sqrt{\dfrac{C}{R}}$ ④ $\dfrac{1}{L}\sqrt{\dfrac{R}{L}}$

정답 41. ③ 42. ① 43. ④ 44. ① 45. ①

> **해설**

직렬 공진 회로의 Q

$$Q = \frac{wL}{R} = \frac{1}{wCR} = \frac{1}{R}\sqrt{\frac{L}{C}}$$

46 2개의 PN접합으로 구성된 것은?

① 바이폴러 IC   ② MOS IC
③ 콤프리멘타리   ④ 유니폴러 IC

> **해설**

- 트랜지스터는 크게 바이폴러 트랜지스터(bipolar transistor)와 전계효과 트랜지스터(FET: Field Effect Transistor)로 나뉜다. 바이폴러 트랜지스터는 MOS(Metal Oxide Semiconductor) 트랜지스터와 반도체 산업의 중요한 소자이다. 바이폴러 트랜지스터는 전자와 정공 2가지 캐리어가 전류에 관여해 쌍방의 이동에 의해 동작되는 트랜지스터이다.
- MOS IC는 모놀리식 IC의 일종으로 유니폴러 IC라고도 한다. MOS IC는 전계효과 트랜지스터에 의해 구성된다. 동작전압이 넓고, 고집적화할 수 있는 특징이 있다.

47 다음 그림과 같은 회로는 무슨 회로인가?

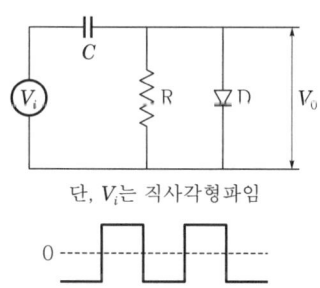

단, V_i는 직사각형파임

① 클리핑 회로(clipping circuit)
② 클램핑 회로(clamping circuit)
③ 콘덴서입력형 필터(π-section circuit)
④ 반파정류 회로(haif-wave rectifier circuit)

> **해설**

입력 신호의 (+) 또는 (−)의 피크를 기준 레벨로 바꾸어 고정하는 회로로, 클램핑 회로(clamping circuit) 또는 클램퍼(clamper)라 한다. 이 회로를 직류분을 재생하는 목적에 쓰일 때는 직류분 재생 회로라고 한다.

48 항공통신기에서 신호 입력이 없을 때, 임펄스성 잡음에 의해 동작하여 저주파 증폭부의 동작을 정지시켜주는 것은 무엇인가?

① 공동 공진회로   ② 주파수 합성회로
③ 프리 엠프회로   ④ 스켈치 회로

> **해설**

스켈치(squelch) 회로는 신호입력이 없을 때 임펄스성 잡음에 의해 동작하여 저주파 증폭부의 동작을 정지시켜 주고, 신호를 수신할 때 스켈치가 동작되어 있을 경우 백색 잡음이 가해져도 동작이 멈춰서는 안 된다.

49 GO AROUND는 어디부터 착지점까지인가?

① 글라이드 슬로프 CAPTURE
② 로컬라이저 CAPATURE
③ 로컬라이저 ON-COURSE
④ FLARE

> **해설**

go around(복행)는 FLARE에서부터 착지점까시이다. 계기 비행 상태에서 접근 절차상 하강할 수 있는 최저고도를 결심고도라 하는데, 이 고도 이전에 조종사가 착륙할지 아니면 go-around 할지 최종 결정을 내리게 된다.

50 자동 추력 제어장치에 의하여 추력은 무엇에 의하여 조절되는가?

① 공기량   ② 연료량
③ 오일량   ④ 배기가스

정답 46. ① 47. ② 48. ④ 49. ④ 50. ②

해설

자동 추력 제어장치의 서보모터는 추력레버를 작동시켜 엔진을 제어하고, 추력레버는 엔진의 연료 조절장치에 연결되어 있어 연료 유량의 변화에 따라 엔진 추력을 조절한다.

51 안전성을 고려하여 순항 중 자동 조종장치의 ENGAGE 스위치는 몇 개를 ON 하는가?

① 1　　② 2
③ 3　　④ 4

해설

자동 조종장치의 engage switch는 안정성을 고려하여 2개를 ON 시킨다.

52 전파고도계는 다음 중 어느 고도를 지시하는가?

① 기압　　② 상대
③ 여압　　④ 절대

해설

전파고도계(RA: Radio Altimeter): 전파고도계는 항공기가 착륙 접근하면서 고도 정보를 얻는 데도 사용한다. 항공기에서 지표를 향해 전파를 발사하고, 그 반사파가 되돌아올 때까지의 시간을 측정하는 장치로 지형과 항공기 간의 수직거리, 즉 절대고도를 측정하여 절대고도계라고도 한다.

53 다음 중 점도지수에 대한 설명으로 옳은 것은?

① 압력 변화에 따른 점도 변화에 대한 지수이다.
② 온도 변화에 따른 점도 변화에 대한 지수이다.
③ 밀도 변화에 따른 점도 변화에 대한 지수이다.
④ 옥탄가 변화에 따른 점도 변화에 대한 지수이다.

해설

점도지수: 온도 변화에 따른 작동유의 점도(끈적임) 변화를 나타내는 지수이다. 보통 점도지수가 크다는 것은 점도의 변화가 적다는 의미이다.

54 Yaw Damper System의 작동에서 관계가 먼 입력신호(input data)는 어느 것인가?

① Roll 자세
② Aileron 위치
③ 항공기 속도
④ 항공기 고도

해설

항공기의 후퇴각이 있기 때문에 가로 및 세로 방향의 안정성이 떨어져 돌풍에 의한 좌우 측 흔들림이 발생한다. 이와 같은 현상을 더치 롤이라 한다. 더치롤을 감지하여 운동이 정지하는 방향으로 방향타를 제어하는 자동 조종장치를 요 댐퍼 시스템 작동이라 한다.

55 정전 전압계 Ⓥ의 측정범위를 확대하기 위하여 쓰이는 적당한 회로는?

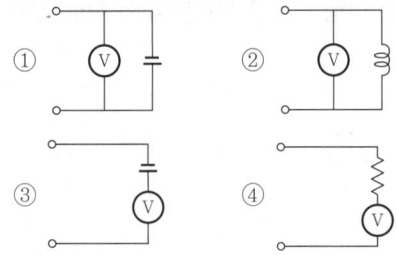

해설

정전 전압계의 측정범위 확대에는 용량 배율기(C_V)를 직렬 접속하여 사용한다.

56 쌍안정 MV(멀티 바이브레이터)에 대한 설명이다. 맞는 것은?

① 어떤 폭과 주기의 반복 펄스 발생
② 2개의 펄스가 들어올 때 1개의 펄스를 얻는다.
③ 압력 단자에 펄스가 걸릴 때마다 특정한 폭의 펄스를 만든다.
④ 입력 트리거 펄스 1개마다 1개의 출력을 얻는다.

해설

쌍안정 멀티 바이브레이터는 일반적으로 플립플롭(flip-flop)회로라고도 하는데, 입력 트리거 펄스 2개마다 1개의 출력 펄스를 얻어 낼 수 있어 분자기, 전자계산기, 계수 기억회로, 2진 계수회로 등의 디지털 기기들의 소자로 많이 사용되고 있다.

57 다음과 같은 △-결선 회로에 3상 전압이 가해지고 있다. 아래 그림에서 P점 부근의 회로가 단선 되었을 때 소비되는 전력은 어떻게 되는가?

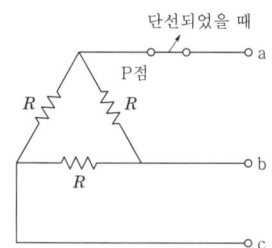

① 끊어지기 전의 $\frac{1}{3}$ 배이다.
② 끊어지기 전의 $\frac{1}{\sqrt{3}}$ 배이다.
③ 끊어지기 전의 $\frac{3}{2}$ 배이다.
④ 끊어지기 전의 $\frac{1}{2}$ 배이다.

해설

대칭 3상 교류의 전압, 전류 관계
• 상전압 $V_p = V_l$
• 선간 전압 $V_l = V_p$
• 상전류 $I_p = \frac{I_l}{\sqrt{3}}$
• 선전류 $I_l = \sqrt{3} I_p$

58 다음은 전파고도계의 설명이다. 맞는 것은?

① FM형은 높은 고도에 사용한다.
② 펄스형은 낮은 고도에 사용한다.
③ 주파수 변조된 4,300MHz 대의 전파를 발사한다.
④ 주로 FM형의 것을 사용한다.

해설

전파고도계(RA: Radio Altimeter)는 지표를 향해 전파를 발사하여 반사파가 되돌아오는 시간을 측정하는 장치이다. 전파고도계는 절대 고로를 지시하여 절대고도계라고도 한다. 높은 고도용으로는 펄스형을, 낮은 고도용으로는 FM형을 사용한다. FM식 전파고도계는 주파수 변조된 4,300MHz의 전파를 발사하여 그 반사파를 송신파의 일부와 비트시켜 수신한다.

59 로컬라이저(localizer) 설명 중 맞는 것은?

① 코스의 중심은 반송파 패턴(pattern)만 있으므로 90Hz와 150Hz의 변조도는 같다.
② 코스를 향하여 좌의 영역에서 90Hz의 반송파와 측파대의 세력은 역상이다.
③ 코스를 향하여 우의 영역에서 150Hz의 반송파와 측파대의 세력은 역상이다.
④ 활주로에 대한 적절한 진입각을 나타내는 계기 착륙장치이다.

해설

로컬라이저(Localizer: LOC)는 계기착륙장치(ILS: Instrument Landing System)의 한 구성 요소로 활주로 중심선(centerline)에 정확히 정렬시켜 항공기를 유도하는 장치이다. VHF 대역(좌측 신호 90Hz, 우측 신호 150Hz 변조)을 이용하여 활주로 중심선 기준 좌측인지, 우측인지 판단하게 된다.

정답 56. ② 57. ① 58. ④ 59. ①

60 다음 중 입력신호가 반전되어 출력으로 나타나는 게이트 회로는?

① AND ② OR
③ NOR ④ NOT

해설
- 논리회로는 2진수 신호 입력에 대해 출력을 내는 회로로 참(1), 거짓(0)으로 연산을 수행한다.
- NOT 회로(부정회로)는 입력신호의 반대 값을 출력한다.

정답 60. ④

PART 06

기출복원문제

2024년 기출복원문제 CBT

국가기술자격검정 필기시험문제

항공전기 · 전자정비기능사

01 일반적인 증기순환 냉각계통에서 응축기(condenser)로 들어오는 공기는 어느 부품으로부터 들어오는 공기인가?

① 압축기　② 열교환기
③ 증발기　④ 팽창 밸브

해설

증기 순환식 장치의 작동
압축기에 의해 높은 압력으로 된 프레온은 응축 온도가 상승하여 다음 단계인 응축장치로 보내진다. 이 응축장치에서 기체 프레온은 열교환기를 통과하면서 열을 빼앗겨 프레온은 액체로 응축한다. 이 프레온은 응축장치에서 액체 냉각액의 저장 용기인 리시버로 가고, 팽창 밸브를 거쳐 증발기로 간다. 차갑게 된 액체 프레온은 증발기를 통과하는 따뜻한 객실 공기를 냉각하고, 다시 뜨거워져 증기로 변한다. 증발기를 통과한 이 프레온은 압축기로 흐르게 되어 다시 압축하는 순환이 반복된다.

02 다음 중 화재 탐지기의 유형이 아닌 것은?

① 열전쌍식　② 저항 루프식
③ 광전지식　④ 부르동관식

해설

화재 탐지계통은 서멀 스위치, 서머커플, 저항 루프식, 광전지식이 있다. 서멀 스위치는 스위치 부분이 가열되면 바이메탈을 이용하여 온도 상승을 탐지하여 화재를 탐지한다. 서머커플은 급격한 온도의 상승률에 의해 화재를 탐지한다. 저항 루프식은 온도에 따라 저항이 변하는 재료를 이용하여 전기적으로 탐지하며 펜웰형, 키드형으로 나뉜다. 광전지식에서 비컨 램프는 항상 점등되어 있으며, 연기가 들어오면 그 반사광이 광전지를 통해 경고한다.

03 이동 자장형 계기에 속하는 것은 어느 것인가?

① 반조형 검류계
② 정전 전압계
③ 적산 전력계
④ 동기 검정기

해설

유도형 계기에는 회전 자장형과 이동 자장형이 있는데, 적산 전력계는 이동 자장형 계기에 속한다.

04 자동 추력 제어장치는 다음 중 언제 사용될 수 있는가?

① 이륙할 때부터 착륙할 때까지
② 이륙 후 착륙할 때까지
③ 순항 비행 시
④ 이륙할 때부터 순항 비행 시까지

해설

자동 추력 제어장치(automatic throttle system)는 이륙, 상승, 하강, 순항 및 복행 시 자동으로 추력을 설정하고, 순항, 진입 및 착륙 상태에서는 자동으로 속도를 제어한다. 항공기는 독립적으로 작동하거나 오토파일럿 제어 시스템과 함께 작동한다. 자동 추력 제어장치는 항공기가 이륙에서부터 착륙할 때까지 모든 비행 구간에서 항공기 속도를 미리 설정한 속도로 유지할 수 있는 장치이다.

정답 01. ① 02. ④ 03. ③ 04. ①

05 조종실 음성 기록장치(CVR)의 채널 수는?

① 2
② 4
③ 6
④ 8

해설
CVR은 4채널로 구성되어 있으며, 녹음시간은 30분이다.

06 항공기에 사용되는 단파 통신장치의 특성으로 옳지 않은 것은?

① 20~30MHz 주파수 사용
② 전리층 반사파 이용
③ 장거리 통신
④ SSB 방식

해설
HF(High Frequency, 단파) 통신장치 특성
- 통신 수단인 통신장치, 항법장치, 감시장치 중 가장 먼저 도입되었다.
- 해상 원거리(장거리) 통신에 사용되고 있다.
- 전리층 지표 반사를 반복 이용하다 보니 통신 품질이 불안정하여 사막 및 정글 등의 상공 비행 시 지상과의 통신에 이용되고 있다.
- 통신방식은 단측파대(SSB) 통신방식이 채택되어 사용되며, 초단파 양측파대(DSB) 통신방식을 사용할 수 있는 장치도 있다.
- 주파수 범위는 2~25Mhz로 양측파대, 하측파대, 상측파대 중 선택하여 6개의 비상 채널과 최대 249개 채널을 사용할 수 있다.

07 마이크로파대에서 광대역 증폭을 쉽게 할 수 있는 것은?

① 클라이스트론(klystron)
② 에이컨관(acorn tube)
③ 판극관(disk seal tube)
④ 진행파관(traveling wave tube)

해설
마이크로웨이브(microwave), 일명 마이크로파는 1m 이하의 극히 짧은 전파로 극초단파라 한다. 주파수는 300~30,000Mc이다. 증폭에는 광대역성이 있는 진행파관이 가장 많이 사용되고, 발진은 클라이스트론(속도변조관·진행파관)이라는 특수전자관에 의해 얻어진다.

08 일반적인 팽창식 구명조끼에 채워지는 가스의 종류는?

① 산소
② 이산화탄소
③ 질소
④ 프레온 가스

해설
구명조끼에 채워지는 가스는 이산화탄소이다. 일반용은 소형의 이산화탄소 병 2개, 유아용은 소형의 이산화탄소 병 1개에 의해 조끼가 팽창한다.

09 저저항의 측정 방법으로 맞는 것은?

① 직접 편의법
② 전압계법
③ 전압 강하법
④ 캠벨 브리지법

해설
저저항 측정에는 전압 강하법, 전위 차계법, 켈빈 더블 브리지법이 있고, 중저항 측정에는 전압계와 전류계에 의한 전압 강하법과 휘스톤 브리지법이 가장 널리 사용된다.

10 방빙계통에 공급되는 가열공기가 과열 시 틀린 것은?

① 화재 경보장치가 작동된다.
② 온도센서에서 받은 전기적 신호가 shut off valve를 작동시킨다.
③ 블리드 공급계통이 차단된다.
④ 과열 경고 표시등에 불이 들어온다.

정답 05. ② 06. ① 07. ④ 08. ② 09. ③ 10. ①

해설

열에 의한 방빙계통은 방빙이 필요한 부분에 덕트를 설치하고, 여기에 가열된 공기를 통과시켜 온도를 높여줌으로써 얼음이 어는 것을 막는 장치이다. 경우에 따라서는 가열공기 대신 전기적인 열을 이용하여 방빙시키기도 한다. 화재 경보장치는 장치되어 있지 않다.

11 대기압이 객실 내의 기압보다 높을 경우 대기의 공기가 객실로 자유롭게 들어오도록 되어 있는 객실압력 안전 밸브는?

① 덤프 밸브
② 아웃 플로 밸브
③ 압력 릴리프 밸브
④ 부압 릴리프 밸브

해설

- 객실 압력 안전 밸브에는 차압이 규정 값보다 클 때 작동되는 객실 압력 릴리프 밸브와 대기압이 객실 압력보다 높을 때 작동되는 부압 릴리프 밸브가 있다.
- 네거티브 밸브 : 강하비행 시 객실 내의 압력이 낮아서 외기의 높은 압력을 받아들일 때 사용되는 밸브
- 아웃 플로 밸브 : 고도와 관계없이 계속 공급되는 압축된 공기를 동체 옆이나 꼬리 부분 또는 날개의 필릿을 통하여 외부로 배출시킴으로써 객실 안의 압력을 원하는 압력으로 유지하는 밸브

12 거리측정장비(DME)에 대한 설명으로 옳지 않은 것은?

① 전파의 속도가 일정한 것을 이용하며, 지상 무선국과의 거리를 측정하는 장치이다.
② 지상에서 질문 펄스를 항공기에 보내어 시간을 측정함으로써 거리를 산출한다.
③ 통상 초단파 전방향 무선표지기(V.O.R)국에 병설되어 있는 주요한 항법 보조 시설이다.
④ 송·수신용 안테나는 외부에 설치되어 있으며 블레이드 타입(blade type)이다.

해설

거리측정장치는 기상장치(질문기)와 지상장치(응답기)로 구성된 SSR(2차 레이더)의 한 형식으로, 질문 펄스를 발사한 후 응답 펄스가 수신될 때까지의 시간을 측정하여 거리를 구하여 지시계기에 나타낸다. 거리측정장치(DME)는 항공기로부터 송신 주파수 1,025~1,150MHz 펄스 전파로 송신하면 지상 station에서는 960~1,215MHz 펄스를 항공기로 보낸다. 기상장치는 질문 펄스를 발사한 후 응답 펄스가 수신될 때까지의 시간을 측정하여 거리를 구하여 계기에 나타낸다.

13 자동 조종장치가 사용될 수 없는 경우는 어느 것인가?

① 이륙 시
② 순항 비행 시
③ 활주로 진입 시
④ 상승 및 하강 시

해설

자동 조종장치는 순항 비행 시 Auto throttle로 조종사 대신 엔진 속도를 조작할 수 있고, 활주로 진입 시 진입 각도, 진입 속도를 정확하게 유지시켜 줄 수 있고, 비행 중 상승·하강 시 속도 명령에 따라 비행할 수 있다.

14 항공전자장치 중 항공기 안전 운항과 직접 관계가 없는 것은?

① VHF 무선 통신장치
② 자동 방향 탐지기(ADF)
③ 항공교통관제(ATC)
④ 비행 데이터 기록장치(FDR)

해설

- 초단파 통신장치(very high frequency)는 유선 통신장치보다 더 먼 거리까지 음성 통화와 정보 교신이 가능하다. 항공기와 항공기, 항공기와 지상국이 서로 교신하는 데 사용된다.
- 자동 방향 탐지기(automatic direction finder)는 호밍 비컨이라 하며, 장파대와 중파대를 사용하여

정답 11. ④ 12. ② 13. ① 14. ④

360°도 전 방향으로 전파를 발사하여 항공기에서 방향탐지가 가능하게 하는 가장 많이 사용하는 무선 항행 원조 시설이다.
- 항공교통관제(air traffic control)는 항공기 간의 충돌을 방지하고, 항공기가 장애물의 충돌을 방지하고, 항공 교통 흐름의 질서유지 및 촉진시켜 준다.
- 비행 기록 장치(flight data recorder)는 항공기 사고 발생 시 해독용으로 이용된다.

15 선회계는 자이로의 어떤 특성을 이용한 것인가?

① 강직성   ② 회전성
③ 세차성   ④ 자기성

[해설]

- 선회계 : 항공기의 분당 선회율을 지시하며, 자이로의 섭동성만을 이용한다.
- 섭동성(세차성, precession)
  - 자이로가 회전하고 있을 때 외력 F를 가하면, 가한 점으로부터 회전 방향으로 90° 진행된 점에 힘이 가해진 것과 같이 작용하는 현상이다.
  - 팽이의 섭동 운동 : 팽이는 기울어지면 중력에 의해 힘이 작용한 것과 같겠지만, 섭동성에 의하여 회전 방향으로 90° 진행된 점에 힘이 작용하는 것 같이 기울어져 회전한다.
  - 섭동 속도는 외력에 비례하고, 자이로 회전자 속도에 반비례한다.

16 전리층의 종류 중 가장 낮은 고도에 존재하는 전리층은 무슨 층인가?

① D층   ② E층
③ F_1층   ④ F_2층

[해설]

- D층 : 70~90km,
- E층 : 90~160km
- F층 : 300~400km

17 다음 중 APU 조정 패널에 없는 계기는?

① RPM 계기
② APU 연료량 계기
③ APU 오일량 계기
④ EGT 계기

[해설]

APU 조종 패널에 장착된 계기
- RPM 계기 : 발전기 구동축의 회전속도를 표시하고 정격 회전속도를 100rpm으로 눈금을 읽는다.
- EGT 계기 : APU 부하 혹은 출력의 상태를 아는 것이 가능하다. 온도의 지시가 곧 부하는 아니지만, 부하가 증가함에 따라 EGT가 상승한다.
- APU 오일량 계기

18 정전용량 C_1과 C_2의 직렬회로에 E의 직류 전압을 가할 때, C_1양단의 전압은 얼마인가?

① $\dfrac{C_1}{C_1+C_2}E$ ② $\dfrac{C_2}{C_1+C_2}E$

③ $\dfrac{C_1+C_2}{C_1}E$ ④ $\dfrac{C_1+C_2}{C_2}E$

[해설]

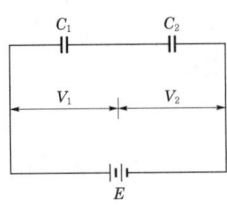

전기량 $Q = CV$식에서 $Q = C_1 V_1 = C_2 V_2$

$\therefore \dfrac{V_2}{V_1} = \dfrac{C_1}{C_2}$

위 식에서 양변에 1을 더하면

$\dfrac{V_2}{V_1} + \dfrac{V_1}{V_1} = \dfrac{C_1}{C_2} + \dfrac{C_2}{C_2}$

$\dfrac{V_2 + V_1}{V_1} = \dfrac{C_1 + C_2}{C_2}$ 가 되고, 또 $V_2 + V_1 = E$이므로

$\dfrac{E}{V_1} = \dfrac{C_1 + C_2}{C_2}$

$\therefore V_1 = \dfrac{C_2}{C_1+C_2} \times E$

19 다음은 TACAN 시스템에 대한 설명이다. 틀린 것은?

① 방위 및 거리정보에 대한 항법장치의 일원화가 가능하다.
② 방위 및 거리 정확도가 우수하다.
③ 신호는 모두 한 조의 펄스로 구성되어 있으므로 동작에 착오가 적다.
④ 주로 민간 항공기용으로 사용된다.

해설

TACAN 항법 시스템은 항공기로부터의 지상국까지의 거리와 방위를 측정하여 기상의 지시계기에 표시하는 항행 원조 장치로, VOR 지상장치와 함께 장착하여 VOR/TAC 시스템을 구성할 수 있으며, TACAN에 거리 계통은 DME 시스템의 역할을 한다. 민간용으로 VOR/TAC를, 군사용으로 TACAN을 주로 사용하나, 현재 TACAN 시설은 군용뿐만 아니라 민간용으로도 쓰이고 있다.

20 멀티테스터의 사용법으로 올바른 것은?

① (−)소켓에는 적색 리드봉을 장착하고, (+)소켓에는 검은색 리드봉을 장착한다.
② 측정 전에 지침 바늘이 "0"점에 있는지 확인한다.
③ 저항 측정 시 리드봉 2개를 접촉시킨 후 "0"점을 잡는다.
④ 보관 시 선택 스위치는 최소값에 맞춰 보관한다.

해설

- 입력소켓은 안전장치로 되어 있어 리드 봉의 플러그 삽입 시 손에 접촉되지 않도록 한다.
- 통상 "+"가 적색 리드봉, "−"가 흑색 리드봉이다. 측정 전에 반드시 지침이 왼쪽 "0"점에 있는지 확인하고 필요시 조정한다.
- OHM 미터로 사용 시 멀티테스터 리드봉 두 개를 단락 시키고, 지침이 눈금판 옴 눈금의 "0"점에 정확히 오도록 조정한다. 이것은 더 정확한 저항을 측정하기 위한 것으로 전압이나 전류 측정과는 무관하다. 보관 시 스위치는 OFF에 맞추어 보관한다.

21 임피던스의 단위로 옳은 것은?

① Ω ② H
③ F ④ V

해설

- 저항, 리액턴스, 임피던스의 단위는 Ω(옴)이다.
- 인덕턴스(기호 : L, 단위 : H(헨리)) : 코일의 자기장 변화에 의한 저항
- 캐패시턴스(기호 : C, 단위 : F(패럿)) : 콘덴서의 전기장 변화에 의한 저항
- 리액턴스(기호 : X, 단위 : Ω) : 90°의 위창차를 가지게 하는 교류 저항을 말한다.
- 임피던스(기호 : Z 단위 : Ω) : 저항과 리액턴스의 합성저항

22 가동 철편형 계기의 구동 토크는 전류 I와 어떤 관계를 갖는가? (단, I는 코일에 흐르는 전류)

① I에 비례
② I^2에 비례
③ $\sqrt{I}$에 비례
④ $\frac{3}{2}$에 비례

해설

$\theta = KI^2 F(\theta)$이므로 지침의 회전각은 대략 전류의 제곱에 비례한다.

23 다음은 도플러 레이더의 설명이다. 틀린 것은?

① 도플러 효과를 이용한 것이다.
② 편류각을 알 수 있다.
③ 대지 속도를 알 수 있다.
④ 대기 속도를 알 수 있다.

정답 19. ④ 20. ② 21. ① 22. ② 23. ④

[해설]

이동체의 속도에 비례하여 수신 주파수가 변화하는 도플러 원리를 이용한 기상 항법장치로 지상 원조 시설이 필요하지 않다. 주파수 차이를 검출하여 기수방위 속도의 직각 방향 성분을 계산하여 편류각을 나타낸다. 또한, 송·수신 전파의 주파수 차는 항공기 속도에 비례하고, 이 차이를 측정한다. 측정된 값이 컴퓨터에 입력되면 대지 속도가 연속적으로 얻어진다.

24 유도형 적산 전력계의 구동 토크 TD는?

① 저항에 비례한다.
② 전류에 비례한다.
③ 전류 자승에 비례한다.
④ 전압 자승에 비례한다.

[해설]

유도형 적산 전력계는 이동 자장을 써서 가동부를 소비전력에 비례한 속도로 회전시키도록 한 것으로 위상 보상장치, 경부하 보상장치, 중부하 보상장치가 부가 된다.
$T_D = KEI\cos\theta$ (T_D : 구동토크, K : 계기정수, E : 전압, I : 전류)

25 자기컴퍼스의 지시오차가 아닌 것은?

① 진동오차   ② 북선오차
③ 와동오차   ④ 가속도오차

[해설]

자기컴퍼스의 동적오차
- 북선오차(선회오차) : 복각으로 인한 지자기의 수직 성분과 선회할 때의 원심력으로 발생한다. 북진하다가 동서로 선회하면 컴퍼스 카드가 선회방향으로 회전한다.
- 와동오차 : 비행 중 난기류 및 기타 원인으로 발생하는 컴퍼스 액의 와동과 가동부의 관성으로 컴퍼스 카드가 불규칙적으로 움직여 발생한다.
- 가속도오차 : 복각으로 인한 지자기의 수직 성분과 가감속할 때의 관성력으로 인해 발생한다. 북반구에서 동(서)으로 진행하다가 가속하게 되면 컴퍼스 카드가 오른쪽으로 회전하고 북쪽으로 향하는 오차가 발생한다.

26 니켈-카드뮴 축전지와 비교하여 납산 축전지의 특징 중 틀린 것은?

① 셀이 더 적게 들어간다.
② 전해액이 비교적 안정적이다.
③ 셀당 전압이 더 크다.
④ 축전지 수명이 길다.

[해설]

- 니켈-카드뮴 배터리(nickel cadmium battery) : 고 충전율을 가지며 납산 배터리에 비해 방전 시 전압강하가 거의 없으며, 재충전 소요 시간이 짧고, 큰 전류를 일시에 사용해도 배터리에 무리가 없으며, 유지비가 적게 들고, 배터리의 수명이 길다. 셀당 전압은 1.2V~1.25V이고, 정상 작동 온도 범위는 -65°F ~165°F이다.
- 납산 축전지(lead acid storage battery) : 납산 축전지의 기본 구성은 극판, 격리판, 케이스(또는 컨테이너), 커버, 지지대, 플러그, 단자 등으로 구성된다. 셀(cell)당 충전 직후 전압은 2.2V이지만, 내부 저항에 의한 전압강하로 인하여 2V 정도이다. 화학반응이 상온에서 발생하므로 위험성이 적고, 신뢰성이 크며, 비교적 가격이 저렴하다.

27 그림과 같은 저항 회로에서 3Ω 저항의 지로에 흐르는 전류가 2A이다. 단자 ab의 전압 강하는 얼마인가?

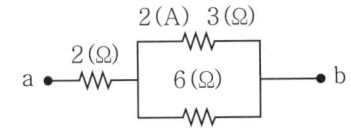

① 8V   ② 10V
③ 12V   ④ 14V

정답 24. ② 25. ① 26. ④ 27. ③

해설

그림과 같이 3Ω 양단의 전압 강하는 2×3=6V이므로 6Ω에 흐르는 전류는 1A가 된다. 따라서 2Ω의 저항에 흐르는 전체 전류는 2+1=3A이므로 2Ω 저항 양단의 전압 강하도 2×3=6V이고, 단자 a, b 간의 전압은 두 전압 강하의 합이므로 6+6=12V가 된다.

28 유압계통에서 리저버(reservoir)에 있는 배플의 주된 목적은?

① 유면을 일정하게 한다.
② 유압유와 공기를 분리시킨다.
③ 과도한 유압유의 휘발성을 억제한다.
④ 과도한 거품 발생을 방지하고 와동을 방지한다.

해설

리저버의 역할은 작동유 저장 및 펌프에 공급하며, 공기 및 각종 불순물을 제거한다. 리저버에 각종 연결구들과 핀, 배플, 스탠드파이프로 구성되어 있으며, 핀과 배플은 심한 요동, 소용돌이로 인한 거품 및 공기 유입을 방지한다.

29 교류회로에서 각주파수(w), 캐피시턴스(C), 인덕턴스(L)로 표현될 때, 틀린 것은?

① 용량성 리액턴스는 wL 이다.
② 유도성 리액턴스는 $\frac{1}{wC}$ 이다.
③ 유도성 리액턴스는 전류가 90° 지연된다.
④ 용량성 리액턴스는 전류와 전압이 일치한다.

해설

① 인덕턴스(기호 : L, 단위 : H(헨리)) : 코일의 자기장 변화에 의한 저항
② 캐패시턴스(기호 : C, 단위 : F(패러드)) : 콘덴서의 전기장 변화에 의한 저항
③ 리액턴스(기호 : X, 단위 : Ω) : 90°의 위상차를 가지게 하는 교류 저항을 말한다.
④ 유도성 리액턴스(기호 : X_L) : 인덕턴스로 인한 저항으로 전류를 90° 지연시킨다(= wL).

⑤ 용량형 리액턴스(기호 : X_C) : 캐패시턴스로 인한 저항으로 전류를 90° 앞서게 한다(= $\frac{1}{wC}$).

30 항공기 계기의 T형 배치법에서 중심이 되는 계기는?

① 속도계
② 기압계
③ 고도계
④ 자세 지시계

해설

항공계기의 배열은 그림과 같다.

31 항공기 내의 무선통신 및 기내전화 장치의 대화 내용을 기록하는 장치는?

① 디지털 비행 데이터 기록장치(DFDR)
② 비행자료 기록장치(FDR)
③ 조종실 음성기록 장치(CVR)
④ 컴퓨터 기록장치

해설

조종실 음성기록 장치(CVR)에 기록하는 음성
• 무선에 의하여 비행기 내에서 송신 또는 수신되는 음성 통신
• 조종실 내의 승무원 간의 음성
• 항공기의 인터폰 계통을 사용하여 행하는 조종실 내

정답 28. ④ 29. ④ 30. ④ 31. ③

의 비행승무원 간의 음성 통신
- 헤드셋 또는 스피커에 들어오는 음성 또는 신호음으로써 항법이나 착륙 보조에 사용되는 것
- 승객 스피커 계통을 사용한 승무원의 음성 통신

32 그림처럼 선택 밸브가 위치해 있을 때 작동 실린더의 움직임으로 옳은 것은?

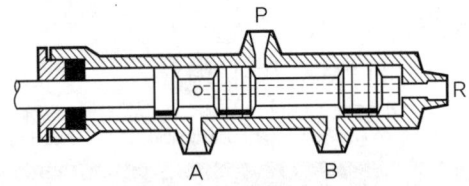

① 작동 실린더는 왼쪽으로 움직인다.
② 작동 실린더는 오른쪽으로 움직인다.
③ 작동 실린더는 움직이지 않는다.
④ 작동 실린더가 움직였다가 원위치로 돌아온다.

[해설]
선택 밸브의 종류는 Open Center, Close Center, 회전형, 스풀형, 포핏형이 있다. 위의 그림은 스풀형 선택 밸브이다. P 부분으로 압력이 들어오며, R 부분인 리턴 부분이 차단된 상태이다. B 부분으로 작동유가 빠져나가고, A 부분으로 작동유가 들어오는 상태이다. 그러므로 작동 실린더는 왼쪽으로 움직인다.

33 오토신 계기에 대한 설명으로 옳은 것은?

① 마그네신보다 작고 가볍다.
② 마그네신보다 토크가 일반적으로 약하다.
③ 직류로 작동하는 원격 지시계기이다.
④ 교류로 작동하는 원격 지시계기이다.

[해설]
오토신(autosyn) : 교류로 작동하는 원격 지시계기로, 고정자는 3상으로 Δ 또는 Y 결선으로 된 계기로, 전원은 교류 26V, 400Hz를 사용하며 정밀도가 높다. 사용처는 대형기의 플랩, 연료 및 EPR 계기 등에 사용된다.

34 다음 그림은 AN식 레인지 비콘의 시간 교차 키잉의 그림이다. 항공기가 4의 코스로 진입하면 어떻게 되는가?

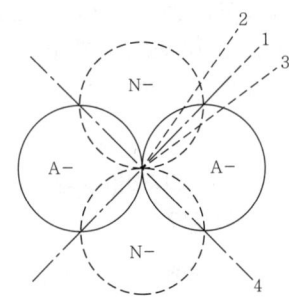

① A의 신호가 강하게 들린다.
② N의 신호가 강하게 들린다.
③ 연속음이 들린다.
④ 소리가 들리지 않는다.

[해설]
자동방향탐지기(ADF)는 루프 안테나(지향성 안테나)로 방향성을 갖게 된다. 하지만 양쪽 방향을 나타나게 되어 단일 방향이 지시될 수 있도록 센스 안테나(무지향성 안테나)와 함께 사용한다. 이렇게 루프 안테나의 전기장과 센스 안테나의 전기장이 합성되어 단일 방향 지향 특성을 갖게 되는데, 위 그림에서 1번과 4번은 직진성을 갖고 있기 때문에 연속음이 들리게 된다.

35 다음 그림은 안테나의 특성 그림이다. 수직 안테나의 특성은?

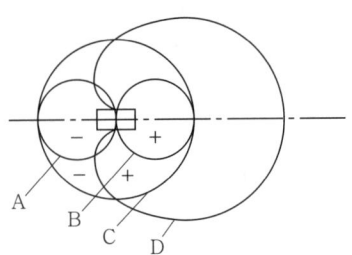

① A
② B
③ C
④ D

정답 32. ① 33. ④ 34. ③ 35. ②

해설

그림은 루프 안테나(loop antenna)로 8자형 특성을 이용한다. 지상국에서는 2개의 지향성 안테나를 수직으로 세우고 각 안테나에 AN 부호를 시간차를 두고 발사하므로 에드콕 안테나(adcock antenna)를 사용한다. 그림에서 수직 안테나는 D의 합성 파형(하트 모양)이다.

36 다음 중 교류발전기와 동조하여 회전수가 똑같이 회전하는 전동기는 무엇인가?

① 동기전동기 ② 유도전동기
③ 만능전동기 ④ 직권전동기

해설

교류전동기의 종류는 유도전동기, 동기전동기, 유니버설(만능)전동기가 있다. 유도전동기는 부하 감당 범위가 넓으며, 대형 항공기에서 비교적 작은 부하의 작동기로 사용된다. 유니버설(만능)전동기는 직류 및 교류 전원으로 작동하며 진공청소기, 전기 드릴에 사용된다. 동기전동기는 교류발전기와 동조되는 회전수로 회전하며, 일정한 회전수를 필요로 하는 장치인 회전계, AC-AC 컨버터에 사용된다.

37 유압계통에 사용되어 작동유의 과도한 누설을 방지하기 위한 그림과 같은 장치는?

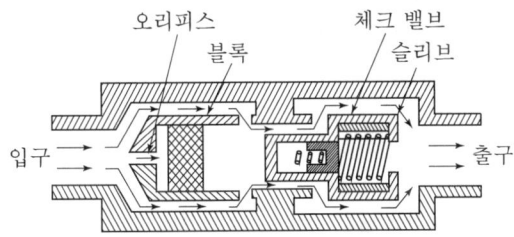

① 유압퓨즈
② 흐름 조절기
③ 유압관 분리 밸브
④ 시퀀스 밸브

해설

- 유압계통의 관이나 호스가 파손되거나 기기 내의 실에 손상이 생겼을 때, 과도한 누설을 방지하기 위한 장치는 유압퓨즈이다.
- 정상흐름 상태일 때 피스톤이 오리피스를 통하여 들어오는 작동유에 의하여 오른쪽으로 천천히 움직여 통로를 차단하고, 퓨즈 상태일 때 정상보다 더 많은 작동유가 흐르면 피스톤이 계속 오른쪽으로 밀려서 통로가 차단되면서 흐름이 차단된다.

38 항공기에 사용하는 전기식 회전계의 작동 원리에 대한 설명이 아닌 것은?

① 직접 구동한다.
② 원격 지시 방식이다.
③ 회전하고 있는 부분의 돌출 부분을 센다.
④ 드래그 캡(drag cap)이라 부르는 판(disk)이 회전속도를 지시한다.

해설

- 항공기에 사용하는 전기식 회전계(3상 교류 회전계)는 대형 항공기에 사용되며 원격으로 지시하는 계기이다. 엔진구동축에 연결되어 엔진의 회전수를 3상 교류 신호로 바꾸어 주는 교류발전기와 3상 교류 신호를 받아 교류발전기와 동조되는 회전속도로 회전하는 동기전동기, 그리고 동기전동기와 연결되어 회전수를 지시하는 맴돌이 전류식 회전계로 이루어져 있다.
- 회전하고 있는 부분의 돌출 부분을 세는 회전계는 기계식 회전계(원심력식 회전계)이다.

39 다음 중 병렬 공진 시에 최대가 되는 사항은?

① 임피던스 ② 저항
③ 전압   ④ 전류

해설

병렬 공진 시의 임피던스는 최대(≒ ∞)이므로 공진 주파수에서의 전류는 최소이다.

40 10Ω과 15Ω의 저항을 병렬로 하고 50A의 전류를 흘렸을 때, 저항 15Ω에 흐르는 전류는 얼마인가?

① 10A ② 20A
③ 30A ④ 40A

[해설]

$$I_2 = \frac{R_1}{R_1 + R_2}$$

$$I = \frac{10}{10 + 15} \times 50 = 20A$$

41 계기 눈금의 부정확, 외부 자장 등에 의하여 생기는 오차는?

① 우연 오차
② 계통적 오차
③ 개인적 오차
④ 파형 오차

[해설]

계통적 오차는 일정한 원인, 즉 눈금이 부정확하든지 외부 자장 등에 의하여 생기는 오차를 계통적 오차(systematic error)라 한다.
- 측정기 자체가 갖고 있는 결함에 의한 오차
- 측정기 주위의 온도 변화, 외부 자장, 진동과 같은 환경에 의한 오차
- 측정기 검교정, 교체, 온도 계수 산출 등으로 어느 정도 시정할 수 있다.

42 드리프트 전류는 어느 경우에 생기는가?

① 반도체의 양단에 전압이 걸려 반도체 내부에 전계가 작용하고 이에 의하여 반송자가 가속을 받을 때
② 반송자의 농도에 기울기가 생겨 확산할 때
③ 소수 반송자가 다수 반송자와 결합할 때
④ 빛을 받아 전자를 방출할 때

[해설]

드리프트 전류는 반도체의 양단에 전압이 걸려 반도체 내부에 전계가 작용하고 이에 의하여 반송자가 가속을 받을 때의 전류이다.

43 다음과 같은 브리지(bridge)에서 평행 되었을 때의 C_X값을 구하면?

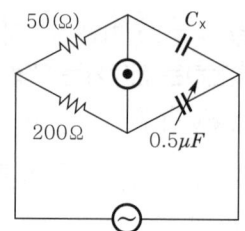

① $1\mu F$ ② $2\mu F$
③ $4\mu F$ ④ $5\mu F$

[해설]

$R_1 \cdot \frac{1}{jwC_X} = R_2 \cdot \frac{1}{jwC_1}$ 에서

$C_X = \frac{R_1}{R_2} C_1 = \frac{200}{50} \times 0.5 = 2\mu F$

44 전동기의 회전 방향을 결정할 때 사용하는 법칙은?

① 플레밍의 오른손 법칙
② 플레밍의 왼손 법칙
③ 렌쯔의 법칙
④ 앙페르의 오른나사 법칙

[해설]

플레밍의 왼손 법칙은 자장 내의 도선에 전류가 흐를 때 도체가 받는 힘은 자기장과 전류의 세기에 비례한다. 이는 전동기의 회전 원리이다.

45 연료 유량계가 측정하는 것이 아닌 것은?

① 연료탱크에서 엔진까지의 연료 흐름양
② 1시간 동안 엔진이 소모하는 연료의 양
③ 사용되는 연료에 포함된 옥탄값
④ 유량의 압력차 또는 회전체의 각변위

해설

- 연료 유량계는 주로 연료탱크에서 엔진으로 흐르는 연료의 유량률(rate of flow)과 엔진이 1시간 동안 소모하는 연료의 양을 지시한다. 오토신 또는 마그네신의 원리를 이용하여 원격으로 지시한다.
- 유량계의 종류는 차압식, 베인식, 동기 전동기식 유량계가 있다. 차압식 유량계는 액체의 흐름에 오리피스 앞뒤 부분의 압력 차이가 발생하는데, 유량은 압력차의 제곱근에 비례한다. 베인식 유량계는 연료의 흐름에 따라 질량과 속도에 비례하는 동압을 받아 베인이 회전하는 각변위를 이용하여 유량을 측정하는 방식이다.

46 오실로스코프(oscilloscope)의 음극선관(cathode ray tube)의 주요 부분이 아닌 것은?

① 전자총   ② 편향판
③ 형광막   ④ 발진기

해설

- 전자 빔 : 가느다란 음 전자의 흐름이 발생하며, 전기장에 의해 운동을 자유로이 제어할 수 있어 수백(MHz)의 고주파까지 측정할 수 있다.
- 전자 총 : 전자를 발생시켜 스크린에 뿌려준다.
- 형광막 : 스크린 내부 표면에 형광물질이 있다. 이는 전자에 부딪혀 점으로 빛을 발생시킨다.
- 편향판 : 전자들이 편향판을 통과하면서 점들의 방향을 결정하게 된다.

47 다음 중 저항체로써 필요한 조건이 아닌 것은?

① 고유저항이 클 것
② 저항의 온도계수가 작을 것
③ 구리에 대한 열기전력이 적을 것
④ 전압이 높을 것

해설

저항체로써 필요한 조건은 다음과 같다.
- 고유저항이 클 것
- 저항의 온도계수가 작을 것
- 구리에 대한 열기전력이 적을 것

48 그림과 같이 유체가 채워진 기구에 단면적이 $5cm^2$인 왼쪽에 50kg, 단면적이 $10cm^2$인 오른쪽에 100kg의 힘을 가했을 때, 유체에 가해지는 압력은 몇 kg/cm^2인가?

① 5   ② 10
③ 15   ④ 20

해설

파스칼의 원리

힘, 면적, 압력의 관계 : 압력은 단위 면적당 작용한 힘의 크기를 말한다.

힘(F) = 압력(P) × 면적(A)

$100kg = P \times 10cm^2$, $P = 10kg/cm^2$

$50kg = P \times 5cm^2$, $P = 10kg/cm^2$

49 UHF 송신기에서 수정 발진기의 주파수를 원하는 주파수로 얻기 위해서 사용하는 것은?

① 전단 증폭기
② 완충 증폭기
③ 전력 증폭기
④ 체배기

정답 45. ③ 46. ④ 47. ④ 48. ② 49. ④

해설

수정 발진기(crystal oscillator)는 안정된 주파수를 만들어 주지만, 원하는 주파수를 얻기에는 한계가 있어 체배기(frequency multiplier)를 사용하여 수정 발진기의 기본 주파수를 정수배로 올려 원하는 주파수를 만들어 준다.

① 전단 증폭기: 초기 신호를 키우는 역할
② 완충 증폭기(buffer amp): 발진기의 안정도 유지, 부하 영향 제거
③ 전력 증폭기: 최종 출력 신호를 강하게 하는 역할
④ 체배기: 발진기의 기본 주파수를 정수배로 변환

50 쿨롱의 법칙에 대한 설명 중 맞지 않는 것은?

① 쿨롱의 법칙에 있어서 진공 중의 유전율은 $8.855 \times 10^{-12} F/m$이다.
② MKS 단위계에서 $\frac{1}{4\pi\epsilon}$ 은 9×10^9이다.
③ CGS 단위계에서 진공 중에 $Q_1 = Q_2 = 1[e \cdot s \cdot u]$의 전하를 1cm의 위치에 놓았을 때 작용하는 힘을 1dyne이라고 한다.
④ MKS 단위계에서 진공 중에 $Q_1 = Q_2 = 1c$의 전하를 1m의 거리에 놓았을 때 작용하는 힘은 1[N]이다.

해설

$F = 9 \times 10^9 \cdot \frac{Q_1 Q_2}{r^2} [N]$에서
$Q_1 = Q_2 = 1[C], r = 1m$이면
$F = 9 \times 10^9 \times \frac{1 \times 1}{1} = 9 \times 10^9 [N]$이다.

51 유압계통에 쓰이는 유압펌프의 형식 중 고속, 고압의 유압장치에 가장 적합한 펌프는?

① 지로터형   ② 베인형
③ 피스톤형   ④ 기어형

해설

- 기어형 펌프 : 2개의 기어가 맞물려 회전하는 것, 1개의 기어는 엔진의 구동부에 연결되어 회전하고, 다른 1개의 기어는 구동기어와 맞물려 회전한다.
- 지로터형 펌프 : 편심된 고정 라이너와 안쪽의 라이너, 밀착된 5개의 넓은 이를 가진 안쪽 구동기어 및 출구와 입구에 연결된 반달 모양의 통로가 있는 커버로 구성된다.
- 베인형 펌프 : 원통형 케이싱 안에 편심된 로터가 들어 있으며, 로터에는 홈이 있고, 홈 속에는 판 모양의 베인이 삽입되어 자유로이 출입하게 되어 있다.
- 피스톤형 펌프 : 피스톤이 실린더 내에서 왕복운동을 하여 펌프작용을 하며, 고속·고압의 유압장치에 적합하다.

52 주어진 진리표는 무슨 회로인가?

입력1	입력2	출력
1	1	1
1	0	1
0	1	1
0	0	0

① AND 회로
② OR 회로
③ NOT 회로
④ NAND 회로

해설

OR 회로(논리합 회로) : 입력값이 1개라도 '1'일 경우 출력이 '1'

A	B	C
0	0	0
0	1	1
1	0	1
1	1	1

정답 50. ④ 51. ③ 52. ②

53 구리와 콘스탄탄의 접합부에 구리에서 콘스탄탄 방향으로 전류를 흘리면 열을 발생하고, 반대 방향으로 전류를 흘리면 열을 흡수하는 현상을 무엇이라고 하는가?

① 주울의 법칙　② 쿨롱의 법칙
③ 제벡 효과　④ 펠티어 효과

해설

펠티어 효과는 제벡 효과의 역현상으로 비스무트와 안티몬을 접합하여 전류를 흘리면 접촉점에서 열의 발생 또는 흡수 현상이 생긴다. 이와 같은 현상을 이용하여 전자 냉동기에 쓰인다.

54 도체의 저항값에 대한 설명 중 틀린 것은?

① 저항값은 도체의 고유저항에 비례한다.
② 저항값은 도체의 단면적에 비례한다.
③ 저항값은 도체의 길이에 비례한다.
④ 저항값은 도체의 단면적에 반비례한다.

해설

$R = \rho \frac{l}{A} [\Omega]$, 즉 도체의 저항값은 고유저항과 길이에 비례하고 그 단면적에 반비례한다.

55 액체를 보내는 튜브 중간에 오리피스를 설치하여 오리피스의 상류와 하류 액체 흐름의 압력 차를 지시하는 유량계는?

① 질량 유량계
② 차압식 유량계
③ 면적식 유량계
④ 부자식 유량계

해설

차압식 유량계 : 액체가 통과하는 튜브의 중간에 오리피스를 설치하여 액체의 흐름이 있을 때 오리피스의 앞부분과 뒷부분에 압력 차가 발생하며, 유량은 압력 차의 제곱근에 비례한다. 유량계의 종류는 차압식, 베인식, 동기 전동기식이 있다.

56 이상적인 평형 △전원에서 다음 중 옳은 것은?

① 선전압의 크기 〉 상전압의 크기
② 선전압의 크기 = 상전압의 크기
③ 선전압의 크기 〈 상전압의 크기
④ 선전압의 크기 ≧ 상전압의 크기

해설

평형 3상 △결선의 선간전압(V_L)과 상전압(V_P)은 같고, 어느 한 상의 코일이 단선되더라도 부하에 전력 공급이 가능하다.

∴ $V_L = V_P$

57 2대의 엔진 구동 교류발전기를 병렬 운전 시 버스 타이 차단기를 열어 회로를 보호해야 하는 경우가 아닌 것은?

① 저전압 발생 시
② 차전류 발생 시
③ 외부 전류 공급 시
④ 불평형 전류 발생 시

해설

교류발전기의 병렬 운전 시 각 발전기의 전압, 주파수, 위상을 일치시켜야 한다. 2개 이상의 교류발전기를 부하가 동일하게 분담하도록 운전해야 한다. 그러므로 저전압 발생 시, 차전류 발생 시, 불평형 전류 발생 시 보호해야 한다.

58 와이어 안테나를 사용하지 않는 것은?

① HF 통신기기
② 자동 방향 탐지기
③ 마커 비컨의 수신기
④ VHF 통신기기

해설

와이어 안테나는 300마일 이하로 비행하는 항공기의 HF(단파)와 LF(장파)/MF(중파) 자동 방향 탐지기

(ADF)에 요구되는 센스 안테나와 75MHz 마커 비컨 수신을 위해 사용한다.

59 두 콘덴서 C_1, C_2를 직렬 연결하고 그 양끝에 전압 V를 가한 경우, C_1에 분배되는 전압은?

① $\dfrac{C_1}{C_1+C_2}V$

② $\dfrac{C_2}{C_1+C_2}V$

③ $\dfrac{C_1+C_2}{C_1}V$

④ $\dfrac{C_1+C_2}{C_2}V$

해설

콘덴서의 직렬 연결은 키르히호프 제2법칙(전압법칙)이 적용된다. 따라서 아래와 같다.

$Q = CV$

∴ C_1에 분배되는 전압 $V_1 = \dfrac{Q}{C_1} = \dfrac{C_2}{C_1+C_2}V$

60 다음은 회로 차단기의 표시 그림이다. 그림의 표시 방법은 어떤 형의 회로 차단기인가?

① 푸시형
② 푸시풀형
③ 스위치형
④ 자동 재접속형

해설

회로 차단기(circuit breakers) : 회로 내에 규정 값 이상의 전류가 흐를 때 회로를 끊어 주어 전류의 흐름을 막는 장치이며, 종류에는 푸시형, 푸시풀형, 스위치형, 자동 재접속형이 있다.

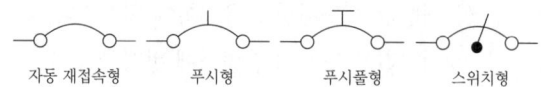

자동 재접속형   푸시형   푸시풀형   스위치형

▲ 접속 방식에 따른 회로 차단기 및 회로 기호

정답 59. ② 60. ②

2025년 기출복원문제 CBT

항공전기·전자정비기능사

국가기술자격검정 필기시험문제

01 관 내에서 일정한 유량으로 흐르는 유체의 연속방정식에 대한 설명으로 옳은 것은?

① 관을 통과하는 유체의 밀도는 연속으로 증가한다.
② 관의 단면적이 증가하면 유체의 속도는 증가한다.
③ 관의 단면적과 유체의 속도는 반비례한다.
④ 관속 유체의 밀도가 감소하면 속도가 감소한다.

해설

비압축성 유체는 $A_1 V_1 = A_2 V_2 =$ 일정이다. 단면적은 $A = \frac{\pi}{4}d^2$ 이므로 직경(d)가 줄면 속도는 증가하게 된다.

02 무게가 2,000kgf인 항공기가 30°로 선회하는 경우, 이 항공기에 발생하는 양력은 약 몇 kgf인가?

① 2,309   ② 1,732
③ 1,000   ④ 4,000

해설

선회시의 양력 $L = \frac{W}{\cos\theta}$, $L = \frac{2,000}{\cos 30} = 2,309$

03 대류권과 성층권의 경계면인 대류권계면의 특징으로 틀린 것은?

① 성층권계면보다 기온이 낮다.
② 제트기의 순항고도로 적합하다.
③ 구름이 많고 대기가 불안정하다.
④ 공기가 희박하다.

해설

고도 11km에는 대기가 안정되어 구름이 없고 기온이 낮으며, 공기가 희박하여 제트기의 순항고도로 적합한 이 경계면을 대류권계면이라 한다.

04 비행기의 조종성에 대한 설명으로 옳은 것은?

① 비행기가 일정한 비행상태를 유지하는 것을 말한다.
② 비행기가 조종사의 조작에 따라 움직여 주는 것을 말한다.
③ 돌풍과 같은 외부 영향에 대해 영향을 받지 않는 것을 말한다.
④ 비행 시 조종사가 계속적인 조작을 하지 않는 것을 말한다.

해설

안정성(stability)과 조종성(control)은 항상 상반된 관계를 갖는다. 안정성이란 교란이 생겼을 때 항상 교란을 이기고 감소시켜 원 평형 비행 상태로 돌아오려는 성질이고, 반면 조종성은 교란을 주어서 항공기를 원 평형상태에서 교란된 상태로 만들어 주는 행위이기 때문이다.

05 헬리콥터 회전날개의 원판하중을 옳게 나타낸 식은? (단, W: 헬리콥터의 전하중, D: 회전면의 지름, R: 회전면의 반지름)

① $\frac{W}{\pi D^2}$ ② $\frac{\pi R^2}{W}$
③ $\frac{\pi D^2}{W}$ ④ $\frac{W}{\pi R^2}$

정답 01. ③   02. ①   03. ③   04. ②   05. ④

해설

회전면 하중(disc loading, 원판하중): 회전익 항공기 전체의 무게를 회전익 항공기의 회전날개에 의해 만들어지는 회전면의 면적으로 나눈 값이다.

$$DL = \frac{W}{\pi R^2}$$

06 비행기가 공기 중을 수평 등속도로 비행할 때 등속도 비행에 관한 비행기에 작용하는 힘의 관계가 옳은 것은?

① 추력=항력 ② 양력<중력
③ 양력>중력 ④ 분력>항력

해설

등속 수평비행 조건
$T = D, \; L = W$

07 다음 중 윗면과 아랫면이 대칭을 이루는 NACA 표준 날개는?

① NACA 2415
② NACA 1115
③ NACA 0015
④ NACA 4415

해설

4자 계열은 주로 11xx, 24xx, 44xx로 표시 [00xx는 대칭익]

08 다음 중 비행기의 정적 세로 안정을 좋게 하기 위한 방법으로 틀린 것은?

① 꼬리날개 면적을 작게 한다.
② 무게중심을 날개의 공기역학적 중심보다 앞에 배치한다.
③ 무게중심과 꼬리날개의 풍압중심과의 거리를 길게 한다.
④ 날개를 무게중심보다 높은 위치에 배치한다.

해설

세로 안정성을 좋게 하기 위한 방법
• 무게중심이 공력 중심 앞에 위치해야 한다.
• 날개가 무게중심보다 높은 위치에 위치해야 한다.
• 수평안정판의 면적 또는 무게중심과의 거리가 커야 한다.
• 꼬리날개 효율이 커야 한다.

09 타원형 날개의 유도항력을 줄이기 위한 방법으로 옳은 것은?

① 스팬효율을 감소시킨다.
② 가로세로비를 감소시킨다.
③ 날개의 길이를 증가시킨다.
④ 양력을 증가시킨다.

해설

유도항력은 내리흐름으로 인해 유효 받음각이 작아져서 날개의 양력성분이 기울어져 항력 성분이 만들어지는 것을 유도항력이라 한다. 그에 따른 내용은 아래와 같다.
• 유도항력은 가로세로비에 반비례한다.
• 타원형 날개가 유도항력이 가장 작다.
• 유도각(α_i) 가로세로비의 관계식

$$\alpha_i = \frac{C_L}{\pi e AR}$$

• 날개면적은 동일하고, 날개길이를 2배로 할 경우: 가로세로비는 4배 증가하고, 유도항력은 $\frac{1}{4}$배 증가한다.
• 날개면적은 동일하고 날개 길이를 2배, 양력계수를 $\frac{1}{2}$배로 할 경우: 가로세로비는 4배 증가하고 유도항력은 $\frac{1}{16}$배 증가한다.
• 스팬 효율계수(e): 타원 날개의 경우 "e"의 값은 "1"이 되고, 그 밖의 날개는 "e"의 값이 "1"보다 작다. (스팬효율계수(e)를 크게 하면 유도항력은 작아진다.)

정답 06. ① 07. ③ 08. ① 09. ③

10 공기를 강체(rigid body)라 가정하고 프로펠러 깃이 1회전 할 때, 프로펠러가 진행하는 거리를 무엇이라 하는가?

① 기하학적 피치(geometric pitch)
② 평균공력피치(mean aerodynamic pitch)
③ 유효피치(effective pitch)
④ 산술적 피치(arithmetical pitch)

해설
- 기하학적 피치(GP: Geometric Pitch)
  ($GP = 2\pi\gamma \cdot \tan\beta$)
- 공기를 강체로 가정하고 이론적으로 얻을 수 있는 피치

11 항공기의 지상 보조장비에 대한 설명으로 틀린 것은?

① 윤활유 탱크의 윤활유 보급 장비는 수동식과 진공식이 있다.
② GPU는 항공기에 전기적 동력을 공급하여 주는 장비이다.
③ 항공기의 지상 전력 공급 장비는 교류 400[Hz], 3상이다.
④ GTC는 다량의 저압 공기를 배출하여 항공기 가스터빈엔진의 시동계통에 압축공기를 공급하는 장비이다.

해설
- 지상 보조장비—시동계통에 따른 작동 시 공급 요소
  - 공기터빈식 시동계통: 압축된 공기—GTC(Gas Turbine Compressure) 또는 APU(Auxiliary Power Unit)
  - 가스터빈식 시동계통: 독립된 소형 가스터빈기관—APU(Auxiliary Power Unit)
  - 공기충돌식 시동계통: 지상의 보조 동력 장치 GTC(Gas Turbine Compressure)
- 큰 체적의 공기가 APU, GPU 또는 다른 작동 중인 엔진의 블리드 공기 원천(source)으로부터 시동기에 공급된다.

12 항공기가 운항 중에 고장 없이 그 기능을 정확하고 안전하게 유지할 수 있는 능력을 의미하는 항공기 정비 용어는?

① 신뢰성   ② 감항성
③ 안정성   ④ 조종성

해설
- 감항성: 항공기가 운항 중에 고장 없이 그 기능을 정확하고 안전하게 발휘할 수 있는 능력이다.
- 쾌적성: 항공기를 이용하는 사람은 항공기에 대하여 만족과 신뢰감을 가질 수 있어야 한다.
- 정시성: 정비계획의 정확성을 유지하고 항공기의 고장을 예방하기 위해 철저한 정비가 수행되어 계획된 시간에 차질 없이 운항되도록 하는 것이다.
- 경제성: 항공기 정비는 최소의 경비로 최대의 효과를 얻을 수 있도록 운영해야 하고, 최소의 비용으로 수행되어야 한다.

13 항공기 지상 취급에 해당하지 않는 것은?

① 항공기를 이동시키기 위하여 견인
② 항공기의 수요에 따른 운항노선을 결정
③ 착륙장치에 안전핀 꽂기
④ 바퀴에 촉을 괴기

해설
항공기의 지상 취급은 운항을 준비하거나 정비 및 보존을 목적으로 항공기를 지상에서 다루는 작업이다.
- 지상유도 : 항공기 자체 동력을 사용하여 지상에서 운행 시 안전을 위해 유도하는 작업이다.
- 견인작업 : 항공기 기관은 정지한 상태에서 외부의 힘으로 지상에서 이동시키는 작업으로 견인차, 견인봉으로 작업한다.
- 계류작업 : 지상에 주기시켜 놓은 항공기를 강풍으로부터 보호하기 위해 지상에 고정한다.
- 호이스트 및 잭 작업
  - 호이스트 작업 : 항공기를 공중에 매다는 작업으로 소형기에만 적용 가능
  - 잭 작업 : 잭을 사용하여 항공기를 위로 들어 올리는 작업

정답 10. ① 11. ① 12. ② 13. ②

14 토크렌치 사용 시 토크 값을 적용할 때 주의사항으로 틀린 것은?

① 지정된 곳과 유사한 곳이더라도 토크 값을 임의 사용해서는 안 된다.
② 동일한 토크 값을 연속 적용할 경우 토크렌치는 처음 1회만 사용한다.
③ 토크 값은 정비 지침서에 지정되어 있는 값을 최우선으로 적용한다.
④ 연장 공구를 사용할 수 있다.

해설

토크렌치 사용 시 주의사항
- 토크렌치는 일정한 기간마다 검사를 받아야 한다.
- 토크를 가할 때는 직각으로 힘을 주어야 한다.
- 특별한 지시가 없는 한 너트에 윤활유를 사용하지 않는다.
- 지정된 곳에 규정된 토크 값을 적용한다.
- 연장 공구는 필요시 사용 가능하다.

15 항공기의 지상 취급 시 작업자가 취해야 할 안전사항으로 적절하지 않는 것은?

① 가스터빈엔진 작동 중 지정된 위치에 안전요원을 배치해야 한다.
② 작업장의 상태를 청결히 하고 정리정돈하여 사고의 잠재 요인을 제거하도록 노력한다.
③ 반드시 규정과 절차를 준수한다.
④ 항공기에 산소 보급 시 안전을 위해 1명이 작업할 수 있도록 한다.

해설

산소 취급 시 안전사항
- 소화기를 비치한다.
- 환기가 잘되도록 한다.
- 오일이나 그리스와 혼합하면 폭발위험이 있으니 주의해야 한다.
- 용기보관 장소에는 작업에 필요한 물건 외에는 두지 않는다.
- 비어 있는 용기라도 충격을 받지 않도록 주의한다.
- 충전용기는 직사광선을 받지 않도록 조치한다.
- 취급 시 동상 예방을 위해 장갑, 앞치마 및 고무장화 등을 착용한다.
- 보급 시 안전을 위해 3명 이상이 작업을 한다.

16 그림과 같은 게이지 명칭은?

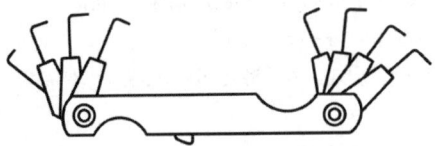

① 피치 게이지
② 플러그 간극 게이지
③ 두께 게이지
④ 센터 게이지

해설

- 두께 게이지: 철강제의 얇은 편으로 되어 있으며, 접점 또는 작은 홈의 간극 등의 점검과 측정에 사용한다.
- 나사 피치 게이지: 나사의 피치를 알고자 할 때 사용하며 1인치당 나사골의 수가 새겨져 있다.
- 센터 게이지: 나사의 절삭 바이트의 기준 측정에 사용되며, 게이지 위에 있는 스케일은 1인치당 나사 수를 정하는 데 사용한다.

17 다음과 같은 볼트의 식별 표시에서 볼트 머리에 구멍 유무 상태를 알 수 있는 표시는?

<u>AN</u> 3 <u>DD</u> <u>H</u> 10 <u>A</u>

① H
② A
③ AN
④ DD

정답 14. ② 15. ④ 16. ② 17. ①

해설

AN	규격명	미 공군·해군 규격
3	지름	3/16inch
DD	재질	알루미늄 합금 2024
H	머리 구멍 유무	H: 구멍 있음, 무표시: 구멍 없음
10	길이	10/8inch
A	생크 구멍 유무	A: 구멍 없음, 무표시 ; 구멍 있음

18 그림과 같이 볼트를 체결할 때 힘의 작용선과 볼트의 중심까지의 수직거리는 30cm이며, 작용하는 힘은 40kg이다. 이때 볼트에 작용하는 모멘트(M)의 크기는?

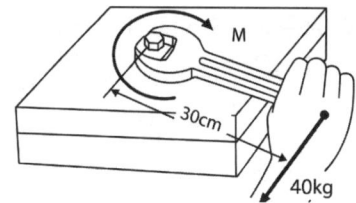

① 130kg-cm

② 1,200kg-cm

③ 1,30kg/cm

④ 1,200kg/cm

해설

회전 모멘트는 힘×거리이므로, 40[kg]×30[cm] =1,200[kg-cm] 또는 [kg·cm]

19 항공기 급유 및 배유 시에는 반드시 접지하는데, 3점 접지에 해당하지 않는 것은?

① 항공기와 작업자

② 항공기와 연료차

③ 연료차와 지면

④ 항공기와 지면

해설

항공기 급유 및 배유 시 반드시 항공기와 지면, 연료차와 지면, 항공기와 연료차에 3점 접지를 해야 한다.

20 실린더 게이지 측정작업 시 안전 및 유의사항으로 틀린 것은?

① 실린더 중심선의 손잡이 부분을 평행하게 유지해야 한다.

② 측정기구를 사용할 때는 무리한 힘을 주어서는 안 된다.

③ 측정하고자 하는 실린더의 안지름 크기를 대략적으로 파악하여 이에 적당한 측정자를 선택해야 한다.

④ 측정자를 실린더 게이지에 고정시킬 때 느슨하게 죄어 측정자의 파손을 방지한다.

해설

실린더 검사 및 수리 시 안전 및 유의사항
- 실린더와 측정 기구를 떨어뜨리지 않도록 주의해야 한다.
- 측정 기구를 사용할 때에는 무리한 힘을 주어서는 안 된다.
- 측정 기구를 정확한 방법으로 사용해야 한다.
- 실린더 안쪽 면을 깨끗이 닦아 오차가 생기지 않도록 해야 한다.
- 텔레스코핑 게이지를 사용한 후 반드시 죔 나사를 풀어 놓아야 한다.
- 측정 기구는 사용 후 깨끗이 닦아서 보관해야 한다.
- 실린더 동체 연마와 도금 작업은 유자격자가 해야 한다.

21 항공기에 사용되는 화재탐지 방법이 아닌 것은?

① 과열 탐지기

② 싱크로 탐지기

③ 복사 감지 탐지기

④ 온도 상승률 탐지기

정답 18. ② 19. ① 20. ④ 21. ②

> [해설]

화재 탐지기는 열 스위치식 탐지기, 연속 저항 루프 탐지기, 열전대 탐지기(온도상승률), 연기 탐지기(광전기 연기 탐지기, 이온식 탐지기, 시각 연기 탐지기, 일산화탄소 탐지기), 화염 탐지기, 압력식 탐지기가 있고, 승무원 및 승객에 의해 탐지되기도 한다.

22 비행 중 AC 전원이 없을 때 배터리로부터 DC 전원을 받아서 115[V] AC 400[Hz] 1phase로 변환시켜 필수 계통에 공급하는 장치는?

① IDG(Integrated Drive Generator)
② Static Inverter
③ APU Generator
④ GCU(Generator Control Unit)

> [해설]

Static Inverter는 항공기 내에 교류발전기(즉, 엔진 고장 시)가 고장 났을 때 직류전원(배터리)으로부터 공급받아 AC 115V, 400Hz로 변환시켜 필수 계통에 공급하는 장치이다.

23 납땜 시 주의사항으로 틀린 것은?

① 인두 팁의 열을 식히기 위해서 물에 담근다.
② 인두기와 납땜 작업 중인 부품은 절대 맨손으로 만지지 않는다.
③ 납을 녹이며 발생하는 연기는 유해하기 때문에 되도록 마시지 않는다.
④ 인두기를 바닥에 내려놓지 않고 반드시 인두기 거치대에 꽂아놓는다.

> [해설]

납땜 시 주의사항
- 상대습도가 30% 이하로 내려갈 시 정전기 방전(ESDS)을 사용한다.
- 열에 민감한 부품 시 열 분류기(heat shunt)를 사용한다.
- 인두는 3초 이상 가하지 않아야 한다.

24 비행 중 축전지(battery)의 과충전을 방지하는 것은?

① 계자코일의 수동제어
② 전압조정기
③ 전류조정기
④ 역전류 릴레이

> [해설]

전압조절기
- 전기자 회전수 증감에 따라 출력전압을 일정하게 유지시키기 위해 설치한다.
- 배터리 충전 전압을 일정하게 하여 과충전을 방지한다.
- 카본 파일형을 가장 많이 사용한다.

25 그림과 같은 브리지 회로의 평형 조건을 나타낸 것으로 옳은 것은?

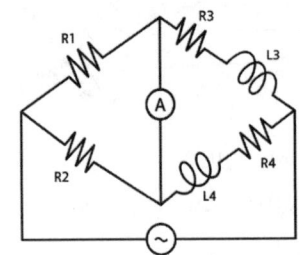

① $R_2 R_3 = R_1 R_4, L_3 R_2 = L_4 R_1$
② $R_1 R_2 = R_3 R_4, R_1 = R_2$
③ $R_2 R_4 = R_1 R_3, R_3 = R_4$
④ $R_2 R_3 = R_1 R_4, L_3 R_3 = L_4 R_4$

> [해설]

브리지 회로에 있어 검류계를 중심으로 대각선의 곱은 같아야 한다.
$R_2 R_3 = R_1 R_4, L_3 R_2 = L_4 R_1$, $R_2 (R_3 + X_{L3}) = R_1 (R_4 + X_{L4})$

26 다음 중 피토 · 정압 계통 계기가 아닌 것은?

① 수평 자세 지시계 ② 고도계
③ 승강계 ④ 속도계

해설

피토 정압 계기는 피토 정압관을 통해 얻어진 전압과 정압을 이용한 계기로 아래와 같이 사용된다.

고도계	정압
승강계	정압
속도계	전압, 정압(두 압력차인 동압 이용)
마하계	전압, 정압(두 압력차인 동압 이용)

27 정전 용량식 액량계에 대한 설명으로 옳은 것은?

① 육안으로 액면을 확인하여 액량을 아는 방식이다.
② 공기와 연료 등의 액체의 유전율 차이를 이용한 방식이다.
③ 동기발전기, 마그넷, 수감장치 및 보상스프링으로 구성되어 있다.
④ 액면에 떠 있는 부자의 위치를 통해 액면의 높이를 아는 방식이다.

해설

정전 용량식 액량계

- 연료탱크 내 축전기 극판 사이의 연료량(h)에 따라 전기 용량의 변화(유전율)를 부피로 측정 후 밀도를 곱해 무게 단위로 지시하는 계기이다.
- 연료의 체적(부피)을 측정하기 위해 콘덴서를 이용하고 식은 다음과 같다.
  $C = \epsilon \dfrac{A}{d}$ (여기서, C:콘덴서, A:극판의 면적, d:거리, ϵ:유전체)
- 특징으로는 무게로 지시하므로 온도 및 고도 변화에 따른 오차가 없고, 고고도 비행 가능한 제트기관, 대형 항공기 연료량계에 적합하다. 유전체(연료질)에 따라 값이 변화한다.

28 다음 중 발연경보장치에서 감지센서로 사용되는 것은?

① 바이메탈(bimetal)
② 열전대(thermocouple)
③ 공융염(eutectic salt)
④ 광전튜브(photo tube)

해설

화재 탐지기

- 열전쌍식: 열을 받으면 열기전력이 생기는 2개의 금속 조합을 이용한다.
- 열팽창식: 열팽창 계수가 다른 2개의 금속을 붙여놓고 일정 온도에서 회로를 구성하도록 만든 장치이다.
- 저항루프식: 서미스터를 사용, 온도가 증가하면 저항이 떨어지는 원리를 이용하여 회로를 구성한다. 온도가 천천히 증가해도 측정이 가능하다.
- 광전지식: 빛을 받으면 전압이 발생하는 원리를 이용하며, 광전튜브를 감지센서로 사용한다.

29 전선을 식별(wire identification) 하는 이유로 틀린 것은?

① 전선을 구분할 수 있어 정비 실수를 줄일 수 있다.
② 전연 내력을 쉽게 구분하여 정비의 효율을 높일 수 있다.
③ 시스템의 작동 영역을 구분하여 안전을 확인한다.
④ 복잡한 구조의 배선을 쉽게 정리할 수 있다.

해설

- 항공기에는 많은 전선을 계통에 사용하고 있으므로 정확히 전선을 식별할 수 있어야 정비를 정확히 할 수 있고, 전선 양쪽 끝에는 관련 정보를 적어 시스템 작동 영역을 구분하여 안전하게 정비를 수행할 수 있고, 복잡한 구조의 배선을 쉽게 정리할 수 있어 식별이 중요하다.
- 전선의 식별은 전선의 굵기, 전선에 관련된 정보를 알 수 있도록 숫자와 문자가 조합된 표식을 전선의 절연 재료 위에 표시하는데, 이를 식별 부호라 한다.

정답 26. ① 27. ② 28. ④ 29. ②

30 항공기에서 사용되는 브러시(brush)가 없는 교류발전기(A.C generator)에 대한 장점이 아닌 것은?

① 슬립링과 정류자가 없기 때문에 브러시가 마멸되지 않아 정비 유지비가 적게 든다.
② 브러시와 슬립링 간의 저항 및 전도율의 변화가 없어 출력 파형은 변화한다.
③ 브러시가 없으므로 아크(arc)가 발생하지 않기 때문에 고공비행 시 우수한 기능을 발휘할 수 있다.
④ 브러시와 슬립링이 없으므로 이에 따른 마찰 현상이 없다.

[해설]
브러시리스형은 브러시와 슬립링이 없으며, 영구자석발전기, 여자발전기, 3상 교류발전기로 구성되어 있다. 장점으로는 정비 시 유지비가 싸고, 출력 파형이 안정하고, 고공에서도 적합하다.

31 항공계기가 갖추어야 할 조건으로 틀린 것은?

① 무게와 크기가 작고 내구성이 높아야 한다.
② 온도변화에 따른 오차가 적고 진동에 보호되어야 한다.
③ 곰팡이에 대한 항균 처리가 되어 있어야 한다.
④ 누설에 의한 오차가 없고, 접촉 부분의 마찰력을 크게 하여 파손을 방지한다.

[해설]
계기가 갖추어야 할 조건
• 무게와 크기는 작아야 한다.
• 정확성이 확보되어야 한다.
• 내구성이 길어야 한다.
• 외부 조건의 영향이 적어야 한다.
• 누설 및 마찰에 의한 오차가 없어야 한다.
• 방진 및 진동장치를 장착해야 한다.
• 계기판과 기체 사이에 장착하여 엔진으로부터의 진동을 흡수해야 한다.
• 방습처리, 방염 및 항균처리

32 주파수가 50[Hz]인 교류전압의 주기는?

① 0.03[s]   ② 0.01[s]
③ 0.02[s]   ④ 0.04[s]

[해설]
주파수(frequency)는 일정한 크기의 전류나 전압 또는 전계와 자계의 진동과 같은 주기적 현상이 단위 시간(1초)에 반복되는 횟수이다. 기호는 V 또는 f, 단위는 Hz를 사용한다.
$T = \dfrac{1}{50} = 0.02[\sec]$

33 항공기 자이로 계기의 세차성만을 이용한 계기는?

① 선회계
② 자이로수평지시계
③ 방향자이로지시계
④ 경사계

[해설]
자이로에는 강직성과 섭동성(세차성)의 성질이 있다. 이런 자이로의 성질을 이용한 계기는 아래와 같다.

이용한 계기	자이로 성질
방향 자이로 지시계(정침의)	강직성
자이로 수평 지시계(수평의)	강직성+섭동성
선회계	섭동성

34 항공기 전기계통의 교류발전기 작동 절차 정보가 포함된 문서는?

① FIM   ② WDM
③ AMM   ④ AIM

정답 30. ② 31. ④ 32. ③ 33. ① 34. ②

> [해설]

- 정비 도서 종류

분류	종류
정비 기술 정보	정비교범(AMM: Aircraft Maintenance Manual)
	오버홀 교범(Overhaul Manual)
	전기 배선도 교범(WDM: Wiring Diagram Manual)
	기체 구조 수리 교범(SRM: Structure Repair Manual)
부품 기술 정보	도해 부품 목록(IPC: Illustrated Part Catalog)
작동 기술 정보	비행 교범(POH: Pilot Operation Handbook)
	작동 교범(Operating Manual)

- 결함 분리 매뉴얼(FIM: Fault Isolation Manual)은 비행기 계통에서 결함을 보고 수정하기 위한 매뉴얼이다.

35 측정 시의 계통적 오차에 속하지 않는 것은?

① 이론적 오차 ② 우연 오차
③ 개인적 오차 ④ 기계적 오차

> [해설]

계통 오차
- 계기 오차(기기적 오차): 마모, 손상, 잘못 제작
- 이론 오차: 이론적 값을 근사치로 계산
- 환경 오차: 환경 조건
- 개인 오차: 측정자 습관, 선입견 등

36 직류전동기에 대한 설명으로 틀린 것은?

① 교류전동기보다 효율이 좋다.
② 직류발전기의 역할도 할 수 있다.
③ 타여자, 자기여자 방식이 있다.
④ 직류발전기와 구조가 같다.

> [해설]

- 직류발전기와 동일한 구조로 되어 있다. 전기를 전기자 코일에 먼저 공급하면 직류전동기가 되고, 엔진 회전축에 연결하여 전기자 코일을 자기장 내에서 먼저 움직이게 하면 직류발전기가 된다. 그러므로 직류발전기의 역할도 할 수 있고, 직류발전기의 여자 방식에 따른 분류인 타여자, 자기여자 방식이 있을 수 있다.
- 자기여자(self exciting)는 발전기 자신이 발생시킨 출력전압에 의해 여자(계자의 자기장을 생성)시키는 것을 말한다.

37 전기적으로 작동하는 스위치와 같은 역할을 하는 그림과 같은 장치는?

① 릴레이 ② 콘덴서
③ 변압기 ④ 다이오드

> [해설]

릴레이(relay)는 낮은 전류를 흘려 높은 전류가 흐르는 회로의 접점을 잡아주어 간접적으로 전류를 스위치와 같이 제어하는 데 사용된다.

38 다음 중 외부 조명 장치가 아닌 것은?

① Emergency Light
② Navigation Light
③ Anti-Collision Light
④ Landing Light

> [해설]

외부 조명 계통에는 주 날개 검사등(Wing Inspection Lights), 날개 및 엔진 검사등(Wing and Engine

Scan Lights), 착륙등(Landing Lights), 유도등(Taxi Lights), 충돌방지등 또는 비컨등(Anti-Collision Lights or Beacon Lights), 위치등 및 항법등(Position Lights or Navigation Lights), 활주로 옆 길등(Runway Lights), 흰색 섬광등(Strobe Lights), 로고등(Logo Lights) 등이 있다.

39 120도 간격으로 분할하여 감긴 정밀 저항 코일로 되어 있는 전달기와 3상 결선의 코일로 감긴 원형 연철로 된 코어 안에 영구자석의 회전자가 들어 있는 지시계로 구성된 원격지시계기는?

① 오토신
② 직류 데신
③ 마그네신
④ 서보

[해설]

직류 셀신(직류 데신, D.C selsyn)은 원격지시계기의 하나로 120° 간격으로 분할하여 감긴 정밀 저항 코일로 되어 있는 전달기와 3상 결선의 코일로 감긴 원형의 연철로 된 코어 안에 영구자석의 회전자가 들어 있는 지시계로 구성되어 있으며, 착륙장치나 플랩 등의 위치 지시계 또는 연료의 용량을 측정하는 액량 지시계로 흔히 사용된다.

40 EICAS 화면에서 항공기 전원(power) 상태를 확인할 수 있는 화면은?

① ELECTRIC AC/DC
② FUEL
③ AIR CONDITION
④ DOOR

[해설]

엔진 계기 및 승무원 경고장치(EICAS: Engine Indication and Crew Alerting System)로 항공기 엔진의 파라미터를 지시하고, 각 계통을 모니터링하고, 각 계통의 이상상태 발생 시 지시하게 된다. 항공기 전원 상태를 ELECTRIC AC/DC를 통해 상태를 확인할 수 있다.

41 기전력 $E[V]$, 내부저항 $r[\Omega]$의 축전지 3개를 직렬 연결한 것에 부하저항 $R[\Omega]$을 연결하여 그 소비전력을 최대로 하기 위해서는 부하저항이 어떤 조건이면 되는가?

① $R = 3r$
② $R = r/3$
③ $R = r$
④ $R = r/2$

[해설]

내부저항은 전지의 내부에 존재하는 저항으로 전지를 직렬 연결할 경우, 내부저항은 $r = 3r$이 되고, 최대 전력 공급 조건으로는 '부하저항=내부저항'일 때 전원의 전압이 완전히 부하저항에 걸리기 때문에 최대 전력이 공급되어 $R = 3r$이 된다.

42 단파(HF)통신장치의 사용 주파수 범위는?

① 2~25[MHz]
② 2~25[kHz]
③ 108~118[kHz]
④ 108~118[MHz]

[해설]

항공기 무선통신

- 단파(HF: High Frequency): 사용 주파수 범위 2~25[MHz], 해상 원거리 통신에 사용
- 초단파(VHF: Vary High Frequency): 사용 주파수 범위 118~136[MHz], 근거리/단거리 통신에 사용
- 극초단파(UHF: Ultra High Frequency): 사용 주파수 범위 225~400[MHz], 가시거리 통신

43 지상에 있는 항공기에서 정비를 위해 조종실과 기체 외부 지상요원의 통화 연락을 위한 장치는?

① 객실 인터폰 장치(cabin telephone system)
② 객실 방송장치(PA system)
③ 승객환대장치(passenger entertainment system)
④ 서비스 인터폰장치(service interphone system)

정답 39. ② 40. ① 41. ① 42. ① 43. ④

> 해설

기내 인터폰 장치
- Flight Interphone: 운항 승무원 상호 간 통화
- Service Interphone System: 비행 중 조종실과 객실 승무원석 간의 통화, 조종실과 정비, 점검상 필요한 기체 외부와의 통화
- Cabin Interphone System: 조종실과 객실 승무원, 객실 승무원과 객실 승무원 상호 간의 통화
- Passenger Address System: 기내 방송 장치
- Passenger Entertainment System: 객실 개별 승객에게 영화, 음악, 오락 프로그램 제공

44 출력 임피던스가 50[Ω]인 표준 신호 발생기의 출력 레벨을 40[dB]에 고정시키고 50[Ω]의 임피던스를 가진 부하를 연결하였다. 부하 양단의 단자 전압은?

① 50[μV] ② 150[μV]
③ 200[μV] ④ 100[μV]

> 해설

40[dB]의 출력 레벨은 1[μV]=0[dB]이므로 100[μV]의 공칭 출력 전압(E_0)이다. 따라서 실제의 출력 전압 E_l은

$$E_l = \frac{Z_l}{Z_O + Z_l} \cdot E_O = \frac{50}{50+50} \times 100 = 50[\mu V]$$

45 거리측정장비(DME)에 관한 설명으로 옳은 것은?

① 항공기와 지상국과의 정확한 방위각을 알려준다.
② 장파나 중파를 사용하여 전방위 무지향성 무선표지 지상국과의 방위를 구하는 장치이다.
③ 지상국에 설치된 질문기와 항공기에 설치된 응답기로 구성된다.
④ 962~1,213[MHz]의 주파수 대역을 사용한다.

> 해설

거리측정장치(DME: Distance Measuring Equipment)는 DME 기상국과 항공기와의 거리정보를 제공하기 위한 시설로 질문 신호를 발사 후 응답신호가 되돌아오는 시간을 거리로 환산하여 항공기에 제공한다. 질문펄스는 1,025~1,150[MHz], 응답펄스는 962~1,213[MHz]이다.

46 1[$M\Omega$]이상의 고저항 또는 절연저항의 측정에서 사용되는 방법이 아닌 것은?

① 충격 검류계법
② 헤비사이드 브리지법
③ 전압계법
④ 직편법

> 해설

- 고저항 측정(1[$M\Omega$] 이상)에 사용되는 방법으로는 직편법(직접편의법), 전압계법, 메가(메가옴미터 이용)를 통해 측정한다.
- 절연저항(1[$M\Omega$]) 측정 방법
  - 충격검류계법: 콘덴서 중 방전 전류로 절연저항을 구하는 방법
  - 전압계법: 전압계와 저항을 직렬 연결해 절연저항을 계산
  - 직편법: 메가옴미터를 사용하여 절연저항을 직접 측정

47 주파수계로 측정한 정현파 신호의 주파수가 40[MHz]였다면, 이 신호의 주기는 몇 [ns]인가?

① 15 ② 20
③ 25 ④ 10

> 해설

주파수(frequency)는 1초 동안 진동(회전)하는 총수로 단위는 [cycle/sec]=[Hz] 로 "헤르츠"라 읽는다. 계산은 다음과 같다.

$$T = \frac{1}{40 \times 10^6} = 0.000000025 = 25 \times 10^{-9} = 25[ns]$$

*ns(nano second)=$\frac{1}{1,000,000,000}$ 또는 10^{-9}[sec]이다.

정답 44. ① 45. ③ 46. ② 47. ③

48 글라이드 슬로프 안테나와 수신기에 대한 설명으로 틀린 것은

① 안테나는 수평 편파형이다.
② 수신기는 로컬라이저 주파수와 조합 없이 단독으로 동작한다.
③ 단일 슈퍼헤테로다인 수신기이다.
④ 안테나는 대부분 항공기의 배면에 위치한다.

해설

글라이드 슬로프(glide slope)
- 역할: 활주로에 대한 수직 방향의 유도신호를 제공하며, 일반적인 강하각은 2.5~3.0°이다.
- 안테나: 수평 편파형 안테나를 사용하고, 동체 전방(레이돔) 또는 하단(배면)에 장착된다.
- 수신기: 싱글 슈퍼헤테로다인 수신기를 사용하고, 로컬라이저 주파수 선택 시 자동으로 선택된다.

49 그림과 같은 입력전압을 회로에 인가할 때 출력 V_{out}의 전압은? (단, A는 연산증폭기이다.)

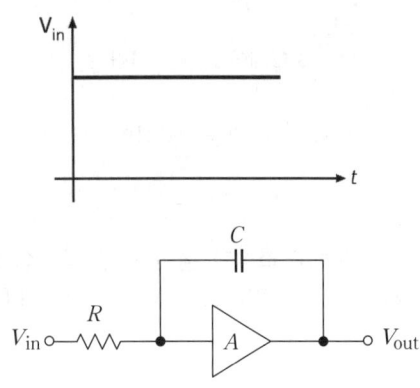

① 입력과 같은 전압
② 펄스 전압
③ 크기가 직선적으로 증가하는 전압
④ 크기가 지수함수적으로 증가하는 전압

해설

그림에 궤환 회로에 콘덴서가 있으므로 연산증폭기 적분회로이다. 적분회로에 입력을 가하면 출력은 직선적으로 증가하는 전압이 출력된다. 또한, 구형파를 입력하면 삼각파가 출력된다.

50 오실로스코프를 이용하여 파형을 측정하려고 할 때 CRT의 수평 편향판에 가해지는 전압은?

① RGB 신호 전압
② 진원파형 신호전압
③ 톱날파 신호전압
④ 밝기 조정 신호전압

해설

- 오실로스코프 작동원리
  - 수직축 증폭기: 관측하려는 신호 전압을 증폭하여 수직 편향판에 출력을 가한다.
  - 수평축 증폭기: 톱니파 발생기에서 발생한 톱니파 전압을 증폭하여 수평 편향판에 가한다.
- 톱니파를 가하는 이유: 전압의 광점을 일정한 속도로 수평으로 이동하고 사이클 모양을 나타내기 위해서이다.

51 다음에서 설명하는 장치의 명칭은?

- 일정 규모 이상 되는 항공기는 1기 이상 장착해야 한다.
- 항공기에 장착된 항공교통관제 트랜스폰더를 통해 주변 항공기와 통신한다.
- 주의구역(CA)과 경보구역(WA)에서 각각 접근경보(TA)를 제공하고 회피권고(RA)를 조종사에게 제공한다.

① 레이더 표지 무선응답기
② 공중 충돌 경고장치
③ 비행 관리 장치
④ 기상 레이더

정답 48. ② 49. ③ 50. ③ 51. ②

해설

공중 충돌 경고장치(TCAS)는 안테나를 통해 주위의 표준 트랜스폰더를 장착한 항공기에 질문파를 발사, 수신된 반송파에 포함된 거리, 고도 및 방위정보를 분석하고 조종사에게 알려주는 장치이다. 국내 규정으로 5,700kg 이상의 모든 비행기에는 의무 장착으로 "항공안전법 시행규칙 제109조"에 규정되어 있다.

52 항공기의 조종 시스템에서 전기신호 제어방식의 특징에 대한 설명으로 적합하지 않은 것은?

① 고장진단기능과 비행제어시스템을 재구성하는 기능까지 수행할 수 있도록 개발되고 있다.
② 안전성 향상과 탑승감 개선에 기여하는 바가 크다.
③ 시스템 간의 전기적 간섭 현상을 막을 수 있도록 전선 간의 차폐를 시켜야 한다.
④ 기계적인 연결장치를 복잡하게 하며, 항공기의 전체 중량을 증가시킨다.

해설

전기 신호식 비행제어방식(fly by wire)은 기체에 가해지는 중력가속도와 기체의 기울어짐을 감지하여 컴퓨터가 계산하여 항공기의 급격한 자세 변화 시에도 원만한 조종성을 발휘할 수 있도록 만들어진 장치이다. 이는 성능이 우수하고, 조종성 및 안정성이 우수하다. 또한, 기계적 연결장치가 간소화되어 단순, 경량화되어 있고, 시스템 간 전기적 간섭을 방지하는 차폐 장치가 필요하다.

53 다음 중 항공기의 비행기록장치가 아닌 것은?

① CVR   ② VOR
③ FDR   ④ QAR

해설

기록장치
- 조종실 음성기록장치(CVR: Cockpit Voice Recorder)
- 디지털 비행자료 기록장치(DFDR: Digital FDR)
- 비행자료 집적 기록장치(AIDS: Air Integrated Dada System)
- 신속조회기록장치(QAR: Quick Access Recorder)

54 GPS에서 측정해 주는 것이 아닌 것은?

① 위도
② 항공기 기수방향
③ 고도
④ 경도

해설

위성항법장치(GPS: Global Positioning System): 24개의 인공위성을 통해 지상, 해상, 공중에서 사용자의 위치를 기상상태와 관계없이 지속적으로 측정이 가능하도록 한다. 지시 내용으로는 위치, 속도, 시간을 지시해 준다. 세부 내용은 아래와 같다
- 위치: 위도, 경도, 고도
- 속도: 수신기의 움직임 속도 측정
- 시간: 위성 발사 신호의 시간과 수신기의 시간을 비교 측정

55 220[V], 60[Hz] 전원 정류 회로에서 맥동주파수가 180[Hz] 되는 정류 방식은?

① 3상 전파형
② 단상 전파형
③ 단상반파형
④ 3상 반파형

해설

정류방식별 맥동 주파수

정류방식	맥동 주파수
단파 반파 정류회로	1상×60[Hz]=60[Hz]
단상 전파 정류회로	1상×120[Hz]=120[Hz]
3상 반파 정류회로	3상×60[Hz]=180[Hz]
3상 전파 정류회로	3상×120[Hz]=360[Hz]

정답 52.④ 53.② 54.② 55.④

56 다음 진리표의 출력 Y의 논리식으로 옳은 것은?

입력		출력
A	B	Y
0	0	1
0	1	1
1	0	0
1	1	1

① $Y = A + \overline{B}$

② $Y = \overline{A} + B$

③ $Y = \overline{A} + \overline{B}$

④ $Y = A + B$

해설

- 논리식
  문제의 논리식은 OR회로와 NOT회로의 조합된 상태이다.
  ① 출력 Y가 1이 되는 경우의 논리식은 아래와 같다.

$A = 0$	$B = 0$	$\overline{A}\,\overline{B}$
$A = 0$	$B = 1$	$\overline{A}\,B$
$A = 1$	$B = 1$	$A\,B$

  ② 논리합으로 결합
  $Y = \overline{A}\,\overline{B} + \overline{A}\,B + AB$

  ③ 불대수 법칙으로 식을 간소화
  $Y = \overline{A}\,(\overline{B} + B) + AB$
  $\overline{B} + B = 1$ 이므로
  $Y = \overline{A} + AB$

  ④ 다시 불대수 법칙으로 간소화(분배법칙)
  $Y = \overline{A} + AB$
  $Y = (\overline{A} + A)(\overline{A} + B)$
  $Y = \overline{A} + B$

57 비행 자료 기록 장치와 조종실 음성 기록 장치는 항공기의 어느 위치에 장착되는가?

① 항공기의 전자 장비 베이(bay)
② 항공기의 앞부분
③ 항공기의 뒷부분
④ 항공기의 중간 부분

해설

비행자료 기록장치(FDR: Flight Data Recorder)와 조종실 음성기록장치(CVR: Cockpit Voice Recorder)는 과거에는 항공기 후방 동체에 장착되어 있었고, 최신 항공기에는 전자 장비 베이(E/E bay: Electronic & Equipment bay)에 설치되어 FDR은 항공기의 비행경로, 속도, 고도, 엔진 상태 등 다양한 데이터를 기록하고, CVR은 조종실 내의 조종사 간 대화, 항공교통관제소와의 통화, 객실 승무원 간의 통화 등을 녹음시킨다.

58 전계와 전위 경도의 관계로 옳은 것은?

① 크기가 같고 방향이 같다.
② 크기가 같고 방향이 반대이다.
③ 크기가 다르고 방향이 같다.
④ 크기가 다르고 방향이 반대이다.

해설

전계와 전위 경도

- 전계(전기장): 전기력(전하를 가진 입자 사이 작용하는 힘)이 미치는 공간을 말한다.
- 전위경도: 특정 지점에서의 전위 변화율(전계의 세기와 동일하다)
- 전계와 전위경도의 관계는 아래와 같다.
  $E = -\,grad\ V$ (여기서, E: 전계, $grad\ V$: 전위의 기울기, $-$: 방향이 반대)
  즉, 전위경도는 전계와 세기와 크기는 같고 방향은 반대이다.

정답 56. ② 57. ① 58. ②

59 전기석과 같은 결정체를 가열하거나 냉각하면 결정의 한쪽 면에 양(+)전하가 발생하고 다른 쪽 면에 음(-)전하가 발생하는 현상은?

① 압전효과 ② 광전효과
③ 홀효과   ④ 초전효과

해설
- 압전효과: 물질에 압력을 가할 때 전기적 변화가 발생하고, 반대로 전압을 가했을 때 기계적 변형이 일어나 수정발진기의 기본원리로 사용된다.
- 광전효과: 금속에 특정 주파수 이상의 전자기파를 흡수했을 때 외부로 전자를 방출하는 현상을 말하며, 적외선 센서 등에 사용된다(예 가로등, 적외선카메라 등).
- 홀효과: 전류가 흐르는 도체에 수직 자기장을 적용하면 전류 방향이 수직으로 전압(홀 전압)이 생성된다. 핸드폰 등의 자기장 센서로 사용된다.
- 초전효과: 열(pyro)과 전기(electricity)의 합성어로 Pyroelectric Effect라 한다. 온도변화에 따라 물질 표면에 전하가 나타나는 현상을 말한다.

60 두 교류 전압 $v_1 = \sqrt{2}\, V_1 \sin\left(\omega t + \dfrac{\pi}{3}\right)[V]$와 $v_2 = \sqrt{2}\, V_1 \sin\left(\omega t + \dfrac{\pi}{6}\right)[V]$의 위상에 대한 설명으로 옳은 것은?

① v_1이 60°만큼 앞선다.
② v_1이 30°만큼 앞선다.
③ v_2가 30°만큼 앞선다.
④ v_2가 60°만큼 앞선다.

해설
Y결선에서 선간 전압(V_L)은 상전압(V_P)의 $\sqrt{3}$ 배이고, 위상은 30° 앞선다. 또한, 상전류(I_P)와 선전류(I_L)의 값은 같다.

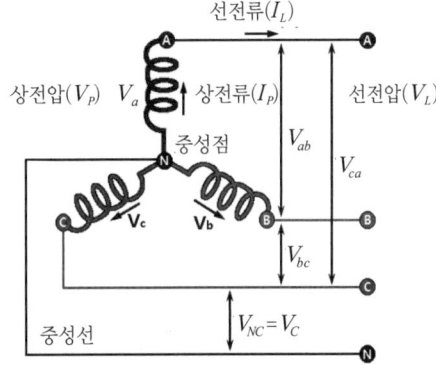

▲ Y결선의 전압/전류

교류에서 배운 복소수 표기법으로 sine 함수를 변환하고 정리하면 아래와 같다.

$$\begin{aligned}
V_L = L_{ab} &= V_a - V_b \\
&= V_m \sin \omega t - V_m \sin(\omega t - 120°) \\
&= V_m[\cos 0° + j\sin 0°] - V_m[\cos(-120°) + j\sin(-120°)] \\
&= V_m(1 + j\cdot 0) - V_m\left(-\dfrac{1}{2} - j\dfrac{\sqrt{3}}{2}\right) \\
&= V_m\left(\dfrac{3}{2} + j\dfrac{\sqrt{3}}{2}\right) \\
&= \sqrt{3}\, V_m\left(\dfrac{\sqrt{3}}{2} + j\dfrac{1}{2}\right) \\
&= \sqrt{3}\, V_m(\cos 30° + j\sin 30°) \\
&= \sqrt{3}\, V_m \sin(\omega t + 30°)
\end{aligned}$$

정답 59. ④ 60. ②

인용 및 참고 문헌

1. 항공기 일반
『항공기 일반』 교육과학기술부
『비행원리』 교육과학기술부
『항공역학』 윤선주 저
『항공정비 일반』 국토교통부
『항공기 프로펠러 정비』 NCS 모듈 교재

2. 정비 일반
『항공기 기초실습』 교육과학기술부
『항공기체 실습』 교육과학기술부
『항공기관 실습』 교육과학기술부
『항공정비 일반』 연경문화사
『항공정비 일반』 국토교통부
『헬리콥터 정비』 NCS 모듈 교재

3. 항공전기·전자계통 정비
『항공기 장비』 교육과학기술부
『항공 전자장치』 교육과학기술부
『항공장비 전자 실습』 교육과학기술부
『항공전자』 청연
『항공장비』 연경문화사
『항공기 장비』 조용욱 외 2명 공저
『무선설비 실기/실습』 신인철 저
『항공기 통신·전자장치』 박정웅 저
『항공전기·전자』 이상종 저
『항공기 시스템』 이상종 저
『항공전기·전자 실습』 이상종 저
『항공기 계통』 인하공업전문대학
『전기·전자공학 입문』 권병국 외 2명 공저
『전자계산기기능사』 김종보 외 1명 공저
『항공기 전기·전자계기』 국토교통부
『항공기 계통 정비』 NCS 모듈 교재
『항공기 전기·전자 장비 정비』 NCS 모듈 교재

4. 통신항법 계기 정비
『항공기 전자장치』 교육과학기술부
『항공장비 전자 실습』 교육과학기술부
『항공기 통신·전자장치』 박정웅 저
『항공계기시스템』 이상종 저
『항공기 전기·전자계기』 국토교통부

최종 점검 모의고사 5회,
2025년 CBT 기출복원문제 수록

항공기정비 기능사 필기

장성희 지음 / 4 × 6배판 / 근간

항공기정비기능사 필기는

저자는 다년간 항공기 기술자격을 취득하고자 하는 공학도들에게 강의한 경험을 통하여 학생들이 어렵게 느끼는 항공기 정비에 대한 기술지식을 보다 더 알기 쉽고, 정확한 개요를 파악하기 위하여 핵심 요점정리와 그에 따른 유도된 공식을 가지고 실제 응용력을 기를 수 있도록 다양한 문제를 수록하였고, 각각의 문제에 해설을 첨부하여 학생들이 이해할 수 있도록 준비하였다.

이 책은 항공 분야의 기본 기술자격인 항공기정비기능사를 취득하기 위해 꼭 알아두어야 할 필수적인 이론 지식을 다음과 같은 순서에 의해 과목별 요점정리와 실력 점검 문제, 그리고 실력을 점검할 수 있는 최종 점검 모의고사 중심 체계로 정리하여 서술한 문제집이다.

1. 항공기 일반 요점정리+실력 점검 문제
2. 정비 일반 요점정리+실력 점검 문제
3. 기체 정비 요점정리+실력 점검 문제
4. 기관 정비 요점정리+실력 점검 문제
5. 최종 점검 모의고사
6. CBT 기출복원문제

쇼핑몰 QR코드 ▶ 다양한 전문서적을 빠르고 신속하게 만나실 수 있습니다.
경기도 파주시 문발로 112번지 파주 출판 문화도시   TEL.031)950-6300   FAX. 031)955-0510

 (주)도서출판 성안당

저자약력

장성희

정비일반, 항공역학, 항공장비, 항공기체, 항공기관, 항공전기전자계기, 항법계기, 항공기초실습, 항공기체실습, 항공기관실습, 항공장비실습, 항공전자실습 등의 과목을 항공전문학교에서 20년 이상 강의하고 있습니다.

■ 경력
- 전) 항공정비기능사 국가실기 감독
- 전) 항공산업기사 국가실기 감독

■ 집필
- 항공기정비기능사 필기(성안당)
- 항공전기전자정비기능사 필기(성안당)
- 항공기체정비기능사 필기(성안당)
- 항공기관정비기능사 필기(성안당)
- 항공정비기능사(기체, 기관, 장비) 필기(성안당)
- 항공산업기사 필기(성안당)
- 항공산업기사 실기 필답(성안당)

■ 검토위원
- 김기환, 최광우, 장동혁, 이진범, 유선종, 최지은

항공전기·전자정비기능사 필기

2024. 1. 10. 초 판 1쇄 발행
2025. 1. 8. 개정증보 1판 1쇄 발행
2026. 1. 7. 개정증보 2판 1쇄 발행

지은이 | 장성희
펴낸이 | 이종춘
펴낸곳 | BM (주)도서출판 성안당

주소 | 04032 서울시 마포구 양화로 127 첨단빌딩 3층(출판기획 R&D 센터)
      | 10881 경기도 파주시 문발로 112 파주 출판 문화도시(제작 및 물류)
전화 | 02) 3142-0036
     | 031) 950-6300
팩스 | 031) 955-0510
등록 | 1973. 2. 1. 제406-2005-000046호
출판사 홈페이지 | www.cyber.co.kr
도서 내용 문의 | jsh337-2002@hanmail.net
ISBN | 978-89-315-8406-6 (13550)
정가 | 34,000원

이 책을 만든 사람들
책임 | 최옥현
진행 | 최창동
본문 디자인 | 인투
표지 디자인 | 박원석
홍보 | 김계향, 임진성, 김주승, 최정민, 이해솜
국제부 | 이선민, 조혜란
마케팅 | 구본철, 차정욱, 오영일, 나진호, 강호묵
마케팅 지원 | 장상범
제작 | 김유석

이 책의 어느 부분도 저작권자나 BM (주)도서출판 성안당 발행인의 승인 문서 없이 일부 또는 전부를 사진 복사나 디스크 복사 및 기타 정보 재생 시스템을 비롯하여 현재 알려지거나 향후 발명될 어떤 전기적, 기계적 또는 다른 수단을 통해 복사하거나 재생하거나 이용할 수 없음.

※ 잘못된 책은 바꾸어 드립니다.